に示した原子量は、IUPACで承認された最新の資料をもとに、日本化学会原子量専門委員会で有効数字 4 桁に
し、安定同位体が存在しない元素については、その元素の放射性同位体の質量数の一例を（　）内に示した。

| 10 | 11 | 12 | 13 | 14 | 15 |

JN004775

周期

| | | | | | ₂He ヘリウム 4.003 | 1 |

| 金属元素 | | | 詳しいことが わからない元素 | | | |

| 非金属元素 | ₅B ホウ素 10.81 | ₆C 炭素 12.01 | ₇N 窒素 14.01 | ₈O 酸素 16.00 | ₉F フッ素 19.00 | ₁₀Ne ネオン 20.18 | 2 |

| | ₁₃Al アルミニウム 26.98 | ₁₄Si ケイ素 28.09 | ₁₅P リン 30.97 | ₁₆S 硫黄 32.07 | ₁₇Cl 塩素 35.45 | ₁₈Ar アルゴン 39.95 | 3 |

| ₂₈Ni ニッケル 58.69 | ₂₉Cu 銅 63.55 | ₃₀Zn 亜鉛 65.38 | ₃₁Ga ガリウム 69.72 | ₃₂Ge ゲルマニウム 72.63 | ₃₃As ヒ素 74.92 | ₃₄Se セレン 78.97 | ₃₅Br 臭素 79.90 | ₃₆Kr クリプトン 83.80 | 4 |

| ₄₆Pd ラジウム 106.4 | ₄₇Ag 銀 107.9 | ₄₈Cd カドミウム 112.4 | ₄₉In インジウム 114.8 | ₅₀Sn スズ 118.7 | ₅₁Sb アンチモン 121.8 | ₅₂Te テルル 127.6 | ₅₃I ヨウ素 126.9 | ₅₄Xe キセノン 131.3 | 5 |

| ₇₈Pt 白金 195.1 | ₇₉Au 金 197.0 | ₈₀Hg 水銀 200.6 | ₈₁Tl タリウム 204.4 | ₈₂Pb 鉛 207.2 | ₈₃Bi ビスマス 209.0 | ₈₄Po ポロニウム (210) | ₈₅At アスタチン (210) | ₈₆Rn ラドン (222) | 6 |

| ₁₁₀Ds ムスタチウム (281) | ₁₁₁Rg レントゲニウム (280) | ₁₁₂Cn コペルニシウム (285) | ₁₁₃Nh ニホニウム (278) | ₁₁₄Fl フレロビウム (289) | ₁₁₅Mc モスコビウム (289) | ₁₁₆Lv リバモリウム (293) | ₁₁₇Ts テネシン (293) | ₁₁₈Og オガネソン (294) | 7 |

ハロゲン　貴ガス

| ₆₃Eu ウロビウム 152.0 | ₆₄Gd ガドリニウム 157.3 | ₆₅Tb テルビウム 158.9 | ₆₆Dy ジスプロシウム 162.5 | ₆₇Ho ホルミウム 164.9 | ₆₈Er エルビウム 167.3 | ₆₉Tm ツリウム 168.9 | ₇₀Yb イッテルビウム 173.0 | ₇₁Lu ルテチウム 175.0 |

| ₅Am メリシウム (243) | ₉₆Cm キュリウム (247) | ₉₇Bk バークリウム (247) | ₉₈Cf カリホルニウム (252) | ₉₉Es アインスタイニウム (252) | ₁₀₀Fm フェルミウム (257) | ₁₀₁Md メンデレビウム (258) | ₁₀₂No ノーベリウム (259) | ₁₀₃Lr ローレンシウム (262) |

MY BEST

毎日の勉強と定期テスト対策に

For Everyday Studies and Exam Prep for High School Students

よくわかる

高校 化学基礎+化学

Basic Chemistry + Advanced Chemistry

冨田 功

お茶の水女子大学名誉教授・理学博士

村上眞一

元東京都立江北高等学校教諭

Gakken

まえがき

みなさんは，化学という学問にどのような印象をおもちでしょうか。「実験が多くて楽しそう」と学ぶことに意欲的な方も多いでしょうが，一方で，学ぶ前から苦手意識をもっている方も多いのではないでしょうか。

でも，化学は私たちにとって，とても身近な学問です。世の中には実に多種多様な物質が存在し，それらの物質は，刻一刻と変化しています。例えば，水が蒸発したり，火が燃えたり……，もっと複雑な変化もありますが，これらの現象の多くが化学で説明できます。

また，私たちの身の回りには，化学を利用したものがたくさんあります。スマートフォンやパソコン，医薬品などをはじめ，化学の力を利用して作られたものであふれています。

目で見ているだけではわからない現象も，化学反応式とともに学ぶことで，すんなりと理解できます。理解が進むと，物質の性質や化学変化にも，ルールがあることがわかってきます。ルールがわかってくると，まだ学んでいない物質についても，変化の様子が予測できるようになります。そこまで来たら，もう化学が楽しくなってきているはずです。

本書は，新しい学習指導要領に基づき，令和4年度より使われている「化学基礎」と「化学」の教科書の内容に即したものとなっています。「化学基礎」では，元素や単体の違いや酸化還元反応における用語，物質量に関する計算など，理解しづらい事柄に関して詳しく解説しました。また，「化学」では，熱や化学平衡，金属イオンや芳香族化合物の分離など，多くの生徒が苦手意識をもつ分野を特にわかりやすく解説しています。

本書が，みなさんの「化学基礎」と「化学」の理解の助けになることを望んでおります。

村上眞一

本書の使い方

1 学校の授業の理解に役立ち，
基礎をしっかり学べる参考書

本書は，高校の授業の理解に役立つ化学基礎と化学の参考書です。
授業の予習や復習に使うと授業を理解するのに役立ちます。

2 図や表，写真が豊富で，見やすく，わかりやすい

カラーの図や表，写真を豊富に使うことで，学習する内容のイメージがつかみやすく，
また，図中に解説を入れることでおさえるべき点がさらによくわかります。

3 POINT・太字で要点がよくわかる

POINT で「覚えておきたいポイント」，「問題を解くためのポイント」がわかります。
色のついた文字や太字になっている文字は特に注目して学習しましょう。

4 章末の**定期テスト対策問題**でしっかり確認

章末にある「この章で学んだこと」で重要用語を再確認しましょう。また，「定期テスト対策問題」にチャレンジすることで学習内容の理解度を知ることができます。問題を解いたら「解答・解説」で答え合わせをし，さらに理解を深めましょう。

5 QandAで学習の疑問を解決

学習をしているときのよくある疑問や悩みについて，先生がていねいに回答しています。

Q 物理変化や化学変化にはどのようなものがあるのですか？

A 「水に塩化ナトリウムを溶かした」や「氷が融けた」は物理変化，「鉄が錆びた」や「黒鉛が燃えた」は化学変化です。

CONTENTS もくじ

化学基礎

第 1 部 | 物質の構成　021

第 1 章 | 物質と元素　022

第 2 章 | 熱運動と物質の三態　036

第 3 章 | 原子とその構造　043

第 4 章 | 物質と化学結合　064

化　学

MY BEST

High School Study Tips
to Help You Reach Your Goals

よくわかる

高校の勉強ガイド

中学までとどう違うの?

勉強の不安, どうしたら解消できる!?

高校3年間のスケジュールを知ろう！

中学までとのギャップに要注意！

　中学までの勉強とは違い，**高校の学習はボリュームも難易度も一気に増す**ので，テスト直前の一夜漬けではうまくいきません。部活との両立も中学以上に大変です！

　また，高校では入試によって学力の近い人が多く集まっているため，中学までは成績上位だった人でも，初めての定期テストで予想以上に苦戦し，**中学までとのギャップ**にショックを受けてしまうことも…。しかし，そこであきらめず，勉強のやり方を見直していくことが重要です。

高3は超多忙！
高1・高2のうちから勉強しておくことが大事。

　高2になると，**文系・理系クラスに分かれる**学校が多く，より現実的に志望校を考えるようになってきます。そして，高3になると，一気に受験モードに。

　大学入試の一般選抜試験は，早い大学では高3の1月から始まるので，**高3では勉強できる期間は実質的に9か月程度しかありません。**おまけに，たくさんの模試を受けたり，志望校の過去問を解いたりするなどの時間も必要です。高1・高2のうちから，計画的に基礎をかためていきましょう！

一般的な高校3年間のスケジュール

※3学期制の学校の一例です。くわしくは自分の学校のスケジュールを調べるようにしましょう。

高1	4月	●入学式　●部活動仮入部
	5月	●部活動本入部　●一学期中間テスト
	7月	●一学期期末テスト　●夏休み
	10月	●二学期中間テスト
	12月	●二学期期末テスト　●冬休み
	3月	●学年末テスト　●春休み
高2	4月	●文系・理系クラスに分かれる
	5月	●一学期中間テスト
	7月	●一学期期末テスト　●夏休み
	10月	●二学期中間テスト
	12月	●二学期期末テスト　●冬休み
	2月	●部活動引退（部活動によっては高3の夏頃まで継続）
	3月	●学年末テスト　●春休み
高3	5月	●一学期中間テスト
	7月	●一学期期末テスト　●夏休み
	9月	●総合型選抜出願開始
	10月	●大学入学共通テスト出願　●二学期中間テスト
	11月	●模試ラッシュ　●学校推薦型選抜出願・選考開始
	12月	●二学期期末テスト　●冬休み
	1月	●私立大学一般選抜出願　●大学入学共通テスト　●国公立大学二次試験出願
	2月	●私立大学一般選抜試験　●国公立大学二次試験（前期日程）
	3月	●卒業式　●国公立大学二次試験（後期日程）

部活との
両立を
したいな

受験に向けて
基礎を
かためなきゃ

やることが
たくさんだな

高1・高2のうちから受験を意識しよう!

基礎ができていないと, 高3になってからキツイ!

高1・高2で学ぶのは, **受験の「土台」になるもの。基礎の部分に苦手が残ったまま
だと, 高3の秋以降に本格的な演習を始めたとたんに, ゆきづまってしまうことが多い**
です。特に, 英語・数学・国語の主要教科に関しては, 基礎からの積み上げが大事なの
で, 不安を残さないようにしましょう。

また, 文系か理系か, 国公立か私立か, さらには目指す大学や学部によって, 受験
に必要な科目は変わってきます。**いざ進路選択をする際に, 自分の志望校や志望学部
の選択肢をせばめてしまわないよう,** 苦手だからといって捨てる科目のないようにしてお
きましょう。

暗記科目は, 高1・高2で習う範囲からも受験で出題される!

社会や理科などのうち**暗記要素の多い科目は, 受験で扱われる範囲が広いため, 高
3の入試ギリギリの時期までかけてようやく全範囲を習い終わる**ような学校も少なくあり
ません。受験直前の焦りやつまずきを防ぐためにも, 高1・高2のうちから, 習った範囲
は受験でも出題されることを意識して, マスターしておきましょう。

《国公立大学の入学者選抜状況》

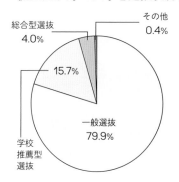

《私立大学の入学者選抜状況》

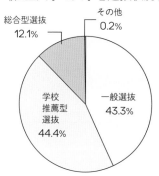

文部科学省「令和2年度国公私立大学入学者選抜実施状況」より
AO入試→総合型選抜、推薦入試→学校推薦型選抜として記載した

> **私立大学では入学者の50％以上！　国公立大でも増加中。**

　大学に入る方法として，一般選抜以外に近年増加傾向にあるのが，**学校推薦型選抜（旧・推薦入試）や総合型選抜（旧・AO入試）**です。

　学校推薦型選抜は，出身高校長の推薦を受けて出願できる入試で，大きく分けて，「公募制」と「指定校制（※私立大学と一部の公立大学のみ）」があります。推薦基準には，学校の成績（高校1年から高校3年1学期までの成績の状況を5段階で評定）が重視されるケースが多く，スポーツや文化活動の実績などが条件になることもあります。

　総合型選抜は，大学の求める学生像にマッチする人物を選抜する入試です。書類選考や面接，小論文などが課されるのが一般的です。

> **高1からの成績が重要。毎回の定期テストでしっかり点を取ろう！**

　学校推薦型選抜，総合型選抜のどちらにおいても，学力検査や小論文など，**学力を測るための審査**が必須となっており，大学入学共通テストを課す大学も増えています。また，**高1からの成績も大きな判断基準になるため，毎回の定期テストや授業への積極的な取り組みを大事にしましょう。**

みんなが抱える **勉強の悩み** Q&A

Q

高校に入って急にわからなくなった…！
どうしたら授業についていける？

A

授業の前に，予習をしておこう！

　高校の勉強は中学に比べて難易度が格段に上がるため，授業をまじめに聞いていたとしても難しく感じられる場合が少なくないはずです。

　授業についていけないと感じた場合は，授業前に参考書に載っている要点にサッとでもいいので目を通しておくことをおすすめします。予習の段階ですから，理解できないのは当然なので，完璧な理解をゴールにする必要はありません。それでも授業の「下準備」ができているだけで，授業の内容が頭に入りやすくなるはずです。

Q

今日の授業，よくわからなかったけど，
先生に今さら聞けない…どうしよう!?

A

参考書を活用して，わからなかったところは
その日のうちに解決しよう。

　先生に質問する機会を逃してしまうと，「まあ今度でいいか…」とそのままにしてしまいがちですよね。

　ところが，高校の勉強は基本的に「積み上げ式」です。「新しい学習」には「それまでの学習」の理解が前提となっている場合が多く，ちょうどレンガのブロックを積み重ねていくように，「知識」を段々と積み上げていく必要があるのです。そのため，わからないことをそのままにしておくと，欠けたところにはレンガを積み上げられないのと同じで，次第に授業の内容がどんどん難しく感じられるようになってしまいます。

　そこで役立つのが参考書です。参考書を先生代わりに活用し，わからなかった内容は，その日のうちに解決する習慣をつけておくようにしましょう。

17

テスト直前にあわてたくない！
いい方法はある！？

試験日から逆算した「学習計画」を練ろう。

　定期テストはテスト範囲の授業内容を正確に理解しているかを問うテストですから，よい点を取るには全範囲をまんべんなく学習していることが重要です。すなわち，試験日までに授業内容の復習と問題演習を全範囲終わらせる必要があるのです。

　そのためにも，毎回「試験日から逆算した学習計画」を練るようにしましょう。事前に計画を練って，いつまでに何をやらなければいけないかを明確にすることで，テスト直前にあわてることもなくなりますよ。

部活で忙しいけど，成績はキープしたい！
効率的な勉強法ってある？

A

通学時間などのスキマ時間を効果的に使おう。

　部活で忙しい人にとって，勉強と部活を両立するのはとても大変なことです。部活に相当な体力を使いますし，何より勉強時間を捻出するのが難しくなるため，意識的に勉強時間を確保するような「工夫」が求められます。

　具体的な工夫の例として，通学時間などのスキマ時間を有効に使うことをおすすめします。実はスキマ時間のような「限られた時間」は，集中力が求められる暗記の作業の精度を上げるには最適です。スキマ時間を「効率のよい勉強時間」に変えて，部活との両立を実現しましょう。

化学基礎＋化学 の勉強のコツ Q&A

Q
化学ってどんな科目なの？

A

暗記と計算が，バランスよく含まれているのが特徴。

化学には，重要な用語や元素記号，物質の性質など，暗記が求められる項目と，物質量や濃度など，計算が必要な項目があります。暗記と計算のどちらか一方だけにかたよらずバランスよく学べる科目が，化学です。

Q
暗記は苦手です……
何に気をつけて暗記すればいいのかな？

A

まずは，重要な用語の意味をしっかり覚えよう！

化学には，たくさんの用語が出てきます。なかでも，教科書などで太字になっているような重要な用語は，繰り返し登場します。はじめに出てきたときに，その意味を正しく理解していないと，あとから学ぶことにも影響してしまいます。まずは，重要な用語の意味を正しく覚えることを心がけましょう。

Q
計算問題が得意になるコツを教えてください。

A

基本問題を繰り返し演習しよう！

化学では，物質量をはじめとした化学独自の定義が登場するので，計算問題に苦手意識をもつ人が多いようです。計算問題が得意になるコツは，基本問題を繰り返し解き，完ペキにすること。その際は，公式や定義の理解を意識することが大切です。基本がしっかりしていれば，応用問題も解けるようになっていきます。

Basic Chemistry

化学基礎

第 **1** 部

物質の構成

Basic Chemistry

MY BEST

第 1 章　物質と元素

1 純物質と混合物

1 純物質と混合物

　物質は純物質と混合物に分類される。他の物質が混じっていない1種類の物質からなるものを純物質という。例えば，窒素や酸素，水，塩化ナトリウムなどは純物質である。一方，2種類以上の純物質が混じり合った物質を混合物という。例えば，空気は窒素や酸素などが混じり合った混合物であり，海水は塩化ナトリウムなどが水に溶け込んだ混合物である。

補足 土・海水・空気・岩石・石油・天然ガスなど，天然の物質の多くは混合物として存在している。

A 純物質と混合物の見分け方

　純物質は，それぞれの物質に固有の性質があり，融点や沸点，密度は，その物質ごとに一定の値をとる。これに対して混合物では，混じっている物質の割合によって，異なる値を示す。例えば，塩化ナトリウム水溶液は，水と塩化ナトリウムの混合している割合に応じて沸点が変化する。

　したがって，ある物質の融点や沸点，密度が，つねに一定ならば純物質であり，一定でないならば混合物であると判別できる。

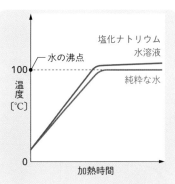

図1-1　水と塩化ナトリウム水溶液の沸点

補足 固有の性質とは，もとから備わっているそのものだけが持っている性質のこと。例えば，1気圧(1.013×10^5 Pa)のもとでは水の融点は 0 ℃，沸点は 100 ℃である。

 POINT

融点や沸点，密度が $\begin{cases} つねに一定 \Rightarrow 純物質 \\ 変化する \Rightarrow 混合物 \end{cases}$

混合物は，成分物質の混合割合によって，融点・沸点・密度が変化する。

2 混合物の分離

混合物から目的の物質を分け取る操作を**分離**という。不純物を取り除いて，より純度の高い物質を得る操作を**精製**という。

補足 混合物の分離は，混合物中の各純物質の融点や沸点，液体への溶解性などの物理的性質の違いを利用する。

A ろ過

泥水のような固体と液体の混合物を，ろ紙を使って固体と液体に分離する操作を**ろ過**といい（**図1-2**），ろ紙を通過した液体を**ろ液**という。ろ過は，固体と液体の粒子の大きさの違いを利用している。

①ガラス棒に伝わらせて注ぐ

ろ紙

固体と液体の混合物

ろうと

②ろうとの足を内壁につける

ろ液

図1-2　ろ過

B 蒸留

液体と他の物質の混合物を沸騰させ，生じた蒸気を冷却することにより，もとの混合物から液体を分離する操作を**蒸留**という（**図1-3**）。蒸留は，海水から純粋な水（蒸留水）を分離するなど，蒸発しやすい成分を取り出す場合に用いられる操作で，物質の沸点の差を利用している。

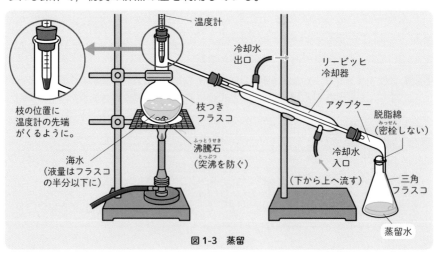

温度計

冷却水出口

リービッヒ冷却器

アダプター

脱脂綿（密栓しない）

枝の位置に温度計の先端がくるように。

枝つきフラスコ

沸騰石（突沸を防ぐ）

海水（液量はフラスコの半分以下に）

冷却水入口

（下から上へ流す）

三角フラスコ

蒸留水

図1-3　蒸留

C 分留

　空気は，**主に窒素や酸素などの気体の混合物である。**空気を−200℃近くまで冷却すると，液体となる。これを液体空気という。窒素と酸素に注目して，液体空気の温度を徐々に上げていくと，まず，窒素が蒸発し，次に窒素より沸点の高い酸素が蒸発する。このことを利用して，空気をその成分気体に分離することができる。このように，沸点の差を利用して液体の混合物を複数の留出物（蒸留によって留出される物質）に分離する操作を**分留**という。**分留は，空気の分留のほか，原油を灯油や軽油などに分離する原油の分留などにも利用される。**

D 再結晶

　温度による物質の溶解度の差を利用して，固体の混合物から不純物を取り除く物質の精製法を**再結晶**という。

　図1-4のように不純物として少量の硫酸銅（Ⅱ）を含む硝酸カリウムを，高温の水に溶かせるだけ溶かし，これを冷却する。低温では硝酸カリウムの溶解度が下がるので，硝酸カリウムが結晶となって析出する。このとき，不純物の硫酸銅（Ⅱ）は少量なので溶液中に残る。このようにして，硝酸カリウムの純粋な結晶が得られる。

少量の硫酸銅（Ⅱ）（青色）を含む硝酸カリウム（白色）

高温の水で溶解する。

冷却すると，硝酸カリウムのみが析出。硫酸銅（Ⅱ）は，水溶液中に溶けたまま残る。

ろ過して水で洗うと，硝酸カリウムの純粋な結晶が得られる。

図1-4　再結晶

E 抽出

図 1-5 のように，ヨウ素とヨウ化カリウムの混合水溶液を**分液ろうと**に入れ，ヘキサンを加えると，水の層とヘキサンの層に分かれる。これをよく振って混ぜ，しばらく放置すると，再び 2 層に分離する。このとき，水よりもヘキサンに溶けやすいヨウ素だけが，ヘキサンの層に移る。このように，物質の溶解度が溶媒の種類によって異なることを利用して，混合物から目的の物質を分離する操作を**抽出**という。

[補足] お茶は乾燥したお茶の葉から，味と香りの成分を熱湯に抽出したもの。

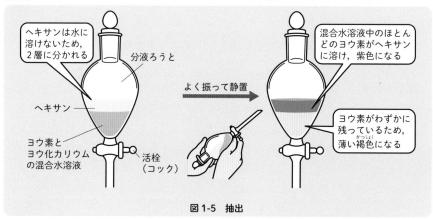

図 1-5　抽出

F 昇華法

固体が液体を経ずに，直接気体になることを**昇華**という。**図 1-6** のように，ヨウ素と塩化ナトリウムの固体混合物を加熱すると，昇華しやすいヨウ素のみが気体になる。気体のヨウ素は冷水の入ったフラスコで冷却され，フラスコの底にヨウ素の純粋な結晶（固体）が付着する。このように，昇華しやすい物質を固体→気体→固体の変化を利用して分離する操作を**昇華法**という。

図 1-6　昇華法

Ⓖ クロマトグラフィー

　複数の色素の混合物をろ紙やシリカゲルなどにつけ，適当な溶媒に浸すと，溶媒の移動に伴って，各色素は異なった位置に分離される（展開）。これは色素によってろ紙などとの吸着力に違いがあり，移動速度が異なるからである。このような移動速度の違いによる混合物の分離操作を**クロマトグラフィー**といい，ろ紙を使った操作を**ペーパークロマトグラフィー**という（**図 1-7**）。

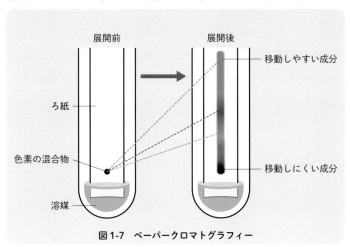

図 1-7　ペーパークロマトグラフィー

＋アルファ	**混合物の分離の例**

ろ過：砂の混じった水から砂を取り除く。

蒸留：海水から水を分離する。

分留：原油から灯油や軽油，ガソリンを分離する。

再結晶：少量の塩化ナトリウムを含む硝酸カリウムから硝酸カリウムを取り出す。

昇華法：鉄粉とヨウ素の混合物からヨウ素を分離する。

抽出：紅茶の茶葉から香りとうまみ成分を取り出す。

クロマトグラフィー：複数の色素を分離する。

2 | 元素・単体・化合物

1 元素

　物質は原子と呼ばれる最小単位の粒子からできており，自然界には多くの種類の原子が存在している。物質を構成する原子の種類を元素といい，現在約 120 種類の元素が知られている。元素は，H のようにアルファベットの大文字 1 文字，あるいは Na のように大文字 1 文字と小文字 1 文字を用いる**元素記号**で表される。

表 1-1　元素記号とその由来

元素	元素記号	ラテン語名・ギリシャ語名・英名	命名の由来
水素	H	Hydrogenium（ラテン語）	「水をつくるもの」の意味より
酸素	O	Oxygenium（ラテン語）	「酸をつくるもの」の意味より
アルゴン	Ar	Argon（ギリシャ語）	「不活発なもの」の意味より
カルシウム	Ca	Calx（ラテン語）	「炭酸カルシウム」のラテン語より
銅	Cu	Cuprum（ラテン語）	「キプロス島」(銅の生産地)より
金	Au	Aurum（ラテン語）	「金」のラテン語より
メンデレビウム	Md	Mendelevium（英語）	周期表の創始者「メンデレーエフ」より

2 単体と化合物

　水を電気分解すると，純物質である水素と酸素に分解される。しかし，水素と酸素はどんな方法を用いても，それ以上別の純物質に分解できない。このことから，水素や酸素は 1 種類の成分，つまり 1 種類の元素から構成されているといえる。このように 1 種類の元素からなる純物質を**単体**という。一方，水は水素と酸素の 2 つの単体に分解できるので，2 種類の元素から構成されている。このように，2 種類以上の元素から構成される純物質を**化合物**という。

例　単　体…水素 H_2，酸素 O_2，窒素 N_2，塩素 Cl_2，ナトリウム Na，銅 Cu
　　　化合物…水 H_2O，塩化ナトリウム NaCl，硫酸 H_2SO_4，
　　　　　　　グルコース(ブドウ糖) $C_6H_{12}O_6$

物質
- 純物質
  - 単　体…1種類の元素からなる純物質
  - 化合物…2種類以上の元素からなる物質
- 混合物…………2種類以上の純物質が混じった物質

天然には混合物が多く，また，化合物は単体に比べてはるかに種類が多い。

3　単体名と元素名

　単体と元素は同じ名称で呼ばれることが多い。単体は実際に存在する物質を示し，元素は物質の構成成分を示す。色やにおい等があり，五感で感じられるときなどは単体名であり，化合物の成分を指すときは，元素名である。

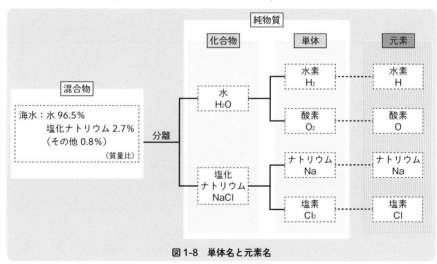

図 1-8　単体名と元素名

Q 単体名と元素名の区別が難しいです。

A 例えば，「水は水素と酸素からなる物質である」というときの「酸素」は，化合物である水の成分のことなので，元素です。
「空気の主成分は，窒素と酸素である」というときの「酸素」は，実際にある気体を指しているので，単体のことですよ。

4 同素体

　酸素 O_2 とオゾン O_3 は，いずれも酸素の元素 O からなる単体であるが，その性質は互いに異なる。このように，同じ元素からなる単体で性質の異なるものを互いに**同素体**(どうそたい)という。

A 主な同素体

　次の例の 4 種が，主な同素体である。

例
$$\text{硫黄 S}\begin{cases}\text{斜方硫黄}\\ \text{単斜硫黄}\\ \text{ゴム状硫黄}\end{cases}\qquad \text{炭素 C}\begin{cases}\text{ダイヤモンド}\\ \text{黒鉛}\\ \text{フラーレン}\end{cases}\qquad \text{酸素 O}\begin{cases}\text{酸素 }O_2\\ \text{オゾン }O_3\end{cases}\qquad \text{リン P}\begin{cases}\text{黄リン}\\ \text{赤リン}\end{cases}$$

B 同素体の性質

❶ 同素体は互いに変化し合う。

例　1. 酸素中で放電させるとオゾンが生成し，オゾンを放置しておくと酸素に変化する。
　　2. 赤リンの蒸気を急冷すると黄リンとなり，空気を断った環境で黄リンを約 260 ℃に加熱すると赤リンとなる。

❷ 同素体から生成する化合物は，同じものである。

例　1. ダイヤモンド，黒鉛，フラーレンを空気中で燃焼させると，いずれも二酸化炭素 CO_2 になる。
　　2. 黄リン，赤リンを空気中で燃焼させると，どちらも十酸化四リン(じっさんかし) P_4O_{10} となる。

C 同素体の性質の違いの例

　炭素 C の同素体である「ダイヤモンドと黒鉛」や酸素 O の同素体である「酸素とオゾン」などは，同じ元素からなる物質であるが，性質はまったく異なる。

炭素 C の同素体			酸素 O の同素体	
黒鉛	ダイヤモンド	フラーレン	酸素 O_2	オゾン O_3

C_{60} の分子の構造

オゾンを湿ったヨウ化カリウムデンプン紙に触れさせると青色に変化するが，酸素を触れさせても変化しない(オゾンの検出に利用)。

・黒色/・やわらかい	・無色透明	・黒色～褐色	・無色	・淡青色
・電気をよく通す	・非常に硬い		・無臭	・特異臭
・鉛筆の芯や乾電池の電極に使われる	・電気を通さない			

硫黄 S の同素体			リン P の同素体	
斜方硫黄 S_8	単斜硫黄 S_8	ゴム状硫黄 S_x	赤リン P_x	黄リン P_4

・黄色	・黄色	・褐色～黄色	・赤褐色の粉末	・淡黄色のろう状固体/・猛毒
・大きな結晶	・針状の結晶	・弾力性がある	・毒性は少ない	・自然発火するため，水中に保存する
・常温で安定	・常温で斜方硫黄になる	・常温で斜方硫黄になる	・マッチの側薬に使われる	

図1-9　同素体

> **Q** ヨウ化カリウムデンプン紙って何ですか？

> **A** ヨウ化カリウムデンプン紙とは，ヨウ化カリウム KI とデンプンを水に溶かし，ろ紙にしみ込ませて乾燥させたものです。ヨウ化カリウムとオゾンは，次のように反応します。
>
> $$2KI + O_3 + H_2O \longrightarrow 2KOH + O_2 + I_2$$
>
> この反応で生成したヨウ素 I_2 が，デンプンと反応すると青色になるのです。このような，ヨウ素とデンプンの反応を**ヨウ素デンプン反応**といいます。

5 元素の確認

物質を構成する元素は，固有の性質を示す。この性質を調べることによって，物質に含まれる元素がわかる。

A 炎色反応

白金線の先に塩化ナトリウム水溶液をつけ，ガスバーナーの外炎に入れると，炎が黄色になる。この黄色の炎は，ナトリウム Na に固有の色である。このように，ある種の元素を含む物質を炎の中に入れると，その元素固有の発色が見られることがある。この現象を炎色反応という。炎色反応の色は元素によって異なり，その色から元素の種類がわかる。打ち上げ花火が様々な色に変化するのは，炎色反応を利用しているからである。

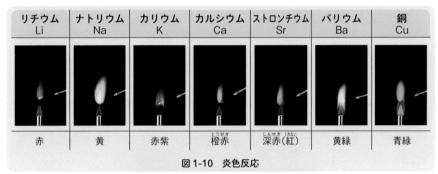

リチウム Li	ナトリウム Na	カリウム K	カルシウム Ca	ストロンチウム Sr	バリウム Ba	銅 Cu
赤	黄	赤紫	橙赤	深赤(紅)	黄緑	青緑

図1-10 炎色反応

図1-11 打ち上げ花火

B　沈殿反応による元素の確認

　化学反応により，溶媒に溶けきれずに生じる固体を**沈殿**といい，沈殿を生じる反応を**沈殿反応**という。沈殿反応を利用すると，生成した沈殿から物質に含まれる元素の種類がわかることが多い。

C　塩素 Cl の確認

　塩化ナトリウム水溶液に硝酸銀 $AgNO_3$ 水溶液を加えると，塩化銀 AgCl の白色沈殿を生じる。この反応は塩化物イオン Cl^- を含む物質に特有の反応で，塩化ナトリウム NaCl には成分元素として，塩素 Cl が含まれることが確認できる。

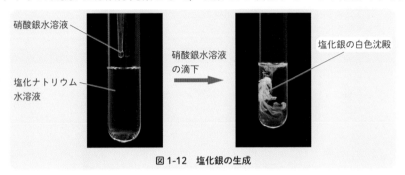

図1-12　塩化銀の生成

D　炭素 C の確認

　大理石に塩酸を加えると気体が発生し，この気体を水酸化カルシウム $Ca(OH)_2$ 水溶液（石灰水）に通じると，炭酸カルシウム $CaCO_3$ の白色沈殿が生じる。このとき発生した気体は二酸化炭素 CO_2 で，大理石には成分元素として炭素 C が含まれることが確認できる。

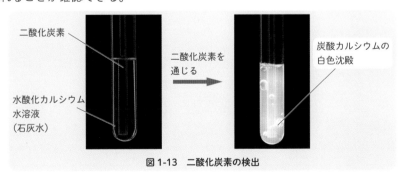

図1-13　二酸化炭素の検出

　白色の硫酸銅（Ⅱ）無水物 $CuSO_4$ に水 H_2O を加えると，青色に変わる。この変化は水の検出に利用される。

　炭酸水素ナトリウム $NaHCO_3$ を加熱すると，液体が生じる。この液体を硫酸銅（Ⅱ）無水物に加えると青色になることから，生じた液体は水で，炭酸水素ナトリウムには成分元素として水素 H が含まれることが確認できる。

　水の確認には，この他に塩化コバルト紙が用いられる。青色の塩化コバルト紙は，水に触れると赤色に変わる。

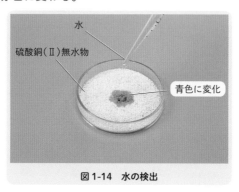

水

硫酸銅（Ⅱ）無水物

青色に変化

図1-14　水の検出

POINT

元素の確認例

| Naの確認 | ⇨ 炎色反応 | ⇨ | 炎色が黄色 |
| Baの確認 | | | 炎色が黄緑色 |

Clの確認 ⇨ ｛硝酸銀水溶液を 加える｝ ⇨ ｛塩化銀の白色沈殿 が生成｝

Cの確認 ⇨ ｛CO_2を発生させ, 石灰水に通じる｝ ⇨ ｛炭酸カルシウムの 白色沈殿が生成｝

Hの確認 ⇨ ｛H_2Oを生じさせ, これを硫酸銅（Ⅱ） 無水物に加える｝ ⇨ ｛白色から青色に 変化｝

この章で学んだこと

　この章では，まず純物質，続いて自然界に多く存在する物質として混合物について学習し，さらに物質（純物質）の構成成分として元素について，そして，単体や化合物，同素体について学習した。

1 純物質と混合物

❶ **純物質**　1種類の物質からなる物質。
　［例］酸素，水
　→融点・沸点・密度が一定。

❷ **混合物**　2種類以上の純物質が混合した物質。自然界の多くの物質は混合物。
　［例］空気，海水，土
　→融点・沸点・密度が成分物質の混合割合により変化する。

❸ **混合物の分離**　混合物から物質を分け取る操作。
　（a）ろ過　液体と固体をろ紙を用いて分離する。
　［例］水溶液中の沈殿を分離。
　（b）蒸留　液体と他の物質の混合物の溶液を加熱し，その蒸気を冷却して凝縮させて分離する。
　［例］海水から水を分離。蒸留によって得られた水が蒸留水。
　（c）分留　液体混合物を加熱し，沸点の差を利用して複数の成分物質に分離する。
　［例］液体空気から酸素や窒素を分離。
　（d）再結晶　水などの溶媒への固体物質の溶解度が温度によって異なることを利用して，純粋な結晶を分離する。
　［例］少量の食塩を含む硝酸カリウムから，純粋な硝酸カリウムの結晶を取り出す。
　（e）抽出　固体や液体の混合物に，ヘキサンやエーテルなどの溶媒を加えて，その溶媒に溶ける物質を分離する。
　［例］大豆中の油脂をエーテルで抽出。

　（f）昇華法　固体混合物から，昇華しやすい物質を分離する。
　（g）クロマトグラフィー　ろ紙やシリカゲルなどの吸着剤への吸着力の差を利用して分離する。

2 元素・単体・化合物

❶ **元素**　これ以上分解できない最小単位の粒子が原子で，物質を構成する原子の種類が元素。現在，約120種類ある。
　→元素記号で表す。

❷ **単体**　1種類の元素からなる純物質。
　［例］水素 H_2　酸素 O_2　炭素 C

❸ **化合物**　2種類以上の元素からなる純物質。
　［例］水 H_2O　硫酸 H_2SO_4

❹ **同素体**　同じ元素からなる単体で性質が互いに異なるもの。
　→S：斜方硫黄，単斜硫黄，ゴム状硫黄
　　C：ダイヤモンド，黒鉛，フラーレン
　　O：酸素，オゾン
　　P：黄リン，赤リン
　→スコップ（SCOP）と覚える。

❺ **元素の確認**
　（a）炎色反応による確認
　［例］Na 黄色，Ba 黄緑色
　（b）沈殿反応による確認
　［例］Cl，C の確認
　（c）水素 H の確認
　→白色の硫酸銅（Ⅱ）無水物 $CuSO_4$ に水を加えると，青色に変わる。

MY BEST

Basic Chemistry

第 **2** 章

熱運動と
物質の三態

1 | 熱運動

1 拡散

赤褐色の臭素 Br_2 の気体と無色の窒素 N_2 が入った 2 つの集気びんを，**図 2-1** のように，びんの口の間に仕切り板をはさんで重ねる。この仕切り板を静かに取り除くと，臭素が均一に広がり，容器全体が薄い赤褐色になる。このように，物質の構成粒子が自然に広がる現象を**拡散**という。拡散は液体どうしでも起こる。

例 水にインクをたらすと，徐々に全体に色が広がる。

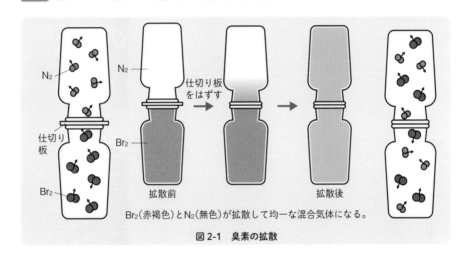

仕切り板

N_2

N_2

仕切り板
をはずす

Br_2

拡散前

拡散後

Br_2

Br_2（赤褐色）と N_2（無色）が拡散して均一な混合気体になる。

図 2-1　臭素の拡散

2 熱運動

拡散は，物質を構成している粒子が，その温度に応じて，絶え間なく不規則な運動をしているために起こる。この粒子の運動を**熱運動**という。高温になると熱運動は激しくなるため，拡散の速度は速くなり，均一になる時間は短くなる。

2 | 物質の三態と状態変化

1 物質の三態と状態変化

物質は，その構成粒子の集合状態により，**固体・液体・気体**の３つの状態をとる。これを**物質の三態**という。

一般に，温度や圧力を変化させると，固体・液体・気体の三態間で変化する。これを**状態変化**という。固体から液体への変化を**融解**，その逆を**凝固**，液体から気体への変化を**蒸発**，その逆を**凝縮**という。また，固体から液体を経ず直接気体になる変化を**昇華**，気体から直接固体になる変化を**凝華**という。

補足 固体が融解するときの温度を**融点**という。また，液体の内部からも蒸発が起こり，気泡が生じる現象が**沸騰**であり，沸騰する温度を**沸点**という。

状態変化のように，物質の種類そのものは変わらずに，状態だけが変わる変化を**物理変化**という。これに対して，水の電気分解のように原子の組み合わせが変化して，物質の種類が変わる変化を**化学変化**という。

Q 物理変化や化学変化にはどのようなものがあるのですか？

A 「水に塩化ナトリウムを溶かした」や「氷が融けた」は物理変化，「鉄が錆びた」や「黒鉛が燃えた」は化学変化です。

2 物質の状態と熱運動

物質を構成する粒子は，熱運動によって，ばらばらになろうとする。一方で，粒子間には引力がはたらき，集合しようとしている。物質の固体・液体・気体の状態は，熱運動と粒子間にはたらく引力の大小関係によって決まる。温度により，この大小関係が変わると，状態変化が起こる。

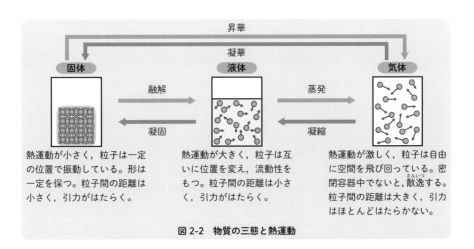

熱運動が小さく，粒子は一定の位置で振動している。形は一定を保つ。粒子間の距離は小さく，引力がはたらく。

熱運動が大きく，粒子は互いに位置を変え，流動性をもつ。粒子間の距離は小さく，引力がはたらく。

熱運動が激しく，粒子は自由に空間を飛び回っている。密閉容器中でないと，散逸する。粒子間の距離は大きく，引力はほとんどはたらかない。

図 2-2　物質の三態と熱運動

3　状態変化と熱

　図 2-3 は，1 気圧(1.013×10^5 Pa)のもとで，氷に一定の割合で熱を加えたときの温度変化の図である。融点(0 ℃)では，固体と液体が共存し，加えられた熱は固体から液体への状態変化に使われるため，温度は一定に保たれる。同様に，沸点(100 ℃)では，加えられた熱は液体から気体への状態変化に使われ，温度は一定に保たれる。

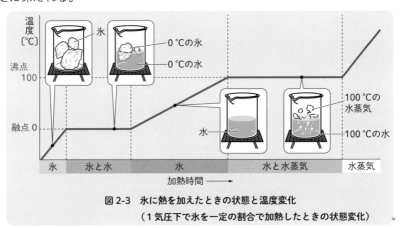

図 2-3　氷に熱を加えたときの状態と温度変化

（1 気圧下で氷を一定の割合で加熱したときの状態変化）

🧑‍🏫 POINT

融点では固体と液体が共存し，温度は一定に保たれる。
沸点では液体と気体が共存し，温度は一定に保たれる。

この章で学んだこと

　まず，拡散の現象と粒子の運動の関係から，粒子の熱運動を理解した。固体・液体・気体の物質の三態を粒子の熱運動から理解し，融点や沸点では温度が一定に保たれることを学習した。

1 熱運動

❶ 拡散　仕切りをした２つの容器に２種類の気体をそれぞれとり，仕切りを除くと，２種類の気体が２つの容器全体に均一に広がり，混合する現象。

→液体の場合も拡散が見られる。

❷ 熱運動　物質を構成している粒子（分子やイオンなど）が，その温度に応じて行っている運動。絶えず不規則な運動をしている。

→拡散は熱運動によって起こる。

2 物質の三態と状態変化

❶ 物質の三態　固体・液体・気体の３つの状態。

（a）固体　熱運動が小さく，粒子が一定の位置で振動している状態。

→一定の形状をとる。

→粒子は互いに近接し，引力がはたらく。

→結晶は，粒子が規則正しく配列した固体。

（b）液体　熱運動が大きく，粒子が位置を変え，流動性をもった状態。

→一定の形状をもたないが，大きさをもつ。

→粒子は互いに近接し，引力がはたらく。

（c）気体　熱運動が激しく，粒子が自由に空間を飛び回っている状態。

→一定の形状も大きさももたない。

→粒子は互いに大きく離れていて，引力はほとんどはたらかない。

→容器に入れておかないと，散逸する。

❷ 状態変化と熱

（a）状態変化　温度や圧力を変化させると，固体・液体・気体の三態間で変化する。

固体 → 液体：**融解**

液体 → 固体：**凝固**

液体 → 気体：**蒸発**

気体 → 液体：**凝縮**

固体 → 気体：**昇華**

気体 → 固体：**凝華**

→１気圧のもとで，固体（結晶）が液体に変化する温度が融点，液体が気体に変化する温度が沸点である。

（b）融点・沸点の状態　融点では固体と液体が共存し，温度が一定に保たれる。沸点では，液体と気体が共存し，温度が一定に保たれる。

定期テスト対策問題 1

解答・解説は p.711

1 次の(1)〜(4)の実験操作に最も適した方法を下の①〜⑤より，1つずつ選べ。
(1) 食塩水から水を取り出す。
(2) 少量の塩化ナトリウムが混じった硝酸カリウムから硝酸カリウムを取り出す。
(3) ヨウ素とヨウ化カリウムを含む水溶液からヨウ素を取り出す。
(4) 原油から灯油や軽油を取り出す。
① ろ過　② 分留　③ 蒸留　④ 再結晶　⑤ 抽出

2 次の①〜④の物質の組み合わせのうち，互いに同素体であるものを選べ。
① 一酸化炭素と二酸化炭素　② 金と白金
③ ダイヤモンドと黒鉛　④ 塩素と臭素

3 次の文(1)〜(4)の下線部は「元素」，「単体」のどちらを意味しているか答えよ。
(1) 塩素は酸化力が強く，水道水の殺菌に用いる。
(2) 地殻全体の質量の46%は酸素である。
(3) 電球のフィラメントには融点の高いタングステンが用いられている。
(4) 人間の骨はカルシウムからできている。

4 次の(1)〜(4)の実験の結果から，下線部の物質に含まれていると考えられる元素を元素記号で答えよ。
(1) 食塩水に硝酸銀水溶液を加えると白く濁った。
(2) ある物質の水溶液を白金線につけて炎の中に入れると，赤紫色の炎色反応が見られた。
(3) ある物質の水溶液を白金線につけて炎の中に入れると，黄緑色の炎色反応が見られた。
(4) 大理石に塩酸を加えると，気体が発生した。この気体を水酸化カルシウム水溶液(石灰水)に通じると，白色沈殿が生じた。

ヒント
1 (2) 塩化ナトリウムも硝酸カリウムも水に溶ける。(3) ヨウ素は水には溶けにくいが，ヘキサンには溶ける。
3 元素は物質を構成する成分で，単体は1種類の元素からなる物質である。
4 (1)と(4)は沈殿反応による元素の確認方法である。

5 下図は, 一定量の結晶を 1 気圧(1.013×10^5 Pa)のもとで加熱したときの図である。

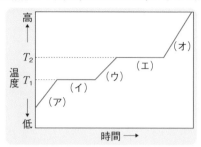

(1) T_1, T_2 の温度は何と呼ばれるか答えよ。

(2) 次の①, ②は, 図中の(ア)〜(オ)のどれに該当するか, 記号で答えよ。

① 気体　② 固体

6 次の①〜⑤は, 固体(結晶)・液体・気体のうちのどの状態にあてはまるか答えよ。

① 粒子が高速で運動している。

② 粒子が規則正しく配列している。

③ 粒子は一定の位置で振動している。

④ 密度が最も小さい。

⑤ 分子が互いに接していて入れ替わる。

7 下の記述(a)〜(d)の現象と最も関連の深い化学用語を次から選べ。

蒸発　凝固　凝縮　融解　昇華　凝華　沸騰　拡散

(a) 水に青インクをたらして, しばらくすると, 均一な青い水になった。

(b) 冷凍庫内の氷が小さくなった。

(c) 水たまりが小さくなった。

(d) 冬の夜, 室内の窓ガラスが曇った。

ヒント

5 温度が一定のときは, 2 つの状態が共存している。

6 粒子(原子・分子・イオン)の熱運動は, 温度が高くなるほど激しくなる。

7 どんな状態変化を起こしているか考える。

MY BEST   Basic Chemistry

第 **3** 章   原子と
その構造

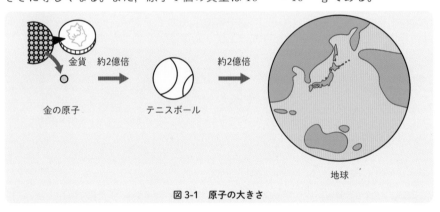

1 原子とその構造

1 原子の大きさ

　すべての物質は，原子という粒子からなる。1803 年にイギリスの化学者ドルトンが，「原子はそれ以上分割できない究極の粒子」と提唱した。原子は非常に小さい粒子で，その直径は 10^{-10} m (0.1 nm) である。金の原子とテニスボールの大きさの比と，テニスボールと地球の大きさの比はほぼ等しく，金の原子を約 2 億倍するとテニスボールの大きさに，テニスボールを約 2 億倍すると地球の大きさに等しくなる。また，原子 1 個の質量は 10^{-24} 〜 10^{-22} g である。

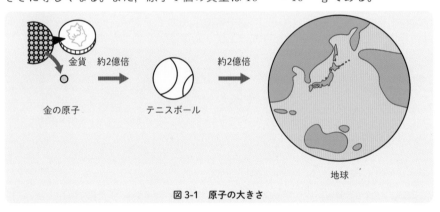

金貨　約2億倍

金の原子　　　テニスボール　　　約2億倍

地球

図 3-1　原子の大きさ

2 原子の構造

　原子は，正の電荷をもつ原子核と，そのまわりを取り巻く負の電荷をもつ電子から構成される。また，原子核は，正の電荷をもつ陽子と，電荷をもたない中性子からできている。原子核は，原子に比べて非常に小さく，直径は 10^{-15} 〜10^{-14} m で，原子の直径の数万分の 1 程度である。

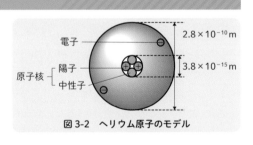

電子

陽子
原子核
中性子

2.8×10^{-10} m
3.8×10^{-15} m

図 3-2　ヘリウム原子のモデル

陽子・中性子・電子の電荷や質量には次のような特徴がある。

㋐　陽子と中性子の質量はほぼ等しく，電子の質量はそれらの約 $\dfrac{1}{1840}$ である。

㋑　陽子 1 個がもつ正の電荷と電子 1 個がもつ負の電荷は，その絶対値が等しい。

㋒　原子中の陽子と電子は，その数が等しく，原子は全体として電気的に中性である。

補足　物質が帯びる電気量を**電荷**といい，C（クーロン）という単位で表される。陽子 1 個または電子 1 個のもつ電気量の絶対値は 1.602×10^{-19} C である。これは電気量の最小単位で電気素量と呼ばれる。

3　原子番号と質量数

　原子核に含まれる陽子の数は，各元素に固有の値である。この数を，**原子番号**という。同じ元素の原子は同じ原子番号になる。

　原子核中の陽子の数と中性子の数の和を**質量数**という。原子の質

図 3-3　原子の構成の表し方

量は，陽子の質量と中性子の質量の和にほぼ等しく，質量数にほぼ比例する（電子の質量は，陽子や中性子の質量に比べて無視できるぐらいに小さいため）。

　原子は元素記号で示し，その左下に原子番号，左上に質量数を書いて表す。原子番号や質量数はつねに書く必要はなく，省略することが多い。

4　同位体と元素

　原子番号が同じで，質量数が異なる原子を，互いに**同位体（アイソトープ）**という。例えば，天然に存在する水素原子には，質量数が 1 の $^{1}_{1}\mathrm{H}$（陽子 1 個），質量数が 2 の $^{2}_{1}\mathrm{H}$（陽子 1 個，中性子 1 個），質量数が 3 の $^{3}_{1}\mathrm{H}$（陽子 1 個，中性子 2 個)がある。

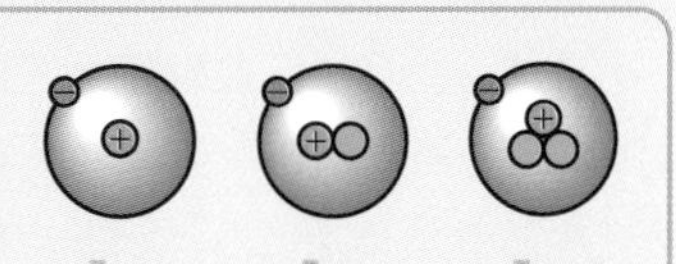

同位体	$^{1}_{1}\mathrm{H}$	$^{2}_{1}\mathrm{H}$	$^{3}_{1}\mathrm{H}$
陽子⊕の数	1	1	1
中性子○の数	0	1	2
質量数	1	2	3
電子⊖の数	1	1	1

図 3-4　水素の同位体

補足　同位体は同じ元素として分類される。

A 同位体の性質

同位体どうしは，中性子の数が互いに異なる。そのため，質量数は互いに異なるが，反応性のような化学的性質はほぼ同じである。

B 同位体の存在比

多くの元素には同位体が存在する。同位体の存在比は，地球上でほぼ一定である。

表3-1　主な元素の同位体

原子番号	元素	質量数	存在比(%)
1	水素 H	1 2 3	99.972 ～ 99.999 0.001 ～ 0.028 ごく微量
2	ヘリウム He	3 4	0.0002 99.9998
6	炭素 C	12 13	98.84 ～ 99.04 0.96 ～ 1.16
7	窒素 N	14 15	99.578 ～ 99.663 0.337 ～ 0.422
8	酸素 O	16 17 18	99.738 ～ 99.776 0.0367 ～ 0.0400 0.187 ～ 0.222

原子番号	元素	質量数	存在比(%)
17	塩素 Cl	35 37	75.5 ～ 76.1 23.9 ～ 24.5
26	鉄 Fe	54 56 57 58	5.845 91.754 2.119 0.282
29	銅 Cu	63 65	69.15 30.85

国立天文台編「理科年表 2022」，丸善出版(2021)より

POINT

同位体 ⇨ $\left\{ \begin{array}{c} 原子番号 \\ 陽子の数 \end{array} \right\}$ が同じで $\left\{ \begin{array}{c} 質量数 \\ 中性子の数 \end{array} \right\}$ が異なる原子

5　放射性同位体（ラジオアイソトープ）

同位体の中には，**放射線**と呼ばれる粒子や電磁波を放出して，他の原子核や，より安定な原子核になるものがある。このような変化を**壊変（崩壊）**という。また，壊変する同位体を**放射性同位体（ラジオアイソトープ）**という。壊変には，α 壊変，β 壊変，γ 壊変などの種類がある（**表3-2**）。壊変によって放射性同位体の量がもとの半分になるまでの時間を**半減期**という。半減期は放射性同位体に固有の値である。

表 3-2　壊変の種類と放射線

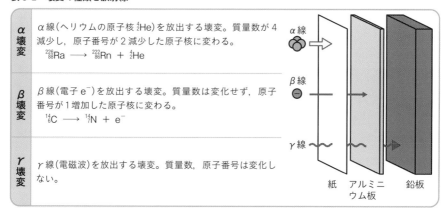

α 壊変	α 線(ヘリウムの原子核 ^4_2He)を放出する壊変。質量数が 4 減少し,原子番号が 2 減少した原子核に変わる。 $^{226}_{88}\text{Ra} \longrightarrow \ ^{222}_{86}\text{Rn} + \ ^4_2\text{He}$
β 壊変	β 線(電子 e^-)を放出する壊変。質量数は変化せず,原子番号が 1 増加した原子核に変わる。 $^{14}_6\text{C} \longrightarrow \ ^{14}_7\text{N} + \ e^-$
γ 壊変	γ 線(電磁波)を放出する壊変。質量数,原子番号は変化しない。

補足 1. 放射線を放出する能力を**放射能**という。
2. 電磁波には,放送に使われる電波や光などがある。

 Q 自然界に同位体が存在しない元素もあるのですか?

 A フッ素やナトリウム,アルミニウムなどは,自然界に安定な同位体は存在しません。

6　放射線の利用

　放射線は,癌(がん)の治療や農産物の品種改良などに利用される。また,放射線を使って体の断層画像を作成する CT スキャン(**図 3-5**)や,放射線を追跡して,放射性元素が細胞などでどのような動きをするかを調べるトレーサー法などにも利用されている。

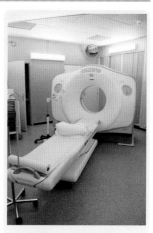

図 3-5　CT スキャン

大気中では，宇宙線（宇宙からの放射線）由来の中性子と窒素原子 $^{14}_{7}N$ から $^{14}_{6}C$ が生成する。

$$^{14}_{7}N + ^{1}_{0}n \longrightarrow {}^{14}_{6}C + {}^{1}_{1}p \quad (^{1}_{0}n：中性子 \quad ^{1}_{1}p：陽子)$$

$^{14}_{6}C$ は β 壊変して $^{14}_{7}N$ に戻るため，大気中の $^{14}_{6}C$ の割合は過去から現在までほぼ一定に保たれている。

$$^{14}_{6}C \longrightarrow {}^{14}_{7}N + e^{-} \quad (e^{-}：\beta 線)$$

植物は一定の割合の $^{14}_{6}C$ を含む CO_2 を光合成で取り入れる。枯死した植物は大気から CO_2 を取り入れられないので，$^{14}_{6}C$ が β 壊変して $^{14}_{7}N$ になり，一定の割合で減少していく。$^{14}_{6}C$ の半減期は5730年であるから，残存する $^{14}_{6}C$ の割合から，植物が生存した年代を知ることができる。

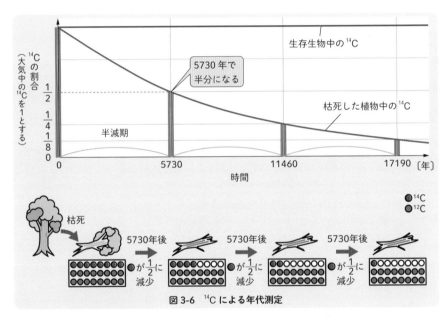

図3-6 ^{14}C による年代測定

例　木材の化石の $^{14}_{6}C$ の割合が，大気中に含まれる $^{14}_{6}C$ の量の $\dfrac{1}{4}$ になっていたとき，この木材が生存していた年代は今から何年前かを計算してみる。ただし，$^{14}_{6}C$ の半減期は5730年である。

半減期の5730年ごとに $^{14}_{6}C$ は半分になるので，$\dfrac{1}{2}$ になるのに5730年，$\dfrac{1}{2}$ からその半分の $\dfrac{1}{4}$ になるのにも，5730年かかる。よって，木材が生存していた年代は

$$5730 \times 2 = \textbf{11460 年前}$$

2 | 原子の電子配置

1 電子配置

A 電子殻

　原子内の電子は，原子核のまわりに存在する。電子は何の制約もなく存在するのではなく，電子殻と呼ばれるいくつかの層に分かれて存在する。電子殻は原子核に近い内側から順にK殻，L殻，M殻，N殻，……と呼ばれる。

　各電子殻に収納できる電子の数には限度があり，内側から n 番目の電子殻に入る電子の最大数は $2n^2$ 個である。

補足　殻の名称はKから始まるアルファベット順 ⇨ K，L，M，N，……

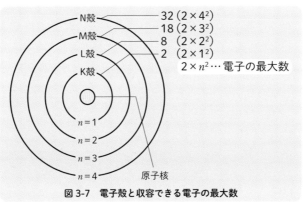

図3-7　電子殻と収容できる電子の最大数

POINT

電子殻に入りうる電子の最大数は $2n^2$

K殻は $2(2 \times 1^2)$，L殻は $8(2 \times 2^2)$，M殻は $18(2 \times 3^2)$，N殻は $32(2 \times 4^2)$，……のように，電子殻に入る電子の最大数は，$2n^2$ で表せる。

Q どうして電子殻は，K殻から始まるんですか？

A K殻が発見された当時は，K殻よりも小さい殻があると考えられており，A殻からJ殻までの10個分の余裕が設けられたからなんですよ。

B 電子配置

電子殻への電子の収まり方を電子配置という。内側の電子殻にある電子ほど，原子核からの静電気的な引力を強く受けるため，エネルギーの低い状態になる。このため，電子は最も内側のK殻から順に外側の電子殻に入る電子配置をとる。

例えば，$_{11}$Naは，K殻に2個，L殻に8個，M殻に1個の電子が入る電子配置をとる。この原則は，原子番号が1〜18までの原子に適用される。

最も外側の電子殻(最外殻)に入っている電子を最外殻電子という。

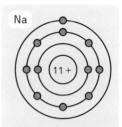

図3-8　ナトリウム原子の電子配置

補足 1. カリウム $_{19}$K，カルシウム $_{20}$Ca では，M殻にそれぞれ19個目，20個目の電子が入るよりも，N殻に入ったほうが安定である。

2. 本書では，電子配置を Na：K(2) L(8) M(1) のように表す。

C 価電子

ナトリウムの原子番号は11で，ナトリウム原子の電子は11個である。その電子配置は，K殻に2個，L殻に8個，M殻に1個となっている。このときの最外殻であるM殻の電子は，他の電子に比べて不安定で，他の原子と作用しやすい。原子の性質は，この最外殻電子によることが多く，このような最外殻電子のことを価電子という。

表3-3　原子の電子配置

価電子の数		1	2	3	4	5	6	7	0
最外殻	K殻	H							He
	L殻	Li	Be	B	C	N	O	F	Ne
	M殻	Na	Mg	Al	Si	P	S	Cl	Ar
	N殻	K	Ca						

原子がイオンになったり，原子どうしが結合したりするのは価電子のはたらきによる。

補足 原子の化学的性質は，価電子の数によって決まる。したがって，**表3-3**より，価電子の数が1で等しい Li，Na，K は，性質が類似しているとわかる。このような元素を**同族元素**（⇨p.58）という。

2 貴ガスの電子配置

ヘリウム He，ネオン Ne，アルゴン Ar，クリプトン Kr，キセノン Xe，ラドン Rn は，**貴ガス**（希ガス）と呼ばれる。He と Ne は各殻に最大数の電子が配置されている。このように，最大数の電子が収容されている電子殻を**閉殻**という。他の原子は最外殻の電子が8個になっている。これらの構造は安定であるため，貴ガスは，他の原子と反応しにくい。そのため，貴ガスの価電子の数は0個とする。貴ガスは，1個の原子が分子としてふるまう**単原子分子**である。

表3-4 貴ガスの電子配置

原 子		原子番号	K	L	M	N	O	P
ヘリウム	He	2	2					
ネオン	Ne	10	2	8				
アルゴン	Ar	18	2	8	8			
クリプトン	Kr	36	2	8	18	8		
キセノン	Xe	54	2	8	18	18	8	
ラドン	Rn	86	2	8	18	32	18	8

※ ▨ は最外殻の電子数

Q 貴ガスは，化合物をまったくつくらないんですか？

A 貴ガスは化合物をつくりにくいですが，まったくつくらないというわけではありません。最近ではキセノンとフッ素などの化合物がつくられています。

3 | イオンとその電子配置

1 イオン

原子は電気的に中性であるが，電子をやり取りすると，電気を帯びた原子や原子の集まり（原子団）の粒子になる。これを**イオン**という。電子を放出して正の電荷をもつ粒子を**陽イオン**，電子を受け取って負の電荷をもつ粒子を**陰イオン**という。やり取りする電子の数をイオンの**価数**といい，価数が 1，2，…… のとき 1 価，2 価，…… という。イオンは，元素記号の右上にイオンの価数と電荷の種類（＋，－）を書き添えた化学式で表す（**図 3-9**）。

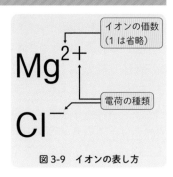

$$Mg^{2+}$$
$$Cl^-$$

イオンの価数
（1 は省略）

電荷の種類

図 3-9　イオンの表し方

A 単原子イオンと多原子イオン

1 個の原子が電子をやり取りしてできるイオンを**単原子イオン**という。また，2 個以上の原子が集まった原子団が電子をやり取りしてできるイオンを**多原子イオン**という。

Q イオンの価数というのは，原子の種類ごとに決まっているのですか？

A ある程度決まっていますが，銅 Cu のイオンや鉄 Fe のイオンのように，価数が異なるイオンもあります（**表3-5**）。

+アルファ | **イオンの名称**

● 単原子の陽イオンの名称は，元素名に「イオン」をつける。
● 単原子の陰イオンの名称は，元素名の語尾を「〜化物イオン」に変える。
● 陰イオンの多原子イオンの名称は「〜酸イオン」となることが多い。

表3-5　イオンの名称と化学式

価数	陽イオンの名称	化学式	陰イオンの名称	化学式
1価	水素イオン	H^+	フッ化物イオン	F^-
	ナトリウムイオン	Na^+	塩化物イオン	Cl^-
	カリウムイオン	K^+	水酸化物イオン	OH^-
	銅（I）イオン	Cu^+	硝酸イオン	NO_3^-
	銀イオン	Ag^+		
	アンモニウムイオン	NH_4^+		
2価	カルシウムイオン	Ca^{2+}	酸化物イオン	O^{2-}
	マグネシウムイオン	Mg^{2+}	硫化物イオン	S^{2-}
	鉄（II）イオン	Fe^{2+}	硫酸イオン	SO_4^{2-}
	銅（II）イオン	Cu^{2+}	炭酸イオン	CO_3^{2-}
3価	アルミニウムイオン	Al^{3+}	リン酸イオン	PO_4^{3-}
	鉄（III）イオン	Fe^{3+}		

※1. ▨ は多原子イオンを表す。
　2. 銅のイオン Cu^+ と Cu^{2+} のように，同じ元素で価数が異なるイオンがある場合は，銅（I）イオン，銅（II）イオンのように，イオンの価数をローマ数字で示して区別する。

 POINT

陽イオン⇨ 原子・原子団が電子を放出して正の電荷をもつ粒子。
陰イオン⇨ 原子・原子団が電子を受け取って負の電荷をもつ粒子。

2 イオンの生成

原子は，その原子番号と最も近い貴ガスの原子と同じ電子配置をとることが多い。

A 陽イオン

ナトリウム原子 Na の電子配置を考えると，原子番号は 11 であるから，右の表のように電子は 11 個で，K 殻に 2 個，L 殻に 8 個，M 殻に 1 個が配置され，価電子は 1 個である。

	K	L	M
Na	2	8	1
Ne	2	8	
Na$^+$	2	8	

ナトリウム原子が価電子を 1 個放出すると，安定な電子配置のネオン Ne と同じ電子配置となる。この結果，陽子（＋）が 11 個，電子（－）が 10 個となり，正に帯電する。これがナトリウムイオン Na$^+$ で，正に帯電していることから陽イオンである。

補足 陽イオンになりやすい性質を**陽性**という。

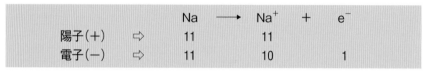

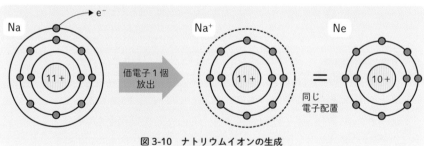

図 3-10 ナトリウムイオンの生成

B 陰イオン

塩素原子 Cl の電子配置を考えると，原子番号は 17 であるから，右の表のように電子は 17 個で，K 殻に 2 個，L 殻に 8 個，M 殻に 7 個が配置され，価電子は 7 個である。

	K	L	M
Cl	2	8	7
Ar	2	8	8
Cl$^-$	2	8	8

　塩素原子が M 殻に電子を 1 個受け入れると，安定な電子配置のアルゴン Ar と同じ電子配置となる。この結果，陽子（＋）が 17 個，電子（－）が 18 個となり，負に帯電する。これが塩化物イオン Cl^- で，負に帯電していることから陰イオンである。

補足 ▶ 陰イオンになりやすい性質を 陰性 という。

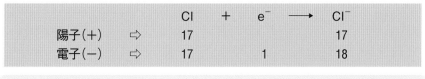

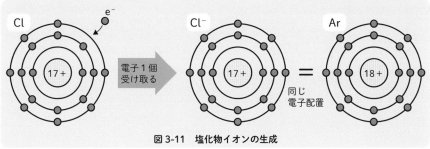

図 3-11　塩化物イオンの生成

ⓒ イオンの電子配置

　ナトリウム原子 Na がネオン Ne と同じ電子配置の Na^+ となったり，塩素原子 Cl がアルゴン Ar と同じ電子配置の Cl^- となったりするように，原子は貴ガスと同じ安定な電子配置をとってイオンになろうとする。

　ヘリウム He と同じ電子配置 K(2) をとるイオンは Li^+，ネオン Ne と同じ電子配置 K(2) L(8) をとるイオンは O^{2-}，F^-，Na^+，Mg^{2+}，Al^{3+}，アルゴン Ar と同じ電子配置 K(2) L(8) M(8) をとるイオンは S^{2-}，Cl^-，K^+，Ca^{2+} である。

POINT

イオンの電子配置
He と同じ電子配置：Li^+
Ne と同じ電子配置：O^{2-}，F^-，Na^+，Mg^{2+}，Al^{3+}
Ar と同じ電子配置：S^{2-}，Cl^-，K^+，Ca^{2+}

3 イオンの電子の数

1価，2価，3価の陽イオンは，次の例のように，原子からそれぞれ1個，2個，3個の価電子が放出された状態である。

例 価電子1個：Na $\longrightarrow$ Na$^+$ + e$^-$

　　　　2個：Mg $\longrightarrow$ Mg^{2+} + 2e$^-$

　　　　3個：Al $\longrightarrow$ Al^{3+} + 3e$^-$

また，1価，2価の陰イオンは，次の例のように，原子がそれぞれ1個，2個の電子を受け取った状態である。

例 価電子7個：Cl + e$^-$ $\longrightarrow$ Cl$^-$

　　　　6個：S + 2e$^-$ $\longrightarrow$ S^{2-}

単原子イオンの電子の数は，次のように表される。

陽イオンの 電子の数 = 原子番号 − 価数	Mg $\longrightarrow$ Mg^{2+} + 2e$^-$
	電子の数 $\Rightarrow$　12　　10　　2
陰イオンの 電子の数 = 原子番号 + 価数	S + 2e$^-$ $\longrightarrow$ S^{2-}
	電子の数 $\Rightarrow$　16　　2　　18

補足 多原子イオンの電子の数＝構成原子の原子番号の和±価数

　　　例えば，CO$_3{}^{2-}$ ＝ $(6+8\times3)+2=32$ 個

Q プラスとマイナスが混乱しそうです。

A 「電子が負の電荷を帯びている」ということが理解できていれば，混乱しなくなりますよ。原子から，電子が減ったら陽イオン，増えたら陰イオンです。

4 イオン化エネルギーと電子親和力

A イオン化エネルギー

　原子の最外殻から電子1個を取り去って，1価の陽イオンにするために必要なエネルギーを**イオン化エネルギー**という。

　イオン化エネルギーが小さい原子ほど陽イオンになりやすい。

> **補足**　原子から電子1個を取り去るのに必要なエネルギーを第一イオン化エネルギーといい，さらに，2個目，3個目の電子を取り去るのに必要なエネルギーを，それぞれ第二イオン化エネルギー，第三イオン化エネルギーという。

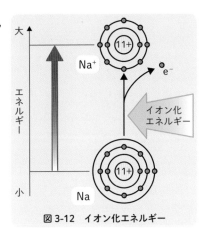

図 3-12　イオン化エネルギー

B 電子親和力

　原子が電子1個を受け取って，1価の陰イオンになるときに放出されるエネルギーを**電子親和力**という。

　電子親和力が大きい原子ほど陰イオンになりやすい。

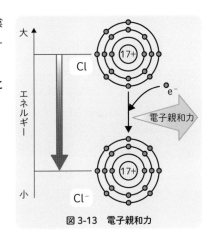

図 3-13　電子親和力

　POINT

　イオン化エネルギーが小さい　⇨　陽イオンになりやすい

　電子親和力が大きい　　　　　⇨　陰イオンになりやすい

4 | 元素の周期表

1 元素の周期律と周期表

A 元素の周期律

元素を原子番号順に並べると，性質のよく似た元素が周期的に現れる。また，イオン化エネルギーや電子親和力，原子半径，単体の沸点・融点などにも周期性がみられる。このような周期性を元素の**周期律**という。

B 元素の周期表

元素の周期律にしたがって，性質の似た元素を縦の列に並べた表を，元素の**周期表**という（**図3-14**）。縦の列を**族**（1族〜18族）といい，横の行を**周期**（第1周期〜第7周期）という。同じ族に属する元素を**同族元素**という。また，同じ周期の原子の最外殻は同じである。

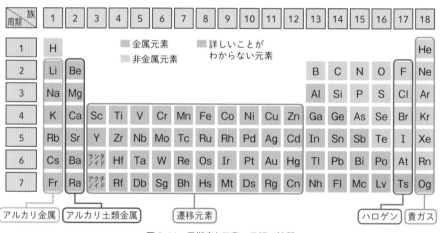

図3-14 周期表と元素の分類・性質

+アルファ	原子番号1〜20の覚え方（語呂合わせで覚えよう）

水兵	リーベ	僕	の	船	なあに	間が	ある	シップ	すぐ	クラーク	か
H He	Li Be	B, C	N, O F, Ne	Na		Mg	Al	Si P	S	Cl, Ar, K	Ca

メンデレーエフの周期表と未知元素の予言

　ロシアの化学者メンデレーエフは，当時発見されていた約 60 種の元素について，原子量の順に並べると，性質のよく似た元素が周期的に現れるという元素の周期律を発見した。これをもとに，1869 年，元素の周期表を発表した。

　この周期表は，周期律を基準に元素を分類したため，いくつかの空欄をもつ表となった。メンデレーエフは，この空欄には未知の元素が入るものと考え，その性質を予言した。その後，彼の予言とよく一致した元素が発見され，メンデレーエフの周期表は声価を高めた。

2　価電子の数と元素の周期律

　元素を原子番号順に並べると，価電子の数の等しい元素が周期的に現れる。元素の多くの性質は，原子の電子配置，特に価電子の数によって決まる。元素の周期律は，原子番号の増加に伴う価電子の数の周期性による。

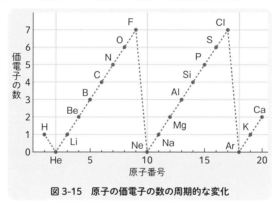

図 3-15　原子の価電子の数の周期的な変化

 POINT

元素の周期律 ⇨ 価電子の数の周期性による

　元素の性質は，価電子の数と密接な関係があり，原子番号が増すにつれて，価電子の数が周期的に変化する。

3 典型元素と遷移元素

周期表 1 族，2 族，13 〜 18 族の元素を**典型元素**，3 族〜 12 族の元素を**遷移元素**という。

補足 12 族は遷移元素に含める場合と含めない場合がある。

A 典型元素

典型元素では，価電子の数が周期的に変化する。**同族元素は価電子の数が等しく，性質がよく似ている。族の番号の一の位の数と価電子の数は等しい(18 族を除く)。**

典型元素は，同じ周期で原子番号が 1 増加すると価電子も 1 増加する元素である。次の 4 つの同族元素は特によく性質が似ているため，特別な名前で呼ばれる（⇨ p.58 図 3-14）。

表 3-6　同族元素とその性質

	アルカリ金属	アルカリ土類金属	ハロゲン	貴ガス
元素群	H を除く 1 族	2 族	17 族	18 族
価電子の数	1	2	7	0
イオンの価数	1 価の陽イオン	2 価の陽イオン	1 価の陰イオン	イオンになりにくい
単体(元素)の性質	単体の密度は小さく，融点は低い。空気中の水と反応するので，灯油中に保存する。炎色反応を示す。	Sr，Ba は灯油中に保存する。Ca，Sr，Ba は炎色反応を示すが，Be，Mg は炎色反応を示さない。	すべて有色で酸化力が強い。F，Cl は気体，Br は赤褐色の液体。I は黒紫色の固体。	常温常圧で無色の気体。単原子分子として存在する。ほとんど化合物をつくらない。

B 遷移元素

遷移元素では，価電子の数は周期的に変化せず，ほとんどが 1 または 2 である。また，隣り合う元素どうしの性質が似ていることが多い。

遷移元素では，原子番号の増加に伴って増える電子は，最外殻の内側の電子殻に収納される。

補足 遷移元素の電子配置　$_{21}$Sc：K(2) L(8) M(**9**) N(2)　　$_{22}$Ti：K(2) L(8) M(**10**) N(2)

4　金属元素と非金属元素

A　金属元素

単体に金属光沢があり，電気をよく導く元素を
金属元素という。金属元素は陽性が強く，陽イ
オンになりやすい。金属元素は，周期表の左側・

下側に位置し，一般に左側・下側へいくほど陽性が強い。典型元素には金属元素
と非金属元素があるが，**遷移元素はすべて金属元素**である。

B　非金属元素

周期表の右上にある元素と水素は，その単体が金属の性質を示さないので，
非金属元素という。一般に 18 族と水素を除く非金属元素は，陰性が強く，陰
イオンになりやすい。18 族を除き，周期表の右上へいくほど陰性が強い。**非金
属元素はすべて典型元素に属する。**

 POINT

周期表の {
左側・下側の元素ほど陽性が強い。
右側（18 族を除く）・上側の元素ほど陰性が強い。
}

5　イオン化エネルギー・電子親和力と周期表

イオン化エネルギーは周期表の右上の元素ほど大きく，左下ほど小さい。また，
電子親和力は，18 族を除く周期表の右側の元素ほど大きい。

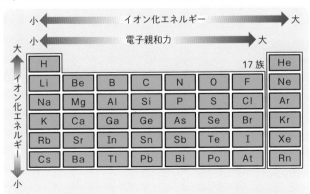

図 3-16　典型元素のイオン化エネルギー・電子親和力と周期表の関係

補足 同じ周期内では，原子番号が大きくなるにつれ，原子核の正の電荷は増加する。正の電荷が大きくなるにつれて，最外殻電子は原子核に強く引きつけられる。したがって，周期表の右側の元素ほどイオン化エネルギーが大きくなる。

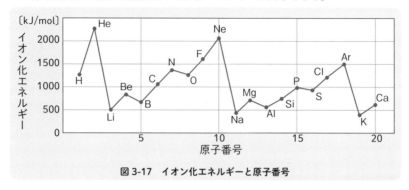

図3-17　イオン化エネルギーと原子番号

6 原子半径・イオン半径と周期表

A 原子半径

① 原子半径は，周期表の下側の元素ほど大きい。

補足 周期表の下側にいくほど，電子殻の数が多くなり，原子半径は大きくなる。

② 原子半径は，同じ周期では，18族を除いて周期表の右側の元素ほど小さい。

補足 周期表の右側にいくほど，原子核と最外殻電子との引力は強くなり，原子半径は小さくなる。

B イオン半径

同じ電子配置のイオンでは，原子番号が小さいほどイオン半径は大きい。

Neと同じ電子配置：$O^{2-} > F^- > Na^+ > Mg^{2+} > Al^{3+}$

Arと同じ電子配置：$S^{2-} > Cl^- > K^+ > Ca^{2+}$

補足 原子番号が大きくなると，原子核の正の電荷が増加して，引力が強くなる。

 POINT

原子半径：周期表の下側・左側（18族を除く）の元素ほど大きい。

イオン半径：同じ電子配置のイオンでは，原子番号が小さいイオンほど大きい。

この章で学んだこと

　物質を構成する基本的粒子である原子とその構造，その電子配置を学習し，イオンの電子配置へと発展させ，関連してイオン化エネルギー，電子親和力を学習した。さらに元素の周期表を学習することにより，元素の性質を全体的に学習した。

1 原子とその構造

❶ **原子**　物質を構成する基本的粒子。非常に小さく，直径はおよそ 10^{-10} m，質量は 10^{-24}〜10^{-22} g。

❷ **原子の構造**　中心に陽子と中性子からなる原子核，まわりに電子が存在。

（a）**原子番号**＝陽子の数＝電子の数

（b）**質量数**＝陽子の数＋中性子の数

→原子の種類（元素）は原子番号で決まり，質量は質量数にほぼ比例する。

❸ **同位体（アイソトープ）**　原子番号が同じで，質量数が異なる原子。→質量は異なるが，化学的性質はほぼ同じ。

❹ **放射性同位体（ラジオアイソトープ）**　放射線を放出して壊変し，他の原子に変わる同位体。

2 原子の電子配置

❶ **電子殻**　内側から順に，K殻，L殻，M殻，N殻，…。収容できる電子の最大数は，順に 2，8，18，32，…，$2n^2$

❷ **貴ガス**　18族元素で，安定な電子配置。→ほとんど化合物をつくらない。単原子分子。

3 イオンとその電子配置

❶ **イオン**　正に帯電した陽イオンと負に帯電した陰イオンがある。

（a）**形成**　原子が，電子を放出すると陽イオン，電子を受け取ると陰イオン。

（b）**電子配置**　イオンは，貴ガスと同じ安定した電子配置をとる。

（c）**電子の数**　陽イオン：原子番号－価数

陰イオン：原子番号＋価数

❷ **イオン化エネルギー**　原子の最外殻から電子1個を取り去って1価の陽イオンにするのに要するエネルギー。

→小さいほど陽イオンになりやすい。

→周期表の左側・下側の元素ほど小さい。

❸ **電子親和力**　原子が電子1個を受け取るときに放出するエネルギー。

→大きいほど陰イオンになりやすい。

→周期表の右側（18族を除く）の元素ほど大きい。

4 元素の周期表

❶ **元素の周期律**　元素を原子番号の順に並べると，周期的に性質が似た元素が現れる。→価電子の数の周期性による。

［周期性の例］　イオン化エネルギー，電子親和力，原子半径，単体の沸点・融点

❷ **典型元素**　1・2族，13〜18族の元素

→各周期の元素の原子番号が増すにつれて価電子の数が増加する（18族は0）。

❸ **遷移元素**　3〜12族の元素

→各周期の元素の原子番号が増しても価電子の数は増加しない。

→価電子の数は1〜2個で，すべて金属元素。

❹ **金属元素**　陽イオンになりやすい。

→陽性が強い。周期表の典型元素の左側・下側と遷移元素。

❺ **非金属元素**　陰イオンになりやすい。

→陰性が強い。（例外：水素，貴ガス）周期表の典型元素の右側・上側。

MY BEST　Basic Chemistry

第 **4** 章　物質と
化学結合

1 | イオン結合

1 イオン結合

　陽性の強い元素(金属元素)と陰性の強い元素(非金属元素)の間では電子のやり取りが行われ,陽イオンと陰イオンになる。この陽イオンと陰イオンは**静電気的な引力**(**クーロン力**)によって結合する。このような結合を**イオン結合**という。

　例えば,ナトリウム Na と塩素 Cl が反応すると,Na が1個の電子を放出し,その電子を Cl が受け取って,それぞれナトリウムイオン Na^+ と塩化物イオン Cl^- になる。これらのイオン間に静電気的な引力がはたらき,イオン結合が形成されて塩化ナトリウム NaCl となる。

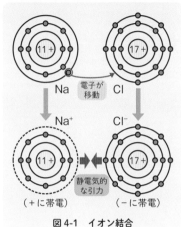

図 4-1 イオン結合

補足 　非金属元素には,貴ガスや C,Si のように陰イオンになりにくいものもある。

POINT

金属元素と非金属元素の結合の多くは,イオン結合
　金属元素は陽イオンになりやすく(陽性元素),非金属元素の多くは陰イオンになりやすい(陰性元素)ので,金属元素と非金属元素の化合物はイオン結合からなるものが多い。

2 イオン結晶

原子や分子，イオンなどが規則正しく配列した固体を結晶という。そのうち，構成粒子がイオンである物質の結晶をイオン結晶という。

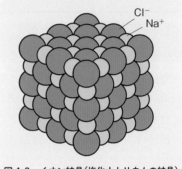

図4-2　イオン結晶（塩化ナトリウムの結晶）

A イオン結晶の性質

●融点，硬さとへき開

イオン結合は，比較的強い結びつきの結合である。そのため，イオン結晶は融点が高く，硬いという特徴がある。一方で，外部から力を加えると，割れやすくもろいという性質もある。これは，結晶内部で**特定の面に沿って粒子がずれることにより，イオン間に反発力がはたらくためである。**このイオン結晶が特定の面で割れる性質を**へき開**という。

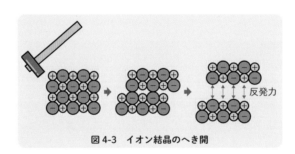

図4-3　イオン結晶のへき開

●水溶液や融解した液体は電気を通す

固体状態であるイオン結晶は，電気を通さない。しかし，水溶液にしたり，加熱して融解したりすると，イオンが自由に動けるようになるため，電気を通すようになる。

物質が水溶液中でイオンに分かれることを電離といい，水に溶けて電離する物質を電解質という。一方，水に溶けても電離しない物質を非電解質という。

補足 イオン結晶には炭酸カルシウム $CaCO_3$，塩化銀 $AgCl$ など水に溶けないものもある。

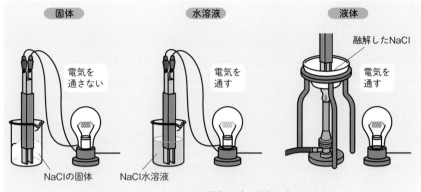

図 4-4　イオンからなる物質（NaCl）の電気の導きやすさ

 POINT

イオン結晶は，水溶液にするか，加熱して融解すると電気を通す

「結晶状態では電気を通さないが，水溶液になると電気を通す」または，

「結晶状態では電気を通さないが，加熱して融解すると電気を通す」

といえばイオン結晶と考えてよい。

B 組成式

　イオン結晶は，陽イオンと陰イオンが交互に**連続しており，分子にはある切れ目がない**。このような切れ目のない物質を化学式で表すときは，物質を構成するイオンや原子の種類とその数の割合を表す**組成式**を用いる。イオンからなる物質は，陽イオンの正の電荷の総量と陰イオンの負の電荷の総量が等しく，電気的に中性である。したがって，次の関係がある。

　陽イオンの価数 × 陽イオンの数 ＝ 陰イオンの価数 × 陰イオンの数　……㋐

● A^{m+} と B^{n-} からなる組成式のつくり方

① 陽イオンを先に，陰イオンを後に，電荷を除いて書く。

② それぞれの右下に，㋐式を満たす陽イオンと陰イオンの数の比を書く。

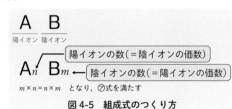

図 4-5　組成式のつくり方

例　Na^+と Cl^-　⇨　Na_1Cl_1　⇨　$NaCl$（1 は省略）

　　Al^{3+}と O^{2-}　⇨　Al_2O_3

A^{m+} と B^{n-} の化合物の組成式 $\Rightarrow$ A_nB_m

A^{m+}：m 価のAの陽イオン， B^{n-}：n 価のBの陰イオン

●組成式の読み方

　イオン名から「〜物イオン」，「〜イオン」を省き，陰イオン，陽イオンの順で読む。

例　Al_2O_3 は，酸化物イオン＋アルミニウムイオン $\Rightarrow$ 酸化アルミニウム

　　　Na_2SO_4 は，硫酸イオン＋ナトリウムイオン　$\Rightarrow$ 硫酸ナトリウム

表 4-1　組成式のつくり方と読み方（まとめ）

つくり方　　構成イオン		Cu^{2+} と Cl^-	Al^{3+} と OH^-
①	陽イオンを先に，陰イオンを後に，電荷を除いて書く。	Cu　　　Cl 陽イオン　　陰イオン （**2**価）　　（**1**価）	Al　　　OH 陽イオン　　陰イオン （**3**価）　　（**1**価）
②	正の電荷と負の電荷の総量が等しくなるように，陽イオンと陰イオンの最も簡単な整数比を求める。	陽イオンの価数×陽イオンの数＝陰イオンの価数×陰イオンの数	
		$2 \times x = \mathbf{1} \times y$ $x:y=1:2$	$3 \times x = \mathbf{1} \times y$ $x:y=1:3$
③	②で求めた数をそれぞれ元素記号の右下に書く。	Cu_1Cl_2	Al_1OH_3
④	1は省略する。多原子イオンが2個以上の場合は，多原子イオンを（　）で囲む。	$CuCl_2$ 組成式	$Al(OH)_3$ 組成式
読み方	イオン名から「〜物イオン」，「〜イオン」を省き，陰イオン，陽イオンの順で読む。	塩化物イオン＋ 銅（Ⅱ）イオン ↓ 塩化銅（Ⅱ）	水酸化物イオン＋ アルミニウムイオン ↓ 水酸化アルミニウム

3 イオンからなる物質

イオンからなる物質には，**表 4-2** のようなものがある。

表 4-2　イオンからなる物質とその性質・用途など

イオン結晶	存在例・性質・製法・用途など	利用例など
塩化ナトリウム $NaCl$	海水中に多量に存在する。動物の生命維持に重要な物質。炭酸ナトリウムの原料になる。	食塩 
炭酸カルシウム $CaCO_3$	石灰石や大理石の主成分である。セメントの原料となる。	チョーク 
塩化カルシウム $CaCl_2$	炭酸ナトリウムを合成するときの副生成物。融雪剤や乾燥剤に利用される。	融雪剤 
硫酸バリウム $BaSO_4$	酸や水に溶けにくく，X線を透過させないので，X線撮影の造影剤として利用される。	造影剤 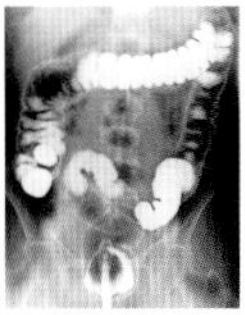
水酸化カルシウム $Ca(OH)_2$	消石灰と呼ばれ，水溶液は石灰水という。酸性土壌の中和剤や建設材料(漆喰)の原料として利用される。	漆喰 

2 | 共有結合と分子

1 分子

　酸素 O_2 は，2個の酸素原子が結びついた粒子であり，水 H_2O は，2個の水素原子と1個の酸素原子が結びついた粒子である。O_2 や H_2O のようにいくつかの原子が結びついた粒子を**分子**という。

　分子は，構成する原子の元素記号と原子の数を書いた**分子式**で表される。

　1個の原子からなる分子を**単原子分子**，2個の原子からなる分子を**二原子分子**，3個以上の原子からなる分子を**多原子分子**という。

2 共有結合

A 電子式

　元素記号の上下左右の4か所に，最外殻電子を点「・」で書き表したものを**電子式**という。第2，第3周期の原子では，次のように書く。

① 4個目までの最外殻電子は，上下左右に1つずつ書く。

② 5個目からは，上下左右に対をつくるように書く。

> 補足　1. 第1周期では最外殻が K 殻で，収容できる電子の最大数が2個なので，電子の入る場所が1か所しかないと考える。ヘリウム He の電子式は ・He・ ではなく，対にしてHe: と書く。
>
> 　　　2. 点の位置は，・Ö・ や :Ö・ のように，必要に応じて変えてもよい。

表4-3　第1周期から第3周期の原子の電子式

価電子の数		1	2	3	4	5	6	7	0
最外殻電子の数		1	2	3	4	5	6	7	8
電子式	第1周期	H・							He:※
	第2周期	Li・	Be・	・B・	・Ċ・	・N̈:	・Ö:	:F̈:	:N̈e:
	第3周期	Na・	Mg・	・Al・	・S̈i・	・P̈:	・S̈:	:C̈l:	:Är:

※ He の最外殻電子の数は2個。

B 電子対と不対電子

原子の電子式で，対になっている電子を**電子対**，対になっていない電子を**不対電子**という。

貴ガスでは，最外殻電子がすべて電子対になっているため，その電子配置は特に安定である。

補足 最外殻電子は最大8個で，このとき4組の電子対がある。

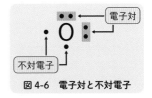

図4-6 **電子対と不対電子**

C 共有結合

不対電子をもつ原子どうしは，互いに不対電子を出し合い，電子対を共有して結合する。 この結合を**共有結合**という。共有結合によって形成された分子では，一般に，構成原子は貴ガスと同じ電子配置になっている。

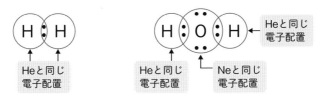

補足 分子をつくるとき，Hはヘリウム He，C・N・O・Fはネオン Ne，S・Cl はアルゴン Ar，Brはクリプトン Kr，Iはキセノン Xe と，それぞれ同じ電子配置になる。

 POINT

イオン結合
共有結合 } ⇨ **貴ガスと同じ電子配置**

共有結合は，電子を受け入れて，貴ガスと同じ電子配置になろうとする結合であり，一般に，陰性の強い非金属元素どうしの結合である。

例 H_2, N_2, O_2, Cl_2, CO_2, NH_3, H_2O, CH_4, C_2H_5OH

 POINT

共有結合は非金属元素どうしの結合

●水素分子と水分子

　水素分子 H_2 は，２個の水素原子が不対電子を１個ずつ出し合い，１組の電子
対を共有して形成される。また，水分子 H_2O は，２個の水素原子がそれぞれ１
個の不対電子を，酸素原子が２個の不対電子を出し合い，２組の電子対を共有し
て形成される。

$$H· \ + \ ·H \longrightarrow H \vdots H$$

$$H· \ + \ ·O· \ + \ ·H \longrightarrow H \vdots O \vdots H$$

·不対電子　⋮電子対　⋮共有された電子対

D 共有電子対と非共有電子対

　原子間で共有結合に使われている電子対を**共有電子対**，原子のときから電子
対になっていて，原子間に共有されていない電子対を**非共有電子対**という。

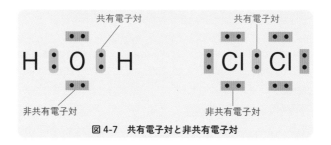

図4-7　共有電子対と非共有電子対

| +アルファ | 分子の電子式 |

　分子の電子式において，元素記号のまわりの点の数は，H では２つ，他の元
素では８つになる。
　貴ガスの最外殻電子の数は，He が２個，他の貴ガスの原子が８個である。
共有結合によって，各原子は貴ガスと同じ電子配置になるので，分子の電子式
では最外殻電子の数は H で２個，他の元素では８個となる。

例　　HCl　　　H_2S　　　　CO_2　　　　　I_2

H:Cl:　　H:S:H　　:O::C::O:　　:I:I:　　←まわりの点の数：

H は２個，他は８個

E 構造式

電子式で表した分子の結合状態において，共有電子対を1本の線で示した式を**構造式**（こうぞうしき）という。

表 4-4　電子式，構造式の例

	水素	水	二酸化炭素
分子式	H_2	H_2O	CO_2
電子式	H : H	$\mathrm{H}:\ddot{\underset{\cdot\cdot}{\mathrm{O}}}:\mathrm{H}$	$:\ddot{\mathrm{O}}::\mathrm{C}::\ddot{\mathrm{O}}:$
	↑ 共有電子対 ↓	↑ ↑ 共有電子対 ↓ ↓	↑ ↑ 共有電子対 ↓ ↓
構造式	H－H	H－O－H	O＝C＝O

補足 1. 分子式，組成式，電子式，構造式などを総称して化学式という。
2. 構造式中の1本の線を価標ということがある。

●単結合と二重結合・三重結合

水素 H_2 や水 H_2O などは，原子どうしが1組の共有電子対で結合している。このような共有結合を**単結合**（たんけつごう）という。

これに対して，原子どうしが2組の共有電子対で結合している共有結合を**二重結合**（にじゅうけつごう），3組の共有電子対で結合している共有結合を**三重結合**（さんじゅうけつごう）という。

構造式で表すと，単結合では線が1本，二重結合，三重結合では，それぞれ線が2本，3本となる。

表 4-5　単結合，二重結合，三重結合の例

	単結合	二重結合	三重結合
物質名	水	二酸化炭素	窒素
分子式	H_2O	CO_2	N_2
モデル図	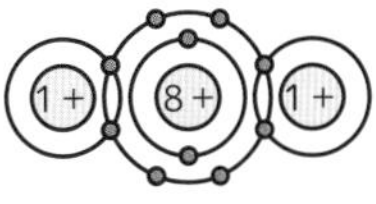 	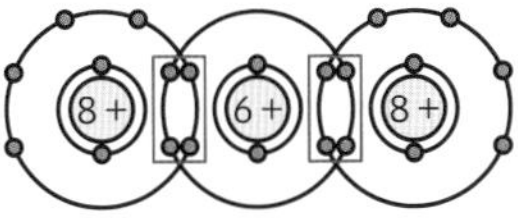 	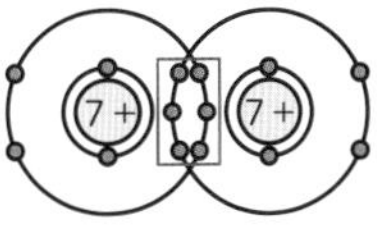
電子式	$\mathrm{H}:\ddot{\underset{\cdot\cdot}{\mathrm{O}}}:\mathrm{H}$	$:\ddot{\mathrm{O}}::\mathrm{C}::\ddot{\mathrm{O}}:$	$:\mathrm{N}\vdots\vdots\mathrm{N}:$
	↑ ↑ 単結合 ↓ ↓	↑ ↑ 二重結合 ↓ ↓	↑ 三重結合 ↓
構造式	H－O－H	O＝C＝O	N≡N

●原子価

構造式において，1個の原子から出ている線の数を**原子価**という。この線が共有電子対を表すことから，原子の不対電子の数が原子価となる。

例

構造式	H−	−O−	$-\underset{\vert}{N}-$	$-\overset{\vert}{\underset{\vert}{C}}-$
原子価	1	2	3	4

F 分子の形

構造式は，分子中の原子の結合のしかたを平面的に表したもので，必ずしも分子の実際の形を示すものではない。水 H_2O，アンモニア NH_3，メタン CH_4，二酸化炭素 CO_2 は，**表4-6** のように，それぞれ折れ線形，三角錐形，正四面体形，直線形の構造をしている。

表4-6　分子の形

分子式と名称	電子式	構造式	分子のモデル
H_2 水素	$H:H$	H−H	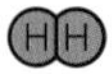 (直線形)
Cl_2 塩素	$:\overset{\cdot\cdot}{\underset{\cdot\cdot}{Cl}}:\overset{\cdot\cdot}{\underset{\cdot\cdot}{Cl}}:$	Cl−Cl	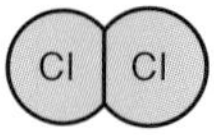 (直線形)
HCl 塩化水素	$H:\overset{\cdot\cdot}{\underset{\cdot\cdot}{Cl}}:$	H−Cl	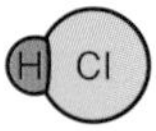 (直線形)
H_2O 水	$H:\overset{\cdot\cdot}{\underset{\cdot\cdot}{O}}:H$	H−O−H	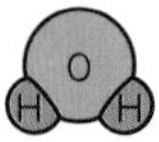 (折れ線形)
NH_3 アンモニア	$\begin{array}{c} H:\overset{\cdot\cdot}{\underset{\cdot\cdot}{N}}:H \\ H \end{array}$	$\begin{array}{c} H-N-H \\ \vert \\ H \end{array}$	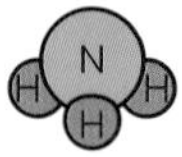 (三角錐形)
CH_4 メタン	$\begin{array}{c} H \\ H:\overset{\cdot\cdot}{\underset{\cdot\cdot}{C}}:H \\ H \end{array}$	$\begin{array}{c} H \\ \vert \\ H-C-H \\ \vert \\ H \end{array}$	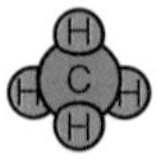 (正四面体形)
CO_2 二酸化炭素	$O::\overset{\cdot\cdot}{\underset{\cdot\cdot}{C}}::O$	O=C=O	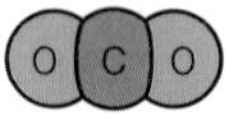 (直線形)

＋アルファ | 電子対と分子の形

　分子内にある電子対（共有電子対と非共有電子対）どうしは，負の電荷の反発のため，できるだけ離れた位置になろうとする。この性質から分子の形を予想することができる。

　メタン CH_4 は，C のまわりの 4 組の共有電子対が互いに反発し合って，最も離れた位置になるため，正四面体形になる（下図の①）。

　アンモニア NH_3 は，N のまわりに 3 組の共有電子対と 1 組の非共有電子対があり，それらの電子対が CH_4 と同様に正四面体の頂点方向に位置するため，三角錐形になる（下図の②）。ただし，共有電子対どうしの反発より共有電子対と非共有電子対の反発のほうが強いので，NH_3 の結合角 ∠HNH（106.7°）は CH_4 の ∠HCH（109.5°）より小さい。

　水 H_2O は，O のまわりに 2 組の共有電子対と 2 組の非共有電子対があり，それらの電子対が CH_4 と同様に正四面体の頂点方向に位置するため，折れ線形になる（下図の③）。NH_3 のときと同じように，H_2O の結合角 ∠HOH（104.5°）は，CH_4 や NH_3 よりさらに小さくなる。

　二酸化炭素 CO_2 では，C のまわりに 2 方向の共有電子対がある。CO_2 は，この電子対が離れた位置となる直線形となる。

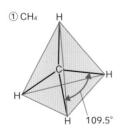

① CH_4　109.5°

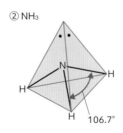

② NH_3　106.7°

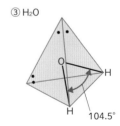

③ H_2O　104.5°

Ｇ 配位結合

共有結合のなかには，一方の原子の非共有電子対が他方の原子との間にそのまま提供され，共有電子対となる場合がある。このような共有結合を，特に**配位結合**という。

●アンモニウムイオン NH_4^+

アンモニア NH_3 が H^+ と結合するとアンモニウムイオン NH_4^+ が生じる。NH_3 分子の N 原子の非共有電子対を H^+ と共有して，配位結合が形成される。

$$NH_3 \quad + \quad H^+ \quad \longrightarrow \quad NH_4^+$$

$$\text{H:N:H} \quad + \quad H^+ \quad \xrightarrow{\text{配位結合}} \quad \left[\text{H:N:H} \right]^+$$

アンモニア　　非共有電子対　　　　　　　　アンモニウムイオン　　水素イオンと共有

●オキソニウムイオン H_3O^+

水 H_2O が H^+ と結合するとオキソニウムイオン H_3O^+ が生じる。H_2O 分子の O 原子の非共有電子対を H^+ と共有して，配位結合が形成される。

$$H_2O \quad + \quad H^+ \quad \longrightarrow \quad H_3O^+$$

$$\text{H:O:} \quad + \quad H^+ \quad \xrightarrow{\text{配位結合}} \quad \left[\text{H:O:H} \right]^+$$

水　　非共有電子対　　　　　　　　オキソニウムイオン　　水素イオンと共有

●共有結合と配位結合

NH_4^+ や H_3O^+ 中の配位結合は，分子中の他の共有結合とはできる仕組みが異なる。ただし，できた結合の性質は，他の共有結合とまったく同じであり，**区別はできない**。

POINT

配位結合：非共有電子対を２つの原子が共有する共有結合

配位結合による共有結合と分子中の他の共有結合は，まったく同じ性質であり，区別できない。

H 錯イオン

　金属イオンに，非共有電子対をもった分子やイオンが配位結合したイオンを**錯イオン**という。配位結合している分子やイオンのことを**配位子**という。例えば，**図4-8**のテトラアンミン亜鉛(II)イオン$[Zn(NH_3)_4]^{2+}$は，Zn^{2+}に4つのNH_3が配位結合した錯イオンである(配位子はNH_3)。

　なお，錯イオンをつくる金属イオンは，遷移元素のイオンが多い。

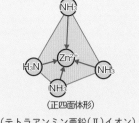

(正四面体形)
(テトラアンミン亜鉛(II)イオン)
図4-8　錯イオン

例　テトラアンミン銅(II)イオン$[Cu(NH_3)_4]^{2+}$
　　⇨ Cu^{2+}に4つのNH_3が配位結合した錯イオン
　　ヘキサシアニド鉄(III)酸イオン$[Fe(CN)_6]^{3-}$
　　⇨ Fe^{3+}に6つのCN^-が配位結合した錯イオン

| +アルファ | **錯イオンの命名法** |

　錯イオンの名称は，次の①～③の組み合わせとなる。
① 配位子の数(ギリシャ語の数詞)と配位子の名称
② 中心金属イオンの名称と価数(ローマ数字)
③ 陽イオンであれば「～イオン」
　　陰イオンであれば「～酸イオン」

ギリシャ語の数詞	
1	モノ
2	ジ
3	トリ
4	テトラ
5	ペンタ
6	ヘキサ

②中心金属イオン
Fe^{2+}の名称と価数
↓

$[Fe(CN)_6]^{4-}$　ヘキサシアニド鉄(II)酸イオン

配位子の　　配位子　　③陰イオンなので
数6　　　CN^-の名称　　「～酸イオン」
①

配位子の名称	
H_2O	アクア
NH_3	アンミン
Cl^-	クロリド
OH^-	ヒドロキシド
CN^-	シアニド

ⅠI 分子からなる物質

分子からなる物質には，炭素原子を含む**有機化合物**と，それ以外の炭素原子を含まない**無機物質**がある。これらは常温常圧で気体や液体のものが多い。

補足 一酸化炭素，二酸化炭素，炭酸塩などは，炭素原子を含むが無機物質に分類される。

また，きわめて多数の原子が共有結合してできた化合物を**高分子化合物**という。

● 有機化合物

表 4-7 　有機化合物の性質や用途など

分子	性質・製法・用途など	分子模型・写真など
メタン CH_4	無色無臭の可燃性の気体。 天然ガスの主成分で，都市ガスに利用される。	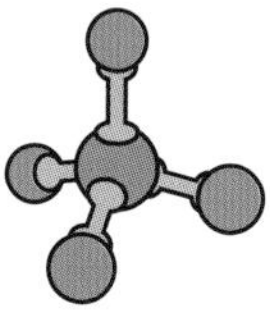
エチレン C_2H_4	無色でかすかに甘いにおいの気体。 原油を原料に製造される。 ポリエチレンなど多くの工業製品の原料になる。	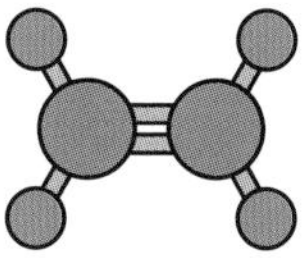
プロパン C_3H_8	無色の可燃性の気体。 原油の分留により得られる。 主にガス燃料として利用される。	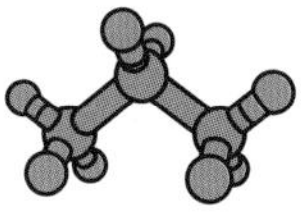
エタノール C_2H_5OH	無色透明な液体。 糖やデンプンのアルコール発酵により製造される。 消毒薬やアルコール飲料に利用される。	エタノール 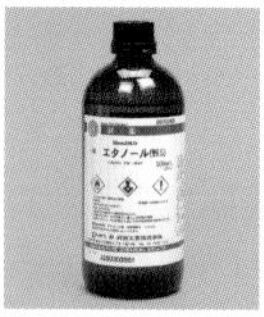
スクロース $C_{12}H_{22}O_{11}$	白色の固体。 砂糖の主成分で，サトウキビやテンサイから得られる。	氷砂糖 

●無機物質

表 4-8　無機物質の性質や用途など

分子	性質・製法・用途など	分子模型・写真など
水素 H_2	無色無臭の気体。 水の電気分解などで得られる。 燃料電池の燃料や，ロケット燃料などに利用される。	
酸素 O_2	無色無臭の気体。 空気中に約 21% 含まれ，液体空気の分留によって得られる。 医療現場で酸素吸入器などに使われる。	
アンモニア NH_3	無色刺激臭の気体。 水素と窒素から直接合成される。 窒素肥料や火薬の原料として使われる。	
水 H_2O	無色透明な液体。 自然界に豊富に存在し，生命活動に不可欠な物質である。 極性分子(⇨ p.82)やイオンからなる物質をよく溶かす。	水 
ヨウ素 I_2	黒紫色の固体。 うがい薬などに利用される。	ヨウ素 

●高分子化合物

　分子のなかには，小さな分子が次々と共有結合してできた巨大な分子がある。**原子が数千個共有結合した（分子量が 1 万以上の）巨大な分子を高分子化合物**という。

　もとの小さな分子を**単量体（モノマー）**，できた高分子化合物を**重合体（ポリマー）**という。単量体が重合体になる化学反応を**重合**という。

　高分子化合物には，デンプンやタンパク質などのように天然に存在する**天然高分子化合物**と，プラスチックのように人工的に合成された**合成高分子化合物**がある。

❶ ポリエチレン

　ポリエチレンは，エチレンの二重結合が開き，次々と多数のエチレンが重合して合成される。このような重合を**付加重合**という。ポリエチレンは，包装用フィルムやポリ袋に利用される。

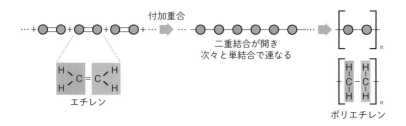

エチレン

ポリエチレン

❷ ポリエチレンテレフタラート

　ポリエチレンテレフタラート（PET）は，エチレングリコール $C_2H_4(OH)_2$ とテレフタル酸 $C_6H_4(COOH)_2$ の間で，水分子が取れて結合する反応を次々と繰り返して重合し，合成される。このような，単量体の間で水のような簡単な分子が取れて次々と重合する反応を，**縮合重合**という。ポリエチレンテレフタラートは，ペットボトルや衣料に利用される。

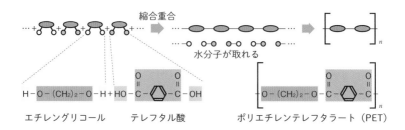

エチレングリコール　　テレフタル酸　　　　ポリエチレンテレフタラート（PET）

3 | 分子間にはたらく力

1 電気陰性度と極性

A 電気陰性度

　異なる原子が共有結合するとき，共有電子対はどちらか一方の原子に引き寄せられる。**この共有電子対を引き寄せる強さを表す数値を**電気陰性度という。

　一般に，電気陰性度は，貴ガスを除く周期表の右上にある元素（陰性の強い元素）ほど大きく，左下の元素（陽性の強い元素）ほど小さい。

補足　電気陰性度の図に貴ガスが記載されていないのは，貴ガスが共有結合をしないためである。ただし，最近では，Kr，Xe の化合物が発見され，これらには電気陰性度が与えられている。

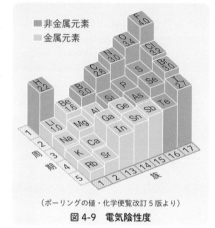

（ポーリングの値・化学便覧改訂 5 版より）
図 4-9　電気陰性度

POINT

電気陰性度は，元素の周期表の，18 族を除いて右側・上側の元素ほど大きい

　17 族（ハロゲン）で原子番号が最も小さいフッ素 F の値が最も大きい。

B 結合の極性

塩素分子 Cl–Cl では，電気陰性度の同じ 2 個の Cl が共有結合している。そのため，共有電子対はどちらかの原子にかたよることなく均一に分布する。一方，塩化水素分子 HCl では，電気陰性度の大きい Cl が H より共有電子対を強く引き寄せる。そのため，Cl 側がわずかに負の電荷($\delta-$)，H 側がわずかに正の電荷($\delta+$)を帯びる。このような電荷のかたよりを結合の極性という。

結合している原子の電気陰性度の差が大きいほど，電荷のかたよりが大きくなる。このとき，「極性が強い」あるいは「極性が大きい」という。

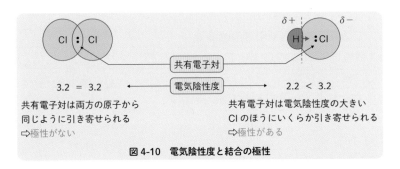

図 4-10　電気陰性度と結合の極性

補足　1. わずかに帯びた正または負の電荷を $\delta+$，$\delta-$ で表し，それぞれデルタプラス，デルタマイナスと読む。
　　　2. 電気陰性度の差が非常に大きくなると，イオン結合になる。

C 分子の極性

分子全体で結合の極性がある分子を極性分子という。結合の極性がない，またはあっても分子の形から全体の極性が打ち消される分子を無極性分子という。
●二原子分子

H_2，Cl_2 などの二原子分子の単体は，同じ電気陰性度の原子の共有結合なので，結合の極性がなく，無極性分子である。

HCl，HI などの二原子分子の化合物は，異なる電気陰性度の原子の共有結合なので，結合の極性があり，極性分子である。

補足　オゾンを除く多原子分子の単体も無極性分子である。

 **POINT**

| オゾンを除く単体 | ⇨ | 無極性分子 (O_2，N_2，P_4 など) |
| 多くの二原子分子の化合物 | ⇨ | 極性分子 (HCl，HBr，HI など) |

❶ H₂O

　O−Hの結合は，電気陰性度がO原子のほうが大きいため，結合の極性がある。H−O−Hの結合角は104.5°の**折れ線形**であり，O−Hの極性は打ち消し合うことがないので，**極性分子**である。

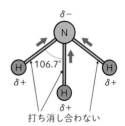

104.5°

打ち消し合わない

❷ NH₃

　N−Hの結合は，電気陰性度がN原子のほうが大きいため，結合の極性がある。H−N−Hの結合角は106.7°の**三角錐形**であり，極性は打ち消し合うことがないので，**極性分子**である。

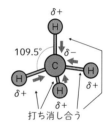

106.7°

打ち消し合わない

❸ CH₄

　C−Hの結合は，電気陰性度がC原子のほうが大きいため，結合に極性がある。しかし，CH₄は，Cを中心とする**正四面体形**であり，極性を打ち消し合うため，分子全体としては電荷のかたよりがなく，**無極性分子**である。CH₄のHとClが置き換わったCCl₄，Cの同族元素のSiからなるSiH₄も正四面体形で無極性分子である。

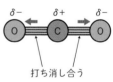

109.5°

打ち消し合う

❹ CO₂

　C=Oの結合は，電気陰性度がO原子のほうが大きいため，結合の極性がある。しかし，CO₂はC原子の両側にO原子が結合した**直線形**であり，極性を打ち消し合うため，分子全体としては電荷のかたよりがなく，**無極性分子**である。

打ち消し合う

2 分子間にはたらく力

A 分子間力

　分子間にはたらく弱い引力を**分子間力**という。分子間力は，イオン結合や共有結合，金属結合(⇨ p.87)の力と比べて，はるかに弱い。

　分子からなる物質の固体や液体を穏やかに加熱すると，液体や気体になる。このとき，共有結合の結合の力が分子間力よりも大きいので，分子内の共有結合は切れず，分子間力による結びつきが切れる。

1　相対的な質量（分子量）の大小
　構造が類似している物質では，分子
量（⇨ p.99）が大きくなるほど分子間力
が強くなり，融点・沸点が高くなる（**図
4-11**）。

2　極性の有無
　分子量がほぼ等しい極性分子と無極
性分子では，分子間力は極性分子のほ
うが強い。したがって，**極性分子から
なる物質は，無極性分子からなる物質
より融点・沸点が高い。**

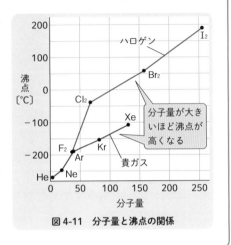

図4-11　分子量と沸点の関係

POINT

分子間力は

① 分子量が大きいほど強い
② 極性分子のほうが無極性分子より強い

⇨ 融点・沸点は高くなる

①は類似の構造の物質，②は分子量が同程度の物質。

B　分子結晶

　分子間力により分子が規則正しく配列してでき
た結晶を**分子結晶**という。一般に，分子結晶は
融点が低く，やわらかくもろい。また，ドライア
イス CO_2，ヨウ素 I_2，ナフタレン $C_{10}H_8$ など**昇華
するものも多い。**

 1. 酸素 O_2，窒素 N_2 などの気体や水 H_2O，エタノー
ル C_2H_5OH などの液体を冷却すると，分子結
晶が得られる。
　2. 分子結晶は電気を通さない。また，融解した
液体も電気を通さない。

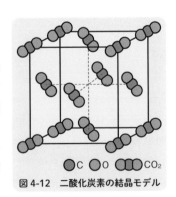

● C ◯ O ◖◗ CO_2

図4-12　二酸化炭素の結晶モデル

4 | 共有結合の結晶

1 共有結合の結晶

多数の原子が次々と共有結合してできた結晶を<u>共有結合の結晶</u>という。共有結合の結晶は，特定の分子（切れ目）がないため，イオン結晶と同様に組成式で表す。共有結合の結晶は，**融点が非常に高く，きわめて硬い。また，電気を通さないものが多い**（黒鉛は例外）。ダイヤモンド C，黒鉛 C，ケイ素 Si，二酸化ケイ素 SiO_2 などが共有結合の結晶の例である。

補足 ダイヤモンド C やケイ素 Si などの C や Si は組成式で，100％炭素やケイ素の元素から成り立っていることを意味する。

A ダイヤモンド C

ダイヤモンドは，各炭素原子が隣接する4つの炭素原子と共有結合して，正四面体形の構造が繰り返された共有結合の結晶である。炭素原子の4つの価電子はすべて共有結合に使われている。

ダイヤモンドは非常に硬く，電気を通さない。また，熱伝導性も非常に高い物質である。

炭素原子

図4-13 ダイヤモンドの結晶構造

B 黒鉛 C

黒鉛（グラファイト）は，各炭素原子が4個の価電子のうち3個を用いて，隣接する3つの炭素原子と共有結合し，正六角形が連なった平面網目構造をつくっている。その平面網目構造が，弱い分子間力によって何層にも重なり合って結びついているので，**黒鉛ははがれやすく，やわらかい。**

また，炭素原子の価電子の残りの1個は，平面全体で共有され，平面内を自由に動くことができるため，**黒鉛は電気をよく通す。**

炭素原子

図4-14 黒鉛の結晶構造

表4-9　ダイヤモンドと黒鉛の性質の違い

	ダイヤモンド	黒鉛
色	無色・透明	黒色・不透明
硬さ	非常に硬い	やわらかい
電気伝導性	電気を通さない	電気を通す

C ケイ素 Si

　ケイ素の結晶は，ダイヤモンドと同じ構造の共有結合の結晶である。わずかに電気を通し，半導体としての性質がある。

補足 半導体とは，電気伝導性が金属と絶縁体の中間の物質のことである。

D 二酸化ケイ素 SiO_2

　二酸化ケイ素の結晶は，ケイ素原子 Si 間に酸素原子 O が入り込んだ構造の共有結合の結晶である。SiO_2 は，硬くて融点が高く，水に溶けにくい。天然には石英(水晶)，ケイ砂として存在する。

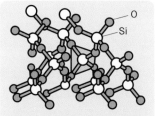

図4-15　二酸化ケイ素の結晶構造

Q 二酸化ケイ素の結晶構造は複雑ですね。

A そうですね。二酸化ケイ素の結晶は，1つのSi原子と4つのO原子からなる正四面体の基本単位がつながってできたものです。基本単位で見るとわかりやすいですよ。

5 | 金属結合と金属結晶

1 金属結合

　金属元素の原子は，イオン化エネルギーが小さく，価電子を放出して陽イオンになりやすい。金属単体では，隣接する原子の最外殻の一部が重なり合うため，価電子は電子殻を伝わって自由に移動できるようになる。この自由に移動できる電子を自由電子といい，自由電子による結合を金属結合という。金属結合では，**金属原子の価電子は，特定の原子の間で共有されるのではなく，すべての原子に共有されている。**

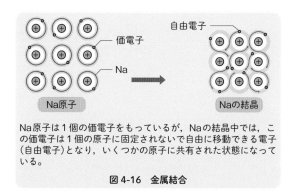

Na原子は1個の価電子をもっているが，Naの結晶中では，この価電子は1個の原子に固定されないで自由に移動できる電子（自由電子）となり，いくつかの原子に共有された状態になっている。

図4-16　金属結合

　金属結合の強さは，1原子あたりの自由電子の数が多いほど，また金属原子の半径が小さくなるほど強くなる傾向がある。

補足 アルカリ金属は，価電子1個をもち，原子半径は周期表の上ほど小さい。したがって，金属結合の強さは，Li＞Na＞K＞Rb＞Csで，融点は，Li（181℃）＞Na（98℃）＞K（64℃）＞Rb（39℃）＞Cs（28℃）となる。

　イオン結合，共有結合および金属結合を総称して化学結合という。

2 金属結晶

　金属原子が金属結合によって規則正しく配列した結晶を**金属結晶**という。金属は，特定の分子が存在しないので，Na や Fe のように組成式で表す。

A 金属（金属結晶）の性質

　次の金属の性質は，すべて自由電子の存在に起因する。

❶ 金属光沢がある

　　自由電子が光を反射することによる。

❷ 熱伝導性・電気伝導性が大きい

　　自由電子が金属中を自由に動けることによる。

❸ 展性・延性を示す

　　自由電子が結晶全体に共有されているため，金属結晶に外部から力がかかり，金属原子がずれたとしても，金属結合は保たれる。この性質に伴い，金属結晶は**展性**（箔状に広げることができる性質）や**延性**（線状に延ばすことができる性質）を示す。

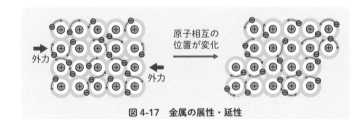

図 4-17　金属の展性・延性

　　Q 金属光沢や熱伝導性・電気伝導性は感覚的にわかるのですが，金属の展性と延性がピンときません。

　　A 身近なものでいえば，アルミニウム箔や金箔は展性を利用したものです。また，金は延性にも優れていて，1g は約 3000 m の線に延ばすことができるんですよ。

3 金属の利用

　鉄や銅などは紀元前から利用されており，現在では多くの種類の金属がさまざまな用途で利用されている。

表 4-10　金属の性質や用途など

金属	製法・性質	利用例など
鉄 Fe	地殻に多く含まれる金属元素で，鉄鉱石を還元して得る。 灰白色で融点が高い。 湿った空気中で錆びやすい。	レール 
アルミニウム Al	地殻に最も多く含まれる金属元素で，ボーキサイトを精製したアルミナを電気分解して得る。 空気中では表面が酸化被膜で保護され，錆びにくい。	アルミホイル 
銅 Cu	黄銅鉱などの銅鉱石を還元して得る。 赤色を帯びた光沢をもち，熱伝導性が大きいので，調理器具に利用される。	銅製の鍋 
金 Au	黄金色の光沢をもち，化学的に最も安定な金属で，硬貨や装飾品に利用される。展性・延性は金属中で最大である。	金のアクセサリー 

複数の金属，または金属に少量の非金属を溶かし込んだ，金属の特性をもつ物質を合金という。**合金には，もとの金属にはない性質を示すものもある。**

表 4-11　合金の性質や用途など

合金	主な成分	特徴	用途
青銅（ブロンズ）	Cu，Sn	型に流して固めやすい。	銅像，釣り鐘
黄銅（真鍮）	Cu，Zn	美しく加工しやすい。	楽器，5円硬貨
はんだ（無鉛）	Sn，Ag，Cu	融点300℃以下。	金属接合剤
ステンレス鋼	Fe，Cr，Ni，C	錆びにくい。	台所用品，防食構造材
ニクロム	Ni，Cr	電気抵抗が大きい。	電熱器
ジュラルミン	Al，Cu，Mg，Mn	軽量で強度が大きい。	飛行機の機体
形状記憶合金	Ni，Ti	加熱するともとの形に戻る。	メガネのフレーム，人工衛星のアンテナ

6 | 化学結合と物質の性質

　物質は，金属，イオンからなる物質，分子からなる物質，共有結合の結晶に大別される。物質の性質は，その構成粒子の化学結合に深く関係している。

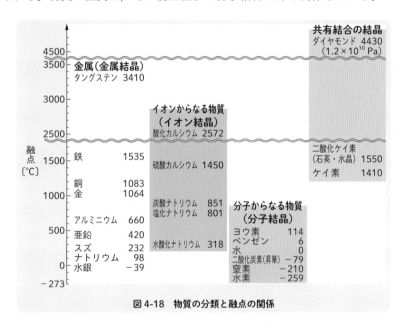

図4-18　物質の分類と融点の関係

表4-12　物質の分類とその性質

物質の分類 （結晶の種類）	原子からなる物質 （金属結晶）	イオンからなる物質 （イオン結晶）	分子からなる物質 （分子結晶）	原子からなる物質 （共有結合の結晶）
物質の例	鉄（Fe） アルミニウム（Al） ナトリウム（Na）	塩化ナトリウム（NaCl） ヨウ化カリウム（KI）	水（H_2O） 二酸化炭素（CO_2） ヨウ素（I_2）	ダイヤモンド（C） ケイ素（Si） 二酸化ケイ素（SiO_2）
沸点・融点 の特徴	高低さまざま。	高い。	低いものが多い。昇華・ 凝華しやすいものが多い。	非常に高い。
電気伝導性	あり	固体：なし 液体：あり	なし	固体：なし （黒鉛はあり）
機械的性質	展性・延性に富む。	硬くてもろい。	やわらかく， もろい。	非常に硬い。 （黒鉛はやわらかい）

この章で学んだこと

　原子間の結合としてイオン結合，共有結合，金属結合を学習し，共有結合に関連して分子や構造式・配位結合に触れた。また，それぞれの結合からなる結晶，さらに分子の極性や分子間の結合として分子間力を学んだ。

---

1 イオン結合

❶ **イオン結合**　陽イオンと陰イオンの静電気的な引力(クーロン力)による結合。
→金属元素と非金属元素の原子間の結合。

❷ **イオン結晶**　イオン結合による結晶。
→固体の状態では電気を通さないが，水溶液や融解した液体は電気を通す。

2 共有結合と分子

❶ **共有結合**　電子対を共有し合う結合。
→非金属元素の原子間の結合。

❷ **共有結合と分子**　原子間の共有結合によって分子をつくる。

❸ **共有結合と電子対**　共有結合に使われている電子対を共有電子対，原子間に共有されていない電子対を非共有電子対という。

❹ **電子式と構造式**　電子式で表した分子の1組の共有電子対を1本の線で表した式を構造式という。

❺ **配位結合**　一方の原子の非共有電子対を他方の原子と共有する共有結合。

❻ **錯イオン**　金属イオンに分子やイオンが配位結合してできたイオン。

❼ **分子からなる物質**　炭素原子を含む有機化合物，それ以外の無機物質がある。

❽ **高分子化合物**　巨大な分子を高分子化合物という。単量体(モノマー)が繰り返し結合し重合体(ポリマー)となる。

3 分子間にはたらく力

❶ **電気陰性度**　原子が共有電子対を引き寄せる強さを表す数値。

❷ **分子の極性**　電荷のかたよりがある分子が極性分子，電荷のかたよりのない分子が無極性分子。
(a)無極性分子：単体，直線形(CO_2)，正四面体形：(CH_4)
(b)極性分子：二原子分子の化合物，折れ線形(H_2O)，三角錐形(NH_3)

❸ **分子間力**　分子間にはたらく引力。
→イオン結合や共有結合，金属結合に比べて，はるかに弱い引力。

❹ **分子結晶**　分子間力による結晶。
→融点が低く，もろい。

4 共有結合の結晶

共有結合が連続して1つの結晶をつくっているもの。
→融点が非常に高い。

5 金属結合と金属結晶

❶ **金属結合**　自由電子による結合。
→金属元素の原子間の結合。

❷ **金属(金属結晶)**　金属光沢あり。電気をよく通す。展性・延性に富む。

定期テスト対策問題 2

解答・解説は p.712

1 　酸素原子 $^{18}_{8}O$ について，その電子，中性子，陽子の数および質量数を比べた(a)〜(d)の各組のうちで，数値の等しいものを選べ。

(a) 　電子の数と中性子の数

(b) 　中性子の数と陽子の数

(c) 　陽子の数と電子の数

(d) 　電子の数と質量数

2 　原子番号 12 の元素について，次の(1)〜(3)に答えよ。

(1) 　この原子の価電子の数はいくつか。

(2) 　この原子が安定なイオンになったとき，このイオン 1 個がもつ電子の数はいくつか。

(3) 　(2)と同じ電子配置のものを，次の(ア)〜(エ)より選べ。

(ア) 　He 　(イ) 　F^- 　(ウ) 　S^{2-} 　(エ) 　K^+

3 　次の原子番号の原子について，下の(1)〜(5)にあてはまるものをそれぞれ選べ。

4 　　8 　　11 　　16 　　18 　　19 　　21

(1) 　ほとんど反応しないもの。

(2) 　$_{20}Ca$ と同族元素であるもの。

(3) 　イオン化エネルギーが最も小さいもの。

(4) 　遷移元素に属するもの。

(5) 　2 価の陰イオンになりやすいもの。

4 　次の(a)〜(f)のうち，原子番号が増すにつれて，周期的に変化するものをすべて選べ。

(a) 　電子の数 　　　　(b) 　価電子の数

(c) 　中性子の数 　　　(d) 　原子半径

(e) 　イオン化エネルギー

ヒント

1 原子番号＝陽子の数＝電子の数，質量数＝陽子の数＋中性子の数

2 収容できる電子の最大数は，K 殻：2，L 殻：8。典型元素の安定なイオンは，貴ガスと同じ電子配置となる。

3 ほとんど反応しないものは貴ガス。同族元素は価電子の数が等しい。イオン化エネルギーは，周期表の左側・下側の元素ほど小さい。

5 次の(a)〜(f)の組み合わせのうち，原子の結合様式の異なるものはどれか。2つ選べ。

(a) NaCl, HCl (b) H_2O, NH_3 (c) $MgCl_2$, CaO

(d) CCl_4, F_2 (e) Cu, C (f) KF, Na_2O

6 次の物質(ア)〜(キ)について，下の(1)〜(5)にあてはまるものをそれぞれすべて選び，記号で答えよ。

(ア) N_2 (イ) Cl_2 (ウ) H_2O (エ) CH_4

(オ) $CaCl_2$ (カ) CO_2 (キ) NH_3

(1) イオン結合からなる。 (2) 非共有電子対をもたない。

(3) 非共有電子対を2組もつ。 (4) 二重結合をもつ。

(5) 三重結合をもつ。

7 次の元素について，下の(1)〜(4)にあてはまるものをそれぞれ1つ選び，元素記号で答えよ。

H He Li Be B C N O F Ne Na

(1) イオン化エネルギーが最も大きいもの。

(2) イオン化エネルギーが最も小さいもの。

(3) 電子親和力が最も大きいもの。

(4) 電気陰性度が最も大きいもの。

8 表のA〜Dは，黒鉛，銅，ヨウ素，食塩のいずれかである。下の実験結果から，それぞれどれにあてはまるか，物質名で答えよ。

	A	B	C	D
水に加えた	溶けない	溶けない	溶けた	溶けない
電気を通じた	通さない	通した	通さない	通した
加熱した	気化した	変化なし	強熱で溶けた	黒色になった
展性・延性	なし	なし	なし	あり

ヒント

5 金属元素と非金属元素の原子間の結合はイオン結合，非金属元素の原子間の結合は共有結合，金属元素の原子間の結合は金属結合。

6 (1) 金属元素と非金属元素の化合物。(2)〜(5)は電子式を書くことから始める。

7 元素の周期表で，イオン化エネルギーは左側・下側ほど小さい。電子親和力は18族を除いて右側ほど大きい。電気陰性度は，18族を除いて右側・上側ほど大きい。

化学基礎

第 2 部

物質の変化

MY BEST | Basic Chemistry

第 **1** 章

原子量・物質量と化学反応式

1 | 原子量・分子量・式量と物質量

1 原子量

A 原子の相対質量

原子1個の質量は，およそ $10^{-24} \sim 10^{-22}$ g と非常に小さく，そのままの値では扱いにくい。そこで，種々の原子の質量は，**質量数 12 の炭素原子 ^{12}C 1 個の質量を 12 とし**，これを基準とする**相対質量**で表す。各原子(同位体)の相対質量は，それぞれの原子の質量数とほぼ等しい。

また，相対質量は質量の比を表す値なので，単位はない。

例 水素原子 ^{1}H の ^{12}C に対する相対質量

$$^1\text{H の相対質量} = 12 \times \frac{^1\text{H 1 個の質量}}{^{12}\text{C 1 個の質量}} = 12 \times \frac{0.16735 \times 10^{-23} \text{ g}}{1.9926 \times 10^{-23} \text{ g}} \fallingdotseq \textbf{1.0078}$$

B 原子量と同位体

自然に存在する多くの元素には，いくつかの同位体が存在する。同位体の存在比は，それぞれの元素で一定である。そこで，**各元素の同位体の相対質量に存在比をかけて求めた平均値**を**原子量**という。原子量にも単位はない。

補足 天然に同位体が 1 つしか存在しない元素(Na，F，Al)は，相対質量が原子量となる。

例 天然には，^{12}C が 98.94 %，^{13}C が 1.06 %含まれ，相対質量は，^{12}C が 12 (基準)，^{13}C が 13.003 である。よって，炭素の原子量は，次のように平均がとられ，計算される。

$$\text{炭素の原子量} = \underbrace{12 \times \frac{98.94}{100}}_{^{12}\text{C の寄与分}} + \underbrace{13.003 \times \frac{1.06}{100}}_{^{13}\text{C の寄与分}} \fallingdotseq \textbf{12.01}$$

一般に，原子量は次のように計算される。

$$\text{原子量} = \left(\text{同位体の相対質量} \times \frac{\text{存在比〔%〕}}{100}\right)\text{の総和}$$

例題 1　原子量と同位体

天然の塩素には ^{35}Cl が 75.5 %，^{37}Cl が 24.5 %含まれる。塩素の原子量を求めよ。

──────────────────────────────────

解答

^{35}Cl，^{37}Cl の相対質量は，質量数にほぼ等しいから，塩素の原子量は

$$35.0 \times \frac{75.5}{100} + 37.0 \times \frac{24.5}{100} \fallingdotseq \mathbf{35.5} \cdots ☜$$

補足 同位体の相対質量が不明のときは，同位体の質量数で近似してもよい。

元素の原子量は，**表 1-1** に示す概数値を用いることが多い。

表1-1　主な元素の原子量（概数値）

元素	H	C	N	O	Na	Mg	Al	Si	S	Cl	K	Ca	Fe	Cu	Ag
原子量	1.0	12	14	16	23	24	27	28	32	35.5	39	40	56	63.5	108

 Q 元素の原子量は，覚えておいたほうがいいんですか？

 A 問題で与えられることが多いけど，代表的な値は覚えておくといいですね。

POINT

$$原子量 = \left(同位体の相対質量 \times \frac{存在比〔\%〕}{100} \right) の総和$$

2 分子量と式量

A 分子量

原子量と同じように，$^{12}C=12$ を基準として求めた分子の相対質量を**分子量**という。分子量は**分子を構成する原子の原子量の総和である**。分子量にも単位はない。

例 原子量を $H=1.0$，$C=12$，$O=16$ とすると
H_2O の分子量は $1.0 \times 2 + 16 = \mathbf{18}$
CO_2 の分子量は $12 + 16 \times 2 = \mathbf{44}$

B 式量

イオンからなる物質，金属結晶，共有結合の結晶など，構成粒子が分子ではない物質では**式量**を用いる。式量は，**イオンの化学式または組成式を構成する元素の原子量の総和である**。イオンの式量については，電子の質量は無視できるほど小さいので，イオンを構成する元素の原子量の総和で求める。式量にも単位はない。

例 原子量を $H=1.0$，$C=12$，$O=16$，$Na=23$，$Cl=35.5$ とすると
$NaCl$ の式量は $23 + 35.5 = \mathbf{58.5}$
C（ダイヤモンド）の式量は $\mathbf{12}$
OH^- の式量は $16 + 1.0 = \mathbf{17}$

補足 分子式，組成式，電子式，構造式などの総称が**化学式**。

例題2 式量と原子量

ある金属元素 X が酸素と反応したときの化合物は組成式 XO で表される。XO 中の X の質量の割合は 60 % である。この金属元素 X の原子量はいくらか。ただし，原子量を $O=16$ とする。

解答

X の原子量を x とすると

$$\frac{X の原子量}{XO の式量} = \frac{x}{x+16} = \frac{60}{100}$$

$$x = 24 \cdots ⓐ$$

3 物質量〔mol〕

A 物質量とアボガドロ定数

物質は，原子や分子，イオンなどの粒子で構成されている。

化学反応とは，物質を構成する粒子の組み合わせの変化である。反応に関わる粒子の数は膨大なので，物質の量を考えるときは，多数の粒子をひとまとめにすると考えやすい。このように，粒子の数に着目して表した物質の量を**物質量**といい，物質量はモル(mol)という単位で表す。1 mol は，$6.02214076 \times 10^{23}$ 個の粒子の集団と明確に定義される。この，1 mol あたりの粒子の数 $6.02214076 \times 10^{23}$ /mol を**アボガドロ定数**(N_A)という。

アボガドロ定数を用いると，物質量と粒子の数を関連づけられる。粒子の数は物質量に比例し，その比例定数がアボガドロ定数である。式で表すと，
粒子の数 $= N_A \times$ 物質量 となる。

物質量を用いるときは，着目している粒子が何かを明らかにする必要がある。「酸素原子 1 mol」と「酸素分子 1 mol」では，酸素原子の個数が違う。1 個の酸素分子 O_2 は 2 個の酸素原子 O からできているので，酸素分子 1 mol 中に含まれる酸素原子の物質量は，2 倍の 2 mol となる。

> **POINT**
>
> **物質量と粒子（原子，分子，イオン）の数の関係**
>
> $$物質量〔mol〕 = \frac{粒子の数〔個〕}{アボガドロ定数 \ N_A \ 〔/mol〕}$$
>
> $$= \frac{粒子の数〔個〕}{6.02 \times 10^{23} \ 〔/mol〕}^{※注}$$

※注　アボガドロ定数は，厳密には $6.02214076 \times 10^{23}$ /mol であるが，簡略化のため本書では，以降 6.02×10^{23} /mol を用い，計算問題では 6.0×10^{23} /mol を用いる。

| +アルファ | **粒子の数**

　上の POINT の式を変形すると，次の式が得られる。
　　粒子の数〔個〕$= 6.02 \times 10^{23}$ /mol $\times$ 物質量〔mol〕

B モル質量

物質 1 mol あたりの質量をモル質量といい，単位は g/mol を用いる。原子・分子・イオンや組成式で表される物質のモル質量は，原子量・分子量・式量に単位 g/mol をつけたものにほぼ一致する。アルミニウム Al，水 H_2O，塩化ナトリウム NaCl のモル質量は，それぞれ 27 g/mol，18 g/mol，58.5 g/mol である。

補足 1. 物質 1 mol の粒子の数 $6.02214076 \times 10^{23}$ 個は，^{12}C 12 g 中に含まれる ^{12}C の数にほぼ等しくなるような値である。^{12}C のモル質量は，12 g/mol にほぼ等しい。

2. 元素の原子量は，^{12}C を基準に決められるので，原子のモル質量は，<u>原子量に単位 g/mol をつけたものにほぼ一致する</u>。
同様に，分子量・式量に単位 g/mol をつけたものがモル質量にほぼ一致する。

 **POINT**

物質量と質量・モル質量の関係

$$物質量（mol）= \frac{質量（g）}{モル質量（g/mol）}$$

| +アルファ | **質量（g）**

上の POINT の式を変形すると，次の式が得られる。

質量（g）＝モル質量（g/mol）× 物質量（mol）

表1-2　原子量・分子量・式量と物質量の関係

	炭素原子 C	水分子 H_2O	アルミニウム Al	塩化ナトリウム NaCl
原子量・分子量・式量	12	$1.0 \times 2 + 16 = 18$	27	$23 + 35.5 = 58.5$
1 mol の粒子の数と質量	Ⓒ が 6.02×10^{23} 個	が 6.02×10^{23} 個	Al が 6.02×10^{23} 個	Na と Cl がそれぞれ 6.02×10^{23} 個
	12 g	18 g	27 g	58.5 g
モル質量	12 g/mol	18 g/mol	27 g/mol	58.5 g/mol

例題 3 原子・分子，組成式と物質量

次の(1)～(3)に答えよ。ただし，原子量は H＝1.0，O＝16，Al＝27，Cl＝35.5，Ca＝40，アボガドロ定数は $6.0×10^{23}$ /mol とする。

(1) アルミニウムが 5.4 g ある。このアルミニウムの物質量は何 mol か。また，このなかに含まれるアルミニウム原子の数は何個か。

(2) 水 4.5 g 中に水分子は何個含まれているか。

(3) 塩化カルシウム $CaCl_2$ が 11.1 g ある。この塩化カルシウムの物質量は何 mol か。また，このなかのイオンの総数は何個か。

解答

(1) アルミニウムの式量 27 から，モル質量は 27 g/mol である。よって，5.4 g の物質量は

$$\frac{5.4\ \text{g}}{27\ \text{g/mol}}＝\textbf{0.20 mol} \cdots （答）$$

アルミニウム原子の数は

$$6.0×10^{23}\ /\text{mol}×0.20\ \text{mol}＝\textbf{1.2×10}^{23}\ \textbf{個} \cdots （答）$$

(2) H_2O の分子量 18 から，モル質量は 18 g/mol である。よって，4.5 g 中の分子の数は

$$6.0×10^{23}\ /\text{mol}×\frac{4.5\ \text{g}}{18\ \text{g/mol}}＝\textbf{1.5×10}^{23}\ \textbf{個} \cdots （答）$$

(3) $CaCl_2$ の式量 111 から，$CaCl_2$ のモル質量は 111 g/mol である。よって，11.1 g の物質量は

$$\frac{11.1\ \text{g}}{111\ \text{g/mol}}＝\textbf{0.10 mol} \cdots （答）$$

$CaCl_2 \longrightarrow Ca^{2+} + 2Cl^-$ から，イオンの総物質量は $0.10×3＝0.30$ mol
イオンの総数は

$$6.0×10^{23}\ (/\text{mol})×0.30＝\textbf{1.8×10}^{23}\ \textbf{個} \cdots （答）$$

POINT

物質量		粒子の数		質量	
原子 分子 イオン	n(mol) $\Rightarrow$	$6.02×10^{23}n$(個)$＝N_A×n$	$\Rightarrow$	nM(g)，M	原子量 分子量 式量

C アボガドロの法則

気体の体積とそのなかに含まれる分子の数の間には，次のような法則が成り立つ。

「同温・同圧のもとでは，気体の種類に関係なく，すべての気体は同体積中に同数の分子を含む」

これを**アボガドロの法則**という。

補足 この法則は，混合気体でも成り立つ。

D アボガドロの法則と気体の物質量

アボガドロの法則は，**「同数の気体分子が占める体積は，気体の種類に関係なく，同温・同圧ですべて同じになる」**といい換えられる。

1 mol（6.02×10^{23} 個）の気体分子が占める体積は，温度 0 ℃，圧力 1.013×10^5 Pa で，22.4 L になる。温度 0 ℃，圧力 1.013×10^5 Pa を標準状態という。気体 1 mol の体積を**モル体積**といい，標準状態では **22.4 L/mol** である。

補足 同温・同圧であれば，気体の種類によらず，1 mol の気体の体積は同じになる。

 POINT

物質量と気体の体積の関係

$$物質量 (\text{mol}) = \frac{気体の体積 (\text{L})^{※注}}{モル体積 (\text{L/mol})}$$

$$= \frac{気体の体積 (\text{L})}{22.4 \text{ L/mol}}$$

※注 特に断りがない場合は，0 ℃，1.013×10^5 Pa（標準状態）での値とする。

+アルファ **気体の体積（L）**

上の POINT の式を変形すると，次の式が得られる。

気体の体積（L）= 22.4 L/mol ×物質量（mol）

E 気体の密度と分子量

単位体積あたりの質量を**密度**という。気体の密度は，気体の体積〔L〕と質量〔g〕から求める。また，気体のモル質量〔g/mol〕は，気体 1 mol（標準状態で 22.4 L）あたりの質量〔g〕である。このことから，気体の密度とモル質量には次の関係がある。

 **POINT**

$$密度（g/L）= \frac{モル質量（g/mol）}{モル体積（L/mol）}^{※注}$$

※注　標準状態では，モル体積は 22.4 L/mol となる。

補足　密度の単位は〔g/L〕，〔g/mL〕，〔g/cm^3〕などが使われる。1 L＝1000 mL＝1000 cm^3 の関係より，単位を変換する。

上の式より，気体の密度は，モル質量（分子量）が大きいほど大きくなる。

F 平均分子量

空気は，主に窒素 N_2 と酸素 O_2 からなる混合気体であり，その分子の個数の比（物質量比）はおよそ 4：1 である。標準状態の空気 1 mol には，N_2（28.0 g/mol）が $\frac{4}{4+1}$ mol，O_2（32.0 g/mol）が $\frac{1}{4+1}$ mol 含まれる。よって，空気の 1 mol の質量は　$28.0 \text{ g/mol} \times \frac{4}{4+1} \text{ mol} + 32.0 \text{ g/mol} \times \frac{1}{4+1} \text{ mol} = \textbf{28.8 g}$

と求められる。したがって，空気のモル質量は 28.8 g/mol で，空気の平均分子量は 28.8 となる。

表1-3　気体 1 mol の量的関係

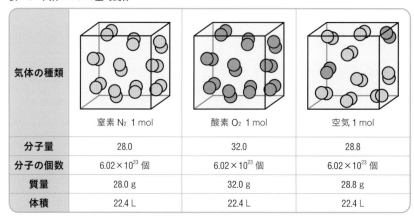

気体の種類	窒素 N_2 1 mol	酸素 O_2 1 mol	空気 1 mol
分子量	28.0	32.0	28.8
分子の個数	6.02×10^{23} 個	6.02×10^{23} 個	6.02×10^{23} 個
質量	28.0 g	32.0 g	28.8 g
体積	22.4 L	22.4 L	22.4 L

例題 4 気体の体積・物質量・質量

次の(1)〜(3)に答えよ。ただし，アボガドロ定数は 6.0×10^{23} /mol　原子量は H $= 1.0$，C $= 12$，O $= 16$ とする。

(1) 標準状態でメタン CH_4 11.2 L は何 mol か。また何 g か。

(2) 酸素 O_2 8.0 g は標準状態で，何 L か。

(3) 標準状態で 5.6 L の質量が 10 g の気体 X の分子量を求めよ。

解答

(1) メタン CH_4 11.2 L の物質量は $\dfrac{11.2 \text{ L}}{22.4 \text{ L/mol}} = \textbf{0.50 mol}$ …答

メタン CH_4 の分子量 16 から，モル質量は 16 g/mol である。

CH_4 の質量は，16 g/mol × 0.50 mol $= \textbf{8.0 g}$ …答

(2) O_2 の分子量 32 から，モル質量は 32 g/mol である。モル体積＝22.4 L/mol

より　$22.4 \text{ L/mol} \times \dfrac{8.0 \text{ g}}{32 \text{ g/mol}} = \textbf{5.6 L}$ …答

(3) 標準状態の気体のモル体積は 22.4 L/mol なので，この気体の物質量は

$\dfrac{5.6 \text{ L}}{22.4 \text{ L/mol}} = 0.25 \text{ mol}$　　モル質量は　$\dfrac{10 \text{ g}}{0.25 \text{ mol}} = 40 \text{ g/mol}$

したがって，分子量は **40** …答

G 物質量と粒子の数・質量・気体の体積

下の関係を用いると，物質量を仲立ちにして，粒子の数と質量と気体の体積を相互に計算できる。

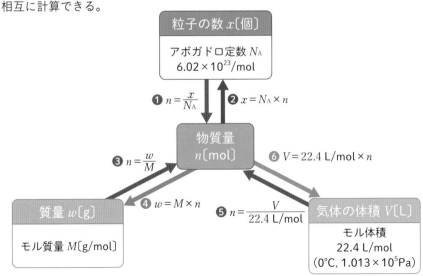

2 | 溶液の濃度

1 溶液の濃度

A 溶液

　少量の塩化ナトリウムを水の中に入れると，溶けて均一な液体になる。この現象を**溶解**という。このとき，溶けている物質を**溶質**，溶かしている液体を**溶媒**，溶解によってできた均一な液体を**溶液**(溶媒が水の場合**水溶液**)という。

補足 一定温度で一定の溶媒に溶ける溶質の量は決まっており，それ以上は溶けなくなる。この状態の溶液を飽和溶液といい，一定量の溶媒に溶かすことのできる溶質の最大量を，溶解度という。

B 溶液の濃度

　溶液に含まれる溶質の割合を**濃度**という。

● 質量パーセント濃度

　溶液の質量に対する溶質の質量の割合を百分率〔%〕で表した濃度を**質量パーセント濃度**という。

補足 質量パーセント濃度の数値は，溶液 100 g 中に含まれる溶質の質量の g 数に一致する。

POINT

$$質量パーセント濃度〔\%〕=\frac{溶質の質量〔g〕}{溶液の質量〔g〕}\times 100$$

$$=\frac{溶質の質量〔g〕}{(溶媒+溶質)の質量〔g〕}\times 100$$

+アルファ **溶質の質量〔g〕**

　上の POINT の式を変形すると，次の式が得られる。

$$溶質の質量〔g〕=溶液の質量〔g〕\times\frac{質量パーセント濃度〔\%〕}{100}$$

●モル濃度

　溶液 1 L に溶けている溶質の量を物質量で表した濃度を**モル濃度**といい，単位は mol/L を使う。

POINT

$$モル濃度(mol/L) = \frac{溶質の物質量(mol)}{溶液の体積(L)}$$

| +アルファ | **溶質の物質量**

　溶けている溶質の物質量は，次のようになる。

$$溶質の物質量(mol) = モル濃度(mol/L) \times 溶液の体積(L)$$
$$= モル濃度(mol/L) \times \frac{溶液の体積(mL)}{1000(mL/L)}$$

　実験で，正確なモル濃度の溶液を調製する場合，溶質の質量や溶媒の体積を正確にはからなければならない。一定体積の測定には，メスフラスコを用いる。0.100 mol/L の塩化ナトリウム水溶液の調製は**図 1-1** のように行う。

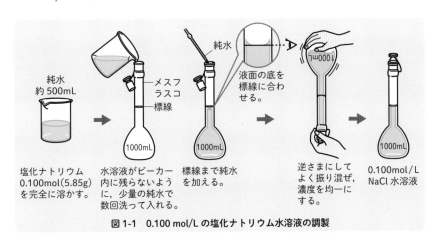

図 1-1　0.100 mol/L の塩化ナトリウム水溶液の調製

※注　塩化ナトリウム 0.100 mol(5.85 g)を水に溶かして 1 L の水溶液にするのであって，水 1 L に塩化ナトリウム 0.100 mol を溶かすのではないことに注意する。

次の(1)と(2)に答えよ。ただし，NaOH の式量は 40 とする。

(1)　水酸化ナトリウム 4.0 g を水に溶かして 200 mL とした水酸化ナトリウム水
　　溶液のモル濃度は，何 mol/L か。

(2)　0.10 mol/L の水酸化ナトリウム水溶液 100 mL 中に含まれる水酸化ナトリウ
　　ムの質量は何 g か。

解答

(1)　NaOH のモル質量は 40 g/mol より，4.0 g の NaOH の物質量は

$$\frac{4.0\ \text{g}}{40\ \text{g/mol}} = 0.10\ \text{mol}$$

　　また，$200\ \text{mL} = \dfrac{200\ \text{mL}}{1000\ \text{mL/L}} = 0.20\ \text{L}$

　　したがって，この水酸化ナトリウム水溶液のモル濃度は

$$\frac{0.10\ \text{mol}}{0.20\ \text{L}} = \textbf{0.50 mol/L} \ \cdots 答$$

(2)　この水酸化ナトリウム水溶液中の NaOH の物質量は

$$0.10\ \text{mol/L} \times \frac{100\ \text{mL}}{1000\ \text{mL/L}} = 0.010\ \text{mol}$$

　　その質量は

$$40\ \text{g/mol} \times 0.010\ \text{mol} = \textbf{0.40 g} \ \cdots 答$$

2 濃度の換算

● 質量パーセント濃度からモル濃度

　質量パーセント濃度 a 〔%〕（溶質のモル質量 M 〔g/mol〕，密度 d 〔g/mL〕）のモル濃度を求めるときは，溶液 1 L について考え，そのなかの溶質の物質量を求める。

⑦　溶液 1 L の質量〔g〕を求める。

$$1000\ \text{mL} \times d \text{(g/mL)}$$

④　溶質の質量〔g〕を求める。

$$1000\ \text{mL} \times d \text{(g/mL)} \times \frac{a \text{(\%)}}{100} \text{(g)}$$

⑨　溶質の物質量〔mol〕を求める。

$$1000\ \text{mL} \times d \text{(g/mL)} \times \frac{a \text{(\%)}}{100} \times \frac{1}{M \text{(g/mol)}}$$

⑤　1 L 中に $1000\ \text{mL} \times d \text{(g/mL)} \times \dfrac{a \text{(\%)}}{100} \times \dfrac{1}{M \text{(g/mol)}}$ 溶けているので，

　　モル濃度〔mol/L〕は

$$1000\ \text{mL} \times d \text{(g/mL)} \times \frac{a \text{(\%)}}{100} \times \frac{1}{M \text{(g/mol)}}$$

● モル濃度から質量パーセント濃度

　モル濃度 c 〔mol/L〕（溶質のモル質量 M 〔g/mol〕，密度 d 〔g/mL〕）の質量パーセント濃度を求めるときも，溶液 1 L について考え，溶液の質量とそのなかの溶質の質量を求める。

⑦　溶液 1 L の質量〔g〕を求める。　　　　　$1000\ \text{mL} \times d \text{(g/mL)}$

④　溶質の物質量〔mol〕を求める。　　　　　$c \text{(mol/L)} \times 1\ \text{L}$

⑨　溶質の質量〔g〕を求める。　　　　　$M \text{(g/mol)} \times c \text{(mol/L)} \times 1\ \text{L}$

⑤　$\dfrac{⑨}{⑦} \times 100$ より，質量パーセント濃度〔%〕を求める。

$$\frac{M \text{(g/mol)} \times c \text{(mol/L)} \times 1\ \text{L}}{1000\ \text{mL} \times d \text{(g/mL)}} \times 100 \text{(\%)}$$

例題 6　濃度の換算

　次の(1)と(2)に答えよ。ただし，硫酸の分子量は 98，水酸化ナトリウムの式量は 40 とする。

(1)　98 % の濃硫酸の密度は 1.8 g/mL である。この硫酸のモル濃度は何 mol/L か。

(2)　2.8 mol/L の水酸化ナトリウム水溶液の密度は，1.1 g/mL である。この水溶液の質量パーセント濃度は何 % か。

解答

(1)　濃硫酸 1 L の溶質の質量は $1000 \times 1.8 \times \dfrac{98}{100}$ 〔g〕，H_2SO_4 のモル質量は 98 g/mol なので，その物質量は

$$1000 \times 1.8 \times \dfrac{98}{100} \times \dfrac{1}{98} = 18 \text{〔mol〕}$$

　よって，モル濃度は　**18 mol/L** …㊅

(2)　水酸化ナトリウム水溶液 1 L の質量は 1000×1.1〔g〕，NaOH のモル質量は 40 g/mol なので，溶質の質量は

$$40 \times 2.8 \times 1 \text{〔g〕}$$

　したがって，質量パーセント濃度は

$$\dfrac{40 \times 2.8 \times 1}{1000 \times 1.1} \times 100 = 10.1 ≒ \mathbf{10 \%} \text{ …㊅}$$

Q　濃度の問題で，気をつけることはありますか？

A　まずは，溶液＝溶媒＋溶質 ということはおさえておきましょう。溶媒の体積だけで計算してしまうミスが多いようです。また，与えられた単位や答える単位が mL なのか L なのかにも注意して解くと，ミスを避けられます。

固体の溶解度

1 溶解度曲線

固体の溶解度は，一般に**溶媒 100 g
に溶かすことができる溶質の最大の
質量の数値**で表す。

溶解は温度によって変化する。
温度と溶解度の関係を示す曲線を**溶
解度曲線**という。

補足 硝酸カリウムに少量の不純
物として塩化ナトリウム
NaCl が入っている場合，冷
却によって析出するのは
KNO_3 のみである。NaCl は
少量であり，溶解度も温度

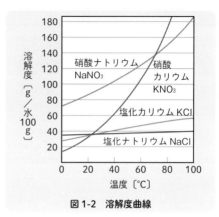

図1-2 溶解度曲線

による変化が少ないため，析出しない。この操作は再結晶と呼ばれる物質
の精製法である(⇨p.25)。

2 結晶の析出

80 ℃の水 100 g に硝酸カリウム
KNO_3 110 g を溶かした。この状態は，
図1-3 の溶解度曲線の A に位置し，
KNO_3 は飽和していない。温度を下げ
ると B に達し，KNO_3 が 110 g 溶け
ている飽和溶液となる。さらに，温
度を 20 ℃まで下げると，溶解度は曲
線 BD に沿って低下し，溶け切れな
くなった KNO_3 が析出する。D では
KNO_3 は 31.6 g 溶けているので，こ
の間の KNO_3 の析出量は，CD で表さ
れる 110−31.6=78.4 g で，「**60℃の
溶解度−20℃の溶解度**」となる。

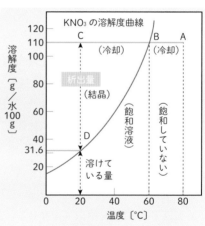

図1-3 溶解度曲線と析出量

3 | 化学反応式と化学反応式の表す量的関係

1 化学反応式

化学変化において，反応する物質(**反応物**)と生成する物質(**生成物**)を化学式で表した式を**化学反応式**または**反応式**という。

A 化学反応式のつくり方

❶ 反応物の化学式を左辺に，生成物の化学式を右辺に書き，両辺を矢印「⟶」で結ぶ。

❷ 各元素の原子の数が両辺で等しくなるように，係数を決める。

〈化学反応式のつくり方〉

エタン C_2H_6 の完全燃焼を例に説明する。

㋐ 左辺に反応物の C_2H_6 と O_2，右辺に生成物の CO_2 と H_2O を書き，矢印で結ぶ。各係数は a, b, c, d とおく。

$$aC_2H_6 + bO_2 \longrightarrow cCO_2 + dH_2O$$

㋑ 最も元素の種類が多い物質の係数を1とおく。

$$1C_2H_6 + bO_2 \longrightarrow cCO_2 + dH_2O$$

㋒ 炭素原子 C の数を両辺で合わせる。(左辺の2個に右辺を合わせて $c=2$)

$$1C_2H_6 + bO_2 \longrightarrow 2CO_2 + dH_2O$$

㋓ 水素原子 H の数を両辺で合わせる。($1×6=d×2$ より $d=3$)

$$1C_2H_6 + bO_2 \longrightarrow 2CO_2 + 3H_2O$$

㋔ 酸素原子 O の数を両辺で合わせる。$\left(b×2=2×2+3×1 より b=\dfrac{7}{2}\right)$

$$1C_2H_6 + \frac{7}{2}O_2 \longrightarrow 2CO_2 + 3H_2O$$

㋕ 係数が最も簡単な整数の比になるように，全体を2倍する(係数に1があるときは1を省略する)。

$$2C_2H_6 + 7O_2 \longrightarrow 4CO_2 + 6H_2O$$

〈未定係数法　複雑な化学反応式のつくり方〉

　　化学反応式が複雑な場合は，係数を未知数とし，各元素の原子の数に関する連立方程式を立て，それを解くことで係数を決める。この解き方を未定係数法という。

　　次の化学反応式を例に，係数 $a \sim e$ を求めてみる。

　　　　$a\text{MnO}_2 + b\text{HCl} \longrightarrow c\text{MnCl}_2 + d\text{H}_2\text{O} + e\text{Cl}_2$

　両辺で各原子の数は等しいので，次の方程式が成り立つ。

　　Mn について　　$a = c$　　　　……①
　　O について　　　$2a = d$　　　 ……②
　　H について　　　$b = 2d$　　　 ……③
　　Cl について　　 $b = 2c + 2e$　 ……④

　未知数が 5 つに対して方程式が 4 つなので，このままでは解けない。そこで，仮に $a = 1$ とおいて連立方程式を解くと，$b = 4$，$c = 1$，$d = 2$，$e = 1$ となる。

　したがって，化学反応式は次のようになる。

　　　　$\text{MnO}_2 + 4\text{HCl} \longrightarrow \text{MnCl}_2 + 2\text{H}_2\text{O} + \text{Cl}_2$

補足　化学反応式の係数は比なので，仮に $a = 1$ とおき，最後に最も簡単な整数の比にする。

＋アルファ　**化学反応式に付加情報を書く**

　反応の条件(触媒，加熱など)を矢印の上に書く。

　　$2\text{H}_2\text{O}_2 \xrightarrow{\text{MnO}_2} 2\text{H}_2\text{O} + \text{O}_2$

　　$2\text{Cu} + \text{O}_2 \xrightarrow{\text{加熱}} 2\text{CuO}$

　気体の発生を↑で示す。

　　$\text{Zn} + 2\text{HCl} \longrightarrow \text{ZnCl}_2 + \text{H}_2\uparrow$

　沈殿の生成を↓で示す。

　　$\text{NaCl} + \text{AgNO}_3 \longrightarrow \text{AgCl}\downarrow + \text{NaNO}_3$

Q　化学反応式をつくる問題で，ミスを防ぐにはどうしたらいいですか？

A　できあがった化学反応式で，左辺と右辺の原子の数が等しいかどうか，最後にもう一度確認しておくと，ミスがあった場合も気づけますよ。

イオン反応式のつくり方

イオンの化学式を含む化学反応式を**イオン反応式**という。イオン反応式では，両辺で各元素の原子の数が等しいだけでなく，電荷の総和も等しい。

塩化ナトリウム水溶液に硝酸銀水溶液を加えると，塩化銀の沈殿を生じる。この反応は，次のように表される。

$$NaCl + AgNO_3 \longrightarrow AgCl\downarrow + NaNO_3$$

ここで，水溶液中で電離しているイオンを化学式で表し，反応の前後で変化していないイオンを消去すると，イオン反応式になる。

$$Na^+ + Cl^- + Ag^+ + NO_3^- \longrightarrow AgCl\downarrow + Na^+ + NO_3^-$$

$$\underset{(+1)}{Ag^+} + \underset{(-1)}{Cl^-} = \underset{(0)}{AgCl\downarrow}$$
電荷 $(+1)$ (-1) $=$ (0) 両辺で電荷の総和は等しい

2 化学反応式の表す量的関係

化学反応式の係数の比は，粒子の数の比，すなわち物質量の比を表している。化学反応式では，**係数の比＝物質量の比**の関係が成り立つ。

表1-4 炭酸水素ナトリウムを加熱した反応における量的関係

化学反応式	$2NaHCO_3 \longrightarrow$ 炭素水素ナトリウム	Na_2CO_3 炭酸ナトリウム	$+$	H_2O 水	$+$	CO_2 二酸化炭素
係数	2	1		1		1
物質量	2 mol	1 mol		1 mol		1 mol
粒子の数	$2 \times 6.0 \times 10^{23}$ 個	$1 \times 6.0 \times 10^{23}$ 個		$1 \times 6.0 \times 10^{23}$ 個		$1 \times 6.0 \times 10^{23}$ 個
質量※注	168 g	106 g		18 g		44 g

※注 質量の比は化学反応式の係数の比とは一致しない。

●過不足のある反応

化学反応式の係数の比と異なる物質量の比で反応させると，反応が終わっても一部の反応物が余ることになる。このような場合，物質量の不足するほうが基準となって，生成物の量が決まる。

例えば，0.20 mol の一酸化炭素 CO と 0.60 mol の酸素 O_2 を反応させた場合，一酸化炭素はすべて反応するが，酸素の一部は残ってしまう。生成する二酸化炭素 CO_2 は，不足する一酸化炭素の物質量に基づき 0.20 mol となる。

	2CO	+	O_2	$\longrightarrow$	2CO₂
物質量の比	2		1		2
反応前	0.20 mol		0.60 mol		
変化量	−0.20 mol		−0.10 mol		0.20 mol
反応後	0 mol		0.50 mol		0.20 mol

例題 7　過不足のある反応

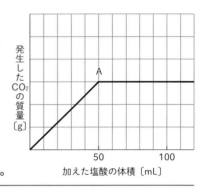

4.2 g の炭酸水素ナトリウム NaHCO₃（式量 84）に，ある濃度の塩酸 HCl を少しずつ加えてゆくときの加えた塩酸の体積と発生する二酸化炭素の質量の関係を右に示す。

A 点における二酸化炭素の質量は何 g か。また，そのときの塩酸のモル濃度は何 mol/L か。ただし，原子量は C＝12，O＝16 とする。

（解答）

炭酸水素ナトリウムに塩酸を加えたときの化学反応式は次のようになる。

$$NaHCO_3 + HCl \longrightarrow NaCl + H_2O + CO_2$$

A 点では，過不足なく反応しているので，発生する CO_2 の物質量は，NaHCO₃ の物質量に等しい。NaHCO₃ のモル質量は 84 g/mol なので

$$CO_2 \text{ の物質量} = \frac{4.2}{84} = 0.050 \text{ mol}$$

CO_2 のモル質量は 44 g/mol なので

$$CO_2 \text{ の質量} = 44 \times 0.050 = \textbf{2.2 g} \cdots ⊛$$

また，このとき反応した塩酸 50 mL 中の HCl の物質量は，CO_2 の物質量に等しいので

$$HCl \text{ のモル濃度} = \frac{0.050}{\frac{50}{1000}} = \textbf{1.0 mol/L} \cdots ⊛$$

参 考　化学の基礎法則と原子説

1 質量保存の法則

フランスのラボアジェが 1774 年に発見。

「化学変化において，反応前と反応後の総質量は，互いに等しい。」

2 定比例の法則

フランスのプルーストが 1799 年に発見。

「ある化合物の成分元素の質量比は，つねに一定である。」

例　水を構成している成分元素の質量比は，つねに，水素：酸素＝1：8

3 ドルトンの原子説

イギリスのドルトンは，上記の 2 つの法則が成り立つ理由を説明するために，1803 年，次のような原子説を発表した。

① すべての物質は，原子という基本的な粒子からできている。

② 同じ元素の原子は，質量や性質が等しく，異なる元素の原子は異なる。

③ 化合物は，異なる元素の原子が決まった数の割合で集合している。

④ 化学変化は，原子の組み合わせが変わるだけで，原子は変化しない。

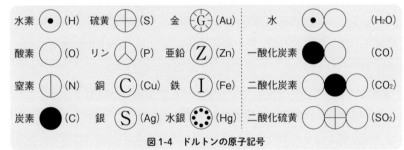

図1-4　ドルトンの原子記号

補足　1. ドルトンは原子を球形と考えて，**図1-4** のような円形で原子を表した。これが，現在の元素記号の基礎となった。（　）内は現在の元素記号。

2. ドルトンは，この原子記号を用いて，**図1-4** の右の列のように化合物を表した。

4 倍数比例の法則

ドルトンは原子説の証明のために，次のような法則を推定し，実験で確かめた。「A，B 2 種の元素が，2 種以上の化合物をつくるとき，元素 A の一定質量と反応する元素 B の質量の間には，簡単な整数比が成り立つ。」

例　炭素 C と酸素 O の 2 種の元素からなる 2 種の化合物 CO と CO_2 では，一定質量の C と化合する O の質量比は 1：2 となる。

116

参 考 気 体 反 応 の 法 則 と 分 子 説

1 気体反応の法則

　フランスのゲーリュサックが 1808 年に発見。

「気体間の反応では，同温・同圧のもとでそれらの気体の体積間に簡単な整数比が成り立つ。」

　例 水素と酸素が反応して水蒸気ができるときの体積比は，

　　　　水素：酸素：水蒸気＝2：1：2

2 アボガドロの分子説

　イタリアのアボガドロは気体反応の法則を説明するために，分子説を発表した。

① **気体は，いくつかの原子が集まってできた分子という粒子からなる。**

② **同温・同圧では，気体の種類に関係なく，同体積中に同数の分子を含む。**

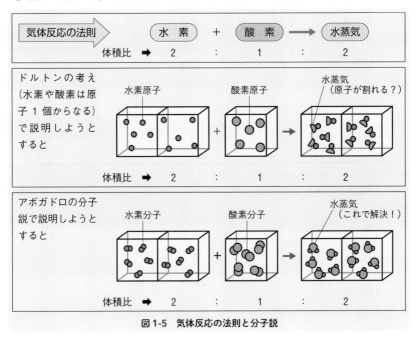

図1-5　気体反応の法則と分子説

この章で学んだこと

　この章では，まず，原子量・分子量・式量など原子や分子などの質量の表し方・求め方を学習し，続いて物質量〔mol〕と質量，粒子の数，さらに気体の体積との関係や溶液の濃度，固体の溶解度，そして，化学反応式と化学反応式の表す量的関係へと発展させた。

---

1 原子量・分子量・式量と物質量

❶ 原子の相対質量　^{12}C の質量 12 を基準とした各原子の相対質量。

❷ 原子量と同位体　自然界の各元素の同位体の相対質量に存在比をかけて求めた平均値が元素の原子量。

❸ 分子量・式量　分子量は分子を構成する原子の原子量の総和。式量は組成式やイオンの化学式を構成する原子の原子量の総和。

❹ 物質量　$6.02214076×10^{23}$ 個の粒子の集団を 1 mol といい，mol を単位として表した物質の量を物質量という。

❺ アボガドロ定数　1 mol あたりの粒子の数で，$6.02×10^{23}$ /mol。

❻ モル質量　1 mol の質量〔g/mol〕。
→原子量・分子量・式量に g/mol をつける。

❼ アボガドロの法則　同温・同圧で同体積の気体は，同数の分子を含む。

❽ 気体の密度と分子量　気体の密度は分子量に比例する。

❾ 平均分子量
（分子量×物質量の割合）の総和

2 溶液の濃度

❶ 質量パーセント濃度〔%〕　溶液の質量に対する溶質の質量を百分率で表した濃度。

❷ モル濃度〔mol/L〕　溶液 1 L あたりに溶けている溶質の物質量。

❸ 濃度の換算　溶質のモル質量を M〔g/mol〕，水溶液の密度を d〔g/mL〕とすると，質量パーセント濃度 a〔%〕のモル濃度は　$1000×d×\dfrac{a}{100}×\dfrac{1}{M}$〔mol/L〕
モル濃度 c〔mol/L〕の質量パーセント濃度は　$\dfrac{M×c×1}{1000×d}×100$〔%〕

❹ 溶解度　溶媒 100 g に溶ける溶質の質量。

❺ 溶解度曲線　温度と溶解度の関係を示す曲線。

3 化学反応式とその量的関係

❶ 化学反応式　化学変化を化学式で表した式。→両辺で各元素の原子の数が等しくなるよう係数を決める。

❷ イオン反応式　イオンの化学式を含む化学反応式。

❸ 化学反応式の表す量的関係
化学反応式の係数の比＝物質量の比

❹ 過不足のある化学反応　不足する物質の物質量に基づき計算する。

定期テスト対策問題 3

解答・解説は p.714

1 次の(1)～(3)の金属 M の原子量を求めよ。

(1) ある金属 M 5.4 g を酸素中で完全に燃焼させたところ酸化物 M_2O_3 が 10.2 g 得られた。原子量は O＝16 とする。

(2) ある金属 M は ^{63}M と ^{65}M の同位体からなり，それぞれの相対質量と存在比は ^{63}M が 63.0，73.0 %，^{65}M が 65.0，27.0 %である。

(3) ある金属 M の密度は 5.0 g/cm^3 であり，1 辺の長さ 1.0×10^{-7} cm の立方体中に 20 個の原子が含まれている。アボガドロ定数は 6.0×10^{23} /mol とする。

2 次の(1)～(3)に答えよ。原子量は H＝1.0，O＝16，アボガドロ定数は 6.0×10^{23} /mol とする。

(1) 水分子 1 個は，何 g か。

(2) 標準状態で 5.6 L の酸素は，何 g か。

(3) 3.0×10^{23} 個の酸素分子は，標準状態で何 L か。

3 質量パーセント濃度 35 %の硫酸 A（密度 1.3 g/mL）がある。原子量は H＝1.0，O＝16，S＝32 とする。

(1) 硫酸 A のモル濃度を求めよ。

(2) 2.0 mol/L の希硫酸 200 mL をつくるには，硫酸 A は何 mL 必要か。

(3) 質量パーセント濃度 15 %の硫酸（密度 1.1 g/mL）を 1 L つくるには，硫酸 A は何 g 必要か。

発展 4 50 ℃の硝酸カリウム飽和水溶液 200 g を 20 ℃まで冷却したとき，何 g の結晶が析出するか。また，析出した結晶を全部溶かすには 20 ℃の水を何 g 加えればよいか。ただし，水 100 g に対する硝酸カリウムの溶解度は，50 ℃で 85 g，20 ℃で 32 g とする。

ヒント
3 (1) 1 L の硫酸 A を考える。(2)希硫酸 200 mL と硫酸 A 中の H_2SO_4 の物質量は等しい。
4 50 ℃の飽和水溶液(100 ＋ 85) g を 20 ℃に冷却したとき，何 g 析出するかを考える。

5 次の化学反応式の係数を決め，化学反応式を完成させなさい。

(1) $a\mathrm{NH_3} + b\mathrm{O_2} \longrightarrow c\mathrm{NO} + d\mathrm{H_2O}$

(2) $a\mathrm{CH_4O} + b\mathrm{O_2} \longrightarrow c\mathrm{CO_2} + d\mathrm{H_2O}$

6 プロパン $\mathrm{C_3H_8}$ を標準状態で 5.6 L 取り，これを空気中で完全に燃焼させたところ，二酸化炭素と水が生じた。原子量は H＝1.0，O＝16 とする。

(1) このときの変化を化学反応式で表せ。

(2) 生じた二酸化炭素は標準状態で何 L か。

(3) 生じた水は何 g か。

7 炭酸カルシウムに酸化カルシウムが含まれている固体 10 g を取り，塩酸を加えて反応させたところ，標準状態で 1.8 L の二酸化炭素が発生した。原子量は Ca＝40，C＝12，O＝16 とする。

(1) 炭酸カルシウムと塩酸の反応を化学反応式で表せ。

(2) 固体中の炭酸カルシウムの純度は何％か。

8 酸素 100 mL をオゾン生成器に通したところ，96 mL の混合気体が得られた。何 mL の酸素がオゾンに変化したか。ただし，反応前と反応後は同温・同圧とする。

9 塩化バリウム $\mathrm{BaCl_2}$ 水溶液 50 mL に 0.10 mol/L の硫酸 V〔mL〕を加えたときに，生成する硫酸バリウム $\mathrm{BaSO_4}$ の質量を m〔g〕とすると，m と V との間に右図に示す関係がみられた。$\mathrm{BaCl_2}$ 水溶液のモル濃度は何 mol/L か。

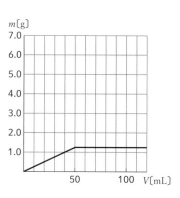

ヒント

5 最も元素の種類が多い物質の係数を 1 とおく。

6〜**8** 反応式において，係数比＝体積比＝物質量比。標準状態での気体のモル体積は 22.4 L/mol

9 化学反応式は $\mathrm{BaCl_2} + \mathrm{H_2SO_4} \longrightarrow \mathrm{BaSO_4} + 2\mathrm{HCl}$

Basic Chemistry

第 **2** 章　酸・塩基・塩

MY BEST

1 | 酸と塩基

1 酸と塩基

A 酸と塩基

塩化水素 HCl，酢酸 CH_3COOH，硫酸 H_2SO_4 などの水溶液は，次のような性質を示す。

① 青色のリトマス紙を赤色にする。

② マグネシウムや亜鉛などの金属を溶かして，水素を発生する。

③ 塩基と反応して塩基性を打ち消す。

このような水溶液の性質を酸性といい，酸性を示す物質を酸という。

一方，水酸化ナトリウム NaOH，アンモニア NH_3 などの水溶液は，次のような性質を示す。

① 赤色のリトマス紙を青色にする。

② 酸と反応して酸性を打ち消す。

このような水溶液の性質を塩基性といい，塩基性を示す物質を塩基という。

Q 中学で習った「アルカリ性」と「塩基性」は違うものですか？

A 塩基のなかでも水に溶けるものを**アルカリ**，その水溶液の性質を**アルカリ性**といいます。アルカリ性と塩基性は似た意味で使われますが，塩基性は水に溶けるものに限らないため，高校からは「塩基性」のほうを用います。

2 酸・塩基の定義

A アレニウスの定義

1887 年，アレニウスは，酸・塩基を次のように定義した。

・**酸とは，水に溶けて水素イオン H^+ を生じる物質である。**

・**塩基とは，水に溶けて水酸化物イオン OH^- を生じる物質である。**

● 酸と水素イオン

酸の水溶液が酸性を示すのは、酸が電離して、生じる**水素イオン H^+ のためである。**

例 $HCl \longrightarrow H^+ + Cl^-$
$CH_3COOH \longrightarrow H^+ + CH_3COO^-$
$\left. \begin{array}{l} H_2SO_4 \longrightarrow H^+ + HSO_4^- \\ HSO_4^- \rightleftharpoons H^+ + SO_4^{2-} \end{array} \right\}$

$$H_2SO_4 \longrightarrow 2H^+ + SO_4^{2-}$$

補足 硫酸 H_2SO_4 は、上記のように2段階で電離する。

$\rightleftharpoons$ の矢印は、右向きの反応と左向きの反応が両方起こっていることを示し、このとき、反応物と生成物が混在している。

H^+ は、実際には、水溶液中で水 H_2O と配位結合($\Rightarrow$ p.76)してオキソニウムイオン H_3O^+ として存在している。

$$HCl + H_2O \longrightarrow H_3O^+ + Cl^-$$

補足 オキソニウムイオン H_3O^+ は、ふつう H^+ と省略することが多い。

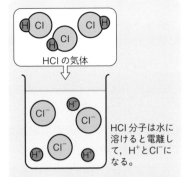

HClの気体

HCl分子は水に溶けると電離して、H^+とCl^-になる。

図 2-1 水溶液中での酸(HCl)の電離

● 塩基と水酸化物イオン

塩基の水溶液が塩基性を示すのは、塩基が電離して、生じる**水酸化物イオン OH^- のためである。**

例 $NaOH \longrightarrow Na^+ + OH^-$
$Ca(OH)_2 \longrightarrow Ca^{2+} + 2OH^-$

アンモニア NH_3 は分子中に OH を含まないが、水に溶けると、一部の NH_3 が水と配位結合して OH^- を生じるので、塩基である。

$$NH_3 + H_2O \rightleftharpoons NH_4^+ + OH^-$$

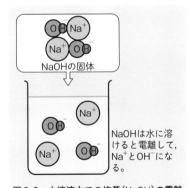

NaOHの固体

NaOHは水に溶けると電離して、Na^+とOH^-になる。

図 2-2 水溶液中での塩基(NaOH)の電離

POINT

アレニウスの定義

水溶液中で $\left\{ \begin{array}{l} H^+(H_3O^+)を生じる物質 \Rightarrow 酸 \\ OH^- を生じる物質 \Rightarrow 塩基 \end{array} \right.$

ブレンステッド・ローリーの定義

気体の塩化水素 HCl と気体のアンモニア NH_3 は，空気中で反応して，塩化アンモニウム NH_4Cl の白煙を生じる。

$$HCl + NH_3 \longrightarrow NH_4Cl$$

この反応は，酸と塩基の反応であるが，水溶液中の反応ではないので，アレニウスの定義では説明できない。そこで，ブレンステッドとローリーは，酸・塩基を水素イオン H^+ の授受で説明し，次のように定義した。

・**酸とは，相手に水素イオン H^+ を与える分子またはイオン。**

・**塩基とは，相手から H^+ を受け取る分子またはイオン。**

塩化水素 HCl とアンモニア NH_3 の空気中の反応では，次のようになる。

HCl は NH_3 に H^+ を与えているので酸であり，NH_3 は H^+ を受け取っているので塩基である。

$$\underset{\text{酸}}{HCl} + \underset{\text{塩基}}{NH_3} \longrightarrow NH_4Cl$$

塩化水素の水への溶解では，HCl は H_2O に H^+ を与えているので酸であり，H_2O は H^+ を受け取っているので，塩基である。

$$\underset{\text{酸}}{HCl} + \underset{\text{塩基}}{H_2O} \longrightarrow H_3O^+ + Cl^-$$

アンモニアの水への溶解の場合，右向きの反応では，NH_3 が塩基，H_2O が酸である。また，左向きの反応の場合，NH_4^+ が酸，OH^- が塩基である。

$$\underset{\text{塩基}}{NH_3} + \underset{\text{酸}}{H_2O} \rightleftharpoons \underset{\text{酸}}{NH_4^+} + \underset{\text{塩基}}{OH^-}$$

ブレンステッド・ローリーの定義は，水溶液以外の反応や，気体どうしの反応にも適用できる。

POINT

ブレンステッド・ローリーの定義

H^+ を相手に与える物質 ⇨ 酸

H^+ を相手から受け取る物質 ⇨ 塩基

3 酸・塩基の価数

A 酸の価数

　酸の化学式中に含まれる，電離して水素イオン H^+ になることのできる水素原子 H の数を**酸の価数**という。例えば，塩化水素 HCl は 1 価の酸，硫酸 H_2SO_4 は 2 価の酸である。

> **例** リン酸 H_3PO_4 は，1 分子中に H^+ となる水素原子を 3 個もっているので 3 価の酸であり，水溶液中で次のように 3 段階に電離する。
>
> $$\begin{cases} H_3PO_4 \rightleftharpoons H^+ + H_2PO_4^- \\ H_2PO_4^- \rightleftharpoons H^+ + HPO_4^{2-} \\ HPO_4^{2-} \rightleftharpoons H^+ + PO_4^{3-} \end{cases}$$

表2-1　価数による酸の分類

価数	主な酸
1 価	塩化水素 HCl，硝酸 HNO_3，酢酸 CH_3COOH，フェノール C_6H_5OH
2 価	硫酸 H_2SO_4，シュウ酸 $(COOH)_2$
3 価	リン酸 H_3PO_4

B 塩基の価数

　塩基の化学式中に含まれる，電離して OH^- になることができる OH の数を**塩基の価数**という。例えば，水酸化ナトリウム NaOH は 1 価の塩基，水酸化カルシウム $Ca(OH)_2$ は 2 価の塩基である。なお，アンモニア NH_3 は，水と反応して，NH_3 1 分子から OH^- 1 個を生じるので，**1価の塩基**である。

表2-2　価数による塩基の分類

価数	主な塩基
1 価	水酸化ナトリウム NaOH，水酸化カリウム KOH，アンモニア NH_3
2 価	水酸化カルシウム $Ca(OH)_2$，水酸化バリウム $Ba(OH)_2$，水酸化銅(II) $Cu(OH)_2$，水酸化マグネシウム $Mg(OH)_2$，水酸化亜鉛 $Zn(OH)_2$
3 価	水酸化アルミニウム $Al(OH)_3$，水酸化鉄(III) $Fe(OH)_3$

4 電離度

塩酸と酢酸はいずれも1価の酸であるが，同じ濃度の水溶液に亜鉛 Zn の小片を入れると，塩酸のほうが激しく水素 H_2 を発生する（**図2-3**）。

これは，塩酸では塩化水素分子 HCl がほぼ完全に電離して，H^+ が多数存在するのに対して，酢酸では酢酸分子の一部しか電離しておらず，H^+ が少ないためである。

酸や塩基のような電解質が水に溶けるとき，溶解した電解質全体に対する

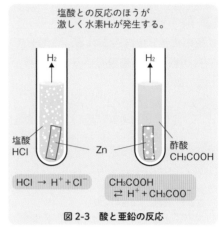

塩酸との反応のほうが激しく水素H₂が発生する。

$HCl \rightarrow H^+ + Cl^-$

$CH_3COOH \rightleftarrows H^+ + CH_3COO^-$

図2-3 酸と亜鉛の反応

電離した電解質の割合を電離度αという。電離度 α の範囲は，$0 < \alpha \leqq 1$ である。

POINT

電離度 $\alpha = \dfrac{\text{電離した電解質の物質量〔mol〕}}{\text{溶けた電解質の全物質量〔mol〕}}$

$= \dfrac{\text{電離した電解質のモル濃度〔mol/L〕}}{\text{溶けた電解質のモル濃度〔mol/L〕}}$

塩酸の電離度は，ほぼ1である。一方で，酢酸の電離度は1よりもかなり小さい。また，同じ物質でも電離度は濃度によって変化する。塩酸のような強酸や強塩基であれば，濃度に関係なくほぼ1である。一方で，酢酸のような弱酸や，弱塩基の水溶液では，濃度が低くなるにつれて電離度は大きくなる。

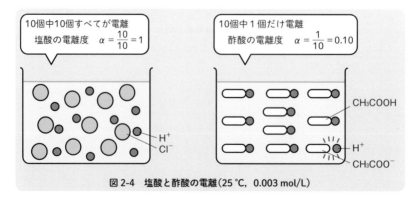

10個中10個すべてが電離
塩酸の電離度　$\alpha = \dfrac{10}{10} = 1$

10個中1個だけ電離
酢酸の電離度　$\alpha = \dfrac{1}{10} = 0.10$

H^+
Cl^-

CH₃COOH

H^+
CH_3COO^-

図2-4 塩酸と酢酸の電離(25℃, 0.003 mol/L)

5 酸・塩基の強弱

・強酸 ➡ 塩酸のような電離度が 1 に近い酸。

・弱酸 ➡ 酢酸のような, 電離度が小さい酸。

・強塩基 ➡ 水酸化ナトリウムのような水によく溶け, 電離度が 1 に近い塩基。

・弱塩基 ➡ アンモニアのような, 電離度の小さい塩基。また, 水に溶けにく
い水酸化銅(II)$Cu(OH)_2$ や水酸化鉄(III)$Fe(OH)_3$ のような塩基。

なお, **酸・塩基の強弱は, それらの価数の大小とは無関係**である。

表2-3 主な酸・塩基の強弱

強酸	塩化水素(塩酸) HCl 硝酸 HNO_3 硫酸 H_2SO_4 ヨウ化水素 HI	強塩基	水酸化ナトリウム $NaOH$ 水酸化カリウム KOH 水酸化バリウム $Ba(OH)_2$ 水酸化カルシウム $Ca(OH)_2$
弱酸	酢酸 CH_3COOH 炭酸 $H_2CO_3(H_2O+CO_2)$ 硫化水素 H_2S フェノール C_6H_5OH	弱塩基	アンモニア NH_3 水酸化アルミニウム $Al(OH)_3$ 水酸化鉄(III) $Fe(OH)_3$ 水酸化銅(II) $Cu(OH)_2$

コラム｜酸の強弱の比較

電離度は, **図2-5** のように酸の濃度に
よって変化する。弱酸である酢酸でも濃度
が非常に小さい場合には電離が 0.75 に
近くなる。したがって, **酸の強弱**を比較
する場合は, 一般に, 酸の水溶液の濃度が
0.1 mol/L のときの電離度の大小をもとにし
て比較する。

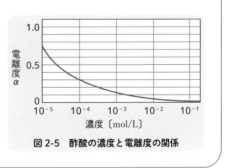

図 2-5 酢酸の濃度と電離度の関係

 POINT

重要な $\begin{cases} 強酸 \Rightarrow HCl, HNO_3, H_2SO_4 \\ 強塩基 \Rightarrow NaOH, KOH, Ba(OH)_2, Ca(OH)_2 \end{cases}$

2 | 水素イオン濃度とpH

1 水の電離と水素イオン濃度・水酸化物イオン濃度

純粋な水(純水)は電気を通さないが，次のようにわずかに電離している。

$$H_2O \rightleftharpoons H^+ + OH^-$$

H^+ のモル濃度を**水素イオン濃度**，OH^- のモル濃度を**水酸化物イオン濃度**といい，それぞれ$[H^+]$，$[OH^-]$と表す。純水においては，$[H^+]$と$[OH^-]$が等しく，25 ℃で

$$[H^+] = [OH^-] = 1.0 \times 10^{-7}\,\text{mol/L} \quad \cdots\cdots(1)式$$

となる。$[H^+]$と$[OH^-]$の関係が(1)式の状態のとき，水溶液は**中性**である。

また，水に酸を溶かすと，$[H^+]$は増加し，$[OH^-]$は減少する。逆に，水に塩基を溶かすと，$[OH^-]$は増加し，$[H^+]$は減少する。つまり，$[H^+]$と$[OH^-]$は次のような反比例の関係にある。

$$[H^+][OH^-] = 一定 \quad \cdots\cdots(2)式$$

水溶液の酸性・中性・塩基性と$[H^+]$と$[OH^-]$の関係は，25 ℃で次のようになる。

酸　性：$[H^+] > 1.0 \times 10^{-7}\,\text{mol/L} > [OH^-]$

中　性：$[H^+] = 1.0 \times 10^{-7}\,\text{mol/L} = [OH^-]$

塩基性：$[H^+] < 1.0 \times 10^{-7}\,\text{mol/L} < [OH^-]$

発展　水のイオン積

水溶液中の$[H^+]$と$[OH^-]$の積を**水のイオン積**といい，K_wで表す。上の(1)式と(2)式より，水溶液中では 25 ℃で

$$K_w = [H^+][OH^-] = 1.0 \times 10^{-14}\,(\text{mol/L})^2$$

となる。この式にあてはめれば，$[H^+]$の値から$[OH^-]$の値を求めたり，$[OH^-]$の値から$[H^+]$の値を求めたりすることができる。

---

2 酸と水素イオン濃度

1価の酸 HA は，次のように電離する。

$$HA \rightleftarrows H^+ + A^-$$

モル濃度が c(mol/L) の HA の水溶液の，電離した電解質のモル濃度は，水素イオン濃度 $[H^+]$ に等しくなる。p.126 の ![POINT] の式より，電離度 α を用いて表すと $\alpha = \dfrac{[H^+]}{c(\text{mol/L})}$ となり，これを式変形すると

$$[H^+] = c\alpha \,(\text{mol/L})$$

となる。

また，1価の強酸では，電離度 $\alpha = 1$ のため

$$[H^+] = c \,(\text{mol/L})$$

となる。

1価の酸の水溶液のモル濃度と電離度がわかっていれば，この酸の水溶液における $[H^+]$ を求めることができる。

例題 8　電離度と水素イオン濃度

25 ℃における 0.010 mol/L の酢酸水溶液の水素イオン濃度は 4.3×10^{-4} mol/L であった。このときの酢酸の電離度 α はいくらか。

（解答）

電離度 $\alpha = \dfrac{\text{電離した酢酸のモル濃度}}{\text{酢酸のモル濃度}} = \dfrac{4.3 \times 10^{-4}}{0.010}$

$$= 4.3 \times 10^{-2} \cdots \text{㊙}$$

POINT

電離度と水素イオン濃度の関係

濃度 c (mol/L)
電離度 α
$\left.\right\}$ の1価の酸の水溶液 $\Rightarrow$ $[H^+] = c\alpha$

3 塩基と水酸化物イオン濃度

[H⁺]と同様に，モル濃度が c(mol/L)，電離度 α の1価の弱塩基の水溶液では，水酸化物イオン濃度[OH⁻]は

$$[OH^-] = c\alpha \text{(mol/L)}$$

となる。

また，1価の強塩基の水溶液の電離度は $\alpha = 1$ とみなしてよく

$$[OH^-] = c \text{(mol/L)}$$

となる。

 0.10 mol/L のアンモニア水の電離度は $\alpha = 0.013$ である。[OH⁻]は

$$[OH^-] = c\alpha = 0.10 \times 0.013 = 1.3 \times 10^{-3} \text{ mol/L}$$

POINT

電離度と水酸化物イオン濃度の関係

$\left.\begin{array}{l} 濃度\ c\ \text{(mol/L)} \\ 電離度\ \alpha \end{array}\right\}$ の1価の塩基の水溶液 $\Rightarrow$ [OH⁻]=$c\alpha$

POINT

[H⁺]=(1価の酸のモル濃度)×(電離度)
[OH⁻]=(1価の塩基のモル濃度)×(電離度)
濃度の小さい強酸・強塩基の水溶液でも電離度は1とみなす。

補足 m 価の強酸(モル濃度 c(mol/L))の水素イオン濃度[H⁺]は
$$[H^+] = mc \text{(mol/L)}$$
m'価の強塩基(モル濃度 c'(mol/L))の水酸化物イオン濃度[OH⁻]は
$$[OH^-] = m'c' \text{(mol/L)}$$

4 水素イオン指数pH

水溶液の酸性や塩基性の程度は，水素イオン濃度[H⁺]に基づいた pH （水素イオン指数）という数値で表される。

$$[H^+] = 1.0 \times 10^{-n} \text{ mol/L のとき pH} = n$$

水溶液の性質と pH の関係は，25 ℃で次のとおりである。

酸　　性：$[H^+] > 1.0 \times 10^{-7}$ mol/L $> [OH^-]$ 　pH$<$7
中　　性：$[H^+] = 1.0 \times 10^{-7}$ mol/L $= [OH^-]$ 　pH$=$7
塩基性：$[H^+] < 1.0 \times 10^{-7}$ mol/L $< [OH^-]$ 　pH$>$7

pH と $[H^+]$，$[OH^-]$ の関係および，私たちに身近な物質の pH を**図 2-6** に表した。

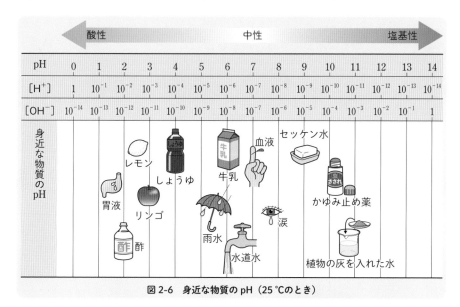

図 2-6　身近な物質の pH（25 ℃のとき）

●希釈による pH の変化

強酸の水溶液を水で 10 倍に希釈すると，$[H^+]$ は $\frac{1}{10}$ 倍になり，pH は 1 大きくなる。また，強塩基の水溶液を水で 10 倍に希釈すると，$[H^+]$ は 10 倍になり，pH は 1 小さくなる。しかし，酸や塩基の水溶液をいくら薄めても，pH は中性の 7 に近づくが，**7 を超えることはない**。これは，水がわずかに電離している（$[H^+] = 1.0 \times 10^{-7}$ mol/L）からである。

5 指示薬とpH測定

　水溶液のpHに応じて，色調が変わる色素を**pH指示薬**(酸・塩基指示薬)といい，その色調の変わるpHの範囲を**変色域**(へんしょくいき)という。pH指示薬の種類によって，変化する色調と変色域は異なる。**メチルオレンジ(MO)の変色域は3.1〜4.4，ブロモチモールブルー(BTB)の変色域は6.0〜7.6，フェノールフタレイン(PP)の変色域は8.0〜9.8**である。

　いろいろなpH指示薬をしみ込ませたpH試験紙などを用いると，水溶液のおおよそのpHを知ることができる。正確なpHは，pHメーターを用いて測定することができる。

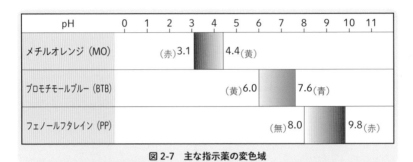

pH	0	1	2	3	4	5	6	7	8	9	10	11
メチルオレンジ(MO)				(赤)3.1	4.4(黄)							
ブロモチモールブルー(BTB)							(黄)6.0	7.6(青)				
フェノールフタレイン(PP)									(無)8.0	9.8(赤)		

図2-7　主な指示薬の変色域

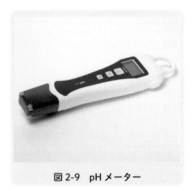

図2-8　pH試験紙　　　　　　**図2-9　pHメーター**

3 | 中和反応と塩

1 中和反応

　酸と塩基が反応して，互いの性質を打ち消し合うことを中和といい，その反応を中和反応という。例えば，塩酸と水酸化ナトリウム水溶液を混ぜると，次のように反応する。

$$HCl + NaOH \longrightarrow NaCl + H_2O$$

　この反応で，HCl と NaOH と NaCl は，水溶液中でそれぞれ電離している。上の化学反応式をイオン反応式で書き換えると，次のようになる。

$$H^+ + Cl^- + Na^+ + OH^- \longrightarrow Na^+ + Cl^- + H_2O$$

　反応前後で変化していないイオンを取り除くと，次のようになる。

$$H^+ + Cl^- + Na^+ + OH^- \longrightarrow Na^+ + Cl^- + H_2O$$
$$H^+ + OH^- \longrightarrow H_2O$$

　このように，中和反応とは，酸の H^+ と塩基の OH^- が反応して，水 H_2O を生じる反応といえる。

　また，NaCl のように，酸と塩基が中和して，塩基の陽イオンと酸の陰イオンが結合した化合物を塩という。

補足 　$H^+ + OH^- \longrightarrow H_2O$ の反応では，反応式の係数比より，物質量比は
$$H^+ : OH^- : H_2O = 1 : 1 : 1$$
また，中和反応の生成物で，水以外の物質が塩ともいえる。

表2-4　酸と塩基が完全に中和するときの反応例

酸(価数)	塩基(価数)	中和反応の反応式	塩の名称
HNO_3 （1価）	$Ca(OH)_2$ （2価）	$2HNO_3 + Ca(OH)_2 \longrightarrow Ca(NO_3)_2 + 2H_2O$	硝酸カルシウム
H_2CO_3 （2価）	NaOH （1価）	$H_2CO_3 + 2NaOH \longrightarrow Na_2CO_3 + 2H_2O$	炭酸ナトリウム
H_3PO_4 （3価）	KOH （1価）	$H_3PO_4 + 3KOH \longrightarrow K_3PO_4 + 3H_2O$	リン酸カリウム
H_2SO_4 （2価）	$Al(OH)_3$ （3価）	$3H_2SO_4 + 2Al(OH)_3 \longrightarrow Al_2(SO_4)_3 + 6H_2O$	硫酸アルミニウム

2 塩の種類と塩の反応

A 塩の種類

塩は，その組成によって次のように分類される。硫酸水素ナトリウム $NaHSO_4$ のように酸の H が残っている塩を**酸性塩**（さんせいえん），塩化水酸化マグネシウム MgCl(OH) のように塩基の OH が残っている塩を**塩基性塩**（えんきせいえん）という。一方，塩化ナトリウム NaCl のように，酸の H も塩基の OH も残っていない塩を**正塩**（せいえん）という。**酸性塩・塩基性塩・正塩の名称は，その組成からつけられたもので，水溶液が示す性質とは関係がない。**

表2-5　塩の種類と例

塩の種類	例	特徴
正塩	NaCl 塩化ナトリウム　KNO_3 硝酸カリウム $(NH_4)_2SO_4$ 硫酸アンモニウム　CH_3COONa 酢酸ナトリウム $FeSO_4$ 硫酸鉄(Ⅱ)　$CaCO_3$ 炭酸カルシウム	OH も H も残っていない。
酸性塩	$NaHSO_4$ 硫酸水素ナトリウム　$NaHCO_3$ 炭酸水素ナトリウム K_2HPO_4 リン酸一水素カリウム KH_2PO_4 リン酸二水素カリウム	H が残っている。
塩基性塩	MgCl(OH) 塩化水酸化マグネシウム CuCl(OH) 塩化水酸化銅(Ⅱ) $CuCO_3 \cdot Cu(OH)_2$ 炭酸水酸化銅(Ⅱ)	OH が残っている。

B 塩の反応

弱酸の塩に強酸を作用させると，弱酸が生じる。これを，**弱酸の遊離**（ゆうり）という。また，弱塩基の塩に強塩基を作用させると，弱塩基が生じる。これを，**弱塩基の遊離**という。

●弱酸の遊離

弱酸の塩である酢酸ナトリウム CH_3COONa の水溶液に，塩酸（強酸）を加えると，酢酸 CH_3COOH が遊離する。

$$CH_3COONa + HCl \longrightarrow CH_3COOH + NaCl$$

　この反応は，CH₃COONa が水溶液中で完全に電離して CH₃COO⁻ と Na⁺ になり，その CH₃COO⁻ が HCl の電離で生じた H⁺ を受け取ることで，弱酸(電離度の小さい)である CH₃COOH になるために起こる。

$$\overbrace{Na^+ + CH_3COO^-}^{弱酸の塩} + \overbrace{H^+ + Cl^-}^{強酸} \longrightarrow \overbrace{CH_3COOH}^{弱酸} + \overbrace{Na^+ + Cl^-}^{強酸の塩}$$

●弱塩基の遊離

　弱塩基の塩である塩化アンモニウム NH₄Cl の水溶液に，水酸化ナトリウム NaOH(強塩基)の水溶液を加えると，アンモニア NH₃ が遊離する。

$$NH_4Cl + NaOH \longrightarrow NaCl + NH_3 + H_2O$$

　この反応は，NH₄Cl が水溶液中で完全に電離して NH₄⁺ と Cl⁻ になり，その NH₄⁺ が NaOH の電離で生じた OH⁻ に H⁺ を受け渡すことで，弱塩基(電離度の小さい)である NH₃ になるために起こる。

$$\overbrace{NH_4^+ + Cl^-}^{弱塩基の塩} + \overbrace{Na^+ + OH^-}^{強塩基} \longrightarrow \overbrace{NH_3}^{弱塩基} + \overbrace{Na^+ + Cl^-}^{強塩基の塩} + H_2O$$

参考　揮発性の酸の遊離

　沸点が低く，常温でも気体になりやすい塩化水素 HCl のような酸を，**揮発性の酸**という。揮発性の酸の塩である塩化ナトリウム NaCl に，不揮発性の酸である硫酸 H₂SO₄ を加えると，揮発性の酸である HCl が遊離する。

$$NaCl + H_2SO_4 \longrightarrow NaHSO_4 + HCl$$

3　正塩の水溶液の性質

　正塩の水溶液は必ずしも中性とは限らない。正塩の水溶液の性質は，その塩をつくるもとの酸や塩基の組み合わせによって，次のように決まる。

・**強酸**と**強塩基**からなる正塩の水溶液：**中性**
・**強酸**と**弱塩基**からなる正塩の水溶液：**酸性**
・**弱酸**と**強塩基**からなる正塩の水溶液：**塩基性**

表2-6　正塩の水溶液の性質

正塩の種類	水溶液の性質	正塩の例	もとの酸	もとの塩基
強酸と強塩基からなる正塩	中性	NaCl	HCl	NaOH
		KCl	HCl	KOH
強酸と弱塩基からなる正塩	酸性	NH_4Cl	HCl	NH_3
		$CuSO_4$	H_2SO_4	$Cu(OH)_2$
弱酸と強塩基からなる正塩	塩基性	CH_3COONa	CH_3COOH	NaOH
		Na_2CO_3	H_2CO_3	NaOH

POINT

正塩の水溶液の性質

$\left\{\begin{array}{l}\text{強酸と強塩基からなる正塩} \Rightarrow \text{中性} \\ \text{強酸と弱塩基からなる正塩} \Rightarrow \text{酸性} \\ \text{弱酸と強塩基からなる正塩} \Rightarrow \text{塩基性}\end{array}\right.$

正塩を構成する酸と塩基の強いほうの性質を示す。

+アルファ　　**酸性塩の水溶液の性質**

　硫酸ナトリウム Na_2SO_4 の水溶液は中性を示すが，硫酸水素ナトリウム $NaHSO_4$ は，硫酸が強酸のため次の反応が起こり，その水溶液は酸性を示す。

$$NaHSO_4 \longrightarrow Na^+ + HSO_4^-$$
$$HSO_4^- \rightleftarrows H^+ + SO_4^{2-}$$

　また，炭酸ナトリウム Na_2CO_3 の水溶液は塩基性を示すが，炭酸水素ナトリウム $NaHCO_3$ は，炭酸が弱酸のため次の反応が起こり，その水溶液は Na_2CO_3 より弱い塩基性を示す。

$$NaHCO_3 \longrightarrow Na^+ + HCO_3^-$$
$$HCO_3^- + H_2O \rightleftarrows H_2CO_3 + OH^-$$
$$(H_2O + CO_2)$$

　このように，酸性塩の水溶液は，正塩の水溶液より酸性側による。

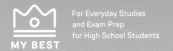
4 | 中和滴定

1 中和反応の量的関係

酸から生じる H^+ の物質量と塩基から生じる OH^- の物質量が等しくなる点が中和反応の**中和点**である。

a 価の酸 n(mol)と b 価の塩基 n'(mol)が中和して中和点にあるとき，H^+ の物質量は $a \times n$(mol)で，OH^- の物質量は $b \times n'$(mol)であるので，次の関係が成り立つ。

$$a \times n = b \times n'$$

c(mol/L)の a 価の酸 V(L)と c'(mol/L)の b 価の塩基 V'(L)が中和して中和点にあるとき，H^+ の物質量は $a \times c \times V$(mol)で，OH^- の物質量は $b \times c' \times V'$(mol)であるので，次の関係が成り立つ。

$$a \times c \times V = b \times c' \times V'$$

酸と塩基の体積を v(mL)および v'(mL)とするときは，次のようになる。

$$a \times c \times \frac{v}{1000} = b \times c' \times \frac{v'}{1000}$$

 POINT

中和反応の量的関係

$$\boxed{H^+ \text{ の物質量}} = \boxed{OH^- \text{ の物質量}}$$

$$a \times n = b \times n'$$

$$a \times c \times \frac{v}{1000} = b \times c' \times \frac{v'}{1000}$$

a, b：酸・塩基の価数　　n, n'：酸・塩基の物質量(mol)

c, c'：酸・塩基のモル濃度(mol/L)　　v, v'：酸・塩基の体積(mL)

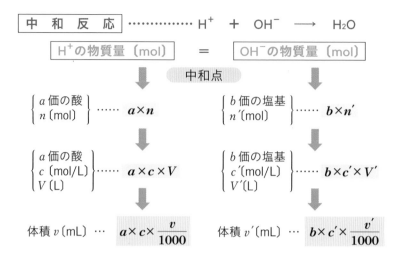

中　和　反　応 ··············· H^+ ＋ OH^- ⟶ H_2O

H^+ の物質量〔mol〕 ＝ OH^- の物質量〔mol〕

中和点

$\begin{cases} a \text{ 価の酸} \\ n \text{〔mol〕} \end{cases}$ …… $\boldsymbol{a \times n}$　　$\begin{cases} b \text{ 価の塩基} \\ n' \text{〔mol〕} \end{cases}$ …… $\boldsymbol{b \times n'}$

$\begin{cases} a \text{ 価の酸} \\ c \text{〔mol/L〕} \\ V \text{〔L〕} \end{cases}$ …… $\boldsymbol{a \times c \times V}$　　$\begin{cases} b \text{ 価の塩基} \\ c' \text{〔mol/L〕} \\ V' \text{〔L〕} \end{cases}$ …… $\boldsymbol{b \times c' \times V'}$

体積 v〔mL〕 … $\boldsymbol{a \times c \times \dfrac{v}{1000}}$　　体積 v'〔mL〕 … $\boldsymbol{b \times c' \times \dfrac{v'}{1000}}$

例 ① 　0.20 mol の H_2SO_4 を含む水溶液と中和する NaOH の物質量 x〔mol〕, 質量 y〔g〕を考える。NaOH＝40 とする。

$\boldsymbol{a \times n = b \times n'}$ より

$$\underbrace{2 \times 0.20 \text{〔mol〕}}_{H^+ \text{ の物質量}} = \underbrace{1 \times x \text{〔mol〕}}_{OH^- \text{ の物質量}} \qquad x = 0.40 \text{〔mol〕}$$

$$2 \times 0.20 \text{〔mol〕} = 1 \times \frac{y}{40} \text{〔mol〕} \qquad y = 16 \text{〔g〕}$$

例 ② 　0.20 mol/L の H_2SO_4 水溶液 250 mL と中和する 0.50 mol/L の NaOH 水溶液の体積 z〔mL〕を考える。

$\boldsymbol{a \times c \times \dfrac{v}{1000} = b \times c' \times \dfrac{v'}{1000}}$ より

$$\underbrace{2 \times 0.20 \times \frac{250}{1000}}_{H^+ \text{ の物質量}} = \underbrace{1 \times 0.50 \times \frac{z}{1000}}_{OH^- \text{ の物質量}} \qquad z = 200 \text{〔mL〕}$$

例題9　**中和における酸・塩基の量的関係**

次の問いに答えよ。式量は $Ca(OH)_2 = 74$，$NaOH = 40$ とする。

(1)　HCl 1.0 mol を中和するのに，$Ca(OH)_2$ を何 g 必要とするか。

(2)　0.25 mol/L の硫酸 20 mL と過不足なく中和する 0.20 mol/L の水酸化ナトリウム水溶液は何 mL か。

(3)　0.80 g の NaOH を中和するのに，0.50 mol/L の塩酸を何 mL 必要とするか。

解答

(1)　HCl は 1 価の酸，$Ca(OH)_2$ は 2 価の塩基である。必要な $Ca(OH)_2$（モル質量 74 g/mol）の質量を x〔g〕とすると，$\boldsymbol{a \times n = b \times n'}$ より

$$1 \times 1.0 = 2 \times \frac{x}{74}$$

$$x = \textbf{37 g} \cdots 答$$

(2)　硫酸 H_2SO_4 は 2 価の酸，水酸化ナトリウム NaOH は 1 価の塩基である。必要な水酸化ナトリウム水溶液の体積を y〔mL〕とすると，

$$\boldsymbol{a \times c \times \frac{v}{1000} = b \times c' \times \frac{v'}{1000}}\ より$$

$$2 \times 0.25 \times \frac{20}{1000} = 1 \times 0.20 \times \frac{y}{1000}$$

$$y = \textbf{50 mL} \cdots 答$$

(3)　NaOH（モル質量 40 g/mol）から生じる OH^- の物質量は $1 \times \dfrac{0.80}{40}$ mol となる。

一方，求める塩酸の体積を z〔mL〕とすると，塩酸から生じる H^+ の物質量は，$1 \times 0.50 \times \dfrac{z}{1000}$ mol となる。

$$\boxed{OH^- \text{の物質量}} = \boxed{H^+ \text{の物質量}}\ より$$

$$1 \times \frac{0.80}{40} = 1 \times 0.50 \times \frac{z}{1000}$$

$$z = \textbf{40 mL} \cdots 答$$

例題 10 酸・塩基の量的関係

0.200 mol/L の希硫酸 50.0 mL に，ある量のアンモニアを吸収させた。残った硫酸を中和するのに 0.250 mol/L の水酸化ナトリウム水溶液を 30.0 mL 要した。吸収させたアンモニアの体積は，標準状態で何 L か。

解答

中和点では，次の式が成り立つ。

H_2SO_4 から生じる H^+ の物質量＝NaOH と NH_3 から生じる OH^- の物質量

H_2SO_4 から生じる H^+ の物質量は

$$2 \times 0.200 \times \frac{50.0}{1000} = 2.00 \times 10^{-2} \text{ mol}$$

NH_3 は 1 価の塩基で，NH_3 の体積を x〔L〕とすると，NaOH と NH_3 から生じる OH^- の物質量は

$$1 \times 0.250 \times \frac{30.0}{1000} + 1 \times \frac{x}{22.4} = 7.50 \times 10^{-3} + \frac{x}{22.4} \text{〔mol〕}$$

したがって

$$2.00 \times 10^{-2} = 7.50 \times 10^{-3} + \frac{x}{22.4} \qquad x = \mathbf{0.280 \text{ L}} \cdots ㊜$$

例題 11 酸・塩基の混合水溶液の pH

0.0050 mol/L の水酸化ナトリウム水溶液 120 mL と 0.0050 mol/L の塩酸 180 mL を混合したとき，この混合水溶液の pH はいくらか。

解答

$$\text{NaOH からの } OH^- \text{ の物質量} = 1 \times 0.0050 \times \frac{120}{1000} = 6.0 \times 10^{-4} \text{ mol}$$

$$\text{HCl からの } H^+ \text{ の物質量} = 1 \times 0.0050 \times \frac{180}{1000} = 9.0 \times 10^{-4} \text{ mol}$$

H^+ と OH^- とが 6.0×10^{-4} mol どうし反応し，$180 + 120 = 300$ mL の混合水溶液中に H^+ が $9.0 \times 10^{-4} - 6.0 \times 10^{-4} = 3.0 \times 10^{-4}$ mol 残る。

したがって

$$[H^+] = 3.0 \times 10^{-4} \times \frac{1000}{300} = 1.0 \times 10^{-3} \qquad \text{pH} = \mathbf{3} \cdots ㊜$$

3 中和滴定

中和の量的関係を利用すると、酸と塩基の水溶液のどちらか一方の濃度がわかっていれば、中和に要した体積の測定からもう一方の水溶液の濃度も求められる。このような操作を中和滴定という。

■シュウ酸水溶液による水酸化ナトリウム水溶液の滴定

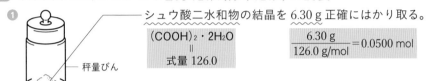 **A** 0.0500 mol/L のシュウ酸水溶液(標準溶液)の調製

❶ シュウ酸二水和物の結晶を 6.30 g 正確にはかり取る。

$$(COOH)_2 \cdot 2H_2O = 式量 126.0$$

$$\frac{6.30\ g}{126.0\ g/mol} = 0.0500\ mol$$

――秤量びん

❷ シュウ酸の結晶 6.30 g (0.0500 mol) をメスフラスコに入れ、蒸留水を入れてよく溶かし、全量を 1000 mL としてシュウ酸水溶液をつくる。

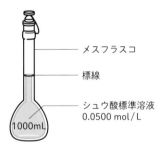

――メスフラスコ

――標線

――シュウ酸標準溶液 0.0500 mol / L

1000mL

↓

シュウ酸水溶液の濃度 = 0.0500 mol/L

Q 中和滴定に用いる器具にはどんなものがありますか?

A 一定の体積を正確にはかり取るホールピペット、滴下した液体の体積を正確にはかるビュレット、一定濃度の標準溶液を調製したり、溶液を希釈したりするときに用いるメスフラスコ、反応液を入れ、中和滴定に用いるコニカルビーカーは覚えておきましょう。

❶ **ホールピペット**に安全ピペッターを取りつけ，シュウ酸水溶液 10.0 mL を正確にはかり取り，コニカルビーカーに入れる。

❷ シュウ酸水溶液に，指示薬としてフェノールフタレイン溶液を 1～2 滴加える。これに**ビュレット**内の水酸化ナトリウム水溶液を滴下し，中和点までの滴下量を読み取る。

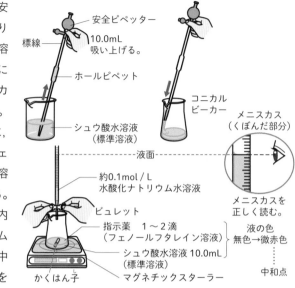

安全ピペッター
標線 — 10.0mL 吸い上げる。
— ホールピペット
コニカルビーカー
シュウ酸水溶液（標準溶液）

メニスカス（くぼんだ部分）
液面
メニスカスを正しく読む。

約0.1mol/L 水酸化ナトリウム水溶液
ビュレット
指示薬 1～2 滴（フェノールフタレイン溶液）
シュウ酸水溶液 10.0mL（標準溶液）
かくはん子
マグネチックスターラー

液の色 無色→微赤色
中和点

補足 ホールピペットとビュレットが水でぬれている場合は，使用する水溶液で数回洗ってから用いる。これを共洗いという。

C 水酸化ナトリウム水溶液の濃度の計算

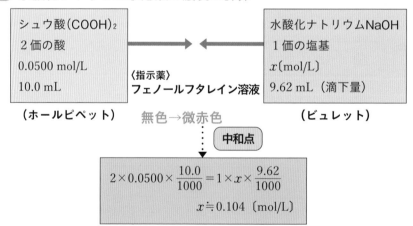

シュウ酸(COOH)$_2$ 2価の酸 0.0500 mol/L 10.0 mL	〈指示薬〉 フェノールフタレイン溶液	水酸化ナトリウムNaOH 1価の塩基 x〔mol/L〕 9.62 mL（滴下量）

（ホールピペット）　　　無色→微赤色　　　（ビュレット）

中和点

$$2 \times 0.0500 \times \frac{10.0}{1000} = 1 \times x \times \frac{9.62}{1000}$$

$$x \fallingdotseq 0.104 \ \text{〔mol/L〕}$$

例題 12　中和滴定

次の文を読み，下の(1)～(3)に答えよ。

濃度不明の希硫酸 10.0 mL を器具 X を用いて正確にはかり取り，コニカルビーカーに移し，フェノールフタレイン溶液を 1 ～ 2 滴加えた。これに，器具 Y に入れてある 0.12 mol/L の水酸化ナトリウム水溶液を滴下すると，25.0 mL 加えたところで中和点に達した。

(1)　文中の下線部の器具 X，Y について，適した器具の名称を記せ。

(2)　器具 X，Y およびコニカルビーカーが，洗浄直後で内壁が純水でぬれているとき，共洗いすべき器具をすべて答えよ。

(3)　希硫酸の濃度は何 mol/L か。

解答

(1)　器具 X は，水溶液を一定体積だけ正確にはかり取る器具であるから，ホールピペットが適している。器具 X：**ホールピペット** …㊇

器具 Y は，溶液の滴下量を正確にはかる器具であるから，ビュレットが適している。器具 Y：**ビュレット** …㊇

(2)　器具 X，Y に純水が残っていると，溶液を入れたときに濃度が薄くなり，含まれる溶質の物質量が変わってしまうため，これらは共洗いして使用する。コニカルビーカーに純水が残っていても，溶質の物質量は変わらないので，そのまま使用してよい。**器具 X，Y** …㊇

(3)　H_2SO_4 は 2 価の酸で，NaOH は 1 価の塩基であるから，求める希硫酸の濃度を x（mol/L）とすると，中和点において次の式が成り立つ。

$$2 \times x \times \frac{10.0}{1000} = 1 \times 0.12 \times \frac{25.0}{1000}$$

$$x = \mathbf{0.15\ mol/L} \cdots ㊇$$

Q 中和滴定に用いる器具で，共洗い以外の注意点はありますか？

A メスフラスコとコニカルビーカーは，純水でぬれたままでも溶質の物質量は変わらないので，そのまま使用して構いません。また，メスフラスコ，ホールピペット，ビュレットは加熱乾燥させてはいけません。ガラスが変形してしまい，正確な体積がはかれなくなってしまうからです。

食酢中の酸の濃度を調べる

目的 シュウ酸水溶液(標準溶液)を用いて,水酸化ナトリウム水溶液の濃度を滴定によって求め,その水酸化ナトリウム水溶液を用いて 10 倍に薄めた食酢中の酸の濃度を求める。

実験手順

【1】 シュウ酸水溶液(標準溶液)による水酸化ナトリウム水溶液の滴定

❶ 約 0.1 mol/L の水酸化ナトリウム水溶液を少量ビュレットに入れ,ビュレット内を洗ったあと,活栓を閉じ,水酸化ナトリウム水溶液を入れる。

活栓を開き水溶液を少し流出させて,活栓と先端との間に気泡が残らないように注意しながら水溶液を先端まで満たす。

このときの目盛りを読み,それを記録する。

❷ 0.0500 mol/L のシュウ酸水溶液でホールピペットを洗浄したあと,それを用いてシュウ酸水溶液 10.0 mL をコニカルビーカーに取り,フェノールフタレイン溶液を 1〜2 滴加える。

❸ ビュレットの活栓を回して,水酸化ナトリウム水溶液をシュウ酸水溶液の入ったコニカルビーカー中に滴下し,マグネチックスターラーで混ぜる。シュウ酸水溶液がわずかに赤色に着色し,赤色が消えな

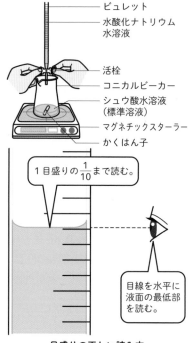

ビュレット
水酸化ナトリウム水溶液

活栓
コニカルビーカー
シュウ酸水溶液(標準溶液)
マグネチックスターラー
かくはん子

1 目盛りの $\frac{1}{10}$ まで読む。

目線を水平に液面の最低部を読む。

目盛りの正しい読み方

くなったところで滴下をやめ,ビュレットの液面の目盛りを読む。

❹ ❷,❸ の操作を 3 回繰り返し,滴下量の平均値を求める。
ホールピペットの洗浄は最初の 1 回だけでよい。

【2】 食酢中の酸の濃度の測定

❺ ホールピペットを一度食酢で洗ってから,食酢 10.0 mL をはかり取り,メスフラスコに入れ,純水を加えて 100 mL の食酢水溶液をつくる。

❻ ホールピペットを ❺ の水溶液で一度洗ってから,❺ の水溶液 10.0 mL をコニカルビーカーに取り,❷,❸ と同様の操作を行う。

❼ 食酢水溶液についても操作を 3 回繰り返し,滴下量の平均値を求める。

結果 【1】　シュウ酸水溶液への水酸化ナトリウム水溶液の滴下量[mL]

1回目	2回目	3回目	平均
9.46	9.39	9.41	9.42

【2】　10倍に薄めた食酢水溶液への水酸化ナトリウム水溶液の滴下量[mL]

1回目	2回目	3回目	平均
6.75	6.70	6.73	6.73

考察 【1】　滴定に用いた水酸化ナトリウム水溶液のモル濃度

　　シュウ酸 $(COOH)_2$ は2価の酸で，0.0500 mol/L 水溶液 10.0 mL を中和するのに水酸化ナトリウム水溶液を 9.42 mL 要したので，求める濃度を x[mol/L]とすると，次の式が成り立つ。

$$2 \times 0.0500 \times \frac{10.0}{1000} = 1 \times x \times \frac{9.42}{1000}$$

$$x \fallingdotseq 0.1061 \ \text{mol/L}$$

【2】　食酢中の酸の濃度

　　食酢中の酸をすべて酢酸 CH_3COOH であるとすると，10倍に薄めた食酢水溶液における酢酸の濃度 y[mol/L]は，次のようになる。

$$1 \times y \times \frac{10.0}{1000} = 1 \times 0.1061 \times \frac{6.73}{1000}$$

$$y \fallingdotseq 0.07140 \ \text{mol/L}$$

したがって，もとの食酢中の酢酸の濃度は，次のようになる。

$$0.0714 \ \text{mol/L} \times 10 = 0.714 \ \text{mol/L}$$

【3】　食酢の密度を 1.02 g/cm^3 とし，食酢中の酸をすべて酢酸とした場合の食酢中の酢酸の質量パーセント濃度

　　食酢 1 L（1000 cm^3）について考えると，食酢 1 L の質量は

$$1000 \times 1.02 = 1020 \ \text{g}$$

　　この食酢 1 L 中に酢酸 CH_3COOH（分子量 60.0）が 0.714 mol 含まれることから，その質量は

$$60.0 \ \text{g/mol} \times 0.714 \ \text{mol} = 42.84 \ \text{g}$$

　　よって，求める質量パーセント濃度は

$$\frac{42.84}{1020} \times 100 = 4.20 \ \%$$

4 滴定曲線（中和滴定曲線）

中和滴定で加えた塩基（酸）の体積と，混合水溶液の pH の関係を示した曲線を滴定曲線，または中和滴定曲線という。中和点付近では pH が大きく変化する。

また，中和点における水溶液の pH は，中和で生じた正塩の水溶液の性質によるため，**必ずしも 7（中性）を示すとは限らない。**

A 強酸と強塩基

塩酸（強酸）を水酸化ナトリウム（強塩基）水溶液で滴定すると，中和点は中性で，中和点前後でpH はおよそ 3 〜 11 に大きく変化する。したがって，変色域がこの範囲内にある**フェノールフタレイン**や**メチルオレンジ**が使用できる。

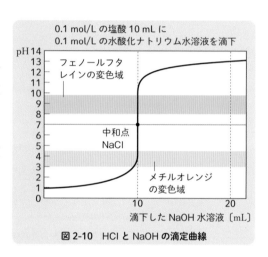

図 2-10 HCl と NaOH の滴定曲線

B 弱酸と強塩基

酢酸（弱酸）を水酸化ナトリウム（強塩基）水溶液で滴定すると，中和点前後での pH の変化は，およそ 7 〜 10 である。このように中和点が塩基性側にかたよっているので，この範囲内に変色域がある**フェノールフタレイン**が指示薬として使用できる。メチルオレンジは中和点前で変色してしまうので，使用できない。

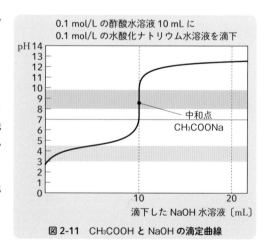

図 2-11 CH₃COOH と NaOH の滴定曲線

C 強酸と弱塩基

　塩酸（強酸）をアンモニア（弱塩基）水で滴定すると，中和点前後でのpHの変化は，およそ3〜7である。このように中和点は酸性側にかたよっているので，この範囲内に変色域がある**メチルオレンジ**が指示薬として使用できる。フェノールフタレインは中和点を過ぎてから変色するため，使用できない。

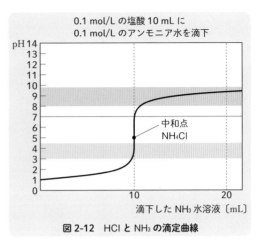

0.1 mol/L の塩酸 10 mL に
0.1 mol/L のアンモニア水を滴下

中和点
NH₄Cl

滴下した NH₃ 水溶液〔mL〕

図 2-12　HCl と NH₃ の滴定曲線

D 弱酸と弱塩基

　酢酸（弱酸）とアンモニア（弱塩基）水との滴定では，中和点前後のpHの変化が穏やかなので，フェノールフタレインもメチルオレンジも指示薬として使用できない。

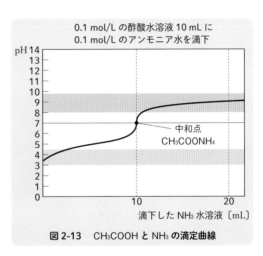

0.1 mol/L の酢酸水溶液 10 mL に
0.1 mol/L のアンモニア水を滴下

中和点
CH₃COONH₄

滴下した NH₃ 水溶液〔mL〕

図 2-13　CH₃COOH と NH₃ の滴定曲線

POINT

強酸・強塩基の滴定 ⇨	フェノールフタレイン
	メチルオレンジ
弱酸・強塩基の滴定 ⇨	フェノールフタレイン
強酸・弱塩基の滴定 ⇨	メチルオレンジ

補足　シュウ酸水溶液を水酸化ナトリウム水溶液で滴定する場合には指示薬としてフェノールフタレインが使われる。

炭酸ナトリウム Na_2CO_3 水溶液に塩酸 HCl を加えると，2 段階の中和反応が起こる。

$$Na_2CO_3 + HCl \longrightarrow NaHCO_3 + NaCl \quad \cdots\cdots(i)$$

$$NaHCO_3 + HCl \longrightarrow NaCl + H_2O + CO_2 \quad \cdots\cdots(ii)$$

0.10 mol/L の炭酸ナトリウム水溶液 10 mL を 0.10 mol/L の塩酸で滴定すると，右図のような 2 段階の滴定曲線になる。

この滴定曲線の着目点は，次の **Ⓐ～Ⓒ** である。

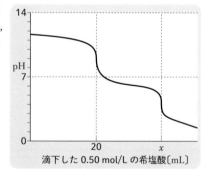

図 2-14　Na_2CO_3 水溶液と塩酸の滴定曲線

Ⓐ 塩酸の滴下量 0～10 mL のときの反応は(i)式。

　10～20 mL のときの反応は(ii)式。

Ⓑ (i)式の中和点①の指示薬はフェノールフタレイン。

　(ii)式の中和点②の指示薬はメチルオレンジ。

Ⓒ （①までで反応した HCl の物質量）

　=（Na_2CO_3 の物質量）

　=（$NaHCO_3$ の物質量）

　=（①から②までで反応した HCl の物質量）

　第一段階か第二段階の中和点までの，塩酸の滴下量のどちらかがわかれば，Na_2CO_3 の物質量がわかる。

例題13 　二段階中和滴定

右図は炭酸ナトリウム Na_2CO_3 を水に溶かし 100 mL とした水溶液 10.0 mL を取り，0.50 mol/L の希塩酸を滴下したときの滴定曲線である。

(1) 図中の x の値はどれだけか。

(2) はじめに溶かした炭酸ナトリウムは何 mol か。

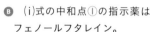

（解答）

(1) 第一段階と同じ量の塩酸が反応するから　$x = 20 + 20 = 40$ mL　…㊜

(2) 反応した Na_2CO_3 の物質量は，第一段階の塩酸の物質量と等しいから

$$0.50 \times \frac{20}{1000} \times \frac{100}{10.0} = 0.10 \text{ mol} \quad \cdots㊜$$

酸 性 酸 化 物 と 塩 基 性 酸 化 物

1 酸性酸化物

　二酸化炭素 CO_2 や二酸化硫黄 SO_2 は，水に溶けるとその一部が水と反応して水素イオン H^+ を生じるので**酸性**を示す。

$$CO_2 + H_2O \rightleftharpoons H^+ + HCO_3^- \qquad SO_2 + H_2O \rightleftharpoons H^+ + HSO_3^-$$

　また，CO_2 や SO_2 は，塩基の水溶液と中和反応して塩と水が生成する。

$$Ca(OH)_2 + CO_2 \longrightarrow CaCO_3 + H_2O$$

$$2NaOH + SO_2 \longrightarrow Na_2SO_3 + H_2O$$

　このことから，CO_2 や SO_2 のような**非金属元素の酸化物**を酸性酸化物という。

2 塩基性酸化物

　酸化ナトリウム Na_2O や酸化カルシウム CaO は，水を加えると反応して水酸化ナトリウムや水酸化カルシウムなどの塩基となる。

$$Na_2O + H_2O \longrightarrow 2NaOH \qquad CaO + H_2O \longrightarrow Ca(OH)_2$$

　また，Na_2O や CaO は，酸の水溶液と中和反応して塩と水が生成する。

$$Na_2O + 2HCl \longrightarrow 2NaCl + H_2O$$

　酸化鉄(Ⅱ) FeO や酸化銅(Ⅱ) CuO は，水に溶けにくいが，酸と中和反応して塩と水が生成する。

$$FeO + 2HCl \longrightarrow FeCl_2 + H_2O$$

$$CuO + H_2SO_4 \longrightarrow CuSO_4 + H_2O$$

　このことから，一般に**金属元素の酸化物**を塩基性酸化物という。

補足　Al_2O_3 や ZnO などは酸・強塩基のいずれとも中和反応するので，**両性酸化物**という。

 POINT

　非金属元素の酸化物 $\Rightarrow$ 酸性酸化物

　金属元素の酸化物 $\Rightarrow$ 塩基性酸化物

〔例外〕CO, NO は，非金属元素の酸化物であるが，酸性酸化物ではない。

この章で学んだこと

　この章では，酸・塩基の性質と水溶液における反応について学習した。性質では H^+，OH^- を基本に酸・塩基の強弱や pH などを学習し，反応でも H^+，OH^- を基本として中和反応，これらの物質量を基準としてその量的関係を学習した。また，塩の種類や性質，中和滴定曲線へと発展させた。

---

1 酸と塩基

❶ 性質　酸性：H^+ による。

塩基性：OH^- による。

❷ 定義　アレニウス：電離して H^+（OH^-）を生じる物質が酸（塩基）。

ブレンステッド・ローリー：反応において H^+ を与える（受け取る）物質が酸（塩基）。

❸ 価数　酸：1分子がもつ H^+ の数。

塩基：組成式中の OH^- の数。

❹ 電離度　水溶液中の酸や塩基の電離の程度。α で表す。$0 < \alpha \leqq 1$

❺ 酸・塩基の強弱　水に溶けて電離度が1に近い酸が強酸。電離度が小さい酸が弱酸。

水によく溶け，電離度が1に近い塩基が強塩基。水に溶けにくい塩基，および電離度の小さい塩基が弱塩基。

2 水素イオン濃度と pH

❶ 水素イオン濃度と水酸化物イオン濃度　H^+ のモル濃度を $[H^+]$，OH^- のモル濃度を $[OH^-]$ で表す。

❷ 酸・塩基の $[H^+]$，$[OH^-]$

$[H^+]$ =（1価の酸のモル濃度）×（電離度）

$[OH^-]$ =（1価の塩基のモル濃度）×（電離度）

❸ pH　$[H^+] = 1.0 \times 10^{-n}$ のとき，$pH = n$

❹ 水溶液の酸性・塩基性・pH

酸性：$[H^+] > 1.0 \times 10^{-7}$ mol/L，$pH < 7$

中性：$[H^+] = 1.0 \times 10^{-7}$ mol/L，$pH = 7$

塩基性：$[H^+] < 1.0 \times 10^{-7}$ mol/L，$pH > 7$

❺ pH 指示薬　pH によって特有の色を示す色素。

3 中和反応と塩

❶ 中和反応　酸と塩基が反応して塩と水が生じる。$H^+ + OH^- \longrightarrow H_2O$

❷ 塩の種類

（a）正塩：H も OH も残っていない塩。

（b）酸性塩：H が残っている塩。

（c）塩基性塩：OH が残っている塩。

❸ 塩の反応

弱酸の塩＋強酸 ⇨ 弱酸が遊離

弱塩基の塩＋強塩基 ⇨ 弱塩基が遊離

❹ 正塩の水溶液の性質

（a）強酸と強塩基からなる塩：中性

（b）強酸と弱塩基からなる塩：酸性

（c）弱酸と強塩基からなる塩：塩基性

4 中和滴定

❶ 中和反応の酸・塩基の量的関係

c〔mol/L〕の a 価の酸 v〔mL〕と

c'〔mol/L〕の b 価の塩基 v'〔mL〕

とが，中和するとき

$$a \times c \times \frac{v}{1000} = b \times c' \times \frac{v'}{1000}$$

❷ 中和滴定　**❶** を利用して酸・塩基の濃度を求める操作。

❸ 中和滴定曲線　中和滴定で加えた酸・塩基の体積と pH の関係のグラフ。

定期テスト対策問題 4

解答・解説は p.715

1 次の(ア)～(オ)の反応において，下線を付けた分子またはイオンが，ブレンステッド・ローリーの定義に基づいて，酸として作用しているものはいくつあるか，その数を記せ。

(ア) $\underline{CH_3COOH} + H_2O \longrightarrow CH_3COO^- + H_3O^+$

(イ) $NH_3 + \underline{H_2O} \longrightarrow NH_4^+ + OH^-$

(ウ) $\underline{C_6H_5O^-} + H_2CO_3 \longrightarrow C_6H_5OH + HCO_3^-$

(エ) $CH_3COOH + \underline{HCO_3^-} \longrightarrow CH_3COO^- + H_2CO_3$

(オ) $\underline{CH_3COO^-} + H_2O \longrightarrow CH_3COOH + OH^-$

2 次の水溶液(25℃)の水素イオンのモル濃度を求めよ。ただし，水のイオン積は $1.0 \times 10^{-14} (mol/L)^2$ とする。

(1) 0.20 mol/L の希塩酸

(2) 電離度 0.040，0.010 mol/L の酢酸水溶液

発展 (3) 0.050 mol/L の水酸化ナトリウム水溶液

発展 (4) 電離度 0.010，0.20 mol/L のアンモニア水

3 次の水溶液(25℃)の pH を求めよ。ただし，水のイオン積は $1.0 \times 10^{-14} (mol/L)^2$ とする。

(1) 0.10 mol/L の塩酸 1.0 mL を水で薄めて 100 mL とした水溶液

(2) 電離度 0.010，0.10 mol/L の酢酸水溶液

発展 (3) 0.0050 mol/L の $Ba(OH)_2$ 水溶液

発展 (4) 電離度 0.020，0.050 mol/L のアンモニア水

4 次の酸と塩基が完全に中和するときの化学反応式を表せ。

(1) 塩酸と水酸化カルシウム

(2) 硫酸とアンモニア

(3) 硫酸と水酸化アルミニウム

ヒント

2 強酸・強塩基では価数を，弱酸・弱塩基では電離度をもとに$[H^+]$，$[OH^-]$を求める。$[OH^-]$から$[H^+]$を求めるには，水のイオン積 $K_w = [H^+][OH^-] = 1.0 \times 10^{-14} (mol/L)^2$ (25℃)を利用する。

3 $[H^+] = 1.0 \times 10^{-n}$ のとき，pH$=n$ を利用する。

5 次の(A)～(D)の塩の水溶液を pH の大きいほうから順に並べよ。ただし，濃度はいずれも 0.1 mol/L とする。

(A) $CaCl_2$ (B) $NaHCO_3$

(C) $KHSO_4$ (D) Na_2CO_3

6 次の文を読み，あとの問いに答えよ。

食酢中の酢酸の濃度を求めるために，次の実験を行った。食酢 10.0 mL を(X)を用いて取り，(Y)に入れ，純水を加えて 100.0 mL とした。この薄めた食酢水溶液 10.0 mL を別の(X)を用いて取り，コニカルビーカーに移し，(Z)に入っている 0.108 mol/L の水酸化ナトリウム水溶液で滴定したら，中和するのに 6.62 mL を要した。

(1) 実験器具(X)，(Y)，(Z)の名称を記せ。

(2) この中和滴定に用いられる適当な指示薬の名称を 1 つ記せ。

(3) もとの食酢中の酢酸の濃度は何 mol/L か。有効数字 3 桁で答えよ。ただし，食酢中の酸はすべて酢酸であるものとする。

7 次の問いに答えよ。式量は $NaOH = 40$ とする。

(1) 0.12 mol/L の希硫酸 20 mL を中和するのに必要とする 0.15 mol/L の NaOH 水溶液は何 mL か。

(2) NaOH と NaCl の混合物 1.20 g を水に溶かして 40 mL とし，これを 0.80 mol/L の塩酸で中和したら，30.0 mL を要した。混合物中の NaOH の純度は何 % か。

8 0.20 mol/L の希硫酸 20.0 mL に，標準状態で 0.112 L のアンモニアを吸収させた後，0.10 mol/L の水酸化ナトリウム水溶液を何 mL 加えると中和点に達するか。

ヒント

5 水溶液で，正塩は構成する酸・塩基の強いほうの性質を示す。酸性塩は，正塩より酸性側による。

6 7 酸から生じる H^+ の物質量＝塩基から生じる OH^- の物質量の関係を利用する。

MY BEST

Basic Chemistry

第 **3** 章 　 酸化還元反応

1 | 酸化と還元

1 酸素・水素の授受と酸化・還元

A 酸素の授受と酸化・還元

銅 Cu を空気中で加熱すると，酸素 O_2 と反応して黒色の酸化銅(Ⅱ) CuO になる。このように，物質が酸素と結びつく反応を**酸化**といい，このとき，物質は**酸化された**という。

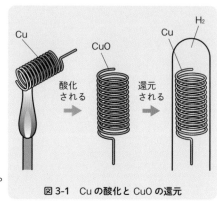

図3-1 Cu の酸化と CuO の還元

酸素と結びついた＝酸化された

$$2Cu + O_2 \longrightarrow 2CuO$$

一方，加熱した CuO に水素 H_2 を通すと，CuO は O を失って，Cu に戻る。このように，物質が酸素を失う反応を**還元**といい，このとき，物質は**還元された**という。

酸素と結びついた＝酸化された

$$CuO + H_2 \longrightarrow Cu + H_2O$$

酸素を失った＝還元された

「酸化（還元）された」とは，自分自身が酸化（還元）されたことをいい，「酸化（還元）した」とは，相手を酸化（還元）したことをいう。上の Cu と O_2 の反応の例では，「Cu は酸化された」となり，「O_2 は Cu を酸化した」となる。

B 水素の授受と酸化・還元

メタン CH_4 の燃焼反応では，二酸化炭素 CO_2 が生じる。このとき，CH_4 の炭素原子に着目すると，酸素と結びついているので，CH_4 は「酸化された」ことになる。

この反応を水素原子に着目してみると，CH_4 は H を失い，O_2 は H と結びついたとみることもできる。

このように，物質が水素を失う反応を**酸化**といい，このとき物質は**酸化された**という。一方，物質が水素と結びつく反応を**還元**といい，その物質は**還元された**という。

$$\underset{\text{水素と結びついた＝還元された}}{\overset{\text{水素を失った＝酸化された}}{CH_4 \ + \ 2O_2 \ \longrightarrow \ CO_2 \ + \ 2H_2O}}$$

2 電子の授受と酸化・還元

銅が酸化されて酸化銅(Ⅱ)になるとき，銅の原子は電子2個を失い Cu^{2+} に，酸素原子は電子を得て O^{2-} になる。

$$2Cu \ \longrightarrow \ 2Cu^{2+} \ + \ 4e^-$$
$$O_2 \ + \ 4e^- \ \longrightarrow \ 2O^{2-}$$
$$\overline{}$$
$$2Cu \ + \ O_2 \ \longrightarrow \ 2CuO$$

このとき，Cu原子は電子を失い，O原子は電子を受け取っている。

一方，銅が塩素 Cl_2 と反応して塩化銅(Ⅱ) $CuCl_2$ が生じる反応は，酸素や水素は関係しない。

$$Cu \ + \ Cl_2 \ \longrightarrow \ CuCl_2$$

しかし，電子のやり取りに着目すると，次のようになる。

$$\overset{\text{Cuはe}^-\text{を失った＝酸化された}}{Cu \ \longrightarrow \ Cu^{2+} \ + \ 2e^-}$$
$$\underset{\text{Clはe}^-\text{を受け取った＝還元された}}{Cl_2 \ + \ 2e^- \ \longrightarrow \ 2Cl^-}$$

これは，銅と酸素から酸化銅(Ⅱ)が生じる反応と同じ変化である。

電子の授受の観点からみると，電子を失ったとき，その原子(イオン)やその原子(イオン)を含む物質は**酸化された**という。また，電子を受け取ったとき，その原子(イオン)やその原子(イオン)を含む物質は**還元された**という。また，失う電子の数と受け取る電子の数は等しくなっている。

$$\text{Cu} \longrightarrow \text{Cu}^{2+} + 2e^-$$
$$\text{Cl}_2 + 2e^- \longrightarrow 2\text{Cl}^-$$

$$\overline{\text{Cu} + \text{Cl}_2 \longrightarrow \text{CuCl}_2}$$

この反応のように，原子が電子を失う反応と，原子が電子を受け取る反応は同時に起こっている。つまり，**酸化と還元は同時に起こる**といえる。このような反応を酸化還元反応という。

 POINT

$$\text{酸化}\begin{cases}① \text{ 酸素原子と結びつく} \\ ② \text{ 水素原子を失う} \\ ③ \text{ 電子を失う}\end{cases}$$

$$\text{還元}\begin{cases}① \text{ 酸素原子を失う} \\ ② \text{ 水素原子と結びつく} \\ ③ \text{ 電子を受け取る}\end{cases}$$

 Q 酸化と還元の定義が多すぎて，混乱しそうです。

 A 大丈夫です。高校では，主に電子の授受で考えます。次のページから学ぶ「酸化数」の考え方を用いると，どの物質が酸化されて，どの物質が還元されているか，すぐにわかりますよ。

2 | 酸化数と酸化・還元

1 酸化数の意味と決め方

A 酸化数の意味

CuO のようなイオン結合からなる物質の反応は，電子の授受と酸化・還元の関係がわかりやすい。一方で，水の生成（ $2H_2 + O_2 \longrightarrow 2H_2O$ ）のように共有結合からなる分子性物質の反応は，電子の授受がわかりにくい。そこで，化合物やイオンにおける原子について，どの程度酸化（還元）されているかを示す**酸化数**という数値が考えられた。

B 酸化数の決め方

表3-1　酸化数の決め方

規則	例
(1)**単体**中の原子の酸化数は0とする。	$\underset{0}{H_2}$　$\underset{0}{O_2}$　$\underset{0}{Na}$
(2)**単原子イオン**の酸化数は，イオンの電荷に等しい。	$\underset{+1}{Na^+}$　$\underset{+2}{Ca^{2+}}$　$\underset{-2}{O^{2-}}$
(3)**化合物**中の水素原子の酸化数は+1，酸素原子の酸化数は-2とする。	$\underset{+1}{H_2}\underset{-2}{O}$　$\underset{-2}{CO_2}$
(4)**化合物**では構成する原子の酸化数の総和を0とする。	$\underset{x}{S}\underset{-2}{O_2}$　$\begin{aligned} x \times 1 + (-2) \times 2 &= 0 \\ x &= +4 \end{aligned}$ $\underset{+1}{H_2}\underset{x}{S}$　$\begin{aligned} (+1) \times 2 + x \times 1 &= 0 \\ x &= -2 \end{aligned}$
(5)**多原子イオン**では，構成する原子の酸化数の総和は，イオンの電荷に等しい。	$\underset{x}{S}\underset{-2}{O_4}{}^{2-}$　$\begin{aligned} x \times 1 + (-2) \times 4 &= -2 \\ x &= +6 \end{aligned}$ $\underset{x}{N}\underset{+1}{H_4}{}^+$　$\begin{aligned} x \times 1 + (+1) \times 4 &= +1 \\ x &= -3 \end{aligned}$

補足 H_2O_2 のような過酸化物では，Oの酸化数は-1とする。

酸化数は0，±1，±2，±3，±4のように算用数字で表されるが，0，±I，±II，±III，±IVのようにローマ数字で表すこともある。イオンや化合物の名称は，「酸化銅（II）」のようにローマ数字を使う。

例題 14　酸化数

次の化合物の下線の原子の酸化数を求めよ。

(1) $\underline{N}H_3$　　(2) $\underline{N}_2$　　(3) $\underline{N}O_2$　　(4) $\underline{N}O_3{}^-$　　(5) $HC\underline{l}O_3$

解答

それぞれ，求める酸化数を x とおく。

(1) $x \times 1 + (+1) \times 3 = 0$　　　　　　　　$x = -3$ … 答

(2) 単体だから 0　　　　　　　　　　　　　$x = 0$ … 答

(3) $x \times 1 + (-2) \times 2 = 0$　　　　　　　　$x = +4$ … 答

(4) $x \times 1 + (-2) \times 3 = -1$　　　　　　　$x = +5$ … 答

(5) $(+1) \times 1 + x \times 1 + (-2) \times 3 = 0$　　$x = +5$ … 答

POINT

酸化数の求め方

① 化合物中の原子 ⇨ 各原子の酸化数の総和＝0

② $\begin{bmatrix} 多原子イオン \\ 中の原子 \end{bmatrix}$ ⇨ $\begin{bmatrix} 各原子の \\ 酸化数の総和 \end{bmatrix}$ ＝ 多原子イオンの電荷

Hの酸化数：+1，　Oの酸化数：-2　とし，上の①・②を用いて，各原子
の酸化数を求める。

2　酸化数の変化と酸化・還元

　酸化数は原子の酸化状態の程度を示している。原子の酸化数が増加した場合，酸化状態の程度が大きくなったことを意味するので，その原子は**酸化された**という。また，原子の酸化数が減少した場合，酸化状態の程度が小さくなったことを意味するので，その原子は**還元された**という。

　例えば，硫化水素 H_2S と酸素 O_2 の反応を考える。

酸化数が増加した＝酸化された

$$2H_2\underset{-2}{S} + \underset{0}{O_2} \longrightarrow 2\underset{0}{S} + 2H_2\underset{-2}{O}$$

酸化数が減少した＝還元された

　H_2S 中のSの酸化数は-2から0に増加しているので，S（Sを含む H_2S）は酸化されたという。O_2 中のOの酸化数は0から-2に減少しているので，O（Oを含む O_2）は還元されたという。

　このように，酸化還元反応では，**酸化された原子の酸化数の増加量の総和と還元された原子の酸化数の減少量の総和は等しい。**

 単体の関係する反応は酸化還元反応

　単体が関係(または生成)する反応は，つねに酸化還元反応である。
　単体の原子の酸化数は 0 であるから，単体が化合物になる反応や，化合物から単体が生成する反応では，必ず酸化数の変化がある。

POINT

酸化数が $\left\{\begin{array}{l}\text{増加} \Rightarrow \text{酸化された}\\\text{減少} \Rightarrow \text{還元された}\end{array}\right.$

　ある原子の酸化数が増加(減少)する変化は，その原子が酸化(還元)されたと同時に，原子を含む物質も酸化(還元)されたと考えてよい。

3　酸化・還元のまとめ

　これまで学習した，酸化・還元の定義を表にまとめると，次のようになる。

表3-2　酸素・水素・電子の授受，酸化数の増減と酸化・還元

	酸化された	還元された	例
酸素	結びついた	失った	酸素と結びついた＝酸化された $CuO + H_2 \longrightarrow Cu + H_2O$ 酸素を失った＝還元された
水素	失った	結びついた	水素を失った＝酸化された $CH_4 + 2O_2 \longrightarrow CO_2 + 2H_2O$ 水素と結びついた＝還元された
電子	失った	受け取った	Cu は e^- を失った＝酸化された $Cu \longrightarrow Cu^{2+} + 2e^-$ $Cl_2 + 2e^- \longrightarrow 2Cl^-$ ⇒ $Cu + Cl_2 \longrightarrow CuCl_2$ Cl は e^- を受け取った＝還元された
酸化数	増加した	減少した	酸化数が増加した＝酸化された $2\underset{-2}{H_2}\underset{}{S} + \underset{0}{O_2} \longrightarrow 2\underset{0}{S} + 2H_2\underset{-2}{O}$ 酸化数が減少した＝還元された

3 | 酸化剤と還元剤

1 酸化剤・還元剤とそのはたらき

　相手の物質を酸化する物質を**酸化剤**といい，**酸化剤自身は還元される**。一方，相手の物質を還元する物質を**還元剤**といい，**還元剤自身は酸化される**。

　例えば，酸化銅(II) CuO と水素 H_2 の反応は次のようにみることができる。

酸化数が増加＝酸化された＝相手を還元した＝**還元剤**

$$\underset{+2\,-2}{Cu\,O} \ + \ \underset{0}{H_2} \ \longrightarrow \ \underset{0}{Cu} \ + \ \underset{+1}{H_2O}$$

酸化数が減少＝還元された＝相手を酸化した＝**酸化剤**

表3-3　電子の授受・酸化数の増減と酸化剤・還元剤

種類	電子	反応		酸化数
酸化剤	電子を受け取る	相手を酸化する	自身は還元される	酸化数が減少する原子を含む
還元剤	電子を与える	相手を還元する	自身は酸化される	酸化数が増加する原子を含む

例題 15　還元剤

　次の反応で，還元剤として作用している物質はどれか。

　　$SO_2 \ + \ I_2 \ + \ 2H_2O \ \longrightarrow \ H_2SO_4 \ + \ 2HI$

〔解答〕

　SO_2 は，S の酸化数が $+4 \to +6$ に増加しており，自分自身は酸化され，相手の物質 I_2 を還元している($I : 0 \to -1$)ので，I_2 が酸化剤，SO_2 が還元剤。

　H_2O 中の原子に酸化数の変化がないので，H_2O は酸化剤でも還元剤でもない。

　よって，還元剤として作用している物質は　**SO_2** …㊜

＋アルファ｜ **酸化剤・還元剤のはたらきを表す反応式のつくり方**

酸化剤の反応式（硫酸酸性の $KMnO_4$）

① 酸化剤を左辺に，生成物を右辺に書く。

$$MnO_4^- \longrightarrow Mn^{2+}$$

② 酸化剤の酸化数の減少分だけ左辺に電子 $5e^-$ を加える。

$$\underset{+7}{MnO_4^-} + 5e^- \longrightarrow \underset{+2}{Mn^{2+}}$$

③ 両辺の電荷が等しくなるように左辺に H^+ を加える。

$$MnO_4^- + 8H^+ + 5e^- \longrightarrow Mn^{2+}$$

④ 両辺の原子の数が等しくなるように右辺に H_2O を加える。

$$MnO_4^- + 8H^+ + 5e^- \longrightarrow Mn^{2+} + 4H_2O$$

還元剤の反応式（SO_2）

① 還元剤を左辺に，生成物を右辺に書く。

$$SO_2 \longrightarrow SO_4^{2-}$$

② 還元剤の酸化数の増加分だけ右辺に電子 $2e^-$ を加える。

$$\underset{+4}{SO_2} \longrightarrow \underset{+6}{SO_4^{2-}} + 2e^-$$

③ 両辺の電荷が等しくなるように右辺に H^+ を加える。

$$SO_2 \longrightarrow SO_4^{2-} + 4H^+ + 2e^-$$

④ 両辺の原子の数が等しくなるように左辺に H_2O を加える。

$$SO_2 + 2H_2O \longrightarrow SO_4^{2-} + 4H^+ + 2e^-$$

Q 酸化剤・還元剤の反応式について，おさえておくことはありますか？

A 上の ＋アルファ を見てもわかるように，酸化剤の反応式では電子 e^- が左辺に，還元剤の反応式では e^- が右辺にきます。電子の授受を考えればわかることですが，このことをおさえておくと，どちらが酸化剤でどちらが還元剤か，素早く判断することができます。

表3-4　主な酸化剤・還元剤とその反応

物　　質		反　　応
過酸化水素（中性・塩基性）*	H_2O_2	$H_2O_2 + 2e^- \longrightarrow 2OH^-$
過酸化水素（酸性）*	H_2O_2	$H_2O_2 + 2H^+ + 2e^- \longrightarrow 2H_2O$
塩素	Cl_2	$Cl_2 + 2e^- \longrightarrow 2Cl^-$
濃硝酸	HNO_3	$HNO_3 + H^+ + e^- \longrightarrow NO_2 + H_2O$
希硝酸	HNO_3	$HNO_3 + 3H^+ + 3e^- \longrightarrow NO + 2H_2O$
熱濃硫酸	H_2SO_4	$H_2SO_4 + 2H^+ + 2e^- \longrightarrow SO_2 + 2H_2O$
過マンガン酸カリウム（酸性）*	$KMnO_4$	$MnO_4^- + 8H^+ + 5e^- \longrightarrow Mn^{2+} + 4H_2O$
二クロム酸カリウム（酸性）	$K_2Cr_2O_7$	$Cr_2O_7^{2-} + 14H^+ + 6e^- \longrightarrow 2Cr^{3+} + 7H_2O$
二酸化硫黄	SO_2	$SO_2 + 4H^+ + 4e^- \longrightarrow S + 2H_2O$
水素	H_2	$H_2 \longrightarrow 2H^+ + 2e^-$
過酸化水素*	H_2O_2	$H_2O_2 \longrightarrow O_2 + 2H^+ + 2e^-$
ナトリウム	Na	$Na \longrightarrow Na^+ + e^-$
塩化スズ（Ⅱ）	$SnCl_2$	$Sn^{2+} \longrightarrow Sn^{4+} + 2e^-$
硫酸鉄（Ⅱ）	$FeSO_4$	$Fe^{2+} \longrightarrow Fe^{3+} + e^-$
二酸化硫黄	SO_2	$SO_2 + 2H_2O \longrightarrow SO_4^{2-} + 4H^+ + 2e^-$
硫化水素	H_2S	$H_2S \longrightarrow S + 2H^+ + 2e^-$
シュウ酸	$(COOH)_2$※	$(COOH)_2 \longrightarrow 2CO_2 + 2H^+ + 2e^-$

（左端の項目：酸化剤／還元剤）

※シュウ酸は $H_2C_2O_4$ とも書く。

補足　＊は覚えておくこと。

2　酸化剤と還元剤の反応

　酸化還元反応では，酸化剤が相手から受け取る電子の数と還元剤が相手に与える電子の数はつねに等しくなる。

酸化剤が相手から受け取る電子の数＝還元剤が相手に与える電子の数

　したがって，酸化剤のイオン反応式と還元剤のイオン反応式から e^- を消去すると，酸化還元反応のイオン反応式が得られる。

A　過酸化水素（酸化剤）とヨウ化カリウム（還元剤）の反応

　硫酸酸性の過酸化水素 H_2O_2 水に，ヨウ化カリウム KI 水溶液を加えると，水溶液は無色から褐色に変わる。H_2O_2 は酸化剤，KI は還元剤として，次のようにはたらく。辺々を加えて $2e^-$ を消去すると，イオン反応式が得られる。

$$\begin{array}{ll} \boxed{\text{酸化剤}} & H_2O_2 + 2H^+ + 2e^- \longrightarrow 2H_2O \\ \boxed{\text{還元剤}} & 2I^- \longrightarrow I_2 + 2e^- \end{array}$$

$$H_2O_2 + 2I^- + 2H^+ \longrightarrow I_2 + 2H_2O$$

両辺に $2K^+$ と SO_4^{2-} を加えると，化学反応式が得られる。

$$H_2O_2 + 2KI + H_2SO_4 \longrightarrow I_2 + 2H_2O + K_2SO_4$$

B 過マンガン酸カリウム（酸化剤）と過酸化水素（還元剤）の反応

硫酸酸性水溶液中では，過マンガン酸カリウム $KMnO_4$ は，過酸化水素 H_2O_2 に対して酸化剤としてはたらく。MnO_4^- は還元されて Mn^{2+} となり，水溶液の色は，赤紫色が消えてほぼ無色になる。

$$\begin{array}{lll} \boxed{\text{酸化剤}} & MnO_4^- + 8H^+ + 5e^- \longrightarrow Mn^{2+} + 4H_2O & \cdots\cdots\text{⑦} \\ \boxed{\text{還元剤}} & H_2O_2 \longrightarrow O_2 + 2H^+ + 2e^- & \cdots\cdots\text{④} \end{array}$$

授受される電子の数は等しいので，⑦を2倍，④を5倍した式の辺々を加えて e^- を消去すると，酸化還元反応のイオン反応式が得られる。

$$\begin{array}{ll} \boxed{\text{酸化剤}} & 2MnO_4^- + 16H^+ + 10e^- \longrightarrow 2Mn^{2+} + 8H_2O \\ \boxed{\text{還元剤}} & 5H_2O_2 \longrightarrow 5O_2 + 10H^+ + 10e^- \end{array}$$

$$2MnO_4^- + 5H_2O_2 + 6H^+ \longrightarrow 2Mn^{2+} + 5O_2 + 8H_2O$$

両辺に $2K^+$ と $3SO_4^{2-}$ を加えると，化学反応式が得られる。

$$2KMnO_4 + 5H_2O_2 + 3H_2SO_4 \longrightarrow 2MnSO_4 + 5O_2 + 8H_2O + K_2SO_4$$

補足 | 硫酸酸性の意味：酸化還元反応で水溶液を酸性にする必要があるときは，ふつう硫酸を使用する。塩酸を用いると塩化水素が酸化されて塩素 Cl_2 を発生してしまい，硝酸を用いると硝酸自身が酸化剤としてはたらいてしまうため，不適当である。

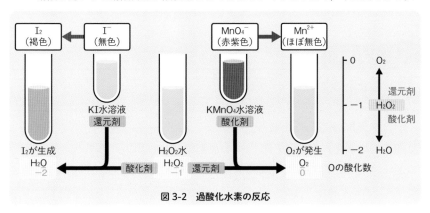

図 3-2 過酸化水素の反応

SO_2 は，通常は還元剤としてはたらく。ヨウ素 I_2 とは次のように反応する。

酸化数が増加＝酸化された＝相手を還元した＝**還元剤**

$$\underset{+4}{SO_2} + I_2 + 2H_2O \longrightarrow H_2\underset{+6}{SO_4} + 2HI$$

一方で SO_2 は，強い還元剤である硫化水素 H_2S には酸化剤としてはたらき，次のように反応する。

酸化数が減少＝還元された＝相手を酸化した＝**酸化剤**

$$\underset{+4}{SO_2} + 2H_2S \longrightarrow 2H_2O + 3\underset{0}{S}$$

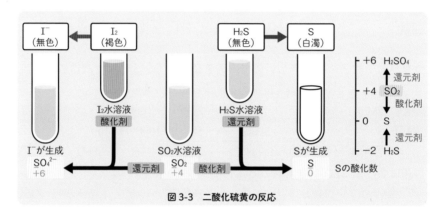

図 3-3　二酸化硫黄の反応

補足　過酸化水素 H_2O_2 中の O の酸化数は -1 であり，二酸化硫黄 SO_2 中の S の酸化数は $+4$ である。それぞれ，取りうる酸化数の範囲（**図 3-4**）の中間の値であるため，相手しだいで酸化剤にも還元剤にもなる。

POINT

$$\left.\begin{array}{c}\text{酸化剤の受け取る e}^- \text{の数}\\ \| \\ \text{還元剤の失う e}^- \text{の数}\end{array}\right\} \text{e}^- \text{を消去} \Rightarrow \text{酸化還元反応の反応式}$$

酸化剤の酸化作用を示す式（イオン反応式）の左辺の e^- の数と，還元剤の還元作用を示す式（イオン反応式）の右辺の e^- の数を等しくしてから辺々を加え，イオン反応式をつくる。

＋アルファ　ハロゲンの酸化力

ハロゲン元素の単体は，酸化力が強い。ハロゲンの単体は次のような反応を起こすが，その逆の反応は起こさない。

$$2I^- + Cl_2 \longrightarrow 2Cl^- + I_2 \qquad (酸化力は Cl_2 > I_2)$$
$$2I^- + Br_2 \longrightarrow 2Br^- + I_2 \qquad (酸化力は Br_2 > I_2)$$
$$2Br^- + Cl_2 \longrightarrow 2Cl^- + Br_2 \qquad (酸化力は Cl_2 > Br_2)$$

上の3つの反応より，酸化力の強さは，$Cl_2 > Br_2 > I_2$ となる。

＋アルファ　主な原子の取りうる酸化数の範囲

原子が取りうる酸化数の範囲は，原子ごとに決まっている。主な原子の酸化数の変化は以下の通りである。

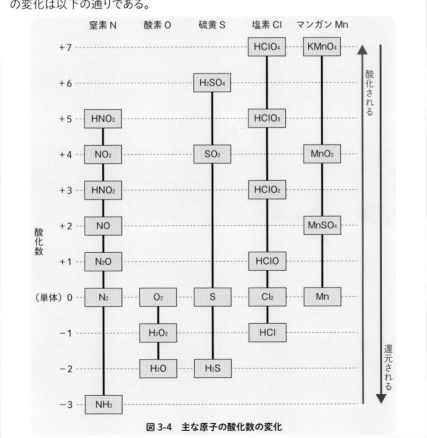

図 3-4　主な原子の酸化数の変化

A 酸化還元滴定

酸化剤が相手から受け取る電子の数と還元剤が相手に与える電子の数が等しいとき，酸化剤と還元剤は過不足なく反応する。 これを利用して，濃度がわからない酸化剤（還元剤）の水溶液を濃度がわかっている還元剤（酸化剤）の水溶液で滴定すると，酸化剤（還元剤）の水溶液の濃度を決定することができる。このような方法を酸化還元滴定（さんかかんげんてきてい）という。

POINT

> 酸化剤が受け取る電子の物質量＝還元剤が与える電子の物質量

B 酸化還元滴定の計算

酸化剤，還元剤としての反応式（イオン反応式）が与えられた場合，次の❶または❷の方針を立てて計算する。

❶ 「酸化剤が受け取る電子の物質量＝還元剤が与える電子の物質量」を利用する。

❷ 酸化還元反応のイオン反応式を導いて，酸化剤と還元剤の「物質量の比＝係数の比」を利用する。

例題 16 酸化還元滴定

ある濃度の硫酸鉄(Ⅱ)の水溶液 40 mL に，硫酸酸性水溶液のもとで 0.20 mol/L の過マンガン酸カリウム水溶液を滴下したところ，滴下量が 20 mL をこえると過マンガン酸カリウム水溶液の赤紫色が消えなくなった。この硫酸鉄(Ⅱ)水溶液の濃度は何 mol/L か。ただし，次の酸化剤・還元剤の反応（イオン反応式）を用いよ。

$$MnO_4^- + 8H^+ + 5e^- \longrightarrow Mn^{2+} + 4H_2O \quad \cdots\cdots①$$
$$Fe^{2+} \longrightarrow Fe^{3+} + e^- \qquad\qquad\qquad \cdots\cdots②$$

解答

【解き方❶】

①式より，1 mol の MnO_4^- は 5 mol の電子を受け取り，②式より，1 mol の Fe^{2+} は 1 mol の電子を与えることがわかる。求める $FeSO_4$ 水溶液のモル濃度を x 〔mol/L〕とすると，

酸化剤が受け取る電子の物質量＝還元剤が与える電子の物質量　より

$$0.20\text{〔mol/L〕} \times \underbrace{\frac{20}{1000} \times 5}_{MnO_4^- \text{ が受け取る電子の物質量}} = \underbrace{x\text{〔mol/L〕} \times \frac{40}{1000} \times 1}_{Fe^{2+} \text{ が与える電子の物質量}}$$

$$x = 0.50 \text{ mol/L} \cdots \text{答}$$

【解き方❷】

この酸化還元反応のイオン反応式は，①式＋②式×5　より

$$MnO_4^- + 5Fe^{2+} + 8H^+ \longrightarrow Mn^{2+} + 5Fe^{3+} + 4H_2O \quad \cdots\cdots③$$

反応した $KMnO_4$ は　$0.20 \times \dfrac{20}{1000} = 4.0 \times 10^{-3}$ 〔mol〕

求める濃度を x〔mol/L〕とすると，$FeSO_4$ は　$x \times \dfrac{40}{1000} = 4.0 \times 10^{-2}x$〔mol〕

③式の MnO_4^- と Fe^{2+} の係数より

$$4.0 \times 10^{-3} : 4.0 \times 10^{-2}x = 1 : 5 \qquad x = 0.50 \text{ mol/L} \cdots \text{答}$$

補足　過マンガン酸カリウム水溶液の赤紫色が消えなくなったのは，MnO_4^- が Mn^{2+} に変化しなくなったことを示す。$KMnO_4$ 水溶液 20 mL を加えたところで過不足なく反応したことになる。

+アルファ　ヨウ素滴定

濃度未知の過酸化水素 H_2O_2 水に過剰のヨウ化カリウム KI 水溶液を加え，生じたヨウ素 I_2 を濃度がわかっているチオ硫酸ナトリウム $Na_2S_2O_3$ 水溶液で滴定すると，過酸化水素水の濃度が求められる。このように，I_2 が関与した滴定をヨウ素滴定という。この滴定では，次の反応が起こる。

$$H_2O_2 + 2KI + H_2SO_4 \longrightarrow 2H_2O + K_2SO_4 + I_2$$

$$I_2 + 2Na_2S_2O_3 \longrightarrow 2NaI + Na_2S_4O_6$$

これらの反応の量的関係は，次のようになる。

$$\text{H}_2\text{O}_2\text{ の物質量} = \text{I}_2\text{ の物質量} = \frac{1}{2} \times \text{Na}_2\text{S}_2\text{O}_3\text{ の物質量}$$

終点まで滴下した
$Na_2S_2O_3$ の物質量

4 | 金属のイオン化傾向

1 金属のイオン化傾向

A 硫酸銅(II)と鉄

　硫酸銅(II) $CuSO_4$ 水溶液に鉄くぎを入れてしばらく放置すると，鉄くぎの表面に銅が析出して溶液の青色が薄くなり，鉄は溶解する。これは，鉄と銅の間で電子の授受が起こり，次のように反応したためである。

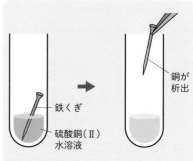

図3-5　硫酸銅(II) $CuSO_4$ 水溶液と鉄の反応

$$\left.\begin{array}{l} Fe \longrightarrow Fe^{2+} + 2e^- \\ Cu^{2+} + 2e^- \longrightarrow Cu \end{array}\right\} \quad Cu^{2+} + Fe \longrightarrow Cu + Fe^{2+}$$

　一方，硫酸鉄(II) $FeSO_4$ 水溶液に銅片を入れても，変化は起こらない。

B 硝酸銀と銅

　硝酸銀 $AgNO_3$ 水溶液に銅片を入れると，銅片の表面に銀が析出して溶液が青味を帯びることから，銅イオンが溶け出したことがわかる。

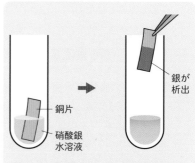

図3-6　硝酸銀 $AgNO_3$ 水溶液と銅の反応

$$\left.\begin{array}{l} Cu \longrightarrow Cu^{2+} + 2e^- \\ 2Ag^+ + 2e^- \longrightarrow 2Ag \end{array}\right\} \quad 2Ag^+ + Cu \longrightarrow 2Ag + Cu^{2+}$$

　一方，硝酸銅(II) $Cu(NO_3)_2$ 水溶液に銀片を入れても変化は起こらない。

C 金属のイオン化傾向

金属の原子は，水溶液中で電子を放出して陽イオンになる。この陽イオンへのなりやすさを**金属のイオン化傾向**という。

Aと**B**の結果から，鉄は銅よりイオンになりやすく，銅は銀よりイオンになりやすいといえる。

例えば，ある金属 A，B においてイオン化傾向が，金属 A＜金属 B のとき，A のイオンを含む水溶液に B の単体を入れると，A の単体が析出し，B がイオンとなって溶ける。

B のイオンを含む水溶液に A の単体を入れても変化しない。

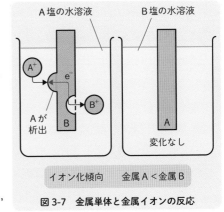

図3-7　金属単体と金属イオンの反応

POINT

イオン化傾向

　　　金属 A ＜ 金属 B のとき

　　　A^+（Aの陽イオン）＋ B ⟶ A ＋ B^+（Bの陽イオン）

　　　↑──── 電子 e^- ────

B の陽イオンを含む水溶液に A の単体を入れても反応は起こらない。

D 金属のイオン化列

金属をイオン化傾向の大きいものから順に並べたものを**イオン化列**という。

POINT

イオン化列　　Li＞K＞Ca＞Na＞Mg＞Al＞Zn＞Fe＞Ni＞Sn＞Pb＞
（リッチニ　カソウ　カ　ナ　マ　ア　ア　テ　ニ　スン　ナ）

　　　　　　　　　　　　（H_2）＞Cu＞Hg＞Ag＞Pt＞Au
　　　　　　　　　　　　（ヒ　ド　ス　ギル　ハク(借)　キン）

イオン化傾向 ⟨
　　大きい金属 → 陽イオンになりやすい。
　　　　　　　 → 溶け出しやすい。
　　小さい金属 → 陽イオンになりにくい。
　　　　　　　 → 析出しやすい。

補足　水素は，非金属であるが陽イオンになりやすいため，イオン化列に含めてある。

2 金属のイオン化傾向と反応性

一般に，イオン化傾向の大きい金属ほど，化学的な反応性が高い。

A 常温の空気中での反応

常温において，イオン化列の順に以下のように反応する。

Li, K, Ca, Na：酸化される。

Mg～Cu：酸化され，表面に酸化物の被膜ができる。

Hg～Au：酸化されない。

B 水との反応

イオン化列の順に以下のように反応する。

Li, K, Ca, Na：常温で水と激しく反応して水素を発生する。

例 $2Na + 2H_2O \longrightarrow 2NaOH + H_2\uparrow$

Mg：熱水と反応して，水素を発生する。

例 $Mg + 2H_2O \longrightarrow Mg(OH)_2 + H_2\uparrow$

Al, Zn, Fe：高温の水蒸気と反応して，水素を発生する。

Ni～Au：水とは反応しない。

C 酸との反応

水素よりイオン化傾向の大きい金属：酸と反応し，水素を発生して溶ける。

例 $Zn + 2HCl \longrightarrow ZnCl_2 + H_2\uparrow$

補足 ただし，鉛 Pb は塩酸や希硫酸とは表面に難溶性の塩化鉛(II) $PbCl_2$ や硫酸鉛(II) $PbSO_4$ を生じ，溶解しない。

Cu, Hg, Ag：塩酸や希硫酸とは反応しないが，酸化力のある硝酸や熱濃硫酸とは反応する。

例 （希硝酸）$3Cu + 8HNO_3 \longrightarrow 3Cu(NO_3)_2 + 4H_2O + 2NO\uparrow$

Pt, Au：王水に溶ける。

補足 王水は，濃硝酸と濃塩酸を 1：3 の割合で混合した溶液。

表3-5 金属のイオン化列と反応性

金属のイオン化列	Li K Ca Na	Mg Al Zn Fe Ni Sn Pb	(H₂)	Cu Hg Ag	Pt Au
常温の空気中での反応	酸化される	酸化され，表面に被膜ができる		酸化されない	
水との反応	常温で激しく反応	熱水と反応（Mg）／高温の水蒸気と反応（Al Zn Fe）／反応しない			
酸との反応	塩酸や希硫酸などの酸と反応して水素を発生する			酸化力の強い酸に溶ける	王水に溶ける

補足 Al，Fe，Ni は，濃硝酸に入れても溶けない。

Q Al，Fe，Niが濃硝酸に溶けないのはどうしてですか？

A Al，Fe，Niを濃硝酸に入れると，表面が反応して，緻密な酸化物の被膜ができます。これが内部を保護するため，それ以上反応が進まなくなるのです。この状態を不動態といいます。

5 | 酸化還元反応の利用

1 電池の原理

酸化還元反応に伴って放出される化学エネルギーを，電気エネルギーとして取り出す装置を**電池**という。

異なる2種類の金属を電解質水溶液（電解液）に浸し，導線で結ぶと，イオン化傾向の大きい金属からイオン化傾向の小さい金属へ，導線を伝って電子が流れる。この2種類の金属を**電極**といい，電子が流れ出す電極を**負極**，電子が流れ込む電極を**正極**という。また，両極間の電位差（電圧）を電池の**起電力**という。

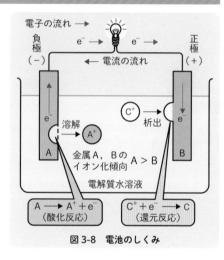

図 3-8　電池のしくみ

このとき，電池内部では，次のようなことが起こっている。

(a) 負極で，イオン化傾向の大きい金属は電子を失って（酸化されて），陽イオンになり溶液中に溶け出す。

(b) 負極に残った電子は，導線を通って正極（イオン化傾向の小さい金属）へ移動する。

(c) 電解液中に溶けている金属イオン（**図 3-8** 中では C^+）や水素イオンは，正極に移動してきた電子と反応する（還元される）。

補足 導線を流れる電流は，電子の流れの反対で，正極から負極に流れる。

POINT

2種類の金属を電解質水溶液中に入れると，電池を形成し

イオン化傾向の { 大きいほうの金属 ⇨ 負極：酸化反応
小さいほうの金属 ⇨ 正極：還元反応

負極：電極の金属が陽イオンになる。

正極：水溶液中の陽イオンが析出する。

2 ダニエル電池

亜鉛 Zn 板を浸した硫酸亜鉛 ZnSO₄ 水溶液と銅 Cu 板を浸した硫酸銅(Ⅱ) CuSO₄ 水溶液を素焼き板などで仕切った電池を**ダニエル電池**という。

亜鉛板と銅板を導線で結ぶと，次のような反応が起こる。

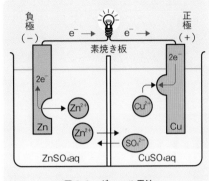

図 3-9 ダニエル電池

(a) 亜鉛 Zn 板(負極)で，Zn が Zn^{2+} となって，溶液中に溶け出す。

(b) Zn 板に残った電子は，導線を通って銅板 Cu(正極)へ移動する。

(c) 電解液中に溶けている銅(Ⅱ)イオン Cu^{2+} は，Cu 板に移動してきた電子と反応し，Cu 板上に Cu が析出する。

$$\begin{array}{ll} \text{負極} & Zn \longrightarrow Zn^{2+} + 2e^- \\ \text{正極} & Cu^{2+} + 2e^- \longrightarrow Cu \\ \hline & Zn + Cu^{2+} \longrightarrow Zn^{2+} + Cu \end{array}$$

電極で電子をやり取りする物質を活物質という。ダニエル電池では，Zn を負極活物質，Cu^{2+} を正極活物質という。

ダニエル電池の構成は，次のような電池式で表される。

$$(-)Zn \mid ZnSO_4 \text{ aq} \mid CuSO_4 \text{ aq} \mid Cu(+)$$

負極　　　電解液　　　　電解液　　　正極

補足 aq は水溶液の意味。

ボルタ電池

　亜鉛板と銅板を希硫酸に浸した電池をボルタ電池という。ボルタ電池は，1800年頃イタリアのボルタが発見したものをもとにした電池で，各電極では，次の反応が起こる。

負極　$Zn \longrightarrow Zn^{2+} + 2e^-$

正極　$2H^+ + 2e^- \longrightarrow H_2$

$$Zn + 2H^+ \longrightarrow Zn^{2+} + H_2$$

　これには，電流を取り出すと，電圧が急激に低下してしまうという欠点があった。

補足　電圧の急激な低下を分極ということがある。

3　実用電池

　電池から電流を取り出すことを放電といい，放電とは逆向きの電流を流し，起電力を回復させる操作を充電という。一度放電すると充電できない電池を一次電池といい，充電できる電池を二次電池という。

発展　A　マンガン乾電池

　負極に亜鉛 Zn，正極に酸化マンガン（IV）MnO_2，電解質水溶液に塩化亜鉛 $ZnCl_2$ を主成分とする水溶液を用いた一次電池をマンガン乾電池という。日常生活で広く使用される。

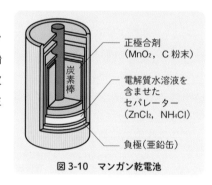

正極合剤
（MnO_2，C 粉末）

電解質水溶液を
含ませた
セパレーター
（$ZnCl_2$，NH_4Cl）

負極（亜鉛缶）

炭素棒

図 3-10　マンガン乾電池

B 鉛蓄電池

　負極に鉛 Pb，正極に酸化鉛(Ⅳ) PbO_2，
電解質水溶液に希硫酸を用いた二次電
池を**鉛蓄電池**という。自動車のバッ
テリーに使用される。

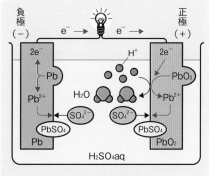

図 3-11　鉛蓄電池

C 燃料電池

　水素 H_2 のような燃料が燃焼するときに発生するエネルギーを電気エネルギー
として取り出す電池を**燃料電池**という。水素を燃料とするものが代表的で，次
の燃焼反応で放出されるエネルギーの一部を電気エネルギーとして取り出してい
る。

$$2H_2 \ + \ O_2 \ \longrightarrow \ 2H_2O$$

　燃料電池には，いろいろな電解質が使われ，リン酸形燃料電池，アルカリ形燃
料電池，固体高分子形燃料電池などがある。

D リチウムイオン電池

　負極にリチウムイオンを吸蔵した黒鉛 C，正極にコバルト(Ⅲ)酸リチウム
$LiCoO_2$ を用いた，化学反応を一切伴わずイオンと電子のみが関与する電池を**リ
チウムイオン電池**という。スマートフォンなどの電子機器に充電可能な二次
電池として使用される。

　Q 燃料電池は「環境にやさしい」と聞いたことがありますが，どうしてです
か？

　A 上の反応式を見てもわかるとおり，水素を燃料とした燃料電池では，発電
時に水が生成され，二酸化炭素が発生しません。そのため，環境に負荷がか
かりにくい電池として注目され，燃料電池自動車などに利用されています。

4 金属の製錬

　イオン化傾向の小さい金や白金は単体として産出するが，多くの金属は酸化物や硫化物として産出する。酸化物や硫化物などを還元して，金属の単体を取り出す操作を製錬という。

A 鉄の製錬

　鉄 Fe は，赤鉄鉱(主成分 Fe_2O_3)や磁鉄鉱(主成分 Fe_3O_4)などの鉱石を，コークス C から生じた一酸化炭素 CO を用いて溶鉱炉内で還元して製造する。

$$Fe_2O_3 + 3CO \longrightarrow 2Fe + 3CO_2$$

溶鉱炉から得られる銑鉄は炭素を約

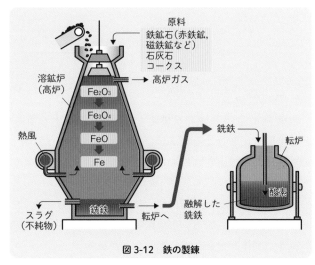

図3-12　鉄の製錬

4％含んでいるので，硬くてもろい。銑鉄を転炉に移し，酸素を吹き込んで炭素を燃焼させ，炭素の含有量を 0.02〜2 ％にした鉄を鋼という。

B 銅の製錬

　黄銅鉱(主成分 $CuFeS_2$)を加熱して硫化銅(I) Cu_2S とし，これに空気を吹き込みながら加熱すると，粗銅(純度約 99 ％)が得られる。粗銅を陽極，純銅を陰極とし，硫酸酸性の硫酸銅(II)水溶液を電解質水溶液として電気分解すると，純度 99.99 ％以上の純銅が得られる。この純度を上げる操作を電解精錬という。

C アルミニウムの製錬

　アルミニウムの鉱石であるボーキサイトを精製して，酸化アルミニウム(アルミナ) Al_2O_3 とし，これを融解した氷晶石に溶解させ，炭素電極で電気分解すると，単体の Al が得られる。このような操作を溶融塩電解という。

この章で学んだこと

酸素・水素の授受，電子の授受と酸化・還元の関係を学習し，酸化数との関係へ発展させた。また，酸化剤・還元剤の意味，これらの反応と量的関係を学習した。電子の授受に関連して金属のイオン化傾向，金属の性質との関係や，電池や金属の製錬も学習した。

1 酸化と還元

❶ 酸素・水素の授受と酸化・還元
(a)酸素と結びつく反応が酸化，酸素を失う反応が還元。
(b)水素を失う反応が酸化，水素と結びつく反応が還元。

❷ 電子の授受と酸化・還元 原子やイオンが電子を失うとき「酸化された」，原子やイオンが電子を受け取るとき「還元された」という。

❸ 酸化還元反応 酸化と還元は同時に起こり，これを酸化還元反応という。

2 酸化数と酸化・還元

❶ 酸化数の意味と決め方 酸化数は，原子の酸化状態を示した数値。
(a)単体の酸化数は0，化合物中でHの酸化数は+1，Oの酸化数は-2とする。単原子イオンの酸化数はイオンの電荷と等しい。
(b)化合物では，酸化数の総和を0とする。多原子イオンの酸化数の総和はイオンの電荷と等しい。

❷ 酸化数の変化と酸化・還元
酸化数の増加➡酸化された。
酸化数の減少➡還元された。

3 酸化剤と還元剤

❶ 酸化剤・還元剤とそのはたらき
酸化剤：相手を酸化する物質，自身は還元される。還元剤：相手を還元する物質，自身は酸化される。

❷ 酸化剤と還元剤の反応
（酸化剤が受け取る電子の物質量）
＝（還元剤が与える電子の物質量）
を使って求める。または，酸化剤と還元剤のイオン反応式から電子を消去して，酸化還元反応の反応式をつくる。

❸ 酸化還元滴定 濃度がわかっている酸化剤(還元剤)の水溶液を用いて，濃度未知の還元剤(酸化剤)の水溶液の濃度を求める操作。

4 金属のイオン化傾向

❶ 金属のイオン化傾向 水溶液中で金属原子が陽イオンになろうとする性質。

❷ 金属のイオン化傾向と反応性 イオン化傾向の大きい金属ほど反応性が大きい。

5 酸化還元反応の利用

❶ 電池の原理 酸化還元反応を利用して，電気エネルギーを取り出す装置。負極で酸化反応が，正極で還元反応が起こる。

❷ ダニエル電池
$(-)Zn|ZnSO_4\ aq|CuSO_4\ aq|Cu(+)$

❸ 実用電池 一次電池：充電できない電池。マンガン乾電池など。二次電池：充電できる電池。鉛蓄電池など。

❹ 金属の製錬 鉄の製錬：鉄鉱石を溶鉱炉で溶かし，コークスによって還元する。銅の製錬：黄銅鉱を加熱して得た粗銅を電解精錬する。陽極が粗銅，陰極が純銅。アルミニウムの製錬：アルミナ Al_2O_3 を氷晶石に溶かし溶融塩電解によって得る。

定期テスト対策問題 5

解答・解説は p.717

1 下の(1)~(6)の変化について，次のA，Bの問いに答えよ。

A 下線上の原子の酸化数の変化を記せ。例：$-1 \rightarrow +1$

B 左辺の物質が，酸化されたものにはO，還元されたものにはR，いずれでも
ないものにはNを記せ。

(1) $\underline{I}_2 \rightarrow KI$ 　　　(2) $\underline{Cu}_2O \rightarrow CuO$

(3) $\underline{Al}_2O_3 \rightarrow AlCl_3$ 　　(4) $\underline{S}O_2 \rightarrow H_2\underline{S}O_4$

(5) $\underline{Mn}O_4^- \rightarrow Mn^{2+}$ 　(6) $\underline{Cr}_2O_7^{2-} \rightarrow CrO_4^{2-}$

2 次の化学反応式について，下の(1)・(2)の問いにa~eで答えよ。

a $\underline{Mn}O_2 + 4HCl \longrightarrow MnCl_2 + 2H_2O + Cl_2$

b $2\underline{KBr} + Cl_2 \longrightarrow 2KCl + Br_2$

c $\underline{NH_4Cl} + NaOH \longrightarrow NaCl + H_2O + NH_3$

d $2\underline{HgCl}_2 + SnCl_2 \longrightarrow Hg_2Cl_2 + SnCl_4$

e $2\underline{H_2SO_4} + Cu \longrightarrow CuSO_4 + 2H_2O + SO_2$

(1) 酸化還元反応でないのはどれか。

(2) 下線上の物質が還元剤として作用している反応はどれか。

3 次のA，Bのイオン反応式について，下の(1)・(2)の問いに答えよ。

A $\begin{cases} MnO_4^- + (ア)H^+ + 5e^- \longrightarrow Mn^{2+} + (イ)H_2O \\ (ウ)H_2O_2 \longrightarrow (エ)O_2 + (オ)H^+ + 2e^- \end{cases}$

B $\begin{cases} Cr_2O_7^{2-} + (カ)H^+ + 6e^- \longrightarrow 2Cr^{3+} + (キ)H_2O \\ Sn^{2+} \longrightarrow Sn^{4+} + 2e^- \end{cases}$

(1) （ア）~（キ）に適する数値を記せ。係数が1の場合も省略せず1と記すこと。

(2) A，Bそれぞれの酸化還元反応のイオン反応式を記せ。

ヒント

1 酸化数の基準はH，Oで，酸化数の総和が化合物は0，イオンは電荷である。酸化数が増加した
場合⇨酸化された，酸化数が減少した場合⇨還元された。

2 酸化数の変化がない反応は，酸化還元反応ではない。単体が関係している反応は酸化還元反応で
ある。

3(2) 酸化剤と還元剤のイオン反応式を辺々加えて，電子e⁻を消去する。

4 過マンガン酸イオンの酸化剤としての反応，シュウ酸イオンの還元剤としての反応は，次のようである。

$$MnO_4^- + 8H^+ + 5e^- \longrightarrow Mn^{2+} + 4H_2O \quad \cdots\cdots ①$$
$$C_2O_4^{2-} \longrightarrow 2CO_2 + 2e^- \qquad\qquad \cdots\cdots ②$$

10.0 mL のシュウ酸水溶液に，5.00×10^{-3} mol/L の過マンガン酸カリウム水溶液を徐々に加えていくと，18.0 mL 加えたところで，過マンガン酸カリウム水溶液の色が消えなくなった。このシュウ酸水溶液の濃度は何 mol/L か。

5 次の a〜d のように，塩の水溶液にそれぞれ金属単体を入れたとき，変化が起こらないのはどれか。

a $CuSO_4 + Zn \longrightarrow ZnSO_4 + Cu$

b $Pb(CH_3COO)_2 + Fe \longrightarrow Fe(CH_3COO)_2 + Pb$

c $2AgNO_3 + Cu \longrightarrow Cu(NO_3)_2 + 2Ag$

d $MgCl_2 + Sn \longrightarrow SnCl_2 + Mg$

6 5種の金属 A，B，C，D，E があり，これらは鉛 Pb ではないことがわかっている。これらについて次のような実験結果が得られた。5種の金属 A，B，C，D，E をイオン化傾向の大きい順に並べよ。

実験1　5種の金属単体を，常温の水に入れたところ，B のみ激しく気体を発生して溶けた。

実験2　B を除く4種の金属単体を，希塩酸に入れたところ，A と E は気体を発生して溶けたが，C と D は変化しなかった。

実験3　D からなる塩の水溶液に C 板を入れて放置すると，C 板の表面に D の単体が析出した。また，E からなる塩の水溶液に A 板を入れて放置したが，変化がなかった。

7 ダニエル電池を式で表すと次のようになる。

$$Zn \mid ZnSO_{4}aq \mid CuSO_{4}aq \mid Cu$$

この電池の両極を外部回路に接続して，豆電球を点灯させた。この電池を含む回路に関する次の記述 a〜c について，その正誤を判定せよ。

a　負極では，$Zn \longrightarrow Zn^{2+} + 2e^-$ の反応が進行する。

b　負極の亜鉛板の質量変化と，正極の銅板の質量変化は等しい。

c　電流は，亜鉛板から豆電球を経て銅板に流れる。

ヒント

5 6 金属のイオン化傾向およびイオン化列と反応性の関係を利用する。

7 全体の反応は $Zn + Cu^{2+} \longrightarrow Zn^{2+} + Cu$

Advanced Chemistry

化学

第 **1** 部

物質の状態

MY BEST

Advanced Chemistry

第 **1** 章　固体の構造

1 | 結晶と結晶の種類

1 結晶と非晶質

石英のように，固体を構成する粒子が，規則正しく繰り返し配列している固体を結晶という。一方，構成粒子の配列に規則性が見られない固体を非晶質（アモルファス）という。

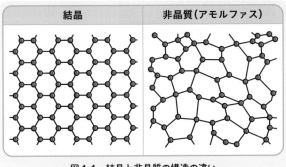

結晶	非晶質（アモルファス）

図1-1　結晶と非晶質の構造の違い

2 結晶格子と単位格子

結晶中の粒子の配列を結晶格子といい，結晶格子の繰り返し単位を単位格子という。単位格子は立方体や直方体などの平行六面体で表される。

結晶中の1個の粒子に着目し，最も近いところの位置にある他の粒子の数を配位数という。

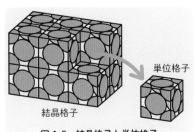

単位格子

結晶格子

図1-2　結晶格子と単位格子

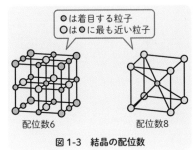

●は着目する粒子
○は●に最も近い粒子

配位数6　　　　　配位数8

図1-3　結晶の配位数

3 結晶の種類

結晶は，構成粒子の種類とその結びつき方によって，**金属結晶，イオン結晶，分子結晶，共有結合の結晶**に大別される。

表1-1 物質の分類とその性質

物質の分類 (結晶の種類)	原子からなる物質 (金属結晶)	イオンからなる物質 (イオン結晶)	分子からなる物質 (分子結晶)	原子からなる物質 (共有結合の結晶)
物質の例	鉄(Fe) アルミニウム(Al) ナトリウム(Na)	塩化ナトリウム(NaCl) ヨウ化カリウム(KI)	水(H_2O) 二酸化炭素(CO_2) ヨウ素(I_2)	ダイヤモンド(C) ケイ素(Si) 二酸化ケイ素(SiO_2)
沸点・融点の特徴	高低さまざま。	高い。	低いものが多い。昇華しやすいものが多い。	非常に高い。
電気伝導性	あり	固体：なし 液体：あり	なし	固体：なし (黒鉛はあり)
機械的性質	展性・延性に富む。	硬くてもろい。	やわらかく，もろい。	非常に硬い。 (黒鉛はやわらかい)

Q 結晶の種類は化学基礎で学習しましたよね？

A よく覚えていましたね。忘れていた人は，化学基礎第1部・第4章「物質と化学結合」を復習しておきましょう。

For Everyday Studies
and Exam Prep
for High School Students

MY BEST

2 | 金属結晶の構造

1 金属結晶の単位格子

A 金属結晶の単位格子

金属単体の結晶は，主に**体心立方格子**，**面心立方格子**，**六方最密構造**の
3 種類の結晶格子に大別される。

表 1-2　金属結晶の構造

金属結晶	体心立方格子 Na, K, Fe など	面心立方格子 Cu, Ag, Al など	六方最密構造 Be, Mg, Zn など
原子の配置	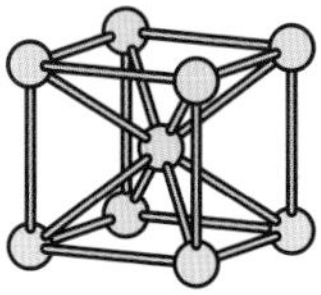	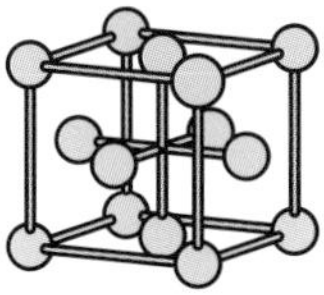	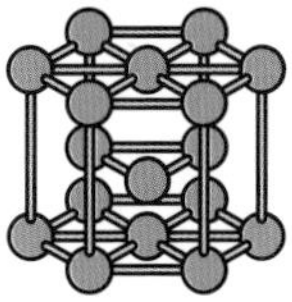
単位格子中 の原子	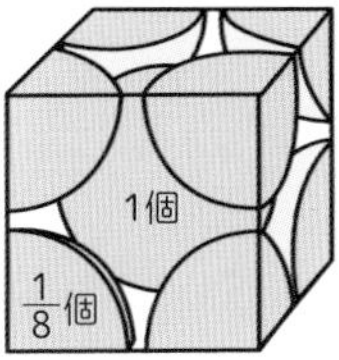 1個 $\frac{1}{8}$個	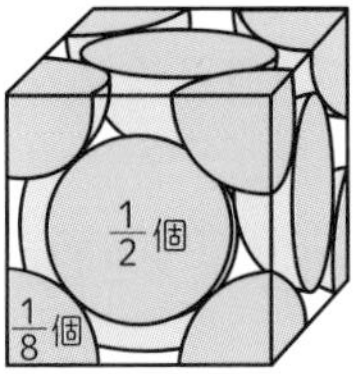 $\frac{1}{2}$個 $\frac{1}{8}$個	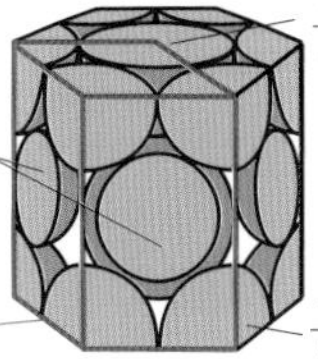 合わせて1　$\frac{1}{2}$個 単位格子　$\frac{1}{6}$個
単位格子中 の原子の数	$\frac{1}{8} \times 8 + 1 = 2$(個) 頂点の数	$\frac{1}{8} \times 8 + \frac{1}{2} \times 6 = 4$(個) 頂点の数　面の数	上図の六角柱には $\frac{1}{6} \times 12 + \frac{1}{2} \times 2 + 3 = 6$(個) 含まれるので，単位格子で は 2 個となる。
配位数	8	12	12

B 配位数と単位格子中の原子数

❶ 体心立方格子

配位数は 8 である(**表 1-2** 参照)。立方体の頂点に 8 個の原子があり，**頂点の
原子はその $\frac{1}{8}$ 個が単位格子に含まれ**，また，**中心に 1 個の原子がある**。したがっ
て，単位格子中の原子の数は

$$\frac{1}{8} \times 8 + 1 = 2 \text{ (個)}$$

❷ 面心立方格子

配位数は 12 である（**表 1-2** 参照）。立方体の頂点に 8 個の原子があり，**頂点の原子はその $\frac{1}{8}$ 個**が単位に含まれ，また，面上に 6 個の原子があり，**面上の原子はその $\frac{1}{2}$ 個**が単位格子に含まれるので，単位格子中の原子の数は

$$\frac{1}{8} \times 8 + \frac{1}{2} \times 6 = 4 \text{ (個)}$$

❸ 六方最密構造

配位数は 12 である（**表 1-2** 参照）。六方最密構造の単位格子は**図 1-4** の赤線で囲った部分である。これより，**六角柱に含まれる原子の数の $\frac{1}{3}$** が単位格子に含まれるとわかる。六角柱の上面（層 A）と下面（層 A）には，頂点に 12 個，中心に 2 個の原子があるため，六角柱に含まれる原子は，$\frac{1}{6} \times 12 + \frac{1}{2} \times 2$ **(個)** である。また，六角柱の中心（層 B）には 3 個の原子が含まれている（**図 1-4** 右図のように，層 B の中心の 3 原子の各一部は六角柱の外にあるが，その分を他の原子が補っている）。したがって，単位格子中の原子の数は

$$\left(\frac{1}{6} \times 12 + \frac{1}{2} \times 2 + 3 \right) \times \frac{1}{3} = 2 \text{ (個)}$$

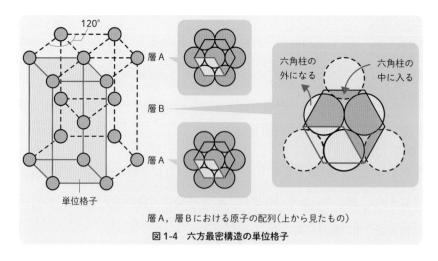

層 A，層 B における原子の配列（上から見たもの）

図 1-4 六方最密構造の単位格子

POINT

金属結晶の構造の単位格子中の原子の数

体心立方格子 ⇨ 2個　　　面心立方格子 ⇨ 4個

単位格子（立方格子）における占有割合

頂点 ⇨ $\dfrac{1}{8}$　　　面 ⇨ $\dfrac{1}{2}$　　　中心 ⇨ 1

例題1　単位格子と原子量

　タングステンの結晶は，体心立方格子からなる。いま，単位格子の一辺の長さを l（cm），密度を d（g/cm^3），タングステンのモル質量を M（g/mol）とする。これらの記号を用いて，アボガドロ定数 N_A（/mol）を示せ。

解答

　単位格子の体積は　l^3（cm^3）

　単位格子の質量は　l^3（cm^3）$\times d$（g/cm^3）$=l^3d$（g）

　体心立方格子の単位格子には2個の原子が含まれているから，タングステンの原子2個の質量が l^3d（g）である。

　N_A 個が M（g）であるから

$$2 : l^3d = N_A : M$$

$$N_A = \frac{2M}{l^3d} \text{（/mol）} \cdots \text{答}$$

 POINT

　単位格子（立方格子）中の原子の数を n，一辺の長さを l（cm），密度を d（g/cm^3），アボガドロ定数を N_A（/mol），金属のモル質量を M（g/mol）とすると

$$n : l^3d = N_A : M$$

　l，d，N_A，M のうち3つがわかれば，他の1つがわかる。

2 金属結晶の単位格子と原子半径

結晶中では，原子どうしが接しているとすると，単位格子の一辺の長さから原子半径を求めることができる。

A 体心立方格子

体心立方格子では，**図1-5**のように，単位格子の立方体の対角線（AG）の長さが原子半径の4倍となる。

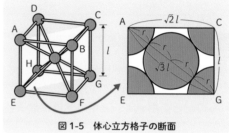

図1-5　体心立方格子の断面

いま，原子半径をr(cm)とすると，立方体の対角線の長さは$4r$(cm)。一方，単位格子の一辺の長さをl(cm)とすると，三平方の定理より，立方体の対角線（AG）の長さは$\sqrt{3}\,l$(cm)となる。したがって

$$\sqrt{3}\,l = 4r$$

$$r = \frac{\sqrt{3}}{4}\,l$$

B 面心立方格子

面心立方格子では，**図1-6**のように，単位格子の面の対角線（AF）の長さが原子半径の4倍となる。原子半径をr(cm)とすると，面の対角線の長さは$4r$(cm)。一方，単位格子の一辺の長さをl(cm)とすると，三平方の定理より，面の対角線（AF）の長さは$\sqrt{2}\,l$(cm)となる。したがって

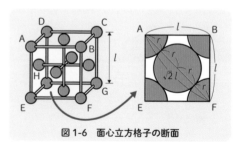

図1-6　面心立方格子の断面

$$\sqrt{2}\,l = 4r$$

$$r = \frac{\sqrt{2}}{4}\,l$$

原子半径（結合半径）を r [cm]，単位格子の一辺の長さを l [cm] とすると

体心立方格子 $\Rightarrow$ $r=\dfrac{\sqrt{3}}{4}l$

面心立方格子 $\Rightarrow$ $r=\dfrac{\sqrt{2}}{4}l$

例題2　単位格子の一辺の長さと原子半径

　ニッケルは面心立方格子の結晶構造をもち，単位格子の一辺の長さは 3.52×10^{-8} cm である。ニッケルの原子半径は何 cm か求めよ。ただし，$\sqrt{2}=1.41$ とする。

【解答】

　単位格子の一辺の長さ l [cm]，原子半径 r [cm] のとき

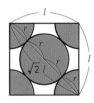

$$r=\frac{\sqrt{2}}{4}l$$
$$=\frac{\sqrt{2}}{4}\times3.52\times10^{-8}=1.24\times10^{-8}\,\text{(cm)}\ \cdots 答$$

+アルファ　充塡率

　原子を球と考えたとき，単位格子中の原子の体積の割合を充塡率（じゅうてんりつ）という。

　体心立方格子では2個の原子が含まれ，面心立方格子では4個の原子が含まれるので，それぞれの充塡率は，次の通りとなる。

体心立方格子 $\Rightarrow$ 充塡率 $=\dfrac{\text{原子2個分の体積}}{\text{単位格子の体積}}=\dfrac{\dfrac{4\pi r^3}{3}\times2}{l^3}=\dfrac{\dfrac{4\pi}{3}\times\left(\dfrac{\sqrt{3}}{4}l\right)^3\times2}{l^3}$

$$=\frac{\sqrt{3}\,\pi}{8}\fallingdotseq0.68$$

面心立方格子 $\Rightarrow$ 充塡率 $=\dfrac{\text{原子4個分の体積}}{\text{単位格子の体積}}=\dfrac{\dfrac{4\pi r^3}{3}\times4}{l^3}=\dfrac{\dfrac{4\pi}{3}\times\left(\dfrac{\sqrt{2}}{4}l\right)^3\times4}{l^3}$

$$=\frac{\sqrt{2}\,\pi}{6}\fallingdotseq0.74$$

1 面心立方格子と六方最密構造

　面心立方格子と六方最密構造は，同じ大きさの原子が最も密につまった構造であり，最密構造（最密充塡構造）という。最密構造は，配位数が 12 であり，充塡率は約 74％で同じである。その構造の違いを調べてみよう。

　まず，1 層目（A 層）に球を密に並べる。そして A 層のくぼみ▽の位置に 2 層目（B 層）の球がくるように積み重ねる。

　次に，3 層目を積み重ねるが，このとき，重ね方は 2 通りある。一方が面心立方格子となり，他方が六方最密構造となる。

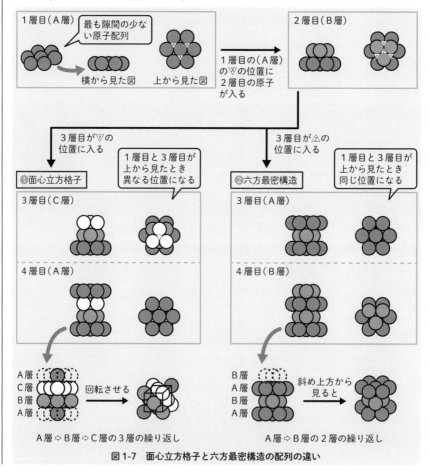

図1-7　面心立方格子と六方最密構造の配列の違い

❶ 面心立方格子

　2層目（B層）のくぼみ▽の位置に，3層目の球がくるように積み重ねる。3層目は1層目と異なる位置（C層）になる。次に，3層目（C層）のくぼみ▽の位置に球を重ねると，4層目はA層と同じ位置になる。つまり，A層 ⇨ B層 ⇨ C層 ⇨ A層…という繰り返しで積み重なる。この重ねられた層から一部を取り出し，回転させると，面心立方格子の図となる。

❷ 六方最密構造

　2層目（B層）のくぼみ△の位置に，3層目の球がくるように積み重ねる。3層目は1層目と同じ位置（A層）になる。つまり，A層 ⇨ B層 ⇨ A層…という繰り返しで積み重なり，六方最密構造の図となる。

3 | イオン結晶

　イオン結晶は，イオンの価数や陽イオンと陰イオンの大きさの比などにより，さまざまな結晶格子が形成される。

表1-3　イオン結晶の構造

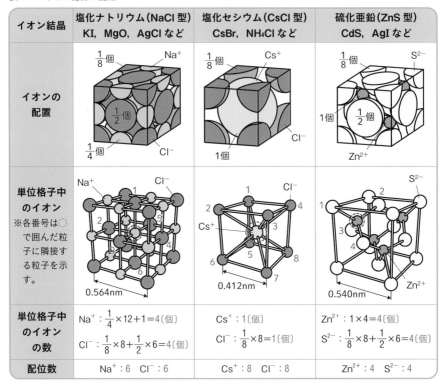

イオン結晶	塩化ナトリウム(NaCl型) KI，MgO，AgClなど	塩化セシウム(CsCl型) CsBr，NH₄Clなど	硫化亜鉛(ZnS型) CdS，AgIなど
イオンの配置	$\frac{1}{8}$個 Na⁺ $\frac{1}{2}$個 $\frac{1}{4}$個 Cl⁻	$\frac{1}{8}$個 Cs⁺ 1個 Cl⁻	$\frac{1}{8}$個 S²⁻ 1個 $\frac{1}{2}$個 Zn²⁺
単位格子中のイオン ※各番号は◯で囲んだ粒子に隣接する粒子を示す。	Na⁺ Cl⁻ 0.564nm	Cl⁻ Cs⁺ 0.412nm	S²⁻ Zn²⁺ 0.540nm
単位格子中のイオンの数	Na⁺ : $\frac{1}{4} \times 12 + 1 = 4$〔個〕 Cl⁻ : $\frac{1}{8} \times 8 + \frac{1}{2} \times 6 = 4$〔個〕	Cs⁺ : 1〔個〕 Cl⁻ : $\frac{1}{8} \times 8 = 1$〔個〕	Zn²⁺ : $1 \times 4 = 4$〔個〕 S²⁻ : $\frac{1}{8} \times 8 + \frac{1}{2} \times 6 = 4$〔個〕
配位数	Na⁺ : 6　Cl⁻ : 6	Cs⁺ : 8　Cl⁻ : 8	Zn²⁺ : 4　S²⁻ : 4

1 塩化ナトリウム（NaCl型）

Na^+，Cl^-の配位数は，どちらも 6 である。

単位格子中のイオンの数

$$Na^+ : \frac{1}{4} \times 12 + 1 = 4$$

$$Cl^- : \frac{1}{8} \times 8 + \frac{1}{2} \times 6 = 4$$

$$Na^+ : Cl^- = 4 : 4 = 1 : 1$$

組成式 NaCl

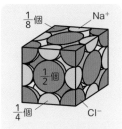

図1-8　NaCl型の単位格子

2 塩化セシウム（CsCl型）

Cs^+，Cl^-の配位数は，どちらも 8 である。

単位格子中のイオンの数

$$Cs^+ : 1$$

$$Cl^- : \frac{1}{8} \times 8 = 1$$

$$Cs^+ : Cl^- = 1 : 1$$

組成式 CsCl

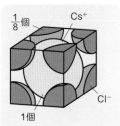

図1-9　CsCl型の単位格子

3 硫化亜鉛（ZnS型）　（閃亜鉛鉱型）

Zn^{2+}，S^{2-}の配位数は，どちらも 4 である。

単位格子中のイオンの数

$$Zn^{2+} : 1 \times 4 = 4$$

$$S^{2-} : \frac{1}{8} \times 8 + \frac{1}{2} \times 6 = 4$$

$$Zn^{2+} : S^{2-} = 4 : 4 = 1 : 1$$

組成式 ZnS

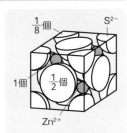

図1-10　ZnS型の単位格子

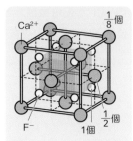

参 考　その他のイオン結晶（蛍石型）

単位格子中のイオンの数

Ca²⁺ : 4

F⁻ : 8

組成式 CaF_2

図 1-11　CaF_2 型の単位格子

例題 3　**イオン結晶の組成式**

次の(a)〜(d)は，イオン A（○）とイオン B（●）からなるイオン結晶の単位格子である。(a)〜(d)の組成式を $A_m B_n$（m，n は整数）の形で表せ。

(a) 　(b) 　(c) 　(d)

（解答）

単位格子内のイオンの個数から組成式を求める。

(a)　A：1個　B：$\dfrac{1}{8} \times 8 = 1$

　　A：B＝1：1　　組成式 **AB** …㊙　→（CsCl 型）

(b)　A：4個　B：$\dfrac{1}{8} \times 8 + 1 = 2$

　　A：B＝4：2＝2：1　　組成式 **A₂B** …㊙

(c)　A：$\dfrac{1}{4} \times 12 = 3$　B：$\dfrac{1}{8} \times 8 = 1$

　　A：B＝3：1　　組成式 **A₃B** …㊙

(d)　A：$\dfrac{1}{4} \times 12 + 1 = 4$　B：$\dfrac{1}{8} \times 8 + \dfrac{1}{2} \times 6 = 4$

　　A：B＝4：4＝1：1　　組成式 **AB** …㊙　→（NaCl 型）

イオン結晶の融点

　同じ結晶構造のイオン結晶では，イオン結合の強さが融点を左右することが多い。ナトリウムのハロゲン化物と2族の酸化物は，いずれも NaCl 型の単位格子である。ハロゲン化ナトリウムどうしを比べると，ハロゲン化物イオンのイオン半径が大きいもの(I>Br>Cl)ほど融点は低くなる(NaCl>NaBr>NaI)。これは，陽イオンと陰イオンの距離が大きくなり，イオン結合が弱くなったためである。

　また，ハロゲン化ナトリウムと2族の酸化物を比べると，2族の酸化物のほうが融点は高い。これは，2価のイオンどうしの結合が1価のイオンどうしの結合よりも強いからである。

補足 酸化ベリリウム BeO は NaCl 型ではないため，他の2族の酸化物との比較からは外した。

表1-4　イオン結晶の融点

	ハロゲン化ナトリウム			2族の酸化物	
イオン結晶	NaCl	NaBr	NaI	MgO	CaO
融点(℃)	801	747	651	2826	2572

4 | 分子間力と分子結晶

1 分子間力

　分子間にはたらく力を**分子間力**という。
分子間力は共有結合やイオン結合に比べ
てずっと弱い力である。分子間力には**ファ
ンデルワールス力**と**水素結合**がある。

分子間力 ─┬─ ファンデルワールス力
　　　　　└─ 水素結合

A ファンデルワールス力

　極性に関係なく，すべての分子間にはたらく弱い力を**ファンデルワールス
力**という。ファンデルワールス力は，構造が似たような分子では，分子量が大
きいほど強くなる。また，極性分子では，ファンデルワールス力に加えて，静電
気的な引力が加わるため分子どうしがより強く引き合う。このため，分子量の大
きい極性分子からなる物質の融点・沸点は高い。

B 水素結合

　電気陰性度の大きな原子(N, O, F)の水素化合物が H 原子をなかだちにして
分子間につくる結合を**水素結合**という。水素結合はファンデルワールス力より
強い。

　　　NH_3，H_2O，HF，エタノール C_2H_5OH　酢酸 CH_3COOH

例 酢酸は無極性溶媒中で 2 分子が水素結合により二量体を形成している。

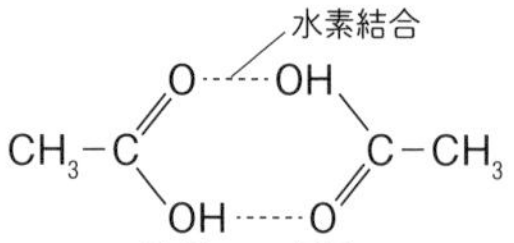

酢酸の二量体

　15 〜 17 族の水素化合物 NH_3，H_2O，HF は，水素結合を形成するため，各族の水素化合物中では，分子量が小さいにもかかわらず，沸点は高い。NH_3，H_2O，HF 以外の水素化合物および 14 族の水素化合物（CH_4 〜 SnH_4）は水素結合を形成せず，ファンデルワールス力のみがはたらくので，分子量の増加に伴って，沸点も高くなっている。

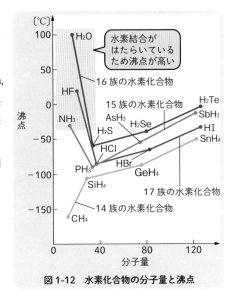

図 1-12　水素化合物の分子量と沸点

 POINT

ファンデルワールス力
- 構造が似た分子では，分子量大＞分子量小
  ⇨ 沸点・融点は分子量の大きい物質が高い。
- 同程度の分子量では，極性分子＞無極性分子
  ⇨ 沸点・融点は極性分子からなる物質が高い。

水素結合があると，分子量に比較して，融点・沸点が異常に高い。

2 分子結晶

　多数の分子が分子間力によって規則正しく配列した結晶を分子結晶という（⇨ p.84）。分子間力はイオン結合や共有結合，金属結合に比べて弱いため，分子結晶の物質は融点が低く，昇華しやすいものが多い。

3 氷の結晶

A 氷の構造

氷は，水分子 H_2O が水素結合により，規則正しく配列した分子結晶である。結晶中では，1個の水分子の酸素原子 O を中心として，4個の H_2O が正四面体の各頂点に位置するように配置されている（**図 1-13**）。

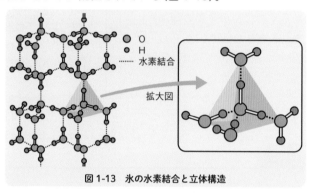

図 1-13　氷の水素結合と立体構造

B 氷の密度

氷は，隙間の多い正四面体形の立体構造をとる。0 ℃で氷が水になるとき，一部の水素結合が切れて立体構造が壊れ，隙間に他の H_2O が入り込むため体積が減少し，密度は増加する。このため，氷は水より密度が小さく，水に浮く。

0 ℃から温度が上昇するにつれ，正四面体構造が壊れ，体積が減少する。

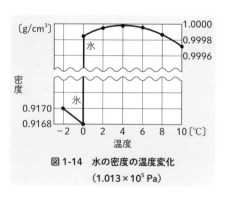

図 1-14　水の密度の温度変化
(1.013×10^5 Pa)

一方，温度上昇につれ，水分子の熱運動が激しくなり，体積は増加する。この相反する効果の兼ね合いで，4 ℃の水の体積が最小となり，**密度は最大になる**（**図 1-14**）。

5 | 共有結合の結晶

多数の非金属元素が次々と共有結合してできた結晶を共有結合の結晶という。共有結合の結晶には，ダイヤモンド C，黒鉛 C，ケイ素 Si，二酸化ケイ素 SiO_2 などがあり，一般に，融点は非常に高く，きわめて硬い結晶が多い。

1 ダイヤモンド

各 C 原子は，他の 4 つの C 原子と共有結合して，正四面体形の立体構造をつくっている。ケイ素 Si の結晶もダイヤモンドと同じ構造の共有結合の結晶である。

炭素原子

図1-15 ダイヤモンドの結晶構造

2 黒鉛

各 C 原子は，4 個の価電子のうち 3 個を使って，他の 3 つの C 原子と共有結合して，正六角形の構造が繰り返された平面構造をとる。この平面構造は互いに弱い分子間力で積み重なっているため，この面に沿ってはがれやすく，やわらかい。また，各 C 原子の残り 1 個の価電子は，平面全体で共有され，平面を自由に動けるので，黒鉛は，電気伝導性を示す。

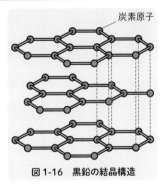

炭素原子

図1-16 黒鉛の結晶構造

ダイヤモンドの結晶の単位格子

下の左図は，ダイヤモンドの結晶の単位格子（立方体）である。次の(1)〜(3)に答えよ。

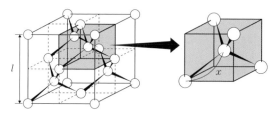

(1) ダイヤモンドの結晶の単位格子中には，何個の炭素原子が含まれるか。

(2) ダイヤモンドの結晶の密度 d〔g/cm^3〕を，単位格子一辺の長さ l〔cm〕，炭素の原子量 M，アボガドロ定数 N_A〔/mol〕で表せ。

(3) ダイヤモンドの結晶の原子間結合の長さ x〔cm〕を単位格子一辺の長さ l〔cm〕で表せ。

解答

(1) この単位格子では，頂点に 8 個，面に 6 個，内部に 4 個あるので，単位格子中の炭素原子の数は

$$\frac{1}{8} \times 8 + \frac{1}{2} \times 6 + 4 = \textbf{8 〔個〕} \quad \cdots 答$$

(2) 8 個の炭素原子の質量が $l^3 d$〔g〕，N_A 個が M〔g〕だから

$$8 : l^3 d = N_A : M$$

$$d = \frac{8M}{l^3 N_A} \textbf{〔g/cm}^3\textbf{〕} \quad \cdots 答$$

(3) 右のように A，B，C，D とおくと，AC の長さがダイヤモンド中の炭素原子間結合の長さ x である。

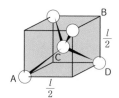

$\mathrm{AD} = \dfrac{\sqrt{2}}{2} l$，$\mathrm{BD} = \dfrac{l}{2}$ より

$$\mathrm{AB}^2 = \mathrm{AD}^2 + \mathrm{BD}^2 = \frac{l^2}{2} + \frac{l^2}{4} = \frac{3l^2}{4}$$

よって

$$\mathrm{AC} = x = \mathrm{AB} \times \frac{1}{2} = \sqrt{\frac{3l^2}{4}} \times \frac{1}{2} = \frac{\sqrt{3}}{4} l \textbf{〔cm〕} \quad \cdots 答$$

6 | 非晶質（アモルファス）

　非晶質（アモルファス）は，結晶のように構成粒子が規則正しい配列をもたない
ため，一定の融点をもたない。

1 非晶質（アモルファス）の例

A ガラス

ガラスは代表的な非晶質であり，決まった融点がなく，ある温度幅で軟化する。

❶ 石英ガラス

　共有結合の結晶である石英 SiO_2 の粉末を 2100 ℃以上に加熱して融解し，
それを凝固させると，非晶質の**石英ガラス**が得られる。

❷ ソーダ石灰ガラス

　窓ガラスなどに使われている普通のガラスは，ケイ砂・炭酸ナトリウム・
炭酸カルシウムを混合し，融解してつくられたもので，**ソーダ石灰ガラ
ス**と呼ばれる。

B アモルファス金属・アモルファス合金

　金属は普通，固体の状態では，金属原子が規則正しく配列して結晶となってい
る。高温で融解した金属を急冷することによって，金属原子が不規則に配列した
アモルファス金属が得られる。

　高温で融解した2種以上の金属を含む融解液を急冷すると，非晶質の合金であ
る**アモルファス合金**が得られる。

　アモルファス金属やアモルファス合金は，強靱性，耐腐食性，強い磁性など通
常の金属にない優れた性質を示す。

C アモルファスシリコン

　ケイ素の結晶に水素を取り込ませて，Si－Si 結合の一部が Si－H 結合になった，
ケイ素原子が規則的配列をもたず無秩序に結合した固体をアモルファスシリコン
という。アモルファスシリコンは，太陽電池などの半導体材料に使われる。

この章で学んだこと

　金属結晶，イオン結晶，分子結晶，共有結合の結晶の各単位格子について学習した。また，水素結合と物質の融点・沸点について学習した。

1 金属結晶の構造

❶ 金属結晶の単位格子
体心立方格子(A)，面心立方格子(B)，六方最密構造(C)は，以下の表のようにまとめられる。

	配位数	単位格子中の原子の数	充填率〔%〕
A	8	2	68
B	12	4	74
C	12	2	74

❷ 体心立方格子，面心立方格子とアボカドロ定数の関係

$$n : l^3 d = N_A : M$$

n ：単位格子中の原子の数
l ：単位格子の一辺の長さ〔cm〕
d ：単位格子の密度〔g/cm^3〕
N_A：アボカドロ定数〔/mol〕
M ：金属のモル質量〔g/mol〕

❸ 金属結晶の単位格子と原子半径

体心立方格子　$r = \dfrac{\sqrt{3}}{4} l$

面心立方格子　$r = \dfrac{\sqrt{2}}{4} l$

2 イオン結晶

❶ 塩化ナトリウム型
Na^+，Cl^-のどちらの配位数も6である。組成式 NaCl

❷ 塩化セシウム型
Cs^+，Cl^-のどちらの配位数も8である。組成式 CsCl

❸ 硫化亜鉛型
Zn^{2+}，S^{2-}のどちらの配位数も4である。組成式 ZnS

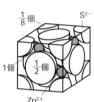

3 分子間力と分子結晶

❶ 分子間力
水素結合＞ファンデルワールス力
水素結合があると，融点・沸点が異常に高い。

❷ 分子結晶
分子間力による結晶➡融点が低く，昇華しやすいものが多い。〔例〕CO_2，I_2
氷は，水素結合による隙間の多い分子結晶である。

4 共有結合の結晶
連続した共有結合による結晶➡一般に，融点は非常に高く，非常に硬い。
〔例〕ダイヤモンド，ケイ素

5 非晶質(アモルファス)
構成粒子が不規則に配列した固体。
〔例〕石英ガラス，ソーダ石灰ガラス，
　　　アモルファスシリコンなど

定期テスト対策問題 6

解答・解説は p.720

1 　ある金属の結晶構造は面心立方格子であり，単位格子の一辺は 3.5×10^{-8} cm，密度は 8.9 g/cm^3 であった。次の(1)，(2)を求めよ。ただし，アボガドロ定数を 6.0×10^{23}/mol とし，$\sqrt{2} = 1.4$ とする。

(1) この金属の原子半径(結合半径)はどれだけか。

(2) この金属の原子量を求めよ。

2 　鉄の結晶は，体心立方格子の単位格子からなる。これに関する(1)〜(3)の問いに答えよ。

(1) この単位格子中の原子の数はいくつか。

(2) 単位格子の一辺の長さは 2.87×10^{-8} cm である。鉄原子の原子半径はどれだけか。ただし，$\sqrt{3} = 1.73$ とする。

(3) 鉄を911℃以上に加熱すると，単位格子が面心立方格子に変化する。このときの単位格子の一辺の長さはどれだけか。原子半径は変化しないものとする。ただし，$\sqrt{2} = 1.41$ とする。

3 　図 A は ZnS，図 B は CsCl の単位格子である。

(1) Zn^{2+}，S^{2-} の配位数はいくらか。

(2) Cs^+，Cl^- の配位数はいくらか。

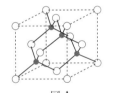

図 A　　　　図 B

4 　塩化ナトリウムは，図のような単位格子(立方体)をもつ。次の問いに答えよ。

(1) 単位格子中に含まれる Na^+，Cl^- の数はそれぞれいくつか。

(2) この結晶の密度 d は何 g/cm^3 か。ただし，塩化ナトリウムのモル質量を M〔g/mol〕，単位格子の一辺の長さを l〔cm〕かつ，アボカドロ定数を N_A〔/mol〕とする。

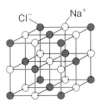

Cl^-　　Na^+

ヒント

1 面心立方格子は，面の対角線上に2個分の金属球が並ぶ。モル質量 M〔g/mol〕の M が原子量。

2 立方体の頂点の原子は8個の単位格子をかねている。体心立方格子の単位格子の立方体の対角線の長さは，原子半径の4倍である。面心立方格子の単位格子の面の対角線の長さは，原子半径の4倍である。

3 **4** 近接する単位格子中も考える。

5 次の(1)～(6)の問いに答えよ。

(1) 沸点の高い物質はどちらか。

CH_4 C_2H_6

(2) 沸点の高い物質はどちらか。

C_2H_5OH CH_3OCH_3

(3) 融点の高い物質はどちらか。

酸化カルシウム 酸化マグネシウム

(4) 融点の高い物質はどちらか。

酸化カルシウム 塩化ナトリウム

(5) 融点の最も高い物質はどれか。

塩化ナトリウム ヨウ化ナトリウム フッ化ナトリウム

臭化ナトリウム

(6) 沸点の高い順に物質を左から並べよ。

HF HCl HBr HI

6 図は，ケイ素の単位格子(立方体)である。次の(1)～(3)の問いに答えよ。

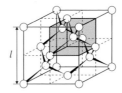

(1) この単位格子中には，何個のケイ素原子が含まれるか。

(2) ケイ素の原子間結合の長さを単位格子一辺の長さ l〔cm〕で表せ。

(3) アボガドロ定数 N_A〔/mol〕を，ケイ素の結晶の密度 d〔g/cm³〕，単位格子一辺の長さ l〔cm〕，ケイ素のモル質量 M〔g/mol〕で表せ。

ヒント
5 (1)・(2)・(6) 分子間力に注目する。
(3)・(4)・(5) イオン間の距離とイオンの電荷に注目する。
6 (2) 太線で囲った分画で考える。

第 2 章

物質の
状態変化

| 1 | 物質の状態変化

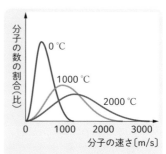

1 | 物質の状態変化

1 気体分子の熱運動と気体の圧力

A 気体分子の熱運動と運動エネルギー

物質を構成している粒子は，その温度に応じて，絶え間なく，不規則な運動をしている。この運動を**熱運動**という。気体分子の熱運動の特徴としては次の❶～❸がある。

❶ 気体分子はいろいろな方向に運動しており，他の分子や容器の壁に衝突して，方向や運動エネルギーを変化させる。

❷ 温度が一定でも，各分子の速さはまちまちだが，全体では一定の速さの分布をもつ。

❸ 温度が高くなると，運動エネルギーの総和は大きくなり，平均の速さも大きくなる。

グラフの山が右に移動するのは，高温になるほど速さが大きい分子の割合が増加するからである。

図 2-1　気体分子（N_2）の速度分布

POINT

熱運動：温度に応じた，粒子の絶え間ない不規則な運動。

B 気体の圧力

容器に入れた気体では，熱運動をしている気体分子が壁面に衝突して，壁面を外側に押す力が発生する。単位面積あたりのこの力が，**気体の圧力**である。国際単位系 SI による圧力の単位は Pa で，1 Pa は 1 m^2 あたり 1 N（ニュートン）の力がはたらくときの圧力である。

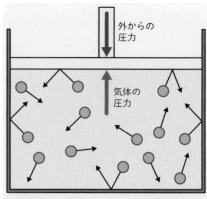

壁面への気体分子の衝突による気体の圧力と外からの圧力がつり合っている。

図 2-2　気体の圧力

補足 10^2 Pa を 1 hPa（ヘクトパスカル）という。

　気体の圧力は，気体分子の熱運動が激しいほど，また，単位時間に衝突する気体分子の数が多いほど大きい。

C 大気圧

　海面付近の空気の圧力を**大気圧**といい，その標準値 1.013×10^5 Pa を標準大気圧という。これを 1 気圧といい，1 atm と書くこともある。

$$標準大気圧 = 1.013 \times 10^5 \ Pa = 1 \ atm$$

+アルファ　大気圧と水銀柱

　図 2-3 のように，一端を閉じたガラス管に水銀を満たし，水銀の入った容器に倒立させると，ガラス管内の水銀柱は，容器の水銀面から約 760 mm の高さのところで静止する。このとき，大気圧と水銀柱の重力による圧力がつり合っている。標準大気圧（1.013×10^5 Pa）では，水銀柱の高さが 760 mm となり，この圧力を 760 mmHg と表す。

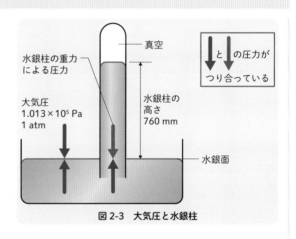

図 2-3　大気圧と水銀柱

補足 流体内の圧力は，
　　①任意面に対し，垂直にはたらく。
　　②任意の点では，あらゆる方向から等しい圧力が作用する。

POINT

1.013×10^5 Pa $= 1.013 \times 10^3$ hPa

1.013×10^5 Pa $= 1$ atm $= 760$ mmHg

2 物質の状態変化

A 物質の三態と熱運動

物質は，その構成粒子の集合状態の違いによって，固体・液体・気体の３つの状態をとる。これを**物質の三態**という。次の説明における粒子は，分子や原子，イオンである。

❶ 固体

　　粒子間の距離は小さく，一定の位置で振動（熱運動）しており，一定の形状をとる。粒子が規則正しく配列された固体が**結晶**である。

補足 ガラスは，構成粒子の配列が不規則で，**非晶質（アモルファス**（⇨p.201））と呼ばれる。

❷ 液体

　　粒子間の距離は小さく，熱運動が粒子間の引力に打ち勝って互いに位置を変え，流動性をもつ。

❸ 気体

　　粒子間の距離は大きく，自由に空間を運動しており，容器の中に入れておかないと，拡散して散逸する。

B 状態変化とエネルギー

融点で固体が融解して液体になるときに吸収される熱エネルギーの量（熱量）を**融解熱**といい，凝固点（融点）で液体が凝固して固体になるときに放出される熱量を**凝固熱**という。純物質の融解熱と凝固熱の値は等しい。また，沸点で液体が蒸発して気体になるときに吸収される熱量を**蒸発熱**といい，凝縮点（沸点）で気体が凝縮して液体になるときに放出される熱量を**凝縮熱**という。純物質の蒸発熱と凝縮熱の値は等しい。また，

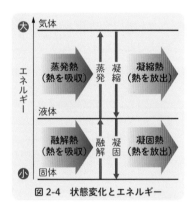

図 2-4　状態変化とエネルギー

固体から気体への変化に伴って吸収される熱量を昇華熱という。一般に，融解熱や蒸発熱，昇華熱は，1.013×10^5 Pa における物質 1 mol あたりの値〔kJ/mol〕で示す。

　図 2-5 は，大気圧下で氷に一定の割合で熱エネルギーを加えたときの温度変化の図である。融点（0 ℃）では，固体と液体が共存し，加えられた熱エネルギーは固体から液体への状態変化に使われ，温度上昇には使われず，温度は一定に保

たれる。同様に，沸点（100 ℃）では，加えられた熱エネルギーは液体から気体への状態変化に使われ，温度は一定に保たれる。

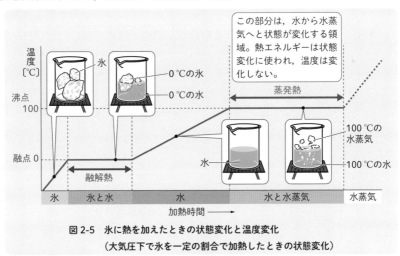

図2-5 氷に熱を加えたときの状態変化と温度変化
（大気圧下で氷を一定の割合で加熱したときの状態変化）

POINT

融点では固体と液体が共存し，温度は一定に保たれる。
沸点では液体と気体が共存し，温度は一定に保たれる。

例題5 状態変化とエネルギー

25 ℃の水 1.00 mol（18.0 g）をすべて 100 ℃の水蒸気にするのに必要な熱量は何 kJ か。ただし，水 1 g の温度を 1 ℃上げるのに必要な熱量は 4.18 J，100 ℃での水の蒸発熱は 40.7 kJ/mol である。

（解答）

25 ℃の水 18.0 g を 100 ℃の水にするのに必要な熱量は

$$4.18 \text{ J/(g·℃)} \times 18.0 \text{ g} \times (100-25)\text{℃} = 5643 \text{ J} = 5.643 \text{ kJ}$$

100 ℃の水 1.00 mol を 100 ℃の水蒸気にするのに必要な熱量は

$$40.7 \text{ kJ/mol} \times 1.00 \text{ mol} = 40.7 \text{ kJ}$$

したがって

$$5.643 \text{ kJ} + 40.7 \text{ kJ} ≒ \textbf{46.3 kJ} \quad \cdots \text{(答)}$$

C 化学結合と融点・沸点

　粒子間に強い引力のはたらく物質では，その引力に打ち勝って融解・蒸発させるために，多くのエネルギーを必要とする。そのため，**強い結合である共有結合，イオン結合，金属結合で結ばれている物質は，融点・沸点が高い。**弱い分子間力で結ばれた分子結晶は，融点・沸点が低い。

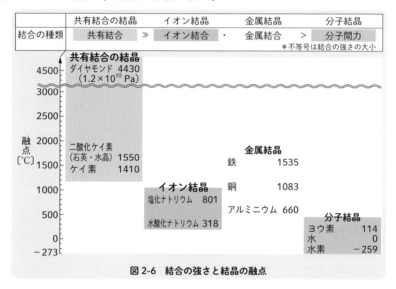

図 2-6　結合の強さと結晶の融点

POINT

共有結合の結晶		イオン結晶・金属結晶		分子結晶
(　共有結合	≫	イオン結合・金属結合	>	分子間力　)

高い ⟵ ══════ 融点・沸点 ══════ 低い

3 蒸気圧

Ⓐ 気液平衡

　密閉容器に液体を入れ，一定温度で放置する。最初のうちは，単位時間に蒸発する分子の数が凝縮する分子の数より多いが，時間がたつと，単位時間に蒸発する分子の数と凝縮する分子の数が等しくなる。このとき，**見かけ上，蒸発が止まった状態**になる。このような状態を気液平衡という。

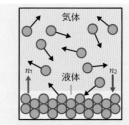

気液平衡のとき，単位時間に蒸発する分子の数 n_1 と凝縮する分子の数 n_2 が等しい。$n_1 = n_2$

図 2-7　気液平衡

> ┃+アルファ┃　**平衡の状態**
>
> 　一般に，正方向の速度＝逆方向の速度が成り立つとき，平衡の状態にあるという（⇨p.340）。

Ⓑ 飽和蒸気圧

　気液平衡にある蒸気が示す圧力を飽和蒸気圧（単に蒸気圧）という。飽和蒸気圧には，以下の❶～❹のような特徴がある。

　〈蒸気圧の特徴〉

❶ 温度や液体の種類によって異なる。蒸気圧の値が大きいと揮発性が大きい。

❷ 温度が高くなるにつれ，蒸気圧は大きくなる。

❸ 他の気体が存在しても，反応しない限りその値は変わらない。

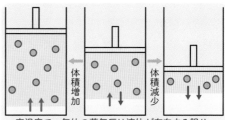

一定温度で，気体の蒸気圧は液体が存在する限り，気体の体積に無関係で一定である。

図 2-8　蒸気圧と気体の体積

❹ 気液平衡状態である（液体が存在する）限り，温度が一定ならば，容器の体積を変化させても一定の値を示す（**図 2-8**）。

 POINT

気液平衡
　⇨単位時間に蒸発する分子の数＝単位時間に凝縮する分子の数
飽和蒸気圧（蒸気圧）⇨ 気液平衡にある蒸気が示す圧力

C 蒸気圧曲線

温度と蒸気圧の関係を示す曲線を蒸気圧曲線という。この曲線上では，気液平衡の状態で，液体と気体が共存している。**図2-9**は，各温度で蒸気圧が，ジエチルエーテル＞エタノール＞水となっていて，この順で揮発性が大きいことを示している。

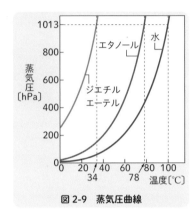

図2-9　蒸気圧曲線

D 沸騰

　大気圧のもとで液体を加熱すると温度が上がり，蒸気圧も大きくなる。**蒸気圧が大気圧と等しくなると，液体の表面だけでなく，内部からも蒸発が起こり，蒸気が気泡となって発生する。**この現象を沸騰といい，**そのときの温度を沸点**という。一般に，外圧（液体表面を押している圧力）と蒸気圧が等しくなったときに，沸騰が起こる。通常，物質の沸点は外圧が標準大気圧 $(1.013 \times 10^5 \, \text{Pa} = 1 \, \text{atm})$ のときの値で，水は100℃，エタノールは78℃，ジエチルエーテルは34℃である。

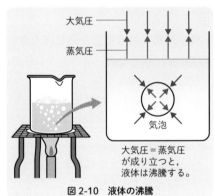

図2-10　液体の沸騰

 POINT

沸騰：液体の内部からも蒸発が起こる現象。
　　　⇨ 「蒸気圧＝外圧」が成立するときに起こる。
沸点：沸騰が起こる温度。
　　　通常は，外圧が標準大気圧 $(1.013 \times 10^5 \, \text{Pa} = 1 \, \text{atm})$ のときの値。

例題 6 蒸気圧曲線と沸点

右図はエタノールと水の蒸気圧曲線である。
次の(1)～(3)に答えよ。

(1) 外圧が 1.0×10^5 Pa のときのエタノールの沸
点は何℃か。

(2) 水が 90 ℃で沸騰する外圧では，エタノール
は何℃で沸騰するか。

(3) エタノールが液体としてのみ存在し，内部の
圧力が 0.30×10^5 Pa の密閉容器がある。この容

器を何℃まで上昇させると，気体のエタノールが観察されるようになるか。

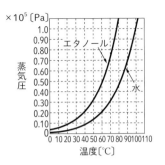

解答

(1) エタノールの蒸気圧が 1.0×10^5 Pa になる温度は 78 ℃である。したがって，
この温度で「蒸気圧＝外圧」となり，沸騰する。**78 ℃** …㊞

(2) 水の 90 ℃の蒸気圧は 0.70×10^5 Pa だから，外圧が 0.70×10^5 Pa のとき，水
は 90 ℃で沸騰する。したがって，エタノールの蒸気圧が 0.70×10^5 Pa となる
温度を蒸気圧曲線から読み取ると，70 ℃である。**70 ℃** …㊞

(3) 蒸気圧曲線上では気液平衡にあり，気体も存在する。エタノールの蒸気圧が
0.30×10^5 Pa となる温度を探すと，50 ℃である。**50 ℃** …㊞

4 状態図

A 状態図

さまざまな温度・圧力のとき，物質がそれぞれどのような状態であるかを示し
た図を**状態図**という。**図 2-11** と**図 2-12** はそれぞれ二酸化炭素と水の状態図で
ある。曲線 TA 上では固体と液体が共存しており，TA は**融解曲線**と呼ばれる。
曲線 TB 上では液体と気体が共存しており，TB は**蒸気圧曲線**と呼ばれる。また，
曲線 TC 上では固体と気体が共存しており，TC は**昇華圧曲線**と呼ばれる。

矢印①の変化は固体から気体への変化で昇華を，矢印②は固体→液体→気体の
変化を表している。矢印③は気体から液体への変化を表している。

補足 矢印④と矢印⑤は，温度を変えずに加圧したときの変化である。二酸化炭素の矢印
④の変化は，液体から固体の変化で，通常の変化である。一方，水の矢印⑤の変化は，

曲線 TA が負の傾きであるため，固体から液体の変化となっている。この現象は，液体に比べて固体の密度が小さい水で観察される珍しい現象である。

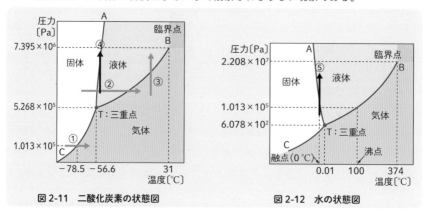

図 2-11　二酸化炭素の状態図　　　　図 2-12　水の状態図

Ｂ 三重点

点 T は三重点（さんじゅうてん）と呼ばれ，固体・液体・気体の 3 つの状態が共存している。

Ｃ 臨界点

点 B は，これ以上の温度・圧力では，液体と気体の区別がなくなる点で臨界点（りんかいてん）と呼ばれる。温度・圧力ともに臨界点を超えた状態を超臨界状態（ちょうりんかいじょうたい）と呼び，超臨界状態にある物質を超臨界流体（ちょうりんかいりゅうたい）という。

例題 7　状態図

右図は，水の状態図を模式的に示したものである。次の問いに答えよ。

(1) 固体から気体になる変化の矢印は a ～ f のどれか。

(2) 液体から固体になる変化の矢印は a ～ f のどれか。

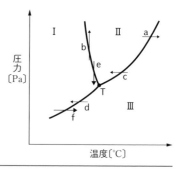

解答

I の領域が固体，II の領域が液体，III の領域が気体である。

(1) I から III への矢印で，**f** …⑧

(2) II から I への矢印で，**e** …⑧

この章で学んだこと

　まず，気体分子の熱運動と圧力，状態変化と熱エネルギー，化学結合と融点・沸点について学習した。さらに，気液平衡と蒸気圧，蒸気圧曲線，沸騰，状態図についても学習した。

1 物質の状態変化

❶ 気体分子の熱運動と気体の圧力

（a）気体分子の熱運動　いろいろな方向に運動しており，一定の速さの分布をもつ。

（b）気体の圧力　熱運動している気体分子の壁面への衝突による圧力。

（c）大気圧　海面付近での空気の圧力。
標準大気圧 $= 1.013 \times 10^5$ Pa

❷ 物質の状態変化　物質の三態間の変化に伴って，エネルギーの出入りがある。

（a）融解熱：固体から液体への変化時に吸収される熱量（凝固熱：逆の変化で放出される熱量）。

（b）蒸発熱：液体から気体への変化時に吸収される熱量（凝縮熱：逆の変化で放出される熱量）。

（c）昇華熱：固体から気体への変化時に吸収される熱量。

（d）化学結合と融点：粒子間の結合力が大きい物質は，融点・沸点が高い。

　結合力の大きさ：
　　共有結合≫イオン結合・金属結合
　　　＞分子間力
　融点・沸点：
　　共有結合の結晶≫イオン結晶・金属結晶
　　　＞分子結晶

❸ 蒸気圧　**（a）気液平衡**：蒸発する分子の数と凝縮する分子の数が等しくなった状態。

（b）飽和蒸気圧（蒸気圧）：気液平衡時の蒸気の圧力。

→温度が高いと大きい。

→他の気体の存在には無関係で，一定。

→気液平衡にあれば，容器の体積に無関係で，一定。

（c）蒸気圧曲線：温度と蒸気圧の関係を示す曲線。

（d）沸騰：液体の内部からも蒸発する現象。

❹ 状態図　物質が温度・圧力によってどのような状態にあるかを示した図。

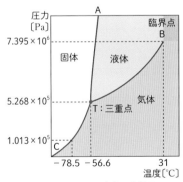

二酸化炭素の状態図

TA：融解曲線	TB：蒸気圧曲線
TC：昇華圧曲線	
点T：三重点	点B：臨界点

定期テスト対策問題 7

解答・解説は p.721

1 　0 ℃の氷 18 g を，100 ℃の水蒸気にするのに必要なエネルギーは何 kJ か。ただし，0 ℃の氷の融解熱は 6.0 kJ/mol，100 ℃での水の蒸発熱は 41 kJ/mol，および水（液体）の比熱は 4.2 J/(g·℃)とし，原子量は H＝1.0，O＝16 とする。

2 　右図は，化合物 A，B，C の蒸気圧曲線である。次の(1)～(3)に答えよ。

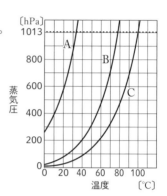

(1) 化合物 A，B，C を標準大気圧下での沸点の大きい順に並べよ。

(2) 化合物 A，B，C を分子間力の大きい順に並べよ。

(3) 化合物 A，B，C には水が含まれる。水はどれか。

3 　下図は，ある純物質 n〔mol〕を加熱したときの温度変化を，加えた熱量を横軸として模式的に表している。次の(1)と(2)に答えよ。

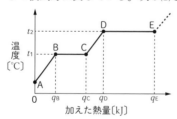

(1) 温度 t_1 と t_2 は何と呼ばれるか。

(2) 融解熱〔kJ/mol〕および蒸発熱〔kJ/mol〕を n，q_B，q_C，q_D，q_E で表せ。

ヒント

1 1 mol の物質が融解，蒸発するとき，吸収する熱量が，融解熱および蒸発熱。

2 外圧＝蒸気圧 のとき沸騰する。分子間力が大きいと蒸発しにくくなるので，蒸気圧は小さくなる。

3 BC 間と DE 間は温度は上昇していないことに注目。

Advanced Chemistry

第 **3** 章　気体の性質

1 | ボイル・シャルルの法則

1 熱運動と絶対温度

　粒子の熱運動は，温度が低くなるにつれて徐々に穏やかになり，−273 ℃になるとすべての粒子は熱運動を停止する。この−273 ℃を絶対零度といい，これより低い温度はない。

　−273 ℃を原点として，セルシウス温度(摂氏温度)の目盛りと同じ間隔で表した温度を絶対温度といい，単位にはK(ケルビン)を用いる。絶対温度 T(K)とセルシウス温度 t(℃)には，次の関係がある。

$$T\text{(K)}=(t+273)\ \text{(K)}$$

補足 　絶対零度は，厳密には−273.15 ℃である。

2 ボイルの法則

Ａ ボイルの法則とは

　密閉された容器に気体を入れて，温度を一定に保って圧力を加えると，体積は減少する。気体の体積と圧力には次の関係がある。

　　　　「温度一定のとき，一定量の気体の体積 V は，圧力 P に反比例する。」

これをボイルの法則といい，次式で表される。

$$PV=k\quad(k\ \text{は定数})$$

補足 　1.ボイルの法則は，1662 年にボイル(イギリス　1627 ～ 1691)によって発見された。

　　　2. P と V は反比例の関係にあるので，圧力 P_1，体積 V_1 の気体の圧力を $2P_1$，$3P_1$，… にすると，体積 $\frac{1}{2}V_1$，$\frac{1}{3}V_1$，…となり，表3-1のように P と V の積は一定になる。

表3-1　圧力 P と体積 V の関係

P	P_1	$2P_1$	$3P_1$	……………	
V	V_1	$\frac{1}{2}V_1$	$\frac{1}{3}V_1$	……………	
PV	P_1V_1	$2P_1\times\frac{1}{2}V_1=P_1V_1$	$3P_1\times\frac{1}{3}V_1=P_1V_1$	……………	P と V の積は一定の値 $k(=P_1V_1)$ になる。

　温度一定で，圧力 P_1，体積 V_1 の気体を圧力 P_2 にしたときの体積を V_2 とすると，ボイルの法則より圧力 P と体積 V の積は一定になるので，次式が成り立つ。

$$P_1V_1 = P_2V_2$$

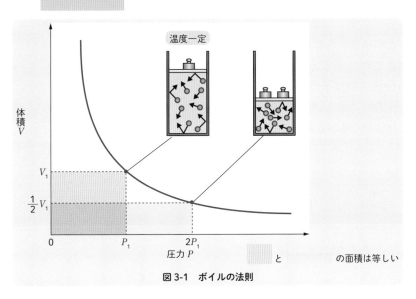

図 3-1　ボイルの法則

例題 8　ボイルの法則

　6.0×10^5 Pa，200 mL の気体を温度一定で圧力を 4.0×10^5 Pa にすると，気体の体積は何 mL になるか。

（解答）

　ボイルの法則 $P_1V_1 = P_2V_2$ に，$P_1 = 6.0\times10^5$ Pa，$V_1 = 200$ mL，
$P_2 = 4.0\times10^5$ Pa，$V_2 = x$ (mL) を代入すると

$$6.0\times10^5 \text{ Pa} \times 200 \text{ mL} = 4.0\times10^5 \text{ Pa} \times x \text{ (mL)} \qquad x = \mathbf{300 \text{ mL}} \cdots ⊛$$

 POINT

ボイルの法則

　温度一定で一定量の気体の体積 V は，圧力 P に反比例する。

$$PV = k \quad （k は，温度が変わらなければ一定の値）$$

　あるいは　$P_1V_1 = P_2V_2$

B 分子の衝突回数とボイルの法則

気体の圧力は，温度が一定であれば，容器の壁面に衝突する分子の数に比例すると考えられる。分子の衝突回数は，単位体積中の気体分子の数に比例する。体積を2倍にすると，単位体積中の分子の数は半分になり，圧力も半分になるため，体積と圧力は反比例することになる。

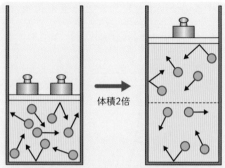

体積を2倍にする→単位体積中の分子が半分になる→衝突回数が半分になる→圧力が半分になる。

図3-2 気体の体積と圧力

3 シャルルの法則

A シャルルの法則とは

密閉された容器に気体を入れて，圧力を一定に保って温度を上昇させると，体積は増加する。気体の体積と温度には，次の関係がある。

「圧力一定のとき，一定量の気体の体積 V は，温度 t〔℃〕が1℃増減するごとに0℃の体積 V_0 の $\dfrac{1}{273}$ ずつ増減する。」

この関係を**シャルルの法則**といい，次のように表される。

$$V = V_0 + V_0 \times \frac{t}{273} = V_0 \times \frac{273+t}{273}$$

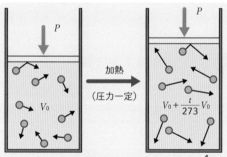

V_0 は0℃の気体の体積で，1℃上がると体積は $\dfrac{1}{273}V_0$

増加するので，t〔℃〕の体積 V_t は $V_t = V_0 + \dfrac{t}{273}V_0$

図3-3 気体の体積と温度

B 絶対温度とシャルルの法則

絶対温度 $T(K)$ とセルシウス温度 $t(℃)$ には，$T(K) = (t + 273)K$ の関係があるため

$$V = V_0 \times \frac{273 + t}{273} = V_0 \times \frac{T(K)}{273\,K} = \frac{V_0}{273\,K} \times T = k'T \quad \left(\frac{V_0}{273\,K} \text{を比例定数} k' \text{とした}\right)$$

となり，**「圧力一定のとき，一定量の気体の体積 V は，絶対温度 T に比例する。」**

これを式で表すと

$$V = k'T \qquad \text{または，} \qquad \frac{V}{T} = k'$$

となる。

また，圧力一定で，絶対温度 T_1，体積 V_1 の気体を絶対温度 T_2 にしたときの体積を V_2 とすると，シャルルの法則 $\frac{V}{T} = k'$ より，次式が成り立つ。

$$\frac{V_1}{T_1} = \frac{V_2}{T_2}$$

補足 シャルルの法則は，1787 年にシャルル（フランス 1746 ～ 1823）によって発見された。

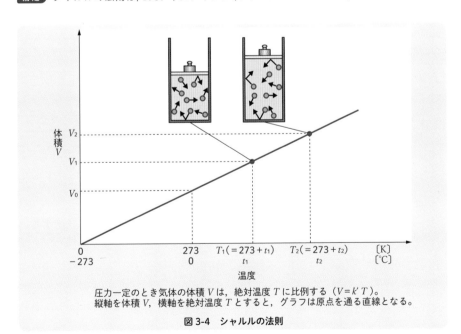

圧力一定のとき気体の体積 V は，絶対温度 T に比例する（$V = k'T$）。
縦軸を体積 V，横軸を絶対温度 T とすると，グラフは原点を通る直線となる。

図 3-4　シャルルの法則

c 分子の衝突とシャルルの法則

体積一定で温度を上げると，熱運動が激しくなり，壁面に衝突するときの衝撃が大きくなる。また，分子の衝突する回数も増加するので，圧力は大きくなる。したがって，圧力を一定にして温度を上げるためには，体積を大きくして分子の衝突回数を減らさなければならない。

例題 9 シャルルの法則

27 ℃，100 mL の気体を，圧力一定で体積を 150 mL にするには，温度を何℃にすればよいか。

解答

シャルルの法則 $\dfrac{V_1}{T_1} = \dfrac{V_2}{T_2}$ に，$V_1 = 100$ mL，$T_1 = 273 + 27\ ℃ = 300$ K，

$V_2 = 150$ mL，$T_2 = x$〔K〕を代入すると $\dfrac{100}{300} = \dfrac{150}{x}$ $x = 450$ K

$x = 273 + t$ より $t = 450 - 273 = $ **177 ℃** …㊜

POINT

シャルルの法則

圧力一定で，一定量の気体の体積 V は，絶対温度 T に比例する。

$$\dfrac{V}{T} = k'\ (k' は一定) \quad あるいは \quad \dfrac{V_1}{T_1} = \dfrac{V_2}{T_2}$$

---

4 ボイル・シャルルの法則

ボイルの法則とシャルルの法則を統合すると

「一定量の気体の体積 V は，圧力 P に反比例し，絶対温度 T に比例する。」

といえる。これを式で表すと

$$\dfrac{PV}{T} = k'' \quad または \quad \dfrac{P_1 V_1}{T_1} = \dfrac{P_2 V_2}{T_2} \quad となる。$$

●ボイル・シャルルの法則の誘導

過程Ⅰ：圧力 P_1，体積 V_1，絶対温度 T_1 の気体を考える。温度を T_1 に保ったまま，圧力を P_2 にしたとき，この気体の体積を V' とする。⇨ボイルの法則

過程Ⅱ：さらに，圧力 P_2 を保ったまま，温度を T_2 にしたときのこの気体の体積を V_2 とする。⇨シャルルの法則

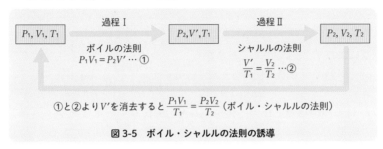

図 3-5　ボイル・シャルルの法則の誘導

例題 10　ボイル・シャルルの法則

27 ℃，$1.0\times10^5\,Pa$ で 12.0 L の気体は，177 ℃，$2.0\times10^5\,Pa$ で何 L か。

（解答）

ボイル・シャルルの法則 $\dfrac{P_1V_1}{T_1}=\dfrac{P_2V_2}{T_2}$ に，$P_1=1.0\times10^5\,Pa$，$V_1=12.0\,L$，

$T_1=273+27\,℃=300\,K$，$P_2=2.0\times10^5\,Pa$，$V_2=x\,(L)$，

$T_2=273+177\,℃=450\,K$ を代入すると

$$\frac{1.0\times10^5\,Pa\times12.0\,L}{300\,K}=\frac{2.0\times10^5\,Pa\times x\,(L)}{450\,K} \qquad \boldsymbol{x=9.0\,L}\ \cdots\text{答}$$

　POINT

ボイル・シャルルの法則

　一定量の気体の体積 V は，圧力 P に反比例し，絶対温度 T に比例する。

$$\frac{PV}{T}=k''\,(k''\text{は一定}) \qquad \text{あるいは} \qquad \frac{P_1V_1}{T_1}=\frac{P_2V_2}{T_2}$$

2 | 気体の状態方程式

1 気体定数

1 mol の気体の体積 v [L/mol] は，$T = 273\,\mathrm{K}$，$P = 1.013 \times 10^5\,\mathrm{Pa}$ において，気体の種類によらず 22.4 L/mol であるから

$$k'' = \frac{Pv}{T} = \frac{1.013 \times 10^5\,\mathrm{Pa} \times 22.4\,\mathrm{L/mol}}{273\,\mathrm{K}} \fallingdotseq 8.31 \times 10^3 \frac{\mathrm{Pa \cdot L}}{\mathrm{K \cdot mol}}$$

この k'' は気体の種類，圧力，体積，温度に関係なく一定であり，**気体定数**と呼ばれ，記号 R で表す。1 mol の気体に関して次の関係が成り立つ。

$$Pv = RT$$

2 気体の状態方程式

同温・同圧における気体の体積は物質量に比例するので，n [mol] の気体の体積 V [L] と 1 mol あたりの体積 v [L/mol] との関係は $V = nv$ となる。$v = \dfrac{V}{n}$ を $Pv = RT$ に代入すると

$$PV = nRT \quad (R = 8.31 \times 10^3\,\mathrm{Pa \cdot L/(K \cdot mol)})$$

となる。この式を**気体の状態方程式**という。

また，気体のモル質量を M [g/mol]，質量を w [g] とすると，気体の物質量 n [mol] は $n = \dfrac{w}{M}$ となり，これを $PV = nRT$ に代入すると，$PV = \dfrac{w}{M} RT$ となる。

3 気体の分子量・密度

$PV = \dfrac{w}{M}RT$ より，次式が得られる。

$$M = \dfrac{wRT}{PV}$$

モル質量が求められたので，その気体の分子量がわかる。

一方，気体の密度を $d(\text{g/L})$ とすると，$d = \dfrac{w}{V}$ となるため，次式が得られる。

$$M = \dfrac{dRT}{P} \quad \text{または，} \quad d = \dfrac{PM}{RT}$$

例題 11 気体の状態方程式

次の(1)〜(3)に答えよ。ただし，気体定数は $R = 8.3 \times 10^3\,\text{Pa·L/(K·mol)}$，原子量は $O = 16$ とする。

(1) 37 ℃，$3.1 \times 10^5\,\text{Pa}$ における，8.3 L の容器中の気体は何 mol か。

(2) 27 ℃，$8.3 \times 10^4\,\text{Pa}$ における酸素 16 g の体積は何 L か。

(3) 27 ℃，$8.3 \times 10^4\,\text{Pa}$ における密度が 1.40 g/L の気体の分子量はいくらか。

解答

(1) $T = 273 + 37 = 310\,(\text{K})$，$P = 3.1 \times 10^5\,(\text{Pa})$，$V = 8.3\,(\text{L})$ を $PV = nRT$ に代入する。

$$3.1 \times 10^5 \times 8.3 = n \times 8.3 \times 10^3 \times 310$$

$$n = \mathbf{1.0\,(mol)} \cdots ⊛$$

(2) $T = 273 + 27 = 300\,(\text{K})$，$P = 8.3 \times 10^4\,(\text{Pa})$，$w = 16\,(\text{g})$，$M = 32\,(\text{g/mol})$ を

$PV = \dfrac{w}{M}RT$ に代入すると

$$8.3 \times 10^4 \times V = \dfrac{16}{32} \times 8.3 \times 10^3 \times 300$$

$$V = \mathbf{15\,(L)} \cdots ⊛$$

(3) $PV = \dfrac{w}{M}RT$ より，$M = \dfrac{wRT}{PV} = \dfrac{dRT}{P}$

この式に $T = 273 + 27 = 300\,\text{K}$，$P = 8.3 \times 10^4\,\text{Pa}$，$d = 1.40\,\text{g/L}$ を代入して

$$M = \dfrac{1.40 \times 8.3 \times 10^3 \times 300}{8.3 \times 10^4} = 42\,\text{g/mol}$$

分子量 42 $\cdots ⊛$

 **POINT**

気体の状態方程式①

$$PV = nRT \quad または \quad PV = \frac{w}{M}RT$$

P：圧力〔Pa〕 V：体積〔L〕 n：物質量〔mol〕 T：絶対温度〔K〕

w：気体の質量〔g〕 M：気体のモル質量〔g/mol〕

R：気体定数8.3×10^3 Pa·L/(K·mol)

 POINT

気体の状態方程式② 分子量の算出

$$PV = \frac{w}{M}RT \quad または \quad M = \frac{wRT}{PV} \quad または \quad M = \frac{dRT}{P}$$

M：モル質量〔g/mol〕 ⇨単位 g/mol をとると分子量となる。

w：気体の質量〔g〕 d：気体の密度〔g/L〕

3 | 混合気体

1 分圧の法則と分体積の法則

　気体の状態方程式は，酸素のような単一成分の気体だけでなく，空気のような混合気体でも成り立つ。温度 T〔K〕において，体積 V〔L〕の容器に，気体 A を n_A〔mol〕，気体 B を n_B〔mol〕入れた混合気体を考える。混合気体の圧力を P〔Pa〕とすると，気体の状態方程式は次式で表される。

$$PV = (n_A + n_B)RT$$

A 分圧の法則

　混合気体全体が示す圧力を 全圧，各成分気体が**単独で混合気体の全体積を占めたときの圧力をその成分気体の 分圧** という。気体 A と気体 B の全圧を P，気体 A の分圧を p_A，気体 B の分圧を p_B とすると，次の関係が成り立つ。

$$\boldsymbol{P = p_A + p_B}$$

この関係を，ドルトンの分圧の法則という。

　分圧の法則を気体の状態方程式から誘導してみよう。
　n_A〔mol〕の気体 A と n_B〔mol〕の気体 B の混合気体の全圧を P〔Pa〕，体積を V〔L〕，温度を T〔K〕，また気体 A の分圧を p_A〔Pa〕，気体 B の分圧を p_B〔Pa〕とすると

$$PV = (n_A + n_B)RT \qquad \cdots\cdots ⒜$$
$$p_A V = n_A RT \qquad \cdots\cdots ⒝$$
$$p_B V = n_B RT \qquad \cdots\cdots ⒞$$

⒝+⒞より　　$(p_A + p_B)V = (n_A + n_B)RT \qquad \cdots\cdots ⒟$

⒜と⒟より　　$P = p_A + p_B$

補足 分圧の法則は，1801 年にドルトン（イギリス 1766 ～ 1844）によって発見された。

B 分体積の法則

　混合気体の各成分気体が単独で，混合気体と同じ温度・同じ圧力で占める体積を分体積という。混合気体の体積を V，気体 A の分体積を v_A，気体 B の分体積を v_B とすると，次の関係が成り立つ。

$$V = v_A + v_B$$

分体積の法則を気体の状態方程式から誘導してみよう。

n_A〔mol〕の気体Aと n_B〔mol〕の気体Bの混合気体の圧力を P〔Pa〕，体積を V〔L〕，温度を T〔K〕，また，気体Aの分体積を v_A〔L〕，気体Bの分体積を v_B〔L〕とすると

$$PV = (n_A + n_B)RT \qquad \cdots\cdots ⓔ$$
$$Pv_A = n_A RT \qquad \cdots\cdots ⓕ$$
$$Pv_B = n_B RT \qquad \cdots\cdots ⓖ$$

ⓕ＋ⓖより　$P(v_A + v_B) = (n_A + n_B)RT \qquad \cdots\cdots ⓗ$

ⓔとⓗより　$V = v_A + v_B$

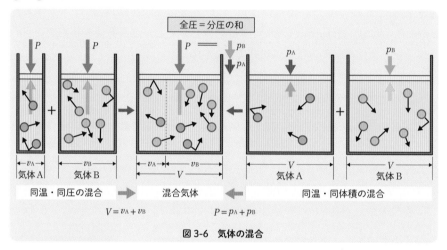

全圧＝分圧の和

$V = v_A + v_B$　　　　　$P = p_A + p_B$

図 3-6　気体の混合

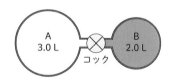

POINT

分圧の法則と分体積の法則

混合気体の全圧は，成分気体の分圧の和に等しい（同温度・同体積）。
$$P = p_A + p_B$$
混合気体の体積は，成分気体の分体積の和に等しい（同温度・同圧力）。
$$V = v_A + v_B$$

例題 12 ボイルの法則と分圧の法則

3.0 L の容器 A に 4.0×10^5 Pa の酸素，2.0 L の容器 B に 2.0×10^5 Pa の窒素が入っている。温度を一定に保ってコックを開いたとき，酸素と窒素の分圧および全圧を求めよ。

解答

酸素と窒素の分圧を p_{O_2}，p_{N_2} とすると，ボイルの法則より

$$4.0 \times 10^5 \text{ Pa} \times 3.0 \text{ L} = p_{O_2}(\text{Pa}) \times (3.0 + 2.0) \text{ L}$$

$$2.0 \times 10^5 \text{ Pa} \times 2.0 \text{ L} = p_{N_2}(\text{Pa}) \times (3.0 + 2.0) \text{ L}$$

$$p_{O_2} = \mathbf{2.4 \times 10^5 \text{ Pa}} \ \cdots \text{答} \qquad p_{N_2} = \mathbf{8.0 \times 10^4 \text{ Pa}} \ \cdots \text{答}$$

全圧 P は

$$P = p_{O_2} + p_{N_2} = 2.4 \times 10^5 \text{ Pa} + 8.0 \times 10^4 \text{ Pa} = \mathbf{3.2 \times 10^5 \text{ Pa}} \ \cdots \text{答}$$

2 分圧と物質量

分圧と物質量の関係を気体の状態方程式から誘導してみよう。

p. 227 の ⑧÷⑧ より $\quad \dfrac{p_A}{P} = \dfrac{n_A}{n_A + n_B} \qquad$ よって $\quad p_A = \dfrac{n_A}{n_A + n_B} P \ \cdots\cdots ①$

また，ⓒ÷⑧より $\quad \dfrac{p_B}{P} = \dfrac{n_B}{n_A + n_B} \qquad$ よって $\quad p_B = \dfrac{n_B}{n_A + n_B} P \ \cdots\cdots ⓙ$

①÷ⓙより $\quad \dfrac{p_A}{p_B} = \dfrac{n_A}{n_B}$

したがって，全圧・分圧の比は物質量の比となる。

$$P : p_A : p_B = (n_A + n_B) : n_A : n_B \qquad \cdots\cdots Ⓚ$$

ここで，$\dfrac{n_A}{n_A + n_B}$ や $\dfrac{n_B}{n_A + n_B}$ はそれぞれ混合気体中の気体 A，気体 B の物質量の割合を表しており，**モル分率**という。モル分率を，混合気体のすべての成分気体について足し合わせると，1 になる。

また，同温・同圧下では気体の体積は物質量に比例するので，気体 A，気体 B の分体積を $v_A(\text{L})$，$v_B(\text{L})$ とすると，Ⓚより，全圧・分圧の比は，全体の体積・分体積の比とも等しくなる。

$$P : p_A : p_B = V : v_A : v_B$$

 POINT

混合気体の圧力の比と物質量の比と体積の比
$$P : p_A : p_B = (n_A + n_B) : n_A : n_B = V : v_A : v_B$$

例題 13 混合気体の分圧

次の(1)・(2)に答えよ。ただし，気体定数は $R=8.3\times10^{3}$ Pa·L/(K·mol) とする。

(1) 酸素 1.0 mol と窒素 4.0 mol を体積 83 L の容器に入れ，温度を 27 ℃に保った。混合気体の全圧と各気体の分圧はそれぞれ何 Pa か。

(2) 空気を酸素と窒素の体積比が 1：4 の混合気体であるとして，1.0×10^{5} Pa の空気中の酸素と窒素の分圧を求めよ。

解答

(1) 全圧を P とすると，$PV=nRT$ より

$$P\times83=(1.0+4.0)\times8.3\times10^{3}\times(273+27)$$
$$P=\mathbf{1.5\times10^{5}\,Pa}\ \cdots\text{答}$$

酸素および窒素の分圧をそれぞれ p_{O_2}，p_{N_2} とすると，$p_A=\dfrac{n_A}{n_A+n_B}P$ より

$$p_{O_2}=\frac{1.0\ \text{mol}}{1.0\ \text{mol}+4.0\ \text{mol}}\times1.5\times10^{5}\ \text{Pa}=\mathbf{3.0\times10^{4}\,Pa}\ \cdots\text{答}$$

分圧の法則より

$$p_{N_2}=1.5\times10^{5}\ \text{Pa}-3.0\times10^{4}\ \text{Pa}=\mathbf{1.2\times10^{5}\,Pa}\ \cdots\text{答}$$

(2) $p_A=\dfrac{v_A}{v_A+v_B}P$ より

$$p_{O_2}=\frac{1}{1+4}\times1.0\times10^{5}\ \text{Pa}=\mathbf{2.0\times10^{4}\,Pa}\ \cdots\text{答}$$

分圧の法則より

$$p_{N_2}=1.0\times10^{5}\ \text{Pa}-2.0\times10^{4}\ \text{Pa}=\mathbf{8.0\times10^{4}\,Pa}\ \cdots\text{答}$$

3 混合気体の平均分子量

モル質量 M_A〔g/mol〕の n_A〔mol〕の気体Aとモル質量 M_B〔g/mol〕の n_B〔mol〕の気体Bの混合気体がある。この混合気体の質量は，$n_AM_A+n_BM_B$〔g〕で与えられる。一方，混合気体のモル質量を $\overline{M}$〔g/mol〕とすると

$$n_AM_A+n_BM_B=(n_A+n_B)\overline{M}$$

$$\overline{M}=\frac{n_A}{n_A+n_B}M_A+\frac{n_B}{n_A+n_B}M_B\ \text{〔g/mol〕}$$

この混合気体のモル質量 $\overline{M}$ から単位g/mol を除いた数値を平均分子量という。

4 水上置換と気体の分圧

水上置換で気体を捕集すると，捕集された気体は水蒸気との混合気体になっている。水蒸気の分圧はその温度での水の蒸気圧 p_{H_2O} に等しい。捕集された気体が 図 3-7 のようになっているとき，捕集された気体(図の水素)の分圧 p_{H_2} は，大気圧を $p_{大気}$ とすると

$$p_{大気} = p_{H_2} + p_{H_2O}$$

これを変形して

$$p_{H_2} = p_{大気} - p_{H_2O}$$

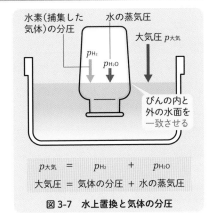

図 3-7 水上置換と気体の分圧

> **例** 27 ℃，大気圧 1.04×10^5 Pa で，酸素を水上置換したときの酸素の分圧は，27 ℃の水の蒸気圧を 4×10^3 Pa とすると
> $$1.04 \times 10^5 - 4 \times 10^3 = 1.00 \times 10^5 \text{ Pa}$$

 POINT

水上置換で捕集した気体の分圧

大気圧 $p_{大気}$，水の蒸気圧 p_{H_2O}，捕集した気体の分圧 p の関係は

$$p = p_{大気} - p_{H_2O}$$

5 分圧と蒸気圧

A 密閉容器中に気体 A と水を入れた場合

水(液体)が存在しているとき，水蒸気の分圧はその温度の蒸気圧

全圧＝気体 A の分圧＋蒸気圧

⇨ 水(気体)の分圧は，水蒸気圧以上になることはない。

水(液体)が存在していないとき

全圧＝気体 A の分圧＋気体の水の分圧

$p_水 > p_{水蒸気圧}$ ⇨ 液体の水が存在し, 水 (気体) の分圧は $p_{水蒸気圧}$

$p_水 < p_{水蒸気圧}$ ⇨ 液体の水は存在せず, 水 (気体) の分圧は $p_水$

POINT

$p_水 > p_{水蒸気圧}$ のとき, 液体の水が存在し, 水の分圧は $p_{水蒸気圧}$

$p_水 < p_{水蒸気圧}$ のとき, 液体の水は存在せず, 水の分圧は $p_水$

$p_水$ は水がすべて気体であると仮定したときの水 (気体) の分圧。

補足 揮発性のヘキサンやベンゼンは, 水と同じように扱う。

例題 14 蒸気圧曲線と凝縮

ピストンつきの容器にネオンとヘキサンを 0.10 mol ずつ入れ, 温度を 60 ℃ に保ったところ, ヘキサンはすべて気体であった。この混合気体の圧力を 1.0×10^5 Pa に保ったまま, 温度を徐々に下げたとき, ヘキサンは何℃で凝縮しはじめるか。

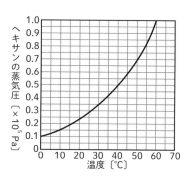

解答

ヘキサンの分圧は, $1.0 \times 10^5 \times \dfrac{0.10}{0.10 + 0.10} = 5.0 \times 10^4$ Pa である。

ヘキサンの蒸気圧が 5.0×10^4 Pa より低くなると, ヘキサンの凝縮が見られるようになる。

したがって, 蒸気圧曲線より, ヘキサンの蒸気圧が 5.0×10^4 Pa となる 40 ℃で, ヘキサンが凝縮しはじめる。よって, **40 ℃** … 答

4 | 理想気体と実在気体

1 理想気体と実在気体

ボイル・シャルルの法則や気体の状態方程式 $PV = nRT$ に厳密に従う仮想の気体を**理想気体**という。理想気体は,

❶分子間力が存在しない

❷分子自身の体積がない

仮想の気体である。

補足 1. ボイル・シャルルの法則や気体の状態方程式は, ❶, ❷を満たす理想気体に基づいて導かれたものである。

2. 理想気体は, 分子間力と分子自身の体積はないが, 質量はある。

一方, 実際に存在する気体は, それを構成する分子に, 分子間力や分子の大きさがあるため, 特に低温・高圧ではボイル・シャルルの法則や気体の状態方程式に厳密には従わない。このような気体が**実在気体**である。

$PV = nRT$ より導かれる $Z = \dfrac{PV}{nRT}$ で与えられる Z について考えてみると, 理想気体では $Z = \dfrac{PV}{nRT} = 1$ となる。実在気体について種々の温度, 圧力で体積をはかり, 求めた Z の値は, 理想気体のときの $Z = 1$ からずれることがわかる。

	実在気体	理想気体
気体の状態方程式	厳密には従わない	厳密に従う
分子間力	ある	ない
分子の大きさ	ある	ない

2 温度の影響

温度が低くなると，分子の熱運動が弱まるため，分子間力の影響が相対的に大きくなる。ゆえに，低温での実在気体の体積 V は理想気体より小さくなり，$Z<1$ となる。

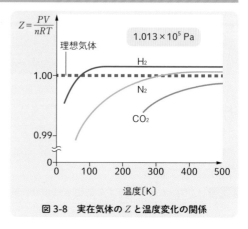

図3-8　実在気体の Z と温度変化の関係

3 圧力の影響

圧力が大きくなると，分子どうしが近づくため，分子間力の影響が大きくなり，実在気体の体積 V は理想気体より小さくなる。このため，Z の値は1より小さくなる。水素のような分子間力の小さな分子では，この傾向は見られず，Z の値は1より小さくなることはない（**図3-9** ①）。

またさらに圧力が大きくなると，分子の密度が大きくなり，分子自身の大きさが無視できなくなるため，実在気体の体積 V は，理想気体より大きくなる。このため，Z の値は1より大きくなる（**図3-9** ②）。

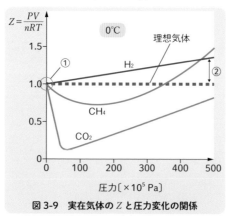

図3-9　実在気体の Z と圧力変化の関係

4 実在気体を理想気体とみなせる条件

高温・低圧では，実在気体も分子間力や分子の大きさの影響が少なく，理想気体とみなしてもよい。常温・常圧付近は高温・低圧にあたり，常温・常圧付近の気体には，気体の状態方程式が適用できる。

例題 15 **実在気体と理想気体**

次の(1)～(6)の記述のうち，誤りを含むものを選べ。

(1) 理想気体の分子には，大きさも質量もない。

(2) 理想気体の分子には，大きさも分子間力もない。

(3) 実在気体は，高温になるにしたがって，理想気体に近づく。

(4) 実在気体は，高圧になるにしたがって，理想気体に近づく。

(5) ネオン Ne（分子量 20）よりアンモニア NH_3（分子量 17）のほうが理想気体に近い。

(6) 窒素より水素のほうが理想気体に近い。

解答

理想気体の分子は，大きさと分子間力がなく，質量があるので，(1)は誤りで，(2)は正しい。

実在気体は，高温・低圧で理想気体に近づくので，(3)は正しく，(4)は誤り。

理想気体からのずれが小さい気体は，分子量が小さく，分子間力の弱い無極性分子。(5)については，Ne は分子量が 20 で NH_3 の 17 より大きいが，極性分子の NH_3 に対し無極性であるため，分子間力が小さく，理想気体に近いので，誤り。

(6)については，窒素と水素はともに無極性分子で，分子量の小さい水素のほうが理想気体に近いので，正しい。　　　　　　　(1), (4), (5) … ㊑

 POINT

実在気体と理想気体

①実在気体は，高温・低圧のとき，理想気体に近づく。

②理想気体からのずれの小さい気体 ⇨ 分子量 小，分子間力 小

気体の分子量測定

目的 沸点の低いヘキサンを試料として，気体の状態方程式から分子量を求める。

実験手順

① 丸底フラスコ（容積 200 mL）の口をアルミニウム箔でふたをし，その質量をはかる（w_1〔g〕とする）。

② 丸底フラスコにヘキサン約 3 mL を入れ，中央に小穴をあけたアルミニウム箔でふたをする。

③ 右図のような装置を組み立てて，水を沸騰させる。しばらく放置して，フラスコ内のヘキサンを完全に蒸発させ，フラスコ内をヘキサンで満たす。このときの水温 t〔℃〕と大気圧 P〔Pa〕を記録する。

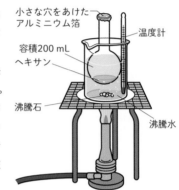

小さな穴をあけた
アルミニウム箔
温度計
容積200 mL
ヘキサン
沸騰石
沸騰水

④ 装置からフラスコを取り出して水冷し，ヘキサンを凝縮させる。その後，外壁の水をよくふき取り，アルミニウム箔をつけたまま質量をはかる（w_2〔g〕とする）。

⑤ フラスコからアルミニウム箔を取り，フラスコの口まで水を満たし，その水をメスシリンダーに移して体積 V〔mL〕をはかる。

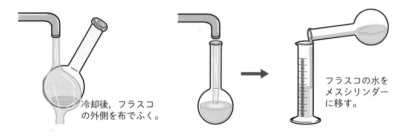

冷却後，フラスコの外側を布でふく。

フラスコの水をメスシリンダーに移す。

結果 w_1＝136.43 g　w_2＝137.20 g　t＝97 ℃　P＝1.0×10⁵ Pa　V＝270 mL

考察 ④中のヘキサン（液体）の体積は小さいので，①と④の空気の体積は同じとみなせ，
w_2-w_1＝137.20 g－136.43 g＝0.77 g は，④中のヘキサン（液体）の質量である。そして，
③中の気体のヘキサン（凝縮前）の質量でもある。気体のヘキサンは温度 t＝97 ℃，
圧力 P＝1.0×10⁵ Pa で，体積 V＝270 mL＝0.270 L である。

したがって，気体の状態方程式 $PV=\dfrac{w}{M}RT$，R＝8.3×10³ Pa・L/(K・mol) より

$$1.0\times10^5\times0.270=\dfrac{0.77}{M}\times8.3\times10^3\times(273+97) \qquad M≒87.5≒88〔g/mol〕$$

よって，実際のヘキサンの分子量である 84 と近い値が得られた。

この章で学んだこと

　この章では，気体がボイル・シャルルの法則や気体の状態方程式に従うことを学習し，気体の状態方程式を用いると気体の分子量が決定できることを学習した。また，混合気体の圧力，物質量，体積の関係，さらに，実在気体について学習した。

1 ボイル・シャルルの法則

❶ ボイルの法則　**（a）**「温度一定のとき，一定量の気体の体積 V は，圧力 P に反比例する。」

$$P_1 V_1 = P_2 V_2 \qquad PV = k$$

（b）体積を2倍にすると，壁に衝突する分子の数は半分になり，圧力も半分になる。

❷ シャルルの法則　**（a）**「圧力一定のとき，一定量の気体の体積 V は，絶対温度 T に比例する。」

$$\frac{V_1}{T_1} = \frac{V_2}{T_2} \qquad V = k'T$$

（b）圧力を一定にして温度を上げるためには，体積を大きくして，分子の衝突回数を減らさなければならない。

❸ ボイル・シャルルの法則　「一定量の気体の体積 V は，圧力 P に反比例し，絶対温度 T に比例する。」

$$\frac{P_1 V_1}{T_1} = \frac{P_2 V_2}{T_2} \qquad \frac{PV}{T} = k''$$

2 気体の状態方程式

❶ 気体の状態方程式

$$PV = nRT \qquad PV = \frac{w}{M} RT$$

❷ 気体の分子量　$M = \dfrac{dRT}{P}$ より，密度 d から，分子量が求められる。

3 混合気体

❶ 分圧の法則と分体積の法則　「全圧は分圧の和に等しい。」

$$P = p_A + p_B$$

「全体積は分体積の和に等しい。」

$$V = v_A + v_B$$

❷ 圧力，物質量，体積の関係

$$P : p_A : p_B = (n_A + n_B) : n_A : n_B$$
$$= V : v_A : v_B$$

❸ 混合気体の平均分子量

$$\overline{M} = \frac{n_A}{n_A + n_B} M_A + \frac{n_B}{n_A + n_B} M_B$$

❹ 水上置換　捕集された気体の分圧 p は，

$$p = p_{大気圧} - p_{H_2O}$$

4 理想気体と実在気体

❶ 理想気体と実在気体　理想気体は❶分子間力が存在しない，❷分子自身の体積がない，仮想の気体。$Z = \dfrac{PV}{nRT}$ とすると，理想気体で，$Z=1$，実在気体では，$Z \neq 1$

❷ 温度の影響　温度を下げると，分子間力の影響が大きくなり，体積が小さくなるので，$Z<1$ となる。

❸ 圧力の影響　圧力を上げると，分子間力が増して体積が小さくなり，$Z<1$ となる。さらに圧力を上げると，分子の大きさが影響して体積が大きくなり，$Z>1$ となる。

❹ 実在気体と理想気体の比較　気体の状態方程式に従う気体が理想気体，厳密には従わない気体が実在気体。

定期テスト対策問題 8

解答・解説は p.722

1 次の(1)～(3)の問いに答えよ。

(1) 1.0×10^5 Pa，10.0 L の気体を温度一定で 2.0×10^5 Pa にすると，体積は何 L になるか。

(2) 27 ℃，12 L の気体を，圧力一定で 77 ℃にすると，体積は何 L になるか。

(3) 27 ℃，1.0×10^5 Pa で 20 L の気体を 57 ℃，1.1×10^5 Pa にすると，体積は何 L になるか。

2 次の(1)～(5)の問いに答えよ。ただし，原子量は N＝14，気体定数は $R = 8.3 \times 10^3$ Pa・L/(K・mol) とする。

(1) 27 ℃，8.3×10^4 Pa における 1.5 mol の気体の体積は，何 L か。

(2) 27 ℃，1.0×10^5 Pa における 2.8 g の窒素の体積は，何 L か。

(3) 0.10 mol の気体が，27 ℃で 8.3 L の容器に入っている。この容器内の圧力は何 Pa か。

(4) 27 ℃，5.0×10^4 Pa で 4.0 L の質量が 2.4 g の気体の分子量はいくらか。

(5) 127 ℃，1.0×10^5 Pa における密度が 1.9 g/L の気体の分子量はいくらか。

3 次の(1)～(3)の問いに答えよ。ただし，原子量は N＝14.0，O＝16.0，気体定数は $R = 8.3 \times 10^3$ Pa・L/(K・mol) とする。

(1) 一定温度で，4.0 mol の窒素と 1.0 mol の酸素を容器に入れたところ，混合気体の圧力(全圧)が 4.0×10^5 Pa となった。窒素と酸素の分圧は，いくらか。

(2) 一定温度で，0.70 g の窒素と 1.6 g の酸素を容器に入れたところ，混合気体の圧力(全圧)が 6.0×10^5 Pa となった。窒素と酸素の分圧は，いくらか。

(3) 空気を窒素と酸素の体積比が 4：1 の混合気体であるとして，大気圧が 1.0×10^5 Pa のときの窒素の分圧はいくらか。

ヒント

1 $P_1V_1 = P_2V_2$ $\quad \dfrac{V_1}{T_1} = \dfrac{V_2}{T_2}$ $\quad \dfrac{P_1V_1}{T_1} = \dfrac{P_2V_2}{T_2}$

2 気体の状態方程式は $PV = nRT$ $\quad PV = \dfrac{w}{M} RT$

密度 d(g/L) は $\quad d = \dfrac{w}{V}$

3 混合気体の全圧・分圧の比と物質量の比と体積の比

$P : p_A : p_B = (n_A + n_B) : n_A : n_B = V : v_A : v_B$

4 次の(1), (2)に答えよ。

(1) 右図のように, 3.0 L の容器 A に
2.5×10⁵ Pa の窒素が, 2.0 L の容器 B に
3.0×10⁵ Pa の酸素が入っている。コックを開
いて温度一定に保ったとき, 窒素と酸素の分
圧および全圧を求めよ。

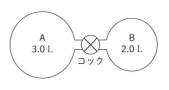

(2) 一定温度下において, 1.0×10⁵ Pa の窒素 4.0 L と 2.0×10⁵ Pa の酸素 3.0 L を
5.0 L の容器に封入した。この混合気体の窒素と酸素の分圧および全圧を求めよ。

5 理想気体は［ A ］と［ B ］を無視した仮想的な気体であり, 気体の状態方程式に
厳密に従う。実在気体は, ［ ア ］温では, 分子の熱運動が小さくなり, 分子間の
引力の影響が大きくなるため, 体積の実測値は理想気体と比べると［ イ ］。一方,
圧力が高くなると単位体積中の分子の数が多くなり, 分子自身の大きさが無視で
きなくなるため, 理想気体と比べると実在気体の体積は［ ウ ］。
実在気体でも［ C ］の状態では, 理想気体からのずれは小さい。

(1) ［ A ］〜［ C ］に適当な語句を記入せよ。［ A ］と［ B ］は順不同。

(2) ［ ア ］〜［ ウ ］に, 下記の中から適当な語句を選び, ①〜⑤の記号で答えよ。
なお, 同じ記号を繰り返し使ってもよい。
①高　②低　③大きい　④小さい　⑤変わらない

ヒント
4 成分気体が単独で混合気体の全体積を占めたときの圧力を, その成分気体の分圧という。
5 分子間力と分子自身の体積は, 実在気体の体積にどのような影響を与えるかを考える。

Advanced Chemistry

第 **4** 章　溶液

1 | 溶解

1 溶解

A 溶解と溶液

液体に他の物質が溶けて均一になる現象を**溶解**，溶解してできた均一な混合物を**溶液**という。このとき，溶かしている液体を**溶媒**，溶媒に溶けた物質を**溶質**という。また，溶媒が水のときの溶液を，特に水溶液という。

補足 1. 溶質には固体だけでなく，液体のエタノールや気体のアンモニアなどがあり，それらの水溶液は，エタノール水溶液，アンモニア水と呼ばれる。
2. 一般に，溶質の分子やイオンが溶媒分子と結びつき安定化する現象を**溶媒和**という。

B 電解質と非電解質

水に溶けて電離する物質を**電解質**といい，電離しない物質を**非電解質**という。電解質には，塩化ナトリウムのようなイオン結晶や塩化水素のような分子からなる物質がある。また，非電解質には，エタノールのような極性分子からなる物質やベンゼンのような無極性分子からなる物質がある。

2 電解質の溶解の仕組み

A イオン結晶の水への溶解

塩化ナトリウム $NaCl$ は Na^+ と Cl^- からなるイオン結晶であり，水に入れると，結晶表面の Cl^- は水分子のやや正に帯電した H 原子と，結晶表面の Na^+ は水分子のやや負に帯電した O 原子と，それぞれ静電気的な引力で引き合う。その結果，Na^+ と Cl^- は水分子に囲まれて水中に拡散し，$NaCl$ は溶解する。

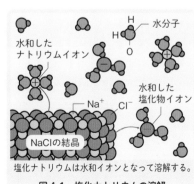

塩化ナトリウムは水和イオンとなって溶解する。

図 4-1　塩化ナトリウムの溶解

このように，イオンや分子が水分子と集合体をつくる現象を**水和**，水和しているイオンを**水和イオン**という。

一方で，塩化銀 AgCl や硫酸バリウム BaSO$_4$ などはイオン結合の強さが大きいため，水和してイオンに分かれにくく，水に溶けにくい。

B 塩化水素の水への溶解

塩化水素 HCl は分子であるが，水中では次のように電離する電解質である。

$$HCl + H_2O \longrightarrow H_3O^+ + Cl^-$$

このとき，各イオンは水和によって安定化されるため，HCl は水によく溶ける。

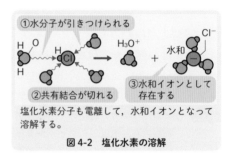

①水分子が引きつけられる
②共有結合が切れる
③水和イオンとして存在する
水和

塩化水素分子も電離して，水和イオンとなって溶解する。

図 4-2　塩化水素の溶解

3　非電解質の溶解のしくみ

A エタノール・スクロースの水への溶解

非電解質であるエタノール C$_2$H$_5$OH やスクロース（ショ糖）C$_{12}$H$_{22}$O$_{11}$ は，水によく溶ける。これは，エタノールやスクロースが極性の大きいヒドロキシ基（−OH）をもつからである。この−OH部分が水分子と水素結合をつくり，水和されるため，エタノールやスクロースは水によく溶ける。ヒドロキシ基のように水和されやすい部分を**親水基**という。一方で，エチル基（−C$_2$H$_5$）のように極性がなく水和されにくい部分を**疎水基**という。

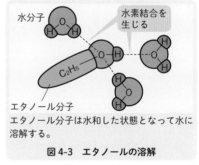

水分子
水素結合を生じる
エタノール分子
エタノール分子は水和した状態となって水に溶解する。

図 4-3　エタノールの溶解

B 無極性分子の水への溶解

無極性分子であるヨウ素 I$_2$ やナフタレン C$_{10}$H$_8$ は分子内に親水基をもたず，水の中に入れても水和が起こらないため溶解しない。一方，ヨウ素は，同じ無極性分子の溶媒であるヘキサン C$_6$H$_{14}$ には溶解する。これは，ヨウ素とヘキサンの分子間力が同程度で，自然に混ざり合うためである。

C エタノール C₂H₅OH と 1-ヘキサノール C₆H₁₃OH の水への溶解

エタノール C_2H_5OH は，分子内に親水基($-OH$)と疎水基($-C_2H_5$)をもつので，極性溶媒にも無極性溶媒にもよく溶ける。一方，1-ヘキサノール $C_6H_{13}OH$ は，疎水基($-C_6H_{13}$)が親水基($-OH$)に比べ大きいので，水に溶けにくい。

4 溶解性の一般的傾向

一般に，極性の大きい溶質は極性の大きい溶媒に，極性の小さい溶質は極性の小さい溶媒に溶けやすい。逆に，極性の大きい溶質は極性の小さい溶媒に，極性の小さい溶質は極性の大きい溶媒に溶けにくい。

表4-1 溶媒・溶質の極性と溶解

		イオン結晶	分子結晶	
			極性分子	無極性分子
		塩化ナトリウム	スクロース	ヨウ素
極性溶媒	水	○ よく溶ける	○ よく溶ける	△ 溶けにくい
無極性溶媒	ヘキサン	△ 溶けにくい	△ 溶けにくい	○ よく溶ける

POINT

溶解の原則：溶媒と溶質の極性が $\left\{\begin{array}{l}\text{両方とも大きい}\\\text{両方とも小さい}\end{array}\right\}$ ⇨ 溶ける。

溶媒・溶質の極性が一方が大きく，他方が小さい場合は，溶けにくい。

例題 16 物質の溶解性

次の物質(1)～(4)で，水に電離して溶けるものにはA，水に電離せず溶けるものにはB，水に溶けないものにはCと記せ。

(1) HCl　　(2) C₂H₅OH　　(3) I₂　　(4) KNO₃

解答

水は極性分子で，極性の大きい物質をよく溶解する。(1)は極性分子で，電解質。(2)は極性分子で，非電解質。(3)は無極性分子。(4)はイオン結晶。

(1) **A** (2) **B** (3) **C** (4) **A** …㊜

2 | 溶解度と溶液の濃度

1 固体の溶解度

A 飽和溶液と溶解平衡

溶媒に固体の溶質を溶かしていくと，やがてそれ以上溶けなくなる限界に達する。この限界に達した溶液を**飽和溶液**という。

飽和溶液では，単位時間に固体から溶け出す粒子の数と溶液中から析出する粒子の数が等しくなっていて，見かけ上，溶解も析出も止まったように見える。この状態を**溶解平衡**という。

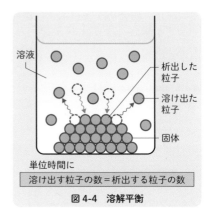

溶液
析出した粒子
溶け出た粒子
固体

単位時間に
溶け出す粒子の数＝析出する粒子の数

図 4-4　溶解平衡

B 固体の溶解度と溶解度曲線

一般に，溶媒 100 g に溶かすことができる溶質の最大質量（g単位）を固体の**溶解度**という。

また，溶解度と温度との関係を表す曲線を**溶解度曲線**という。

補足　固体の溶解度は，温度が高いほど大きくなるものが多い。

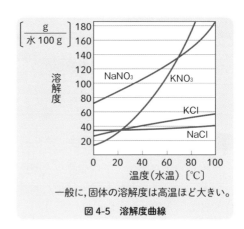

$\frac{g}{水100\,g}$

溶解度

NaNO₃　KNO₃

KCl

NaCl

温度（水温）〔℃〕

一般に，固体の溶解度は高温ほど大きい。

図 4-5　溶解度曲線

C 溶解度曲線と結晶の析出

　高温の飽和溶液を冷却すると，一般に溶解度が小さくなるので，溶け切れなくなった溶質が結晶として析出する。例えば，60 ℃の水100 gに硝酸カリウム KNO_3 64.0 gと少量の塩化ナトリウム $NaCl$ の混合物を溶かしたとする。この水溶液を40 ℃まで冷却すると，40 ℃の KNO_3 の溶解度は64.0であるので，水100 gに KNO_3 は64.0 g溶け，

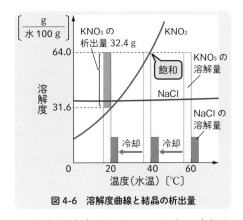

図4-6　溶解度曲線と結晶の析出量

$(100+64.0)$ gの飽和水溶液ができる。この飽和水溶液をさらに20 ℃まで冷却すると，20 ℃の KNO_3 の溶解度は31.6なので，64.0 g$-$31.6 g$=$32.4 gは結晶として析出する。高温側の溶解度を $S_{高温}$，低温側の溶解度を $S_{低温}$ とすると，**高温の飽和水溶液 $(100+S_{高温})$ 〔g〕から $(S_{高温}-S_{低温})$ 〔g〕の結晶が析出する。**

　一方，不純物の $NaCl$ は飽和に達していないため，析出しない。この操作により，純度の高い KNO_3 の結晶が得られる。

補足 　**再結晶**：少量の不純物を含む混合物を高温で飽和させ，その後冷却すると，少量の不純物は溶液中に残るが，溶け切れなくなった主成分は結晶として析出する。このように物質を精製する方法を再結晶という。再結晶は，温度によって溶解度が大きく変わる物質の精製に適している。

D 冷却による析出量の計算

　高温 $t_{高温}$ 〔℃〕の飽和水溶液を低温 $t_{低温}$ 〔℃〕に冷却したときの結晶の析出量 x 〔g〕は，高温側の飽和水溶液の質量 W 〔g〕に比例する。高温の飽和水溶液 $(100+S_{高温})$ 〔g〕から $(S_{高温}-S_{低温})$ 〔g〕の結晶が析出するので，下記の関係が成り立つ。

　析出量 x 〔g〕：飽和水溶液の質量 W 〔g〕 $=(S_{高温}-S_{低温}):(100+S_{高温})$ より

$$\frac{析出量\ x〔g〕}{飽和水溶液の質量\ W〔g〕}=\frac{S_{高温}-S_{低温}}{100+S_{高温}}$$

POINT

飽和水溶液 $W[\text{g}]$ を冷却したときの析出量を $x[\text{g}]$, 溶解度を $S_{高温}$, $S_{低温}$ とすると

$$\frac{析出量[\text{g}]}{飽和水溶液の質量[\text{g}]}=\frac{S_{高温}-S_{低温}}{100+S_{高温}}=\frac{x}{W}$$

補足　析出量 $x[\text{g}]$ は高温側の水の質量にも比例する。高温側の水の質量を $M[\text{g}]$ とすると

$$\frac{析出量[\text{g}]}{水の質量[\text{g}]}=\frac{S_{高温}-S_{低温}}{100}=\frac{x}{M}$$

例題 17　結晶の析出

　60 ℃の塩化カリウム飽和水溶液 400 g を 20 ℃まで冷却すると，何gの塩化カリウムが析出するか。ただし，塩化カリウムの溶解度は，60 ℃で 45.5，20 ℃で 34.0 とする。

解答

　析出量を $x[\text{g}]$ とすると

$$\frac{析出量[\text{g}]}{飽和水溶液の質量[\text{g}]}=\frac{x}{400}=\frac{45.5-34.0}{100+45.5}$$

　$x \fallingdotseq \mathbf{31.6[g]}$ …答

E　水和物の析出の計算

　「$CuSO_4$ の溶解度は，60 ℃で 40，20 ℃で 20 として，60 ℃の硫酸銅（Ⅱ）の飽和水溶液 280 g を 20 ℃まで冷却したとき，析出する $CuSO_4 \cdot 5H_2O$ の結晶は何gか」を考えてみよう。

　ただし，式量は $CuSO_4 \cdot 5H_2O = 250$，$CuSO_4 = 160$ とする。

　60 ℃の飽和水溶液 280 g 中の $CuSO_4$ の質量は，溶解度が 40 より

$$280 \text{ g} \times \frac{40}{100+40} = 80 \text{ g}$$

　析出する $CuSO_4 \cdot 5H_2O$ の結晶を $x[\text{g}]$ とすると，$x[\text{g}]$ 中の $CuSO_4$（無水物）の質量は $\dfrac{160}{250}x[\text{g}]$

　よって，20 ℃の溶液中の $CuSO_4$（無水物）の質量は　$80-\dfrac{160}{250}x[\text{g}]$

　20 ℃の飽和水溶液の質量は　$280-x[\text{g}]$

246

飽和水溶液の質量とその中の無水物の質量は比例するので，20 ℃の溶解度が20 より

$$\frac{無水物の質量}{飽和水溶液の質量}=\frac{20}{100+20}=\frac{80-\dfrac{160}{250}x}{280-x} \qquad x≒\mathbf{70\ g}$$

 **POINT**

高温側の溶液 W 〔g〕を冷却したとき，水和物 x 〔g〕が析出する場合

$$\frac{低温側の溶解度}{100+低温側の溶解度}=\frac{低温側の飽和水溶液中の無水物の質量}{W-x}$$

例題 18 **水和物の析出**

(1) 硫酸銅(II)五水和物 $CuSO_4 \cdot 5H_2O$ （式量 250）は，20 ℃の水 100 gに何g溶けるか。ただし，硫酸銅(II)無水物(式量 160)の溶解度は，20 ℃で 20 である。

(2) ある温度で，水 100 gに 50 gの硫酸銅(II)五水和物を溶かした水溶液を20 ℃まで冷却したとき，析出する硫酸銅(II)五水和物は何gか。

解答

(1) 硫酸銅(II)五水和物の質量を x〔g〕とすると，水溶液中の無水物の質量は，$\dfrac{160}{250}x$〔g〕であり，飽和水溶液の質量は，$100+x$〔g〕である。

$$\frac{無水物の質量}{飽和水溶液の質量}=\frac{20}{100+20}=\frac{\dfrac{160}{250}x}{100+x} \qquad x≒\mathbf{35\ g} \ \cdots 答$$

(2) 析出する硫酸銅(II)五水和物を y〔g〕とすると，水溶液中の無水物の質量は，$\dfrac{160}{250}(50-y)$〔g〕であり，飽和水溶液の質量は，$100+(50-y)$〔g〕である。

$$\frac{無水物の質量}{飽和水溶液の質量}=\frac{20}{100+20}=\frac{\dfrac{160}{250}(50-y)}{100+(50-y)} \qquad y≒\mathbf{15\ g} \ \cdots 答$$

2 気体の溶解度

A 気体の溶解度の表し方

　気体の溶解度は，気体の圧力が 1.013×10^5 Pa のとき，溶媒 1 L に溶ける気体の物質量，または，その気体の体積を 0 ℃，1.013×10^5 Pa の条件に換算した値で示す。

表 4-2　水に対する気体の溶解度

温度	水に溶けにくい			水に少し溶ける		水によく溶ける	
	N_2	O_2	CH_4	CO_2	H_2S	HCl	NH_3
0 ℃	10.3×10^{-4}	21.8×10^{-4}	24.8×10^{-4}	7.67×10^{-2}	2.06×10^{-1}	23.1	21.2
20 ℃	6.79×10^{-4}	13.8×10^{-4}	14.8×10^{-4}	3.90×10^{-2}	1.14×10^{-1}	19.7	14.2
40 ℃	5.18×10^{-4}	10.3×10^{-4}	10.6×10^{-4}	2.36×10^{-2}	0.743×10^{-1}	17.2	9.19
60 ℃	4.55×10^{-4}	8.71×10^{-4}	8.71×10^{-4}	1.64×10^{-2}	0.525×10^{-1}	15.1	5.82
80 ℃	−	−	7.90×10^{-4}	1.27×10^{-2}	0.404×10^{-1}	−	3.64

※気体の圧力（分圧）が 1.013×10^5 Pa のときの，水 1 L に溶ける気体の物質量で示す。22.4 L/mol をかけると 0 ℃，1.013×10^5 Pa における体積に換算した値になる。

B 気体の溶解度と温度

　気体の液体への溶解度は，**表 4-2** からわかるように，気体の種類によって大きく異なるが，**温度が高くなると，溶解度は小さくなる**。これは，溶液中に溶解している気体分子の熱運動が，温度上昇とともに激しくなり，溶液から飛び出す気体分子の数が増えるためである。

C 気体の溶解度と圧力

　炭酸飲料の容器の栓をあけると，溶けていた二酸化炭素が泡となって出てくる。これは，容器内の圧力が低くなり，二酸化炭素が溶け切れなくなるために起こる現象である。このように，温度が一定であっても，圧力が高くなると気体の溶解度は大きくなる。

　窒素や酸素のような溶解度の小さい気体では，一定温度であれば，一定量の溶媒に溶ける気体の質量（物質量）はその気体の圧力（分圧）に比例する（図 4-7 ❶）。これを**ヘンリーの法則**という。

　なお，アンモニアのような水に対する溶解度が高い気体では，ヘンリーの法則は成り立たない。

ヘンリーの法則は，次のように表すこともできる。

① 一定温度のもとでは，一定量の溶媒に溶けるそれぞれの圧力ではかった気体の体積は，気体の圧力（分圧）に関係なく一定である（**図4-7 ❷**）。

② 一定圧力のもとでは，溶ける気体の体積は，気体を溶かしたときの圧力（分圧）に比例する（**図4-7 ❸**）。

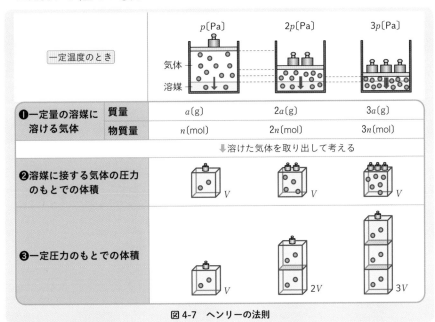

図4-7　ヘンリーの法則

 POINT

ヘンリーの法則
一定量の溶媒に溶ける気体の質量・物質量は，
  ⇨ 気体の圧力に比例する。
一定量の溶媒に溶ける気体の体積は，
  { 一定圧力ではかったとき（温度一定） }
  { 標準状態ではかったとき } ⇨ 気体の圧力に比例する。
  それぞれの圧力ではかったとき（温度一定）⇨ 気体の圧力に無関係。

例題 19 気体の溶解度

次の(1)～(3)に答えよ。ただし，酸素は水 1 L に 0 ℃，1.0×10^5 Pa で 2.2×10^{-3} mol，20 ℃，2.0×10^5 Pa で 1.4×10^{-3} mol 溶ける。酸素の分子量を 32 とし，0 ℃，1.0×10^5 Pa での気体 1 mol の体積は 22.4 L とする。

(1) 0 ℃，2.0×10^5 Pa の酸素は，水 1 L に何 g 溶けるか。

(2) 0 ℃，2.0×10^4 Pa の酸素は，水 1 L に何 L 溶けるか。

(3) 酸素と窒素の物質量比が 1：1 の混合気体がある。20 ℃で，全圧が 1.0×10^5 Pa の混合気体が水 1 L に接しているとき，この水 1 L に溶けている酸素は何 g か。

解答

(1) 酸素は，0 ℃，1.0×10^5 Pa で水 1 L に 2.2×10^{-3} mol 溶けるので，モル質量が 32 g/mol であることより，$2.2 \times 10^{-3} \times 32$ g 溶けている。溶ける気体の質量は，圧力に比例するので

$$2.2 \times 10^{-3} \times 32 \times \frac{2.0 \times 10^5}{1.0 \times 10^5} \fallingdotseq \mathbf{1.4 \times 10^{-1}\ g} \ \cdots \text{⑳}$$

(2) 0 ℃，1.0×10^5 Pa で溶けている酸素の体積は，$2.2 \times 10^{-3} \times 22.4$ L である。それぞれの圧力ではかった体積は，圧力に無関係で一定の値をとるので

$$2.2 \times 10^{-3} \times 22.4 \fallingdotseq \mathbf{4.9 \times 10^{-2}\ L} \ \cdots \text{⑳}$$

(3) 酸素の分圧は，$1.0 \times 10^5 \times \dfrac{1}{1+1} = 0.50 \times 10^5$ Pa

溶ける気体の質量は，その気体の分圧に比例するので

$$1.4 \times 10^{-3} \times 32 \times \frac{0.50 \times 10^5}{2.0 \times 10^5} \fallingdotseq \mathbf{1.1 \times 10^{-2}\ g} \ \cdots \text{⑳}$$

3 溶液の濃度

A 溶液の濃度

濃度は，一定量の溶液や溶媒に対する溶質の量で表す。

❶ 質量パーセント濃度 a 〔%〕

　溶液の質量に対する溶質の質量の割合を，パーセント〔%〕で表す。溶媒 W〔g〕，溶質 w〔g〕とすると

$$a = \frac{w}{W+w} \times 100$$

❷ モル濃度 C 〔mol/L〕

　溶液 1 L 中の溶質の物質量で表す。溶液 V〔L〕中の溶質の物質量を n〔mol〕とすると

$$C = \frac{n}{V}$$

❸ 質量モル濃度 m 〔mol/kg〕

　溶媒 1 kg 中に溶けている溶質の物質量で表す。溶媒 W〔kg〕，溶質の物質量を n〔mol〕とすると

$$m = \frac{n}{W}$$

B 濃度の換算

❶ 質量パーセント濃度 a 〔%〕からモル濃度 C 〔mol/L〕への換算

　溶液 1 L（1000 mL）を考え，その中に溶けている溶質の物質量を求める。ただし，溶液の密度を d〔g/mL〕，溶質のモル質量を M〔g/mol〕とする。

$$1000〔\text{mL/L}〕 \times d〔\text{g/mL}〕 \times \frac{a}{100} \times \frac{1}{M〔\text{g/mol}〕} = C〔\text{mol/L}〕$$

❷ 質量パーセント濃度 a 〔%〕から質量モル濃度 m 〔mol/kg〕への換算

　溶媒の水 1 kg（1000 g）を考え，その中に溶けている溶質の物質量を求める。ただし，溶質のモル質量を M〔g/mol〕とする。水 $100-a$〔g〕に溶けている溶質の質量が a〔g〕であるので，水 1 kg（1000 g）に溶けている溶質の質量は

$$1000〔\text{g/kg}〕 \times \frac{a}{100-a}$$

質量モル濃度 m〔mol/kg〕は　$1000〔\text{g/kg}〕 \times \frac{a}{100-a} \times \frac{1}{M〔\text{g/mol}〕} = m〔\text{mol/kg}〕$

補足 〈質量モル濃度 m〔mol/kg〕から質量パーセント濃度 a〔%〕への換算〉

溶質のモル質量を M〔g/mol〕とすると，質量モル濃度 m〔mol/kg〕の溶液は，溶液 $1000 + mM$〔g〕に溶質 mM〔g〕が溶けている。

したがって $\dfrac{mM}{1000 + mM} \times 100 = a$〔%〕

例題20 濃度の換算

20 %の水酸化ナトリウム水溶液の密度は 1.22 g/mL である。NaOH の式量を 40 として，次の問いに答えよ。

(1) この水溶液のモル濃度を求めよ。

(2) この水溶液の質量モル濃度を求めよ。

解答

(1) 溶液 1 L（1000 mL）中の溶質の物質量を求める。

$$1000〔\mathrm{mL/L}〕 \times 1.22〔\mathrm{g/mL}〕 \times \frac{20}{100} \times \frac{1}{40〔\mathrm{g/mol}〕} = 6.1〔\mathrm{mol/L}〕 \cdots ㊥$$

(2) 溶媒 1 kg（1000 g）中の溶質の物質量を求める。

$$1000〔\mathrm{g/kg}〕 \times \frac{20}{100-20} \times \frac{1}{40〔\mathrm{g/mol}〕} ≒ 6.3〔\mathrm{mol/kg}〕 \cdots ㊥$$

Q 1 ppm て，どのくらいですか？

A ppm は parts per million の略で，全体量の $\dfrac{1}{10^6}$ が1 ppm です。微量成分の割合を表すときに使われます。1 kg = 1 × 10⁶ mg 中に 1 mg が含まれる状態が 1 ppm です。なお，気体のときは体積で定義され，1 m³ 中に 1 cm³ が含まれる状態が 1 ppm です。

MY BEST

For Everyday Studies
and Exam Prep
for High School Students

3 | 希薄溶液の性質

1 蒸気圧降下と沸点上昇

A 蒸気圧降下

不揮発性の物質が溶けている溶液の蒸気圧は，**同温の純粋な溶媒の蒸気圧より低い。** この現象を**蒸気圧降下**という。不揮発性の物質が溶けた溶液では，溶媒分子の割合が減少するため，液体表面から蒸発する溶媒分子の数が純粋な溶媒のときより減少する。このため，溶液の蒸気圧は低くなる。

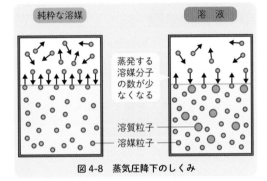

純粋な溶媒　　　　　溶液

蒸発する溶媒分子の数が少なくなる

溶質粒子
溶媒粒子

図4-8　蒸気圧降下のしくみ

B 沸点上昇

溶質が不揮発性物質の溶液は，蒸気圧降下を起こすため，その蒸気圧が 1.01×10^5 Pa になる温度は，純粋な溶媒より高くなる。

蒸気圧が 1.01×10^5 Pa になる温度が沸点であり，**溶液は純粋な溶媒より沸点が高くなる。** この現象を**沸点上昇**という。純粋な溶媒の沸点と溶液の沸点の差 Δt [K] を**沸点上昇度**という。

補足 沸点上昇度は温度差で単位はK（ケルビン）。

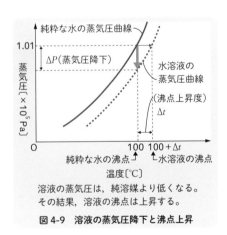

純粋な水の蒸気圧曲線

1.01

蒸気圧[×10⁵ Pa]

ΔP（蒸気圧降下）

水溶液の蒸気圧曲線

（沸点上昇度）
Δt

0　　　　　　　　100　100＋Δt
　　純粋な水の沸点┘└水溶液の沸点
温度[℃]

溶液の蒸気圧は，純溶媒より低くなる。その結果，溶液の沸点は上昇する。

図4-9　溶液の蒸気圧降下と沸点上昇

「不揮発性の非電解質の希薄溶液では，沸点上昇 Δt は，溶質の種類に関係なく，その溶液の質量モル濃度 m に比例する。」

$$\Delta t = K_b m$$

この比例定数 K_b は**モル沸点上昇**と呼ばれ，質量モル濃度 $m = 1$ mol/kg のときの沸点上昇度であり，溶質の種類に関係なく，溶媒の種類によって決まる値である。

表4-3 モル沸点上昇 K_b

溶媒	K_b(K·kg/mol)
水	0.52
ベンゼン	2.53
シクロヘキサン	2.75

 POINT

沸点上昇度　　$\Delta t = K_b m$

Δt：沸点上昇度〔K〕，K_b：モル沸点上昇〔K·kg/mol〕（溶媒の種類で決まる）

m：非電解質の質量モル濃度〔mol/kg〕

例題 21 沸点上昇

尿素 $CO(NH_2)_2$ 3.0 g を水 500 g に溶かした水溶液の沸点は何℃か。ただし，水のモル沸点上昇は 0.52 K·kg/mol とする。$CO(NH_2)_2 = 60.0$

〔解答〕

この水溶液の質量モル濃度 m は，$CO(NH_2)_2 = 60.0$ より

$$\frac{3.0}{60.0} \times \frac{1000}{500} = 0.10 \text{〔mol/kg〕}$$

$\Delta t = K_b m$ より

$$\Delta t = 0.52 \text{〔K·kg/mol〕} \times 0.10 \text{〔mol/kg〕} = 0.052 \text{〔K〕}$$

したがって，沸点は　$100 + 0.052 = \mathbf{100.052} \text{〔℃〕}$ …答

2 凝固点降下

Ⓐ 凝固点降下

グルコースの水溶液は，0℃になっても凝固しない。このように**溶液の凝固点が，純粋な溶媒より低くなる**現象を凝固点降下という。

溶媒の凝固点と溶液の凝固点の差 Δt〔K〕を凝固点降下度という。

補足 溶液を冷却すると，溶媒と溶質が一緒に凝固するのではなく，溶媒のみが凝固し始める。この温度を**溶液の凝固点**という。

「不揮発性の非電解質の希薄溶液では，凝固点降下度 Δt は，溶質の種類に関係なく，その溶液の質量モル濃度 m に比例する。」

$$\Delta t = K_f m$$

表4-4 モル凝固点降下 K_f

溶媒	K_f〔K・kg/mol〕
水	1.85
ベンゼン	5.12
シクロヘキサン	20.2

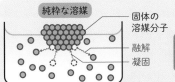

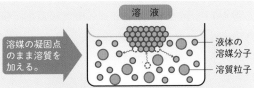

この比例定数 K_f は**モル凝固点降下**と呼ばれ，質量モル濃度 $m = 1$ mol/kgのときの凝固点降下度であり，溶質の種類に関係なく，溶媒の種類によって決まる値である。

純粋な溶媒
固体の溶媒分子
融解
凝固
溶媒の凝固点のまま溶質を加える。
溶 液
液体の溶媒分子
溶質粒子
単位時間に凝固する分子の数と融解する分子の数が等しく，平衡状態にある。
溶質を加えた分，溶媒分子の割合が減り，凝固する数が減り，平衡でなくなる。
凝固する分子の数＜融解する分子の数
溶媒が融解し，融解熱を吸収して，温度が下がると，融解する分子が減り，凝固する分子が増え，
凝固する分子の数＝融解する分子の数
となり，平衡状態になる。この温度が溶液の凝固点である。

図4-10 凝固点降下が起こるしくみ

POINT

凝固点降下度 $\Delta t = K_f m$

Δt：凝固点降下度〔K〕

K_f：モル凝固点降下〔K・kg/mol〕（溶媒の種類で決まる）

m：非電解質の質量モル濃度〔mol/kg〕

例題 22 凝固点降下

凝固点が－0.20 ℃のグルコース $C_6H_{12}O_6$ の水溶液をつくりたい。水 185 gに何gの $C_6H_{12}O_6$ を溶かせばよいか。ただし，水のモル凝固点降下は1.85 K・kg/mol とし，$C_6H_{12}O_6$ の分子量は 180 とする。

解答

凝固点降下度 Δt は　$\Delta t = 0 - (-0.20) = 0.20$〔K〕

必要な $C_6H_{12}O_6$ の質量を x〔g〕とすると，質量モル濃度 m は

$$m = \frac{x}{180} \times \frac{1000}{185} \text{(mol/kg)}$$

$\Delta t = K_f m$ より　$0.20 = 1.85 \times \frac{x}{180} \times \frac{1000}{185}$

$$x = 3.6 \text{(g)} \cdots \text{答}$$

B 凝固点降下と冷却曲線

　図4-11，図4-12のように，縦軸に温度，横軸に冷却時間をとったグラフを**冷却曲線**という。液体を冷却していくと，凝固点を過ぎても液体の状態を保つことがある。この状態を**過冷却**という。凝固が始まると，冷却しているにもかかわらず，凝固熱のため温度が上昇する。その後，純溶媒の場合は，冷却による吸熱と凝固熱がつり合って，冷却曲線は水平になる。一方，溶液の場合は，凝固にともなって濃度が濃くなるので，冷却曲線は右下がりになる。純溶媒と溶液の冷却曲線の直線部分を左に延長すると，それぞれの冷却曲線と交わる点が凝固点であり，凝固点降下度も決まる。

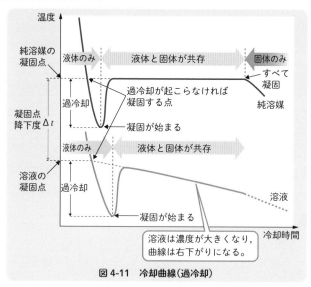

図4-11　冷却曲線(過冷却)

補足 希薄溶液の凝固が進むと，溶媒の量が少なくなる。さらに溶媒の凝固が進むと，溶液が飽和し，溶媒の凝固と溶質の析出が同時に起こる。この現象を共晶といい，すべての溶液が凝固するまで，温度は一定に保たれる。

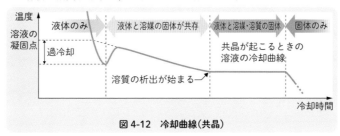

図 4-12　冷却曲線（共晶）

C 沸点上昇度・凝固点降下度と分子量

沸点上昇度・凝固点降下度 Δt〔K〕は，非電解質の質量モル濃度 m〔mol/kg〕に比例する。

$$\Delta t = Km \quad （K は比例定数，溶媒の種類によって決まる）$$

K は，沸点上昇度のときはモル沸点上昇 K_b，凝固点降下度のときはモル凝固点降下 K_f である。モル質量 M〔g/mol〕の非電解質 w〔g〕が溶媒 W〔g〕に溶けているとき，非電解質の質量モル濃度 m〔mol/kg〕は

$$m = \frac{w}{M} \times \frac{1000}{W} 〔mol/kg〕$$

$\Delta t = Km$ より　$\Delta t = K \times \dfrac{w}{M} \times \dfrac{1000}{W}$

すなわち，$M = \dfrac{1000wK}{W\Delta t}$　となる。

沸点上昇度・凝固点降下度 Δt〔K〕の測定により，分子量が求められる。

POINT

沸点上昇度・凝固点降下度と分子量

$$\Delta t = Km = K \times \frac{w}{M} \times \frac{1000}{W} \quad \Rightarrow \quad M = \frac{1000wK}{W\Delta t}$$

凝固点降下と分子量

ある非電解質 18.0 g を水 500 g に溶かした溶液の凝固点は，−0.37 ℃であった。この非電解質の分子量はいくらか。ただし，水のモル凝固点降下は 1.85 K·kg/mol とする。

【解答】

この非電解質のモル質量を x〔g/mol〕とすると，質量モル濃度 m は

$$m = \frac{18.0}{x} \times \frac{1000}{500} \text{〔mol/kg〕} \qquad \Delta t = 0 - (-0.37) = 0.37 \text{〔K〕}$$

$\Delta t = K_f m$ より

$$0.37 = 1.85 \times \frac{18.0}{x} \times \frac{1000}{500} \qquad x = 180 \text{〔g/mol〕}$$

よって，この非電解質の分子量は **180** … 答

D 電解質水溶液の沸点上昇・凝固点降下

非電解質の沸点上昇度・凝固点降下度は非電解質の質量モル濃度に比例したが，**電解質のときは，溶液中のイオンや分子などの全溶質粒子の質量モル濃度に比例する。**

例として，0.020 mol/kg の塩化ナトリウム NaCl の凝固点降下度を求めてみよう。ただし，水のモル凝固点降下は 1.85 K·kg/mol とする。

NaCl ⟶ Na⁺ + Cl⁻ のように完全に電離するので，全溶質粒子の質量モル濃度 m〔mol/kg〕= 0.020 mol/kg × 2

$$\Delta t = K_f m = 1.85 \text{ K·kg/mol} \times 0.020 \text{ mol/kg} \times 2 = \mathbf{7.4 \times 10^{-2} \text{ K}}$$

 POINT

電解質水溶液の $\left\{ \begin{array}{l} \text{沸点上昇度} \\ \text{凝固点降下度} \end{array} \right\}$ ⟹ **イオン・分子などの全溶質粒子の質量モル濃度に比例**

塩のように完全に電離する電解質では，全イオンの質量モル濃度に比例する。

例題24 電解質水溶液の凝固点降下

水 100 g に塩化カルシウムの結晶 2.22 g を溶かした塩化カルシウム水溶液の凝固点は何℃か求めよ。ただし，水のモル凝固点降下は 1.85 K・kg/mol，原子量は Cl＝35.5，Ca＝40.0 とする。

〔解答〕

CaCl₂ の式量＝111，CaCl₂ ⟶ Ca²⁺ ＋ 2Cl⁻ のように完全に電離するから，$\Delta t = K_f m$ に代入すると

$$\Delta t = 1.85 \text{ K·kg/mol} \times \frac{2.22 \text{ g}}{111 \text{ g/mol}} \times \frac{1000 \text{ g/kg}}{100 \text{ g}} \times 3 = 1.11 \text{ K}$$

よって，凝固点は－**1.11℃** …㊎

3 浸透圧

A 浸透と半透膜

右図のように，底にセロハンをつけた容器にデンプン水溶液を入れ，この容器の口にガラス管を取りつけて，水の中に浸す。しばらく放置すると，ガラス管中に水溶液が上昇してくる。これは水がセロハンの膜を通ってデンプン水溶液に移動したことを示している。

このように，溶媒が膜を通って，移動する現象を浸透という。

セロハンは水分子を通すが，デンプン分子は通さない。このようにある種の粒子は通すが，別の種類の粒子を通さない膜を半透膜という。

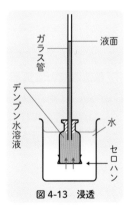

図 4-13 浸透

補足 半透膜の例　セロハン，膀胱膜，コロジオン膜，ポリビニルアルコール膜

B 浸透圧

　図4-14 ①のように，半透膜を隔てて溶液と溶媒を入れ，溶液と溶媒の高さを等しくし，長時間放置すると，溶媒分子が溶液側に浸透し，両液面の高さの差が一定になったところで，浸透が止まる（②）。この液面の高さの差をゼロにするためには，溶液の液面に圧力を加えなければならない。この圧力を浸透圧といい，はじめの状態で溶媒が水溶液側に浸透しようとする圧力に等しい。

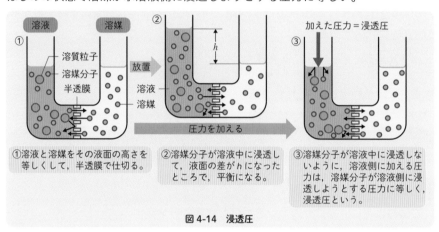

図4-14　浸透圧

C ファントホッフの法則

　「希薄溶液の浸透圧 Π〔Pa〕は，溶媒や溶質の種類に関係なく，溶液のモル濃度 C〔mol/L〕と絶対温度 T〔K〕に比例する。」

$$\Pi = CRT \quad \text{（気体定数 } R = 8.3 \times 10^3 \text{ Pa·L/(K·mol)）}$$

　体積 V〔L〕の溶液に物質量 n〔mol〕の非電解質が溶けているとすると，溶液のモル濃度は $C = \dfrac{n}{V}$〔mol/L〕となり，$\Pi = CRT$ は，次のようになる。

$$\Pi V = nRT$$

　この関係をファントホッフの法則といい，気体の状態方程式と同じ形になっている。また，モル質量 M〔g/mol〕の溶質粒子が w〔g〕溶けているとすると

$$\Pi V = \frac{w}{M}RT$$

となり，浸透圧を測定することにより，分子量（M）を求めることができる。

POINT

浸透圧の公式　$\Pi=CRT$　　$\Pi V=nRT$　　$\Pi V=\dfrac{w}{M}RT$

Π：希薄溶液の浸透圧〔Pa〕，C：溶液のモル濃度〔mol/L〕，

T：絶対温度〔K〕，V：溶液の体積〔L〕，n：溶質の物質量〔mol〕，

w：溶質の質量〔g〕，M：溶質のモル質量〔g/mol〕，

R：気体定数$=8.3\times10^{3}$ Pa·L/(K·mol)

例題 25　浸透圧と分子量

27 ℃で 0.75 g のデンプンを水に溶かして 100 mL とした溶液の浸透圧は，2.5×10^{2} Pa であった。このデンプンの分子量はいくらか。ただし，気体定数 $R=8.3\times10^{3}$ Pa·L/(K·mol)とする。

解答

$$\Pi=2.5\times10^{2}\text{〔Pa〕}\quad V=\frac{100}{1000}\text{〔L〕}\quad w=0.75\text{〔g〕}\quad T=273+27=300\text{〔K〕}$$

モル質量 M を x〔g/mol〕とすると，$\Pi V=\dfrac{w}{M}RT$ より

$$2.5\times10^{2}\times\frac{100}{1000}=\frac{0.75}{x}\times8.3\times10^{3}\times300\qquad x=7.47\times10^{4}\text{〔g/mol〕}$$

分子量は $\boldsymbol{7.5\times10^{4}}$ …（答）

D 電解質水溶液の浸透圧

電解質水溶液の浸透圧は，沸点上昇度・凝固点降下度の場合と同様に，**溶液中のイオンや分子などの全溶質粒子のモル濃度に比例する**。特に**塩の場合は完全に電離する**から，全イオンのモル濃度に比例する。

例 27 ℃，0.050 mol/L の塩化カルシウム水溶液の浸透圧を求める場合

$\Pi=CRT$ の C に代入する数値は，$CaCl_2 \longrightarrow Ca^{2+}+2Cl^-$ のように完全に電離するから，0.050 mol/L×3 となる。よって浸透圧 Π は

$$\Pi=0.050\times3\times8.3\times10^{3}\times(273+27)\fallingdotseq3.7\times10^{5}\text{ Pa}$$

POINT

電解質水溶液の浸透圧 ⇨ （分子＋イオン）のモル濃度に比例

塩のように完全に電離する電解質では，全イオンのモル濃度に比例する。

例題 26　電解質の浸透圧

人の血液の 37 ℃における浸透圧は 7.4×10^5 Pa である。37 ℃で，この浸透圧を示す生理食塩水を 1.0 L つくりたい。NaCl(式量 58.5)は何 g 必要か。気体定数 $R = 8.3 \times 10^3$ Pa・L/(K・mol) とする。

【解答】

1 mol の NaCl から Na^+ と Cl^- の計 2 mol のイオンができるので，必要量を x〔g〕とすると，総溶質粒子のモル濃度は $\dfrac{x}{58.5} \times 2$ mol/L となる。

$\Pi = CRT$ より

$$7.4 \times 10^5 = \frac{x}{58.5} \times 2 \times 8.3 \times 10^3 \times (273 + 37)$$

$$x ≒ 8.4 \text{ g} \cdots 答$$

4 | コロイド溶液

1 コロイド

A コロイド

　直径が $10^{-9} \sim 10^{-7}$ m 程度の大きさの粒子を**コロイド粒子**という。コロイド粒子が他の物質中に均一に分散している状態または物質を**コロイド**という。分散している物質(コロイド粒子)を**分散質**，分散させている物質を**分散媒**という。分散媒が液体のとき**コロイド溶液**という。

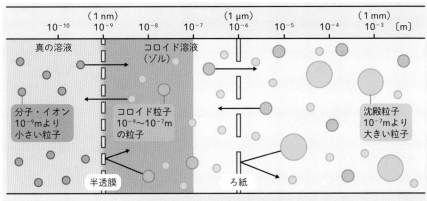

図 4-15　コロイド粒子の大きさ

分散質と分散媒の組み合わせで，次のようなさまざまなコロイドがある。

表4-5　身のまわりのさまざまなコロイド

		分散媒		
		固体（固体コロイド）	液体（液体コロイド）	気体（エーロゾル）
分散質	固体	色ガラス	絵の具	煙
	液体	ゼリー	牛乳	雲
	気体	マシュマロ	ムースの泡	存在しない

流動性のあるコロイド溶液をゾル**という。**一方，ゼラチンや寒天のコロイド溶液は冷やすと分散質が網目状構造をつくり，水（分散媒）を相当量含んだまま固化する。この**半固体状のコロイドを**ゲル**といい**，流動性を失った状態である。また，**ゲルを乾燥させ，網目状構造だけが残ったものを**キセロゲル**という。**

補足　キセロゲルの状態にあるものには，シリカゲルや乾燥した寒天がある。

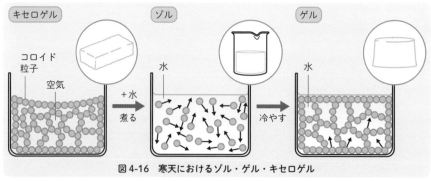

図 4-16　寒天におけるゾル・ゲル・キセロゲル

264

2 コロイドの分類

コロイドは，分散質の集合状態によって次のように分類される。

A 分散コロイド

金属や金属硫化物など水に不溶な物質が，あまり大きくならず，コロイド粒子程度の大きさになって，水に分散したコロイドを**分散コロイド**という。

B 分子コロイド

デンプンやタンパク質の水溶液では，デンプンやタンパク質の分子1個でコロイド粒子の大きさになっている。このようなコロイドを**分子コロイド**という。

C 会合コロイド

セッケン分子は分子内に疎水基と親水基をもち，水溶液中では**疎水基どうしで集合して，コロイド粒子の大きさになった集合体をつくる**。このような集合体を**ミセル**といい，ミセルをつくるコロイドを**会合コロイド**または**ミセルコロイド**という。

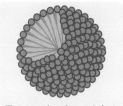

図4-17　セッケンのミセル

3 コロイド溶液の性質

　コロイド粒子は真の溶液の溶質より大きく、また帯電しているため、次のような特有の性質を示す。

A チンダル現象

　コロイド溶液に横から強い光線を当てると、光がコロイド粒子によって散乱され、光の通路が光って見える。このような現象を**チンダル現象**という。

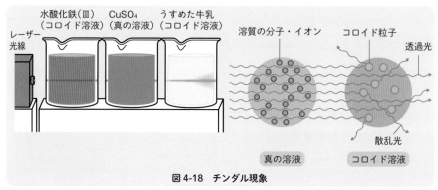

図4-18　チンダル現象

> **補足**　光の散乱は、分散している粒子の大きさが、光の波長の $\dfrac{1}{10}$ 以上のとき起きる。真の溶液の溶質の大きさでは、光の散乱は起こらない。

B ブラウン運動

　コロイド溶液を限外顕微鏡で観察すると、コロイド粒子が光の点となって、不規則な運動をしているのが見られる。これは、溶媒分子が熱運動によりコロイド粒子に衝突することが原因の運動で、**ブラウン運動**という。

> **補足**　1. ブラウン運動の名称は、イギリスの植物学者ブラウンが花粉を水に入れると、花粉粒が不規則な運動をしていることを発見した(1827年)ことによる。

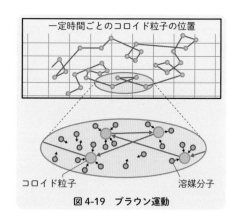

図4-19　ブラウン運動

2. 限外顕微鏡は，試料に側面から光を当て，コロイド粒子などによる散乱光を，光の点として観察する顕微鏡。コロイド粒子は通常の顕微鏡の分解能以下の大きさである。

C 透析

コロイド溶液を半透膜の袋に入れ流水中につけると，コロイド粒子は半透膜を通過できないが，小さなイオンなどは通過し，取り除くことができる。このような精製操作を透析といい，血液の人工透析に利用される。

例えば，水酸化鉄(Ⅲ)のコロイド溶液中には，水素イオンH^+と塩化物イオンCl^-が含まれている。これをセロハンの袋に入れて透析すると，袋の外にH^+とCl^-が出て，袋の中に精製された水酸化鉄(Ⅲ)のコロイド溶液が残る。

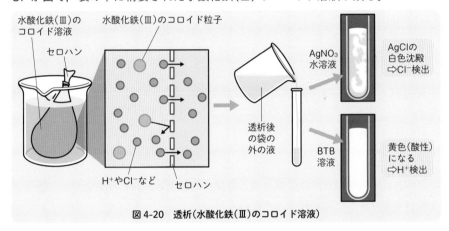

図4-20 透析（水酸化鉄(Ⅲ)のコロイド溶液）

D 電気泳動

コロイド溶液に直流電圧をかけると，コロイド粒子が帯電しているため，どちらかの電極に向かって移動する。この現象を電気泳動という。

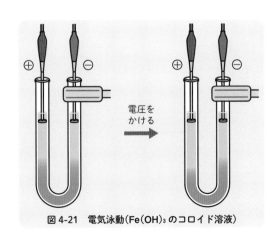

図4-21 電気泳動（$Fe(OH)_3$のコロイド溶液）

コロイド溶液の性質
　①チンダル現象　　②ブラウン運動　　③透析　　④電気泳動
　コロイド溶液の性質は，コロイド粒子の大きさと帯電していること
に由来する。

4　疎水コロイドと親水コロイド

A　疎水コロイドと凝析

　水酸化鉄(Ⅲ)などの分散コロイドは，水との親和力が小さく水和しにくいため，
疎水コロイドと呼ばれる。疎水コロイドの粒子は，表面が同種の電荷を帯びて
いるので，互いに反発して分散状態を保っている。
　しかし，疎水コロイドに少量の電解質を加えると，沈殿する。この現象を凝
析という。疎水コロイドは水和している水分子の数が少なく，コロイド粒子と
反対の電荷をもつイオンを吸着して互いに反発力を失い，凝析する。

B　凝析力

　疎水コロイドを凝析させる能力は，**コロイド粒子と反対の電荷をもち，価数の
大きいイオンをもつ電解質ほど大きい。**

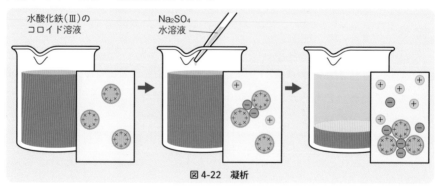

図4-22　凝析

凝析力の大きい電解質

　　正の電荷をもつコロイド粒子（正コロイド）

　　　⇨ 価数の大きい陰イオン　$SO_4^{2-} > Cl^-$

　　負の電荷をもつコロイド粒子（負コロイド）

　　　⇨ 価数の大きい陽イオン　$Al^{3+} > Ca^{2+} > Na^+$

C 親水コロイドと塩析

　デンプンやゼラチン（タンパク質）などのコロイド溶液中のコロイド粒子の表面には親水基が多数存在し，多数の水分子が水和している。このように，多数の水分子が水和しているコロイドを**親水コロイド**という。親水コロイドに少量の電解質を加えても，コロイド粒子の水和水によってイオンが直接作用しないため，沈殿しない。しかし，多量の電解質を加えると，電離したイオンがコロイド粒子の水和水を奪い，コロイド粒子は沈殿する。このように，多量の電解質を加えたときにコロイド粒子が沈殿する現象を**塩析**という。

補足 少量の電解質では，電離したイオンは分散媒の水と水和し，コロイド粒子の水和水を奪わないため，塩析には多量の電解質が必要になる。

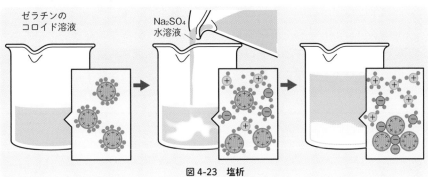

図 4-23　塩析

D 保護コロイド

疎水コロイドの溶液に親水コロイドの溶液を加えると，疎水コロイドの粒子が親水コロイドの粒子に囲まれて，凝析しにくくなる。このような作用をする親水コロイドを**保護コロイド**という。

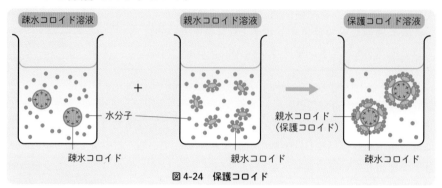

図 4-24　保護コロイド

POINT

コロイドの分類

疎水コロイド：コロイド粒子の帯電で安定化 ⇨ 凝析するコロイド

親水コロイド：コロイド粒子の水和で安定化 ⇨ 塩析するコロイド

　疎水コロイドの例：金，硫黄，水酸化鉄（Ⅲ），粘土など

　親水コロイドの例：デンプン，タンパク質，セッケンなど

凝析：コロイド溶液に少量の電解質を加えたとき，沈殿する現象。

塩析：コロイド溶液に多量の電解質を加えたとき，沈殿する現象。

保護コロイド：疎水コロイドに加えて凝析しにくくする親水コロイド。

コロイド溶液の性質

目的 コロイド溶液をつくり，その性質を調べる。

実験手順

❶ 沸騰している純水 50 mL に，直前に調製した
20 ％塩化鉄(Ⅲ)水溶液約 2 mL を少しずつ加え,
水酸化鉄(Ⅲ)のコロイド溶液をつくる。加熱を
止める。

❷ ❶ のコロイド溶液に横からレーザー光線を当
て，光の通路を観察する。

❸ 透析(セロハン)チューブに ❶ のコロイド溶液
を約 30 mL 入れ，ビーカーに入れた純水中に 2〜
3 分間放置する。

❹ ❸ のビーカー内の水を試験管 A，B に 5 mL ず
つ取り，A に硝酸銀水溶液，B に BTB 溶液を
数滴加えて，変化を観察する。

❺ 透析チューブ内のコロイド溶液を試験管 C，D,
E に 5 mL ずつ取る。

❻ C に 0.1 mol/L 塩 化 ナ ト リ ウ ム 水 溶 液，D に
0.05 mol/L 硫酸ナトリウム水溶液を 1 mL ずつ
加え，変化を観察する。

❼ E に 1 ％ゼラチン水溶液を 2 mL 加えたあと,
0.05 mol/L 硫酸ナトリウム水溶液を 1 mL 加え,
変化を観察する。

20％FeCl₃
2mL

沸騰水
（純水）
50mL

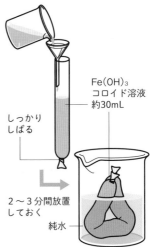

Fe(OH)₃
コロイド溶液
約30mL

しっかり
しばる

2〜3分間放置
しておく

純水

結果 ❹では，A の溶液は白濁する。B の溶液は黄色になる。

❻では，C には変化が見られなかったが，D では赤褐色の沈殿が生成した。

❼の E には変化が見られなかった。

考察 ❷では，光の通路が見えるチンダル現象が観察された。

❹の結果，透析チューブを Cl⁻ と H⁺ が通過し，A で白色沈殿を生じ，B の溶液は酸
性のため BTB 溶液によって黄色になった。

❻で，水酸化鉄(Ⅲ)のコロイド粒子を凝析させるには，Cl⁻ より SO₄²⁻ が有効。

❼では，ゼラチンが保護コロイドとしてはたらき，沈殿しなかった。

この章で学んだこと

　まず，溶解のしくみを理解し，続いて溶解平衡，固体と気体の溶解度，溶液の濃度を学習し，さらに，沸点上昇・凝固点降下・浸透圧の原理から計算へと発展した。最後に，コロイド溶液の意味・性質・分類などを学習した。

---

1 溶　解
❶ **溶解**　液体の溶媒に溶質が溶けて均一に混ざった溶液となること。
❷ **溶解のしくみ**
　(a) 電解質の溶解　イオンが水和して溶解。
　(b) 非電解質の溶解　親水基をもつ分子がそれぞれ水和して溶解。
　(c) 溶解性の傾向　溶媒と溶質が，ともに極性が同じような場合に溶解する。

2 溶解度
❶ **固体の溶解度**
　(a) 飽和溶液と溶解平衡　溶媒に溶質が限界まで溶けた溶液が**飽和溶液**。←溶解する粒子の数と析出する粒子の数が等しい**溶解平衡**の状態。
　(b) 固体の溶解度　溶媒 100 g に溶かすことができる溶質の最大質量(g)で表す。
　(c) 溶解度曲線　溶解度と温度の関係を表した曲線。
　(d) 冷却による析出量　(100 + 高温の溶解度)と溶解度差を基準にして計算。
　(e) 水和物の析出量　(100 + 低温の溶解度)と低温の溶解度を基準にして計算。
❷ **気体の溶解度**　水 1 L に溶ける気体の物質量として表すことが多い。
　(a) 温度の関係　温度が高いほど，溶解度は小さくなる。
　(b) 圧力の関係(ヘンリーの法則)　一定温度で，一定量の溶媒に溶ける気体の質量・物質量は圧力に比例➡その圧力での気体の体積は圧力に関係なく一定。
❸ **溶液の濃度**　質量パーセント濃度〔%〕，モル濃度〔mol/L〕，質量モル濃度〔mol/kg〕。

3 希薄溶液の性質
❶ **蒸気圧降下と沸点上昇**　不揮発性の溶質の溶液は純粋な溶媒より蒸気圧が小さくなり，沸点は純粋な溶媒より高くなる。
❷ **凝固点降下**　溶液の凝固点は純粋な溶媒より低くなる。
❸ **沸点上昇度・凝固点降下度**　沸点上昇度・凝固点降下度：Δt，モル沸点上昇・モル凝固点降下：K，質量モル濃度(分子とイオンの合計)：m ➡ $\Delta t = Km$
❹ **浸透と半透膜**　溶媒が膜を通って移動する現象が浸透で，膜が半透膜。
❺ **浸透圧**　浸透しようとする圧力が浸透圧 Π で，モル濃度(分子とイオンの合計) C と絶対温度 T に比例する。
　➡ファントホッフの法則　$\Pi = CRT$
　　　$\Pi V = nRT$　　　R：気体定数

4 コロイド溶液
❶ **コロイド溶液**　直径が 10^{-9}〜10^{-7} m 程度の粒子が液体中に分散している溶液。
❷ **性質**　チンダル現象，ブラウン運動，透析，電気泳動。
❸ **疎水コロイド**　少量の電解質を加えて沈殿(凝析)するコロイド。
❹ **親水コロイド**　多量の電解質を加えて沈殿(塩析)するコロイド。
❺ **保護コロイド**　疎水コロイドを凝析しにくくするために加える親水コロイド。

定期テスト対策問題 9

解答・解説は p.724

1 次のア〜カの物質の組み合わせのうち，互いに混ざり合わないものを 2 つ選べ。
ア　水とメタノール　　イ　酢酸とメタノール
ウ　ベンゼンと塩化ナトリウム
エ　ベンゼンとヘキサン　　オ　ジエチルエーテルと水
カ　ベンゼンとジエチルエーテル

2 硝酸カリウムの溶解度を 20 ℃で 32，40 ℃で 64 として，次の問いに答えよ。
(1) 40 ℃の硝酸カリウムの飽和水溶液を，20 ℃に冷却して 16 g の硝酸カリウムの結晶を得るには，はじめの飽和水溶液は何 g 必要か。
(2) 40 ℃の硝酸カリウムの飽和水溶液 300 g を放置したところ水が蒸発して 20 ℃となり，硝酸カリウムの結晶が 69.5 g 析出した。蒸発した水は何 g か。

3 炭酸ナトリウム Na_2CO_3（式量：106）の水に対する溶解度は 25 ℃で 30 g である。炭酸ナトリウム十水和物 $Na_2CO_3 \cdot 10H_2O$（式量：286）を用いて 25 ℃の飽和水溶液 100 g をつくるのに必要な炭酸ナトリウム十水和物は何 g か。

4 窒素と酸素の 20 ℃での溶解度は，0.015，0.030（水 1 L に溶ける 1.0×10^5 Pa，0 ℃〔標準状態〕に換算した L 単位の体積）である。次の問いに答えよ。ただし，分子量は $N_2 = 28$，$O_2 = 32$ とする。
(1) 20 ℃，2.0×10^5 Pa で，1 L の水に溶ける窒素は何 mol か。
(2) 窒素と酸素の体積比が 2：1 である混合気体が，20 ℃，1.0×10^5 Pa で水と接しているとき，水に溶けている窒素と酸素の質量比を整数値で答えよ。

ヒント

1 極性をもつものどうし，および極性をもたないものどうしは互いに混ざり合う。
2 (1) 40 ℃の水 100 g を含む飽和水溶液を 20 ℃に冷却すると，溶解度の差だけの質量の結晶が析出する。
(2) 析出した 69.5 g は冷却による析出量と蒸発した水に溶けていた結晶の和である。
3 水和水は，水に組み入れる。飽和水溶液の質量と飽和水溶液中の無水和物の質量は比例する。
4 この溶解度を 22.4 L/mol で割ると，溶解している気体の物質量になる。

5 次の(a)〜(c)の水溶液を沸点の高いほうから順に並べよ。

(a) 1000 g の水に尿素 0.01 mol を溶かした水溶液。

(b) 500 g の水にグルコース 0.01 mol を溶かした水溶液。

(c) 100 g の水に無水硫酸ナトリウム 0.005 mol を溶かした水溶液。

6 グルコースを水 100 g に溶かして，凝固点が $-0.074\,℃$ の水溶液としたい。何 g のグルコースを溶かせばよいか。ただし，グルコースの分子量は 180，水のモル凝固点降下を 1.85 K·kg/mol とし，溶液の体積は溶質を溶かす前後で変化しないとする。

7 ある糖 9.00 g を水 500 mL に完全に溶かした。この水溶液について，次の問いに答えよ。ただし，気体定数は 8.3×10^3 Pa·L/(K·mol) とし，溶液の体積は溶質を溶かす前後で変化しないとする。

(1) この水溶液の浸透圧をはかったところ，27 ℃で 2.5×10^5 Pa であった。この糖の分子量を求めよ。

(2) この水溶液と同じ浸透圧の塩化カルシウム水溶液をつくるには，27 ℃の水 200 mL に塩化カルシウムを何 g 溶かせばよいか。原子量は Cl = 35.5，Ca = 40.0 とする。

8 「デンプン水溶液に横からレーザー光線を当てると，光の通路が見える」という記述に最も関係の深い用語を，次の①〜⑤から選べ。

① 透析　　　　② 凝析　　　　③ 塩析

④ ブラウン運動　　　⑤ チンダル現象

9 硫黄のコロイド溶液に直流電圧をかけると，硫黄のコロイド粒子は陽極に移動した。硫黄のコロイド粒子を凝析させるのに最も有効な電解質を，次の①〜④から選べ。

① NaCl　　　② $AlCl_3$　　　③ $Mg(NO_3)_2$　　　④ Na_3PO_4

ヒント

5 沸点上昇度は，全溶質粒子の質量モル濃度に比例する。

6 $\Delta t = K_f m$ に代入する。

7 (1) 浸透圧の公式に代入する。

(2) 1 mol の $CaCl_2$ からイオンが 3 mol 生じる。

8 光がコロイド粒子によって散乱される現象。

9 コロイド粒子の電荷の種類とイオンの凝析力に注目する。

化学

第 **2** 部

物質の変化と
化学平衡

第  章　化学反応と
熱・光

1 | 化学反応とエンタルピー

1 反応熱とエンタルピー

化学変化に伴って，放出または吸収される熱量を反応熱（記号 Q）という。反応熱は，反応の前後で物質がもつ化学エネルギーが変化し，それに伴ってエネルギー保存則を満たすように放出または吸収される熱エネルギーである。一定圧力下の化学反応における生成物と反応物のもつ化学エネルギーは，エンタルピー（記号 H）と呼ばれる物理量で表され，化学反応に伴ってエンタルピー変化（記号 ΔH）が生じる。この ΔH が放出または吸収される熱量を表す。

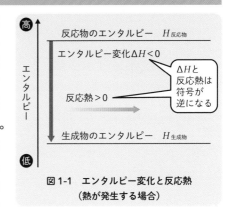

図 1-1　エンタルピー変化と反応熱
（熱が発生する場合）

一定圧力下の反応において，反応物のエンタルピーを $H_{反応物}$，生成物のエンタルピーを $H_{生成物}$ とすると，エンタルピー変化 ΔH は次のように表される。

$$\Delta H = H_{生成物} - H_{反応物}$$

$\Delta H < 0$ のとき，エンタルピーの減少分が外部に熱として放出され，発熱反応（反応熱は正の値）となる。$\Delta H > 0$ のとき，エンタルピーの増加分が外部から熱として吸収され，吸熱反応（反応熱は負の値）となる。このように，エンタルピー変化と反応熱の符号は逆になる。

POINT

エンタルピー変化と熱量の出入り

$$\Delta H = H_{生成物} - H_{反応物}$$

$\Delta H < 0 \Rightarrow$ 発熱反応，　$\Delta H > 0 \Rightarrow$ 吸熱反応

補足 section starts

補足 温度や圧力，エネルギーなどを考えるとき，反応にかかわる物質の集まりを**系**（けい）といい，系の周囲を**外界**（がいかい）という。エンタルピー変化は，系の中の変化に注目した見方である。一方，反応熱は，系を外界から見た熱の出入りである。したがって，エンタルピー変化と反応熱の数値は等しいが，両者の符号は逆になる。

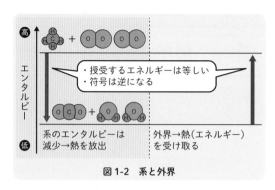

・授受するエネルギーは等しい
・符号は逆になる

系のエンタルピーは減少→熱を放出　　外界→熱（エネルギー）を受け取る

図1-2　系と外界

2　エンタルピー変化の表し方

A　エンタルピー変化の表し方

　化学変化に伴うエンタルピー変化は，化学反応式にΔHを添えて表される。このとき，エンタルピー変化は，物質の状態（三態や同素体）によって異なるので，化学式のあとに気体，液体などの状態や黒鉛などの同素体名を書き添える。

　例えば，水素H_2 2 mol が酸素O_2 1 mol と反応して，液体の水H_2O 2 mol が生じるときのエンタルピー変化ΔHは-572 kJ である。このとき，エンタルピー変化は次のように表される。

$$2H_2（気）+ O_2（気）\longrightarrow 2H_2O（液）\qquad \Delta H = -572\,kJ$$

　　　$H_{反応物}$　　　　　　　　　　$H_{生成物}$

$\Delta H = H_{生成物} - H_{反応物}$

$\Delta H < 0$（発熱反応）

B　発熱反応

　メタンCH_4 1 mol を完全燃焼させると，二酸化炭素CO_2 1 mol と水H_2O（液）2 mol が生じる。このとき，891 kJ の熱量を放出する。

$$CH_4（気）+ 2O_2（気）$$
$$\longrightarrow CO_2（気）+ 2H_2O（液）$$
$$\Delta H = -891\,kJ$$

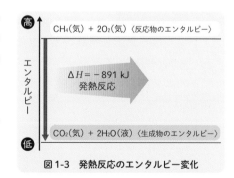

CH_4（気）$+ 2O_2$（気）〈反応物のエンタルピー〉

$\Delta H = -891\,kJ$
発熱反応

CO_2（気）$+ 2H_2O$（液）〈生成物のエンタルピー〉

図1-3　発熱反応のエンタルピー変化

C 吸熱反応

灼熱した黒鉛 C 1 mol に水蒸気を接触させると水素 H_2 1 mol と一酸化炭素 CO 1 mol が生じる。このとき，131 kJ の熱量を吸収する。

C(黒鉛) ＋ H_2O(気)

　　　$\longrightarrow$ H_2(気) ＋ CO(気)

$\Delta H = 131$ kJ

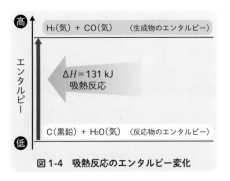

図 1-4　吸熱反応のエンタルピー変化

3 いろいろな反応エンタルピー

化学反応におけるエンタルピー変化を**反応エンタルピー**〔kJ〕という。通常，25 ℃，1.013×10^5 Pa での値を用いる。

また，A～D の反応エンタルピーは，注目する物質 1 mol あたりの熱量である。注目する物質の係数を 1 とするため，他の物質の係数は分数になることもある。

補足　化学反応式と併記する反応エンタルピー ΔH の単位は kJ を用いる。

A 燃焼エンタルピー

物質 1 mol が，完全燃焼するときに放出する熱量を**燃焼エンタルピー**〔kJ/mol〕という。

例　C_2H_6(気)の燃焼エンタルピーは，-1561 kJ/mol である。

$$C_2H_6(気) ＋ \frac{7}{2}O_2(気) \longrightarrow 2CO_2(気) ＋ 3H_2O(液) \qquad \Delta H = -1561 \text{ kJ}$$

B 生成エンタルピー

1 mol の化合物が，その成分元素の単体から生じるときに放出または吸収する熱量を**生成エンタルピー**〔kJ/mol〕という。

例　H_2O(液)の生成エンタルピーは，-286 kJ/mol である。

$$H_2(気) ＋ \frac{1}{2}O_2(気) \longrightarrow H_2O(液) \qquad \Delta H = -286 \text{ kJ}$$

補足　1. エンタルピーの値は, 25 ℃, 1.013×10^5 Pa での単体を基準とし, そのエンタルピーを 0 kJ とする(したがって，単体の生成エンタルピーは 0 kJ)。同素体が存在する場合は，安定なものを 0 kJ とする。例えば，ダイヤモンドと黒鉛を比べると黒鉛のほうが安定なので，炭素では，黒鉛の生成エンタルピーを 0 kJ とする。25 ℃, 1.013×10^5 Pa での生成エンタルピーを特に**標準生成エンタルピー**という。

2. 上の ΔH を伴った化学反応式は, 水素の燃焼エンタルピーを表しているともいえる。

溶解エンタルピー

物質 1 mol が，多量の溶媒に溶けるときに放出または吸収する熱量を**溶解エンタルピー**〔kJ/mol〕という。

例 水酸化ナトリウムの溶解エンタルピーは，-44.5 kJ/mol である。

$$NaOH + aq \longrightarrow NaOH\, aq \qquad \Delta H = -44.5\ kJ$$

補足 aq は多量の水を示す。NaOH aq は水酸化ナトリウム水溶液を示す。

表 1-1　燃焼エンタルピー，生成エンタルピー，溶解エンタルピー（25 ℃，1.013×10^5 Pa）

単位：〔kJ/mol〕

物質	燃焼エンタルピー
炭素（黒鉛）	-394
水素	-286
一酸化炭素	-283
メタン	-891
エタン	-1561
プロパン	-2219

物質	生成エンタルピー
水（気）	-242
一酸化炭素	-111
二酸化炭素	-394
メタン	-74.9
エタン	-83.8
エチレン	52.5

物質	溶解エンタルピー
アンモニア	-34.2
水酸化ナトリウム	-44.5
硫酸	-95.3
塩化ナトリウム	3.9
硝酸アンモニウム	25.7
尿素	15.4

D 中和エンタルピー

水溶液中で，酸と塩基が中和して，水 1 mol が生成するときに放出する熱量を**中和エンタルピー**〔kJ/mol〕という。

例 希薄な塩酸と希薄な水酸化ナトリウム水溶液の中和反応では，中和エンタルピーは，-56.5 kJ/mol である。

$$H^+aq + OH^-aq \longrightarrow H_2O（液） \qquad \Delta H = -56.5\ kJ$$

例題 1　ΔH を伴った化学反応式

エタノール C_2H_5OH（液）について，次の(1)〜(3)より，燃焼エンタルピー，生成エンタルピーおよび溶解エンタルピーを伴った化学反応式を示せ。ただし，C_2H_5OH の分子量は 46.0 とする。

(1) C_2H_5OH（液）0.500 mol が完全燃焼して二酸化炭素と水（液）を生じるとき，684 kJ の熱量を発生する。

(2) 黒鉛，水素および酸素から 11.5 g の C_2H_5OH（液）が生成するとき，69.5 kJ の熱量を発生する。

(3) C_2H_5OH（液）9.2 g を多量の水に溶かすと，2.1 kJ の熱量を発生する。

解答

(1) C_2H_5OH(液)0.500 mol が完全燃焼すると，684 kJ の熱量を発生するので，C_2H_5OH(液)1 mol の燃焼による燃焼エンタルピー ΔH は，$\Delta H = -$反応熱より

$$\Delta H = -684 \times 2 = -1368 \text{ kJ/mol}$$

C_2H_5OH(液)の係数を 1 として化学反応式を書き，ΔH を添える。

$$C_2H_5OH\text{(液)} + 3O_2\text{(気)} \longrightarrow 2CO_2\text{(気)} + 3H_2O\text{(液)}$$

$$\Delta H = -1368 \text{ kJ} \cdots \text{答}$$

(2) 1 mol の C_2H_5OH(液)が生成するとき発生する熱量は

$$69.5 \text{ kJ} \div \frac{11.5 \text{ g}}{46.0 \text{ g/mol}} = 278 \text{ kJ/mol} \qquad \Delta H = -278 \text{ kJ/mol}$$

$$2C\text{(黒鉛)} + 3H_2\text{(気)} + \frac{1}{2}O_2\text{(気)} \longrightarrow C_2H_5OH\text{(液)}$$

$$\Delta H = -278 \text{ kJ} \cdots \text{答}$$

(3) 1 mol の C_2H_5OH(液)が溶解するとき発生する熱量は

$$2.1 \text{ kJ} \div \frac{9.2 \text{ g}}{46.0 \text{ g/mol}} = 10.5 \text{ kJ/mol} \qquad \Delta H = -10.5 \text{ kJ/mol}$$

$$C_2H_5OH\text{(液)} + \text{aq} \longrightarrow C_2H_5OH \text{ aq} \qquad \Delta H = -10.5 \text{ kJ/mol} \cdots \text{答}$$

4 状態変化とエンタルピー変化

　同じ物質でも，状態の変化によって粒子の熱運動の状態が異なる。エンタルピーは，固体よりも液体，液体よりも気体が大きい。

A 融解エンタルピー

　固体から液体へ状態が変化するときに吸収する熱量を**融解エンタルピー**といい，0 ℃における水の融解エンタルピーは，$\Delta H = 6.0$ kJ/mol である。

$$H_2O\text{(固)} \longrightarrow H_2O\text{(液)} \qquad \Delta H = 6.0 \text{ kJ}$$

B 蒸発エンタルピー

　液体から気体へ状態が変化するときに吸収する熱量を**蒸発エンタルピー**といい，25 ℃における水の蒸発エンタルピーは，$\Delta H = 44$ kJ/mol である。

$$H_2O\text{(液)} \longrightarrow H_2O\text{(気)} \qquad \Delta H = 44 \text{ kJ}$$

補足 沸点(100 ℃)の蒸発エンタルピーは，41 kJ/mol である。

凝固エンタルピーと凝縮エンタルピー

凝固は融解，凝縮は蒸発の逆向きの変化である。したがって，凝固エンタルピーと凝縮エンタルピーは，それぞれ融解エンタルピーと蒸発エンタルピーの符号が逆の値である。

$$H_2O(液) \longrightarrow H_2O(固) \qquad \Delta H = -6.0\ kJ\ (0\ ℃において)$$

$$H_2O(気) \longrightarrow H_2O(液) \qquad \Delta H = -44\ kJ\ (25\ ℃において)$$

昇華エンタルピー

固体から気体へ変化するときに吸収する熱量を**昇華エンタルピー**といい，0 ℃における水の昇華エンタルピーは，$\Delta H = 51\ kJ/mol$ である。

$$H_2O(固) \longrightarrow H_2O(気) \qquad \Delta H = 51\ kJ$$

5 自発的に進む反応

自発的に進む変化（自発的変化）

融点以上の温度で氷は液体の水になる。また，プロパン C_3H_8 は空気中で点火すると，燃え続ける。このように，自然に進んでいく変化を自発的に進む変化（自発的変化）という。同じ条件のもとでは，自発的変化の逆は起こらない。

エンタルピー変化と自発的変化

C_3H_8 の燃焼反応などの発熱反応では，反応エンタルピー $\Delta H < 0$ で，エネルギーが低下する方向へ進む自発的変化である。

$$C_3H_8(気) + 5O_2(気) \longrightarrow 3CO_2(気) + 4H_2O(液) \qquad \Delta H = -2219\ kJ$$

しかし，自発的変化のすべてが発熱反応ではない。例えば，吸熱反応である硝酸アンモニウムの水への溶解は，自発的に進む。

$$NH_4NO_3(固) + aq \longrightarrow NH_4NO_3\ aq \qquad \Delta H = 26\ kJ \quad \cdots\cdots ⑦$$

乱雑さとエントロピー

吸熱反応が自発的に進むということは，反応エンタルピー以外にも反応が自発的に進む要因があることを示している。水にインクをたらすと，インクは自然に水中に広がり，もとには戻らない。これはインクの分子が溶媒と混ざり，乱雑な状態になったことによる。物質の変化は乱雑さが増加する傾向にある。この乱雑さを表す度合いを**エントロピー**（記号 S）といい，その変化量をエントロピー

変化(ΔS)という。⑦式の変化は $\Delta H > 0$ であるが，$\Delta S > 0$ であるため，自発的に進行する。

　化学反応が自発的に進むかどうかは，ΔH と ΔS によって考えることができる。

例 オゾン O_3 が酸素 O_2 になる反応

$$O_3 \text{（気）} \longrightarrow \frac{3}{2} O_2 \text{（気）} \qquad \Delta H = -143 \text{ kJ}$$

要因	反応エンタルピー	エントロピー変化
増減	$\Delta H < 0$　発熱反応	$\Delta S > 0$　分子数が増加
方向	$\Delta H < 0$，$\Delta S > 0$ であるため反応は自発的に進む。	

例 硝酸アンモニウムの水への溶解

$$NH_4NO_3 \text{（固）} + aq \longrightarrow NH_4NO_3 \, aq \qquad \Delta H = 26 \text{ kJ}$$

要因	反応エンタルピー	エントロピー変化
増減	$\Delta H > 0$　吸熱反応	$\Delta S > 0$　固体が液体に溶ける
方向	$\Delta H > 0$，$\Delta S > 0$ であるため反応の方向は予測できないが，実際は，エントロピーの増加の効果が大きく，自発的に進む。	

例 気体のアンモニアと気体の塩化水素が固体の塩化アンモニウムになる反応

$$NH_3 \text{（気）} + HCl \text{（気）} \longrightarrow NH_4Cl \text{（固）} \qquad \Delta H = -176 \text{ kJ}$$

要因	反応エンタルピー	エントロピー変化
増減	$\Delta H < 0$　発熱反応	$\Delta S < 0$　気体から固体
方向	$\Delta H < 0$，$\Delta S < 0$ であるため反応の方向は予測できないが，実際は，エンタルピーの減少の効果が大きく，自発的に進む。	

POINT

$\Delta H < 0$，$\Delta S > 0$ のとき ⇨ 自発的に反応が進む

$\Delta H > 0$，$\Delta S < 0$ のとき ⇨ 自発的に反応は進まない

$\Delta H > 0$，$\Delta S > 0$ または $\Delta H < 0$，$\Delta S < 0$ のとき

　　　　　　　⇨ 条件により自発的に進むか否かが決まる

2 | ヘスの法則とその応用

1 ヘスの法則

　スイスのヘスは，1840 年，多くの実験から反応エンタルピーに関する次のような法則を提唱した。

「反応エンタルピーは，反応経路には無関係であり，反応の最初と最後の状態で決まる。」

　例えば，固体の水酸化ナトリウムと塩酸の反応には，次の異なる 2 つの経路がある。

> 経路Ⅰ　固体の水酸化ナトリウム 1 mol を十分な量の塩酸と反応させると，塩化ナトリウム水溶液と水を生じ，101 kJ の熱を放出した。
>
> $NaOH(固) + HCl\,aq \longrightarrow NaCl\,aq + H_2O(液)$ 　　　$\Delta H_{\mathrm{I}} = -101\ kJ$

> 経路Ⅱ　固体の水酸化ナトリウム 1 mol を多量の水に溶かしたとき，44.5 kJ の熱を放出した。さらに，生じた水酸化ナトリウム水溶液と塩酸を中和させると，56.5 kJ の熱を放出した。
>
> $NaOH(固) + aq \longrightarrow NaOHaq$ 　　　　　　　$\Delta H_{\mathrm{II}1} = -44.5\ kJ$
> $NaOH\,aq + HCl\,aq \longrightarrow NaCl\,aq + H_2O(液)$ 　　$\Delta H_{\mathrm{II}2} = -56.5\ kJ$

　反応エンタルピーは，$-101 = (-44.5) + (-56.5)$ となり，次の式が成立する。

　　$\Delta H_{\mathrm{I}} = \Delta H_{\mathrm{II}1} + \Delta H_{\mathrm{II}2}$（反応エンタルピーは反応の経路によらない）

　これらの反応の反応エンタルピーは，ヘスの法則に従い，**図 1-5** のような**エネルギー図**で表される。

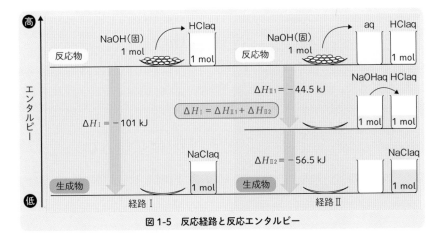

図1-5　反応経路と反応エンタルピー

　ヘスの法則は，ΔH を伴った化学反応式の各化学式が，物質 1 mol がもつエンタルピーを表しており，ΔH を伴った化学反応式が代数式のように扱えることを示している。

2　ヘスの法則の応用

　ヘスの法則(ΔH を伴った化学反応式が代数式のように扱えること)を利用すると，実際に測定することが困難な反応エンタルピーを，他の反応の反応エンタルピーから求めることができる。

　炭素 C (黒鉛)の燃焼による一酸化炭素 CO 生成の反応エンタルピーは，同時に二酸化炭素 CO_2 を生じるため，直接測定することは困難である。ところが，①式，②式で直接測定できる C (黒鉛)と CO の燃焼エンタルピー ΔH_1，ΔH_2 を用いると，③式のように，CO の反応エンタルピーΔH_3 を求めることができる。

$$C(黒鉛) + O_2(気) \longrightarrow CO_2(気) \qquad \Delta H_1 = -394\ \text{kJ} \quad \cdots\cdots①$$

$$CO(気) + \frac{1}{2}O_2(気) \longrightarrow CO_2(気) \qquad \Delta H_2 = -283\ \text{kJ} \quad \cdots\cdots②$$

①－②より

$$C(黒鉛) + \frac{1}{2}O_2(気) - CO(気) \longrightarrow 0 \qquad \Delta H_3 = \Delta H_1 - \Delta H_2 = -111\ \text{kJ}$$

$$C(黒鉛) + \frac{1}{2}O_2(気) \longrightarrow CO(気) \qquad \Delta H_3 = -111\ \text{kJ} \quad \cdots\cdots③$$

CO の反応エンタルピーは，$\Delta H = -111\ \text{kJ/mol}$ となる。

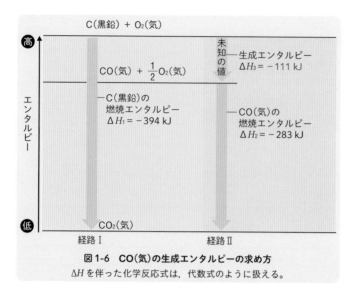

図 1-6　**CO（気）の生成エンタルピーの求め方**
ΔH を伴った化学反応式は，代数式のように扱える。

3　生成エンタルピーを用いた 他の反応の反応エンタルピーの算出

　化学反応式の各物質の生成エンタルピーがわかると，その反応の反応エンタルピーを求めることができる。

$$CH_4（気） + 2O_2（気） \longrightarrow CO_2（気） + 2H_2O（液） \qquad \Delta H = x〔kJ〕$$

CH_4（気），CO_2（気）および H_2O（液）の生成エンタルピーは，①〜③式で表される。

$$C（黒鉛） + 2H_2（気） \longrightarrow CH_4（気） \qquad \Delta H_{CH_4} = -75\,kJ \quad \cdots\cdots①$$

$$C（黒鉛） + O_2（気） \longrightarrow CO_2（気） \qquad \Delta H_{CO_2} = -394\,kJ \quad \cdots\cdots②$$

$$H_2（気） + \frac{1}{2}O_2（気） \longrightarrow H_2O（液） \qquad \Delta H_{H_2O} = -286\,kJ \quad \cdots\cdots③$$

図 1-7 から，次の関係が成り立つ。

$$\Delta H_{CH_4} + x = \Delta H_{CO_2} + \Delta H_{H_2O} \times 2$$

$$x = \Delta H_{CO_2} + \Delta H_{H_2O} \times 2 - \Delta H_{CH_4} \qquad\qquad \cdots\cdots④$$

$$= -394\,kJ + (-286\,kJ) \times 2 - (-75\,kJ) = -891\,kJ$$

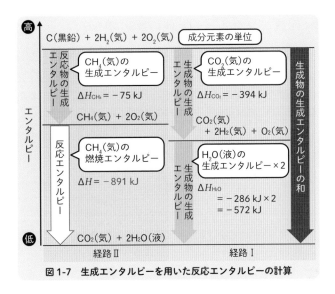

図 1-7　生成エンタルピーを用いた反応エンタルピーの計算

④は，次のことを意味している。

　　　反応エンタルピー＝（生成物の生成エンタルピーの和）

　　　　　　　　　　　　　　　　－（反応物の生成エンタルピーの和）

 ④は，②＋③×2－①からも求められる。

POINT

反応エンタルピー＝（生成物の生成エンタルピーの和）

　　　　　　　　　　－（反応物の生成エンタルピーの和）

生成エンタルピーと他の反応の ΔH

次の(1)と(2)に答えよ。ただし，Fe_3O_4(固)，CO_2(気)および H_2O(液)の生成エンタルピーは，それぞれ -1121 kJ/mol，-394 kJ/mol および -286 kJ/mol である。

(1) 次の反応の x は何 kJ か。

$$Fe_3O_4(固) \ + \ 2C(黒鉛) \ \longrightarrow \ 3Fe(固) \ + \ 2CO_2(気) \qquad \Delta H = x(kJ)$$

(2) エタノール C_2H_5OH(液)が酸素と反応して，二酸化炭素と水が生じる反応は，次式で表される。

$$C_2H_5OH(液) \ + \ 3O_2(気) \ \longrightarrow \ 2CO_2(気) \ + \ 3H_2O(液)$$

$\Delta H = -1367$ kJ

C_2H_5OH(液)の生成エンタルピー〔kJ/mol〕を求めよ。

──────────

(解答)

反応エンタルピー＝（生成物の生成エンタルピーの和）

－（反応物の生成エンタルピーの和）

(1) 生成物の生成エンタルピーの和＝$0 \times 3 + (-394) \times 2 = -394 \times 2$ kJ

反応物の生成エンタルピーの和＝$(-1121) + 0 \times 2 = -1121$ kJ

$x = -394 \times 2 - (-1121) = \mathbf{333 \ kJ}$ …(答)

(2) C_2H_5OH(液)の生成エンタルピーを y〔kJ/mol〕とすると

$$-1367 = (-394) \times 2 + (-286) \times 3 - (y + 0 \times 3)$$

$$y = \mathbf{-279 \ kJ/mol} \text{ …(答)}$$

4 温度と熱量の関係

物質は加熱すると温度が上がるが，その上昇度は物質によって異なる。物質 1 g の温度を 1 K 上げるのに必要な熱量を，**比熱(比熱容量)** という。物質の温度変化と熱量には，次のような関係がある。

熱量〔J〕＝物質の質量〔g〕×比熱〔J/(g・K)〕×温度変化〔K〕

3 | 結合エンタルピーと反応エンタルピー

1 結合エンタルピー

　気体状態の分子の共有結合を切断して，気体状態の原子にするのに必要なエネルギーを**結合エンタルピー**（結合エネルギー）といい，分子内の結合 1 mol あたりの値で示す。

　1 mol の水素 H_2 をばらばらにして 2 mol の水素原子 H にするとき，必要なエネルギーは 436 kJ で，結合エンタルピーとして，この値を用いる。したがって，

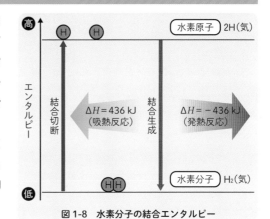

図1-8　水素分子の結合エンタルピー

H–H の結合エンタルピーは 436 kJ/mol である。1 mol の水素 H_2 をばらばらにするとき，436 kJ のエネルギーが吸収される。

$$H_2(気) \longrightarrow 2H(気) \qquad \Delta H = 436 \text{ kJ}$$

　逆に，2 mol の水素原子 H が結合して 1 mol の水素分子 H_2 になるとき，結合エンタルピーに相当する 436 kJ のエネルギーが放出される。

$$2H(気) \longrightarrow H_2(気) \qquad \Delta H = -436 \text{ kJ}$$

表1-2　結合エンタルピー〔kJ/mol〕（25 ℃，1.013×10^5 Pa）

H–H	436	C–Cl(CCl₄)	325
C–H(CH₄)	416	O＝O	498
O–H(H₂O)	463	C＝O(CO₂)	804
N–H(NH₃)	391	N≡N	945
H–Cl	432	C–C	357
H–F	568	C–C(C₂H₆)	330
Cl–Cl	243	C＝C(C₂H₄)	589
F–F	158	C≡C(C₂H₂)	811

※多原子分子では物質の種類により，同じ結合でも値が少し異なる。（　）内に物質の種類を示してある。

289

2 結合エンタルピーと反応エンタルピー

分子間力の影響を受けない気体分子どうしの反応では，すべての反応物とすべての生成物の結合エンタルピーの差が，エンタルピー変化として現れる。

水素 H_2 と塩素 Cl_2 から塩化水素 HCl が生成するときの反応エンタルピーを考える。

この反応の反応エンタルピー ΔH を x〔kJ〕とすると

$$H_2(気) + Cl_2(気) \longrightarrow 2HCl(気) \qquad \Delta H = x〔kJ〕 \quad \cdots\cdots ①$$

この反応の反応エンタルピーは，$H-H$ と $Cl-Cl$ の結合がそれぞれ 1 mol 切断された後，$H-Cl$ の結合が 2 mol 生じる反応エンタルピーである。これを ΔH を用いて表すと

$$H_2(気) \longrightarrow 2H(気) \qquad \Delta H_{H_2} = 436\ kJ \quad \cdots\cdots ②$$

$$Cl_2(気) \longrightarrow 2Cl(気) \qquad \Delta H_{Cl_2} = 243\ kJ \quad \cdots\cdots ③$$

$$HCl(気) \longrightarrow H(気) + Cl(気) \qquad \Delta H_{HCl} = 432\ kJ \quad \cdots\cdots ④$$

②＋③－④×2 より，①が得られるので

$$\Delta H = 436\ kJ + 243\ kJ - 432\ kJ \times 2 = -185\ kJ$$

つまり，反応エンタルピー ΔH は，反応物の結合エンタルピーの和
$(\Delta H_{H_2} + \Delta H_{Cl_2})$ から生成物の結合エンタルピーの和$(2 \times \Delta H_{HCl})$を引いたものになる。

一般に，次の関係が成り立つ。

反応エンタルピー＝（反応物の結合エンタルピーの和）

－（生成物の結合エンタルピーの和）

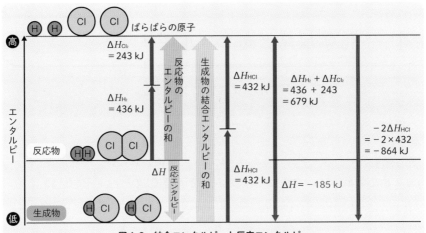

図1-9　結合エンタルピーと反応エンタルピー

例題 3　結合エンタルピーと反応エンタルピー

水の蒸発エンタルピー x〔kJ/mol〕を求めよ。

H_2O（液）　$\longrightarrow$　H_2O（気）　　　　　　　$\Delta H = x$〔kJ〕　　……①

ただし，H_2O（液）の生成エンタルピーは -286 kJ/mol である。

H_2（気）　$+$　$\dfrac{1}{2}O_2$（気）　$\longrightarrow$　H_2O（液）　　$\Delta H = -286$ kJ　……②

また，H−H，O＝O および O−H の結合エンタルピーは，それぞれ 436 kJ/mol，498 kJ/mol および 463 kJ/mol である。

（解答）

①＋②より

H_2（気）　$+$　$\dfrac{1}{2}O_2$（気）　$\longrightarrow$　H_2O（気）　　$\Delta H = -286 + x$〔kJ〕　……③

③はすべてが気体であり，次の関係が適用できる。

反応エンタルピー＝（反応物の結合エンタルピーの和）
　　　　　　　　　　　−（生成物の結合エンタルピーの和）

H_2O は分子中に O−H 結合を 2 つ含み，生成物の結合エンタルピーの和は 463×2 kJ なので

$$-286 + x = \left(436 + 498 \times \frac{1}{2}\right) - 463 \times 2$$

$$x = 45 \text{ kJ/mol} \cdots 答$$

2

第 1 章　化学反応と熱・光

4 | 化学反応と光エネルギー

1 光とエネルギー

A 光

　光は電磁波である。その波長の長さにより，X線，紫外線，可視光線，赤外線，電波などと呼ばれる。われわれが見える光を可視光線といい，波長はおよそ $3.8 \times 10^{-7} \sim 7.8 \times 10^{-7}$ m である。光のもつエネルギーは，波長に反比例する。

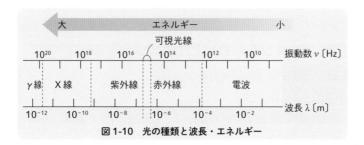

図1-10　光の種類と波長・エネルギー

B 光と化学反応

　化学反応によって，光が放出される場合がある。化学反応による発光を化学発光といい，生物の体内で起こる化学反応による発光を生物発光という。また，物質が光を吸収することによって起こる化学反応を光化学反応という。

　化学発光や生物発光，光化学反応では，化学反応に伴って光エネルギーの出入りが起こる。

2 化学発光

　化学発光は，化学反応によって高エネルギー状態になった分子や原子が，低エネルギー状態に移るときに，光を放出する現象である。

A ルミノール反応

　塩基性水溶液中でルミノールを過酸化水素などで酸化すると，青い発光が観察される。これを**ルミノール反応**という。

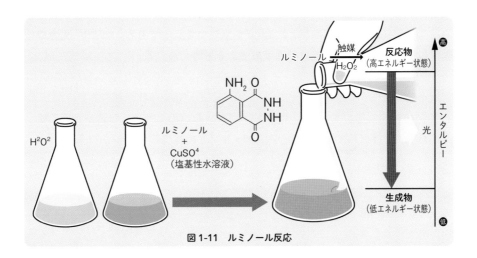

図1-11　ルミノール反応

補足 触媒として，硫酸銅(Ⅱ)やヘキサシアニド鉄(Ⅲ)酸カリウムなどを用いる。また，この反応は血液中の成分が触媒となり，強い発光をするため，血痕の検出などに利用される。

3 光化学反応

A 臭化銀 AgBr の光による分解反応

臭化銀のイオン結晶に光が当たると，Br^- の電子が Ag^+ に移動して，分解反応が起こる。

$$AgBr \longrightarrow Ag + Br \quad (2AgBr \longrightarrow 2Ag + Br_2)$$

B 光合成

光合成は，植物の葉緑体が光を吸収して，二酸化炭素 CO_2 と水 H_2O からグルコース $C_6H_{12}O_6$ などの有機物と酸素 O_2 を生成する反応である。つまり，**光合成は，吸収したエネルギーを使った吸熱反応であると考えられる。**

$$6CO_2(気) + 6H_2O(液) \longrightarrow C_6H_{12}O_6(固) + 6O_2(気) \quad \Delta H = 2807 \text{ kJ}$$

植物の葉緑体が吸収した光のエネルギーを使って水 H_2O が酸化され，酸素 O_2 と電子 e^- を生じる。この反応で生じた e^- がいろいろな分子に伝達され，二酸化炭素 CO_2 と水 H_2O からグルコース $C_6H_{12}O_6$ などの有機物が合成される。

C 水素と塩素の反応

水素と塩素の混合気体に光を当てると，爆発的に反応して塩化水素を発生する。

$$H_2 + Cl_2 \longrightarrow 2HCl$$

この反応では，塩素が光を吸収して不対電子をもつ塩素原子 $Cl\cdot$ となり，これが水素と反応して塩化水素を生成している。この反応は，次の反応が連鎖して起こる連鎖反応である。

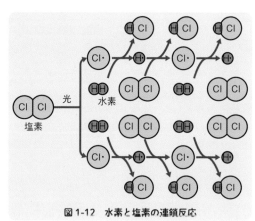

図1-12 水素と塩素の連鎖反応

$$Cl_2 \xrightarrow{光} 2Cl\cdot$$
$$Cl\cdot + H_2 \longrightarrow HCl + H\cdot$$
$$H\cdot + Cl_2 \longrightarrow HCl + Cl\cdot$$

この章で学んだこと

化学変化に伴う反応熱や反応エンタルピー，反応エンタルピーの表し方，自発的に進む反応，ヘスの法則とその応用，生成エンタルピーを用いた他の反応のΔHの算出，結合エンタルピーとΔHの関係，化学反応と光エネルギーについて学習した。

1 化学反応とエンタルピー

❶ 反応熱とエンタルピー

（a）反応熱 化学反応に伴って放出または吸収される熱量。

（b）エンタルピー H 生成物と反応物がもつ，エネルギーを表す物理量。

（c）エンタルピー変化 ΔH

$\Delta H = H_{生成物} - H_{反応物}$

$\Delta H = -反応熱$

$\Delta H < 0 \Rightarrow$ 発熱反応

$\Delta H > 0 \Rightarrow$ 吸熱反応

❷ エンタルピー変化の表し方

化学反応式とエンタルピー変化 ΔH を合わせて示す。

$2H_2(気) + O_2(気) \longrightarrow 2H_2O(液)$

$\Delta H = -572\,kJ$

❸ 反応エンタルピー

反応エンタルピー〔kJ〕 化学変化におけるエンタルピー変化。燃焼エンタルピーや生成エンタルピーなどは注目する物質 $1\,mol$ あたりのエンタルピー変化。

❹ 状態変化とエンタルピー変化

状態変化に伴うエンタルピー変化。$1\,mol$ あたりで示す。融解エンタルピーや蒸発エンタルピーなど。

❺ 自発的に進む反応

（a）エントロピー S 乱雑さを表す度合い。

（b） 自然界の変化は，$\Delta H < 0$，$\Delta S > 0$ の傾向がある。反応が自発的に進むかは，ΔH と ΔS の兼ね合いによる。

2 ヘスの法則とその応用

❶ ヘスの法則

「反応エンタルピーは，反応経路には無関係であり，反応の最初と最後の状態で決まる。」

❷ ヘスの法則の応用

ΔH を伴った化学反応式が代数式のように扱える。

❸ 生成エンタルピーを用いた他の反応の反応エンタルピーの算出

反応エンタルピー

＝（生成物の生成エンタルピーの和）

　－（反応物の生成エンタルピーの和）

3 結合エンタルピーと反応エンタルピー

結合エンタルピー 結合 $1\,mol$ を切断するのに必要なエネルギー。

反応エンタルピー

＝（反応物の結合エンタルピーの和）

　－（生成物の結合エンタルピーの和）

4 化学反応と光エネルギー

化学反応に伴う発光や，光の吸収により，化学反応が起こる。

定期テスト対策問題 10

解答・解説は p.726

1 次の化学反応式に反応エンタルピーを書き添えた式をもとにして，下の問いに答えよ。

$$CH_4(気) + 2O_2(気) \longrightarrow CO_2(気) + 2H_2O(液) \qquad \Delta H = -891 \text{ kJ}$$

(1) 標準状態で 8.96 L のメタン CH_4 を完全燃焼させたときの発熱量は何 kJ か。

(2) メタン CH_4 を完全に燃焼させて 4455 kJ の熱量を得るには，メタン何 g を燃焼させればよいか。ただし，原子量は H＝1.0，C＝12.0 とする。

2 次の(1)・(2)の事柄を化学反応式に反応エンタルピーを書き添えた式で示せ。ただし，原子量は H＝1.0，O＝16.0，Na＝23.0 とする。

(1) エタノール C_2H_5OH の生成エンタルピーは，-277 kJ/mol である。

(2) 水酸化ナトリウムの固体 8.0 g を多量の水に溶かしたところ，9.0 kJ の熱量を発生した。

3 次の化学反応式に反応エンタルピーを書き添えた式を利用して，プロパン C_3H_8 の燃焼エンタルピーを書き添えた化学反応式を書け。

$$C(黒鉛) + O_2(気) \longrightarrow CO_2(気) \qquad \Delta H = -394 \text{ kJ} \quad \cdots\cdots①$$

$$H_2(気) + \frac{1}{2}O_2(気) \longrightarrow H_2O(液) \qquad \Delta H = -286 \text{ kJ} \quad \cdots\cdots②$$

$$3C(黒鉛) + 4H_2(気) \longrightarrow C_3H_8(気) \qquad \Delta H = -105 \text{ kJ} \quad \cdots\cdots③$$

4 次の化学反応式に反応エンタルピーを書きえた式を利用して，エテン(エチレン) C_2H_4 の生成エンタルピーを書き添えた化学反応式を書け。ただし $CO_2(気)$，H_2O(液)の生成エンタルピーはそれぞれ-394 kJ/mol，-286 kJ/mol である。

$$C_2H_4(気) + 3O_2(気) \longrightarrow 2CO_2(気) + 2H_2O(液) \qquad \Delta H = -1411 \text{ kJ}$$

ヒント

1 (1)・(2)ともに CH_4 の物質量を求める。

2 注目する物質 1 mol あたりのエンタルピー変化を考える。

3 反応エンタルピー＝(生成物の生成エンタルピーの和)－(反応物の生成エンタルピーの和)

4 反応エンタルピー＝(生成物の生成エンタルピーの和)－(反応物の生成エンタルピーの和)
C_2H_4 の生成エンタルピーを x(kJ/mol)とおく。

5 　12.0 ℃の 1.0 mol/L の塩酸と 1.0 mol/L の水酸化ナトリウム水溶液を 150 mL ず つ混合したら，混合液の水温は 18.5 ℃になった。混合溶液の密度を 1.0 g/cm³，比 熱を 4.2 J/(g・K)とし，この測定値をもとに，中和エンタルピーを添えた化学反応 式を書け。

6 　メタン CH_4 とエテン（エチレン） C_2H_4 の混合気体が標準状態で 11.2 L ある。こ の混合気体を完全に燃焼したところ 549 kJ の熱量を発生した。この混合気体中の メタンの体積百分率は何%か。次の燃焼エンタルピーを添えた化学反応式を用い て求めよ。

$$CH_4(気) + 2O_2(気) \longrightarrow CO_2(気) + 2H_2O(液) \qquad \Delta H = -890 \text{ kJ}$$
$$C_2H_4(気) + 3O_2(気) \longrightarrow 2CO_2(気) + 2H_2O(液) \qquad \Delta H = -1410 \text{ kJ}$$

7 　下の反応エンタルピーを添えた化学反応式の x，y，z を求めよ。ただし，次の 黒鉛の燃焼のエンタルピーを書き添えた化学反応式および結合エンタルピーを用 いよ。

$$C(黒鉛) + O_2(気) \longrightarrow CO_2(気) \qquad \Delta H = -394 \text{ kJ}$$

結合エンタルピー〔kJ/ mol〕

　　　H−H：436　　　O＝O：498　　　N≡N：945
　　　O−H：463　　　N−H：390　　　C＝O：804

$$H_2(気) + \frac{1}{2}O_2(気) \longrightarrow H_2O(気) \qquad \Delta H = x〔kJ〕$$
$$N_2(気) + 3H_2(気) \longrightarrow 2NH_3(気) \qquad \Delta H = y〔kJ〕$$
$$C(黒鉛) \longrightarrow C(気) \qquad \Delta H = z〔kJ〕$$

8 　次の記述の正誤を答えよ。
(1)　発光は，光を吸収して高いエネルギー状態にある分子が低い状態に移るとき に起こる。
(2)　水素と塩素の混合気体に光を当てると，連鎖反応を起こし，塩化水素になる。
(3)　光合成は発熱反応であり，光エネルギーが用いられる。

ヒント
5 水 1mol が生成するときの発熱量から中和エンタルピーを求める。
6 CH_4，C_2H_4 それぞれ x（mol），y（mol）として，体積と熱量の 2 つの方程式を立てる。
7 反応エンタルピー＝（反応物の結合エンタルピーの和）−（生成物の結合エンタルピーの和）
8 光合成は光エネルギーを吸収して起こる。

MY BEST   Advanced Chemistry

第 2 章   電池と
電気分解

1 | 電池

1 電池の原理

酸化還元反応に伴って放出される化学エネルギーを，電気エネルギーに変換する装置を電池という。

イオン化傾向の異なる2種類の金属を電極として電解質水溶液に浸し，導線で結ぶと電流が流れる。このとき，イオン化傾向の大きな金属は酸化され，電子を放出する。その電子はもう一方の金属へ流れて，還元反応が起こる。電子e^-が流れ出す電極を負極，e^-が流れ込む電極を正極という。

負極：イオン化傾向の大きい金属で，酸化反応が起こる。

正極：イオン化傾向の小さい金属で，還元反応が起こる。

起電力：両極間の電位差(電圧)の最大値。

ダニエル電池(⇨ p.173)の両極の反応は，次のとおりである。

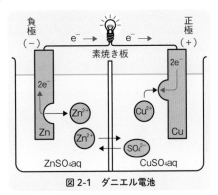

図 2-1 ダニエル電池

負極 $\quad Zn \longrightarrow Zn^{2+} + 2e^-$

正極 $\quad Cu^{2+} + 2e^- \longrightarrow Cu$

全体の反応 $Zn + Cu^{2+} \longrightarrow Zn^{2+} + Cu$

ダニエル電池は，次のような電池式で表される。

$$(-)Zn \mid ZnSO_4\,aq \mid CuSO_4\,aq \mid Cu(+)$$

負極　　電解液　　　電解液　　　正極

負極で酸化される物質を**負極活物質**，正極で還元される物質を**正極活物質**といい，ダニエル電池では，それぞれ，ZnとCu^{2+}である。

補足 金属をイオン化傾向の大きいものから順に並べたものを**イオン化列**という(⇨ p.169)。

イオン化列	Li K Ca Na Mg Al Zn Fe Ni Sn Pb [H₂] Cu Hg Ag Pt Au

2 一次電池

電池から電流を取り出すことを**放電**，放電して起電力が低下した電池に，放電とは逆向きの電流を流し，起電力を回復させることを**充電**という。電池のうち，充電できないものを**一次電池**という。

A マンガン乾電池

マンガン乾電池は，次の電池式で表される一次電池である。

$$(-)Zn \mid ZnCl_2 \, aq, \; NH_4Cl \, aq \mid MnO_2 \; (+)$$

負極活物質に亜鉛 Zn，正極活物質に酸化マンガン（Ⅳ）MnO_2 を用い，電解液には塩化亜鉛 $ZnCl_2$ を主体に塩化アンモニウム NH_4Cl を用いている。

負極で Zn が酸化され，正極で MnO_2 が還元される。

補足 乾電池は，電池の電解液をペースト状にして携帯に便利なよう工夫した電池である。

参考 マンガン乾電池の両極での反応

負極	$4Zn \longrightarrow 4Zn^{2+} + 8e^-$
	$4Zn^{2+} + ZnCl_2 + 8OH^- \longrightarrow ZnCl_2 \cdot 4Zn(OH)_2$ （主な反応）
正極	$8MnO_2 + 8H_2O + 8e^- \longrightarrow 8MnO(OH) + 8OH^-$

全体の反応 $8MnO_2 + 8H_2O + ZnCl_2 + 4Zn \longrightarrow 8MnO(OH) + ZnCl_2 \cdot 4Zn(OH)_2$

B アルカリマンガン乾電池

アルカリマンガン乾電池は，次の電池式で表される一次電池である。

$$(-)Zn \mid KOH \, aq \mid MnO_2(+)$$

マンガン乾電池の電解液に，酸化亜鉛 ZnO を含む水酸化カリウム KOH 水溶液を用いる。

負極で Zn が酸化され，正極で MnO_2 が還元される。

電解液に水酸化カリウム水溶液を用いることで電気抵抗が小さくなり，大きな電流を長時間取り出せる点が特徴である。

参 考	アルカリマンガン乾電池の両極での反応

負極	$Zn + 4OH^- \longrightarrow Zn(OH)_4^{2-} + 2e^-$
	$\longrightarrow ZnO + H_2O + 2OH^- + 2e^-$
正極	$2MnO_2 + 2H_2O + 2e^- \longrightarrow 2MnO(OH) + 2OH^-$

全体の反応 $2MnO_2 + H_2O + Zn \longrightarrow 2MnO(OH) + ZnO$

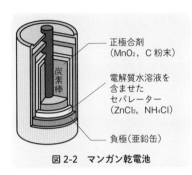

正極合剤
（MnO₂, C 粉末）

電解質水溶液を
含ませた
セパレーター
（ZnCl₂, NH₄Cl）

負極（亜鉛缶）

図 2-2 マンガン乾電池

正極合剤
（MnO₂, C 粉末）

電解質水溶液を含ま
せたセパレーター
（KOH, ZnO）

負極（ゲル状亜鉛粉末）

図 2-3 アルカリマンガン乾電池

表 2-1 一次電池とその構成

電池の名称	電池の構成			起電力 (V)
	負極(還元剤)	電解質	正極(酸化剤)	
マンガン乾電池	Zn	$ZnCl_2$, NH_4Cl	MnO_2	1.5
アルカリマンガン乾電池		KOH		1.5
酸化銀電池(銀電池)			Ag_2O	1.55
空気亜鉛電池(空気電池)			O_2(空気)	1.4
リチウム電池	Li	$LiClO_4$ など	MnO_2 など	3.0

3 二次電池

充電できる電池を**二次電池**または**蓄電池**という。

A 鉛蓄電池

鉛蓄電池は，次の電池式で表される代表的な二次電池で，自動車のバッテリーなどに用いられる。

$$(-) \ Pb \ | \ H_2SO_4 \ aq \ | \ PbO_2 (+)$$

負極活物質に鉛 Pb，正極活物質に酸化鉛(Ⅳ) PbO_2 を用い，電解液には希硫酸 H_2SO_4 を用いている。

放電：放電時には，次の反応が起こる。

負極	$Pb + SO_4^{2-} \longrightarrow PbSO_4 + 2e^-$
正極	$PbO_2 + 4H^+ + SO_4^{2-} + 2e^- \longrightarrow PbSO_4 + 2H_2O$

全体の反応　$Pb + PbO_2 + 2H_2SO_4 \longrightarrow 2PbSO_4 + 2H_2O$

　生成する硫酸鉛(Ⅱ)は水に溶けないため，両極に付着し，両極の質量は増加する。また，硫酸は消費され，電解液の密度は小さくなる。そのため，放電し続けると起電力はしだいに低下する。起電力は約 2.0 V である。

充電：放電時の逆の反応が起こる。

負極	$PbSO_4 + 2e^- \longrightarrow Pb + SO_4^{2-}$
正極	$PbSO_4 + 2H_2O \longrightarrow PbO_2 + 4H^+ + SO_4^{2-} + 2e^-$

全体の反応　$2PbSO_4 + 2H_2O \longrightarrow Pb + PbO_2 + 2H_2SO_4$

放電・充電　$Pb + PbO_2 + 2H_2SO_4 \underset{\text{充電}}{\overset{\text{放電}}{\rightleftharpoons}} 2PbSO_4 + 2H_2O$

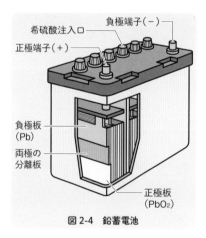

図 2-4　鉛蓄電池

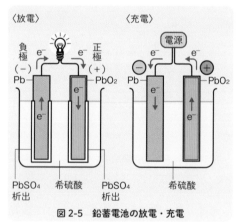

図 2-5　鉛蓄電池の放電・充電

POINT

鉛蓄電池

$$Pb + 2H_2SO_4 + PbO_2 \underset{充電}{\overset{放電}{\rightleftharpoons}} PbSO_4 + 2H_2O + PbSO_4$$
（負極）　　　（正極）　　　　　（負極）　　　　　（正極）

放電によって $\begin{cases} PbSO_4 \text{が析出} \Rightarrow \text{両極の質量は増加する} \\ \text{硫酸が減少} \Rightarrow \text{電解液の密度が小さくなる} \end{cases}$

充電はこれらが逆になる。

補足　鉛蓄電池は，1859年にフランスのプランテが発明した歴史的なものであるが，現在も同じ構造で広く用いられている。

例題4 鉛蓄電池の反応の量的関係

　鉛蓄電池を放電して，外部に電子 0.050 mol が放出されたとき，負極と正極の質量の増減はそれぞれ何gか。また，消費された硫酸は何molか。ただし，原子量は Pb＝207，式量は PbO_2＝239，$PbSO_4$＝303 とする。

解答

放電時には，次の反応が起こる。

負極　　　$Pb + SO_4^{2-} \longrightarrow PbSO_4 + 2e^-$

正極　　　$PbO_2 + 4H^+ + SO_4^{2-} + 2e^- \longrightarrow PbSO_4 + 2H_2O$

全体の反応　$Pb + PbO_2 + 2H_2SO_4 \longrightarrow 2PbSO_4 + 2H_2O$

　2 mol の電子が取り出されたとき，負極で 1 mol の Pb が 1 mol の $PbSO_4$ に，正極で 1 mol の PbO_2 が 1 mol の $PbSO_4$ になる。このとき，負極の質量の増加量は，$303-207=96$ g であり，正極の質量の増加量は，$303-239=64$ g である。放出された電子が 0.050 mol のとき

　　　負極：$96 \times \dfrac{0.050}{2} = 2.4$ g 増加　　　正極：$64 \times \dfrac{0.050}{2} = 1.6$ g 増加

　また，硫酸は全体の反応の反応式のように，電子 2 mol が流れるとき，2 mol 消費されるので，電子 0.050 mol のときの硫酸の消費量は 0.050 mol

　　　負極：**2.4 g 増加**　　正極：**1.6 g 増加**　　硫酸：**0.050 mol 消費**　…(答)

B リチウムイオン電池

　リチウムイオン電池は，負極がリチウムイオンを含む黒鉛 LiC_6，正極が $LiCoO_2$ から Li^+ が一部放出された $Li_{(1-x)}CoO_2$ の二次電池である。電解液には有機化合物が用いられ，低温でも凍らずに使用できる。起電力は約 $3.7\ V$ と高い。小型化・軽量化しやすいため，ノートパソコンや携帯電話などさまざまな機器に用いられている。

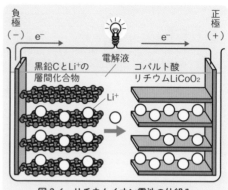

図2-6　リチウムイオン電池の仕組み

　放電時，負極の黒鉛の層と層の間に吸蔵されている Li^+ が電解液に溶け出し，正極では Li^+ を受け取り，コバルト酸リチウム $LiCoO_2$ になる。

負極	$LiC_6 \longrightarrow Li_{(1-x)}C_6 + xLi^+ + xe^-$
正極	$Li_{(1-x)}CoO_2 + xLi^+ + xe^- \longrightarrow LiCoO_2$

全体の反応　$LiC_6 + Li_{(1-x)}CoO_2 \longrightarrow LiCoO_2 + Li_{(1-x)}C_6$

　充電では，放電時の逆反応が起こる。

補足 x は $0\sim1$ の実数である。各原子の構成を整数比で表すことが難しい場合，小数を用いた化学式で示される。

表2-2　二次電池とその構成

電池の名称	電池の構成			起電力 (V)
	負極(還元剤)	電解質	正極(酸化剤)	
鉛蓄電池	Pb	H_2SO_4	PbO_2	2.0
リチウムイオン電池	LiC_6	$LiPF_6$ など	$Li_{(1-x)}CoO_2$	3.7
ナトリウム硫黄電池	Na	ファインセラミックス	S	2.0
ニッケル水素電池	水素吸蔵合金	KOH	NiO(OH)	1.2
ニッケルカドミウム電池	Cd	KOH	NiO(OH)	1.2

4 燃料電池

水素 H_2 のような燃料（還元剤）と酸素 O_2（酸化剤）を外部から供給し，燃焼させたときに発生するエネルギーを電気エネルギーとして取り出す装置を燃料電池という。H_2 を燃料とするものが代表的で，負極で H_2 が酸化され，正極で酸素 O_2 が還元される。

燃料電池の特徴として，次のような点がある。

・二酸化炭素の排出量を抑えられる。

・エネルギー効率が高い。

・メタンや天然ガスが燃料になる。

A リン酸形燃料電池

負極活物質に H_2，正極活物質に酸素 O_2（空気中の O_2），電解液にリン酸水溶液を用いた燃料電池である。起電力は約 1.2 V である。

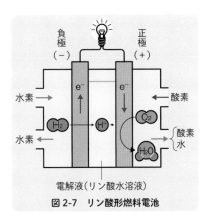

$$(-)H_2 \mid H_3PO_4 \, aq \mid O_2(+)$$

負極	$2H_2 \longrightarrow 4H^+ + 4e^-$
正極	$O_2 + 4H^+ + 4e^-$
	$\longrightarrow 2H_2O$

全体の反応　$2H_2 + O_2 \longrightarrow 2H_2O$

図 2-7　リン酸形燃料電池

B 固体高分子形燃料電池

負極活物質に H_2，正極活物質に酸素 O_2（空気中の O_2），電解質に固体高分子膜を用いた燃料電池である。起電力は約 1.2 V である。動作温度が低く，小型化が可能であり，自動車に適した燃料電池である。

2 | 電気分解の反応

1 電気分解

電解質の水溶液に２本の電極を入れて直流電源につなぐと，電極表面で酸化還元反応が起こる。これを電気分解（電解）という。直流電源の負極に接続した電極を陰極といい，正極に接続した電極を陽極という。陰極では，負極から流れ込む電子を受け取る**還元反応が起こる**。一方，陽極では電子を生じる**酸化反応が起こり**，直流電源の正極に電子を送り返す。

電極には普通，化学的に安定な白金 Pt や黒鉛 C が用いられる。

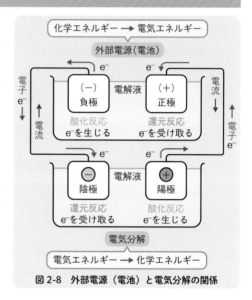

図 2-8　外部電源（電池）と電気分解の関係

2 水溶液の各極の電気分解生成物

水溶液の電気分解の場合，水溶液中の還元されやすい物質が陰極で電子を受け取り還元され，酸化されやすい物質が陽極で電子を失い酸化される。

水溶液中のイオンが水より還元されにくいときは，水が還元される。また，水溶液中のイオンが水より酸化されにくいときは，水が還元される。

A 陰極

❶ Cu^{2+} や Ag^+ などイオン化傾向の小さい（還元されやすい）金属の陽イオンが存在するとき，これらのイオンが還元され，金属が析出する。

$$Cu^{2+} + 2e^- \longrightarrow Cu \qquad Ag^+ + e^- \longrightarrow Ag$$

❷ イオン化傾向が大きい（還元されにくい）Li 〜 Pb の金属の陽イオンしか存在しないとき，溶媒の H_2O（酸性のとき H^+）が還元され，H_2 が発生する。

$$2H_2O + 2e^- \longrightarrow H_2 + 2OH^- \quad （中性・塩基性）$$
$$2H^+ + 2e^- \longrightarrow H_2 \quad （酸性）$$

【補足】 イオン化傾向が中程度の Zn^{2+}，Ni^{2+}，Fe^{2+} などの水溶液を電気分解した場合，陰極では，条件（濃度や電圧）によって，水素 H_2 の発生と同時にそれらの金属が析出することがある。

B 陽極（電極が白金 Pt・黒鉛 C）

❶ 酸化されやすいハロゲン化物イオンを含むとき，これらのイオンが酸化され，単体を生じる。

$$2Cl^- \longrightarrow Cl_2 + 2e^-$$

❷ 酸化されにくい硫酸イオン SO_4^{2-} や硝酸イオン NO_3^- しか存在しないとき，溶媒の H_2O（塩基性のとき OH^-）が酸化され，O_2 が発生する。

$$2H_2O \longrightarrow 4H^+ + O_2 + 4e^- \quad （酸性・中性）$$
$$4OH^- \longrightarrow 2H_2O + O_2 + 4e^- \quad （塩基性）$$

C 陽極（電極が銅 Cu・銀 Ag）

陽極に銅 Cu や銀 Ag を用いた場合は，次のような，電極自身が酸化されて溶解する反応が起こりやすい。

$$Cu \longrightarrow Cu^{2+} + 2e^- \qquad Ag \longrightarrow Ag^+ + e^-$$

3 いろいろな水溶液の電気分解生成物

❶ **$CuCl_2$ 水溶液** 陽極(Pt または C)：$2Cl^- \longrightarrow Cl_2 + 2e^-$ ➡酸化される(酸化反応)
陰極(Pt または C)：$Cu^{2+} + 2e^- \longrightarrow Cu$ ➡還元される(還元反応)

【補足】 水溶液中から Cu^{2+} と Cl^- が減少し，溶質には変化がなく濃度が減少する。

❷ **NaCl 水溶液** 陽極(Pt または C)：$2Cl^- \longrightarrow Cl_2 + 2e^-$
陰極(Pt または Fe)：$2H_2O + 2e^- \longrightarrow H_2 + 2OH^-$

【補足】 陽極，陰極にそれぞれ Cl_2，H_2 の気体が発生し，溶液中に OH^- が生成して塩基性を示す。➡NaOH 水溶液へ変化。

❸ **$AgNO_3$ 水溶液** 陽極(Pt)：$2H_2O \longrightarrow 4H^+ + O_2 + 4e^-$
陰極(Pt)：$4Ag^+ + 4e^- \longrightarrow 4Ag$

【補足】 陰極に Ag が析出し，陽極に O_2 が発生するとともに，溶液中に H^+ が生成して酸性を示す。➡HNO_3 水溶液へ変化。

❹ NaOH 水溶液 $\begin{cases} \text{陽極(Pt)}：4OH^- \longrightarrow 2H_2O + O_2 + 4e^- \\ \text{陰極(Pt)}：4H_2O + 4e^- \longrightarrow 2H_2 + 4OH^- \end{cases}$

補足 陽極に O_2，陰極に H_2 が発生する，水の電気分解である。なお，陽極で OH^- が反応し，陰極で OH^- が生成するから，溶質には変化がなく濃度が増加する。

❺ Na₂SO₄ 水溶液 $\begin{cases} \text{陽極(Pt)}：2H_2O \longrightarrow 4H^+ + O_2 + 4e^- \\ \text{陰極(Pt)}：4H_2O + 4e^- \longrightarrow 2H_2 + 4OH^- \end{cases}$

補足 陽極に O_2，陰極に H_2 が発生する，水の電気分解である。なお，陽極で H^+，陰極で OH^- が生成し，これらは $4H^+ + 4OH^- \longrightarrow 4H_2O$ のように水になるが，反応全体では水は減少し，溶質には変化がなく濃度が増加する。

❻ H₂SO₄ 水溶液 $\begin{cases} \text{陽極(Pt)}：2H_2O \longrightarrow 4H^+ + O_2 + 4e^- \\ \text{陰極(Pt)}：4H^+ + 4e^- \longrightarrow 2H_2 \end{cases}$

補足 陽極に O_2，陰極に H_2 が発生する水の電気分解である。なお，陽極で H^+ が生成し，陰極で H^+ が反応するから，溶質には変化がなく濃度が増加する。

❼ CuSO₄ 水溶液 $\begin{cases} \text{陽極(Pt)}：2H_2O \longrightarrow 4H^+ + O_2 + 4e^- \\ \text{陰極(Pt)}：2Cu^{2+} + 4e^- \longrightarrow 2Cu \end{cases}$

補足 陰極に Cu が析出し，陽極に O_2 が発生するとともに，溶液中に H^+ が生成して酸性を示す。➡H_2SO_4 水溶液へ変化。

❽ CuSO₄ 水溶液 $\begin{cases} \text{陽極(Cu)}：Cu \longrightarrow Cu^{2+} + 2e^- \\ \text{陰極(Cu)}：Cu^{2+} + 2e^- \longrightarrow Cu \end{cases}$

補足 陽極の Cu が Cu^{2+} となり，陰極に Cu が析出するので，陽極が減少して陰極が増加し，水溶液は変化しない。

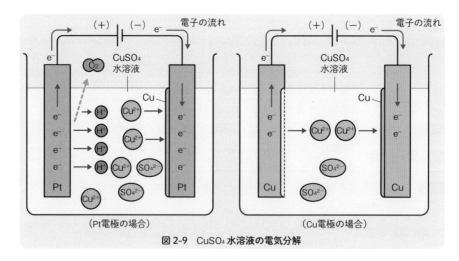

図 2-9　CuSO₄ 水溶液の電気分解

〈電極〉　　　　　　　〈電解質水溶液に含まれるイオン〉

陽極：

白金（または黒鉛）
- Cl^- ⇨ Cl_2 が発生
- OH^- ⇨ O_2 が発生
- SO_4^{2-}, NO_3^- ⇨ O_2 が発生, H^+ が生成
（H_2O が酸化される）

銅 ⋯⋯⋯⋯⋯⋯ ⇨ Cu^{2+} が生成
（電極の Cu が酸化される）

陰極：白金 ⋯⋯⋯⋯⋯

K^+, Ca^{2+}, Na^+, Mg^{2+}, Al^{3+}
（イオン化傾向の大きい金属）

⇨ H_2 が発生, OH^- が生成
（H_2O が還元される）

Cu^{2+}, Ag^+
（イオン化傾向の小さい金属）

⇨ Cu, Ag が析出

3 電気分解の量的関係

1 電気分解の量的関係

硫酸ナトリウム Na_2SO_4 水溶液を白金電極で電気分解すると，陽極から酸素 O_2，陰極から水素 H_2 が発生する。

陽極　$2H_2O \longrightarrow 4H^+ + O_2 + 4e^-$

陰極　$2H_2O + 2e^- \longrightarrow 2OH^- + H_2$

このとき，両極で授受される電子の物質量は等しい。したがって，4 mol の電子 e^- が流れると，陽極で 1 mol の O_2 が発生し，陰極で 2 mol の H_2 が発生する。

2 ファラデーの法則

1833 年，ファラデー（イギリス）は，電気分解に関する次の法則を発見した。

「電気分解では，変化する(生成する)物質の物質量は，流れた電気量に比例する」

A 電気量，ファラデー定数，電子の物質量

電気量は，単位 C（クーロン）で表され，次の関係がある。

電気量〔C〕＝電流〔A〕×時間〔s〕

また，1 mol の電子がもつ電気量の絶対値を**ファラデー定数**といい，記号 F で表す。

$$F = 9.65 \times 10^4 \text{ C/mol}$$

補足 ファラデー定数は，電子 1 個がもつ電気量の絶対値（電気素量 e）とアボガドロ定数 N_A の積となる。

$$F = e \times N_A = 1.602 \times 10^{-19} \text{ C} \times 6.022 \times 10^{23} \text{ /mol} \fallingdotseq 9.65 \times 10^4 \text{ C/mol}$$

i〔A〕の電流が t〔s〕間流れたとき，流れた電子の物質量は，次のようになる。

$$流れた電子の物質量 = \frac{it〔C〕}{9.65 \times 10^4 \text{ C/mol}}$$

例題 5 ファラデーの法則，電気量と物質量

硫酸銅(Ⅱ)水溶液に，白金電極を用いて，5.00 A で 32 分 10 秒間電気分解した。次の(1)~(3)に答えよ。ただし，原子量は O＝16.0，Cu＝63.5，ファラデー定数 F は $9.65×10^4$ C/mol とする。

(1) 流れた電気量は何 C か。また，流れた電子の物質量は何 mol か。

(2) 陽極で発生する気体の体積は，0 ℃，$1.013×10^5$ Pa で何 L か。

(3) 陰極で析出する物質の質量は何 g か。

解答

(1) 流れた電気量〔C〕＝電流〔A〕×時間〔s〕

$$=5.00×(32×60＋10)＝\textbf{9650 C} \cdots 答$$

$F＝9.65×10^4$ C/mol より，流れた電子の物質量は

$$\frac{9650\ \text{C}}{9.65×10^4\ \text{C/mol}}＝\textbf{0.100 mol} \cdots 答$$

(2)・(3) 両極での反応は，次のとおり。

陽極　$2H_2O \longrightarrow 4H^+ ＋ O_2 ＋ 4e^-$

陰極　$Cu^{2+} ＋ 2e^- \longrightarrow Cu$

陽極では，4 mol の e^- が流れると，1 mol の O_2 が発生する。したがって，発生する O_2 の体積は

$$\frac{1}{4}×0.100\ \text{mol}×22.4\ \text{L/mol}＝\textbf{0.56 L} \cdots 答$$

陰極では，2 mol の e^- が流れると，1 mol の Cu(63.5 g/mol)が析出する。したがって，析出する Cu の質量は

$$\frac{1}{2}×0.100\ \text{mol}×63.5\ \text{g/mol}≒\textbf{3.18 g} \cdots 答$$

3 電解槽の直列接続と並列接続

電解槽A，Bを直列につないだ場合，電解槽A，Bを流れる電流は等しく，電解槽A，Bを流れる電気量 Q_A と Q_B は，電源を流れる電気量 Q に等しくなる。

$$Q = Q_A = Q_B$$

一方，並列につないだ場合は，電源を出た電流 i は，電解槽A，Bを流れる電流 i_A と i_B に分かれるので，$i = i_A + i_B$ となり，電源から流れ出る電気量 Q は，電解槽A，Bを流れる電気量 Q_A と Q_B の和に等しい。

$$Q = Q_A + Q_B$$

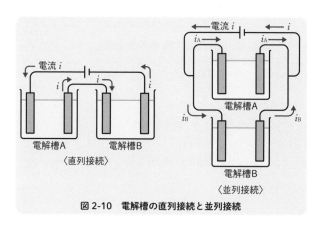

図 2-10　電解槽の直列接続と並列接続

例題 6　直列接続

右図のような電解槽を用いて電気分解を行ったところ，電極②に銀が5.4 g 析出した。次の(1)と(2)に答えよ。ただし，原子量は Ag＝108 とする。

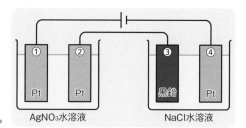

(1)　流れた電子の物質量は何 mol か。

(2)　電極①，③および④で発生する

気体の体積は，0 ℃，1.013×10^5 Pa で何 L か。

【解答】

各電極での反応は，次のとおりである。

電極①（陽極）　$2H_2O \longrightarrow 4H^+ + O_2 + 4e^-$

電極②（陰極）　$Ag^+ + e^- \longrightarrow Ag$

電極③（陽極）　$2Cl^- \longrightarrow Cl_2 + 2e^-$

電極④（陰極）　$2H_2O + 2e^- \longrightarrow H_2 + 2OH^-$

直列接続なので，各電解槽を流れる電気量は，電源から流れ出る電気量に等しい。

(1)　電極②で析出した $Ag(108\ g/mol)$ は

$$\frac{5.4\ g}{108\ g/mol} = 0.050\ mol$$

電極②の反応式より，流れた電子の物質量は

$0.050\ mol \times 1 = \textbf{0.050 mol}$ … 答

(2)　各電解槽を $0.050\ mol$ の電子が流れている。

電極①では，電極①の反応式より，4 mol の電子が流れると，1 mol の O_2 が発生するから，発生する O_2 の体積は

$$\frac{1}{4} \times 0.050\ mol \times 22.4\ L/mol = \textbf{0.28 L} \ \cdots 答$$

電極③では，電極③の反応式より，2 mol の電子が流れると，1 mol の Cl_2 が発生するから，発生する Cl_2 の体積は

$$\frac{1}{2} \times 0.050\ mol \times 22.4\ L/mol = \textbf{0.56 L} \ \cdots 答$$

電極④では，電極④の反応式より，2 mol の電子が流れると，1 mol の H_2 が発生するから，発生する H_2 の体積は

$$\frac{1}{2} \times 0.050\ mol \times 22.4\ L/mol = \textbf{0.56 L} \ \cdots 答$$

4 | 電気分解の応用

1 水酸化ナトリウムの工業的製法

水酸化ナトリウム NaOH は，塩化ナトリウム水溶液を電気分解して製造される。この電気分解は，電極に黒鉛 C を用い，両極を陽イオンのみを透過させる陽イオン交換膜で仕切って行われる。この製法をイオン交換膜法という。

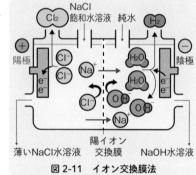

図 2-11 イオン交換膜法

陽極 　$2Cl^- \longrightarrow Cl_2 + 2e^-$

陰極 　$2H_2O + 2e^- \longrightarrow 2OH^- + H_2$

$\overline{2Cl^- + 2H_2O \longrightarrow 2OH^- + H_2 + Cl_2}$

　　　　　　↓ 両辺に $2Na^+$ を加えて

$2NaCl + 2H_2O \longrightarrow 2NaOH + H_2 + Cl_2$

この反応によって，陽極では Na^+ が，陰極では OH^- が多くなり，電気的バランスが失われる。これを解消するために，Na^+ が陽イオン交換膜を通って陰極に移動し，NaOH 水溶液となる。なお，陽イオン交換膜は陽極側の Cl_2 と陰極側の NaOH が混ざり，反応するのを防いでいる。

2 銅の電解精錬

硫酸銅(II)$CuSO_4$ の硫酸酸性水溶液を，金や銀などの不純物を含んだ粗銅を陽極に，純銅の薄板を陰極にして電気分解すると，陰極に純度 99.99 % 以上の銅が析出する。この精錬方法を電解精錬という。

陽極 　$Cu \longrightarrow Cu^{2+} + 2e^-$

陰極 　$Cu^{2+} + 2e^- \longrightarrow Cu$

陽極では，Cu は Cu^{2+} となり溶け出すとともに，不純物として含まれる銅よりイオン化傾向が大きい亜鉛 Zn や鉄 Fe も，金属イオンとなって溶け出す。ただ，Cu よりイオン化傾向の小さい金や銀は，陽イオンにならず，陽極の下に沈殿する。これを**陽極泥**(ようきょくでい)という。

陰極では，Cu^{2+} が優先的に還元され，純銅が得られるが，Cu よりイオン化傾向が大きい金属の金属イオンは，水溶液中にとどまる。

POINT

銅の電解精錬 ⇨ 粗銅を陽極，純銅を陰極とする電気分解

陽極：$Cu \longrightarrow Cu^{2+} + 2e^-$（溶解）

陰極：$Cu^{2+} + 2e^- \longrightarrow Cu$（析出）

陽極：Cuよりイオン化傾向の小さい金属（Ag，Auなど）は，陽極泥となる。

陰極：Cuよりイオン化傾向の大きい金属の金属イオンは，溶液中にとどまる。

3 溶融塩電解

A 溶融塩電解

Na，Ca，Al などイオン化傾向の大きい金属の塩の水溶液を電気分解しても，陰極にはその金属は析出せず，水素が発生する。これらの金属の単体を得るには，その塩や酸化物などを加熱して融解した状態で電気分解する。このような電気分解を**溶融塩電解**(ようゆうえんでんかい)（**融解塩電解**(ゆうかいえんでんかい)）という。

補足 イオン化傾向の大きい K，Ca，Na，Mg，Al の金属は，溶融塩電解でつくる。

B 塩化ナトリウムの溶融塩電解

陽極に炭素，陰極に鉄を用いて溶融塩電解すると，金属ナトリウムと塩素が得られる。

陰極：$Na^+ + e^- \longrightarrow Na$

陽極：$2Cl^- \longrightarrow Cl_2 + 2e^-$

全反応：$2Na^+ + 2Cl^- \longrightarrow 2Na + Cl_2$

C アルミニウムの製法

❶ Al₂O₃ の製法

アルミニウムの原料鉱石であるボーキサイト $Al_2O_3 \cdot nH_2O$ には鉄やケイ素などの酸化物が多く含まれている。これらの不純物を除くため，ボーキサイトを濃 NaOH 溶液で処理し，アルミニウムを $Na[Al(OH)_4]$ として溶かして，不純物と分離したのち，溶液に空気を通じて $Al(OH)_3$ とする。次に $Al(OH)_3$ を焼いて酸化アルミニウム（アルミナ）Al_2O_3 とする。

$$Al_2O_3 + 2NaOH + 3H_2O \longrightarrow 2Na[Al(OH)_4]$$
$$Na[Al(OH)_4] \longrightarrow Al(OH)_3\downarrow + NaOH$$
$$2Al(OH)_3 \longrightarrow Al_2O_3 + 3H_2O$$

補足 不純物の Fe_2O_3，SiO_2 は濃 NaOH 溶液に溶けない。

❷ Al₂O₃ の溶融塩電解

氷晶石 Na_3AlF_6 を約 $1000\,°C$ に加熱して溶融し，これにボーキサイトからつくった Al_2O_3 を入れて溶かす。炭素電極を用いて溶融塩電解をすると，陰極から Al が得られる。また，陽極からは，CO_2 または CO が発生する。

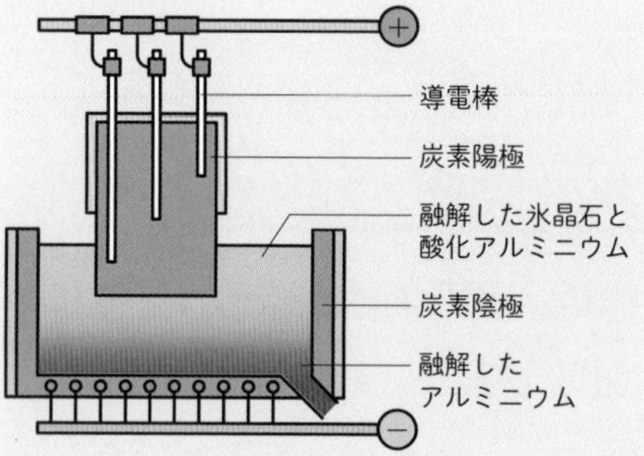

陰極：$Al^{3+} + 3e^- \longrightarrow Al$

陽極：$C + 2O^{2-} \longrightarrow CO_2 + 4e^-$

全反応：$4Al^{3+} + 6O^{2-} + 3C \longrightarrow 4Al + 3CO_2$

図 2-12 Al_2O_3 の溶融塩電解

導電棒
炭素陽極
融解した氷晶石と酸化アルミニウム
炭素陰極
融解したアルミニウム

補足 氷晶石（融剤）を加えると，Al_2O_3 の融点が約 $2000\,°C$ から約 $1000\,°C$ に下がる。

例題 7　アルミニウムの溶融塩電解

酸化アルミニウム Al_2O_3 を，電子 3.6×10^5 mol を流して，溶融塩電解すると，アルミニウムは何トン得られるか。ただし，原子量は Al＝27，1 トン＝10^6 g とし，電流はすべて電気分解に使われるものとする。

解答

陰極で，次のように還元される。　　$Al^{3+} + 3e^- \longrightarrow 3Al$

3 mol の電子と 1 mol の Al^{3+} が反応するので，生成する Al（27 g/mol）は

$$\frac{1}{3} \times 3.6 \times 10^5 \times 27 = 3.24 \times 10^6\,g = \textbf{3.24 トン} \cdots \text{答}$$

316

この章で学んだこと

電池の原理から種々の実用電池を学んだ。次に電気分解による反応と生成物，その量的関係としてファラデーの法則，さらに電気分解の応用として水酸化ナトリウムやアルミニウムの製法などを学習した。

1 電池

❶ 電池の原理
(a) 電池 化学エネルギーを電気エネルギーとして取り出す装置。
(b) 電極での反応 負極で酸化反応，正極で還元反応が起こる。

❷ 一次電池（充電できない電池）
(a) マンガン乾電池
$(-) Zn \mid ZnCl_2\ aq,\ NH_4Cl\ aq \mid MnO_2 (+)$
(b) アルカリマンガン乾電池
$(-)\ Zn \mid KOH\ aq \mid MnO_2\ (+)$

❸ 二次電池（充電できる電池）
(a) 鉛蓄電池
$(-)\ Pb \mid H_2SO_4\ aq \mid PbO_2\ (+)$
$Pb\ +\ PbO_2\ +\ 2H_2SO_4$
$$\underset{充電}{\overset{放電}{\rightleftharpoons}} 2PbSO_4\ +\ 2H_2O$$
(b) リチウムイオン電池
負極：LiC_6
$$\longrightarrow Li_{(1-x)}C_6\ +\ xLi^+\ +\ xe^-$$
正極：$Li_{(1-x)}CoO_2\ +\ xLi^+\ +\ xe^-$
$$\longrightarrow LiCoO_2$$

❹ 燃料電池
外部から燃料を供給する電池
(a) リン酸形燃料電池
$(-)\ H_2 \mid H_3PO_4\ aq \mid O_2 (+)$
負極　$2H_2 \longrightarrow 4H^+ + 4e^-$
正極　$O_2 + 4H^+ + 4e^- \longrightarrow 2H_2O$
(b) 固体高分子形燃料電池 負極活物質に H_2，正極活物質に O_2（空気中の O_2），電解質に固体高分子膜を用いた燃料電池。

2 電気分解の反応

❶ 電気分解
陰極で電子を受け取る還元反応，陽極で電子を生じる酸化反応を起こさせること。

❷ 電気分解生成物
(a) 陽極（白金または黒鉛電極）
$Cl^- \Rightarrow Cl_2 \qquad OH^- \Rightarrow O_2$
$SO_4^{2-},\ NO_3^- \Rightarrow O_2,\ H^+$
（銅電極）　$Cu \Rightarrow Cu^{2+}$
(b) 陰極（白金電極）
$K^+,\ Na^+,\ Ca^{2+},\ Al^{3+}$ など $\Rightarrow H_2,\ OH^-$
$Cu^{2+},\ Ag^+ \Rightarrow Cu,\ Ag$

3 電気分解の量的関係
(a) ファラデーの法則「電気分解では，変化する物質の物質量は，流れた電気量に比例する」
電気量〔C〕＝電流〔A〕×時間〔s〕
ファラデー定数 $F = 9.65 \times 10^4$ C/mol
(b) 流れた電子の物質量
$$\frac{it}{9.65 \times 10^4 \text{ C/mol}} \text{〔C〕}$$
(c) 電解槽の直列接続と並列接続
直列：$Q = Q_A = Q_B$
並列：$Q = Q_A + Q_B$

4 電気分解の応用

❶ NaOH の製法と銅の電解精錬
NaOH：イオン交換膜法
Cu：陽極に粗銅，陰極に純銅を用いて
　　電気分解 **➡電解精錬**

❷ 溶融塩電解
Na や Al の単体の工業的製法

1 (1), (2)に関するそれぞれの記述①〜④のうち，誤っているものを選べ。

(1) 実用電池について：

① リチウムイオン電池は二次電池である。

② マンガン乾電池の負極活物質は亜鉛である。

③ アルカリマンガン乾電池の負極活物質は酸化マンガン(IV)である。

④ リン酸形燃料電池の負極活物質は水素である。

(2) 鉛蓄電池について：

① 希硫酸中に鉛板と酸化鉛(IV)板を入れた構造である。

② 放電によって，希硫酸の濃度は変わらない。

③ 放電によって，両極とも重くなる。

④ 放電によって，両極とも硫酸鉛(II)が析出する。

2 次のア〜カの水溶液に白金電極(エとオの陽極は黒鉛)を入れ，直流電源につなぎ電気分解したとき，下の(1)〜(3)にあたるものをすべて選べ。

ア 硫酸ナトリウム　　イ 硫酸銅(II)　　ウ 硝酸銀

エ 塩化ナトリウム　　オ 塩化銅(II)　　カ 硫酸

(1) 両極から気体が発生した。

(2) 水の電気分解になった。

(3) 水溶液の溶質の種類は変わらないが，濃度が減少した。

3 鉛蓄電池を放電して，0.50 mol の電子を取り出したとき，負極・正極の質量はそれぞれ何 g ずつ増減するか。ただし，原子量は Pb $= 207$，式量は $PbO_2 = 239$，$PbSO_4 = 303$ とする。

ヒント

1 (1) 電池の負極では，酸化反応が起こる。負極活物質は酸化される物質。

(2) 鉛蓄電池の放電・充電を1つにまとめた式を思い出そう。

2 H_2O が還元されると H_2 と OH^- が生成する。H_2 と O_2 が発生すると，水の電気分解となる。

3 電子の物質量と両極で変化する物質の物質量の関係に注目する。

4 右図は，リン酸形燃料電池の模式図である。この電池を放電し，3.86×10^4 C の電気量を取り出したとき，電極 A および電極 B で消費される気体の質量はそれぞれ何 g か。ただし，原子量は H＝1.0，O＝16.0，ファラデー定数 F は 9.65×10^4 C/mol とする。

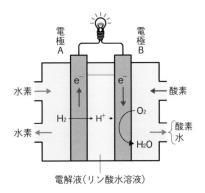

電極 A 電極 B
水素 → e^- e^- ← 酸素
H_2 → H^+ O_2
水素 ← → 酸素・水
H_2O
電解液（リン酸水溶液）

5 硫酸銅（Ⅱ）水溶液に，白金電極を用いて電気分解したところ，陰極に 1.27 g の銅が析出した。次の(1)と(2)に答えよ。ただし，原子量は Cu＝63.5 とする。
(1) 流れた電子は何 mol か。
(2) 陽極で発生する気体は，0 ℃，1.013×10^5 Pa で何 L か。

6 右図のような電解槽を並列につないだ装置を組み立て，2.00 A の直流電流を 5 時間 21 分 40 秒間流して電気分解すると，電解槽 B の電極Ⅳに 7.62 g の金属が析出した。次の(1)～(4)に答えよ。ただし，原子量は Cu＝63.5，ファラデー定数 F は 9.65×10^4 C/mol とする。
(1) 電極Ⅰから電極Ⅳで起こる反応を e^- を含むイオン反応式で示せ。
(2) 電源から流れ出した電子は何 mol か。
(3) 電解槽 A を流れた電子は何 mol か。
(4) 電解槽 A の両極から発生する気体の体積は，0 ℃，1.013×10^5 Pa で何 L か。

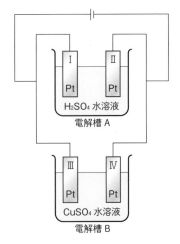

Ⅰ Ⅱ
Pt Pt
H_2SO_4 水溶液
電解槽 A

Ⅲ Ⅳ
Pt Pt
$CuSO_4$ 水溶液
電解槽 B

ヒント
4 負極活物質は H_2，正極活物質は O_2
5 陰極での銅の析出量と電子の物質量の関係を考える。
6 電解槽 A と電解槽 B を流れた電子の物質量の和が，電源から流れ出した電子の物質量。

第 **3** 章

反応の速さと
仕組み

1 | 反応の速さ

1 速い反応と遅い反応

沈殿生成反応や中和反応などは瞬間的に起こる速い反応である。一方，鉄や銅が空気中で錆びる反応は，長い時間を要する遅い反応である。

このように，化学反応には，速やかに進むものと，進みが遅いものがある。同じ反応でも濃度，圧力，温度などの条件によって，その速さは変化する。

2 反応速度の表し方

A 反応速度

一般に，反応の速さは，**単位時間あたりの反応物の減少量または生成物の増加量**(物質量や濃度の変化量)で表し，これを反応速度という。

反応が一定体積中で進む場合は，単位体積あたりで考えると，その変化量は濃度の変化量に等しい。したがって，反応速度 v は次のように表される。

$$v=\frac{反応物の濃度の減少量}{反応時間} \quad または \quad v=\frac{生成物の濃度の増加量}{反応時間}$$

反応速度は，ある時間内の平均として表されることが多い。

いま，反応物 A から生成物 B が生じる反応を考える。時刻 t_1 から t_2 の間に反応物 A の濃度が $[A]_1$ から $[A]_2$ に減少すると，この間の平均の反応速度 $\overline{v_A}$ は，次式で表される。

$$\overline{v_A}=-\frac{[A]_2-[A]_1}{t_2-t_1}=-\frac{\Delta[A]}{\Delta t}$$

← 平均の反応速度 v を正の値にするために
マイナスの符号($-$)をつける。
Δ は続く文字の変化量を示す。

また，この間の生成物 B の濃度が $[B]_1$ から $[B]_2$ へ増加すると，この間の平均の反応速度 $\overline{v_B}$ は，次式で表される。

$$\overline{v_B}=\frac{[B]_2-[B]_1}{t_2-t_1}=\frac{\Delta[B]}{\Delta t}$$

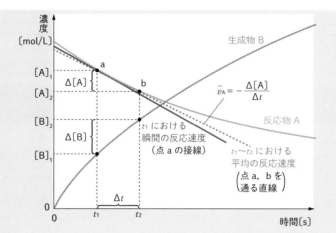

図3-1 濃度と反応速度

$\overline{v}_A = -\dfrac{\Delta[A]}{\Delta t}$ の Δt を十分に小さく取れば，反応速度は，t_1 の瞬間の反応速度になる。

この値は，t_1 におけるグラフの傾きの絶対値となる。

 POINT

$$反応速度\ v = \frac{反応物の濃度の減少量}{反応時間} \quad \textbf{または} \quad \frac{生成物の濃度の増加量}{反応時間}$$

一般に，反応速度は，ある時間内の平均として表される。

※本書では，以下，反応速度は「平均の反応速度」で表す。

B 化学反応式の係数と反応速度

$N_2 + 3H_2 \longrightarrow 2NH_3$ の反応において，時間 Δt 間の反応速度は，各物質について次のように表される。

N_2 の減少について $v_{N_2} = -\dfrac{\Delta[N_2]}{\Delta t}$

H_2 の減少について $v_{H_2} = -\dfrac{\Delta[H_2]}{\Delta t}$

NH_3 の増加について $v_{NH_3} = \dfrac{\Delta[NH_3]}{\Delta t}$

N_2 の濃度が 1 mol/L 減少すると，H_2 の濃度は 3 mol/L 減少し，NH_3 の濃度は 2 mol/L 増加する。したがって

反応速度の比は，化学反応式の係数比に等しい。

$$v_{N_2} : v_{H_2} : v_{NH_3} = 1 : 3 : 2$$

反応速度について,次のようなことがいえる。

❶ ある反応の反応速度を示す場合,どの物質の反応速度であるかを示す必要がある。

❷ 化学反応式の係数比より,ある物質の反応速度から他の物質の反応速度が導かれる。

反応速度の比は,化学反応式の係数比に等しい

どの物質の反応速度かを示す必要がある。ある物質の反応速度がわかると,反応式内の他の物質の反応速度も求めることができる。

例題 8 反応速度

1 L の容器に,水素 H_2 とヨウ素 I_2 をそれぞれ 0.20 mol ずつ混合して一定温度に保つと,20 秒後にヨウ化水素 HI が 0.12 mol 生成した。この時間の次の⑴,⑵の反応速度を求めよ。反応は,次の化学反応式による。

$$H_2 + I_2 \longrightarrow 2HI$$

⑴ HI の生成　　　⑵ H_2 の反応

〔解答〕

⑴ HI は 20 秒間に 0.12 mol 生成する。1 L の容器であるから濃度の変化が 0.12 mol/L である。よって,HI が生成する反応速度 v_{HI} は次のようになる。

$$v_{HI} = \frac{\Delta[HI]}{\Delta t} = \frac{0.12 \text{ mol/L}}{20 \text{ s}} = 6.0 \times 10^{-3} \text{ mol/(L·s)} \ \cdots ㊂$$

⑵ 化学反応式の係数比が　$H_2 : HI = 1 : 2$ より,$v_{H_2} : v_{HI} = 1 : 2$ になるから

$$v_{H_2} = 6.0 \times 10^{-3} \text{ mol/(L·s)} \times \frac{1}{2} = 3.0 \times 10^{-3} \text{ mol/(L·s)} \ \cdots ㊂$$

〈別解〉HI が 0.12 mol 生成したとき,反応した H_2 は 0.060 mol で,0.060 mol/L 減少したから

$$v_{H_2} = -\frac{\Delta[H_2]}{\Delta t} = -\frac{-0.060 \text{ mol/L}}{20 \text{ s}} = 3.0 \times 10^{-3} \text{ mol/(L·s)} \ \cdots ㊂$$

3 反応速度を変える条件

A 反応速度を変える条件

　反応速度に影響を与えるものとしては，濃度，温度，触媒があり，その他には，光，固体の表面積，撹拌_{（かくはん）}などがある。

 POINT

反応速度を変える条件 ⇨ 濃度，温度，触媒
　　　　　　　　　　　その他に，光，固体の表面積，撹拌など

B 反応速度と濃度

　水素 H_2 とヨウ素 I_2 からヨウ化水素 HI が生成する化学反応式は次のとおりである。

$$H_2 + I_2 \longrightarrow 2HI$$

この反応が起こるためには，水素分子 H_2 とヨウ素分子 I_2 が衝突しなければならない。そして，衝突する回数が多いほどヨウ化水素 HI が多く生成し，反応速度が大きくなる。いうまでもなく単位体積中の H_2 分子や I_2 分子が多いほど，衝突する回数が多くなるから，反応速度は**反応する物質の濃度が高いほど大きい。**

　実験によって，反応速度 v は，水素のモル濃度 $[H_2]$ とヨウ素のモル濃度 $[I_2]$ の積に比例することがわかっており，次のように表される。

$$v = k[H_2][I_2] \ (k \text{ は比例定数})$$

　一方，逆向きの反応 $2HI \longrightarrow H_2 + I_2$ では，反応速度は $[HI]$ の 2 乗に比例し，$v = k[HI]^2$ と表される。

　このような**反応速度と濃度の関係を表した式を反応速度式**または**速度式**といい，**比例定数 k を反応速度定数**または**速度定数**という。反応速度定数は，反応物の濃度の高低では変化せず，一定温度では一定の値を示す。温度を変えたり，触媒を加えたりした場合は，その値は変化する。

　反応速度式は，化学反応式の係数から単純に決まるのではなく，実験によって求められる。例えば，五酸化二窒素の分解反応の化学反応式は

$$2N_2O_5 \longrightarrow 4NO_2 + O_2$$

で表されるが，反応速度式は，$v = k[N_2O_5]^2$ ではなく，次のようになる。

$$v = k[N_2O_5]$$

POINT

反応速度は，反応物の濃度が高いほど大きい（一定温度で）

反応物A，Bのモル濃度 [A]，[B]，反応速度 v の関係式は

$$v = k[A]^a[B]^b \quad \Leftarrow \textbf{反応速度式}$$

k は反応速度定数，一定温度で一定。a，b は実験によって求める。

五酸化二窒素 N_2O_5 は次のように分解する。

$$2N_2O_5 \longrightarrow 4NO_2 + O_2$$

いま，気体の N_2O_5 を45 ℃で反応を進行させたとき，反応開始からの時間と N_2O_5 の濃度 $[N_2O_5]$ には**表3-1** のような関係が得られた。時間 t_1, t_2 における $[N_2O_5]$ をそれぞれ c_1, c_2 とすると，この間の平均の濃度 $\overline{[N_2O_5]}$ と平均の反応速度 $\overline{v}$ は次のようになり，**表3-1** の関係が得られる。

$$平均の濃度 \, \overline{[N_2O_5]} = \frac{c_1 + c_2}{2}$$

$$平均の反応速度 \, \overline{v} = -\frac{c_2 - c_1}{t_2 - t_1}$$

次ページの**図3-2** より，平均の反応速度 $\overline{v}$ は平均の濃度 $\overline{[N_2O_5]}$ に比例することがわかる。

$$v = k[N_2O_5] \quad k(/s)：反応速度定数$$

図3-2 の直線の傾きより　$k = 4.8 \times 10^{-4}/s$

表 3-1　五酸化二窒素の反応速度

時間(s)	$[N_2O_5]$ (mol/L)	$\overline{[N_2O_5]}$ $(\times 10^{-3} \text{mol/L})$	$\overline{v}$ $(\times 10^{-6} \text{mol/(L·s)})$	$k = \dfrac{\overline{v}}{\overline{[N_2O_5]}}$ $(\times 10^{-4}/s)$
600	0.012449			
		10.9	5.2	4.8
1200	0.009324			
		8.2	3.8	4.6
1800	0.007056			
		6.2	2.9	4.8
2400	0.005292			
		4.6	2.3	4.9
3000	0.003931			
		3.4	1.7	4.9
3600	0.002923			
		2.6	1.2	4.6
4200	0.002218			

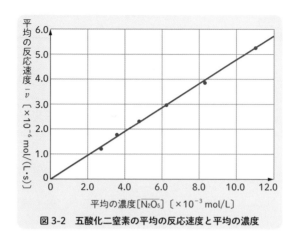

図3-2 五酸化二窒素の平均の反応速度と平均の濃度

例題9　反応速度定数

表3-1 は, N_2O_5 の分圧から求められる。反応開始からの時間 t が 1800 s, 2400 s のとき, N_2O_5 の分圧はそれぞれ 1.87×10^4 Pa, 1.40×10^4 Pa であった。この間の $\dfrac{\overline{v}}{[N_2O_5]}$ を求めよ。ただし, 温度は 45 ℃, 気体定数 R は, 8.31×10^3 Pa·L/(K·mol) とする(電卓を利用してよい)。

（解答）

分圧 P をモル濃度 c に変換すると

$$PV = nRT$$

$$\frac{n}{V} = \frac{P}{RT}$$

$c = \dfrac{n}{V}$ より　$c = \dfrac{P}{RT}$

$$c_{1800} = \frac{1.87 \times 10^4}{8.31 \times 10^3 \times (273 + 45)} = 7.07 \times 10^{-3} \text{ mol/L},$$

$$c_{2400} \frac{1.40 \times 10^4}{8.31 \times 10^3 \times (273 + 45)} = 5.29 \times 10^{-3} \text{ mol/L}$$

平均の濃度 $[\overline{N_2O_5}] = \dfrac{7.07 \times 10^{-3} + 5.29 \times 10^{-3}}{2} = 6.18 \times 10^{-3}$ mol/L

平均の反応速度 $\overline{v} = -\dfrac{5.29 \times 10^{-3} - 7.07 \times 10^{-3}}{2400 - 1800} = 2.96 \times 10^{-6}$ mol/(L·s)

$\dfrac{\overline{v}}{[N_2O_5]} = \dfrac{2.96 \times 10^{-6}}{6.18 \times 10^{-3}} = 4.78 \times 10^{-4} \fallingdotseq \mathbf{4.8 \times 10^{-4}}$/s …答

多段階反応と律速段階

$v=k[\text{A}]^a[\text{B}]^b$ の a, b が化学反応式の係数と異なるわけ

　　五酸化二窒素 N_2O_5 の分解反応は $2N_2O_5 \longrightarrow 4NO_2 + O_2$ で表され，速度式は

　　　$v=k[N_2O_5]^2$ ではなく，p.325 **表 3-1** のような実測値をもとに

　　　$v=k[N_2O_5]$ のように表される。これは，次のように説明される。

　　N_2O_5 の分解反応は，次のような 3 段階からなる反応である。このように**1つの反応がいくつかの段階を経て起こる反応を多段階反応**(複合反応)といい，各段階の反応を素反応という。

　　　第 1 段階　$N_2O_5 \longrightarrow N_2O_3 + O_2$　　（遅い）
　　　第 2 段階　$N_2O_3 \longrightarrow NO_2 + NO$　　（速い）
　　　第 3 段階　$N_2O_5 + NO \longrightarrow 3NO_2$　　（速い）

　　これらの各段階の反応において，第 1 段階の反応は遅い反応で，第 2 段階と第 3 段階は速い反応と考えられる。それは，全体の反応速度が $[N_2O_5]$ に比例することが，実測値で確かめられているからである。

　　第 2 段階・第 3 段階に含まれている N_2O_3, NO_2, NO は，全体の反応速度には影響しないで，第 1 段階で N_2O_5 が N_2O_3 と O_2 に分解するとただちに NO_2 に変化することを示している。したがって，N_2O_5 の分解反応の反応速度は，第 1 段階の反応に支配され，$v=k[N_2O_5]$ のように表されることになる。

　　このように多段階反応の反応速度は，反応速度の最も小さい段階の反応の反応速度で決まる。この**反応速度の最も小さい段階を多段階反応の律速段階**という。

ⓒ 反応速度と温度

　　銅 Cu に希硝酸 HNO_3 を加えたとき，少し加熱すると激しく反応する。また，過マンガン酸カリウム $KMnO_4$ の硫酸酸性水溶液にシュウ酸水溶液 $(COOH)_2$ を加えると，過マンガン酸イオン MnO_4^- の赤紫色が消える。この反応は低温では遅く，赤紫色が消えるのに時間がかかるが，少し加熱すると速やかに赤紫色が消える。このように，**反応速度は，温度が高いほど大きい。**

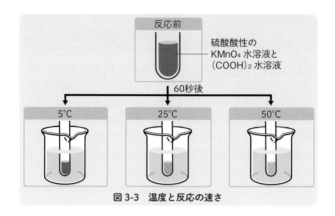

硫酸酸性の
KMnO₄ 水溶液と
(COOH)₂ 水溶液

図 3-3　温度と反応の速さ

D 温度変化と速度定数

ヨウ化水素の分解反応　$2HI \longrightarrow H_2 + I_2$　における反応速度 v は

$$v = k[\text{HI}]^2$$

のように表される。このとき，反応速度定数 k は，温度一定ならば一定であるが，温度が変化すると，右のグラフのように，急激に大きくなる。

多くの化学反応では，常温付近で温度が 10 K 上がるごとに，反応速度は 2〜4 倍程度大きくなる。

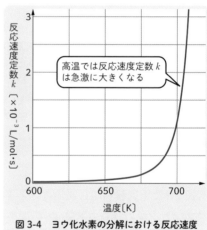

高温では反応速度定数 k は急激に大きくなる

図 3-4　ヨウ化水素の分解における反応速度
定数と温度の関係

POINT

反応速度定数 ⇨ 温度が高くなると大きくなる
　反応速度定数は，一定温度では，濃度に関係なく一定である。

E 反応速度と触媒

　過酸化水素水は，常温では分解しにくいが，少量の酸化マンガン（Ⅳ）MnO_2 を加えると，過酸化水素 H_2O_2 が激しく分解して酸素 O_2 を発生する。

$$2H_2O_2 \longrightarrow 2H_2O + O_2$$

　このとき，酸化マンガン（Ⅳ）は，過酸化水素の分解反応を速めるはたらきをするが，反応前後の質量は変わらない。このように，**それ自体の質量が反応の前後で変化せず，少量で反応の速度を変えるようはたらく物質**を触媒という。

> **補足**　反応速度を大きくする触媒を**正触媒**，反応速度を小さくする触媒を**負触媒**というが，単に触媒といえば正触媒を指す。

F 触媒の種類

　触媒は，はたらき方により**均一触媒**と**不均一触媒**に分類できる。

❶ 均一触媒

　反応物と均一に混合した状態ではたらく触媒が均一触媒である。反応物が液体・気体のいずれかで，触媒が反応物と同じ状態ではたらく触媒である。

> **例**　液体の場合：過酸化水素水に塩化鉄（Ⅲ）$FeCl_3$ 水溶液を加え，水溶液中の Fe^{3+} が触媒として作用して H_2O_2 が分解するときの $FeCl_3$ 水溶液。

❷ 不均一触媒

　反応物と均一に混合しない状態ではたらく触媒が不均一触媒である。反応物と異なる状態ではたらく場合，および反応物と触媒がともに固体の場合にはたらく触媒である。

> **例**　過酸化水素水に固体の触媒である酸化マンガン（Ⅳ）を加えて酸素を発生させる場合の酸化マンガン（Ⅳ）。

●不均一触媒のはたらき方の例

　水素 H_2 と酸素 O_2 の混合気体は，常温ではほとんど反応することはない。この混合気体に白金板を入れると，常温で水素と酸素が反応して水に変化し，このとき白金板は反応熱で赤熱される。

　これは，まず白金の原子が H_2 分子や O_2 分子を吸着する。吸着された分子は原子状（結合がゆるんだ状態）になっており，この原子状の水素や酸素に他の O_2 分子や H_2 分子が衝突して遷移状態（⇨ p.331）となり，水をつくると考えられる。

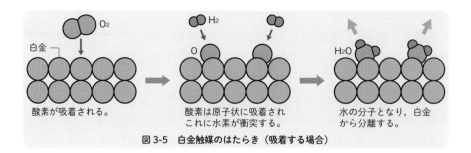

図 3-5　白金触媒のはたらき（吸着する場合）

このように，白金触媒を用いることにより，H_2 分子や O_2 分子が吸着されて活性化し，温度が低くても反応するようになる。

G 反応速度を変えるその他のもの

光，固体の表面積，撹拌(かくはん)などがある。

① 光

水素と塩素の混合物に光を照射すると，塩化水素が生成する。

$$H_2 + Cl_2 \longrightarrow 2HCl$$

これは，Cl_2 が光を吸収して Cl 原子となり，H_2 と反応することによる。この反応の応用例には，植物の光合成，写真のフィルムの感光（臭化銀 $AgBr$ の感光）がある。これらの反応は**光エネルギーによって促進される反応で，光化学反応**(⇨ p.292)という。

② 固体の表面積

固体を粉砕して粉末状にすると，固体の表面積が大きくなる。このため，固体どうしの反応，また，固体と気体や液体との反応において，単位時間あたりの互いの衝突回数が増して反応速度が大きくなる。

鉄片と鉄粉に塩酸を加えると，鉄粉のほうが激しく水素を発生する。

8分割

l(cm)　l(cm)

表面積 $6l^2$ (cm²)

l(cm)　$\frac{l}{2}$(cm)

表面積 $12l^2$ (cm²)

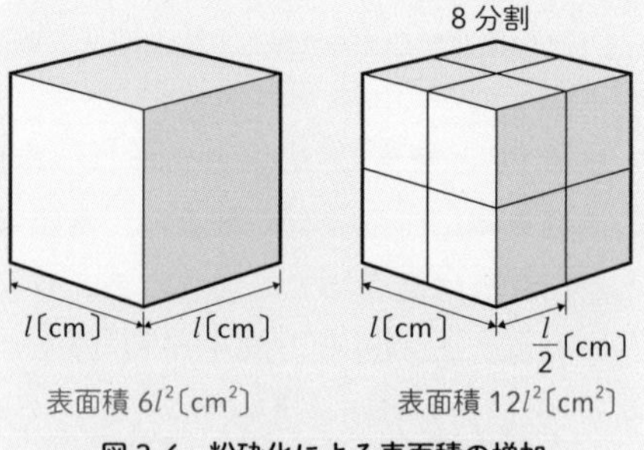

図 3-6　粉砕化による表面積の増加

③ 撹拌(かくはん)

液体に固体を入れて反応させるとき，撹拌すると，互いの接触回数が増し，反応速度が大きくなる。

2 | 反応の仕組み

1 遷移状態と活性化エネルギー

A 粒子の衝突と遷移状態

　反応が起こるためには，反応物の分子などの粒子が衝突する必要があるが，衝突しても反応が起こるとは限らない。

　いま，水素 H_2 とヨウ素 I_2 が反応してヨウ化水素 HI が生成するためには，H_2 と I_2 がエネルギーの高い不安定な中間状態になるだけのエネルギーをもって衝突する必要がある。この**エネルギーの高い中間状態を**遷移状態（活性化状態）という。

補足 1. このときの不安定な中間状態の化合物を**活性錯合体**という。

$$H_2 \quad + \quad I_2 \quad \longrightarrow \quad 2HI$$

活性錯合体

$$\left(\begin{array}{ccccc} H & & I & H \cdots I & H-I \\ | & + & | & \vdots \quad \vdots & \\ H & & I & H \cdots I & H-I \end{array} \right)$$

水素分子　　ヨウ素分子　　（遷移状態）　ヨウ化水素分子

　　2. 反応が起こるためには，遷移状態になるに足るエネルギーをもつだけでなく，H_2 と I_2 が右図のような方向で互いに衝突する必要がある。

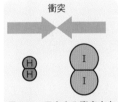

衝突

図 3-7　反応する衝突方向

B 活性化エネルギー

　遷移状態になるために必要なエネルギーを活性化エネルギーという。活性化エネルギーは，反応が起こるのに必要なエネルギーともいえる。したがって，**活性化エネルギーが小さい反応ほど起こりやすく，反応速度が大きくなる。**

$H_2 + I_2 \longrightarrow 2HI$ の反応の活性化エネルギーの測定値は 174 kJ である。一方，H_2 と I_2 の結合エンタルピーは，$H-H$ は 432 kJ/mol，$I-I$ は 149 kJ/mol であるから，H_2 と I_2 を原子状態にするには 432 kJ＋149 kJ＝581 kJ が必要である。活性化エネルギーが結合エンタルピーに比べて小さいことは，この反応が H 原子や I 原子などの原子状態にならないで進行することを示している。

POINT

活性化エネルギー：遷移状態になるために必要なエネルギー
 ⇨ 反応を起こすために必要なエネルギー
 ⇨ 活性化エネルギーが小さいほど反応速度が大きい
 遷移状態は，高エネルギーの状態であるが，原子状態になるエネルギーよりは小さい。➡ 反応は，原子状態を経由せず進行する。

D 活性化エネルギーと反応経路

$H_2 + I_2 \longrightarrow 2HI$ の反応では，H_2 分子と I_2 分子の運動エネルギーの和が，活性化エネルギーより大きいときは，遷移状態を経て HI となる。この反応の経路は次のように表される。

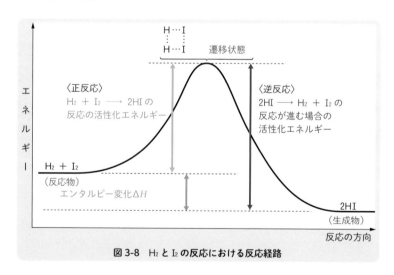

図 3-8　H_2 と I_2 の反応における反応経路

2 反応速度と活性化エネルギー

A 温度と粒子の熱運動

　物質を構成している分子などの粒子は，すべてが熱運動をしていて，温度が高いほど高いエネルギーをもって激しく熱運動している。しかし，温度を一定に保っても，すべての粒子が同じエネルギーをもって熱運動をしているわけではない。

　ある温度の気体では，大きなエネルギーをもつ分子から小さなエネルギーをもつ分子までいろいろあり，これらがその温度に応じて一定の割合で分布している。

B 温度と活性化エネルギー

　温度が高くなると反応速度が大きくなるのは，次の a，b によるが，特に b の影響が大きい。

　a．分子などの粒子の熱運動が激しくなり，衝突回数が増加する。

　b．**分子などの粒子の運動エネルギーが大きくなり，活性化エネルギー（図3-9 の E ）以上のエネルギーをもつ粒子の数の割合が急速に増加する。**

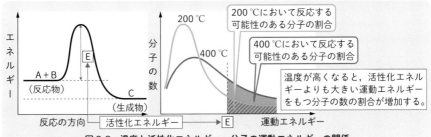

図3-9　温度と活性化エネルギー・分子の運動エネルギーの関係

 POINT

　温度を高くすると反応速度が大きくなるのは
　　　「活性化エネルギー以上の運動エネルギーをもつ分子の数の割合が増加する」
　　　「分子の衝突回数が増加する」　からである。
　活性化エネルギー以上の運動エネルギーをもつ分子の数の割合の増加の影響が大きい。

触媒と活性化エネルギー

　触媒を用いない反応では，反応物どうしだけの遷移状態（活性錯合体）になるが，触媒を用いた反応では，反応物と触媒からなる遷移状態（活性錯合体）を経て生成物ができる。

| 触媒を用いない場合：反応物 | ⟶ | 遷移状態A | ⟶ | 生成物 |
| 触媒を用いた場合：⎰ 反応物 ⎱ 触媒 | ⟶ | ⎛触媒を含む⎞ ⎝遷移状態B⎠ | ⟶ | ⎰ 生成物 ⎱ 触媒 |

　活性化エネルギーは，遷移状態Aより遷移状態Bのほうが小さい。（図3-10）

　このように，触媒は反応の仕組みを変え，**活性化エネルギーの小さい経路で反応が進むので，反応速度が大きくなる。**

　なお，**反応エンタルピーは，触媒の有無と関係なく一定**である。

POINT

触媒：活性化エネルギーを小さくする ⇨ 反応速度が大きくなる
　活性化エネルギー小 ⇨ 反応できる分子の数の割合が大きくなり，反応速度が大

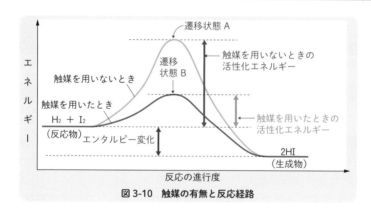

図 3-10　触媒の有無と反応経路

表 3-2　触媒の有無と活性化エネルギー

反　応	活性化エネルギー	触　媒	触媒を用いた活性化エネルギー
$H_2 + I_2 \longrightarrow 2HI$	174 kJ/mol	白　金	49 kJ/mol
$N_2 + 3H_2 \longrightarrow 2NH_3$	234 kJ/mol	鉄	96 kJ/mol
$2SO_2 + O_2 \longrightarrow 2SO_3$	252 kJ/mol	酸化バナジウム（V）	63 kJ/mol
$2H_2O_2 \longrightarrow 2H_2O + O_2$	76 kJ/mol	白　金	49 kJ/mol
$C_2H_4 + H_2 \longrightarrow C_2H_6$	118 kJ/mol	ニッケル	42 kJ/mol

この章で学んだこと

　まず，反応速度の表し方から始めて反応速度の意味を理解し，次に反応速度を変える条件として，濃度・温度・触媒などと反応速度との関係を理解した。さらに，活性化エネルギーとの関連など反応の仕組みへと発展し，反応の全般を学習した。

1 反応速度

❶ 反応速度の表し方　反応速度 v

$$v = \frac{反応物の濃度の減少量}{反応時間}$$

$$v = \frac{生成物の濃度の増加量}{反応時間}$$

ある化学反応式の各物質について
→反応速度の比は，化学反応式の係数比に等しい。

❷ 反応速度を変える条件　濃度，温度，触媒，その他に光，固体の表面積，撹拌など。

(a) 反応速度と濃度　反応物 A，B のモル濃度が高いほど反応速度が大きい。

反応速度式　$v = k[\text{A}]^a[\text{B}]^b$

（k：反応速度定数）

一定温度では，反応速度定数 k は一定で，反応速度 v は[A]，[B]で決まる。ただし，a，b は実験によって決まる。

(b) 反応速度と温度　温度が高いほど反応速度が大きい。

温度が高くなると，反応速度定数が大きくなる。

(c) 反応速度と触媒　反応の前後では変化せず，少量で反応の速度を大きくするような物質を触媒という。

均一触媒　反応物と均一に混合した状態ではたらく触媒。

不均一触媒　反応物と均一に混合しない状態ではたらく触媒。

(d) 反応速度を変えるその他のもの

光　光エネルギーによる反応。
　　→光化学反応

固体の表面積　固体を粉砕すると表面積が大きくなり，反応物の衝突回数が増加する。

撹拌　撹拌によって，反応物の接触回数が増加する。

2 反応の仕組み

❶ 遷移状態と活性化エネルギー

(a) 遷移状態　エネルギーの高い不安定な中間状態。

(b) 活性化エネルギー　遷移状態になるために必要なエネルギー。

→反応が起こるのに必要なエネルギー。活性化エネルギーは結合エンタルピーより小さい。

❷ 反応速度と活性化エネルギー

(a) 温度と活性化エネルギー　温度が高くなると，分子などの粒子のもつ運動エネルギーが大きくなり，活性化エネルギー以上のエネルギーをもつ粒子の数の割合が増加する。

→反応速度が大きくなる。

(b) 触媒と活性化エネルギー　触媒は活性化エネルギーを小さくする。

→反応の仕組みを変え，活性化エネルギーの小さい経路で反応が進む。

→反応速度が大きくなる。

定期テスト対策問題 12

解答・解説は p.729

1 反応 A + B ⟶ C + D において，その反応速度 $v\,[\mathrm{mol/(L \cdot s)}]$ は，$v = k[\mathrm{A}][\mathrm{B}]$ のように表される。温度，体積が一定で，最初の A，B の濃度がそれぞれ 1.6 mol/L，1.2 mol/L であるものが，t 秒後に A の濃度が 1.2 mol/L となった。時刻 t における反応速度は，最初の反応速度の何倍か。

2 次の記述のうち，誤っているものをすべて選び，番号で答えよ。
① 化学反応の速さは，単位時間あたりの反応物の濃度の減少量で表すことができる。
② $\mathrm{H_2 + I_2 \rightleftharpoons 2HI}$ の正反応のエンタルピー変化 ΔH は $-9\,\mathrm{kJ}$ である。逆反応の活性化エネルギーは正反応の活性化エネルギーより 9 kJ/mol 大きい。
③ 温度を上げて反応速度が大きくなるのは，主に活性化エネルギーを超えるエネルギーをもつ分子の割合が増えるためである。
④ 反応速度が反応物の何乗に比例するかは，化学反応式の係数で決まる。
⑤ ある 2 つの発熱反応のうち，反応速度が大きいほうが活性化エネルギーは小さくなる。

3 次の可逆反応を考える。
$$2\mathrm{A_2B}\,(気体) \rightleftharpoons 2\mathrm{A_2}\,(気体) + \mathrm{B_2}\,(気体)$$
右図は反応経路に沿ったエネルギーの変化を示す。

(1) 図において，E_1，E_2 は何と呼ばれるか。また，X の状態は何と呼ばれるか。

(2) $\mathrm{A_2B}$ の分解反応は，発熱反応か，吸熱反応か。

(3) 触媒を加えると，反応速度が大きくなった。E_1，E_2 はどう変化したか。

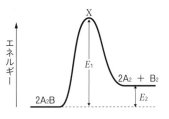

ヒント
1 A も B も変化量は同じ。
2 活性化エネルギーを表すグラフを思い浮かべてみよう。
3 X はエネルギーの高い不安定な状態。
$2\mathrm{A_2B}$ は $2\mathrm{A_2}\,(気体) + \mathrm{B_2}\,(気体)$ より，低いエネルギー状態にある。

第 **4** 章　化学平衡

1 | 化学平衡とその法則

1 可逆反応と不可逆反応

A 可逆反応

水素 H_2 とヨウ素 I_2 を密閉容器中に入れて高温に保つと，反応してヨウ化水素 HI が生成する。

$$H_2 + I_2 \longrightarrow 2HI$$

一方，ヨウ化水素 HI を密閉容器中に入れて高温に保つと，分解して水素 H_2 とヨウ素 I_2 を生成する。

$$2HI \longrightarrow H_2 + I_2$$

このように，**どちらの方向にも進む反応を可逆反応**といい，$\rightleftarrows$ を用いて表す。右向きの反応を正反応，左向きの反応を逆反応という。

$$H_2 + I_2 \rightleftarrows 2HI$$

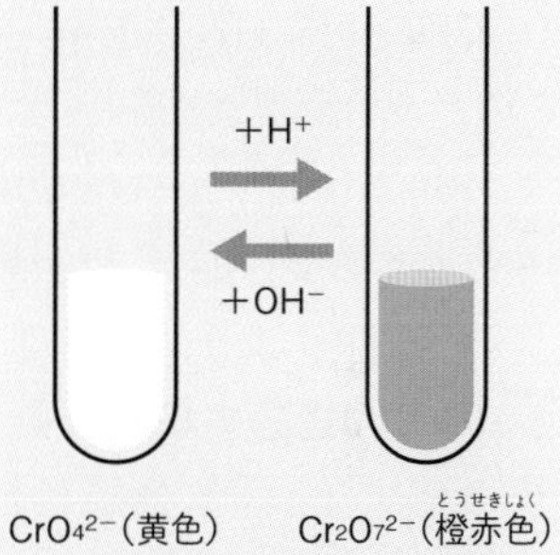

$CrO_4{}^{2-}$（黄色）　$Cr_2O_7{}^{2-}$（橙赤色）

図 4-1　可逆反応と不可逆反応

クロム酸イオン $CrO_4{}^{2-}$ に酸を加えるとニクロム酸イオン $Cr_2O_7{}^{2-}$ となり，$Cr_2O_7{}^{2-}$ に塩基を加えると $CrO_4{}^{2-}$ となる。

B 不可逆反応

水素 H_2 と塩素 Cl_2 を混合して日光に当てたり点火したりすると，爆発的に反応して塩化水素 HCl となる。

$$H_2 + Cl_2 \longrightarrow 2HCl$$

塩化水素は加熱などしても分解は起こらない。このように**一方向にだけ進行する反応を不可逆反応**という。

2 化学平衡

水素 H_2 とヨウ素 I_2 をそれぞれ同じ物質量だけ密閉容器に入れて 400 ℃に保つとヨウ化水素 HI が生成する。

$$H_2 + I_2 \longrightarrow 2HI$$

このときの反応速度を v_1 とすると，次のように表される。

$v_1 = k_1[H_2][I_2]$　（k_1 は反応速度定数）

H_2 と I_2 のモル濃度 $[H_2]$，$[I_2]$ は，はじめは大きいが，反応が進むにつれて小さくなる。したがって，$v_1 = k_1[H_2][I_2]$ より，v_1 ははじめ大きいが反応が進むにつれて小さくなる。

一方，生成したヨウ化水素 HI が分解する反応も起こっている。

$$2HI \longrightarrow H_2 + I_2$$

このときの反応速度を v_2 とすると，次のように表される。

$v_2 = k_2[HI]^2$　（k_2 は反応速度定数）

HI のモル濃度 $[HI]$ は，はじめは 0 で，反応が進むにつれて大きくなる。したがって，$v_2 = k_2[HI]^2$ より，v_2 ははじめ 0 で反応が進むにつれて大きくなる。

ある時間が経過すると，$v_1 = v_2$ となる。

$$H_2 + I_2 \rightleftarrows 2HI$$ において

正反応の反応速度と逆反応の反応速度が等しくなり，見かけ上は反応が停止したような状態となる。この状態を化学平衡の状態，または平衡状態という。

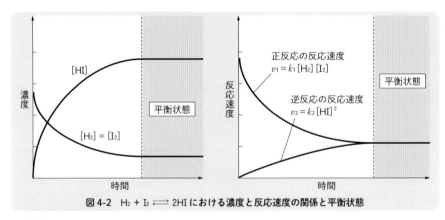

図4-2　$H_2 + I_2 \rightleftarrows 2HI$ における濃度と反応速度の関係と平衡状態

 POINT

化学平衡の状態 ⇨ 正反応の反応速度＝逆反応の反応速度
見かけ上は反応が停止したように見える。

3 化学平衡の法則（質量作用の法則）

Ⓐ 化学平衡の法則

次のような可逆反応

$$a\text{A} + b\text{B} \rightleftarrows c\text{C} + d\text{D} \quad (\text{A, B, C, D：物質の化学式} \quad a, b, c, d：\text{係数})$$

が平衡状態にあるとき，これらの濃度[A]，[B]，[C]，[D]の間に次のような関係式が成り立つ。

$$\frac{[\text{C}]^c[\text{D}]^d}{[\text{A}]^a[\text{B}]^b} = K \quad (K \text{ は定数})$$

この関係式を**化学平衡の法則**または質量作用の法則という。

K は**平衡定数**といい，温度が一定のとき，濃度に関係なく一定である。

POINT

$a\text{A} + b\text{B} \rightleftarrows c\text{C} + d\text{D}$　が平衡状態にあるとき

$$\frac{[\text{C}]^c[\text{D}]^d}{[\text{A}]^a[\text{B}]^b} = K(\text{平衡定数})$$

平衡定数 K は，温度が一定のとき，濃度に関係なく一定。

例題 10　化学平衡の状態

次の反応において，明らかに平衡状態であるのは，次のア〜エのどの場合か。

$$\text{N}_2 + 3\text{H}_2 \rightleftarrows 2\text{NH}_3$$

ア　反応が停止して，各物質の濃度が一定になっている。

イ　モル濃度が $\text{N}_2 : \text{H}_2 : \text{NH}_3 = 1 : 3 : 2$ になっている。

ウ　NH_3 が生成する速さと NH_3 が分解する速さが等しい。

エ　N_2，H_2，NH_3 の各モル濃度が等しくなっている。

〔解答〕

平衡状態においては，$\dfrac{[\text{NH}_3]^2}{[\text{N}_2][\text{H}_2]^3} = K(\text{一定})$である。イの$[\text{N}_2]:[\text{H}_2]:[\text{NH}_3]$ $=1:3:2$，エの$[\text{N}_2]=[\text{H}_2]=[\text{NH}_3]$とは限らないので，イとエは誤りである。また，平衡状態は，正反応（NH_3 が生成する反応）と逆反応（NH_3 が分解する反応）の反応速度が等しくなる状態であるので，アも誤り。ウが適当である。

ウ …㊜

平衡定数に関する計算①

一定容積の容器に，気体の水素 1.00 mol と気体のヨウ素 1.00 mol を入れ一定温度に保ったところ，気体のヨウ化水素 1.50 mol が生成し，平衡に達した。(1)と(2)に答えよ。

$$H_2 （気） + I_2 （気） \rightleftarrows 2HI （気）$$

(1) この温度における平衡定数を求めよ。

(2) 同じ容器に同じ温度で，水素 1.50 mol とヨウ素 1.50 mol を入れたとき，平衡状態でのヨウ化水素の物質量は何 mol か。

――――――――――――――――――――――――――――――

【解答】

(1) 反応前，変化量，平衡時の各物質の物質量は次のようになる。

	H_2（気）	+	I_2（気）	$\rightleftarrows$	$2HI$（気）	
反応前	1.00		1.00		0	〔mol〕
変化量	−0.75		−0.75		+1.50	〔mol〕
平衡時	0.25		0.25		1.50	〔mol〕

容器の容積を V〔L〕とすると，平衡定数は次のようになる。

$$K = \frac{[HI]^2}{[H_2][I_2]} = \frac{\left(\dfrac{1.50}{V}\right)^2}{\left(\dfrac{0.25}{V}\right)\left(\dfrac{0.25}{V}\right)} = \mathbf{36} \cdots ⊛$$

(2) H_2 と I_2 とが x〔mol〕ずつ反応して HI が $2x$〔mol〕生成したとすると

	H_2（気）	+	I_2（気）	$\rightleftarrows$	$2HI$（気）	
反応前	1.50		1.50		0	〔mol〕
変化量	$-x$		$-x$		$+2x$	〔mol〕
平衡時	$1.50-x$		$1.50-x$		$2x$	〔mol〕

同じ温度なので，平衡定数は 36 である。

$$K = \frac{[HI]^2}{[H_2][I_2]} = \frac{\left(\dfrac{2x}{V}\right)^2}{\left(\dfrac{1.50-x}{V}\right)\left(\dfrac{1.50-x}{V}\right)} = 36$$

$$x = \frac{9}{4} \text{ mol}, \quad \frac{9}{8} \text{ mol}$$

$0\,\text{mol}<x<1.50\,\text{mol}$ より $x=\dfrac{9}{8}\,\text{mol}$

よって，HI の物質量は

$2\times\dfrac{9}{8}=2.25\fallingdotseq\textbf{2.3 mol}$ …㊜

平衡定数に関する計算

次の①・②・③に従って求める。

① 化学反応式に従って「反応前」「変化量」「平衡時」の順に，各物質の物質量を記す。⇨平衡状態（平衡時）の物質量を求める。

	$a\text{A}$	$+$	$b\text{B}$	$\rightleftharpoons$	$c\text{C}$	$+$	$d\text{D}$
反応前	$n_\text{A}\,(\text{mol})$		$n_\text{B}\,(\text{mol})$				
変化量	$-n_\text{A}{}'\,(\text{mol})$		$-n_\text{B}{}'\,(\text{mol})$		$n_\text{C}{}'\,(\text{mol})$		$n_\text{D}{}'\,(\text{mol})$
平衡時	$(n_\text{A}-n_\text{A}{}')\,(\text{mol})$		$(n_\text{B}-n_\text{B}{}')\,(\text{mol})$		$n_\text{C}{}'\,(\text{mol})$		$n_\text{D}{}'\,(\text{mol})$

② モル濃度 (mol/L) $\dfrac{n_\text{A}-n_\text{A}{}'}{V}\,(\text{mol/L})$ $\dfrac{n_\text{B}-n_\text{B}{}'}{V}\,(\text{mol/L})$ $\dfrac{n_\text{C}{}'}{V}\,(\text{mol/L})$ $\dfrac{n_\text{D}{}'}{V}\,(\text{mol/L})$

③ 平衡定数の式に代入する。⇨ $K=\dfrac{\left(\dfrac{n_\text{C}{}'}{V}\right)^{c}\times\left(\dfrac{n_\text{D}{}'}{V}\right)^{d}}{\left(\dfrac{n_\text{A}-n_\text{A}{}'}{V}\right)^{a}\times\left(\dfrac{n_\text{B}-n_\text{B}{}'}{V}\right)^{b}}$

補足 $a+b=c+d$ のときは，V は関係しない。

$a+b\neq c+d$ のときは，V が関係する。

B 固体と気体が関係する反応と平衡定数

赤熱したコークス C に水蒸気 H_2O を反応させると，一酸化炭素 CO と水素 H_2 を生成し，次のように平衡状態になる。

$\quad$ C（固） + H_2O（気） $\rightleftharpoons$ CO（気） + H_2（気）

気体と固体とが平衡状態にあるとき，平衡定数 K は，気体成分のモル濃度のみによって表される。

$\quad K=\dfrac{[\text{CO}][\text{H}_2]}{[\text{H}_2\text{O}]}\,(\text{mol/L})$

このように，固体が関係する化学平衡では，**平衡定数を表す式に固体を含めない**。これは，固体の量を変化させても化学平衡に影響を与えないからである。固体は反応に必要な最小量があれば，反応が進行して平衡状態になる。また，溶液中の化学平衡を考えるとき，溶媒は，溶質に比べ多量にあるため，溶媒の濃度は反応を通じて一定とみなすことができる。よって，**平衡定数を表す式に溶媒の濃度は含めない**。

例題 12 平衡定数に関する計算②

1.00 mol の赤熱したコークス C と 1.00 mol の二酸化炭素 CO_2 を一定温度で反応させると，次のように一酸化炭素 CO を生じて，平衡状態になる。

C（固）＋ CO_2（気）$\rightleftarrows$ 2CO（気）

平衡に達するまでに，コークスは 0.80 mol 反応したとすると，この反応の平衡定数 K はいくらか。ただし，反応容器の容積は 100 L とする。

解答

反応前，変化量，平衡時の各物質の物質量は次のようになる。

	C（固）	＋ CO_2（気）	$\rightleftarrows$ 2CO（気）	
反応前	1.00	1.00	0	〔mol〕
変化量	−0.80	−0.80	＋1.60	〔mol〕
平衡時	0.20	0.20	1.60	〔mol〕

$$K=\frac{[CO]^2}{[CO_2]}=\frac{\left(\frac{1.60}{100}\right)^2}{\left(\frac{0.20}{100}\right)}=0.128 \fallingdotseq \textbf{0.13 mol/L} \cdots 答$$

c 溶液中の化学平衡

酢酸 CH_3COOH とエタノール C_2H_5OH の混合物に，濃硫酸を触媒として少量加えて反応させると，酢酸エチル $CH_3COOC_2H_5$ と水 H_2O が生じる。

CH_3COOH ＋ C_2H_5OH $\rightleftarrows$ $CH_3COOC_2H_5$ ＋ H_2O

これは可逆反応で，一定温度で反応させると平衡状態になる。この反応の平衡定数は，次のように表される。

$$K=\frac{[CH_3COOC_2H_5][H_2O]}{[CH_3COOH][C_2H_5OH]}$$

この化学反応式の右辺の H_2O は**溶媒でないため**，平衡定数を表す式中に**[H_2O]**を入れる必要がある。

例題 13　平衡定数に関する計算③

酢酸 3.0 mol とエタノール 3.0 mol に少量の濃硫酸を加えて反応させると，酢酸エチルを生じて，均一な溶液の平衡状態になった。この温度における平衡定数を 4 とすると，平衡時の酢酸と酢酸エチルの物質量はそれぞれ何 mol か。ただし，反応前後の混合溶液の体積は変わらないものとする。

解答

CH_3COOH と C_2H_5OH とが x(mol) ずつ反応して $CH_3COOC_2H_5$ と H_2O が x(mol)生成したとすると，反応前，変化量，平衡時の各物質の物質量は次のようになる。

	CH_3COOH	$+$ C_2H_5OH	$\rightleftharpoons$ $CH_3COOC_2H_5$	$+$ H_2O	
反応前	3.0	3.0	0	0	(mol)
変化量	$-x$	$-x$	$+x$	$+x$	(mol)
平衡時	$3.0-x$	$3.0-x$	x	x	(mol)

容器の容積を V(L) とすると，平衡定数は次のようになる。

$$K=\frac{[CH_3COOC_2H_5][H_2O]}{[CH_3COOH][C_2H_5OH]}=\frac{\left(\dfrac{x}{V}\right)\left(\dfrac{x}{V}\right)}{\left(\dfrac{3.0-x}{V}\right)\left(\dfrac{3.0-x}{V}\right)}=4$$

$x=2.0$ mol，6.0 mol

0 mol $<x<$ 3.0 mol より，$x=6.0$ は不適であるため　$x=2.0$ mol

酢酸：$3.0-2.0=$**1.0 mol**　　酢酸エチル：**2.0 mol** …㊙

D 圧平衡定数

気体どうしの可逆反応では，平衡状態の気体の分圧を用いて平衡定数を表すことができる。

いま，反応する物質 A，B，生成する物質 C，D がいずれも気体であり，次のような可逆反応が起こるものとする。

aA $+$ bB $\rightleftharpoons$ cC $+$ dD　(a, b, c, d は係数)

平衡状態にあるとき，A，B，C，Dの分圧を p_A, p_B, p_C, p_D とすると，化学平衡の法則にしたがって，次の関係式が成り立つ。

$$\frac{p_C{}^c\, p_D{}^d}{p_A{}^a\, p_B{}^b} = K_p \quad (K_p は一定)$$

K_p を**圧平衡定数**といい，温度が一定のとき，分圧に関係なく一定である。

補足 p.341 に記した平衡定数 K は，濃度についての平衡定数であるから，**濃度平衡定数**といい，K_c で示す。P は pressure（圧力），C は concentration（濃度）を意味する。

POINT

$$aA + bB + \cdots\cdots \rightleftharpoons mM + nN + \cdots\cdots$$
$$(a, \ b, \ \cdots\cdots, \ m, \ n, \ \cdots\cdots は係数)$$

上の気体間の可逆反応の圧平衡定数 K_p は，次のように表される。

$$K_p = \frac{p_M{}^m\, p_N{}^n\cdots}{p_A{}^a\, p_B{}^b\cdots} \quad (K_p の単位：Pa^{(m+n+\cdots\cdots)-(a+b+\cdots\cdots)})$$

p_A, p_B, …はA，B，…の分圧，p_M, p_N, …はM，N，…の分圧。

E 圧平衡定数と濃度平衡定数の関係

　1つの反応の平衡状態における圧平衡定数 K_p と濃度平衡定数 K_c の関係を示すため，気体物質 A，B，C，D 間の次の可逆反応について考えてみよう。

$$aA + bB \rightleftharpoons cC + dD \quad (a, \ b, \ c, \ d は係数)$$

V〔L〕の容器中に A，B，C，D がそれぞれ n_A, n_B, n_C, n_D の物質量〔mol〕で平衡状態にあるとすると，気体の状態方程式から，それぞれの分圧 p_A, p_B, p_C, p_D の間に次の関係がある。

$$p_A V = n_A RT \qquad p_B V = n_B RT \qquad p_C V = n_C RT \qquad p_D V = n_D RT$$

よって $\quad p_A = \dfrac{n_A}{V} RT \qquad p_B = \dfrac{n_B}{V} RT \qquad p_C = \dfrac{n_C}{V} RT \qquad p_D = \dfrac{n_D}{V} RT$

$\dfrac{n_A}{V}$, $\dfrac{n_B}{V}$, $\dfrac{n_C}{V}$, $\dfrac{n_D}{V}$〔mol/L〕は，それぞれの気体のモル濃度[A]，[B]，[C]，[D]であるから

$$p_A = [A]RT \qquad p_B = [B]RT \qquad p_C = [C]RT \qquad p_D = [D]RT$$

よって $\quad K_p = \dfrac{p_C{}^c\, p_D{}^d}{p_A{}^a\, p_B{}^b} = \dfrac{([C]RT)^c\, ([D]RT)^d}{([A]RT)^a\, ([B]RT)^b}$

$$= \frac{[C]^c\, [D]^d}{[A]^a\, [B]^b} \times (RT)^{(c+d)-(a+b)} = K_c (RT)^{(c+d)-(a+b)}$$

したがって，圧平衡定数 K_p と濃度平衡定数 K_c の間には次の関係がある。

$$K_p = K_c(RT)^{(c+d)-(a+b)}$$

POINT

$$aA + bB + \cdots\cdots \rightleftharpoons mM + nN + \cdots\cdots$$

$$(a,\ b,\ \cdots\cdots,\ m,\ n,\ \cdots\cdots \text{は係数})$$

上の気体間の可逆反応に対して

$$K_p = K_c(RT)^{(m+n+\cdots\cdots)-(a+b+\cdots\cdots)} \quad (K_p \text{の単位：Pa}^{(m+n+\cdots\cdots)-(a+b+\cdots\cdots)})$$

例題 14　圧平衡定数

四酸化二窒素 N_2O_4 は，次のように解離する。

$$N_2O_4 \rightleftharpoons 2NO_2$$

いま，30 ℃で 140 kPa に保ったところ，40 %解離した。この温度における圧平衡定数を求めよ。

解答

反応前の N_2O_4 を n〔mol〕とすると，次の関係がある。

	N_2O_4	$\rightleftharpoons$	$2NO_2$
反応前	n〔mol〕		
変化量	$-0.40\,n$〔mol〕	$+$	$0.80\,n$〔mol〕
平衡時	$0.60\,n$〔mol〕	$+$	$0.80\,n$〔mol〕 $= 1.40\,n$〔mol〕←平衡時の全物質量

圧力（分圧）は物質量に比例するので，分圧は

$$N_2O_4 : 140\ \text{kPa} \times \frac{0.60\,n}{1.40\,n} = 60\ \text{kPa}$$

$$NO_2 : 140\ \text{kPa} \times \frac{0.80\,n}{1.40\,n} = 80\ \text{kPa}$$

$$\text{圧平衡定数}\ K_p = \frac{P_{NO_2}{}^2}{P_{N_2O_4}} = \frac{(80\ \text{kPa})^2}{60\ \text{kPa}} \fallingdotseq \mathbf{107\ kPa} \cdots \text{答}$$

F　平衡定数の大小

平衡定数は，反応物の濃度（分圧）を分母，生成物の濃度（分圧）を分子とした値であるから，一般に次のようなことがいえる。

平衡定数が { 1より大きい場合 ⇨ 平衡が生成物側にかたよっている。
　　　　　 { 1より小さい場合 ⇨ 平衡が反応物側にかたよっている。

なお，平衡定数が 1 に近い場合は，反応物と生成物の割合がほぼ等しい。

2 | 化学平衡の移動

1 平衡の移動とその原理

A 化学平衡の移動

　可逆反応が平衡状態にあるとき，濃度・圧力・温度などの条件を変化させると，平衡状態が一時的にくずれるが，すぐに正反応または逆反応が進行して新しい条件に対応した平衡状態になる。

　この現象を化学平衡の移動，または平衡移動という。

B ルシャトリエの原理

　フランスのルシャトリエは，化学平衡の移動の方向について次のような原理を発表した(1884 年)。

> 「可逆反応が平衡状態にあるとき，濃度・圧力・温度などの条件を変化させると，その変化をやわらげる方向に平衡が移動し，新しい平衡状態になる。」

　これを，ルシャトリエの原理または平衡移動の原理という。

　この原理は，化学平衡以外にも，気液平衡，溶液平衡などでも成り立つ。

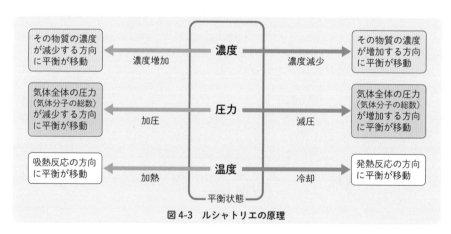

図 4-3　ルシャトリエの原理

2 濃度変化と平衡移動

A 濃度変化と平衡移動

水素 H_2，ヨウ素 I_2，ヨウ化水素 HI が，温度一定の密閉容器中で，次の可逆反応に従って，平衡状態にあるとする。

$$H_2 + I_2 \rightleftharpoons 2HI$$

ここに I_2 を加えると，ルシャトリエの原理に従って，I_2 の濃度の増加をやわらげる方向（上の可逆反応の右方向）へ反応が進み，新しい平衡状態になる。

補足 平衡状態にある上の可逆反応で，(1) HI を加えた場合，(2) H_2 を除いた場合，(3) HI を除いた場合，(1)・(2)は左方向に，(3)は右方向に平衡が移動する。

B 濃度変化と平衡定数

平衡移動を化学平衡の法則から考えることができる。

$$H_2 + I_2 \rightleftharpoons 2HI \qquad K_c = \frac{[HI]^2}{[H_2][I_2]}$$

上の平衡定数をもとに考えてみよう。平衡状態で I_2 を加えると，平衡状態がくずれる。$[I_2]$ が増加することで，分母が大きくなり，右辺は小さくなる。右辺の値が K_c と等しくなるように（平衡になろうとして），$[H_2]$，$[I_2]$ が減少し，$[HI]$ が増加する方向に平衡が移動する。

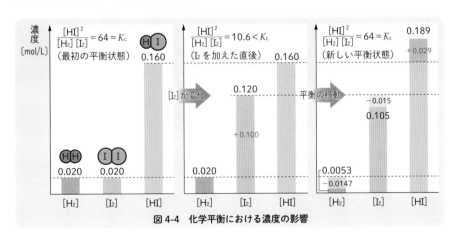

図 4-4　化学平衡における濃度の影響

3 圧力変化と平衡移動

A 圧力変化と平衡移動

赤褐色の気体である二酸化窒素 NO_2 から，無色の気体である四酸化二窒素 N_2O_4 を生じる反応は可逆反応であり，次式で表される。

$$2NO_2（赤褐色）\rightleftharpoons N_2O_4（無色）\quad \cdots\cdots ⑦$$

いま，平衡状態にある NO_2 と N_2O_4 の混合気体を圧縮(加圧)すると，ルシャトリエの原理に従って，圧力の上昇を小さくする方向，すなわち気体分子の総数が減る右方向に平衡が移動する。一般に

圧力を大きくする ⇨ 気体分子の物質量が減る方向に平衡は移動する。

圧力を小さくする ⇨ 気体分子の物質量が増える方向に平衡は移動する。

補足 $H_2 + I_2 \rightleftharpoons 2HI$ の気体反応のような，左辺と右辺の気体分子の数が等しい反応では，圧力を変えても平衡は移動しない。

B 圧力変化と平衡定数

平衡移動を，圧平衡定数から考える。

⑦式の可逆反応の圧平衡定数 K_p は，次式で表される。

$$K_p = \frac{p_{N_2O_4}}{p_{NO_2}^2} \quad \cdots\cdots ④$$

温度一定で，混合気体の入っている容器の体積を半分に圧縮して，混合気体の圧力を2倍にすると，平衡状態はくずれ，$p_{N_2O_4}$ と p_{NO_2} はともに2倍になる。このとき，④式の右辺の分子の $p_{N_2O_4}$ は2倍になるが，分母の $p_{NO_2}^2$ は，4倍になり，$K_p > \dfrac{p_{N_2O_4}}{p_{NO_2}^2}$ となる。右辺の値が K_p と等しくなるように(平衡になろうとして)，p_{NO_2} が減少し，$p_{N_2O_4}$ が増加する方向に平衡が移動する。すなわち，圧力を上げると，N_2O_4 を生成する方向に反応が進み，全体の気体分子の総数が減少する方向に平衡が移動する。

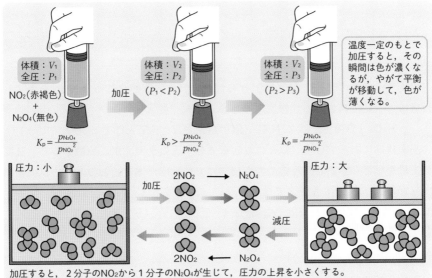

体積：V_1
全圧：P_1

NO₂（赤褐色）
＋
N₂O₄（無色）

$K_p = \dfrac{p_{N_2O_4}}{p_{NO_2}{}^2}$

加圧

体積：V_2
全圧：P_2
$(P_1 < P_2)$

$K_p > \dfrac{p_{N_2O_4}}{p_{NO_2}{}^2}$

体積：V_2
全圧：P_3
$(P_2 > P_3)$

$K_p = \dfrac{p_{N_2O_4}}{p_{NO_2}{}^2}$

温度一定のもとで加圧すると、その瞬間は色が濃くなるが、やがて平衡が移動して、色が薄くなる。

圧力：小

$2NO_2 \longrightarrow N_2O_4$

加圧

減圧

$2NO_2 \longleftarrow N_2O_4$

圧力：大

加圧すると、2分子のNO₂から1分子のN₂O₄が生じて、圧力の上昇を小さくする。
減圧すると、1分子のN₂O₄から2分子のNO₂が生じて、圧力の低下を小さくする。

図4-5　化学平衡における圧力の影響

ⓒ 反応に関係ない物質を加えたときの平衡移動

　⑦式の可逆反応が平衡状態にあるとき，反応に関係しないアルゴン Ar など
を加えたときの平衡移動を考える。

❶ 体積一定（定積）で加える場合

　平衡状態にある NO₂ と N₂O₄ の混合気体が入った密閉容器中に，NO₂ と
N₂O₄ とは反応しない Ar を体積一定のまま加えた。このとき，全圧は増加す
るが，p_{NO_2} と $p_{N_2O_4}$ は変わらないので，平衡は移動しない。

❷ 全圧一定（定圧）で加える場合

　全圧一定のまま，反応しない Ar を加えると，気体の体積は増加し，p_{NO_2}
と $p_{N_2O_4}$ は減少する。この減少を緩和するため，圧力が増加する方向（気体分
子の物質量が増える方向）である左方向に平衡が移動する。

A 温度変化と平衡移動

　赤褐色の気体の二酸化窒素 NO_2 から無色の気体の四酸化二窒素 N_2O_4 を生じる反応は，次式で表される発熱反応である。

$$2NO_2（赤褐色）\rightleftharpoons N_2O_4（無色）\qquad \Delta H = -57\,kJ\qquad ……㋒$$

　平衡状態にある NO_2 と N_2O_4 の混合気体を，圧力を変えずに加熱すると，温度の上昇を小さくする吸熱反応の方向（左方向）に反応が進む。このとき，赤褐色の NO_2 が増え，気体の色が濃くなる。逆に，冷却すると，NO_2 が減少し，無色の N_2O_4 が増え，気体の色が薄くなる。

補足　可逆反応の場合，エンタルピー変化は，正反応のエンタルピー変化を表す。

B 温度変化と平衡定数

　発熱反応の平衡定数は，温度が上昇すると小さくなり，㋒式の反応は，左方向に進む。逆に，吸熱反応の平衡定数は，温度が上昇すると大きくなり，反応は右方向に進む。温度変化によって，次の変化が起こる。

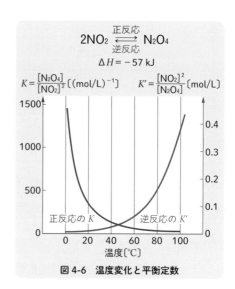

図 4-6　温度変化と平衡定数

●**発熱反応の場合**
　　温度を上げると，平衡定数は小さくなる。反応は左方向に進む。
　　温度を下げると，平衡定数は大きくなる。反応は右方向に進む。

●**吸熱反応の場合**
　　温度を上げると，平衡定数は大きくなる。反応は右方向に進む。
　　温度を下げると，平衡定数は小さくなる。反応は左方向に進む。

補足　温度一定では，平衡定数に変化はないが，濃度や圧力によって平衡は移動する。一方，温度を変化させると，平衡定数が変化し，平衡が移動する。

5 触媒と平衡移動

触媒は，正反応と逆反応の活性化エネルギーを小さくし，両反応の速さを大きくする。これにより，平衡までの時間は短くなるが，平衡状態での各物質の濃度は変化しない。したがって，**触媒により平衡は移動せず，平衡定数も変化しない。**

 POINT

化学平衡の移動方向：ルシャトリエの原理に従う。

濃度を $\begin{cases} \text{増加させる} \Rightarrow \text{濃度が減少する＝その物質が反応する} \\ \text{減少させる} \Rightarrow \text{濃度が増加する＝その物質が生成する} \end{cases}$ 方向

圧力を $\begin{cases} \text{大きくする} \Rightarrow \text{圧力を小さくする＝気体分子の減少する} \\ \text{小さくする} \Rightarrow \text{圧力を大きくする＝気体分子の増加する} \end{cases}$ 方向

温度を $\begin{cases} \text{上げる} \Rightarrow \text{温度を下げる＝吸熱する} \\ \text{下げる} \Rightarrow \text{温度を上げる＝発熱する} \end{cases}$ 方向

反応しない物質を $\begin{cases} \text{定積で加える} \Rightarrow \text{平衡は移動しない} \\ \text{定圧で加える} \Rightarrow \text{気体分子の総数が増える方向に平衡は移動する} \end{cases}$

変化をやわらげる方向に平衡が移動する。

例題 15 平衡の移動

次の(1)～(6)の反応が平衡状態にあるとき，〔　　　〕内に示されている変化を与えると，平衡はどちらに移動するか。右方向の場合は A，左方向の場合は B，どちらにも移動しない場合は C を記せ。

(1) $N_2 + O_2 \rightleftarrows 2NO$　　　$\Delta H = 181\,kJ$　　　　　〔温度一定・加圧する〕

(2) $2SO_2(気) + O_2 \rightleftarrows 2SO_3(気)$　　　　$\Delta H = -190\,kJ$
　　　　　　　　　　　　　　　　　　　〔温度・圧力一定で触媒を加える〕

(3) $CO + 2H_2 \rightleftarrows CH_3OH$　　　$\Delta H = -105\,kJ$　　〔圧力一定で温度を下げる〕

(4) $2O_3 \rightleftarrows 3O_2$　　　$\Delta H = -284\,kJ$　　　　　　〔温度一定・加圧する〕

(5) $N_2 + 3H_2 \rightleftarrows 2NH_3$　　　$\Delta H = -92\,kJ$　〔温度・圧力一定で Ar を加える〕

(6) $N_2 + 3H_2 \rightleftarrows 2NH_3$　　　$\Delta H = -92\,kJ$　〔温度・体積一定で Ar を加える〕

解答

(1) 左辺と右辺の気体分子の数が等しいので，平衡は移動しない。**C** …(答)

(2) 触媒により平衡は移動しない。**C** …(答)

(3) 温度を下げると，温度が上がる右方向に移動する。**A** …(答)

(4) 加圧すると，気体分子の総数が減る左方向に平衡が移動する。**B** …(答)

(5) 全圧を一定にして Ar を加えると，体積が大きくなり，N_2，H_2，NH_3 の分圧はそれぞれ小さくなる。この現象を緩和するため，気体分子の総数が大きくなる（圧力が増加する）左方向に移動する。**B** …(答)

(6) 体積を一定にして Ar を加えても，N_2，H_2，NH_3 の分圧は変わらないので平衡は移動しない。**C** …(答)

6 アンモニアの合成

A アンモニアの合成と平衡移動

窒素 N_2 と水素 H_2 から直接アンモニア NH_3 を合成する反応は，気体分子の総数が減少する反応であり，また，発熱反応である。

$$N_2 + 3H_2 \rightleftharpoons 2NH_3 \qquad \Delta H = -92\,\text{kJ}$$

アンモニアの生成率を高くするには，ルシャトリエの原理に従って，低温にして，圧力を大きくし，右方向に平衡を移動させればよい。

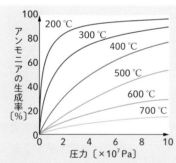

温度を一定，例えば 700 ℃または 200 ℃に保って圧力を $2 \times 10^7\,\text{Pa} \rightarrow 10 \times 10^7\,\text{Pa}$ と大きくしていくと，アンモニアの生成率が大きくなる。また，温度は 700 ℃→ 200 ℃に下げていくと，アンモニアの生成率が大きくなる。

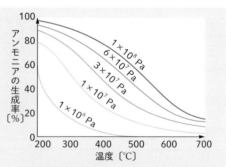

圧力を一定，例えば $10^6\,\text{Pa}$ または $10^8\,\text{Pa}$ において温度を 200 ℃→700 ℃に上げていくと，アンモニアの生成率が小さくなる。
また，圧力を $10^6\,\text{Pa} \rightarrow 10^8\,\text{Pa}$ と大きくしていくとアンモニアの生成率が大きくなる。

図 4-7　アンモニアの生成率と圧力・温度の関係

354

B ハーバー・ボッシュ法

　ハーバー(ドイツ)は，窒素と水素からアンモニアを合成することに成功した。窒素と水素からアンモニアを合成するには，低温・高圧にするのが望ましい。しかし，低温では反応が進みにくく時間がかかり，高圧にするにはそれに耐える設備が必要になる。反応を速める触媒の発見と，高圧装置の開発が求められた。

　そこで，ミタッシュ(ドイツ)は鉄触媒を発見し，ボッシュ(ドイツ)は高圧装置の開発をし，工業化に成功した。このアンモニアの製法は，**ハーバー・ボッシュ法**(ハーバー法)と呼ばれる。現在では，温度 400 ～ 600 ℃，圧力 $8×10^6$ ～ $3×10^7$ Pa の条件下でアンモニアが合成されている。

> **補足** 1. 触媒には四酸化三鉄 Fe_3O_4 を主成分とする物質が用いられ，反応時に Fe_3O_4 が水素によって還元された鉄 Fe が触媒作用を示す。
> 2. 空気中の窒素をアンモニアなどの化合物にすることを空中窒素の固定といい，その化合物は窒素肥料として 20 世紀以降の食糧の増産に大きく寄与している。

C 触媒と化学平衡

　触媒は，活性化エネルギーを小さくし，正反応でも逆反応でも反応速度が大きくなる。このため，**平衡に達するまでの時間が短くなるが，平衡は移動しない。**

　図 4-8 は，次の反応の平衡に達する時間とアンモニアの生成率のグラフである。

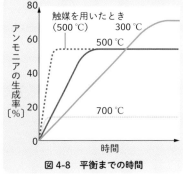

図 4-8　平衡までの時間

$$N_2 + 3H_2 \rightleftharpoons 2NH_3 \quad \Delta H = -92 \text{ kJ}$$

1. **700 ℃のとき**　はじめの反応速度は大きいが，発熱反応であるからルシャトリエの原理に従って，**アンモニアの生成率は低い。**

2. **300 ℃のとき**　反応速度は小さいが，**アンモニアの生成率は高い。**

3. **500 ℃(触媒を用いない)のとき**　700 ℃と 300 ℃の**中間**に位置している。

4. **触媒を用いた 500 ℃のとき**　アンモニアの生成率は**触媒を用いないときと同じ**であるが，反応速度は大きく，平衡に達するまでの時間が短い。

例題 16 アンモニアの合成

窒素と水素からアンモニアを合成する可逆
反応は、次のように表される。

$$N_2 + 3H_2 \rightleftharpoons 2NH_3$$

$$\Delta H = -92 \text{ kJ}$$

右図の実線Sは触媒を用いないときのア
ンモニアの生成量の変化を示している。反応

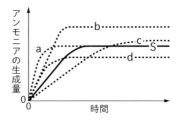

条件を(1)〜(4)のように変えたとき、予想されるグラフをa〜dより選べ。

(1) 触媒を加える　　(2) 圧力を上げる　　(3) 温度上げる　　(4) 温度を下げる

（解答）

(1) 触媒は反応速度を上げるため、速く平衡状態に達するが、平衡は移動させな
いので、アンモニアの生成量は変わらない。したがって、**a** …㊜

(2) 圧力を上げると気体分子の数が減る方向に平衡が移動し、アンモニアの生成
量は増える。したがって、**b** …㊜

(3) 温度を上げると反応速度が上がり速く平衡に達する。また、反応は吸熱反応
の方向(左方向)に進むので、アンモニアの生成量は減る。したがって、
d …㊜

(4) 温度を下げると反応速度が下がり、平衡に達するのに時間がかかる。また、
反応は発熱反応の方向(右方向)に進むので、アンモニアの生成量は増える。し
たがって、**c** …㊜

3 | 電解質水溶液の化学平衡

1 電離平衡と水のイオン積

A 電離平衡

弱酸である酢酸 CH_3COOH を水に溶かすと，その一部が酢酸イオン CH_3COO^- とオキソニウムイオン H_3O^+ に電離して，これらのイオンと電離せずに残った CH_3COOH との間で平衡状態となる。

$$CH_3COOH + H_2O \rightleftharpoons CH_3COO^- + H_3O^+$$

このような電離による化学平衡を**電離平衡**という。また，電離平衡における平衡定数を**電離定数**という。

B 水のイオン積

純粋な水 H_2O もごくわずかに電離して，電離平衡の状態になっている。

$$H_2O \rightleftharpoons H^+ + OH^-$$

化学平衡の法則から，次の関係が得られる。

$$K = \frac{[H^+][OH^-]}{[H_2O]}$$

ここで，水の電離はごくわずかで水の濃度$[H_2O]$は一定と考えてよいので，水の電離定数を K_w とすると，次の関係が得られる。

$$K_w = K[H_2O] = [H^+][OH^-]$$

K_w を**水のイオン積**といい，温度一定のとき一定の値を示す。25 °Cの中性の水では，$[H^+] = [OH^-] = 1.0 \times 10^{-7}$ mol/L なので，次の数値となる。

$$K_w = [H^+][OH^-] = 1.0 \times 10^{-14}\,(mol/L)^2 \quad (25\,°C)$$

酸性または塩基性の水溶液でも，温度が一定であれば上の関係は成り立つ。

補足 水の電離平衡は，次のようになる。

$$H_2O \rightleftharpoons H^+ + OH^- \qquad \Delta H = 56.5\ kJ$$

温度が高くなると，ルシャトリエの原理により，平衡は吸熱(右方向)に進む。すなわち，水のイオン積は，温度が高くなると大きくなる。

例題 17 水のイオン積

次の(1)と(2)に答えよ。ただし，水のイオン積 $K_w = 1.0 \times 10^{-14}$ (mol/L)^2 とする。

(1) [H$^+$] = 0.010 mol/L の硫酸の[OH$^-$]は何 mol/L か。
(2) [OH$^-$] = 0.10 mol/L の水酸化ナトリウム水溶液の[H$^+$]は何 mol/L か。

解答

酸性や塩基性の水溶液中でも，[H$^+$][OH$^-$] $= 1.0 \times 10^{-14}$ (mol/L)^2 が成り立つ。

(1) [H$^+$] = 0.010 mol/L より

$$[OH^-] = \frac{1.0 \times 10^{-14}}{[H^+]} = \frac{1.0 \times 10^{-14}}{0.010} = 1.0 \times 10^{-12} \text{ mol/L} \cdots ㊜$$

(2) [OH$^-$] = 0.10 mol/L より

$$[H^+] = \frac{1.0 \times 10^{-14}}{[OH^-]} = \frac{1.0 \times 10^{-14}}{0.10} = 1.0 \times 10^{-13} \text{ mol/L} \cdots ㊜$$

2 電離平衡と電離定数

A 弱酸の電離平衡

弱酸である酢酸を水に溶かすと，その一部が電離して，次のような電離平衡の状態になる。

$$CH_3COOH + H_2O \rightleftharpoons CH_3COO^- + H_3O^+$$

$$K = \frac{[H_3O^+][CH_3COO^-]}{[CH_3COOH][H_2O]}$$

酢酸の希薄水溶液では，溶質の酢酸に比べて水は多量にあり，かつ反応する水は少量なので，[H$_2$O]は一定とみなせる。つまり，K[H$_2$O]も一定となる。これを K_a と表し，[H$_3$O$^+$]を[H$^+$]と略記すると，次のようになる。

$$CH_3COOH \rightleftharpoons CH_3COO^- + H^+$$

$$K_a = \frac{[H^+][CH_3COO^-]}{[CH_3COOH]}$$

K_a を**酸の電離定数**という。

B 弱塩基の電離平衡

弱塩基であるアンモニアを水に溶かすと，次のような電離平衡の状態になる。

$$NH_3 + H_2O \rightleftharpoons NH_4^+ + OH^-$$

$$K = \frac{[NH_4^+][OH^-]}{[NH_3][H_2O]}$$

酢酸のときと同様に，$[H_2O]$は一定とみなせるので，$K[H_2O]$をK_bとする。

$$K_b = \frac{[NH_4^+][OH^-]}{[NH_3]}$$

K_b を **塩基の電離定数** という。

補足 K_a も K_b も温度が一定であれば，濃度に関係なく一定の値をとる。K_a の a は acid（酸），
K_b の b は base（塩基）を意味する。

表 4-1　弱酸・弱塩基の電離定数（25 °C）

酸	K_a(mol/L)
ギ酸 HCOOH	2.9×10^{-4}
酢酸 CH₃COOH	2.7×10^{-5}
塩基	K_b(mol/L)
アンモニア NH₃	2.3×10^{-5}
アニリン C₆H₅NH₂	5.3×10^{-10}

C 電離度

酸や塩基のような電解質が水に溶けたとき，溶けている電解質に対する電離した電解質の物質量の割合が **電離度** である。

$$電離度\,\alpha = \frac{電離した電解質の物質量（またはモル濃度）}{溶けている電解質の物質量（またはモル濃度）}$$

電離度は，溶けている電解質の中の電離した電解質の割合であるから，電離度の最大は 1 で，最小は 0 である。

$$0 < \alpha \leqq 1$$

強酸・強塩基の水溶液では，**強酸・強塩基の電離度はほぼ 1** である。

D 電離度と電離定数

弱酸である酢酸，弱塩基であるアンモニアを例に，電離度と電離定数の関係を見ていこう。

❶ c(mol/L)の酢酸水溶液において，電離度をαとすると

$$CH_3COOH \rightleftharpoons CH_3COO^- + H^+$$

電離前	c	0	0 (mol/L)
変化量	$-c\alpha$	$+c\alpha$	$+c\alpha$ (mol/L)
平衡時	$c-c\alpha$	$c\alpha$	$c\alpha$ (mol/L)

$$K_a = \frac{[CH_3COO^-][H^+]}{[CH_3COOH]} = \frac{c\alpha \times c\alpha}{c-c\alpha} = \frac{c^2\alpha^2}{c(1-\alpha)} = \frac{c\alpha^2}{1-\alpha}$$

αは1に比べて非常に小さいので，$1-\alpha \fallingdotseq 1$とみなしてよいから

$$K_a = \frac{c\alpha^2}{1-\alpha} \fallingdotseq c\alpha^2 \qquad \boxed{\alpha = \sqrt{\frac{K_a}{c}}}$$

また，$[H^+] = c\alpha$(mol/L)$= c \times \sqrt{\dfrac{K_a}{c}} = \sqrt{cK_a}$ $\qquad \boxed{[H^+] = \sqrt{cK_a}}$

補足 $1-\alpha \fallingdotseq 1$の近似は，$\alpha = \sqrt{\dfrac{K_a}{c}}$ より求めたαの値がおよそ0.05を超える場合は1とみなさない。$K_a = \dfrac{c\alpha^2}{1-\alpha}$ を変形して得られる2次方程式 $c\alpha^2 + K_a\alpha - K_a = 0$ を解き，得られた2つの解のうち，適切な解を電離度とする。

❷ c'(mol/L)のアンモニア水において，電離度をα'とすると

$$NH_3 + H_2O \rightleftharpoons NH_4^+ + OH^-$$

電離前	c'	0	0 (mol/L)
変化量	$-c'\alpha'$	$+c'\alpha'$	$+c'\alpha'$ (mol/L)
平衡時	$c'-c'\alpha'$	$c'\alpha'$	$c'\alpha'$ (mol/L)

$$K_b = \frac{[NH_4^+][OH^-]}{[NH_3]} = \frac{c'\alpha' \times c'\alpha'}{c'-c'\alpha'} = \frac{c'^2\alpha'^2}{c'(1-\alpha')} = \frac{c'\alpha'^2}{1-\alpha'}$$

α'は1に比べて非常に小さいので，$1-\alpha' \fallingdotseq 1$とみなしてよいから

$$K_b = \frac{c'\alpha'^2}{1-\alpha'} \fallingdotseq c'\alpha'^2 \qquad \boxed{\alpha' = \sqrt{\frac{K_b}{c'}}}$$

また，$[OH^-] = c'\alpha'$(mol/L)$= c' \times \sqrt{\dfrac{K_b}{c'}} = \sqrt{c'K_b}$ $\qquad \boxed{[OH^-] = \sqrt{c'K_b}}$

補足 1価の強酸では，αは1とみなせるので$[H^+] = c$，1価の強塩基では，α'は1とみなせるので$[OH^-] = c'$となる。

❶ c (mol/L) の弱酸水溶液，電離度 α，電離定数 K_a

$$\alpha = \sqrt{\dfrac{K_a}{c}} \qquad [H^+] = c\alpha = \sqrt{cK_a} \ (mol/L)$$

❷ c' (mol/L) の弱塩基水溶液，電離度 α'，電離定数 K_b

$$\alpha' = \sqrt{\dfrac{K_b}{c'}} \qquad [OH^-] = c'\alpha' = \sqrt{c'K_b} \ (mol/L)$$

+アルファ **酢酸水溶液・アンモニア水のイオン濃度**

酢酸水溶液では $[H^+] = [CH_3COO^-] = c\alpha = \sqrt{cK_a}$ (mol/L)
アンモニア水では $[OH^-] = [NH_4^+] = c'\alpha' = \sqrt{c'K_b}$ (mol/L)

E 弱酸・弱塩基の電離度と濃度

　酢酸では，右図のように濃度が大きくなるにつれ，電離度が小さくなる。この傾向は，弱酸や弱塩基にみられる。弱酸の濃度が大きく，$1-\alpha \fallingdotseq 1$ とみなせる範囲では，$\alpha = \sqrt{\dfrac{K_a}{c}}$ となり，電離度 α は c の $\dfrac{1}{2}$ 乗に反比例する。

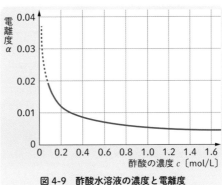

図 4-9　酢酸水溶液の濃度と電離度

F pH

　水素イオン濃度 $[H^+]$ は，非常に小さな値になることが多く，また，酸性水溶液，塩基性水溶液によって大きく変化し，そのままでは扱いにくい。そこで，$[H^+]$ の常用対数にマイナスをつけた数値で，酸性や塩基性の度合いを表す。この数値を pH または**水素イオン指数**という。

　　　$pH = -\log_{10}[H^+]$ ➡ $\log_{10}[H^+]$ の底 10 を省略して $\log[H^+]$ とすることがある。
　　$[H^+] = a \times 10^{-n}$ のとき，$pH = -\log_{10}(a \times 10^{-n}) = n - \log_{10}a$

$$pH = -\log_{10}[H^+] \qquad [H^+] = 10^{-n}\,mol/L \Rightarrow pH = n$$

$[OH^-]$ が与えられたときは, 水のイオン積 $[H^+][OH^-] = 1.0 \times 10^{-14}$ $(mol/L)^2$ より $[H^+]$ を求める。または, $pH = 14 + \log_{10}[OH^-]$ に代入する。

G 弱酸・弱塩基水溶液の pH

弱酸(酢酸)水溶液中では, $[H^+] = \sqrt{cK_a}$ となるので, $pH = -\log_{10}[H^+]$ より

$$pH = -\log_{10}\sqrt{cK_a}$$

弱塩基(アンモニア)水溶液中では, $[OH^-] = \sqrt{c'K_b}$ となるので,

$pH = -\log_{10}[H^+]$ より

$$pH = -\log_{10}\frac{K_w}{\sqrt{c'K_b}} = 14 + \log_{10}\sqrt{c'K_b}$$

弱酸の pH : $pH = -\log_{10}\sqrt{cK_a}$

弱塩基の pH : $pH = -\log_{10}\dfrac{K_w}{\sqrt{c'K_b}} = 14 + \log_{10}\sqrt{c'K_b}$

参考　弱酸・弱塩基水溶液の pH の表し方

$K_a \fallingdotseq c\alpha^2$, $K_b \fallingdotseq c'\alpha'^2$ が基本である。

$K_a \fallingdotseq c\alpha^2$ より

$$\alpha = \sqrt{\frac{K_a}{c}}, \quad [H^+] = c\alpha = \sqrt{cK_a}, \quad pH = -\log_{10}\sqrt{cK_a}$$

$K_b \fallingdotseq c'\alpha'^2$ より

$$\alpha' = \sqrt{\frac{K_b}{c'}}, \quad [OH^-] = c'\alpha' = \sqrt{c'K_b}, \quad pH = -\log_{10}\frac{K_w}{\sqrt{c'K_b}} = 14 + \log_{10}\sqrt{cK_b}$$

例題 18　弱酸の電離定数・電離度・pH

0.10 mol/L の酢酸水溶液について，次の(1)〜(3)を求めよ。ただし，酢酸の電離定数を $K_a = 2.7 \times 10^{-5}$ mol/L，また，$\sqrt{2.7} = 1.6$，$\log_{10} 1.6 = 0.20$，$\log_{10} 2.7 = 0.43$ とする。

(1)　電離度 α　　(2)　水素イオン濃度〔mol/L〕　　(3)　pH

解答

(1)　$K_a = c\alpha^2$

$$\alpha = \sqrt{\frac{K_a}{c}} = \sqrt{\frac{2.7 \times 10^{-5}}{0.10}} = \sqrt{2.7} \times 10^{-2} = \mathbf{1.6 \times 10^{-2}} \cdots \text{(答)}$$

(2)　$[H^+] = c\alpha$，$\alpha = 1.6 \times 10^{-2}$ より

$$[H^+] = 0.10 \times 1.6 \times 10^{-2} = \mathbf{1.6 \times 10^{-3}\ mol/L} \cdots \text{(答)}$$

(3)　$pH = -\log_{10} [H^+]$ より

$$pH = -\log_{10} (1.6 \times 10^{-3}) = 3 - 0.20 = \mathbf{2.8} \cdots \text{(答)}$$

〈別解〉　$pH = -\log_{10}\sqrt{cK_a}$ より

$$pH = -\log_{10}\sqrt{0.10 \times 2.7 \times 10^{-5}} = 3 - \frac{1}{2}\log_{10} 2.7 = 3 - 0.215 \fallingdotseq \mathbf{2.8} \cdots \text{(答)}$$

例題 19　弱塩基の電離定数・電離度・pH

0.10 mol/L のアンモニア水について，次の(1)〜(3)を求めよ。ただし，アンモニアの電離定数を $K_b = 2.3 \times 10^{-5}$ mol/L，水のイオン積を $K_w = 1.0 \times 10^{-14}$ (mol/L)^2，また，$\sqrt{2.3} = 1.5$，$\log_{10} 1.5 = 0.18$，$\log_{10} 2.3 = 0.36$，$\log_{10} 6.7 = 0.82$ とする。

(1)　電離度 α　　(2)　水酸化物イオン濃度〔mol/L〕　　(3)　pH

解答

(1)　$K_b = c'\alpha'^2$ より

$$\alpha' = \sqrt{\frac{K_b}{c'}} = \sqrt{\frac{2.3 \times 10^{-5}}{0.10}} = \mathbf{1.5 \times 10^{-2}} \cdots \text{(答)}$$

(2)　$[OH^-] = c'\alpha' = 0.10 \times 1.5 \times 10^{-2} = \mathbf{1.5 \times 10^{-3}\ mol/L} \cdots \text{(答)}$

(3)　$[H^+] = \dfrac{K_w}{[OH^-]} = \dfrac{1.0 \times 10^{-14}}{1.5 \times 10^{-3}} \fallingdotseq 6.7 \times 10^{-12}$ mol/L

$$pH = -\log_{10}[H^+] = -\log_{10}(6.7 \times 10^{-12}) = 12 - \log_{10} 6.7 \fallingdotseq \mathbf{11.2} \cdots \text{(答)}$$

① 希硫酸の pH

2価の強酸の硫酸 H_2SO_4 は，次のように，二段階で電離する。

$$H_2SO_4 \longrightarrow H^+ + HSO_4^-$$

$$HSO_4^- \rightleftharpoons H^+ + SO_4^{2-} \qquad K_a = \frac{[H^+][SO_4^{2-}]}{[HSO_4^-]} = 1.0 \times 10^{-2} \, \text{mol/L}$$

一段階目は完全に電離するが，二段階目は化学平衡の状態になる。

0.010 mol/L の希硫酸について考えてみよう。一段階目は完全に電離するので，0.010 mol/L の H^+ と HSO_4^- が生成する。二段階目の電離度を α とすると

	HSO_4^-	$\rightleftharpoons$	H^+	+	SO_4^{2-}	
反応前	0.010		0.010		0	〔mol/L〕
変化量	-0.010α		$+0.010\alpha$		$+0.010\alpha$	〔mol/L〕
平衡時	$0.010(1-\alpha)$		$0.010(1+\alpha)$		0.010α	〔mol/L〕

$$K_a = \frac{[H^+][SO_4^{2-}]}{[HSO_4^-]} = \frac{0.010(1+\alpha) \times 0.010\alpha}{0.010(1-\alpha)} = 1.0 \times 10^{-2}$$

上の式を変形して得られる，$\alpha^2 + 2\alpha - 1 = 0$ を解くと

$$\alpha = -1 \pm \sqrt{2}$$

$\alpha > 0$ より　$\alpha \fallingdotseq 0.41$

$$[H^+] = 0.010(1+\alpha) \fallingdotseq 0.014 \, \text{mol/L}$$

$$pH = -\log_{10} 0.014 \fallingdotseq 1.9$$

② 炭酸水（炭酸）の pH

炭酸水（炭酸）$CO_2 + H_2O$ は次のように二段階で電離する。

$$CO_2 + H_2O \rightleftharpoons H^+ + HCO_3^- \qquad K_1 = \frac{[H^+][HCO_3^-]}{[CO_2]} = 4.5 \times 10^{-7} \, \text{mol/L}$$

$$HCO_3^- \rightleftharpoons H^+ + CO_3^{2-} \qquad K_2 = \frac{[H^+][CO_3^{2-}]}{[HCO_3^-]} = 4.7 \times 10^{-11} \, \text{mol/L}$$

2.0×10^{-2} mol/L の炭酸水の pH を求めてみよう。$K_2 \ll K_1$ なので，二段階目の電離平衡 K_2 は無視して，一段階目の電離平衡 K_1 だけを考えればよい。炭酸水の濃度を c〔mol/L〕とすると

$$[H^+] = \sqrt{cK_1} = \sqrt{2.0 \times 10^{-2} \times 4.5 \times 10^{-7}} = 3.0 \times 10^{-4.5}$$

$$pH = -\log_{10}(3.0 \times 10^{-4.5}) = 4.5 - \log_{10} 3.0 \fallingdotseq 4.0$$

となる。

Ⅰ pH と指示薬

中和滴定で用いる pH 指示薬は，弱酸または弱塩基であり，水溶液中で異なった色の分子とイオンが電離平衡の状態にある。

いま，1価の酸 HA の指示薬について，水溶液中での電離平衡を考える。

$$HA \rightleftarrows H^+ + A^-$$

この水溶液に酸を加えると，平衡は左に移動し，HA が示す色になる。また，塩基を加えると OH^- と H^+ が反応し，H^+ が減少するため，反応は右に移動し，A^- が示す色になる。

電離定数 K_a は，$K_a = \dfrac{[H^+][A^-]}{[HA]}$ で，変形すると，$[H^+] = K_a \times \dfrac{[HA]}{[A^-]}$

この式は，K_a は一定であるので，pH によって HA と A^- の濃度比が決まり，指示薬を加えた水溶液の色が決まる。一般に $\dfrac{[HA]}{[A^-]} > 10$ なら HA の色を示し，$\dfrac{[HA]}{[A^-]} < 0.1$ なら A^- の色を示す。

指示薬の変色域は，$0.1 \leqq \dfrac{[HA]}{[A^-]} = \dfrac{[H^+]}{K_a} \leqq 10$ で表される。

例えば，フェノールフタレインでは，電離定数 $K_a = 1.0 \times 10^{-9}$ mol/L なので，1×10^{-10} mol/L $\leqq [H^+] \leqq 1 \times 10^{-8}$ mol/L すなわち，$8 \leqq pH \leqq 10$ となる。

3 塩の加水分解と pH

A 塩の加水分解

化学基礎で学習したように，酢酸ナトリウムのような弱酸と強塩基からなる正塩の水溶液は塩基性を示す。また，塩化アンモニウムのような強酸と弱塩基からなる正塩の水溶液は酸性を示す。このような塩の水溶液の性質は，次のように説明できる。

❶ 酢酸ナトリウム CH_3COONa は，水溶液中で完全に次のように電離している。

$$CH_3COONa \longrightarrow CH_3COO^- + Na^+$$

酢酸イオン CH_3COO^- は水の電離によって生じる H^+ と結びついて酢酸分子 CH_3COOH をつくる。

$$H_2O \rightleftarrows H^+ + OH^-$$
$$CH_3COO^- + H^+ \longrightarrow CH_3COOH$$

ルシャトリエの原理に従って，水の電離平衡は右に移動して OH^- が増加し，水溶液は**塩基性を示す**。この反応は次のように表される。

$$CH_3COO^- + H_2O \rightleftharpoons CH_3COOH + OH^-$$

補足 酢酸は弱酸で電離度が小さいことから，分子の状態が安定であることを示す。電離度 0.01 とは，100 個の酢酸分子のうち 1 個しか電離せず 99 個は分子の状態である。

❷ 塩化アンモニウム NH_4Cl は，水溶液中で完全に次のように電離している。

$$NH_4Cl \longrightarrow NH_4^+ + Cl^-$$

アンモニウムイオン NH_4^+ の一部が水と反応して，アンモニア分子 NH_3 とオキソニウムイオン H_3O^+ を生じ，水溶液は**酸性を示す**。

$$NH_4^+ + H_2O \rightleftharpoons NH_3 + H_3O^+$$

補足 1. アンモニアは弱塩基で電離度が小さく，上記の**補足**に記した酢酸と同様に，分子の状態が安定である。

2. 水溶液中で水素イオン H^+ はオキソニウムイオン H_3O^+ として存在するが，省略して H^+ で記すことが多い。

❶，❷のように，塩が水に溶けたとき，電離して生じた弱酸の陰イオンまたは弱塩基の陽イオンが水と反応して，弱酸と OH^- または弱塩基と $H^+(H_3O^+)$ が生じて塩基性または酸性を示すことがある。これを**塩の加水分解**という。

なお，強酸と強塩基からできた塩は加水分解しない。その正塩は中性を示す。

補足 水に溶かしたとき，弱酸と強塩基からなる正塩は塩基性，強酸と弱塩基からなる正塩は酸性，強酸と強塩基からなる正塩は中性。←強いほうの性質を示す。

POINT

塩の加水分解：塩を水に溶かしたとき，生じたイオンが水と反応して酸性や塩基性を示す現象。

弱酸または弱塩基からなる塩が水に溶けたとき加水分解が起こる。このとき弱酸からなる塩＋水 ⇨ 弱酸＋OH^-，弱塩基からなる塩＋水 ⇨ 弱塩基＋H^+となる。

B 酸性塩水溶液の性質

❶ **炭酸水素ナトリウム $NaHCO_3$ 水溶液**

$NaHCO_3$ は水に溶けて次のように電離し，生じた炭酸水素イオン HCO_3^- は，H_2O と次のように反応して塩基性を示す。

$$NaHCO_3 \longrightarrow Na^+ + HCO_3^-$$

$$HCO_3^- + H_2O \rightleftharpoons H_2CO_3 + OH^-$$

補足 炭酸は弱酸で，HCO_3^- は加水分解を起こす。炭酸の二段階目の電離定数は極めて小さく HCO_3^- の電離は無視できる。

❷ 硫酸水素ナトリウム $NaHSO_4$ 水溶液

$NaHSO_4$ は水に溶けて次のように電離し，生じた硫酸水素イオン HSO_4^- は，さらに電離して酸性を示す。

$$NaHSO_4 \longrightarrow Na^+ + HSO_4^-$$

$$HSO_4^- \rightleftharpoons H^+ + SO_4^{2-}$$

補足 硫酸は強酸で，HSO_4^- は加水分解を起こさない。硫酸の二段階目の電離定数は比較的大きく，HSO_4^- の電離により酸性となる。

発展 塩の加水分解と水素イオン濃度

酢酸ナトリウム CH_3COONa を水に溶かすと，完全に電離して酢酸イオン CH_3COO^- を生じる。この CH_3COO^- は水溶液中で，次のように電離平衡になる。

$$CH_3COO^- + H_2O \rightleftharpoons CH_3COOH + OH^-$$

$$K_h = \frac{[CH_3COOH][OH^-]}{[CH_3COO^-]}$$

この K_h を加水分解定数といい，酢酸の電離定数 $K_a = \dfrac{[CH_3COO^-][H^+]}{[CH_3COOH]}$ と水のイオン積 $K_w = [H^+][OH^-]$ との関係は，次のようになる。

$$K_h = \frac{[CH_3COOH][OH^-]}{[CH_3COO^-]} = \frac{[CH_3COOH]}{[CH_3COO^-][H^+]} \times [H^+][OH^-] = \frac{K_w}{K_a}$$

$c\,(mol/L)$ の CH_3COONa 水溶液について考えてみよう。加水分解によって減少する CH_3COO^- の濃度を $x\,(mol/L)$ とすると

$$CH_3COO^- + H_2O \rightleftharpoons CH_3COOH + OH^-$$

平衡時　　　$c-x$　　　　　　　　　　x　　　　x　　　（mol/L）

$$K_h = \frac{[CH_3COOH][OH^-]}{[CH_3COO^-]} = \frac{[OH^-]^2}{[CH_3COO^-]} = \frac{x^2}{c-x} = \frac{K_w}{K_a}$$

c に比べて x は十分に小さいので，$c-x \fallingdotseq c$ と近似すると

$$x = \sqrt{\frac{cK_w}{K_a}} \qquad [H^+] = \frac{K_w}{[OH^-]} = \frac{K_w}{x} = \sqrt{\frac{K_w K_a}{c}}$$

補足 $c'\,(mol/L)$ の塩化アンモニウム水溶液の $[H^+]$ は，アンモニアの電離定数を K_b，加水分解定数を K_h とすると，$K_h = \dfrac{[H^+]^2}{c'} = \dfrac{K_w}{K_b}$，$[H^+] = \sqrt{\dfrac{c'K_w}{K_b}}$ となる。

加水分解定数をK_h，酢酸の電離定数をK_a，アンモニアの電離定数をK_bとすると，酢酸ナトリウム水溶液c〔mol/L〕のpHは

$$K_h \fallingdotseq \frac{[OH^-]^2}{c} = \frac{K_w}{K_a} \qquad pH = -\log_{10}\sqrt{\frac{K_w K_a}{c}}$$

塩化アンモニウム水溶液c'〔mol/L〕のpHは

$$K_h \fallingdotseq \frac{[H^+]^2}{c'} = \frac{K_w}{K_b} \qquad pH = -\log_{10}\sqrt{\frac{c' K_w}{K_b}}$$

C 弱酸・弱塩基の遊離

❶ 弱酸の遊離

酢酸ナトリウムなどの弱酸の塩の水溶液に，塩酸などの強酸を加えると，弱酸である酢酸が遊離する。これは，強酸から生じたH^+を弱酸の塩の電離で生じた陰イオンが受け取るためである。

$$CH_3COONa + HCl \longrightarrow NaCl + CH_3COOH$$

❷ 弱塩基の遊離

塩化アンモニウムなどの弱塩基の塩の水溶液に，水酸化ナトリウムなどの強塩基を加えると，弱塩基であるアンモニアが遊離する。これは，強塩基から生じたOH^-を弱塩基の塩の電離で生じた陽イオンが受け取るためである。

$$NH_4Cl + NaOH \rightleftharpoons NaCl + NH_3 + H_2O$$

4 緩衝液とpH

A 緩衝液

水に少量の酸や塩基を加えると，pHが大きく変わる。それに対し，酸や塩基を加えてもpHの変化が起こりにくく，pHが一定に保たれる水溶液を**緩衝液**といい，pHを一定に保つようなはたらきを**緩衝作用**という。

緩衝液は一般に，弱酸とその塩，または弱塩基とその塩の混合溶液からなる。

例 酢酸と酢酸ナトリウムの混合水溶液
アンモニアと塩化アンモニウムの混合水溶液

緩衝液：酸や塩基を加えても pH の変化が起こりにくい水溶液

⇨ 　{ 弱酸とその塩の混合水溶液

　　　弱塩基とその塩の混合水溶液

B 緩衝液のはたらき

緩衝液に少量の酸や塩基を加えても pH が変化しない理由を，酢酸と酢酸ナトリウムの混合水溶液の場合を例に説明する。

酢酸 CH_3COOH と酢酸ナトリウム CH_3COONa の混合水溶液では，弱酸である酢酸はわずかに電離し，イオン結晶である酢酸ナトリウムは完全に電離する。

$$CH_3COOH \rightleftharpoons CH_3COO^- + H^+ \quad \longleftarrow わずかに電離$$

$$CH_3COONa \longrightarrow CH_3COO^- + Na^+ \quad \longleftarrow 完全に電離$$

この水溶液中には多量の CH_3COO^- が存在するため，ルシャトリエの原理に従って，酢酸の電離平衡は左に移動し，CH_3COOH 分子が増加し，H^+ が減少している。

❶ 酸を加えた場合

この水溶液に酸，すなわち H^+ を加えると，多量に存在する CH_3COO^- と結合して CH_3COOH となる。

$$CH_3COO^- + H^+ \longrightarrow CH_3COOH$$

したがって，H^+ は増加しない。　➡ pH は変化しない

❷ 塩基を加えた場合

この水溶液に塩基，すなわち OH^- を加えると，多量に存在する CH_3COOH と反応(中和)して H_2O となる。

$$CH_3COOH + OH^- \longrightarrow CH_3COO^- + H_2O$$

したがって，OH^- は増加しない。　➡ pH は変化しない

このように，**酸を加えても塩基を加えても pH はほとんど変化しない。**

前述の「酸を加えても塩基を加えても pH はほとんど変化しない」ことは酢酸の電離定数から次のように説明できる。

$$K_a = \frac{[CH_3COO^-][H^+]}{[CH_3COOH]} \quad より \quad [H^+] = K_a \times \frac{[CH_3COOH]}{[CH_3COO^-]} \quad \cdots\cdots(i)$$

緩衝液では，(i)式における $[CH_3COOH]$ と $[CH_3COO^-]$ はともに大きいから，H^+ や OH^- の滴下によって平衡が少々移動しても $\dfrac{[CH_3COOH]}{[CH_3COO^-]}$ の値はほとんど変化しない。

したがって $[H^+]$ も，また pH もほとんど変化しない。

C 緩衝液の pH

緩衝液の pH の求め方を考える。

❶ 酢酸と酢酸ナトリウムの混合水溶液の pH を求める場合

例 混合水溶液中の $\left\{\begin{array}{l}酢酸の濃度を\ c_1(mol/L) \\ 酢酸ナトリウムの濃度を\ s_1(mol/L)\end{array}\right\}$ とすると

a. $1 \gg \alpha$ より $[CH_3COOH] = c_1(1-\alpha) \fallingdotseq c_1(mol/L)$

b. CH_3COONa は完全に電離し，酢酸から電離した CH_3COO^- は微量であるから $[CH_3COO^-] \fallingdotseq s_1(mol/L)$

c. 酢酸の電離定数 $K_a = \dfrac{[CH_3COO^-][H^+]}{[CH_3COOH]} = \dfrac{s_1 \times [H^+]}{c_1} \quad \cdots\cdots(i)$

d. (i)式より，$[H^+]$ を求めて $pH = -\log_{10}[H^+]$ に代入する。

❷ アンモニアと塩化アンモニウムの混合水溶液の pH を求める場合

例 混合水溶液中の $\left\{\begin{array}{l}アンモニアの濃度を\ c_1{'}(mol/L) \\ 塩化アンモニウムの濃度を\ s_1{'}(mol/L)\end{array}\right\}$ とすると

a. $1 \gg \alpha$ より $[NH_3] = c_1{'}(1-\alpha) \fallingdotseq c_1{'}(mol/L)$

b. NH_4Cl は完全に電離し，アンモニアから電離した NH_4^+ は微量であるから $[NH_4^+] \fallingdotseq s_1{'}(mol/L)$

c. アンモニアの電離定数 $K_b = \dfrac{[NH_4^+][OH^-]}{[NH_3]} = \dfrac{s_1{'} \times [OH^-]}{c_1{'}} \quad \cdots\cdots(ii)$

d. (ii)式より，$[OH^-]$ を求め，水のイオン積を用いて $[H^+]$ を求めて $pH = -\log_{10}[H^+]$ に代入する。

POINT

緩衝液のpHの求め方

①酢酸と酢酸ナトリウム（弱酸とその塩）の混合水溶液

混合溶液中の
酢酸ナトリウムの濃度 s_1(mol/L) ➡   ↙ H$^+$ の濃度を求める

酢酸の電離定数 ➡ $K_a = \dfrac{[CH_3COO^-][H^+]}{[CH_3COOH]}$ ← 混合溶液中の酢酸の濃度 c_1(mol/L)

上式で [H$^+$] を求めて pH $= -\log_{10}$[H$^+$] に代入する。

②アンモニアと塩化アンモニウム（弱塩基とその塩）の混合水溶液

混合溶液中の
塩化アンモニウムの濃度 $s_1{}'$(mol/L) ➡   ↙ OH$^-$ の濃度を求める

アンモニアの電離定数 ➡ $K_b = \dfrac{[NH_4{}^+][OH^-]}{[NH_3]}$ ← 混合溶液中のアンモニアの濃度 $c_1{}'$(mol/L)

上式で [OH$^-$] を求め，水のイオン積を用いて [H$^+$] を求め
pH $= -\log_{10}$[H$^+$] に代入する（または pH $= 14 + \log_{10}$[OH$^-$] に代入する）。

---

❸ **弱酸または弱塩基の水溶液に，それぞれの塩の水溶液を混合する場合**

  弱酸の水溶液とその塩の水溶液 ⎱
  弱塩基の水溶液とその塩の水溶液 ⎰ を混合すると，それぞれの濃度は

混合水溶液の体積に反比例して小さくなる。

例 c_0(mol/L)の酢酸水溶液 V_1(mL) と s_0(mol/L)の酢酸ナトリウム水溶液 V_2(mL)を混合すると

酢酸水溶液の濃度 c_1(mol/L) $= c_0$(mol/L) $\times \dfrac{V_1}{V_1 + V_2}$

酢酸ナトリウム水溶液の濃度 s_1(mol/L) $= s_0$(mol/L) $\times \dfrac{V_2}{V_1 + V_2}$

例題 20   弱酸とその塩の水溶液を混合してつくった緩衝液の pH

0.20 mol/L の酢酸水溶液 300 mL と 0.15 mol/L の酢酸ナトリウム水溶液 200 mL を混合した混合水溶液の pH を求めよ。ただし，酢酸の電離定数を $K_a = 2.8 \times 10^{-5}$ mol/L とし，$\log_{10} 2 = 0.30$，$\log_{10} 2.8 = 0.45$ とする。

解答

$K_a = \dfrac{[\text{CH}_3\text{COO}^-][\text{H}^+]}{[\text{CH}_3\text{COOH}]}$　において

$[\text{CH}_3\text{COOH}] \fallingdotseq 0.20 \text{ mol/L} \times \dfrac{300}{300+200} = 0.12 \text{ mol/L}$

$[\text{CH}_3\text{COO}^-] \fallingdotseq 0.15 \text{ mol/L} \times \dfrac{200}{300+200} = 0.060 \text{ mol/L}$　より

$2.8 \times 10^{-5} = \dfrac{0.060 \times [\text{H}^+]}{0.12}$　　　　$[\text{H}^+] = 5.6 \times 10^{-5} \text{ mol/L}$

よって　$\text{pH} = -\log_{10}(5.6 \times 10^{-5}) = 5 - \log_{10}(2 \times 2.8)$

$= 5 - (0.30 + 0.45) = 4.25 \fallingdotseq \mathbf{4.3}$　…　**答**

❹ 弱酸水溶液に塩基，または弱塩基水溶液に酸を加えて中和反応させる場合

$\left.\begin{array}{l}\text{弱酸水溶液に塩基}\\ \text{弱塩基水溶液に酸}\end{array}\right\}$を加えて，中和点に達する前の水溶液は，

未反応の$\left\{\begin{array}{l}\text{弱　酸}\\ \text{弱塩基}\end{array}\right\}$と生成した$\left\{\begin{array}{l}\text{その弱酸の塩}\\ \text{その弱塩基の塩}\end{array}\right\}$との混合水溶液で，緩衝

液となっている。

例　$c \text{(mol/L)}$の酢酸水溶液 $V_1 \text{(mL)}$ に $c \text{(mol/L)}$ の水酸化ナトリウム水溶液 $V_2 \text{(mL)}$ 加えた水溶液について：ただし，$V_1 > V_2$（中和点前）

	CH₃COOH	+	NaOH	⟶	CH₃COONa	+	H₂O		
反応前	$\dfrac{cV_1}{1000}$		$\dfrac{cV_2}{1000}$		0			（水は省略）	〔mol〕
変化量	$-\dfrac{cV_2}{1000}$		$-\dfrac{cV_2}{1000}$		$+\dfrac{cV_2}{1000}$				〔mol〕
反応後	$\dfrac{c(V_1-V_2)}{1000}$		0		$\dfrac{cV_2}{1000}$				〔mol〕

上記から $\text{CH}_3\text{COOH}\ \dfrac{c(V_1-V_2)}{1000} \text{(mol)}$ と $\text{CH}_3\text{COONa}\ \dfrac{cV_2}{1000} \text{(mol)}$ を含む混合水溶液であり，したがって緩衝液である。なお，濃度は次のようである。

$[\text{CH}_3\text{COOH}] = \dfrac{c(V_1-V_2)}{1000} \div \dfrac{V_1+V_2}{1000} = \dfrac{c(V_1-V_2)}{V_1+V_2} \text{(mol/L)}$

CH_3COO^- の濃度は CH_3COONa の濃度にほぼ等しいから

$[\text{CH}_3\text{COO}^-] = \dfrac{cV_2}{1000} \div \dfrac{V_1+V_2}{1000} = \dfrac{cV_2}{V_1+V_2} \text{(mol/L)}$

これらの濃度を酢酸の電離定数の式に代入して $[\text{H}^+]$ を求め，pH を求める。

例題 21 弱酸水溶液に塩基を加えてできた緩衝液の pH

0.20 mol/L の酢酸水溶液 20.0 mL に，0.10 mol/L の水酸化ナトリウム水溶液を 30.0 mL 加えた混合水溶液の pH を求めよ。

ただし，酢酸の電離定数を $K_a = 2.8 \times 10^{-5}$ mol/L とし，$\log_{10} 3 = 0.48$，$\log_{10} 2.8 = 0.45$ とする。

解答

この化学反応式は，次のとおりである。

$$CH_3COOH + NaOH \longrightarrow CH_3COONa + H_2O$$

未反応の CH_3COOH は $\dfrac{0.20 \times 20.0}{1000} - \dfrac{0.10 \times 30.0}{1000} = 1.0 \times 10^{-3}$ mol

生成した CH_3COONa は $\dfrac{0.10 \times 30.0}{1000} = 3.0 \times 10^{-3}$ mol

$$[CH_3COOH] = 1.0 \times 10^{-3} \div \dfrac{20.0 + 30.0}{1000} = 2.0 \times 10^{-2} \text{ mol/L}$$

$$[CH_3COO^-] = 3.0 \times 10^{-3} \div \dfrac{20.0 + 30.0}{1000} = 6.0 \times 10^{-2} \text{ mol/L}$$

電離定数 $K_a = \dfrac{[CH_3COO^-][H^+]}{[CH_3COOH]}$ に代入すると

$$2.8 \times 10^{-5} = \dfrac{6.0 \times 10^{-2} \times [H^+]}{2.0 \times 10^{-2}}$$

$$[H^+] = \dfrac{2.8}{3.0} \times 10^{-5} \text{ mol/L}$$

よって $pH = -\log_{10}\left(\dfrac{2.8}{3.0} \times 10^{-5}\right) = 5 + \log_{10} 3.0 - \log_{10} 2.8$

$$= 5 + 0.48 - 0.45 \fallingdotseq \mathbf{5.0} \cdots \text{答}$$

❺ 緩衝液の pH と弱酸・弱塩基および塩の濃度比

酢酸と酢酸ナトリウムの混合水溶液について

電離定数 $K_a = \dfrac{[CH_3COO^-][H^+]}{[CH_3COOH]}$

$$[H^+] = K_a \times \dfrac{[CH_3COOH]}{[CH_3COO^-]} \quad \cdots\cdots(\text{i})$$

(i)式より $[H^+]$ は $\begin{cases} [CH_3COOH] \Leftarrow 酢酸水溶液の濃度 \\ [CH_3COO^-] \Leftarrow 酢酸ナトリウム水溶液の濃度 \end{cases}$ の比で

決まる。したがって，**pH は酢酸と酢酸ナトリウムの濃度の比で決まる。**

緩衝液のpH

> 緩衝液の pH は $\left\{\begin{array}{l}\text{弱酸・弱塩基のモル濃度}\\\text{その塩のモル濃度}\end{array}\right\}$ の比で決まる。

例題 22 **緩衝液の pH と弱酸・弱塩基および塩の濃度比**

酢酸水溶液と酢酸ナトリウム水溶液を用いて，pH＝5 の緩衝液をつくりたい。酢酸水溶液と酢酸ナトリウム水溶液の濃度比をどれだけにすればよいか。ただし，酢酸の電離定数を $K_a = 2.8 \times 10^{-5}$ mol/L とする。

解答

$K_a = \dfrac{[\text{CH}_3\text{COO}^-][\text{H}^+]}{[\text{CH}_3\text{COOH}]}$ において

pH＝5 より　$[\text{H}^+] = 1.0 \times 10^{-5}$ mol/L

よって　$2.8 \times 10^{-5} = \dfrac{[\text{CH}_3\text{COO}^-]}{[\text{CH}_3\text{COOH}]} \times 1.0 \times 10^{-5}$

$\dfrac{[\text{CH}_3\text{COO}^-]}{[\text{CH}_3\text{COOH}]} = 2.8$

よって，モル濃度の比は

　　酢酸水溶液：酢酸ナトリウム水溶液＝**1：2.8** … ㊆

D　緩衝作用と滴定曲線

0.10 mol/L 酢酸 CH_3COOH 水溶液 10 mL に 0.10 mol/L 水酸化ナトリウム NaOH 水溶液を加えたときの滴定曲線は，**図 4-10** で表される。点アは反応が始まる前の 0.10 mol/L の酢酸水溶液であり，pH は約 3 である。

区間イで pH の変化が小さいのは，中和で生じた酢酸ナトリウム CH_3COONa と未反応の CH_3COOH が多量に存在し，緩衝作用を示しているためである。区間イの手前では，中和が進んでいないため，酢酸イオ

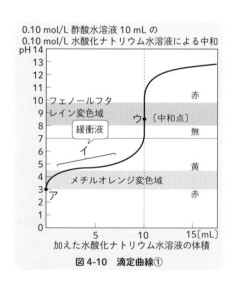

0.10 mol/L 酢酸水溶液 10 mL の
0.10 mol/L 水酸化ナトリウム水溶液による中和

図 4-10　滴定曲線①

ン CH_3COO^- の濃度が小さく，また，区間イを過ぎると，中和がほぼ終了し，CH_3COOH の濃度が小さいため，緩衝作用が小さく，pH が比較的大きく変化する。

点ウは中和点で CH_3COONa の水溶液であるが，CH_3COONa は加水分解するため塩基性を示す。点ウを超えると，NaOH の濃度が増加し，pH は大きくなる。

0.10 mol/L アンモニア NH_3 水 10 mL に 0.10 mol/L 塩酸を加えたときの滴定曲線は**図 4-11** で表される。区間エでは，**図 4-10** と同様に，中和で生じた塩化アンモニウム NH_4Cl と未反応の NH_3 が多量に存在するため，緩衝液になって pH の変化が小さい。

点オは中和点で，NH_4Cl の水溶液であるが，NH_4Cl は加水分解するため酸性を示す。

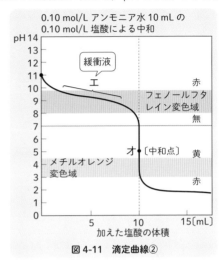

図 4-11 滴定曲線②

例題 23 中和滴定曲線の pH の計算

0.10 mol/L の酢酸水溶液 25.0 mL に，0.10 mol/L の水酸化ナトリウム水溶液を滴下したときの中和滴定曲線上の A 点〜D 点の pH を求めよ。ただし，酢酸の電離定数を $K_a = 2.8 \times 10^{-5}$ mol/L，$\log_{10} 2.8 = 0.45$，$\log_{10} 2 = 0.30$，$\log_{10} 3 = 0.48$ とする。

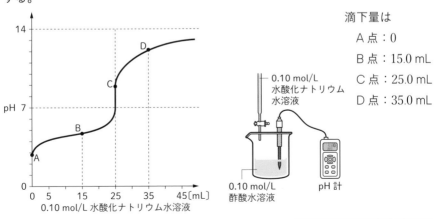

滴下量は
A 点：0
B 点：15.0 mL
C 点：25.0 mL
D 点：35.0 mL

各点の pH は，次のような求め方による。

A 点：0.10 mol/L 酢酸水溶液の pH を求める。

B 点：緩衝液の pH を求める。

C 点：酢酸ナトリウム水溶液の pH を求める。

D 点：水酸化ナトリウム水溶液の pH を求める。

（計算）

A 点：酢酸の濃度を $c(mol/L)$，電離度を α，電離定数を K_a とすると

$$CH_3COOH \rightleftharpoons H^+ + CH_3COO^-$$

平衡時　　　$c - c\alpha$　　　　$c\alpha$　　　　$c\alpha$

$$K_a = \frac{c^2\alpha^2}{c - c\alpha} \fallingdotseq c\alpha^2 \qquad [H^+] = c\alpha = \sqrt{cK_a} \text{ より, } pH = -\log_{10}\sqrt{cK_a}$$

よって，

$$pH = -\log_{10}\sqrt{0.10 \times 2.8 \times 10^{-5}} = 3 - \frac{1}{2}\log_{10}2.8 = 3 - \frac{0.45}{2} \fallingdotseq \boxed{2.8} \cdots ㊓$$

B 点：酢酸と酢酸ナトリウムからなる緩衝液の pH を求める。

$$K_a = \frac{[CH_3COO^-] \times [H^+]}{[CH_3COOH]} \qquad [H^+] = \frac{[CH_3COOH]}{[CH_3COO^-]} \times K_a$$

$$CH_3COOH + NaOH \longrightarrow CH_3COONa + H_2O$$

$$\text{酢酸の物質量} = \frac{0.10 \times 25.0}{1000} - \frac{0.10 \times 15.0}{1000} = 1.0 \times 10^{-3} \text{ mol}$$

$$[CH_3COOH] = 1.0 \times 10^{-3} \div \frac{25.0 + 15.0}{1000} = \frac{1}{40.0} \text{ mol/L}$$

$$[CH_3COO^-] = \frac{0.10 \times 15.0}{1000} \div \frac{25.0 + 15.0}{1000} = \frac{1.5}{40.0} \text{ mol/L}$$

$$[H^+] = \frac{\text{酢酸の濃度} \times K_a}{\text{酢酸ナトリウムの濃度}} = \frac{\frac{1}{40.0} \times 2.8 \times 10^{-5}}{\frac{1.5}{40.0}} = \frac{2.8}{1.5} \times 10^{-5}$$

$$pH = -\log_{10}\left(\frac{2.8}{1.5} \times 10^{-5}\right) = 5 - \log_{10}2.8 + \log_{10}1.5$$

$$= 5 - 0.45 + \log_{10}\frac{3}{2} \fallingdotseq \boxed{4.7} \cdots ㊓$$

C 点：酢酸ナトリウム水溶液の pH を求める。

$$[CH_3COO^-] = \frac{0.10 \times 25.0}{1000} \div \frac{25.0 + 25.0}{1000} = 0.050 \text{ mol/L}$$

0.050 mol/L の酢酸ナトリウム水溶液の pH を求める。

$$CH_3COO^- + H_2O \rightleftharpoons CH_3COOH + OH^-$$

加水分解定数を K_h とすると

$$K_h \fallingdotseq \frac{[OH^-]^2}{[CH_3COO^-]} = \frac{K_w}{K_a}$$

$$[H^+] = \sqrt{\frac{K_w K_a}{c}} = \sqrt{\frac{1.0 \times 10^{-14} \times 2.8 \times 10^{-5}}{0.050}} = \sqrt{2 \times 2.8} \times 10^{-9}$$

$$pH = -\log_{10}(\sqrt{2 \times 2.8} \times 10^{-9}) = 9 - \frac{1}{2}(\log_{10} 2 + \log_{10} 2.8) \fallingdotseq \mathbf{8.6} \cdots ㊜$$

D 点：水酸化ナトリウム水溶液の pH を求める。

$$[OH^-] = \left(\frac{0.10 \times 35.0}{1000} - \frac{0.10 \times 25.0}{1000}\right) \div \frac{35.0 + 25.0}{1000} = \frac{1}{60.0}(\text{mol/L})$$

水のイオン積より　$[H^+] = \dfrac{1.0 \times 10^{-14}}{\dfrac{1}{60.0}} = 6.0 \times 10^{-13}(\text{mol/L})$

$$pH = -\log_{10}(6.0 \times 10^{-13}) = -\log_{10}(2 \times 3 \times 10^{-13})$$
$$= 13 - (\log_{10} 2 + \log_{10} 3) = 13 - (0.30 + 0.48) \fallingdotseq \mathbf{12.2} \cdots ㊜$$

4 │ 溶解度積

1 溶解度積

A 溶解度積

塩化銀 AgCl や硫酸バリウム BaSO₄ など
は，水に溶けにくい塩であるが，わずかに
水に溶解する。

いま，塩化銀 AgCl を水中に入れると，
きわめて少量が溶けて飽和水溶液になる。
溶けた塩化銀は Ag^+ と Cl^- に完全に電離し
て，次の溶解平衡が成り立っている。

$$AgCl(固) \rightleftharpoons Ag^+ + Cl^-$$

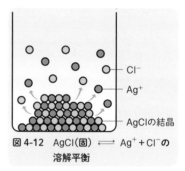

図 4-12 AgCl(固) $\rightleftharpoons$ Ag⁺＋Cl⁻の
溶解平衡

この飽和水溶液では，温度が一定なら，水溶液中の $[Ag^+]$ と $[Cl^-]$ の積の値は
一定となるため，次のように表せる。

$$[Ag^+][Cl^-] = K_{sp}$$

この K_{sp} を溶解度積という。

一般に，難溶性の電解質 A_mB_n の水溶液が

$$A_mB_n(固) \rightleftharpoons mA^{n+} + nB^{m-}$$

のように電離して平衡状態にあるとき，溶解度積 K_{sp} は
次のように示される。

$$[A^{n+}]^m[B^{m-}]^n = K_{sp}$$

補足 K_{sp} の sp は，溶解度積 solubility product を意味する。

表 4-2 溶解度積 (25 ℃)

塩	溶解度積 $(mol/L)^2$
AgCl	1.8×10^{-10}
AgI	2.1×10^{-14}
BaSO₄	9.1×10^{-11}
CaCO₃	6.7×10^{-5}
CuS	6.5×10^{-30}
ZnS	2.2×10^{-18}

CaCO₃
は表中の
他の物質
より，少
し水に溶
けやすい

POINT

難溶性の電解質 A_mB_n の水溶液：A_mB_n(固) $\rightleftharpoons mA^{n+} + nB^{m-}$

溶解度積 $K_{sp} = [A^{n+}]^m[B^{m-}]^n$

例題 24 溶解度積と溶解度

原子量 C = 12.0, O = 16.0, Cl = 35.5, Ca = 40.0, Ag = 108 として, (1), (2)に答えよ。

(1) 水 100 g に塩化銀は 0.19 mg 溶ける。この温度における塩化銀の溶解度積を求めよ。

(2) 炭酸カルシウムの溶解度積 $K_{sp} = 6.7 \times 10^{-5}$(mol/L)^2 として, 炭酸カルシウムの水 100 g への溶解度(g)を求めよ。ただし, $\sqrt{67} = 8.2$ とする。

解答

(1) 水 1 L = 1000 g に溶ける AgCl の質量は $0.19 \times 10^{-3}\,g \times \dfrac{1000}{100} = 1.9 \times 10^{-3}\,g$

AgCl $\longrightarrow$ Ag$^+$ + Cl$^-$ より, 溶けた AgCl の物質量は, Ag$^+$と Cl$^-$の物質量に等しい。AgCl の式量 108 + 35.5 = 143.5 より

$$[Ag^+] = [Cl^-] = \frac{1.9 \times 10^{-3}\,g/L}{143.5\,g/mol} \fallingdotseq 1.32 \times 10^{-5}\,mol/L$$

よって $K_{sp} = (1.32 \times 10^{-5}\,mol/L)^2 \fallingdotseq \mathbf{1.7 \times 10^{-10}}\,\textbf{(mol/L)}^2$ …答

(2) CaCO$_3$ $\rightleftharpoons$ Ca^{2+} + CO$_3^{2-}$ において

$$[Ca^{2+}][CO_3^{2-}] = 6.7 \times 10^{-5}\,(mol/L)^2$$

$$[Ca^{2+}] = [CO_3^{2-}] = \sqrt{6.7 \times 10^{-5}} = \sqrt{67 \times 10^{-6}} = 8.2 \times 10^{-3}\,mol/L$$

1 L(1000 g) 中に 8.2×10^{-3} mol の CaCO$_3$ が溶けているから, 水 100 g 中に溶けている CaCO$_3$ は, CaCO$_3$ の式量 100.0 より

$$100.0\,g/mol \times 8.2 \times 10^{-3}\,mol \times \frac{100}{1000} = \mathbf{8.2 \times 10^{-2}}\,\textbf{g}$$ …答

B 難溶性塩の沈殿

水に溶けにくい塩ほど飽和水溶液中に生じるイオンの濃度が小さい。したがって溶解度積の値も小さい。

前ページの溶解度積の**表 4-2** の中で, $[Cu^{2+}][S^{2-}] = 6.5 \times 10^{-30}$(mol/L)^2 が最も小さく, $[Ca^{2+}][CO_3^{2-}] = 6.7 \times 10^{-5}$(mol/L)^2 が最も大きい。したがって, こ

の表の塩では，水に CuS が最も溶けにくく，CaCO₃ が最も溶けやすい。

溶解度積の値が小さいほど水に溶けにくく，また，水溶液中のイオンの濃度が小さくても沈殿することになるため，沈殿として析出しやすいことになる。

Ag⁺ の水溶液と Cl⁻ の水溶液を混合後の計算上の積 $[Ag^+][Cl^-]$ が，$K_{sp} = 1.8 \times 10^{-10}$ (mol/L)² より大きいときは AgCl の沈殿を生じ，小さいときには沈殿を生じない。

いま，陽イオン M⁺ と陰イオン X⁻ を含む水溶液を混合したとき，濃度の積 $[M^+][X^-]$ が溶解度積 K_{sp} より大きいときは沈殿を生じ，小さいときは沈殿を生じない。

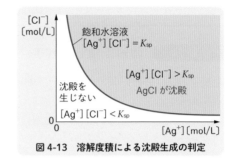

図 4-13　溶解度積による沈殿生成の判定

陽イオン M⁺ と陰イオン X⁻ を含む水溶液を混合したとき
　　濃度の積 $[M^+][X^-]$ ＞ 溶解度積 K_{sp} ⇨ 沈殿する
　　濃度の積 $[M^+][X^-]$ ≦ 溶解度積 K_{sp} ⇨ 沈殿しない

C 共通イオン効果

塩化ナトリウムの飽和水溶液中では，次の溶解平衡が成り立っている。

$$NaCl(固) \rightleftharpoons Na^+ + Cl^-$$

この飽和水溶液に少量の水酸化ナトリウム NaOH を入れ，$[Na^+]$ を大きくすると，平衡は左に移動する。また，塩化水素 HCl の気体を吹き込むと，$[Cl^-]$ が大きくなり，同様に，平衡は左に移動する。これにより，NaCl が沈殿する。

このように，ある電解質の水溶液に，電解質の構成イオンと同じイオンを加えると，平衡が移動し，もとの電解質の電離度や溶解度が小さくなる現象を共通イオン効果という。

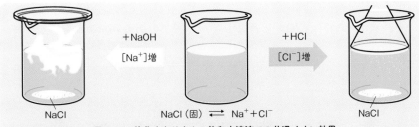

図 4-14　塩化ナトリウムの飽和水溶液での共通イオン効果
溶解平衡の状態にあるとき，[Na⁺] や [Cl⁻] が増加すれば，平衡は左に移動する。どちらの場合も，
NaCl の固体が析出する。

D　モール法（塩化物イオン Cl⁻ の定量法）

モール法は，沈殿生成反応を利用した塩化物イオンの定量法である。指示薬として，クロム酸カリウム K_2CrO_4 を用い，赤褐色の沈殿 Ag_2CrO_4 が終点を知らせる。

❶ 塩化銀 AgCl とクロム酸銀 Ag₂CrO₄ の溶解度積

AgCl と Ag_2CrO_4 の溶解平衡と溶解度積は，それぞれ次式で表される。

$$AgCl \rightleftharpoons Ag^+ + Cl^- \qquad [Ag^+][Cl^-] = 1.8 \times 10^{-10} \, (mol/L)^2$$

$$Ag_2CrO_4 \rightleftharpoons 2Ag^+ + CrO_4^{2-} \qquad [Ag^+]^2[CrO_4^{2-}] = 3.6 \times 10^{-12} \, (mol/L)^3$$

溶解度積を見ると，一見，AgCl のほうが溶けやすいように見える。実際の溶解のしやすさを計算してみる。

AgCl の飽和水溶液の濃度を x(mol/L)，Ag_2CrO_4 の飽和水溶液の濃度を y(mol/L)とすると

$$[Ag^+][Cl^-] = x \cdot x = 1.8 \times 10^{-10} \, (mol/L)^2$$

$$[Ag^+]^2[CrO_4^{2-}] = (2y)^2 \cdot y = 3.6 \times 10^{-12} \, (mol/L)^3$$

$x \fallingdotseq 1.3 \times 10^{-5}$ mol/L，$y \fallingdotseq 9.7 \times 10^{-5}$ mol/L となり，AgCl のほうが Ag_2CrO_4 より水に溶けにくい。

❷ モール法

沈殿反応を利用した定量法を**沈殿滴定**という。特に，塩化物イオン Cl⁻ は**モール法**と呼ばれる沈殿滴定で定量される。

Cl⁻ を含む中性の試料水溶液に，クロム酸カリウム K_2CrO_4 を指示薬として濃度既知の硝酸銀 $AgNO_3$ 水溶液を滴下すると，水に溶けにくい塩化銀 AgCl がまず沈殿する。

$$Ag^+ + Cl^- \longrightarrow AgCl$$

さらに，AgNO₃水溶液を滴下するとCl⁻がほぼ完全にAgClとして沈殿する。次に，Ag^+はCrO_4^{2-}と反応して，赤褐色の沈殿Ag_2CrO_4を生じ，終点を知らせる。

終点では，Ag^+とCl^-の物質量が等しくなるため，Cl^-の濃度を求めることができる。

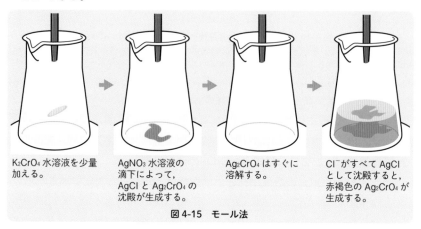

| K₂CrO₄水溶液を少量加える。 | AgNO₃水溶液の滴下によって，AgClとAg₂CrO₄の沈殿が生成する。 | Ag₂CrO₄はすぐに溶解する。 | Cl⁻がすべてAgClとして沈殿すると，赤褐色のAg₂CrO₄が生成する。 |

図4-15　モール法

E 硫化物の沈殿

水溶液中に硫化水素を吹き込むと，硫化水素から生じる硫化物イオンS^{2-}によって，種々の金属イオンを硫化物として沈殿させることができる。硫化物の沈殿は，溶液のpHの影響を受け，Cu^{2+}やPb^{2+}など塩基性ではもちろん酸性でも沈殿するものと，Zn^{2+}やFe^{2+}など中性または塩基性でなければ沈殿しないものがある。

この違いは溶解度積の大小から次のように説明できる。

溶解度積は，CuS：6.5×10^{-30} (mol/L)²，ZnS：2.2×10^{-18} (mol/L)²で，CuSが小さく，ZnSは大きい。

硫化水素を水に溶かすと，次のように電離する。

$$H_2S \rightleftharpoons H^+ + HS^- \qquad HS^- \rightleftharpoons H^+ + S^{2-} \quad \cdots\cdots(i)$$

酸性溶液中ではH^+の濃度が大きいから，(i)式の硫化水素の電離平衡は左に移動することになり，S^{2-}の濃度が小さくなる。このため，溶解度積の小さいCuSは沈殿するが，溶解度積の大きいZnSは沈殿しない。

塩基性溶液中にはOH^-が存在するため，H^+が次のように反応する。

$$H^+ + OH^- \longrightarrow H_2O$$

このため，H^+ の濃度が減少し，(i)式の硫化水素の電離平衡は右に移動して S^{2-} の濃度が大きくなる。この結果，溶解度積の大きい ZnS も沈殿するようになる。

補足 H_2S を吹き込み続けている H_2S 飽和水溶液中の $[S^{2-}]$ の値は，水溶液の pH によって大きく変わる。いろいろな金属イオンが硫化物として沈殿するかどうかは，pH の影響を受ける。

例題 25 硫化物の沈殿

硫化水素 H_2S は水にわずかに溶け，二段階で電離する。電離定数 K_1，K_2 および K はそれぞれ以下のとおりである。

一段階目 　$H_2S \rightleftharpoons H^+ + HS^-$ 　　　$K_1 = 9.5 \times 10^{-8}$ mol/L

二段階目 　$HS^- \rightleftharpoons H^+ + S^{2-}$ 　　　$K_2 = 1.3 \times 10^{-14}$ mol/L

上2つをまとめると

$$H_2S \rightleftharpoons 2H^+ + S^{2-} \qquad K = \frac{[H^+]^2[S^{2-}]}{[H_2S]}$$

銅(Ⅱ)イオン Cu^{2+} と亜鉛イオン Zn^{2+} の混合水溶液があり，濃度がともに 0.10 mol/L であった。この水溶液は，水素イオン濃度 $[H^+]$ が 0.10 mol/L になるように調整してある。この水溶液中に H_2S を，その濃度が 0.10 mol/L になるまで通じた。次の(1)と(2)に答えよ。ただし，H_2S を通じた前後で水溶液の体積および pH は変化しないものとする。また，式量は CuS = 96，ZnS = 98，溶解度積は $CuS = 6.5 \times 10^{-30}$ (mol/L)^2，$ZnS = 2.2 \times 10^{-18}$ (mol/L)^2 とする。

(1) 硫化物イオン濃度 $[S^{2-}]$ は何 mol/L か。

(2) 混合水溶液が 1.0 L のとき，生じる沈殿の種類およびその質量は何 g か。

解答

(1) K は次のように表される。

$$K = \frac{[H^+]^2[S^{2-}]}{[H_2S]} = \frac{[H^+][HS^-]}{[H_2S]} \times \frac{[H^+][S^{2-}]}{[HS^-]} = K_1 \times K_2$$

これより，$[S^{2-}] = \dfrac{K_1 \times K_2 [H_2S]}{[H^+]^2}$

$$[S^{2-}] = \frac{9.5 \times 10^{-8} \times 1.3 \times 10^{-14} \times 0.10}{0.10^2} \fallingdotseq 1.2 \times 10^{-20} \text{ mol/L} \cdots \text{答}$$

(2) 両イオンとも沈殿せずに残っていたと仮定すると

$$[Cu^{2+}][S^{2-}]=0.10\times1.2\times10^{-20}=1.2\times10^{-21}>6.5\times10^{-30}$$

となり，CuS の溶解度積より大きくなるので，CuS は沈殿する。

このとき水溶液中の Cu^{2+} の濃度は，$K_{sp}=[Cu^{2+}][S^{2-}]$ より

$[Cu^{2+}]=\dfrac{6.5\times10^{-30}}{1.2\times10^{-20}}=5.4\times10^{-10}$ となり，無視できるので，CuS (96 g/mol)

0.10 mol が沈殿し，質量は，$0.10\times96=9.6$ g となる。

また，$[Zn^{2+}][S^{2-}]=0.10\times1.2\times10^{-20}=1.2\times10^{-21}<2.2\times10^{-18}$ となり，

ZnS の溶解度積より小さくなるので，ZnS は沈殿しない。

沈殿の種類：**CuS**　　質量：**9.6 g** … 答

この章で学んだこと

　まず，化学平衡の意味，続いて化学平衡の法則，さらに平衡移動の原理を学習した。電離平衡では，弱酸・弱塩基，塩の加水分解と電離定数との関係，また，pH の求め方，緩衝液，さらに溶解度積，硫化物の沈殿へと発展させた。

1 化学平衡とその法則

❶ 可逆反応と不可逆反応　どちらの方向にも進む反応が可逆反応。一方向にだけ進行する反応が不可逆反応。

❷ 化学平衡　正反応と逆反応の反応速度が等しくなり，見かけ上反応が停止したような状態が化学平衡の状態。

❸ 化学平衡の法則

（a）$aA + bB \rightleftharpoons cC + dD$ が平衡状態にあるとき　$\dfrac{[C]^c[D]^d}{[A]^a[B]^b} = K$

平衡定数 K は一定温度で一定。

（b）**固体と気体が関係する反応と平衡定数**　平衡定数を表す式に固体を含めない。

（c）**溶液中の化学平衡**　溶媒ではない H_2O は平衡定数を表す式の中に入れる。

（d）**圧平衡定数**　平衡状態にある混合気体の分圧間には $\dfrac{p_C{}^c\, p_D{}^d}{p_A{}^a\, p_B{}^b} = K_p$（圧平衡定数）の関係がある。

2 化学平衡の移動

❶ 平衡の移動とその原理　ルシャトリエの原理：反応が平衡状態にあるとき，濃度・圧力・温度などを変化させると，その変化をやわらげる方向に反応が進み，新しい平衡状態になる。

（a）**濃度変化と平衡移動**　ある物質の濃度を大きくすると，その物質の濃度を小さくする方向へ平衡が移動する。

（b）**圧力変化と平衡移動**　圧力を大きくすると，気体分子の物質量が減る方向に平衡が移動する。

（c）**温度変化と平衡移動**　温度が上（下）がると，反応は吸熱（発熱）の方向に進む。

（d）**触媒と平衡移動**　触媒は反応を速めるが，平衡を移動させない。

❷ アンモニアの合成　ハーバー・ボッシュ法：アンモニアの合成は，触媒を用い，温度 400〜600 ℃，圧力 8×10^6 〜 3×10^7 Pa で合成される。

3 電解質水溶液の化学平衡

❶ 電離平衡　電離による化学平衡を電離平衡という。水の電離平衡では，水のイオン積 K_w は，25 ℃で

$K_w = [H^+][OH^-] = 1.0 \times 10^{-14} \,(mol/L)^2$

❷ 電離平衡と電離定数　$c\,[mol/L]$ の弱酸（弱塩基）水溶液，電離度 α，電離定数

$K \Rightarrow \alpha = \sqrt{\dfrac{K}{c}}$

$[H^+(OH^-)] = c\,\alpha = \sqrt{cK}$

❸ 塩の加水分解と pH　塩の水溶液でイオンと水が反応して酸性や塩基性を示す反応が加水分解。

❹ 緩衝液と pH　緩衝液：pH 変化の起こりにくい溶液。

4 溶解度積

❶ 溶解度積 K_{sp}　難溶性の塩の水溶液

$A_mB_n(固) \rightleftharpoons mA^{n+} + nB^{m-}$

$K_{sp} = [A^{n+}]^m[B^{m-}]^n$　混合したイオンの濃度の積 $> K_{sp}$ $\Rightarrow$ 沈殿を生じる。

定期テスト対策問題 13

解答・解説は p.729

1 　水素 H_2 2.0 mol とヨウ素 I_2 2.0 mol を 4.0 L の容器に入れ，800 ℃に保ったところ，次の反応が平衡に達し，3.2 mol のヨウ化水素 HI が生成した。

$$H_2 + I_2 \rightleftharpoons 2HI$$

(1)　この温度におけるこの反応の平衡定数を求めよ。

(2)　ヨウ化水素 2.0 mol を同じ容器に入れ，同じ温度にすると，水素が何 mol 生成するか。

2 　2.0 mol の SO_2 と 1.0 mol の O_2 を混合すると，次の式に従って反応は進行し，平衡に達する。

$$2SO_2 + O_2 \rightleftharpoons 2SO_3$$

　反応開始時の混合気体の圧力を 100 kPa として，温度と体積を一定にして反応させたところ，平衡時の全圧は 80 kPa となった。ただし，SO_2，O_2，SO_3 はすべて気体である。

(1)　平衡時の SO_2，O_2，SO_3 の物質量はそれぞれ何 mol か。

(2)　この反応の圧平衡定数を求めよ。

3 　容積一定の容器に二酸化炭素と十分量の黒鉛を封入し，加熱して一定の温度に保ったところ，次の平衡状態に達した。

$$C（黒鉛） + CO_2 \rightleftharpoons 2CO$$

　このとき，二酸化炭素の分圧は 1.0×10^5 Pa であった。一酸化炭素の分圧は何 Pa か。ただし，この温度での圧平衡定数は 3.6×10^4 Pa である。

4 　$N_2O_4 \rightleftharpoons 2NO_2$，$\Delta H = 57$ kJ の可逆反応が表す平衡状態でのグラフは，①〜③のどれか。

① 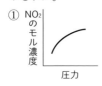　② 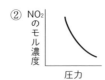　③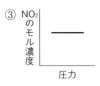

ヒント

1 (1)　平衡時のモル濃度を求めて，平衡定数の式に代入する。

　(2)　HI の分解の反応で，平衡定数は(1)の平衡定数の逆数になる。

2 (1)　物質量比と圧力比は比例する。

　(2)　物質量比と全圧から分圧を求めて，圧平衡定数の式に代入する。

3 　平衡定数を表す式に固体物質は含めない。

386

5 右図は各温度におけるアンモニアの生成反応（$N_2 + 3H_2 \longrightarrow 2NH_3$）が平衡に達したときのモル分率（%）と全圧の関係を示したものである。これに関して、次の記述のうち正しいものを選べ。

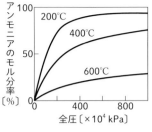

① アンモニアの生成反応は発熱反応である。

② 温度が低いほどアンモニアの生成速度は大きい。

③ 系の全圧を上げると、平衡はアンモニアが減少するほうへ移動する。

④ 温度の上昇とともに、アンモニアの生成反応の平衡定数は小さくなる。

⑤ 反応系に窒素を加えると、平衡定数は小さくなる。

6 次の(1), (2)の酸の電離定数を求めよ。ただし、$\log 2 = 0.3$ とする。

(1) 0.10 mol/L の酢酸水溶液の pH は 3.0 であった。

(2) 0.40 mol/L のギ酸水溶液の pH は 2.7 であった。

7 アンモニアの電離定数 1.8×10^{-5} mol/L として、(1)～(3)に答えよ。ただし、$\log_{10} 2 = 0.30$, $\log_{10} 1.8 = 0.26$, $\log_{10} 18 = 1.3$ とする。

(1) 0.10 mol/L のアンモニア水を 10 倍に薄めた水溶液の pH を求めよ。

(2) 0.10 mol/L のアンモニア水と同じ濃度の塩化アンモニウム水溶液を等体積ずつ混合すると、pH はどれだけになるか。

(3) 0.10 mol/L のアンモニア水 100 mL と同じ濃度の塩酸 100 mL を混合すると、pH はどれだけになるか。

ヒント

5 図より、温度が低いほど、圧力が大きいほどアンモニアのモル分率が大きくなる。平衡定数は温度によって変化する。

6 $K_a \fallingdotseq c\alpha^2$ より $[H^+] = c\alpha = \sqrt{cK_a}$

7 (1) $[OH^-] = \sqrt{cK_b}$

(2) $K_b = \dfrac{[NH_4^+][OH^-]}{[NH_3]} = \dfrac{NH_4Cl \text{の濃度} \times [OH^-]}{NH_3 \text{の濃度}}$

(3) $K_h \fallingdotseq \dfrac{[H^+]^2}{c'} = \dfrac{K_w}{K_b}$

8 あるカルボン酸 RCOOH を水に溶かすと，次のように電離する。

RCOOH $\rightleftharpoons$ RCOO$^-$ + H$^+$

このカルボン酸の 0.10 mol/L 水溶液は電離度 0.010 であった。

(1) このカルボン酸の電離定数を求めよ。

(2) このカルボン酸 0.40 mol/L 水溶液 50.0 mL に 0.20 mol/L の水酸化ナトリウム水溶液 50.0 mL を加えた水溶液の pH はどれだけか。

9 水に対する炭酸カルシウム CaCO$_3$ の溶解度は，0.020 g/水 100 g である。原子量は C = 12, O = 16, Na = 23, Ca = 40, 溶解による液体の体積は変化しないものとして，次の(1)，(2)に答えよ。

(1) 炭酸カルシウムの溶解度積 K_{sp} を求めよ。

(2) 0.0010 mol/L の炭酸カルシウム水溶液 500 mL に炭酸ナトリウム Na$_2$CO$_3$ を何 g 以上加えると沈殿を生じるか。

10 右表の硫化物になっている金属イオンのそれぞれについて，金属イオン 0.10 mol/L，水素イオン 0.20 mol/L の水溶液をつくり，硫化水素を飽和させたとき，沈殿が生成しないのはどのイオンか。すべて記せ。ただし，この条件のとき，硫化水素の飽和水溶液では

[H$_2$S] = 0.10 mol/L，

また，$\dfrac{[\text{H}^+]^2[\text{S}^{2-}]}{[\text{H}_2\text{S}]} = 1.2 \times 10^{-21} (\text{mol/L})^2$ とする。

	$K_{sp}(\text{mol/L})^2$
CdS	5.0×10^{-27}
CuS	6.5×10^{-30}
FeS	5.0×10^{-16}
MnS	1.6×10^{-16}

ヒント

8 (2)は未反応のカルボン酸と生成したカルボン酸塩との緩衝液の pH。

9 溶解度積は [Ca^{2+}] × [CO$_3^{2-}$]

(2) [Ca^{2+}] × [CO$_3^{2-}$] が溶解度積より大きくなれば，沈殿が生じる。

10 金属イオンの濃度と [S^{2-}] の積が，それぞれの K_{sp} より大きい場合は沈殿し，小さい場合は沈殿しない。

化学

第 3 部

無機物質

第 **1** 章　周期表と元素

| 1 | 周期表と元素の性質

1 | 周期表と元素の性質

p.58 の「元素の周期表」を復習しながら学習しよう。

1 元素の周期律と周期表

A 元素の周期律と価電子

元素を原子番号の順に並べると，性質のよく似た元素が周期的に現れる。このような周期性を元素の周期律といい，これは原子番号の増加にともない**価電子の数が周期的に変化**することによる。

> 補足 周期的に現れる性質には，化学的性質とともにイオン化エネルギーや電子親和力，単体の沸点・融点，また原子の半径などがある。

B 元素の周期表

周期表の縦の列を族といい，1 族から 18 族まである。横の行を周期といい，現在，第 1 周期から第 7 周期まである。

2 典型元素と遷移元素

A 典型元素

1 族・2 族および 13 族～ 18 族の元素が典型元素である。同じ周期の典型元素では，原子番号が増すにつれて価電子の数が増加し，同族元素の価電子の数は等しい。したがって，同族元素の性質は互いに類似している。

> 例 1. 1 族の元素は，価電子が 1 個で，アルカリ金属（水素を除く）という。アルカリ金属の単体はいずれも常温の水と激しく反応して水素を発生し，強塩基の水溶液となる。
> 2. 17 族の元素は，価電子が 7 個で，ハロゲンという。1 価の陰イオンになりやすく，その単体は水素や金属と結合しやすい。

> 補足 価電子の数は，族番号の下 1 桁の数に等しい。ただし，18 族の元素は貴ガスと呼ばれ，化合物をほとんどつくらないため，価電子が 0 である。

B 遷移元素

3 族～ 12 族の元素が遷移元素である。同じ周期の遷移元素では，原子番号

が増すと，内側の電子殻の電子の数が増加し，価電子の数はあまり変化しない。
したがって，同族元素とともに左右の元素とも性質が類似している。

C 各周期の元素数と典型元素・遷移元素

表 1-1　各周期の元素数

第 1 周期	元素数：2	典型元素(2)	
第 2 周期・第 3 周期	元素数：8	典型元素(8)	
第 4 周期・第 5 周期	元素数：18	典型元素(8)，	遷移元素(10)
第 6 周期	元素数：32	典型元素(8)，	遷移元素(24)
第 7 周期	元素数：32	典型元素，	遷移元素

補足　第 1 周期～第 3 周期を短周期，第 4 周期以降を長周期ともいう。

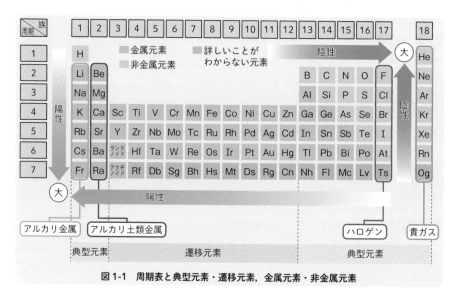

図 1-1　周期表と典型元素・遷移元素，金属元素・非金属元素

3　金属元素と非金属元素

A 金属元素

　単体に金属光沢があり，電気や熱をよく導く元素が金属元素である。金属元素
の原子は陽イオンになりやすい。この性質を**陽性**という。遷移元素はすべて金属
元素である。典型元素では，一般に周期表の左側・下側ほど陽性が強く，金属元
素は左側・下側に位置している。

B 非金属元素

　金属元素以外の元素が非金属元素で，一般に陰イオンになりやすい。この性質を**陰性**という。非金属元素はすべて典型元素である。一般に周期表の右側（18族を除く）・上側の元素ほど陰性が強く，非金属元素は，右側・上側に位置している。

補足　非金属元素には，水素のように陽イオンになりやすい元素，貴ガスのようにイオンになりにくい元素がある。

 POINT

典型元素について：（18族を除く）

同周期では { 左側の元素ほど陽性が強い ⇨ 1族が最大
　　　　　　 右側の元素ほど陰性が強い ⇨ 17族が最大

同族では { 下側の元素ほど陽性が強い ⇨ 1族ではFrが最大
　　　　　 上側の元素ほど陰性が強い ⇨ 17族ではFが最大

　1族の元素（水素を除く）はアルカリ金属，2族の元素はアルカリ土類金属，17族の元素はハロゲン。

この章で学んだこと

　元素の周期律と周期表について学習し，周期表上で典型元素と遷移元素，金属元素と非金属元素の区別をした。周期表上での，元素の陽性と陰性について学習した。

周期表と元素の性質

❶ 元素の周期表　元素を原子番号の順に並べると，類似した元素が周期的に表れるという周期律に基づいた表。

❷ 元素の分類
　（a）典型元素　1・2族，13 ～ 18族
　（b）遷移元素　3 ～ 12族，
　　　　　　　　　すべて金属元素
　（c）金属元素　周期表の左側・下側
　（d）非金属元素　周期表の右側・上側

定期テスト対策問題 14

解答・解説は p.732

1 次の周期表を参考に，下の(1)，(2)の問いに答えよ。

族\周期	1	2	3	4	5	6	7	8	9	10	11	12	13	14	15	16	17	18
1	H																	He
2	Li	Be											B	C	N	O	F	Ne
3	Na	Mg											Al	Si	P	S	Cl	Ar
4	K	Ca	Sc	Ti	V	Cr	Mn	Fe	Co	Ni	Cu	Zn	Ga	Ge	As	Se	Br	Kr
5	Rb	Sr	Y	Zr	Nb	Mo	Tc	Ru	Rh	Pd	Ag	Cd	In	Sn	Sb	Te	I	Xe
6	Cs	Ba	ランタ ノイド	Hf	Ta	W	Re	Os	Ir	Pt	Au	Hg	Tl	Pb	Bi	Po	At	Rn
7	Fr	Ra	アクチ ノイド	Rf	Db	Sg	Bh	Hs	Mt	Ds	Rg	Cn	Nh	Fl	Mc	Lv	Ts	Og

(1) 第2周期のLiとFを比較したとき，Fの値がLiの値よりも大きくなるものを次の語群からすべて選べ。

【語群】

    (a) 原子半径   (b) 価電子の数   (c) 電子親和力

    (d) イオン化エネルギー   (e) K殻の電子の数

(2) 2族の元素 Ca，Sr，Ba について，(a)水と反応性が高い順に並べよ。また，(b)イオン化エネルギーの値が大きい順に並べよ。

ヒント

1 (1) 同じ周期では，左側ほど陽性が強く，右側ほど陰性が強い。

Advanced Chemistry

MY BEST

第 **2** 章

非金属元素の単体と化合物

1 | 水素と貴ガス

1 水素 H_2 の性質

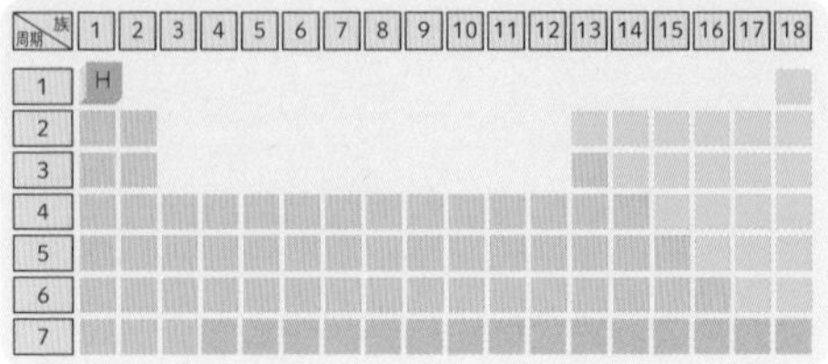

❶ **無色，無臭**の気体で，すべての物質中で**最も軽い。**

❷ 分子の質量が最小であるため，分子の運動速度が大きく，拡散速度も最大である。

❸ **水に溶けにくく，液体にもなりにくい。**

❹ 空気中では，無色の炎をあげてよく燃え，多量の熱を発生して水を生成する。

$$2H_2 + O_2 \longrightarrow 2H_2O(液) \qquad \Delta H = -2 \times 286 \text{ kJ}$$

補足 水素と酸素の混合気体に点火すると，激しく反応して爆鳴を発する。⇨爆鳴気

❺ 常温では安定であるが，高温においては，種々の元素と反応して水素化合物を生成する。

例 $H_2 + Cl_2 \longrightarrow 2HCl \qquad H_2 + 2Na \longrightarrow 2NaH$

表 2-1　水素の性質

密度(g/cm^3)	0.0000899（空気＝0.001293）
沸点(℃)	-253
融点(℃)	-259
溶解度(0℃)	水 1 mL に 0.022 mL

❻ 高温では，水素は化合物中の酸素を奪う性質があり，強い還元性を示す。

2 水素 H_2 の製法

Ⓐ 実験室的製法

●水素よりイオン化傾向の大きい金属と酸の反応

$$Mg + 2HCl \longrightarrow MgCl_2 + H_2$$
$$Fe + H_2SO_4 \longrightarrow FeSO_4 + H_2$$

実験室では、次の図のような装置で、亜鉛に希硫酸を加える。

$$Zn + H_2SO_4 \longrightarrow ZnSO_4 + H_2$$

図 2-1　水素の製法

補足 1. 水素は水に溶けにくいので、**水上置換**によって捕集する。
2. 亜鉛の代わりに水素よりイオン化傾向の大きい金属(Mg や Fe)、また、希硫酸の代わりに希塩酸を用いてもよい。

B 工業的製法

天然ガスなどを原料にして製造される。メタンの場合、次のような 2 つの反応からなる。

$$CH_4 + H_2O \longrightarrow CO + 3H_2$$
$$CO + H_2O \longrightarrow CO_2 + H_2$$

CH_4 と水蒸気 H_2O が反応し、CO と H_2 が生成する。次にこの CO と水蒸気 H_2O が反応し、CO_2 と H_2 が生成する。

補足 純粋な水素は、水の電気分解によって得られる。

3　水素の化合物

① 水素は、貴ガス以外のほとんどの元素と化合物をつくる。水素の化合物を**水素化合物**という。
② 非金属元素の水素化合物は、共有結合からなる分子で、常温・常圧で気体であるものが多い。

表 2-2　非金属元素の水素化合物

族		15	16	17
周期	2	アンモニア NH_3 弱塩基性（−33 ℃）	水 H_2O 中性（100 ℃）	フッ化水素 HF 弱酸性（20 ℃）
	3	ホスフィン PH_3 弱塩基性（−87 ℃）	硫化水素 H_2S 弱酸性（−61 ℃）	塩化水素 HCl 強酸性（−85 ℃）

※（　）内の温度は沸点を表す。

❸ 陽性の強い金属元素とは，電子を受け取り，水素化物イオン H^- となってイオン結合をつくる。

　　例　水素化ナトリウム NaH，水素化カルシウム CaH_2

4　貴ガス

　ヘリウム He，ネオン Ne，アルゴン Ar，クリプトン Kr，キセノン Xe などの 18 族の元素を貴ガスという。これらの元素はいずれも気体で，その名称は「反応性が低い（貴：noble）」を意味することに由来する。

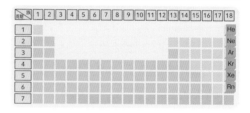

補足　貴ガスは，希ガスまたは不活性気体ともいう。

A　貴ガスの性質

　貴ガス原子の最外殻電子は，He が 2 個，他の原子は 8 個で閉殻（へいかく）となるため，安定な電子配置で，次のような性質を示す。

❶　1 個の原子が分子として存在する単原子分子である。

❷　化学的に安定で，ほとんど化合物をつくらない。

補足　1. 貴ガスの価電子の数は 0 である。
　　　2. 自然界には貴ガスの化合物は存在しないが，実験室では XeF_2，KrF_2 などの不安定な化合物がつくられている。

❸　常圧下で，ヘリウムはすべての物質中で，最も沸点が低く，また固体にならない。

表 2-3　貴ガスの性質

元素		原子の電子配置						単体			用途
		K	L	M	N	O	P	融点(℃)	沸点(℃)	空気中の体積(%)	
ヘリウム	He	2						−272*	−269	0.00052	気球，飛行船，冷却剤
ネオン	Ne	2	8					−249	−246	0.0018	ネオンサイン
アルゴン	Ar	2	8	8				−189	−186	0.93	電球，放電管
クリプトン	Kr	2	8	18	8			−157	−153	0.00011	電球
キセノン	Xe	2	8	18	18	8		−112	−107	0.000009	ストロボ，キセノンランプ
ラドン**	Rn	2	8	18	32	18	8	−71	−62	—	放射線療法

＊ $2.63×10^6$ Pa における融点。He は，常圧ではいくら冷却しても固体にならない。
＊＊ラドンは放射性元素(放射性同位体のみからなる元素)。

(化学便覧改訂 5 版より)

POINT

貴ガス：安定な電子配置 ⇨ 単原子分子で，ほとんど化合物をつくらない

　貴ガスの電子配置は安定しており，原子間で結合しないので単原子分子であり，一般に，化合物をつくらない。

B 貴ガスの用途

❶ ヘリウムは，空気より軽くて燃えない気体であるため，気球や飛行船に用いられる。また，ヘリウムは沸点が最も低いことから，液体ヘリウムは極低温を得るための冷却剤に用いられる。

❷ アルゴンは，反応性がないことから，白熱電球や蛍光灯の封入ガスとして，また，金属どうしの溶接における空気の遮断用に用いられる。

❸ ネオンやアルゴンの封入管を放電させると，赤色光や青色光を放つので，ネオンサインに，また，キセノンの封入管を放電させると，白色光を放つので，ストロボライトに用いられる。

参 考 ヘリウムの発見とその名称

　1868 年，フランスの物理学者ジャンサンは，インドで皆既日食を観測したとき，太陽のコロナのスペクトル線から，当時地球上で見られない元素を発見した。この元素は，「太陽の金属」と考えて，ギリシャ語の太陽「Helios」と金属元素の語尾につけられる「ium」より，「Helium：ヘリウム」と名づけられた。ヘリウム，ネオン，アルゴン，クリプトン，ラドンの貴ガスのうち，ヘリウムだけが金属元素の呼び方になっているのは，このためである。

　なお，ヘリウムは 1895 年，イギリスの化学者ラムゼーによって，ウラン鉱より分離され，大気中に微量存在することも明らかになった。

2 | ハロゲン

1 ハロゲンとその原子

フッ素 F，塩素 Cl，臭素 Br，ヨウ素 I など 17 族の元素を **ハロゲン** という。陰性の強い同族元素で，F は全元素中で最も陰性が強い。

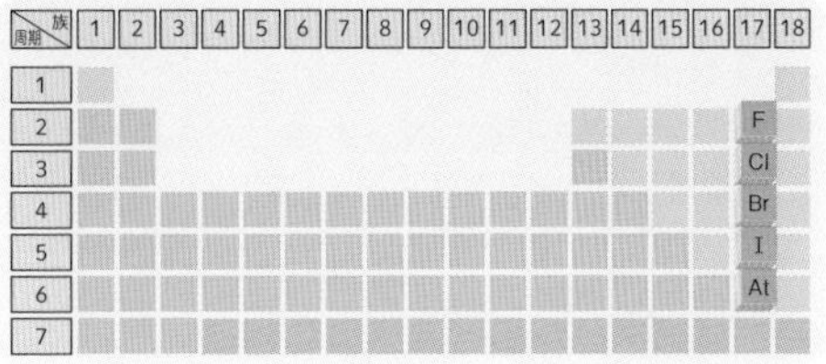

ハロゲンの原子は，いずれも価電子が 7 個で，電子 1 個を取り入れて **1価の陰イオンになりやすい。**

$$F + e^- \longrightarrow F^-$$
$$Cl + e^- \longrightarrow Cl^-$$
$$Br + e^- \longrightarrow Br^-$$
$$I + e^- \longrightarrow I^-$$

このため，他の元素と化合物をつくりやすく，自然界には単体として存在しない。

表 2-4　ハロゲンの電子配置

原　子	原子番号	電　子　配　置				
		K	L	M	N	O
フッ素　F	9	2	7			
塩　素　Cl	17	2	8	7		
臭　素　Br	35	2	8	18	7	
ヨウ素　I	53	2	8	18	18	7

補足　ハロゲンの語源は，ギリシャ語の halos（塩）と gennan（つくる）からなる。

2 ハロゲンの単体の性質

① ハロゲンの単体は，フッ素 F_2，塩素 Cl_2，臭素 Br_2，ヨウ素 I_2 のように，いずれも **二原子分子** である。また，いずれも **有色・有毒** である。

② 沸点・融点は原子番号が大きくなるにつれて順に高くなる。
$$F_2 < Cl_2 < Br_2 < I_2$$

③ 酸化力（反応性）は，原子番号が大きくなるにつれて順に弱くなる。
$$F_2 > Cl_2 > Br_2 > I_2$$

例えば，臭化カリウム水溶液に塩素水を加えると，臭素 Br_2 が遊離する。
$$2KBr + Cl_2 \longrightarrow 2KCl + Br_2$$

POINT

ハロゲンの性質は，原子番号順
沸点・融点　　　：$F_2 < Cl_2 < Br_2 < I_2$
酸化力（反応性）：$F_2 > Cl_2 > Br_2 > I_2$

表2-5　ハロゲン単体の性質

性質 ＼ 分子式	F_2	Cl_2	Br_2	I_2
常温の状態	気体 淡黄色	気体 黄緑色	液体 赤褐色	固体 黒紫色
沸点(℃)	−188	−34	59	184
融点(℃)	−220	−101	−7	114
水素との反応	低温・暗所でも爆発的に反応する	常温で光を当てると爆発的に反応する	高温にすると反応する	高温で反応するが逆反応も起こりやすい
水との反応	激しく反応して酸素を発生する	水に少し溶け，その一部が水と反応	塩素より弱いが似たような反応	水に溶けにくく反応しにくい
酸化力	強 ⟵			⟶ 弱

例題1　ハロゲンの反応

次の反応(ア)〜(エ)のうち，起こらない反応はどれか，すべて答えよ。
(ア) $2KI + Br_2 \longrightarrow 2KBr + I_2$　　(イ) $2KI + Cl_2 \longrightarrow 2KCl + I_2$
(ウ) $2KF + Br_2 \longrightarrow 2KBr + F_2$　　(エ) $2KF + Cl_2 \longrightarrow 2KCl + F_2$

解答

酸化力 $F_2 > Cl_2 > Br_2 > I_2$ より，酸化力の大きい F の化合物 KF に Br_2 や Cl_2 を加えても反応しない。よって，**(ウ)，(エ)** …答

3 塩素 Cl₂

A 製法

〔工業的〕

塩化ナトリウム水溶液を電気分解すると，陽極で発生する。

塩化ナトリウムは $\quad NaCl \longrightarrow Na^+ + Cl^-$

陽極で $\quad 2Cl^- \longrightarrow Cl_2 + 2e^-$

〔実験室的〕

❶ 酸化マンガン(Ⅳ)MnO₂ に濃塩酸を加えて加熱する。

$$4HCl + MnO_2 \longrightarrow MnCl_2 + 2H_2O + Cl_2$$

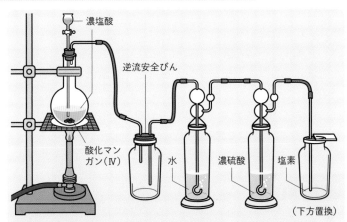

発生する気体には塩化水素が含まれているので，水に通してこれを除き，
濃硫酸に通して乾燥させる。塩素は空気より重いので，下方置換で捕集する。

図 2-2　塩素の製法

❷ **高度さらし粉** Ca(ClO)₂・2H₂O に希塩酸を加える。

$$Ca(ClO)_2 \cdot 2H_2O + 4HCl \longrightarrow CaCl_2 + 4H_2O + 2Cl_2$$

B 性質

❶ 常温では，**黄緑色の刺激臭のある有毒な気体**で，空気より重い。

❷ 水素と反応しやすい。塩素と水素の混合気体を光に当てると爆発的に反応
して，塩化水素 HCl となる。

$$Cl_2 + H_2 \longrightarrow 2HCl$$

❸ 種々の金属と激しく反応して塩化物を生じる。

$$2Na + Cl_2 \longrightarrow 2NaCl$$

$$Cu + Cl_2 \longrightarrow CuCl_2$$

❹ 水に少し溶ける。この水溶液を**塩素水**という。塩素水では，溶けた塩素の一部が水と反応して**次亜塩素酸** HClO を生じる。

$$Cl_2 + H_2O \longrightarrow HCl + HClO$$

次亜塩素酸は分解しやすく，強い酸化作用を示す。

$$ClO^- + 2H^+ + 2e^- \longrightarrow Cl^- + H_2O$$

❺ 湿ったヨウ化カリウムデンプン紙を青紫色にする。⇨ **塩素の検出法**

〈ヨウ化カリウムデンプン紙とその反応〉

　ヨウ化カリウムデンプン紙は，ヨウ化カリウム KI 水溶液とデンプン水溶液の混合溶液にろ紙を浸したものである。塩素に触れると，次のように反応してヨウ素 I_2 が遊離する。

$$2KI + Cl_2 \longrightarrow 2KCl + I_2$$

　この遊離したヨウ素がデンプンと反応して**青紫色を呈する**(ヨウ素デンプン反応)。ヨウ素デンプン反応は，ヨウ素やデンプンの検出に用いられる。

❻ 塩素は強い酸化作用を示すので，漂白や殺菌に用いられる。

補足　塩素は，パルプや繊維の漂白に用いられる。なお，高度さらし粉による漂白も塩素による漂白である。また，塩素は水道水やプールの殺菌に利用されている。

 POINT

Cl_2 の特性

酸化作用 ⇨ {
水素や金属と激しく反応する
ヨウ化カリウムデンプン紙を青紫色にする
漂白作用・殺菌作用を示す
}

　塩素と水素や金属との反応は，塩素原子が電子を受け取る塩素の酸化作用による。漂白・殺菌作用などの化学的特性も，この酸化作用による。

4 フッ素F₂, 臭素Br₂, ヨウ素I₂

A フッ素 F₂

① ハロゲンの中で**最も反応しやすく**，ほとんどの元素と反応してフッ化物をつくる。水素とは冷暗所でも爆発的に結合して，フッ化水素となる。

$$H_2 + F_2 \longrightarrow 2HF$$

また，水と激しく反応して酸素を発生し，フッ化水素となる。

$$2H_2O + 2F_2 \longrightarrow 4HF + O_2$$

② 常温では，**淡黄色の気体**で，人体にはきわめて有毒である。

B 臭素 Br₂

性質

① 常温で**赤褐色の液体**。沸点が低く，赤褐色の刺激臭のある有毒な蒸気を発生する。

② 臭素は塩素とよく似ているが，水素と臭素蒸気の混合物は，直射日光では反応せず，**熱した白金を触媒として反応させる。**

③ 臭素はわずかに水に溶けて，**赤褐色の臭素水**となる。臭素水は酸化作用を示し，殺菌・漂白作用をもつ。

補足 臭素は非金属元素の単体中，常温で唯一液体の物質である。臭化物に酸化マンガン（Ⅳ）と濃硫酸を加えて，加熱することによって製造される。

$$2KBr + MnO_2 + 3H_2SO_4 \longrightarrow 2KHSO_4 + MnSO_4 + 2H_2O + Br_2$$

C ヨウ素 I₂

性質

① 常温で**黒紫色の昇華性の結晶**である。

② 水には溶けないが，エタノールやベンゼン，ヨウ化カリウム水溶液に溶ける。ヨウ素をヨウ化カリウム水溶液に溶かした褐色の溶液を，**ヨウ素ヨウ化カリウム水溶液**（ヨウ素溶液）という。

③ ヨウ素溶液にデンプン水溶液を加えると，青紫色を呈する。この反応を**ヨウ素デンプン反応**という。

補足 臭素の場合と同様，ヨウ化物に酸化マンガン（Ⅳ）と濃硫酸を加えて，加熱することによって製造される。

$$2NaI + MnO_2 + 3H_2SO_4 \longrightarrow 2NaHSO_4 + MnSO_4 + 2H_2O + I_2$$

3 | ハロゲンの化合物

1 ハロゲン化水素の性質

❶ 無色，刺激臭をもつ気体で，水に非常によく溶け，酸性を示す。HF 以外は強酸である。

❷ 沸点・融点は HF を除いて，ハロゲンの原子番号が大きくなるほど高くなる。HF は分子間に強い結合（水素結合）を形成するため，沸点・融点が異常に高い。

表 2-6　ハロゲン化水素の性質

性　質 ＼ 分子式	HF	HCl	HBr	HI
沸点(℃)	20	−85	−67	−35
融点(℃)	−83	−114	−89	−51
状態(常温・常圧)，色	気体・無色	気体・無色	気体・無色	気体・無色
におい	刺激臭	刺激臭	刺激臭	刺激臭
水溶液	フッ化水素酸	塩酸	臭化水素酸	ヨウ化水素酸
	弱酸	強酸	強酸	強酸

補足　酸性の強さは HI＞HBr＞HCl≫HF

2 塩化水素 HCl

A 製法

【実験室的】

塩化ナトリウムに濃硫酸を加えて加熱する。

$$NaCl + H_2SO_4 \longrightarrow NaHSO_4 + HCl$$

【工業的】

塩化ナトリウム水溶液を電気分解して生じる水素と塩素を直接反応させる。

$$H_2 + Cl_2 \longrightarrow 2HCl$$

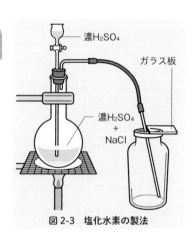

図 2-3　塩化水素の製法

B 性質

❶ 刺激臭のある気体で，**水によく溶ける**。水溶液は塩酸といい，代表的な強酸である。

❷ アンモニアに触れると，白煙を生じる。これは，次のように反応して固体の塩化アンモニウム NH_4Cl を生じるからである。この反応は，塩化水素とアンモニアの検出に利用される。

$$HCl + NH_3 \longrightarrow NH_4Cl$$

❸ 塩酸は，多くの金属・金属酸化物と反応して溶かす。

$$Fe + 2HCl \longrightarrow FeCl_2 + H_2 \qquad CuO + 2HCl \longrightarrow CuCl_2 + H_2O$$

3 フッ化水素HF

A 製法

フッ化カルシウム（ホタル石）CaF_2 に濃硫酸を加えて発生させる。

$$CaF_2 + H_2SO_4 \longrightarrow CaSO_4 + 2HF$$

B 性質

❶ 無色できわめて有毒な気体である。分子間に水素結合を形成するため，他のハロゲン化水素に比べ，沸点が著しく高く，容易に液化する。

❷ 水によく溶け，**フッ化水素酸**になる。フッ化水素酸は**弱酸であるが，ガラスや水晶を溶かす**。これは，成分の SiO_2 と次のように反応するからである。

$$SiO_2 + 6HF \longrightarrow H_2SiF_6 + 2H_2O$$
ヘキサフルオロケイ酸

POINT

フッ化水素の特性

① 異常に沸点が高い ⇨ 沸点：HF≫HI＞HBr＞HCl

② 弱酸である ⇨ 他のハロゲン化水素は強酸

③ ガラスを溶かす

4 さらし粉 $CaCl(ClO) \cdot H_2O$

A 製法

水酸化カルシウムに塩素を作用させてつくる。

$$Ca(OH)_2 + Cl_2 \longrightarrow CaCl(ClO) \cdot H_2O$$

B 性質

強い酸化作用を示す酸化剤で，漂白や殺菌に用いられる。

補足 現在，日本ではさらし粉から $CaCl_2$ 成分を減らした**高度さらし粉**が製造されている。

5 塩素酸カリウム $KClO_3$

❶ 白色の結晶で，強い酸化作用を示す酸化剤である。マッチや火薬の原料として用いられる。

❷ 酸化マンガン(IV) MnO_2（触媒として作用）と加熱すると酸素が発生する。

$$2KClO_3 \longrightarrow 2KCl + 3O_2$$

補足 塩素酸 $HClO_3$ は不安定であるが，この塩である $KClO_3$ や $NaClO_3$ は安定な結晶である。

6 次亜塩素酸ナトリウム $NaClO$

❶ 強い酸化作用を示すが，固体は不安定なので，水溶液にして，漂白や殺菌など酸化剤として用いる。

❷ 次亜塩素酸ナトリウムの水溶液に塩酸を加えると，塩素が発生する。

$$NaClO + 2HCl \longrightarrow NaCl + H_2O + Cl_2$$

補足 $NaClO$ は，家庭用の漂白剤に含まれており，塩酸が含まれる洗剤と混ぜると有毒な塩素が発生して，危険である。

7　ハロゲンの塩

❶　NaCl や KI などハロゲンの塩は，水に溶けやすいものが多いが，水溶液中の
Cl^-，Br^-，I^- に Ag^+ や Pb^{2+} を加えると，ハロゲン化物（塩）の沈殿を生じる。

$$Ag^+ + Cl^- \longrightarrow AgCl\downarrow（白色）\qquad Pb^{2+} + 2Cl^- \longrightarrow PbCl_2\downarrow（白色）$$
$$Ag^+ + Br^- \longrightarrow AgBr\downarrow（淡黄色）\qquad Pb^{2+} + 2Br^- \longrightarrow PbBr_2\downarrow（白色）$$
$$Ag^+ + I^- \longrightarrow AgI\downarrow（黄色）\qquad Pb^{2+} + 2I^- \longrightarrow PbI_2\downarrow（黄色）$$

❷　AgCl，AgBr，AgI は感光性があり，光に当たると Ag 原子となる（⇨ p.473）。

補足　1. 写真のフィルムには AgBr を塗布し，感光性を利用している。
　　　　2. AgF は水に溶け，また，感光性もない。

POINT

AgCl（白），AgBr（淡黄色），AgI（黄色）⇨　水に難溶，感光性がある。
　AgF は水に溶け，また，感光性もない。

8　塩素のオキソ酸

　塩素のオキソ酸（⇨ p.413）は右表の 4 種である。

　塩素の酸化数の小さいオキソ酸ほど酸化力が強く，酸性は弱い。

表 2-7　塩素のオキソ酸

オキソ酸	分子式	Cl の酸化数	酸化力	酸の強さ
過塩素酸	$HClO_4$	+7	弱	強
塩素酸	$HClO_3$	+5		
亜塩素酸	$HClO_2$	+3		
次亜塩素酸	$HClO$	+1	強	弱

4 | 酸素・硫黄とその化合物

1 酸素と硫黄

酸素と硫黄は，周期表 16 族の非金属元素で，これらの原子は 6 個の価電子をもち，原子価は 2 で，2 価の陰イオンになりやすい。化学的に活性で，多くの元素と酸化物や硫化物などをつくる。また，酸素は地殻中に最も多く含まれる元素である。

周期＼族	1	2	3	4	5	6	7	8	9	10	11	12	13	14	15	16	17	18
1																		
2																O		
3																S		
4																		
5																		
6																		
7																		

2 酸素の単体

単体は酸素 O_2 とオゾン O_3 がある。

A 酸素 O_2

❶ 製法

〔実験室的〕

過酸化水素水に酸化マンガン(Ⅳ)(触媒)を加える。または，塩素酸カリウムと酸化マンガン(Ⅳ)(触媒)を加熱する。

$$2H_2O_2 \xrightarrow{MnO_2} 2H_2O + O_2$$

$$2KClO_3 \xrightarrow{MnO_2} 2KCl + 3O_2$$

〔工業的〕

液体空気の分留(⇨ p.25)で得られる。空気を加圧・膨張させることを繰り返し，液体空気とする。酸素と窒素の沸点の差を利用して，液体空気から酸素と窒素を分離する。

表 2-8 酸素の同素体

同素体	酸素 O_2	オゾン O_3
沸点(℃)	−183	−111
気体の密度(g/L)	1.43	2.14
気体の色	無色	淡青色
におい	無臭	特異臭
分子の形		

❷ **性質**

① 無色，無臭の気体で，水にわずかしか溶けない。

② 化学的に活発で，多くの元素と結合して酸化物をつくる。

$$C + O_2 \longrightarrow CO_2 \qquad 2Mg + O_2 \longrightarrow 2MgO$$

B オゾン O_3

❶ **製法**

　酸素に紫外線を当てるか，乾いた空気中での無声放電によって，酸素をオゾンに変化させる。

$$3O_2 \longrightarrow 2O_3$$

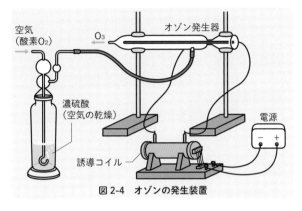

図 2-4　**オゾンの発生装置**

補足　音が発生しない放電を**無声放電**という。

❷ **性質**

① 特異臭がある**淡青色の有毒な気体**である。高濃度のオゾンは呼吸器をおかす。

② 不安定で常温でも分解し，酸素分子と酸素原子になる。

$$O_3 \longrightarrow O_2 + (O)$$

③ 強い**酸化作用，殺菌作用**をもつ。空気や飲料水の殺菌，動物性繊維の漂白などに利用されている。

④ 湿ったヨウ化カリウムデンプン紙を青紫色にする。

　⇨**空気中の微量のオゾンの検出法**

補足　オゾンにヨウ化カリウムデンプン紙を触れさせると，ヨウ化カリウム KI から次のようにヨウ素 I_2 が遊離して，ヨウ素デンプン反応によって青紫色になる。

$$2KI + H_2O + O_3 \longrightarrow 2KOH + I_2 + O_2$$

⑤ 地上 20 〜 40 km ではオゾン層があり，有害な紫外線の一部を吸収している。

3 酸素の化合物

A 酸化物
主に 3 種類の酸化物がある。

❶ 酸性酸化物
多くの**非金属元素の酸化物は**，水に溶けると酸性を示し，塩基と中和反応する。このような酸化物を酸性酸化物という。

例　$SO_3 + H_2O \longrightarrow H_2SO_4$
　　$SO_3 + 2NaOH \longrightarrow Na_2SO_4 + H_2O$

❷ 塩基性酸化物
多くの**金属元素の酸化物は**，水に溶けると塩基性を示し，酸と中和反応する。このような酸化物を塩基性酸化物という。

例　$Na_2O + H_2O \longrightarrow 2NaOH$
　　$MgO + 2HCl \longrightarrow MgCl_2 + H_2O$

❸ 両性酸化物
酸・強塩基のいずれとも反応し，塩を生じる酸化物を両性酸化物という。

例　$Al_2O_3 + 6HCl \longrightarrow 2AlCl_3 + 3H_2O$
　　$Al_2O_3 + 2NaOH + 3H_2O \longrightarrow 2Na[Al(OH)_4]$

補足　陽性の強い元素の酸化物の水溶液は強い塩基性を示し，陰性の強い元素の酸化物の水溶液は強い酸性を示す。

B 水酸化物とオキソ酸
酸化物に水を作用させると，一般に，**塩基性酸化物は水酸化物，酸性酸化物はオキソ酸**となる。

　　$Na_2O + H_2O \longrightarrow 2NaOH$　　　　$Cl_2O_7 + H_2O \longrightarrow 2HClO_4$
　　$P_4O_{10} + 6H_2O \longrightarrow 4H_3PO_4$

❶ 水酸化物
金属の水酸化物は塩基性を示すが，陽性の強い金属（**表 2-9** の左側）の水酸化物ほど強い塩基性を示す。

補足　NaOH は強塩基で，その水溶液は強い塩基性を示す。
　　$Mg(OH)_2$ は，水に溶けにくいが，酸と中和反応する。
　　$Al(OH)_3$ は，水に溶けにくいが，酸とも塩基とも中和反応する両性水酸化物。

❷ オキソ酸(酸素酸)

酸素を含む酸を**オキソ酸**という。陰性の強い元素(**表 2-9** の右側)からなるオキソ酸ほど強い酸性を示す。

補足 $HClO_4$(過塩素酸),H_2SO_4(硫酸)は強酸。H_3PO_4(リン酸)はやや強い酸。H_2SiO_3(ケイ酸)は,水に溶けにくく,弱酸。

+アルファ 水酸化物・オキソ酸の性質

金属の水酸化物:陽性の強い金属(元素)⇨ 強塩基性
非金属のオキソ酸:陰性の強い非金属(元素)⇨ 強酸性

表 2-9 第 3 周期の元素の酸化物および水酸化物とオキソ酸

族	1	2	13	14	15	16	17
元素	Na	Mg	Al	Si	P	S	Cl
酸化物	Na_2O	MgO	Al_2O_3	SiO_2	P_4O_{10}	SO_3	Cl_2O_7
	塩基性		両性		酸性		
結合	イ オ ン 結 合				共 有 結 合		
水酸化物 オキソ酸	NaOH	$Mg(OH)_2$	$Al(OH)_3$	H_2SiO_3	H_3PO_4	H_2SO_4	$HClO_4$
水溶液	強塩基性	弱塩基性	(ほとんど溶けない)		やや強い酸性	強酸性	強酸性

4 硫黄S

A 製法

単体の硫黄は火山地帯で天然に産出するが,近年は天然ガス,石油中に含まれる硫黄を除く「脱硫」の際にとれる硫黄が大きな資源になっている。

B 同素体

硫黄には,**斜方硫黄・単斜硫黄・ゴム状硫黄**などの同素体がある。

表2-10 硫黄の同素体

単体名	斜方硫黄	単斜硫黄	ゴム状硫黄
状 態	黄色・斜方晶系結晶	黄色・針状結晶	褐色・無定形の ゴム状（弾力）
分子構造	環状分子 S_8 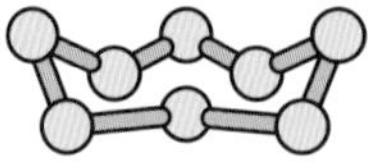	環状分子 S_8 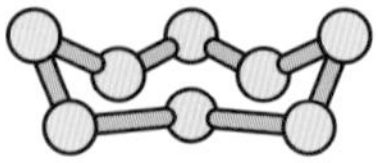	鎖状分子 S_x 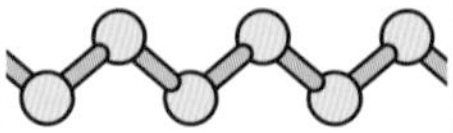
密度（g/cm^3）	2.07	1.96	——
安定性	常温で安定	95.5℃以上で安定	不安定・斜方硫黄になる
CS_2 に	溶ける	溶ける	溶けない

〔同素体のつくり方〕　実験室で，次のようにしてつくることができる。

斜方硫黄：硫黄粉末を二硫化炭素に溶かし，放置すると，斜方硫黄の結晶が析出する。常温の硫黄は斜方硫黄の状態にある。

単斜硫黄：硫黄粉末をルツボに入れて加熱し，黄色の液体になったところで，ろうとにつけた乾いたろ紙上に流す。その後，ろ紙を開くと針状の単斜硫黄の結晶が得られる。

ゴム状硫黄：単斜硫黄におけるルツボの黄色の液体を，さらに熱し続けると褐色の液体となる。これを水中に流し入れて急激に冷却すると，弾力のあるゴム状硫黄が得られる。

C　性質

❶ 水には溶けにくいが，斜方硫黄・単斜硫黄は二硫化炭素に溶ける。

❷ 空気中では青白い炎をあげて燃焼し，二酸化硫黄 SO_2 になる。

　　　$S + O_2 \longrightarrow SO_2$

❸ 高温では，金，白金以外の多くの元素と結合して硫化物となる。

　　　$Fe + S \longrightarrow FeS$　　　$Cu + S \longrightarrow CuS$

D　用途

　硫酸の製造用が最も多く，その他パルプ，合成繊維の製造，ゴムの加硫，薬品製造などに用いる。

414

5 硫化水素 H₂S

A 製法

硫化鉄(Ⅱ) FeS に希硫酸や希塩酸を加えると，硫化水素が発生する。⇨**キップの装置**

$$FeS + H_2SO_4 \longrightarrow FeSO_4 + H_2S$$
$$FeS + 2HCl \longrightarrow FeCl_2 + H_2S$$

補足 硫化水素は，火山ガスや温泉水に含まれる。

B 性質

❶ **無色, 腐卵臭**のある有毒な気体である。

❷ 硫化水素は水に少し溶ける。水溶液は硫化水素水と呼ばれ，次の(i), (ii)の二段階に電離して**弱酸性**を示す。

$$H_2S \rightleftharpoons H^+ + HS^- \quad \cdots\cdots(i)$$
$$HS^- \rightleftharpoons H^+ + S^{2-} \quad \cdots\cdots(ii)$$

❸ **可燃性**で，点火すると硫黄に似た青白色の炎を出して燃える。

$$2H_2S + 3O_2 \longrightarrow 2H_2O + 2SO_2$$

❹ 湿った酢酸鉛紙を近づけると**黒変**する。

⇨ **H₂S の検出法**

❺ 強い還元性を示し，I₂ や SO₂ を還元する。

$$H_2S + I_2 \longrightarrow 2HI + S$$
$$2H_2S + SO_2 \longrightarrow 2H_2O + 3S$$

❻ 金属塩の水溶液に硫化水素を通じると金属の硫化物が沈殿する(⇨ p.482)。

$$Cu^{2+} + S^{2-} \longrightarrow CuS\downarrow (黒色沈殿)$$
$$Zn^{2+} + S^{2-} \longrightarrow ZnS\downarrow (白色沈殿)$$
$$Cd^{2+} + S^{2-} \longrightarrow CdS\downarrow (黄色沈殿)$$

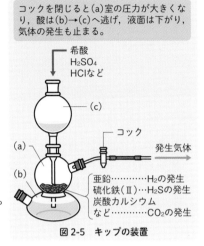

コックを閉じると(a)室の圧力が大きくなり，酸は(b)→(c)へ逃げ，液面は下がり，気体の発生も止まる。

希酸
H₂SO₄
HClなど

(c)

コック

発生気体

(a)

(b)

亜鉛‥‥‥‥‥H₂の発生
硫化鉄(Ⅱ)‥‥‥H₂Sの発生
炭酸カルシウム
など‥‥‥‥‥CO₂の発生

図 2-5　キップの装置

表 2-11　H₂S の性質

沸点(℃)	−60.2
融点(℃)	−85.5
水 1 mL への溶解度	2.6 mL (20 ℃)
水溶液	弱酸性

$$\text{硫化水素} \Rightarrow \begin{cases} \text{腐卵臭} \\ \text{弱酸性，還元性} \\ \text{金属イオンと硫化物の沈殿} \end{cases}$$

6 硫黄の酸化物

A 二酸化硫黄 SO_2

❶ 製法

〔実験室的〕

① 亜硫酸水素ナトリウム $NaHSO_3$，または亜硫酸ナトリウム Na_2SO_3 に希硫酸を加える。

$$NaHSO_3 + H_2SO_4 \longrightarrow NaHSO_4 + H_2O + SO_2$$
$$Na_2SO_3 + H_2SO_4 \longrightarrow Na_2SO_4 + H_2O + SO_2 \qquad \leftarrow \text{弱酸の遊離}$$

② 銅に加熱した濃硫酸(熱濃硫酸)を加える。

$$Cu + 2H_2SO_4 \longrightarrow CuSO_4 + 2H_2O + SO_2$$
$$\qquad\quad \text{熱濃硫酸}$$

〔工業的〕

硫黄または黄鉄鉱 FeS_2 の燃焼による。

$$S + O_2 \longrightarrow SO_2$$
$$4FeS_2 + 11O_2 \longrightarrow 2Fe_2O_3 + 8SO_2$$

❷ 性質

① **無色，刺激臭**のある有毒な気体である。水に溶けると，**弱酸性**を示す。

$$SO_2 + H_2O \rightleftharpoons H^+ + HSO_3^-$$

② 酸性酸化物であるから，塩基水溶液に吸収される。

$$SO_2 + 2NaOH \longrightarrow Na_2SO_3 + H_2O$$

③ 還元性を示し，漂白剤として用いられる。ただし，H_2S などの強い還元剤に対しては，酸化剤としてはたらく。

$$SO_2 + 2H_2S \longrightarrow 3S + 2H_2O$$

$SO_2 \rightarrow$

SO_2に還元されて，
赤紫色が消える。
$\Rightarrow MnO_4^-$(赤紫色)
がMn^{2+}(無色に近
い)になる。

$KMnO_4$の
硫酸酸性溶液
(赤紫色)

図 2-6 SO_2 の還元

> **参 考** 　**三酸化硫黄 SO₃**

❶ 二酸化硫黄を白金，または酸化バナジウム(V)V₂O₅ を触媒として，空気中の酸素
で酸化して得る。

$$2SO_2 \ + \ O_2 \ \xrightarrow{\text{V}_2\text{O}_5} \ 2SO_3$$

❷ 無色の結晶で，昇華しやすい。水と激しく反応して硫酸となる。

$$SO_3 \ + \ H_2O \ \longrightarrow \ H_2SO_4$$

7 　硫酸 H₂SO₄

A 　**工業的製法**

　二酸化硫黄 SO₂ を固体触媒の酸化バナジウム(V) V₂O₅ に接触させて，空気中
の酸素で酸化する接触法で製造する。

❶ 　硫黄 S を燃焼して SO₂ をつくり，SO₂ を V₂O₅ を触媒として，空気中の酸
素で酸化し，三酸化硫黄 SO₃ とする。

$$2SO_2 \ + \ O_2 \ \xrightarrow{\text{V}_2\text{O}_5} \ 2SO_3$$

❷ 　SO₃ を濃硫酸に吸収させ，発煙硫酸としてから希硫酸で薄めて濃硫酸と
する。

$$SO_3 \ + \ H_2O \ \longrightarrow \ H_2SO_4$$

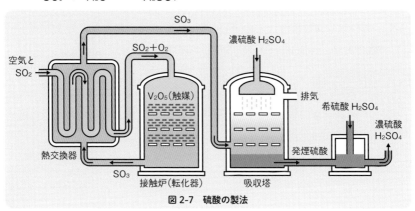

図 2-7 　硫酸の製法

補足 　1. SO₃ を濃硫酸に吸収させると，気化した SO₃ が空気中の水分と反応して霧状にな
り，発煙することから発煙硫酸という。

2. 発煙硫酸を希硫酸で薄めて濃硫酸とするときの反応は，SO₃ と H₂O から H₂SO₄
が生成する反応である。

B 性質

濃硫酸と希硫酸で，次のように性質が異なる。

補足 濃度 90% 以上の硫酸を**濃硫酸**，濃度の小さい硫酸を**希硫酸**という。

● 濃硫酸

① **不揮発性**：沸点が高く，不揮発性である。揮発性の酸の塩（塩酸塩や硝酸塩）に加えて加熱すると，揮発性の酸が遊離する。

$$NaCl + H_2SO_4 \xrightarrow{\text{加熱}} NaHSO_4 + HCl$$

揮発性   不揮発性   揮発性
の酸の塩   の酸   の酸

② **吸湿性**：乾燥剤に利用される。

③ **脱水作用**：有機物などから H と O を 2：1 の割合で奪う。

$$C_{12}H_{22}O_{11} \longrightarrow 12C + 11H_2O$$

スクロース

④ **酸化作用**：加熱した熱濃硫酸は，強い酸化作用をもち，銅や銀を溶かす。

$$Cu + 2H_2SO_4 \longrightarrow CuSO_4 + 2H_2O + SO_2$$

⑤ **溶解熱**ⓐ：水に溶かすと，多量の溶解熱を発生して希硫酸になる。そのため，濃硫酸の希釈は，水に少しずつ濃硫酸を加えて行う。

● 希硫酸

強い酸性を示し，イオン化傾向が H_2 より大きい金属 Fe，Zn などを溶かし，H_2 を発生する。

$$Zn + H_2SO_4 \longrightarrow ZnSO_4 + H_2$$

また，炭酸塩や亜硫酸塩などの弱酸の塩と反応して，弱酸を遊離する。

$$Na_2CO_3 + H_2SO_4 \longrightarrow Na_2SO_4 + H_2O + CO_2$$

POINT

硫酸 ⇨ { 濃硫酸 ⇨ 不揮発性，吸湿性，脱水作用，酸化作用（加熱），
溶解熱ⓐ
希硫酸 ⇨ 強い酸，金属と反応して H_2 を発生，弱酸の遊離

例題 2 硫酸の性質

次の(a)と(b)の試薬の組み合わせの反応について，次の(1)と(2)の問いに答えよ。

    (a) 塩化ナトリウムと濃硫酸

    (b) 銅と熱濃硫酸

(1) (a)と(b)の反応で，発生する気体の組み合わせとして正しいものを，次の①～⑦から１つ選べ。

    ① (a)－HCl, (b)－Cl_2　　② (a)－HCl, (b)－H_2S

    ③ (a)－HCl, (b)－SO_2　　④ (a)－Cl_2, (b)－H_2S

    ⑤ (a)－Cl_2, (b)－SO_2　　⑥ (a)－SO_2, (b)－H_2S

    ⑦ (a)－H_2S, (b)－SO_2

(2) (a)と(b)の反応で，硫酸のはたらきの組み合わせとして正しいものを，次の①～⑥から１つ選べ。

    ① (a)－強酸性, (b)－酸化作用　　② (a)－酸化作用, (b)－強酸性

    ③ (a)－強酸性, (b)－不揮発性　　④ (a)－不揮発性, (b)－強酸性

    ⑤ (a)－酸化作用, (b)－不揮発性　　⑥ (a)－不揮発性, (b)－酸化作用

解答

(a) 揮発性の酸の塩に不揮発性の酸を加えて加熱すると，揮発性の酸が遊離する。

$$NaCl + H_2SO_4 \longrightarrow NaHSO_4 + HCl$$

  揮発性の　　不揮発性　　　　　　　　　揮発性の酸
  酸の塩　　　の酸

(b) 熱濃硫酸は，強い酸化作用がある。

$$Cu + 2H_2SO_4 \longrightarrow CuSO_4 + 2H_2O + SO_2$$

(1) ③　　(2) ⑥ …㊙

5 | 窒素・リンとその化合物

1 窒素とリン

　窒素とリンは，周期表15族の非金属元素で，5個の価電子をもち，原子価3で，一般に共有結合の化合物をつくる。窒素，リンともに生命活動に欠かせない元素である。

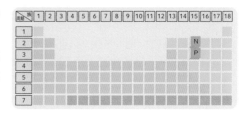

2 窒素の単体

A 製法

〔実験室的〕

亜硝酸アンモニウム NH_4NO_2 を熱分解して得られる。

$$NH_4NO_2 \longrightarrow 2H_2O + N_2$$

〔工業的〕

液体空気の分留で得られる。

B 性質

① 窒素は**無色**，**無臭**で，空気の約80%（体積）を占める気体である。

② 化学的には，常温では非常に不活発でほとんど反応しないが，高温では活発になり，多くの金属・非金属と反応する。

$$N_2 + 3Mg \longrightarrow Mg_3N_2 \qquad N_2 + O_2 \longrightarrow 2NO$$

　　　　　窒化マグネシウム　　　　　　　　　　一酸化窒素

3 アンモニア NH_3

A 製法

〔実験室的〕

塩化アンモニウム NH_4Cl に，水酸化カルシウム $Ca(OH)_2$ を加えて熱する。

$$2NH_4Cl + Ca(OH)_2 \longrightarrow CaCl_2 + 2H_2O + 2NH_3$$

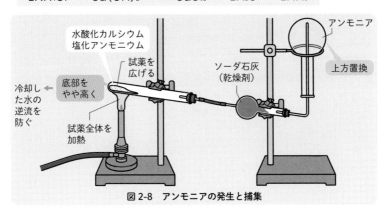

図2-8 アンモニアの発生と捕集

〔工業的〕

四酸化三鉄 Fe_3O_4 を主成分とする触媒を用い，窒素と水素を高温・高圧で直接反応させるハーバー・ボッシュ法で製造する（⇨ p.355）。

$$N_2 + 3H_2 \rightleftharpoons 2NH_3$$

補足 実際の触媒としてはたらいているのは，水素により還元された単体の鉄である。

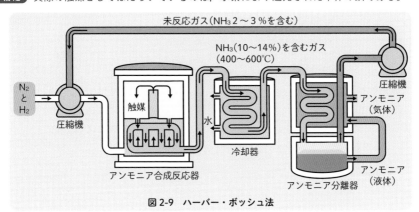

図2-9 ハーバー・ボッシュ法

B 性質

① **無色，強い刺激臭**をもつ気体で，空気より軽い。

② アンモニアは分子間に水素結合を形成する（⇨ p.196）ため，同族の水素化物に比較して沸点が異常に高く，液化しやすい。

③ **水にはきわめてよく溶ける。水溶液はアンモニア水**といい，わずかに電離して，弱塩基性を示す。

$$NH_3 + H_2O \rightleftharpoons NH_4^+ + OH^-$$

④ 塩化水素に触れると，次のように反応して固体の塩化アンモニウム NH_4Cl を生じて白煙となる。➡アンモニアの検出

$$NH_3 + HCl \longrightarrow NH_4Cl$$

補足 1. ガラス棒に濃塩酸をつけ，アンモニアの発生口に近づけると白煙を生じることから，アンモニアの発生が確かめられる。

2. アンモニア水やアンモニウム塩の水溶液にネスラー試薬を加えると，黄〜黄褐色の沈殿を生じる。➡ NH_4^+ の検出

⑤ 高温・高圧で CO_2 と反応して尿素 $(NH_2)_2CO$ を生成する。

$$2NH_3 + CO_2 \longrightarrow (NH_2)_2CO + H_2O$$

C 用途

アンモニアは，硝酸の原料であり，また，硫酸アンモニウム（硫安）や硝酸アンモニウム（硝安），尿素などの窒素肥料の原料である。

POINT

アンモニア ⇨ 水に溶けやすく，塩基性
気体で塩基性を示すのは，アンモニアのみ。

4 窒素の酸化物

A 一酸化窒素 NO

① 製法

銅に希硝酸を作用させると発生する。

$$3Cu + 8HNO_3 \longrightarrow 3Cu(NO_3)_2 + 4H_2O + 2NO$$

② 性質

無色の気体で，**水に溶けにくい**。酸化されやすく，空気に触れるとただち
に酸化されて，赤褐色の二酸化窒素 NO_2 になる。

$$2NO + O_2 \longrightarrow 2NO_2$$

B 二酸化窒素 NO₂

① 製法

銅に濃硝酸を作用させて発生させる。

$$Cu + 4HNO_3 \longrightarrow Cu(NO_3)_2 + 2H_2O + 2NO_2$$

② 性質

赤褐色の**刺激臭**をもつ有毒な気体で，酸化力が強い。水によく溶け，溶け
ると硝酸になる。

$$3NO_2 + H_2O \longrightarrow 2HNO_3 + NO$$

5 硝酸

A 製法

〔実験室的〕

硝酸カリウム KNO_3，硝酸ナトリウム $NaNO_3$（チリ硝石）などの硝酸塩に
濃硫酸を加えて加熱する。

$$KNO_3 + H_2SO_4 \longrightarrow KHSO_4 + HNO_3$$

〔工業的〕

次のようなアンモニアを原料とした**オストワルト法**によって製造する。

❶ 白金を触媒として，アンモニアを一酸化窒素に酸化する。

❷ 空気中の酸素で一酸化窒素を酸化して，二酸化窒素とする。

❸ 二酸化窒素を温水と反応させて硝酸とする。

$$4NH_3 + 5O_2 \longrightarrow 4NO + 6H_2O \quad \cdots\cdots❶$$

$$2NO + O_2 \longrightarrow 2NO_2 \quad\quad\quad\quad \cdots\cdots❷$$

$$3NO_2 + H_2O \longrightarrow 2HNO_3 + NO \quad \cdots\cdots❸$$

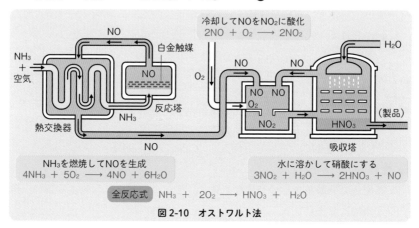

図 2-10　オストワルト法

❸で生成した NO は，❷と❸の反応を繰り返して，すべて HNO_3 となる。なお，❶～❸から NO と NO_2 を消去すると，オストワルト法のまとめた反応式が得られる。❶＋❷×3＋❸×2 より

$$4NH_3 + 5O_2 \longrightarrow \cancel{4NO} + 6H_2O$$

$$\cancel{6NO} + 3O_2 \longrightarrow \cancel{6NO_2}$$

$$\cancel{6NO_2} + 2H_2O \longrightarrow 4HNO_3 + \cancel{2NO}$$

$$4NH_3 + 8O_2 \longrightarrow 4HNO_3 + 4H_2O$$

$$\Rightarrow NH_3 + 2O_2 \longrightarrow HNO_3 + H_2O \quad\quad \cdots\cdots❹$$

補足 ❶～❸より

$$4NH_3 + 5O_2 \longrightarrow 4NO + 6H_2O \quad\quad\quad\quad\quad ← ❶$$

$$4NO + 2O_2 \longrightarrow 4NO_2 \quad\quad\quad\quad\quad\quad\quad\quad ← ❷×2 より$$

$$4NO_2 + \frac{4}{3}H_2O \longrightarrow \frac{8}{3}HNO_3 + \frac{4}{3}NO \quad\quad ← ❸×\frac{4}{3}より$$

のように, 4 mol の NH_3 から $\frac{8}{3}$ mol の HNO_3 と $\frac{4}{3}$ mol の NO が生成するが, オストワルト法は連続的に反応が進み, 生成した NO は繰り返して使われるため, まとめて❹で表される。

B 性質

❶ 純粋な硝酸は無色の揮発性の液体である。

❷ 水溶液はほとんど完全に電離する。代表的な強酸である。

$$HNO_3 \longrightarrow H^+ + NO_3^-$$

❸ 光, 熱などによって分解するので, 褐色びんに入れ冷暗所に保存する。

❹ 硝酸は強い酸化作用をもつため, イオン化傾向が水素より小さい金属である Cu や Ag とも反応する。

$$Cu + 4HNO_3(濃) \longrightarrow Cu(NO_3)_2 + 2NO_2 + 2H_2O$$

$$3Cu + 8HNO_3(希) \longrightarrow 3Cu(NO_3)_2 + 2NO + 4H_2O$$

❺ Al, Fe, Ni などは, イオン化傾向が水素より大きいが, 濃硝酸に溶けない。これは硝酸の強い酸化作用により, 金属の表面に酸化被膜を形成し, 内部を酸に侵されるのを防ぐためである。この状態を不動態（ふどうたい）という。

POINT

HNO_3：酸化作用をもつ強酸

	希硝酸	濃硝酸
Cu, Ag	溶ける	溶ける
Al, Fe, Ni	溶ける	溶けない(不動態)

例題 3 オストワルト法

オストワルト法により, アンモニア 1 mol から 63 % 硝酸は, 何 g 得られるか。ただし, 分子量は $NH_3 = 17$, $HNO_3 = 63$ とする。

解答

$NH_3 + 2O_2 \longrightarrow HNO_3 + H_2O$ より, 1 mol の NH_3 から 1 mol の HNO_3 63 g が生成するので, 得られる 63 % 硝酸を X〔g〕とすると

$$X \times \frac{63}{100} = 63 \qquad X = \textbf{100 g} \cdots 答$$

6 リンの単体と化合物

A リンの単体

❶ 同素体

リンの**同素体には黄リン，赤リン**などがある。

① 黄リンは自然発火するので，**水中に保存する。**

② 黄リンも赤リンも空気中で燃焼させると，十酸化四リン P_4O_{10} になる。

$$黄リン \quad P_4 + 5O_2 \longrightarrow P_4O_{10} \qquad 赤リン \quad 4P + 5O_2 \longrightarrow P_4O_{10}$$

③ 黄リンを窒素中で長時間加熱すると赤リンになる。赤リンを加熱して蒸気とし，それを冷却すると黄リンとなる。

> 補足　リンの同素体には黒リンもある。黒リンは黒色で光沢があり，熱・電気をよく通す。二硫化炭素 CS_2 には溶けない。黄リンを高圧で加熱して生成する。

表 2-12　リンの同素体

単体名	黄リン	赤リン
化学式	P_4	P （P_n）
状態	淡黄色，ろう状の固体	赤褐色，粉末
密度	$1.82 \ g/cm^3$	$2.20 \ g/cm^3$
発火点	$35 \ ℃$（自然発火する）	$260 \ ℃$
毒性	猛毒	無毒に近い
水に	溶けない	溶けない
二硫化炭素 CS_2 に	溶ける	溶けない

❷ 製法

リンは単体で天然に存在せず，リン酸塩の形で産出する。リン鉱石にコークス C とケイ砂 SiO_2 を混ぜて電気炉で強熱し，単体の黄リンを得る。

$$2Ca_3(PO_4)_2 + 6SiO_2 + 10C \longrightarrow 6CaSiO_3 + 10CO + P_4$$

B 十酸化四リン P_4O_{10}

❶ リンを空気中で燃焼すると得られる。

$$\underset{(黄リン)}{P_4} + 5O_2 \longrightarrow P_4O_{10} \qquad \underset{(赤リン)}{4P} + 5O_2 \longrightarrow P_4O_{10}$$

❷ **白色の吸湿性の強い粉末**で，乾燥剤や脱水剤に使われる。水を加えて煮沸すると，リン酸 H_3PO_4 が得られる。

$$P_4O_{10} + 6H_2O \longrightarrow 4H_3PO_4$$

C リン酸 H_3PO_4

純粋なリン酸は融点 42 ℃の無色の結晶であるが，潮解性が非常に強いため，ふつうは水を含んであめ状の溶液となっている。水に溶けて中程度の酸性を示す。

補足 1. 十酸化四リンを水に加えると，メタリン酸 HPO_3 が得られる。
2. 空気中の水蒸気を吸収してその水に溶ける。このような現象を潮解という。

D 過リン酸石灰

リン鉱石は，水に溶けにくいリン酸カルシウム $Ca_3(PO_4)_2$ が主成分であるが，これに硫酸を加えて放置すると，次のような反応が起こり，水に可溶なリン酸二水素カルシウム一水和物 $Ca(H_2PO_4)_2 \cdot H_2O$ が生じる。

$$Ca_3(PO_4)_2 + 2H_2SO_4 + H_2O \longrightarrow Ca(H_2PO_4)_2 \cdot H_2O + 2CaSO_4$$

リン酸二水素カルシウム一水和物 $Ca(H_2PO_4)_2 \cdot H_2O$ と硫酸カルシウム $CaSO_4$ の混合物を過リン酸石灰といい，リン酸肥料に用いられる。

6 | 炭素・ケイ素とその化合物

1 炭素とケイ素

炭素とケイ素は，周期表14族の非金属元素で，これらの原子は4個の価電子をもち，原子価4で，共有結合の化合物をつくる。炭素は，生命体に多く含まれる重要な元素である。また，ケイ素は，地殻中で酸素についで多く含まれる元素である。

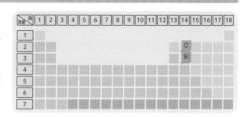

2 炭素の単体

A 同素体

炭素には多くの同素体がある。

❶ **ダイヤモンド** 正四面体構造が繰り返された共有結合の結晶で，無色透明で非常に硬い。

❷ **黒鉛（グラファイト）** 正六角形が連なった平面網目構造が，弱い分子間力によって何層にも重なり合った共有結合の結晶。やわらかく，よく電気を通す。

❸ **フラーレン** C_{60}，C_{70} などの分子式をもつほぼ球状の分子。

❹ **カーボンナノチューブ** 黒鉛の平面構造が筒状（チューブ状）になったカーボンナノチューブは, 1991年飯島澄男博士によって発見された同素体である。

表 2-13 炭素の同素体

同素体	ダイヤモンド	黒鉛(グラファイト)	フラーレン(C_{60})	カーボンナノチューブ
構造	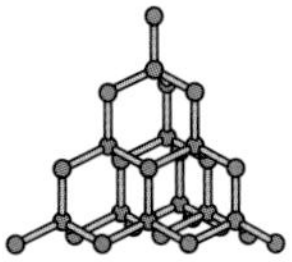	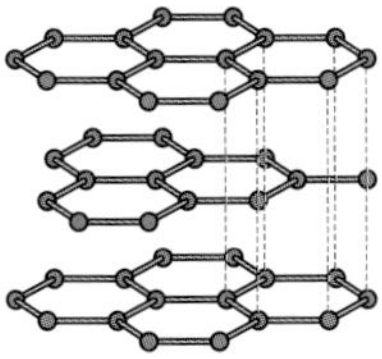	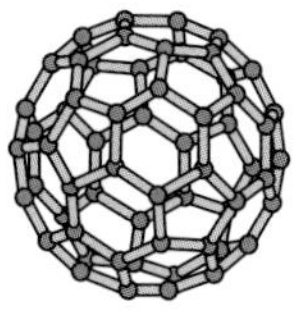	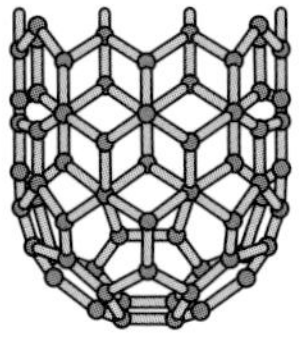
密度	3.51 g/cm^3	2.26 g/cm^3	1.65 g/cm^3	——
融点	3500 ℃以上	3500 ℃以上	530 ℃ (昇華)	——
色	無色透明	黒色	黒色	黒色
硬さ	非常に硬い	やわらかい	——	非常に柔軟
電導性	ない	ある	ない	ある(金属より高い)

補足　1. 黒鉛の網目構造の1枚の層を構造にもつグラフェンも炭素の同素体である。
　　　2. 微小な黒鉛の結晶が不規則に集まったものを無定形炭素という。特に，多孔質で吸着面積の大きいものを活性炭といい，脱臭剤・脱色剤に用いられる。

3　炭素の化合物

A　一酸化炭素 CO

① 製法

実験室では，ギ酸 HCOOH と濃硫酸を加熱する。

$$HCOOH \longrightarrow CO + H_2O \text{（濃硫酸による脱水）}$$

② 性質

① 無色，無臭で有毒な気体。

② 水に溶けにくく，また，塩基と反応しない。←酸性酸化物ではない

③ 空気中で燃えると二酸化炭素 CO_2 になる。

④ 高温で還元性が強く，金属の製錬に利用される。

例　鉄の製錬　$Fe_2O_3 + 3CO \longrightarrow 2Fe + 3CO_2$ (⇨ p.176)

B　二酸化炭素 CO_2

① 製法

実験室では，石灰石(主成分 $CaCO_3$)に希塩酸を加える。

$$CaCO_3 + 2HCl \longrightarrow CaCl_2 + H_2O + CO_2$$

❷ 性質

① 無色，無臭で空気より重い気体で，水に少し溶け，弱酸性を示す。

$$CO_2 + H_2O \rightleftarrows H_2CO_3 \rightleftarrows H^+ + HCO_3^-$$

② 塩基の水溶液と反応(中和反応)して吸収される。←酸性酸化物の性質

石灰水($Ca(OH)_2$水溶液)にCO_2を通すと，白濁($CaCO_3$)する。→CO_2の検出

$$2NaOH + CO_2 \longrightarrow Na_2CO_3 + H_2O$$

$$Ca(OH)_2 + CO_2 \longrightarrow CaCO_3\downarrow + H_2O$$

補足 石灰水にCO_2を通して白濁した水溶液に，さらにCO_2を通すと，白濁は消える。

$$CaCO_3 + CO_2 + H_2O \longrightarrow Ca(HCO_3)_2$$

③ 固体はドライアイスと呼ばれ，昇華性をもつ。

POINT

$CO_2 \Rightarrow$ 水に溶けて酸性，石灰水を白濁する。

$CO \Rightarrow$ 水に不溶，石灰水と反応しない。

CO_2は酸性酸化物であるが，COは酸性酸化物ではない。

4 ケイ素の単体

A 存在

ケイ素は，岩石や土などの成分として地殻中では酸素についで多く含まれる(約 26 %)が，単体としては天然には存在しない。

B 製法

石英などの二酸化ケイ素を，電気炉を用いてコークスで還元して単体とする。

$$SiO_2 + 2C \longrightarrow Si + 2CO$$

C 性質・構造・用途

灰黒色の金属光沢をもつダイヤモンド型の**共有結合の結晶**であるが，融点・硬度は，ダイヤモンドより低い(融点 1412 ℃)。高純度のものは半導体としてコンピュータ部品や太陽電池などに用いられる。

5 ケイ素の化合物

A 二酸化ケイ素 SiO_2

❶ 産出・構造

天然に**石英**や**水晶**として産出する。二酸化ケイ素の結晶は，Si を中心に SiO_4 の正四面体構造を単位とする共有結合の結晶（⇨ p.86）で，融点が高く，硬い結晶である。砂状のものを**ケイ砂**という。

❷ 性質

① 融解した石英を急冷すると，結晶化しないで非晶質（⇨ p.201）の**石英ガラス**ができる。石英ガラスは膨張率が小さく，急熱急冷しても割れにくいことから各種の実験器具に，また，紫外線から赤外線までよく通すため種々の光学器具に，さらに光ファイバーや半導体製造器具などにも用いられる。

② 化学的に安定であるが，フッ化水素酸には溶ける。

$$SiO_2 + 6HF \longrightarrow H_2SiF_6 + 2H_2O$$

B ケイ酸ナトリウム Na_2SiO_3

❶ 製法

ケイ砂（SiO_2）を炭酸ナトリウムや水酸化ナトリウムとともに融解すると，**ケイ酸ナトリウム** Na_2SiO_3 を生じる。

$$SiO_2 + Na_2CO_3 \longrightarrow Na_2SiO_3 + CO_2$$
$$SiO_2 + 2NaOH \longrightarrow Na_2SiO_3 + H_2O$$

❷ 性質

Na_2SiO_3 に水を加えて加熱すると，粘性の大きな水あめ状の**水ガラス**と呼ばれる液体となる。水ガラスを空気中に放置すると，SiO_2 が析出して固まる。この性質を利用してガラスの接着剤や耐火塗料・耐酸塗料に用いられる。

C ケイ酸 H_2SiO_3

❶ 製法

水ガラス（ケイ酸ナトリウム Na_2SiO_3 の水溶液）に塩酸を加えると，白色ゲル状の沈殿としてケイ酸 H_2SiO_3 が得られる。

$$Na_2SiO_3 + 2HCl \longrightarrow 2NaCl + H_2SiO_3$$

❷ 性質

① ケイ酸は熱水にわずかに溶け，微酸性を示す。

② 白色ゲル状のケイ酸を加熱して脱水すると，**シリカゲル**となる。シリカゲルは多孔質で水や気体分子を吸着するので，乾燥剤・吸着剤に用いられる。

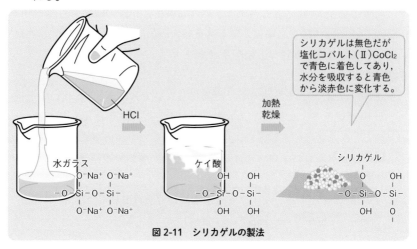

図2-11　シリカゲルの製法

D ガラス

　我々が多く利用しているガラスは，**ソーダ石灰ガラス**と呼ばれ，ケイ砂 SiO_2，炭酸ナトリウム，石灰石からつくられる。ソーダ石灰ガラスは Si と O でできた立体構造に Na^+ や Ca^{2+} などが入り込んだ非晶質である。

7 | 気体の製法と性質のまとめ

次の気体についての製法や性質をまとめる。ただし，有機化合物の気体は除く。

単　体：H_2，O_2，O_3，N_2，Cl_2　　**水素化合物**：NH_3，HCl，H_2S，（HF）
酸化物：CO，CO_2，NO，NO_2，SO_2

1 気体の実験室での製法

A 気体の発生の化学反応式と捕集法

気体	化 学 反 応 式	捕集法
H_2	$Zn + H_2SO_4 \longrightarrow ZnSO_4 + H_2$	水上置換
O_2	$2H_2O_2 \longrightarrow 2H_2O + O_2$（触媒：$MnO_2$）	水上置換
	$2KClO_3 \longrightarrow 2KCl + 3O_2$（触媒：$MnO_2$　加熱）	
N_2	$NH_4NO_2 \longrightarrow 2H_2O + N_2$（加熱）	水上置換
Cl_2	$MnO_2 + 4HCl \longrightarrow MnCl_2 + 2H_2O + Cl_2$（加熱）	下方置換
	$Ca(ClO)_2 \cdot 2H_2O + 4HCl \longrightarrow CaCl_2 + 4H_2O + 2Cl_2$	
HCl	$NaCl + H_2SO_4 \longrightarrow NaHSO_4 + HCl$（加熱）	下方置換
HF	$CaF_2 + H_2SO_4 \longrightarrow CaSO_4 + 2HF$（加熱）	下方置換
H_2S	$FeS + H_2SO_4 \longrightarrow FeSO_4 + H_2S$	下方置換
NH_3	$2NH_4Cl + Ca(OH)_2 \longrightarrow CaCl_2 + 2H_2O + 2NH_3$（加熱）	上方置換
SO_2	$Cu + 2H_2SO_4 \longrightarrow CuSO_4 + 2H_2O + SO_2$（加熱）	下方置換
	$NaHSO_3 + H_2SO_4 \longrightarrow NaHSO_4 + H_2O + SO_2$	
NO_2	$Cu + 4HNO_3 \longrightarrow Cu(NO_3)_2 + 2H_2O + 2NO_2$（濃硝酸）	下方置換
NO	$3Cu + 8HNO_3 \longrightarrow 3Cu(NO_3)_2 + 4H_2O + 2NO$（希硝酸）	水上置換
CO_2	$CaCO_3 + 2HCl \longrightarrow CaCl_2 + H_2O + CO_2$	下方置換
CO	$HCOOH \longrightarrow H_2O + CO$（濃硫酸と加熱）	水上置換

気体の発生装置

実験室での気体の発生は，次の❶〜❸の3種類に分けられる。

❶ **固体と液体から加熱しないで発生させる場合**

　　下の図a〜cの発生装置を使用する(a. ふたまた試験管，b. 三角フラスコとろうと管，c. キップの装置)。

❷ **固体と液体から加熱して発生させる場合**

　　下の図d，eの発生装置を使用する(d. 試験管で加熱，e. 丸底フラスコとろうと管)。

❸ **固体混合物を加熱して発生させる場合**

　　下の図fのように乾いた試験管を使用する。

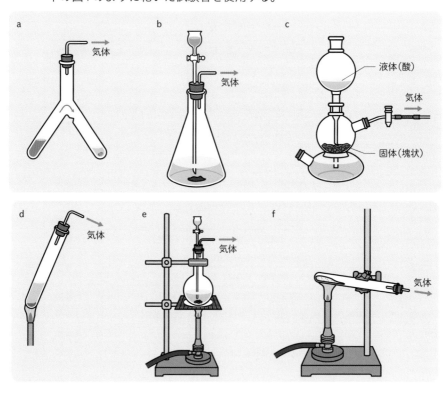

C 気体の捕集法

次の❶〜❸の 3 種類による。

❶ **水上置換**：水に溶けにくい気体 ⇨ H_2, O_2, N_2, CO, NO

❷ **上方置換**：水に溶け，空気より軽い気体 ⇨ NH_3

補足 空気の平均分子量が 29 であることから，分子量が 29 より小さい気体。

❸ **下方置換**：水に溶け，空気より重い気体 ⇨ Cl_2, HCl, H_2S, SO_2, NO_2, CO_2, (HF)

補足 1. 空気の平均分子量が 29 であることから，分子量が 29 より大きい気体。
　　 2. HF は液体および気体では，$(HF)_n$ のような分子の集まりで存在するため，空気より重くなるので下方置換で捕集する。

D 気体の乾燥剤

酸性の気体には酸性の乾燥剤，塩基性の気体には塩基性の乾燥剤を用いる。

	気体	乾燥剤
酸性	Cl_2, HCl, H_2S^* SO_2, NO_2, CO_2	濃硫酸*, P_4O_{10}, $CaCl_2$
中性	H_2, O_2, N_2, NO, CO	どんな乾燥剤でもよい
塩基性	NH_3^{**}	ソーダ石灰***, CaO

＊ H_2S と濃硫酸は反応するので不適当。
＊＊ NH_3 と中性の乾燥剤 $CaCl_2$ は反応するので不適当。
＊＊＊ CaO に濃い NaOH を加え，加熱して粒状にしたもの。

A 気体の性質の比較

性質＼気体	H_2	O_2	O_3	N_2	Cl_2	CO	CO_2	NO	NO_2	SO_2	NH_3	HCl	H_2S
色をもつ			○		○				○				
においがある			○		○				○	○	○	○	○
液化しやすい				○			○		○	○	○	○	○
水に非常に溶けやすい										○	○	○	
水に比較的溶ける					○		○			○			○
水に溶けにくい	○	○	○	○		○		○					
空気中で燃える	○					○							○
水溶液が酸性					○		○		○	○		○	○
水溶液が塩基性											○		
酸化作用がある		○	○		○				○				
還元作用がある	○					○		○		○			○

※○印は，上記の物質が左欄の性質に該当することを示す。

B 気体の性質のまとめ

❶ 色

黄緑色の気体 ⇨ Cl_2

赤褐色の気体 ⇨ NO_2

空気に触れると**赤褐色**の気体 ⇨ NO

補足 1. O_3 は淡青色，F_2 は淡黄色であるが，無色に近い。

2. NO は無色の気体であるが，空気に触れると酸化されて赤褐色の気体の NO_2 になる。

$$2NO + O_2 \longrightarrow 2NO_2$$

❷ **におい**

　　腐卵臭の気体 ⇨ H_2S

　　特異臭の気体 ⇨ O_3

　　他のにおいがある気体は**刺激臭** ⇨ Cl_2，NO_2，SO_2，NH_3，HCl

　補足　無色・無臭の気体 ⇨ H_2，O_2，N_2，CO，CO_2，NO，貴ガス

❸ **水への溶けやすさ**

　　水に非常に溶けやすい気体 ⇨ NH_3，HCl 続いて NO_2

　　比較的溶ける気体 ⇨ Cl_2，CO_2，SO_2，H_2S

　　溶けにくい気体 ⇨ H_2，O_2，O_3，N_2，CO，NO，貴ガス

❹ **水に溶けたあとの水溶液の性質**

　　水に溶けて塩基性の気体 ⇨ NH_3 のみ

　　他の水に可溶な気体は，水に溶けて酸性を示す。

　補足　Cl_2 は水に溶けると，一部が水と次のように反応して HCl と $HClO$ を生じるので，
　　　　酸性を示す。

　　　　　$Cl_2 + H_2O \rightleftharpoons HCl + HClO$

　　　　また，$HClO$ は強い酸化作用を示すため，リトマスなどを漂白する。

〔**特徴ある反応を示す気体**〕

❺ **石灰水を白濁する気体** ⇨ CO_2

　補足　石灰水に CO_2 を通じると，$CaCO_3$ を生じて白濁する。

　　　　　$Ca(OH)_2 + CO_2 \longrightarrow CaCO_3\downarrow + H_2O$

　　　　さらに通じると，白濁が消える。

　　　　　$CaCO_3 + CO_2 + H_2O \longrightarrow Ca(HCO_3)_2$

❻ **ヨウ化カリウムデンプン紙を青紫色にする気体** ⇨ Cl_2，O_3

　補足　Cl_2 や O_3 はヨウ化カリウムデンプン紙の中の KI と反応してヨウ素 I_2 を遊離し，
　　　　ヨウ素デンプン反応によって青紫色となる。

　　　　　$2KI + Cl_2 \longrightarrow 2KCl + I_2$　　　$2KI + O_3 + H_2O \longrightarrow 2KOH + O_2 + I_2$

❼ **酢酸鉛・硫酸銅(Ⅱ)の水溶液に通じると黒色沈殿を生じる気体** ⇨ H_2S

　補足　$Pb^{2+} + S^{2-} \longrightarrow PbS\downarrow$（黒色）　　　$Cu^{2+} + S^{2-} \longrightarrow CuS\downarrow$（黒色）

❽ **白煙を生じた** ⇨ $NH_3 + HCl \longrightarrow NH_4Cl$（白煙：固体）

　　濃塩酸を近づけると「白煙を生じた」⇨ NH_3

　　アンモニア水を近づけると「白煙を生じた」⇨ HCl

この章で学んだこと

水素と 18 族の貴ガス，17 族のハロゲン，16 族の酸素と硫黄，15 族の窒素とリン，14 族の炭素とケイ素の各単体と化合物について，また，気体はその製法・性質をまとめて学習した。

---

1 水素と貴ガス

❶ H_2　最も軽い気体。空気中で燃える。亜鉛や鉄に酸を加えると発生。

❷ **貴ガス**　18 族元素，安定な電子配置でほとんど化合物をつくらず，単原子分子。

2 ハロゲン

❶ **単体　(a) 沸点・融点**　F_2（気体）$<Cl_2$（気体）$<Br_2$（液体）$<I_2$（固体）

(b) 酸化力(反応性)　$F_2>Cl_2>Br_2>I_2$

❷ Cl_2　黄緑色，刺激臭，有毒の重い気体。強い酸化作用。濃塩酸と酸化マンガン(IV)を加熱すると発生。

3 ハロゲン化水素

❶ HCl　水によく溶けて無色，刺激臭の気体。

❷ HF　沸点が高い。弱酸，ガラスを溶かす。

4 酸素・硫黄とその化合物

❶ O_2　酸化マンガン(IV)に過酸化水素水を加えて発生。化学的に活発。

❷ O_3　特異臭，強い酸化作用。

❸ **酸化物**

(a) 酸性酸化物　酸性を示す酸化物

(b) 塩基性酸化物　塩基性を示す酸化物

(c) 両性酸化物　両性を示す酸化物

❹ **オキソ酸**　酸素を含む酸

❺ **硫黄**　同素体：斜方硫黄，単斜硫黄，ゴム状硫黄

❻ H_2S　腐卵臭の気体，水溶液は弱酸性，還元性。

❼ SO_2　刺激臭の気体，水溶液は弱酸性，還元性。

❽ **濃硫酸**　不揮発性，吸湿・脱水性，加熱で酸化作用。溶解熱大。

5 窒素・リンとその化合物

❶ N_2　空気の約 80%，常温で不活性。

❷ NH_3　**ハーバー・ボッシュ法**で製造。刺激臭の気体。水によく溶け，水溶液は塩基性。

❸ HNO_3　**オストワルト法**で製造。強い酸化作用をもつ強酸。Cu，Ag を溶かし，Al，Fe，Ni を不動態にする。

❹ **リン**　同素体：黄リン，赤リン

❺ P_4O_{10}　吸湿性が強く，乾燥剤に使用。水と煮沸するとリン酸になる。

6 炭素・ケイ素とその化合物

❶ **炭素**　同素体：ダイヤモンド，黒鉛

❷ $CO・CO_2$　無色・無臭。CO は有毒。CO_2 は水に溶け酸性，石灰水を白濁。

❸ SiO_2　石英，水晶，ケイ砂

7 気体の製法と性質のまとめ

❶ **発生装置**　加熱の有無

❷ **捕集法**　水上置換，上方置換，下方置換

❸ **色**　黄緑色 ⇨ Cl_2　赤褐色 ⇨ NO_2

❹ **水溶性**　㊧ NH_3，HCl，NO_2

❺ **特徴のある反応**

石灰水を白濁 ⇨ CO_2

ヨウ化カリウムデンプン紙を青紫色に染色 ⇨ Cl_2，O_3

白煙を生じる ⇨ NH_3 と HCl の反応

濃塩酸を近づけると白煙 ⇨ NH_3

アンモニア水を近づけると白煙 ⇨ HCl

定期テスト対策問題 15

解答・解説は p.732

1 次の(1), (2)の物質について，それぞれの A ～ C にあてはまるものを選べ。

(1) Br_2, Cl_2, I_2, F_2 について
  A 沸点が最も高い。
  B 酸化力が最も強い。
  C 常温・常圧で液体である。

(2) HCl, HI, HF, HBr について
  A 沸点が最も低い。
  B 酸性が最も弱い。
  C ガラスを溶かす。

2 次の①～⑦の記述について，SO_2 にのみあてはまるものには A，H_2S のみにあてはまるものには B，SO_2 にも H_2S にもあてはまるものには C を記せ。

①無色の気体。
②腐卵臭の気体。
③水に溶けて酸性を示す。
④硫黄を空気中で燃やすと生じる。
⑤水溶液中の Ag^+ や Cu^{2+} を沈殿させる。
⑥空気中で燃えない。
⑦還元性を示す。

3 次のア～オのうち，アンモニアの性質でないものはどれか。

ア 無色・刺激臭の気体。
イ 青色リトマス紙を赤色にする。
ウ 濃塩酸を近づけると白煙が生じる。
エ 水にはあまり溶けない。
オ 温度を下げたり，圧力を加えると容易に液体になる。

ヒント
1 ハロゲン単体の性質は，原子番号順に変化する。HF は分子間に水素結合を形成する。
2 SO_2 と H_2S は共通点が多いが，においは異なる。
3 アンモニアは塩基性の気体であり，また，水素結合を形成するなどの特性がある。

4 次の物質ア〜カのうち，ケイ素を含まないものを選べ。

ア　水晶　　　イ　フラーレン　　　ウ　シリカゲル

エ　水ガラス　　　オ　ソーダ石灰ガラス

カ　ドライアイス

5 気体 A 〜 D は次のいずれかである。下の記述からそれぞれどれにあてはまるか。

O_2, N_2, H_2S, HCl, NH_3, SO_2

① A と C を混合すると，白煙を生じる。

② B の同素体は，大気上層で紫外線を吸収する。

③ C と D は，水に溶けると酸性を示す。

④ D は腐卵臭があり，水溶液中で還元性を示す。

6 次の(1)〜(6)の気体を発生させるのに必要な試薬を A 群から，その気体の発生および捕集に必要な装置を B 群から，また気体の性質を C 群から選び，記号で答えよ。

(1)　アンモニア　　　(2)　酸素　　　(3)　硫化水素

(4)　塩素　　　(5)　塩化水素　　　(6)　二酸化炭素

A 群

　⑦　ギ酸と濃硫酸　　　⑦　塩化ナトリウムと濃硫酸

　⑦　銅と濃硫酸　　　⑦　硫化鉄(Ⅱ)と希硫酸

　⑦　亜鉛と希硫酸　　　⑦　炭酸カルシウムと希塩酸

　⑦　塩化アンモニウムと水酸化カルシウム

　⑦　酸化マンガン(Ⅳ)と過酸化水素水　　　⑦　酸化マンガン(Ⅳ)と濃塩酸

B 群

(a)　　　　　(b)　　　　　(c)　　　　　(d)　　　　　(e)　　　　　(f)

C 群

　⑦　石灰水を白濁する。　　　⑦　有色の気体で，酸化作用がある。

　⑦　硫酸銅(Ⅱ)水溶液中に通じると黒色沈殿を生じる。

　⑦　水溶液は塩基性を示す。

　⑦　濃アンモニア水をつけたガラス棒を近づけると白煙を生じる。

　⑦　火のついた線香をこの気体中に入れると激しく燃焼する。

ヒント

4 ケイ素は粘土や岩石の成分元素である。

5 同素体は単体である。水に溶けて酸性を示すのは H_2S, HCl, SO_2

6 ①加熱の有無　②水溶性と捕集法　③試薬(固体，液体の組み合わせ)を考える。

MY BEST

Advanced Chemistry

第 **3** 章

典型金属元素の単体と化合物

1 | アルカリ金属とその化合物

1 アルカリ金属

水素を除く1族元素をアルカリ金属という。

補足 フランシウムは放射性元素で安定同位体がなく，性質は未確定部分が多い。

A 原子

いずれも1個の価電子をもち，これを放出して**1価の陽イオン**になりやすい。
➡イオン化エネルギーが小さい。

例 $Na \longrightarrow Na^+ + e^-$ $K \longrightarrow K^+ + e^-$

補足 アルカリ金属において，原子番号が大きいほどイオン化エネルギーが小さく，反応性に富む。

B 製法

イオン化エネルギーが小さく，反応性に富む(酸化されやすい)ため，天然に単体として存在しない。Li〜Csまでの単体は**溶融塩電解**(⇨ p.315)により単離する。

C 単体

❶ いずれも銀白色の金属光沢をもち，密度が小さく，やわらかい。また，融点が低い。

❷ 空気中で酸化して光沢を失い，白色の酸化物になる。保存する際は，空気や水に触れないように，石油中に保存する。

例 $Na \longrightarrow Na^+ + e^-$ $K \longrightarrow K^+ + e^-$

❸ 塩素などのハロゲン単体と反応し，塩を生じる。

例 $2Na + Cl_2 \longrightarrow 2NaCl$

❹ 常温の水と激しく反応し，水素を発生して水酸化物の水溶液となり，強い塩基性を示す。

例 $2Na + 2H_2O \longrightarrow 2NaOH + H_2$ $2K + 2H_2O \longrightarrow 2KOH + H_2$

補足 単体の反応性は，原子番号が大きいほど大きい。

D 検出

アルカリ金属の単体や化合物は，特有の炎色反応を示す。

表 3-1　アルカリ金属の電子配置と性質　　　　　　　　　※密度は 20 ℃のときの値

元素		原子の電子配置						単体			炎色反応	イオン化エネルギー	水との反応性
		K	L	M	N	O	P	融点(℃)	沸点(℃)	密度(g/cm³)			
リチウム	Li	2	1					181	1350	0.53	赤	大	小
ナトリウム	Na	2	8	1				98	883	0.97	黄	↑	
カリウム	K	2	8	8	1			64	774	0.86	赤紫		
ルビジウム	Rb	2	8	18	8	1		39	688	1.53	紅紫		↓
セシウム	Cs	2	8	18	18	8	1	28	678	1.87	青	小	大

(理化学辞典　第5版より)

POINT

アルカリ金属単体
空気中でただちに酸化，水と激しく反応 ⇨ 石油中に保存

2　ナトリウム・カリウム・リチウムの単体

A ナトリウム Na の単体

〔製法〕

　塩化ナトリウムの**溶融塩電解**による(⇨ p.315)。

〔性質〕

❶ やわらかく，密度が小さい(0.97 g/cm³)。

❷ ナイフで切った切断面は，銀白色の光沢が見られるが，すぐ酸化されて光沢を失う。

$$空気中の酸化：4Na + O_2 \longrightarrow 2Na_2O$$

補足 空気中で熱すると，一部が燃えて過酸化ナトリウムとなる。$2Na + O_2 \longrightarrow Na_2O_2$

❸ 常温の水と激しく反応して水素を発生し，水酸化ナトリウム水溶液となる。

$$2Na + 2H_2O \longrightarrow 2NaOH + H_2$$

B カリウム K・リチウム Li の単体

❶ 銀白色，やわらかく，密度が小さいなどナトリウムに類似している。

❷ 反応もナトリウムに類似しているが，カリウムはナトリウムより激しく，
リチウムはナトリウムよりおだやかである。

> **補足** 1. Li は，アルカリ金属の中では最も硬い。
>   2. 反応性の強さ K＞Na＞Li

> **＋アルファ** **金属の密度**
>
> 金属単体で，密度が水より小さいのは，Li，Na，K のみ。
> Li は固体の単体中，密度が最も小さい(最も軽い)。

3 ナトリウムの化合物

A 水酸化ナトリウム NaOH

〔製法〕

塩化ナトリウム水溶液の電気分解によって得られる(⇨ p.314)。

〔性質〕

図 3-1 水酸化ナトリウムの潮解

❶ 白色の固体。空気中に放置すると，水分を吸収して溶ける。この現象を潮解という。

❷ 水によく溶け，**強い塩基性**を示す。

❸ 空気中の二酸化炭素を吸収して，炭酸ナトリウムに変化する。

$$2NaOH + CO_2 \longrightarrow Na_2CO_3 + H_2O$$

〔用途〕

製紙やセッケン，合成繊維などの化学工業に多量に使用されている。

> **補足** KOH も NaOH と同様に，潮解性のある強塩基である。

B 炭酸ナトリウム Na₂CO₃

〔製法〕

アンモニアソーダ法(ソルベー法)で製造される。

〔性質〕

❶ 白色の粉末。水によく溶けて塩基性を示す。

> **補足** Na_2CO_3 は，弱酸の H_2CO_3 と強塩基の NaOH からなる正塩で，水溶液では加水分解して塩基性を示す(⇨ p.136)。

❷ 水溶液から析出させると，十水和
物 $Na_2CO_3 \cdot 10H_2O$ の無色透明な
結晶が析出する。この結晶を空気
中に放置すると，水和水の一部を
失い，一水和物 $Na_2CO_3 \cdot H_2O$ の
白色粉末となる。このような現象
を風解という。
ふうかい

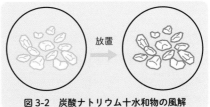

図3-2　炭酸ナトリウム十水和物の風解

❸ 炭酸ナトリウムは，塩酸などの酸と反応して二酸化炭素を発生する。

$$Na_2CO_3 + 2HCl \longrightarrow 2NaCl + H_2O + CO_2$$

〔用途〕

炭酸ナトリウム Na_2CO_3 は，セッケンやガラスの製造に多量に使用される。

補足　Na_2CO_3 は，ソーダ灰とも呼ばれる。

Ｃ　アンモニアソーダ法

食塩 $NaCl$ と石灰石 $CaCO_3$ を原料とする炭酸ナトリウム Na_2CO_3 の工業的製
法を**アンモニアソーダ法（ソルベー法）**という。

❶ 塩化ナトリウムの飽和水溶液にアンモニアを吸収させて二酸化炭素を通じ
ると，比較的溶解度の小さい炭酸水素ナトリウムが沈殿する。

$$NaCl + NH_3 + CO_2 + H_2O \longrightarrow NaHCO_3\downarrow + NH_4Cl$$

❷ 生成した $NaHCO_3$ を焼くと，Na_2CO_3 が生成する。同時に生成する CO_2 は
❶で再利用する。

$$2NaHCO_3 \longrightarrow Na_2CO_3 + CO_2 + H_2O$$

❸ 石灰石を焼き，生石灰 CaO と CO_2 とし，この CO_2 を❶で利用する。

$$CaCO_3 \longrightarrow CaO + CO_2$$

❹ ❸で得た CaO と H_2O を反応させ，消石灰 $Ca(OH)_2$ とする。

$$CaO + H_2O \longrightarrow Ca(OH)_2$$

❺ ❶と❹で生成した，NH_4Cl と $Ca(OH)_2$ を反応させ，NH_3 を得て，❶で再
利用する。

$$2NH_4Cl + Ca(OH)_2 \longrightarrow CaCl_2 + 2H_2O + 2NH_3$$

❶～❺をまとめると，❶×2+❷+❸+❹+❺より

$$2NaCl + CaCO_3 \longrightarrow Na_2CO_3 + CaCl_2$$

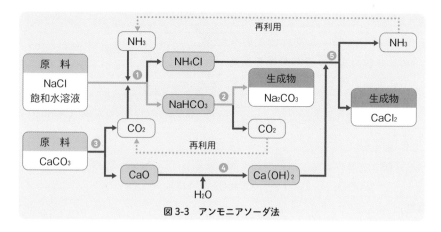

図 3-3　アンモニアソーダ法

D 炭酸水素ナトリウム NaHCO₃

〔性質〕

❶ 重曹とも呼ばれる。白色の粉末。水に少し溶けて弱塩基性を示す。

補足 NaHCO₃ は，弱酸の H_2CO_3 と強塩基の NaOH からなる酸性塩で，その水溶液は加水分解して弱塩基性を示す（⇨ p.136）。

❷ 加熱すると，分解して二酸化炭素を発生し，炭酸ナトリウムになる。

$$2NaHCO_3 \longrightarrow Na_2CO_3 + CO_2 + H_2O$$

❸ 塩酸などの酸と反応して，二酸化炭素を発生する。

$$NaHCO_3 + HCl \longrightarrow NaCl + CO_2 + H_2O$$

〔用途〕

炭酸水素ナトリウムの水溶液は弱塩基性を示すことから，胃酸過多などの胃薬に，加熱すると CO_2 を発生することから，発泡性の入浴剤やベーキングパウダーなどに用いられる。

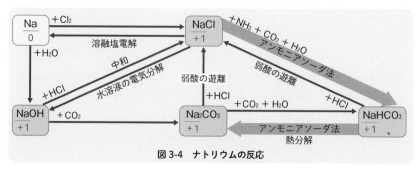

図 3-4　ナトリウムの反応

2 | アルカリ土類金属とその化合物

1 アルカリ土類金属

周期表の２族元素を**アルカリ土類金属**という。

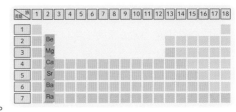

A 原子

２個の価電子をもち、これらを失って２価の陽イオンになりやすい。

$$M \longrightarrow M^{2+} + 2e^-$$ （M は２族元素の原子を表す）

B アルカリ土類金属の単体

❶ 単体は、天然に存在せず、溶融塩電解によって得る。

❷ 反応性は同周期のアルカリ金属より穏やかである。Ca＜Sr＜Ba の順に反応性が大きくなる。

❸ 同周期のアルカリ金属に比べて、密度はやや大きく、融点は高い。

❹ 銀白色(Ra は白色)の光沢をもつが、空気中では光沢を失う。

表 3-2 アルカリ土類金属の電子配置と性質　　　　　　　　　　　※密度は 20 ℃のときの値

元素		原子の電子配置							単体			炎色反応	イオン化エネルギー	水との反応性
		K	L	M	N	O	P	Q	融点(℃)	沸点(℃)	密度(g/cm³)			
ベリリウム	Be	2	2						1280	2970	1.85	なし	大	小
マグネシウム	Mg	2	8	2					649	1090	1.74	なし	↑	
カルシウム	Ca	2	8	8	2				839	1480	1.55	橙赤(とうせき)		
ストロンチウム	Sr	2	8	18	8	2			769	1380	2.54	深赤(しんせき)(紅)		
バリウム	Ba	2	8	18	18	8	2		729	1640	3.6	黄緑	↓	
ラジウム	Ra	2	8	18	32	18	8	2	700	1140	5	洋紅	小	大

（化学便覧　改訂第５版より）

Be，Mg と Ca，Ba，Sr

❶ 水との反応

Ca，Ba，Sr の単体は，常温の水と反応し，水素を発生して強塩基の水溶液となるが，Be，Mg は常温の水と反応しない。

$$M + 2H_2O \longrightarrow M(OH)_2 + H_2 \quad (M は Ca，Ba，Sr)$$

補足 Mg は沸騰水と反応するが，Be は反応しない。

❷ 水酸化物

Ca，Ba，Sr の水酸化物は，強塩基で水に溶けるが，Be，Mg の水酸化物は溶けにくい。原子番号が大きくなると，水への溶解度が大きくなる。

❸ 硫酸塩

Ca，Ba，Sr の硫酸塩は水に溶けにくいが，Be，Mg の硫酸塩は水に溶ける。

❹ 炎色反応

Ca，Ba，Sr は特有の色を示すが，Be，Mg は示さない。

2 カルシウム・バリウムの化合物

A 炭酸カルシウム $CaCO_3$

石灰岩や大理石の主成分で，塩酸と反応して二酸化炭素を発生する。

$$CaCO_3 + 2HCl \longrightarrow CaCl_2 + H_2O + CO_2$$

炭酸カルシウムを強く熱すると，分解して二酸化炭素を生じ，酸化カルシウム CaO となる。

$$CaCO_3 \longrightarrow CaO + CO_2$$

炭酸カルシウムは，セメントの製造や歯みがき粉などに用いられる。

B 酸化カルシウム（生石灰）CaO

酸化カルシウムは，生石灰とも呼ばれる塩基性酸化物で，水と反応して水酸化カルシウム $Ca(OH)_2$ となる。このとき多量の熱を発生する。この性質から，発熱剤や乾燥剤として利用されている。

$$CaO + H_2O \longrightarrow Ca(OH)_2$$

C 水酸化カルシウム（消石灰）$Ca(OH)_2$

水酸化カルシウムは消石灰とも呼ばれ，水に少し溶け，水溶液は**強い塩基性**を示す。しっくいや酸性土壌の中和剤などに用いられる。

水酸化カルシウムの飽和水溶液（**石灰水**）に，二酸化炭素を吹き込むと，炭酸カルシウムが沈殿する。

$$Ca(OH)_2 + CO_2 \longrightarrow CaCO_3\downarrow + H_2O$$

さらに，二酸化炭素を吹き込むと，炭酸水素カルシウム $Ca(HCO_3)_2$ となって溶解する。

$$CaCO_3 + CO_2 + H_2O \rightleftharpoons Ca(HCO_3)_2$$

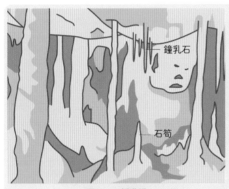

図 3-5　鍾乳洞

石灰岩からなる地域では，地下水などの二酸化炭素が含まれる水によって，石灰岩の成分である炭酸カルシウムが，次の反応によって徐々に溶かされる。

$$CaCO_3 + CO_2 + H_2O$$
$$\rightleftharpoons Ca(HCO_3)_2$$

長い年月をかけて溶けてできた洞穴が，鍾乳洞である。$Ca(HCO_3)_2$ を含む水溶液がしずくとなってたれ，上の反応が左の方向に進み，再び $CaCO_3$ が生じて，鍾乳石や石筍ができる。

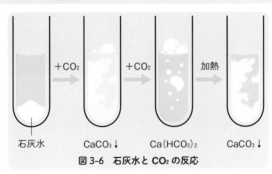

図 3-6　石灰水と CO_2 の反応

石灰水 → +CO_2 → $CaCO_3\downarrow$ → +CO_2 → $Ca(HCO_3)_2$ → 加熱 → $CaCO_3\downarrow$

D 硫酸カルシウム CaSO₄

硫酸カルシウム二水和物 $CaSO_4 \cdot 2H_2O$（セッコウ）または無水物（硬セッコウ）として、自然界に存在する。セッコウを 120 ～ 140 ℃で加熱すると、焼きセッコウになる。

$$CaSO_4 \cdot 2H_2O \xrightarrow[\text{加熱}]{120\sim140\,℃} CaSO_4 \cdot \frac{1}{2}H_2O + \frac{3}{2}H_2O$$
$$\text{（セッコウ）} \qquad\qquad\qquad \text{（焼きセッコウ）}$$

この半水和物の焼きセッコウを水と混合すると、体積がやや増加しながら硬化して、再びセッコウになる。この性質を利用して建築材料や医療用ギプス、工芸品などに用いられる。

$$CaSO_4 \cdot \frac{1}{2}H_2O + \frac{3}{2}H_2O \underset{\text{加熱}}{\overset{\text{硬化}}{\rightleftharpoons}} CaSO_4 \cdot 2H_2O$$

E 塩化カルシウム CaCl₂

無水塩化カルシウムは吸湿性が強く潮解性（⇨ p.444）があり、乾燥剤に用いられる。また、水によく溶け、溶解による発熱量が大きいため、融雪剤にも利用される。

補足 塩化マグネシウムも潮解性がある。

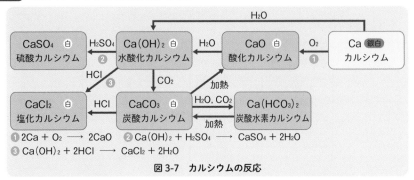

$\text{① } 2Ca + O_2 \longrightarrow 2CaO$ $\quad$ $\text{② } Ca(OH)_2 + H_2SO_4 \longrightarrow CaSO_4 + 2H_2O$
$\text{③ } Ca(OH)_2 + 2HCl \longrightarrow CaCl_2 + 2H_2O$

図 3-7 カルシウムの反応

F 沈殿する化合物

アルカリ土類金属の硫酸塩や炭酸塩は水に溶けにくいため、イオンの沈殿反応に利用される。

$$Ca^{2+} + SO_4^{2-} \longrightarrow CaSO_4\downarrow（白）$$
$$Ba^{2+} + SO_4^{2-} \longrightarrow BaSO_4\downarrow（白）$$
$$Ca^{2+} + CO_3^{2-} \longrightarrow CaCO_3\downarrow（白）$$
$$Ba^{2+} + CO_3^{2-} \longrightarrow BaCO_3\downarrow（白）$$

⑥ 硫酸バリウム BaSO$_4$

硫酸バリウムは，水や酸に溶けず，X線をよく遮蔽するので，X線撮影の造影剤に用いられる。水酸化バリウム Ba(OH)$_2$ に希硫酸を加えると，硫酸バリウムの白色の沈殿が生じる。

$$Ba(OH)_2 + H_2SO_4 \longrightarrow BaSO_4\downarrow + 2H_2O$$

3 マグネシウムとその化合物

Ⓐ マグネシウムの単体

空気中で強い光を出して燃え，酸化マグネシウム MgO になる。

$$2Mg + O_2 \longrightarrow 2MgO$$

また，還元力が強く，二酸化炭素中でも燃えて二酸化炭素を還元する。

$$2Mg + CO_2 \longrightarrow 2MgO + C$$

Ⓑ 塩化マグネシウム MgCl$_2$

海水から食塩をつくる際の副産物であるにがりの成分である。吸湿性が強く，潮解性(⇨ p.444)がある。木材の防腐剤，豆腐の凝固剤に用いられる。

塩化マグネシウム MgCl$_2$ に水酸化ナトリウム水溶液を加えると，白色の沈殿である Mg(OH)$_2$ ができる。

$$MgCl_2 + 2NaOH \longrightarrow Mg(OH)_2\downarrow + 2NaCl$$

Ⓒ 硬水

Mg^{2+}や Ca^{2+}を多く含んだ水を硬水といい，少ない水を軟水という。

表 3-3　2族元素の化合物の性質の比較

	Mg	Ca	Sr	Ba
酸化物	×	○	○	○
水酸化物	×	△	△	○
炭酸塩	×	×	×	×
硫酸塩	○	×	×	×
硝酸塩	○	○	○	○
塩化物	○	○	○	○

○：可溶
△：微溶
×：難溶

Mg，Ca，Baの特徴

		Mg	Ca，Ba
単　体		沸騰水と反応	冷水と反応
水に	水酸化物	難溶	$Ca(OH)_2$：可溶 $Ba(OH)_2$：可溶
	硫酸塩	可溶	難溶
炎色反応		示さない	Ca：橙赤色　　Ba：黄緑色

3 | アルミニウム・スズ・鉛とその化合物

周期表 13 族のアルミニウム，14 族のスズ・鉛の単体は，酸にも強塩基にも反応する。このような金属元素を**両性金属**という。

補足 遷移元素である 12 族の亜鉛も両性金属である。

1 両性金属

アルミニウムの単体は**両性金属**で，酸にも強塩基にも反応して水素を発生して溶ける。

$$2Al\ +\ 6HCl\ \longrightarrow\ 2AlCl_3\ +\ 3H_2$$
$$2Al\ +\ 2NaOH\ +\ 6H_2O\ \longrightarrow\ 2Na[Al(OH)_4]\ +\ 3H_2$$

テトラヒドロキシドアルミン酸ナトリウム

主な両性金属には，**アルミニウム Al，亜鉛 Zn，スズ Sn，鉛 Pb** がある。

POINT

両性元素：単体や酸化物などが酸・強塩基いずれとも反応
$$\Rightarrow Al,\ Zn,\ Sn,\ Pb$$
「あ(**Al**) あ(**Zn**) すん(**Sn**) なり(**Pb**) と両性に愛される」と覚える。

2 アルミニウムの単体

アルミニウム Al は 13 族の金属元素で，価電子を 3 個もち，**3 価の陽イオンになりやすい。**

A 単体の製法

ボーキサイト($Al_2O_3 \cdot nH_2O$)より酸化アルミニウム Al_2O_3 を取り出し，**溶融塩電解する**(⇨ p.316)。

B 単体の性質

❶ 銀白色の金属で，電気伝導性がよい。

❷ 空気中では，表面に酸化被膜が生じ，酸化が内部まで進行しない。

❸ 酸素中で加熱すると，多量の熱と光を発生して燃焼し，酸化アルミニウム
になる。

$$4Al \ + \ 3O_2 \ \longrightarrow \ 2Al_2O_3$$

前ページで述べたように，酸にも強塩基にも反応するが，濃硝酸には不動態となって溶けない(⇨ p.425)。

補足 1. 一般に密度が 4～5 g/cm^3 以下の金属を軽金属という。

2. 人工的に酸化被膜をつけたアルミニウムをアルマイトという。

3. アルミニウムの粉末と酸化鉄(Ⅲ) Fe$_2$O$_3$ との混合物(テルミット)に点火すると，
多量の反応熱で高温となり，融けた鉄が出てくる。

$$2Al \ + \ Fe_2O_3 \ \longrightarrow \ Al_2O_3 \ + \ 2Fe$$

このように，アルミニウムを用いて金属の単体を得る反応をテルミット反応
という。

C 用途

窓枠などの建築材料，家庭用品，電気材料，1円硬貨などに，また，少量の銅
などとの合金(ジュラルミン)として航空機の機体などに利用される。

3 アルミニウムの化合物

A 酸化アルミニウム Al$_2$O$_3$

❶ 天然には鋼玉(コランダム)として産出する。鋼玉は無色透明の結晶で，ダ
イヤモンドについで硬い鉱物である。酸化クロム(Ⅲ)を含むとルビーになる。

❷ アルミナとも呼ばれ，白色の粉末で，水に溶けにくく，融点が高い。

❸ 酸化アルミニウムは，酸にも強塩基にも反応して塩を生じる両性酸化物
である。

$$Al_2O_3 \ + \ 6HCl \ \longrightarrow \ 2AlCl_3 \ + \ 3H_2O$$

$$Al_2O_3 \ + \ 2NaOH \ + \ 3H_2O \ \longrightarrow \ 2Na[Al(OH)_4]$$

テトラヒドロキシドアルミン酸ナトリウム

B 水酸化アルミニウム AI(OH)₃

❶ Al^{3+}を含む水溶液にアンモニア水または少量の水酸化ナトリウム水溶液を加えると，ゲル状の白色沈殿として得られる。

$$Al^{3+} + 3OH^- \longrightarrow Al(OH)_3\downarrow$$

❷ 水酸化アルミニウムは，酸にも強塩基にも反応する**両性水酸化物**である。

$$Al(OH)_3 + 3HCl \longrightarrow AlCl_3 + 3H_2O$$

$$Al(OH)_3 + NaOH \longrightarrow Na[Al(OH)_4] \quad \Rightarrow Na^+ + [Al(OH)_4]^-$$

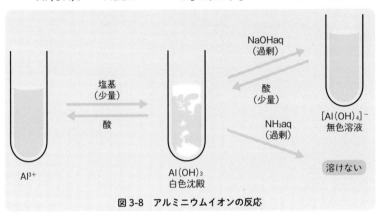

図3-8　アルミニウムイオンの反応

C ミョウバン AIK(SO₄)₂・12H₂O

❶ ミョウバンは，硫酸カリウムアルミニウム十二水和物ともいい，**正八面体の無色の結晶**で，硫酸カリウム K_2SO_4 と硫酸アルミニウム $Al_2(SO_4)_3$ との混合水溶液を濃縮すると得られる。

❷ ミョウバンを水に溶かすと，もとの硫酸カリウムと硫酸アルミニウムに含まれていたのと同じイオンを生じる。

$$AIK(SO_4)_2\cdot12H_2O \longrightarrow Al^{3+} + K^+ + 2SO_4^{2-} + 12H_2O$$

　このように，複数の塩からなり，水に溶けたときにもとの塩と同じイオンを生じる化合物を**複塩**という。

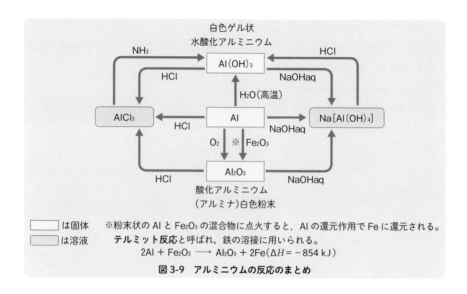

白色ゲル状
水酸化アルミニウム

図 3-9 アルミニウムの反応のまとめ

---

4 スズと鉛とその化合物

スズ Sn と鉛 Pb は **14 族の両性金属**で，4 個の価電子をもつ。単体・酸化物・水酸化物は，酸にも強塩基にも反応して塩を生じる。

A スズ Sn とその化合物

① 単体は，天然に産出するスズ石 SnO_2 をコークス C で還元してつくる。

$$SnO_2 + C \longrightarrow Sn + CO_2$$

② 単体は，銀白色の光沢をもつ。融点は，比較的低い（融点 232 ℃，密度 7.31 g/cm^3）。また，常温では比較的安定で錆びにくいので，鉄板にメッキして**ブリキ**として利用される。

③ 銅との合金は**青銅**，鉛との合金は**はんだ**である。

④ 酸化数 +2 と +4 の化合物をつくる。**塩化スズ（Ⅱ）** $SnCl_2$ は，水に溶けやすく，酸化されやすいので強い還元性がある。

$$SnCl_2 + 2Cl^- \longrightarrow SnCl_4 + 2e^- \quad \Rightarrow \quad Sn^{2+} \longrightarrow Sn^{4+} + 2e^-$$

B 鉛 Pb とその化合物

① 単体は，天然に産出する方鉛鉱（主成分 PbS）を焼いて PbO とし，これをコークス C で還元してつくる。

❷ 単体は，青灰色でやわらかい。融点は，比較的低い（融点 328 ℃，密度 11.4 g/cm^3）。

❸ **両性金属**で，硝酸，強塩基の水溶液に溶けるが，**塩酸と硫酸には**，表面に水に不溶の塩化鉛(Ⅱ)，硫酸鉛(Ⅱ)の被膜をつくるためほとんど**溶けない**。

❹ 水溶液中の鉛イオン Pb^{2+} は，次のように種々の沈殿を生じる。

$$Pb^{2+} + 2Cl^- \longrightarrow PbCl_2\downarrow \textbf{(白色)} \qquad Pb^{2+} + SO_4^{2-} \longrightarrow PbSO_4\downarrow \textbf{(白色)}$$

$$Pb^{2+} + S^{2-} \longrightarrow PbS\downarrow \textbf{(黒色)} \qquad Pb^{2+} + CrO_4^{2-} \longrightarrow PbCrO_4\downarrow \textbf{(黄色)}$$

❺ 鉛は，鉛蓄電池（⇨ p.301）の負極や放射線の遮蔽板などに用いられる。

 POINT

> $SnCl_2$ ⇨ 還元剤
>
> Pb ⇨ 塩酸と硫酸に溶けにくい
>
> Pb^{2+} ⇨ Cl^-，SO_4^{2-}，S^{2-}，CrO_4^{2-} と沈殿

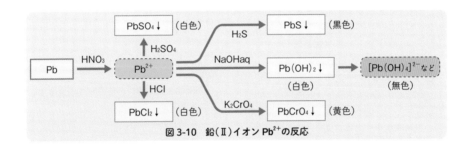

図 3-10 鉛(Ⅱ)イオン Pb^{2+} の反応

この章で学んだこと

　この章では，典型金属元素について学習した。具体的には，アルカリ金属とその化合物，アンモニアソーダ法，アルカリ土類金属とその化合物，アルミニウムとその化合物について，主に両性金属，両性酸化物，両性水酸化物を学習した。

---

1 アルカリ金属とその化合物
❶ アルカリ金属
（a）1価の陽イオンになりやすい。
（b）単体は溶融塩電解により単離する。
（c）特有な炎色反応を示す。
（d）単体は水と激しく反応する。
（e）単体は，石油中で保存する。
❷ 化合物
（a）NaOH　強塩基，**潮解性**
（b）Na_2CO_3　**アンモニアソーダ法**
　　$Na_2CO_3 \cdot 10H_2O$ は **風解性**
（c）$NaHCO_3$ 加熱で CO_2 を発生
❸ アンモニアソーダ法
$NaCl + NH_3 + CO_2 + H_2O$
　　　　$\longrightarrow NaHCO_3\downarrow + NH_4Cl$ （主反応）
$2NaHCO_3 \longrightarrow Na_2CO_3 + CO_2 + H_2O$
$CaCO_3 \longrightarrow CaO + CO_2$
$CaO + H_2O \longrightarrow Ca(OH)_2$
$2NH_4Cl + Ca(OH)_2$
　　　　$\longrightarrow CaCl_2 + 2H_2O + 2NH_3$
$2NaCl + CaCO_3$
　　　　$\longrightarrow Na_2CO_3 + CaCl_2$ （全体の反応）

2 アルカリ土類金属とその化合物
❶ アルカリ土類金属
（a）2価の陽イオンになりやすい。
（b）単体は溶融塩電解により単離する。
（c）反応性はアルカリ金属より穏やか。
（d）アルカリ金属より密度はやや大きく，融点は高い。

❷ Mg と Ca，Ba の違い

	Mg	**Ca，Ba**
炎色反応	なし	あり
単体	熱水と反応	冷水と反応
水酸化物	水に難溶	水に可溶
硫酸塩	水に可溶	水に難溶

3 アルミニウム・スズ・鉛とその化合物
❶ アルミニウム
（a）単体は溶融塩電解により単離する。
（b）単体は濃硝酸には**不動態**となり溶けない。
（c）**両性金属**で酸にも塩基にも反応する。
$2Al + 6HCl \longrightarrow 2AlCl_3 + 3H_2$
$2Al + 2NaOH + 6H_2O$
　　　　$\longrightarrow 2Na[Al(OH)_4] + 3H_2$
❷ 両性酸化物・両性水酸化物・両性金属の反応
（a）酸化アルミニウム
$Al_2O_3 + 6HCl \longrightarrow 2AlCl_3 + 3H_2O$
$Al_2O_3 + 2NaOH + 3H_2O$
　　　　$\longrightarrow 2Na[Al(OH)_4]$
（b）水酸化アルミニウム
$Al(OH)_3 + OH^- \longrightarrow [Al(OH)_4]^-$
$Al(OH)_3 + 3H^+ \longrightarrow Al^{3+} + 3H_2O$
（c）鉛
$Pb^{2+} + 2Cl^- \longrightarrow PbCl_2\downarrow$ （白色）
$Pb^{2+} + SO_4^{2-} \longrightarrow PbSO_4\downarrow$ （白色）
$Pb^{2+} + S^{2-} \longrightarrow PbS\downarrow$ （黒色）
$Pb^{2+} + CrO_4^{2-} \longrightarrow PbCrO_4\downarrow$ （黄色）

定期テスト対策問題 16

解答・解説は p.734

1 次の⒜〜⒟は Ca，Mg，Na のどれに該当するか。

⒜ 単体は常温の水とは反応しない。

⒝ 硫酸塩(正塩)は水に溶けにくい。

⒞ 炭酸塩(正塩)は水に溶けやすい。

⒟ 炎色反応を示さない。

2 下図はアンモニアソーダ法における化合物の流れを示したものである。[　]は化学反応を表し，[　]に入る矢印は反応物を，[　]から出る矢印は生成物を表す。図中の(a)と(b)の化合物の化学式および，㋐と㋑の反応式を示せ。

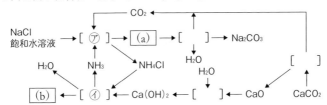

3 次の文中の A 〜 E は，下記の塩のいずれに該当するか，答えよ。

(1) 水に溶かすと，A と B 以外は溶けた。

(2) 塩の各水溶液に塩酸を加えると，A と C からは気体が発生した。

(3) A と B 以外の塩の各水溶液に水酸化ナトリウム水溶液を加えていくと，D と E は沈殿するが，過剰に加えると，D からの沈殿は溶解した。

(4) D と塩化バリウムの水溶液を混合すると，B の沈殿が生じた。

$AlK(SO_4)_2$　　$BaSO_4$　　$CaCO_3$　　$MgCl_2$　　Na_2CO_3

ヒント

1 Na は陽性の強いアルカリ金属に属する。

Ca，Mg はアルカリ土類金属に属するが，性質が異なる。

2 (a)はナトリウムの化合物として比較的溶解度が小さい。また，加熱すると，分解する。

㋑では，NH_3 を回収している。

3 炭酸塩と塩酸の反応の特徴に注目する。過剰の水酸化ナトリウム水溶液に溶けるものは何か。

MY BEST

Advanced Chemistry

第 **4** 章

遷移元素の
単体と化合物

1 | 遷移元素

1 遷移元素

3〜12族の元素を**遷移元素**と
いい，**すべて金属元素**である。

補足 典型元素は，金属元素と非金属
元素がある。

族 周期	1	2	3	4	5	6	7	8	9	10	11	12	13	14	15	16	17	18
1																		
2																		
3																		
4			Sc	Ti	V	Cr	Mn	Fe	Co	Ni	Cu	Zn						
5			Y	Zr	Nb	Mo	Tc	Ru	Rh	Pd	Ag	Cd						
6			ランタ ノイド	Hf	Ta	W	Re	Os	Ir	Pt	Au	Hg						
7			アクチ ノイド															

A 電子配置

同じ周期の元素では，原子番号
が増加するにつれて内側の電子殻の電子が増加するが，最外殻電子の数は 1 また
は 2 であまり変化しない。

補足 1. 第 4 周期の遷移元素では，N 殻と M 殻での電子の移動が比較的起こりやすい（⇨
表 4-1）。

2. 典型元素の同じ周期の元素では，原子番号が増加するにつれて価電子が増加する。
典型元素の価電子の数は 0 〜 7 個。

B 遷移元素の特徴（典型元素との違い）

❶ 一般に，単体は密度が大きく，融点が高い。

補足 スカンジウム Sc は，密度が 3.0 g/cm^3 で軽金属に分類される。

❷ 同一周期の隣接する元素は似た性質を示す。

❸ 1 つの元素でも，いろいろな酸化数をとるものが多い。

例 Fe（+2，+3）

❹ 酸化数の大きい原子を含む化合物は，酸化剤としてはたらく。

例 $KMnO_4$ の Mn（+7）や $K_2Cr_2O_7$ の Cr（+6）など。

❺ イオンや化合物には有色のものが多い。

❻ 錯イオンをつくるものが多い。

❼ 単体や化合物が，触媒としてはたらくものが多い。

表4-1　第4周期の遷移元素の電子配置と融点・密度

族		3	4	5	6	7	8	9	10	11	12
元　素		$_{21}$Sc	$_{22}$Ti	$_{23}$V	$_{24}$Cr	$_{25}$Mn	$_{26}$Fe	$_{27}$Co	$_{28}$Ni	$_{29}$Cu	$_{30}$Zn
原子番号 (最外殻)	K 殻	2	2	2	2	2	2	2	2	2	2
	L 殻	8	8	8	8	8	8	8	8	8	8
	M 殻	9	10	11	13	13	14	15	16	18	18
	N 殻	2	2	2	1	2	2	2	2	1	2
融点(℃)		1541	1660	1887	1860	1244	1535	1495	1453	1083	420
密度(g/cm³)		3.0	4.5	6.1	7.2	7.4	7.9	8.9	8.9	9.0	7.1

2　錯イオン

A　錯イオン

❶ 錯イオン

　　金属イオンに，非共有電子対をもった分子または陰イオンが配位結合したイオンを錯イオンという。錯イオンは，$[Zn(NH_3)_4]^{2+}$，$[Ag(CN)_2]^-$のように全体を[　]で囲み，電荷を右上に示して表記する。錯イオンを含む塩を錯塩という。

❷ 配位子と配位数

　　錯イオンにおいて，金属イオンに配位結合している分子または陰イオンを配位子といい，その数を配位数という。

❸ 錯イオンの電荷

錯イオンの電荷＝中心金属イオンの電荷＋配位子の電荷×配位数

例　Zn^{2+}と4つのNH_3からなる錯イオン ⇨ $(+2)+0×4=+2$ ⇨ $[Zn(NH_3)_4]^{2+}$
　　Ag^+と2つのCN^-からなる錯イオン ⇨ $(+1)+(-1)×2=-1$ ⇨ $[Ag(CN)_2]^-$

 POINT

　　　　　　　┌──金属イオン（遷移元素が多い）
　　　　　　　├──配位子（非共有電子対をもつ）┐→ 配位結合
錯イオン ⇨ $[Cu(NH_3)_4]^{2+}$←価数（金属イオンと配位子の電荷数の和）
　　　　　　　└──配位数（配位子の数）

B 錯イオンの命名

錯イオンの命名は，次の順に行う。
「配位数の数詞」⇨「配位子の名称」
⇨「金属イオンの元素名と酸化数」
⇨ { (陽イオンのとき)「イオン」
　　(陰イオンのとき)「酸イオン」

表 4-2　配位数と配位子

数	数詞	配位子	読み方
1	モノ	NH_3	アンミン
2	ジ	H_2O	アクア
3	トリ	CN^-	シアニド
4	テトラ	Cl^-	クロリド
5	ペンタ	OH^-	ヒドロキシド
6	ヘキサ	F^-	フルオリド
7	ヘプタ	Br^-	ブロミド
8	オクタ	$S_2O_3{}^{2-}$	チオスルファト

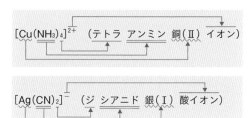

$[Cu(NH_3)_4]^{2+}$	（テトラ	アンミン	銅(II)	イオン）	テトラ	アンミン	銅(II)	イオン
					配位数の数詞	配位子の名称	金属イオンの元素名と酸化数	陽イオンのとき

$[Ag(CN)_2]^-$	（ジ	シアニド	銀(I)	酸イオン）	ジ	シアニド	銀(I)	酸イオン
					配位数の数詞	配位子の名称	金属イオンの元素名と酸化数	陰イオンのとき

C 錯イオンの立体構造

錯イオンの立体構造は，中心金属イオンの種類によって決まる傾向がある。

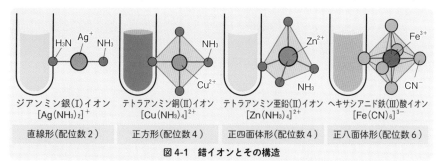

ジアンミン銀(I)イオン　　テトラアンミン銅(II)イオン　　テトラアンミン亜鉛(II)イオン　　ヘキサシアニド鉄(III)酸イオン
$[Ag(NH_3)_2]^+$　　$[Cu(NH_3)_4]^{2+}$　　$[Zn(NH_3)_4]^{2+}$　　$[Fe(CN)_6]^{3-}$

直線形(配位数2)　　正方形(配位数4)　　正四面体形(配位数4)　　正八面体形(配位数6)

図 4-1　錯イオンとその構造

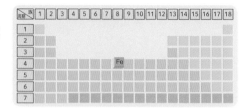

2 | 鉄とその化合物

鉄は周期表8族の遷移元素で，金属元素ではアルミニウム Al の次に地殻中に多く存在している。

1 鉄 Fe

A 鉄の製錬

❶ 溶鉱炉に赤鉄鉱 Fe_2O_3 や磁鉄鉱 Fe_3O_4，コークス，石灰石を入れ，下から熱風を吹き込むと，コークスから一酸化炭素 CO が発生する。これが次々と鉄の化合物を還元し，最終的に鉄が得られる。

$$3Fe_2O_3 + CO \longrightarrow 2Fe_3O_4 + CO_2$$
$$Fe_3O_4 + CO \longrightarrow 3FeO + CO_2$$
$$FeO + CO \longrightarrow Fe + CO_2$$

溶鉱炉から得られた鉄は**銑鉄**といい，約4%の炭素とその他の不純物を含む。

補足 鉱石に含まれる SiO_2 などの岩石の成分は石灰石と反応して，スラグとして排出される。

❷ 銑鉄は，**転炉**に入れて酸素を吹き込むことで，炭素含有量を減らし，不純物を除いて**鋼**とする。

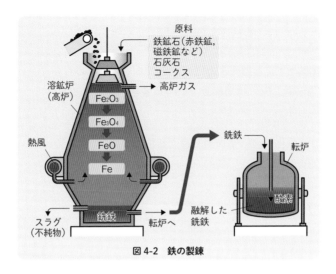

図 4-2　鉄の製錬

B 銑鉄と鋼

銑鉄と鋼を比較すると次のとおりである。

表 4-3　銑鉄と鋼

	銑　鉄	鋼
炭素含量	約 4 %	0.02 ～ 2 %
性　　質	硬く，もろい	強靭で，弾力性に富む
用　　途	鋳物（いもの）など	建築や機械の材料

C 鉄の性質

❶ 純粋な鉄はやわらかく，展性・延性に富む。また，**強い磁性**をもち，融点は高い（融点 1535 ℃，密度 7.9 g/cm^3）。

❷ 常温では水と反応しないが，赤熱状態では水蒸気を分解し水素を発生する。

$$3Fe + 4H_2O \longrightarrow Fe_3O_4 + 4H_2$$

❸ 酸と反応して水素を発生する。

$$Fe + H_2SO_4 \longrightarrow FeSO_4 + H_2$$

ただし，濃硝酸には不動態（⇨ p.425）をつくるため溶けない。

❹ クロムやニッケルとの合金はステンレス鋼と呼ばれ，錆（さ）びにくい。

2 鉄の化合物

鉄は，**酸化数＋2 または＋3** の化合物をつくり，有色のものが多い。また，水溶液中では，一般に **Fe^{2+} は淡緑色，Fe^{3+} は黄褐色**を呈する。

A 酸化鉄(Ⅱ) FeO

黒色粉末で，酸化鉄(Ⅲ)を水素で還元してつくる。

$$Fe_2O_3 + H_2 \longrightarrow 2FeO + H_2O$$

B 酸化鉄(Ⅲ) Fe₂O₃

赤色粉末で，鉄を強く熱するか，水酸化鉄(Ⅲ)を焼いてつくる。赤さびとも呼ばれる。

$$4Fe + 3O_2 \longrightarrow 2Fe_2O_3$$

補足 酸化鉄(Ⅲ) Fe_2O_3 はベンガラといい，赤色顔料に用いられる。

C 四酸化三鉄 Fe₃O₄

黒色粉末で，鉄を空気中で赤熱するか，赤熱した鉄に水蒸気を作用させてつくる。黒さびとも呼ばれる。

$$3Fe + 2O_2 \longrightarrow Fe_3O_4$$

$$3Fe + 4H_2O \longrightarrow Fe_3O_4 + 4H_2$$

補足 四酸化三鉄は磁性をもち，磁鉄鉱の主成分である。

D 硫酸鉄(Ⅱ) FeSO₄·7H₂O

鉄を希硫酸に溶かし，水溶液を濃縮して得られる七水和物の淡緑色の結晶。

$$Fe + H_2SO_4 + 7H_2O \longrightarrow \underset{\text{硫酸鉄(Ⅱ)七水和物}}{FeSO_4 \cdot 7H_2O} + H_2$$

E 塩化鉄(Ⅲ) FeCl₃·6H₂O

鉄を塩酸に溶かし，水溶液に塩素ガスを通し，濃縮して得られる六水和物の黄褐色の結晶で，**潮解性**(⇨ p.444)がある。

F 鉄の錯塩

黄色のヘキサシアニド鉄(Ⅱ)酸カリウム三水和物 $K_4[Fe(CN)_6] \cdot 3H_2O$ は 2 価の鉄の錯塩で，暗赤色のヘキサシアニド鉄(Ⅲ)酸カリウム $K_3[Fe(CN)_6]$ は，3 価の鉄の錯塩である。

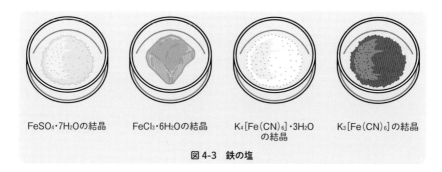

FeSO₄·7H₂Oの結晶　　FeCl₃·6H₂Oの結晶　　K₄[Fe(CN)₆]·3H₂O　　K₃[Fe(CN)₆]の結晶
　　　　　　　　　　　　　　　　　　　　　　　　　　　　の結晶

図 4-3　鉄の塩

3　鉄イオンの反応

A　Fe^{2+} の水溶液の反応

❶ 水酸化ナトリウム水溶液を加えると緑白色の水酸化鉄(Ⅱ)の沈殿が生じる。

$$Fe^{2+} + 2OH^- \longrightarrow Fe(OH)_2\downarrow$$

❷ 塩基性の水溶液に硫化水素 H_2S を通すと，黒色沈殿が生じる。

$$Fe^{2+} + S^{2-} \longrightarrow FeS\downarrow$$

❸ ヘキサシアニド鉄(Ⅲ)酸カリウム $K_3[Fe(CN)_6]$ 水溶液を加えると，濃青色沈殿(ターンブルブルー)が生じる。

補足　ヘキサシアニド鉄(Ⅱ)酸カリウム $K_4[Fe(CN)_6]$ 水溶液を加えると，青白色の沈殿が生じる。

B　Fe^{3+} の水溶液の反応

❶ 水酸化ナトリウム水溶液を加えると赤褐色の水酸化鉄(Ⅲ)の沈殿が生じる。

補足　水酸化鉄(Ⅲ)の組成は複雑で，簡単な組成式では表せない。

❷ 塩基性の水溶液に硫化水素 H_2S を通すと，Fe^{3+} は H_2S により還元され Fe^{2+} となり，黒色沈殿が生じる。

$$2Fe^{3+} + H_2S \longrightarrow 2Fe^{2+} + 2H^+ + S$$

$$Fe^{2+} + S^{2-} \longrightarrow FeS\downarrow$$

❸ ヘキサシアニド鉄(Ⅱ)酸カリウム $K_4[Fe(CN)_6]$ 水溶液を加えると，濃青色沈殿(紺青)が生じる。

補足　1. ヘキサシアニド鉄(Ⅲ)酸カリウム $K_3[Fe(CN)_6]$ 水溶液を加えると，褐色の溶液になる。

　　　　2. 紺青はターンブルブルーと同一化合物であり，ベルリンブルー，プルシアンブルーとも呼ばれる。

❹ チオシアン酸カリウム KSCN 水溶液を加えると，血赤色溶液となる。

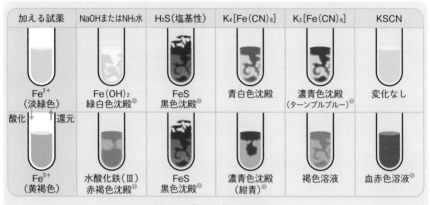

図 4-4　Fe^{2+} と Fe^{3+} の反応の違い

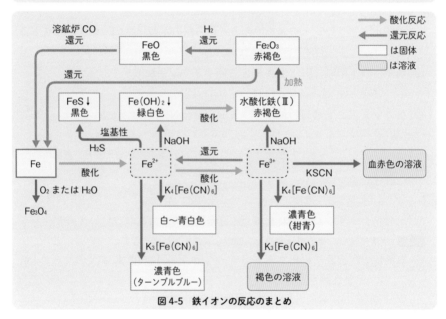

図 4-5　鉄イオンの反応のまとめ

POINT

Fe^{2+} と Fe^{3+} の特徴

Fe^{2+} $\begin{cases} OH^- & \Rightarrow \text{緑白色沈殿} \\ [Fe(CN)_6]^{3-} & \Rightarrow \text{濃青色沈殿} \end{cases}$

Fe^{3+} $\begin{cases} OH^- & \Rightarrow \text{赤褐色沈殿} \\ [Fe(CN)_6]^{4-} & \Rightarrow \text{濃青色沈殿} \end{cases}$

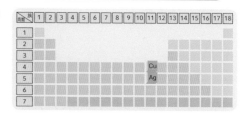

3 | 銅・銀とその化合物

銅 Cu と銀 Ag は周期表 11 族の遷移元素である。

1 銅 Cu

A 製法

銅は天然に単体でも産出するが，多くは黄銅鉱（主成分 $CuFeS_2$）から得られる。

溶鉱炉に粉砕した黄銅鉱などの鉱石と，コークス，二酸化ケイ素を加え，下から空気を吹き入れ，加熱する。鉄分はスラグとなって浮き，硫化銅（Ⅰ）が底にたまる。

$$4CuFeS_2 + 9O_2 \longrightarrow 2Cu_2S + 2Fe_2O_3 + 6SO_2$$

この硫化銅（Ⅰ）が転炉内で還元されて**粗銅**となる。

$$Cu_2S + O_2 \longrightarrow 2Cu + SO_2$$

粗銅は，電解精錬（⇨ p.314）により純粋な銅（純銅）にする。

補足 粗銅には，金，銀，白金，ニッケル，亜鉛などが不純物として含まれる。

B 単体の性質

❶ 赤色の金属光沢をもつ，比較的やわらかい金属である。熱伝導性，電気伝導性は，銀についで大きい。なお，融点は 1083 ℃，密度は 8.96 g/cm^3 である。

❷ 単体を湿った空気に放置すると徐々に酸化され，二酸化炭素などにより表面に緑色の**緑青**が生じる。

補足 緑青の成分は $CuCO_3 \cdot Cu(OH)_2$ が一般的である。

❸ イオン化傾向が水素より小さいため，塩酸や希硫酸には反応しないが，硝酸や熱濃硫酸など酸化力のある酸には反応して溶ける。

希硝酸　　$3Cu + 8HNO_3 \longrightarrow 3Cu(NO_3)_2 + 4H_2O + 2NO$

濃硝酸　　$Cu + 4HNO_3 \longrightarrow Cu(NO_3)_2 + 2H_2O + 2NO_2$

熱濃硫酸　$Cu + 2H_2SO_4 \longrightarrow CuSO_4 + 2H_2O + SO_2$（加熱）

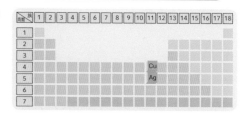

470

④ 黄銅，青銅，白銅など，合金としても用いられる。

2 銅の化合物と銅（Ⅱ）イオンの反応

A 銅の化合物

銅は，**酸化数+1，+2の化合物**をつくり，有色のものが多い。

① 銅を空気中で加熱すると，**黒色の酸化銅（Ⅱ）CuO** となるが，1000 ℃以上で加熱すると，**赤色の酸化銅（Ⅰ）Cu_2O** となる。

$$2Cu + O_2 \longrightarrow 2CuO$$
$$4Cu + O_2 \longrightarrow 2Cu_2O$$

② 硫酸銅（Ⅱ）水溶液から硫酸銅（Ⅱ）を析出させると，**硫酸銅（Ⅱ）五水和物 $CuSO_4 \cdot 5H_2O$ の青色の結晶**が析出する。この結晶を加熱すると，**無水硫酸銅（Ⅱ）$CuSO_4$ の白色の粉末**になる。

無水硫酸銅（Ⅱ）は水を吸収すると再び青色になる。➡水の検出

$$CuSO_4 \cdot 5H_2O \underset{水}{\overset{加熱}{\rightleftharpoons}} CuSO_4 + 5H_2O$$
（青色の結晶）　　　　（白色の粉末）

B 銅（Ⅱ）イオンの反応

① **硫化水素**を通じると，硫化銅（Ⅱ）CuS の**黒色沈殿**が生じる。

$$Cu^{2+} + S^{2-} \longrightarrow CuS \downarrow$$

② **アンモニア水**または**水酸化ナトリウム水溶液**を加えると，水酸化銅（Ⅱ）$Cu(OH)_2$ の**青白色沈殿**が生じる。

$$Cu^{2+} + 2OH^- \longrightarrow Cu(OH)_2 \downarrow$$

③ ②の青白色沈殿に**過剰のアンモニア水**を加えると，沈殿は溶けて**深青色の溶液**$[Cu(NH_3)_4]^{2+}$ となる。➡ Cu^{2+} の検出

$$Cu(OH)_2 + 4NH_3 \longrightarrow [Cu(NH_3)_4]^{2+} + 2OH^-$$
テトラアンミン銅（Ⅱ）イオン

④ ②の青白色沈殿を**加熱**すると，**黒色の酸化銅（Ⅱ）CuO** となる。

$$Cu(OH)_2 \longrightarrow CuO + H_2O$$

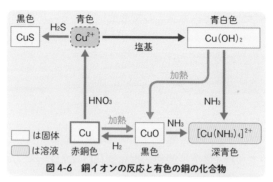

図 4-6　銅イオンの反応と有色の銅の化合物

テトラアンミン銅
酸化銅（Ⅱ）　　水酸化銅（Ⅱ）　　（Ⅱ）イオン
CuO　　　　　Cu(OH)₂　　　[Cu(NH₃)₄]²⁺
（黒色沈殿）　（青白色沈殿）　（深青色溶液）

加熱 ← → NH₃aq

図 4-7　銅（Ⅱ）イオンの反応

 POINT

Cu の化合物の色に着目
　CuO：黒色，Cu₂O：赤色，CuSO₄・5H₂O：青色，CuS：黒色，
Cu(OH)₂：青白色
　水溶液 ⇨ Cu²⁺：青色，[Cu(NH₃)₄]²⁺：深青色

3　銀 Ag

A　製法
　天然には，単体および硫化銀 Ag₂S として存在する。

B　単体の性質
❶ 銀白色の光沢をもち，熱，電気の伝導性は金属中で最大である。展性・延

性は金についで大きい。なお，融点は 962 ℃，密度は 10.5 g/cm^3 である。

❷ イオン化傾向が水素より小さいので，塩酸や希硫酸には反応しないが，硝酸や熱濃硫酸など酸化作用のある酸には反応して溶ける。

  濃硝酸 $Ag + 2HNO_3 \longrightarrow AgNO_3 + H_2O + NO_2$

  熱濃硫酸 $2Ag + 2H_2SO_4 \longrightarrow Ag_2SO_4 + 2H_2O + SO_2$

  湿った空気中では，硫化水素と反応して黒色の硫化銀 Ag_2S を生じる。

補足 温泉地で銀製品が黒くなるのは，硫化水素によって硫化銀が生じるからである。

4 銀の化合物と銀イオンの反応

A 銀の化合物

銀は，**酸化数 +1 の化合物**をつくる。

❶ **硝酸銀 AgNO₃**

 無色の結晶で，水によく溶ける。感光性がある。

❷ **ハロゲン化銀**

 銀イオンにハロゲン化物イオンを加えるとハロゲン化銀の沈殿の**塩化銀 AgCl（白色），臭化銀 AgBr（淡黄色），ヨウ化銀 AgI（黄色）**ができる。これらは感光性があり，光を当てると銀が遊離して黒色になる。

補足 1. フッ化銀 AgF は水に溶け，沈殿しない。また，感光性も弱い。
   2. 臭化銀は写真の感光剤として用いられる。

B 銀イオンの反応

❶ **硫化水素**を通じると，硫化銀 Ag_2S の**黒色沈殿**が生じる。

  $2Ag^+ + S^{2-} \longrightarrow Ag_2S\downarrow$

❷ **塩酸**を加えると塩化銀 AgCl の**白色沈殿**，**臭化水素酸**を加えると臭化銀 AgBr の**淡黄色沈殿**が生じる。

  $Ag^+ + Cl^- \longrightarrow AgCl\downarrow$ $Ag^+ + Br^- \longrightarrow AgBr\downarrow$

補足 塩化銀，臭化銀の沈殿は，アンモニア水およびチオ硫酸ナトリウム（Na₂S₂O₃）水溶液によって溶ける。
   $AgCl + 2NH_3 \longrightarrow [Ag(NH_3)_2]^+ + Cl^-$
   $AgBr + 2Na_2S_2O_3 \longrightarrow Na_3[Ag(S_2O_3)_2] + NaBr$ ←写真現像の定着液での反応

❸ **アンモニア水**を加えると，**少量**では酸化銀 Ag_2O の**褐色沈殿**を生じ，**過剰**に加えると，沈殿は溶けて**無色の溶液**になる。

アンモニア水　$NH_3 + H_2O \rightleftharpoons NH_4^+ + OH^-$

少量では　　$2Ag^+ + 2OH^- \longrightarrow Ag_2O\downarrow + H_2O$

過剰では　　$Ag_2O + 4NH_3 + H_2O \longrightarrow 2[Ag(NH_3)_2]^+ + 2OH^-$
　　　　　　　　　　　　　　ジアンミン銀（I）イオン

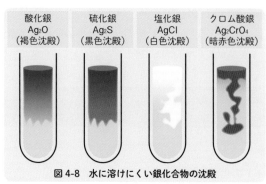

| 酸化銀
Ag_2O
（褐色沈殿） | 硫化銀
Ag_2S
（黒色沈殿） | 塩化銀
$AgCl$
（白色沈殿） | クロム酸銀
Ag_2CrO_4
（暗赤色沈殿） |

図 4-8　水に溶けにくい銀化合物の沈殿

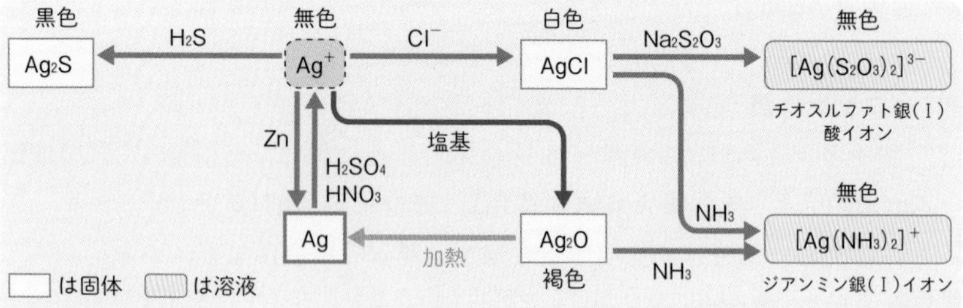

図 4-9　銀イオンの反応のまとめ

黒色　　　　　無色　　　　　白色　　　　　　無色

Ag_2S ←H_2S― Ag^+ ―Cl^-→ $AgCl$ ―$Na_2S_2O_3$→ $[Ag(S_2O_3)_2]^{3-}$
　　　　　　　　　　　　　　　　　　　　　　　　チオスルファト銀（I）
　　　　　　　　　　　　　　　　　　　　　　　　酸イオン

Zn　H_2SO_4　塩基　　　　　　　　　　　　　　無色
　　　HNO_3

Ag ←加熱― Ag_2O ―NH_3→ $[Ag(NH_3)_2]^+$
　　　　　　　褐色　NH_3　　　ジアンミン銀（I）イオン

□は固体　▨は溶液

Ag^+の錯イオンに着目：$[Ag(NH_3)_2]^+$，$[Ag(S_2O_3)_2]^{3-}$

　順に過剰のアンモニア水，$Na_2S_2O_3$水溶液を加えたときに生じる。

　いずれも無色。

4 | 亜鉛とその化合物

亜鉛は周期表 12 族の遷移元素である。2 個の価電子をもち，**2 価の陽イオンになりやすい**。

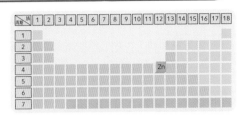

1 亜鉛 Zn

A 単体の製法
閃亜鉛鉱 ZnS を焼いて酸化亜鉛 ZnO とし，コークス C と加熱し，還元することで得られる。

$$2ZnO + C \longrightarrow 2Zn + CO_2$$

B 単体の性質
① 銀白色で，融点は比較的低い（融点 420 ℃，密度 7.13 g/cm³）。

② **両性金属**で，酸にも強塩基水溶液にも水素を発生して溶け，塩の水溶液となる。

$$Zn + 2HCl \longrightarrow ZnCl_2 + H_2$$

$$Zn + 2NaOH + 2H_2O \longrightarrow Na_2[Zn(OH)_4] + H_2$$

テトラヒドロキシド亜鉛(Ⅱ)酸ナトリウム

③ 空気中で熱すると白色粉末の**酸化亜鉛** ZnO を生じる。

$$2Zn + O_2 \longrightarrow 2ZnO$$

C 用途
電池の負極，**トタン**，黄銅や洋銀の合金の成分として用いられる。

2 亜鉛の化合物

Ⓐ 酸化亜鉛 ZnO

❶ 白色の粉末で，**無毒**なので白色顔料や医薬品に用いられる。

❷ **両性酸化物**で，酸や強塩基の水溶液に溶け，塩を生じる。

$$ZnO + 2HCl \longrightarrow ZnCl_2 + H_2O$$

$$ZnO + 2NaOH + H_2O \longrightarrow Na_2[Zn(OH)_4]$$

Ⓑ 硫化亜鉛 ZnS

白色の粉末で，白色顔料や塗料に用いられる。

Ⓒ Zn^{2+}の反応

❶ Zn^{2+}を含む水溶液に水酸化ナトリウム水溶液を加えると，少量では両性水酸化物の水酸化亜鉛の白色沈殿が生じ，過剰では沈殿が溶けて無色の水溶液になる。

水酸化ナトリウム水溶液 $NaOH \longrightarrow Na^+ + OH^-$ より

少量では $Zn^{2+} + 2OH^- \longrightarrow Zn(OH)_2\downarrow$

過剰では $Zn(OH)_2 + 2OH^- \longrightarrow [Zn(OH)_4]^{2-}$ ➡ $Na_2[Zn(OH)_4]$
テトラヒドロキシド亜鉛(Ⅱ)酸イオン

❷ Zn^{2+}を含む水溶液にアンモニア水を加えると，少量では水酸化亜鉛の白色沈殿が生じ，過剰では沈殿が溶けて無色の水溶液になる。

アンモニア水 $NH_3 + H_2O \rightleftharpoons NH_4^+ + OH^-$ より

少量では $Zn^{2+} + 2OH^- \longrightarrow Zn(OH)_2\downarrow$

過剰では $Zn(OH)_2 + 4NH_3 \longrightarrow [Zn(NH_3)_4]^{2+} + 2OH^-$
テトラアンミン亜鉛(Ⅱ)イオン

❸ Zn^{2+}を含む塩基性水溶液に H_2S を通じると，硫化亜鉛の白色沈殿が得られる。

$$Zn^{2+} + H_2S \longrightarrow ZnS\downarrow + 2H^+$$

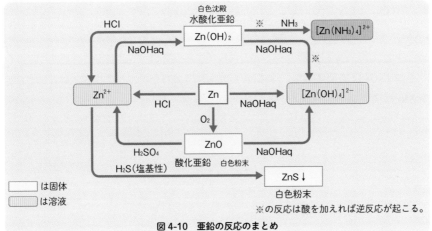

図 4-10　亜鉛の反応のまとめ

5 | クロム・マンガンとその化合物

クロム Cr は周期表 6 族，マンガン Mn は 7 族の遷移元素である。

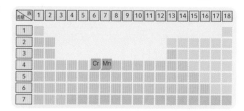

1 クロム Cr とその化合物

A 単体の性質

❶ 銀白色の硬い金属である。融点は $1860\ ℃$，密度は $7.19\ g/cm^3$ である。

❷ 空気中では表面に酸化被膜をつくり不動態となるため，酸化されにくく，メッキやステンレス鋼などの合金の成分として利用される。

❸ イオン化傾向が水素より大きいので，塩酸や希硫酸には水素を発生して溶けるが，濃硝酸には不動態となって溶けない。

> 補足 ステンレス鋼は Fe，Cr，Ni などの合金。

B クロムの化合物

酸化数が $+3$，$+6$ の化合物をつくる。

❶ クロム酸カリウム K_2CrO_4

黄色の結晶で，水に溶かすとクロム酸イオン CrO_4^{2-} によって黄色の水溶液となる。この水溶液を酸性にするとニクロム酸イオン $Cr_2O_7^{2-}$ となって橙赤色になる。

$$\underset{\text{(黄色)}}{2CrO_4^{2-}} + 2H^+ \longrightarrow \underset{\text{(橙赤色)}}{Cr_2O_7^{2-}} + H_2O$$

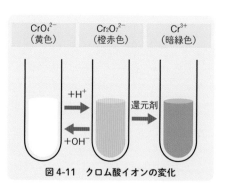

図 4-11 クロム酸イオンの変化

逆に，$Cr_2O_7{}^{2-}$ の水溶液を塩基性にすると，再び $CrO_4{}^{2-}$ となって黄色になる。

$$Cr_2O_7{}^{2-} + 2OH^- \longrightarrow 2CrO_4{}^{2-} + H_2O$$

❷ ニクロム酸カリウム $K_2Cr_2O_7$

橙赤色の結晶。硫酸で酸性にした水溶液は**強い酸化作用**を示す。

$$Cr_2O_7{}^{2-} + 14H^+ + 6e^- \longrightarrow 2Cr^{3+} + 7H_2O$$

補足 1. 水溶液中の Cr^{3+} は緑色を示すので，硫酸酸性のニクロム酸カリウム水溶液が酸化剤として完全に反応を進行すると，水溶液の色が橙赤色から緑色に変化する。

2. 酸化数が +6 のクロムの化合物には毒性があるので，廃棄処分には注意を要する。

❸ $CrO_4{}^{2-}$ の反応

Ag^+，Pb^{2+}，Ba^{2+} と反応して，暗赤色，黄色，黄色の沈殿を生じる。

$$2Ag^+ + CrO_4{}^{2-} \longrightarrow Ag_2CrO_4\downarrow（暗赤色）$$

$$Pb^{2+} + CrO_4{}^{2-} \longrightarrow PbCrO_4\downarrow（黄色）$$

$$Ba^{2+} + CrO_4{}^{2-} \longrightarrow BaCrO_4\downarrow（黄色）$$

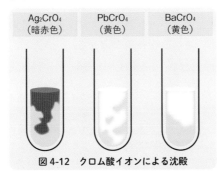

図 4-12　クロム酸イオンによる沈殿

2 マンガン Mn とその化合物

A 単体の性質

❶ 銀白色の金属で，鉄より硬いがもろい。融点は 1246 ℃，密度は 7.44 g/cm³ である。

❷ 化学的にやや活発で，塩素や酸素，硫黄と直接結合する。また，イオン化傾向が水素より大きいので，塩酸や希硫酸に水素を発生して溶ける。

$$Mn + Cl_2 \longrightarrow MnCl_2$$

$$Mn + H_2SO_4 \longrightarrow MnSO_4 + H_2$$

❸ 少量のマンガンを含む鋼はマンガン鋼と呼ばれ，構造材やレールのポイントに用いられる。

B マンガンの化合物

酸化数が +2，+4，+7 の化合物が多い。

❶ **酸化マンガン(Ⅳ) MnO_2**

　黒色の粉末で，水に溶けない。酸化作用があり，酸化剤として，また，触媒としても用いられる。

例 1. 酸化剤 $\begin{cases} \text{マンガン乾電池の減極剤（正極活物質）(⇨ p.300)。} \\ \text{実験室で塩素を発生させるときの，濃塩酸との反応(⇨ p.403)。} \end{cases}$

　　　2. 触媒 ⇨ 過酸化水素水から酸素を発生させる反応(⇨ p.410)。

❷ **過マンガン酸カリウム $KMnO_4$**

　黒紫色の結晶。水に溶けやすく，水溶液は過マンガン酸イオン MnO_4^- により，赤紫色となる。

　硫酸で酸性にした過マンガン酸水溶液は，**強い酸化作用**を示す。塩基性や中性の水溶液では，その酸化作用が弱まる。

〔酸性〕　　　　　　$MnO_4^- + 8H^+ + 5e^- \longrightarrow Mn^{2+} + 4H_2O$
　　　　　　　　　　（赤紫色）　　　　　　　　　（淡赤色）

〔塩基性・中性〕　$MnO_4^- + 2H_2O + 3e^- \longrightarrow MnO_2\downarrow + 4OH^-$
　　　　　　　　　　　　　　　　　　　　　　　（黒色）

補足 水溶液中の Mn^{2+} は淡赤色で無色に近いので，硫酸酸性の過マンガン酸カリウム水溶液が酸化剤として完全に反応が進行すると，水溶液の赤紫色が消える。

6 | 金属イオンの反応と分離

水溶液中の金属イオンは，陰イオンによってそれぞれ特有の沈殿が生じる。

これらの沈殿反応を利用してイオンの種類を調べたり，イオンを分離したりすることができる。

1 塩化物イオン Cl⁻ との反応

Ag^+，Pb^{2+} を含む水溶液に，塩酸や塩化ナトリウム水溶液など Cl^- を含む水溶液を加えると，$AgCl$，$PbCl_2$ **の白色沈殿**を生じる。

$$Ag^+ + Cl^- \longrightarrow AgCl\downarrow (白色) \qquad Pb^{2+} + 2Cl^- \longrightarrow PbCl_2\downarrow (白色)$$

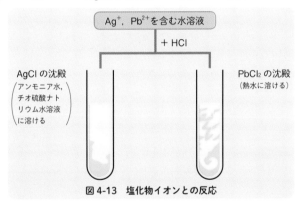

図 4-13　塩化物イオンとの反応

❶ $AgCl$ の沈殿は，**アンモニア水やチオ硫酸ナトリウム水溶液に溶ける**が，$PbCl_2$ の沈殿は溶けない。

$$AgCl + 2NH_3 \longrightarrow [Ag(NH_3)_2]^+ + Cl^-$$
$$AgCl + 2Na_2S_2O_3 \longrightarrow Na_3[Ag(S_2O_3)_2] + NaCl$$

❷ $PbCl_2$ の沈殿は，**熱水に溶ける。**

POINT

Cl^- によって沈殿 $\begin{cases} Ag^+ & \Rightarrow AgCl（白色） \\ Pb^{2+} & \Rightarrow PbCl_2（白色） \end{cases}$

$AgCl$：アンモニア水，チオ硫酸ナトリウム水溶液に溶ける。
$PbCl_2$：熱水に溶ける。

2 硫化物イオン S^{2-} との反応(硫化水素 H_2S を通じたときの反応)

金属イオンを含む水溶液に**硫化水素 H_2S を通じたとき**，その水溶液が酸性か塩基性かによって，次のように異なる沈殿反応を示す。

❶ **酸性でも中性でも塩基性でも沈殿する金属イオン**：Pb^{2+}，Cu^{2+}，Ag^+，Cd^{2+}

$$Pb^{2+} + S^{2-} \longrightarrow PbS\downarrow (黒色) \qquad Cu^{2+} + S^{2-} \longrightarrow CuS\downarrow (黒色)$$

$$2Ag^+ + S^{2-} \longrightarrow Ag_2S\downarrow (黒色)$$

❷ **塩基性・中性で沈殿する金属イオン**：Fe^{2+}，Zn^{2+}，Mn^{2+}

$$Fe^{2+} + S^{2-} \longrightarrow FeS\downarrow (黒色)$$

$$Zn^{2+} + S^{2-} \longrightarrow ZnS\downarrow (白色)$$

補足 1. これらのイオンは酸性の水溶液では沈殿しない。

2. Fe^{3+} を含む水溶液に H_2S を通じると，H_2S の還元作用によって，$Fe^{3+} \rightarrow Fe^{2+}$ のように変化して FeS の沈殿となる。

3. ほとんどの硫化物の沈殿の色は黒色であるが，ZnS は白色，CdS は黄色，MnS は淡赤色である。

❸ **つねに沈殿しない陽イオン**：Na^+，K^+，Mg^{2+}，Ca^{2+}，Ba^{2+}，NH_4^+

補足 沈殿しない陽イオンは，1族・2族の元素のイオンと NH_4^+

POINT

H_2S を通じたとき

- つねに沈殿するイオン ⇨ Pb^{2+}，Cu^{2+}，Ag^+，Cd^{2+}
- 塩基性・中性で沈殿するイオン ⇨ Fe^{2+}，Zn^{2+}，Mn^{2+}

硫化物の沈殿の色 ⇨ ZnS（白色），CdS（黄色），MnS（淡赤色）以外は黒色

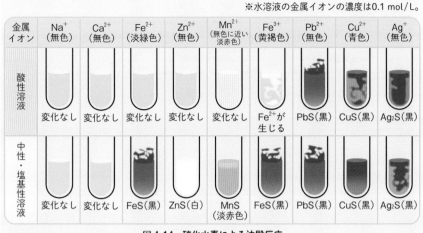

※水溶液の金属イオンの濃度は0.1 mol/L。

金属イオン	Na^+ (無色)	Ca^{2+} (無色)	Fe^{2+} (淡緑色)	Zn^{2+} (無色)	Mn^{2+} (無色に近い淡赤色)	Fe^{3+} (黄褐色)	Pb^{2+} (無色)	Cu^{2+} (青色)	Ag^+ (無色)
酸性溶液	変化なし	変化なし	変化なし	変化なし	変化なし	Fe^{2+}が生じる	PbS(黒)	CuS(黒)	Ag_2S(黒)
中性・塩基性溶液	変化なし	変化なし	FeS(黒)	ZnS(白)	MnS(淡赤色)	FeS(黒)	PbS(黒)	CuS(黒)	Ag_2S(黒)

図 4-14　硫化水素による沈殿反応

> 補足 Fe^{3+}の水溶液に H_2S を通じると，硫黄 S が沈殿する。
> $$2Fe^{3+} + H_2S \longrightarrow 2Fe^{2+} + 2H^+ + S\downarrow$$

3 水酸化物イオン OH⁻ との反応

　金属イオンを含む水溶液に塩基水溶液を加えると，塩基水溶液中の OH⁻ によっ
て，**アルカリ金属，アルカリ土類金属以外の金属イオンは，水酸化物として沈殿
する。**ただし，塩基水溶液の種類と量によっては，沈殿が溶ける。

> 補足 Ag^+は塩基水溶液によって，水酸化物でなく酸化物 Ag_2O として沈殿する。

A 水酸化ナトリウムなど強塩基の水溶液を加えた場合
　少量では水酸化物の沈殿を生じ，過剰ではこの沈殿が溶ける金属イオン

⇨両性金属のイオン：Al^{3+}, Zn^{2+}, Sn^{2+}, Pb^{2+}

$$Al^{3+} \xrightarrow{\text{OH}^-(少量)} Al(OH)_3\downarrow(白色) \xrightarrow{\text{OH}^-(過剰)} [Al(OH)_4]^-(無色の水溶液)$$

$$Zn^{2+} \xrightarrow{\text{OH}^-(少量)} Zn(OH)_2\downarrow(白色) \xrightarrow{\text{OH}^-(過剰)} [Zn(OH)_4]^{2-}(無色の水溶液)$$

B アンモニア水を加えた場合
　少量では沈殿を生じ，過剰ではこの沈殿が溶ける金属イオン

⇨ Zn^{2+}, Cu^{2+}, Ag^+

アンモニア水 $NH_3 + H_2O \longleftrightarrow NH_4^+ + OH^-$

$Zn^{2+} \xrightarrow{\text{OH}^-\text{(少量)}} Zn(OH)_2\downarrow$（白色）$\xrightarrow{\text{NH}_3\text{(過剰)}} [Zn(NH_3)_4]^{2+}$（無色の水溶液）

$Cu^{2+} \xrightarrow{\text{OH}^-\text{(少量)}} Cu(OH)_2\downarrow$（青白色）$\xrightarrow{\text{NH}_3\text{(過剰)}} [Cu(NH_3)_4]^{2+}$（深青色の水溶液）

$Ag^+ \xrightarrow{\text{OH}^-\text{(少量)}} Ag_2O\downarrow$（褐色）$\xrightarrow{\text{NH}_3\text{(過剰)}} [Ag(NH_3)_2]^+$（無色の水溶液）

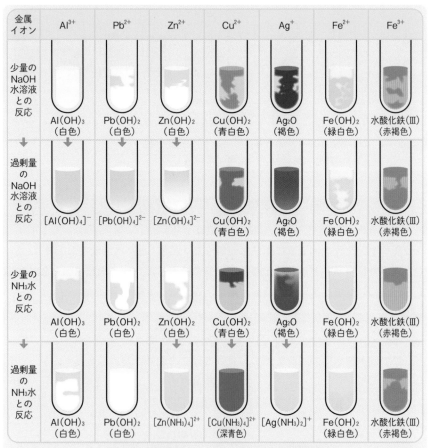

図 4-15　水酸化物イオンやアンモニアとの沈殿反応

484

POINT

- **NaOH水溶液：少量で沈殿，過剰で溶ける金属イオン**
  $\Rightarrow$ **両性金属のイオン：Al^{3+}，Zn^{2+}，Sn^{2+}，Pb^{2+}**
- **アンモニア水：少量で沈殿，過剰で溶ける金属イオン**
  $\Rightarrow Zn^{2+}$，Cu^{2+}，Ag^+
- **過剰のアンモニア水で深青色溶液$\Rightarrow Cu^{2+}$**

補足 塩基水溶液を加えたとき赤褐色沈殿，淡緑色沈殿を生じる金属イオン $\Rightarrow Fe^{3+}$，Fe^{2+}

$Fe^{3+} \longrightarrow$ 水酸化鉄(III)↓(赤褐色)　　　　$Fe^{2+} \longrightarrow Fe(OH)_2$↓(淡緑色)

4 硫酸イオン$SO_4{}^{2-}$，炭酸イオン$CO_3{}^{2-}$との反応

❶ **硫酸イオン$SO_4{}^{2-}$を加えて沈殿する金属イオン** $\Rightarrow Ba^{2+}$，Pb^{2+}，Ca^{2+}

$Ba^{2+} + SO_4{}^{2-} \longrightarrow BaSO_4\downarrow$　　　　$Pb^{2+} + SO_4{}^{2-} \longrightarrow PbSO_4\downarrow$

$Ca^{2+} + SO_4{}^{2-} \longrightarrow CaSO_4\downarrow$

いずれも白色沈殿で，酸や塩基と反応せず，安定な沈殿である。

❷ **炭酸イオン$CO_3{}^{2-}$**

Na^+，K^+，$NH_4{}^+$以外の金属イオンとは炭酸塩となって沈殿する。

例 $Ca^{2+} + CO_3{}^{2-} \longrightarrow CaCO_3\downarrow$　　　$Ba^{2+} + CO_3{}^{2-} \longrightarrow BaCO_3\downarrow$

炭酸塩の沈殿は，塩酸などの強酸にCO_2を発生して溶ける。

例 $CaCO_3 + 2HCl \longrightarrow CaCl_2 + H_2O + CO_2$

5 炎色反応による検出

Li, Na, K は沈殿をつくらないため，炎色反応によって検出する。

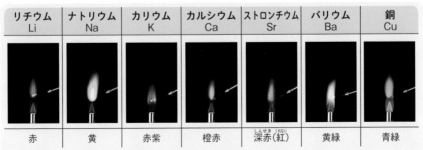

リチウム Li	ナトリウム Na	カリウム K	カルシウム Ca	ストロンチウム Sr	バリウム Ba	銅 Cu
赤	黄	赤紫	橙赤	深赤(紅)	黄緑	青緑

図4-16　炎色反応

この章で学んだこと

この章では，遷移元素の特徴について学び，錯イオン，鉄とその化合物，銅・銀とその化合物，亜鉛とその化合物，クロム・マンガンとその化合物について学習した。さらに，まとめとして，金属イオンの反応と分離についても学習した。

---

1 遷移元素

❶ **遷移元素** 3〜12族の元素で，すべて金属元素。いろいろな酸化数をとるものが多い。有色の化合物が多い。

❷ **錯イオン** 金属イオンに，非共有電子対をもった分子または陰イオンが配位結合したイオン。
[例] $[Zn(NH_3)_4]^{2+}$

(a)命名

$[Cu(NH_3)_4]^{2+}$ （テトラ アンミン 銅(Ⅱ) イオン）

陰イオンのときは，「〜酸イオン」とする。

2 鉄とその化合物

❶ **鉄 Fe (a)製錬** 溶鉱炉で鉄鉱石をCOによって還元し，銑鉄とし，転炉で鋼にする。
(b) 濃硝酸と不動態をつくる。
(c) Fe^{2+}（淡緑色），Fe^{3+}（黄褐色）の化合物をつくる。

❷ **鉄イオンの反応**
(a) Fe^{2+} $[Fe(CN)_6]^{3-}$ と濃青色の沈殿。
(b) Fe^{3+} $[Fe(CN)_6]^{4-}$ と濃青色の沈殿，SCN^- とは血赤色の溶液となる。

3 銅・銀とその化合物

❶ **銅 Cu (a)単体** 赤色で，熱・電気の伝導性大。空気中で緑青を生成。硝酸・熱濃硫酸に溶解する。
(b) $CuSO_4 \cdot 5H_2O$ 青色の結晶。加熱すると白色の粉末になる。

❷ Cu^{2+} **の反応 (a)** H_2S で黒色沈殿。
(b) 少量のアンモニア水で青白色の沈殿，過剰で深青色の溶液となる。

❸ **銀 Ag (a)単体** 銀白色で，熱・電気の伝導性最大。硝酸・熱濃硫酸に溶解する。
(b) $AgCl$（白色），$AgBr$（淡黄色），AgI（黄色）➡感光性あり。

❹ Ag^+ **の反応 (a)** H_2S で黒色沈殿。
(b) 少量のアンモニア水で褐色の沈殿，過剰で無色の溶液となる。

4 亜鉛とその化合物

❶ **亜鉛 Zn (a)** 両性金属で酸にも塩基にも溶ける。塩基には $[Zn(OH)_4]^{2-}$ となる。

❷ **両性酸化物・両性水酸化物** 塩基には，
$ZnO \rightarrow [Zn(OH)_4]^{2-}$
$Zn(OH)_2 \rightarrow [Zn(OH)_4]^{2+}$

5 クロム・マンガンとその化合物

❶ **単体** ともに銀白色で，塩酸や希硫酸に溶ける。

❷ CrO_4^{2-} **と沈殿** Ag_2CrO_4（暗赤色），$PbCrO_4$（黄色），$BaCrO_4$（黄色）

6 金属イオンの反応と分離

❶ H_2S つねに沈殿➡ Pb^{2+}，Cu^{2+}，Ag^+
中性・塩基性で沈殿➡ Fe^{2+}，Zn^{2+}，Mn^{2+}

❷ **NaOH** 少量で沈殿，過剰で溶解
➡ Al^{3+}，Zn^{2+}

❸ NH_3 **水** 少量で沈殿，過剰で溶解
➡ Zn^{2+}，Cu^{2+}，Ag^+

定期テスト対策問題 17

解答・解説は p.734

1 次の(1)～(4)に適する化合物を①～⑤より選べ。

(1) 水溶液に水酸化ナトリウム水溶液を加えると緑白色の沈殿を生じる。また，水溶液にヘキサシアニド鉄(Ⅲ)酸カリウム水溶液を加えると，濃青色の沈殿を生じる。

① 硫酸銅(Ⅱ)   ② 硫酸鉄(Ⅱ)   ③ 塩化鉄(Ⅲ)

④ 塩化亜鉛   ⑤ 硝酸銀

(2) 水溶液に希塩酸を加えると白色の沈殿を生じるが，この沈殿は熱水に溶ける。また，水溶液にクロム酸カリウム水溶液を加えると，黄色の沈殿を生じる。

① 硝酸銀   ② 硝酸鉄(Ⅲ)   ③ 硝酸鉛

④ 塩化亜鉛   ⑤ 硫酸銅(Ⅱ)

(3) 水溶液に希塩酸を加えても沈殿を生じないが，酸性条件下で硫化水素を通じると，黒色の沈殿を生じる。

① 硝酸銀   ② 硝酸鉄(Ⅱ)   ③ 硝酸鉛

④ 塩化亜鉛   ⑤ 硫酸銅(Ⅱ)

(4) 水溶液に希塩酸を加えると白色の沈殿が生じる。また，水溶液にアンモニア水を加えると褐色の沈殿を生じ，アンモニア水を過剰に加えると，無色の水溶液となる。

① 炭酸ナトリウム   ② 塩化カルシウム

③ 硝酸鉛   ④ 塩化亜鉛   ⑤ 硝酸銀

2 金属 A ～ E は，次のいずれかである。**実験1～3**を読み，それぞれどれにあてはまるかを答えよ。

Au   Fe   Cu   Zn   Ag

実験1 金属 A ～ E の小片を塩酸に入れたところ，A, C は気体を発生して溶けた。

実験2 金属 A ～ E の小片を水酸化ナトリウム水溶液に入れたところ，A は気体を発生して溶けた。

実験3 金属 A ～ E の小片を濃硝酸に入れたところ，A，B，D は気体を発生して溶け，B からは青色の水溶液が生じた。

ヒント

1 沈殿や水溶液の色に注目する。Cl⁻との反応に注意する。

2 イオン化傾向の大小，濃硝酸と不動態に注意する。

3 試験管 A〜D の水溶液には次のイオンのいずれか1つを含む。それぞれのどのイオンが含まれるか。

Cu^{2+}　　Al^{3+}　　Fe^{3+}　　Ag^+

① A〜D に塩酸を加えると，A に沈殿が生じた。

② A〜D にアンモニア水を加えると，いずれも沈殿を生じたが，過剰に加えると A と C の沈殿は溶けた。

③ A〜D に水酸化ナトリウム水溶液を加えると，いずれも沈殿が生じたが，過剰に加えると B の沈殿は溶けた。

4 次の図は，Ag^+，Zn^{2+}，Fe^{3+}，Cu^{2+}，Ca^{2+}，Na^+ の混合溶液からそれぞれのイオンを分離する操作を示している。下の(1)〜(3)の問いに答えよ。

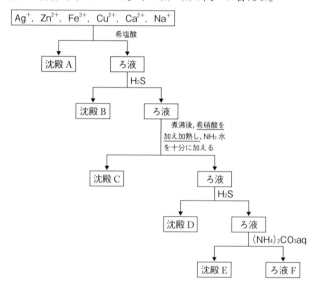

(1) 沈殿 A 〜 E の化学式を示せ。

(2) 下線部の操作で起こる変化を，e^- を含むイオン反応式で示せ。

(3) ろ液 F は炎色反応を示す。そのときの色を答えよ。

ヒント
3 過剰の水酸化ナトリウム水溶液で溶けるのは，両性水酸化物。
4 NH_3 を十分に加えたとき，錯イオンになって溶けるのは何か。

化学

第 **4** 部

有機化合物

第 **1** 章 　 有機化合物

1 │ 有機化合物とその特徴

1 有機化合物と無機化合物

　19世紀の初めごろまでは，有機体（生命体）の活動に
よって生じるものを有機化合物と呼び，実験室では合
成できないと信じられていた。

　1828年，ドイツの**ウェーラー**は，無機化合物のシ
アン酸アンモニウム NH_4OCN から有機化合物である尿
素 $CO(NH_2)_2$ の合成に成功した。その後多くの有機化
合物が実験室や工場で合成されるようになった。

　有機化合物と無機化合物は次のように区別される。

図1-1　ウェーラー

> 有機化合物：**炭素原子 C を含む化合物**
> 無機化合物：**有機化合物以外の化合物**

Q CO_2 は炭素 C が含まれているのに無機化合物なんですか？

A そうですね。CO や CO_2 のような酸化物，$CaCO_3$ のような炭酸塩，KCN
のようなシアン化物，NH_4OCN のようなシアン酸塩などの炭素の化合物は，
19世紀の初めから生体に関与しない化合物として知られていたため，歴史的
理由により，現在でも無機化合物として扱われます。

2 有機化合物の特徴

A 構成元素と化合物の数

　有機化合物は，炭素 C，水素 H，酸素 O，窒素 N などの少数の元素からなる。
また，炭素原子の**原子価が4価**で，炭素原子が次々と結合し，鎖状や環状，鎖
状では枝分かれ構造など多様な構造をとるため，**化合物の数はきわめて多い**。

補足 その他，硫黄 S，リン P，ハロゲンを含むことがある。

　共有結合による分子からなる物質であり，**融点・沸点が低い**。また，融点前に分解するものや**昇華する**ものもある。

　極性がないか弱いため，水に溶けにくく，有機溶媒に溶けやすい。

　共有結合からなるため，反応が遅い。また，可燃性のものが多く，完全燃焼すると二酸化炭素 CO_2，水 H_2O などを生成する。

表 1-1　有機化合物と無機化合物の比較

	有機化合物	無機化合物
構成元素	C, H, O, N, S, P, ハロゲンなど。元素の種類は少ない。	ほぼすべての元素がなりうる。元素の種類は多い。
化合物の種類	非常に多い。	有機化合物と比べると少ない。
構成粒子	分子からなるものが多い。	分子やイオン，原子など多種類。
融点・沸点	一般に，低い。	低温～高温と幅広い。
溶解性	水に溶けにくく，有機溶媒に溶けやすい。	電解質で水に溶けるものが多い。一般に有機溶媒に溶けにくい。

3　炭化水素の分類

A 炭化水素

　炭素と水素のみでできた化合物を炭化水素という。炭化水素は最も基本的な有機化合物である。

B 分類

　炭化水素は，結合の仕方により，次のように分類される。

鎖式炭化水素：炭素原子が**鎖状**に結合した炭化水素
環式炭化水素：炭素原子が**環状**に結合した炭化水素
飽和炭化水素：炭素原子間の結合が**すべて単結合**である炭化水素
不飽和炭化水素：炭素原子間に**二重結合や三重結合を含む**炭化水素

4 炭素原子の結合による有機化合物の分類

A 脂肪族炭化水素と芳香族炭化水素

　ベンゼン C_6H_6 の環構造(ベンゼン環)を含む環式炭化水素を**芳香族炭化水素**といい, それ以外を**脂肪族炭化水素**という。また, 環式炭化水素のうち, 芳香族炭化水素以外の有機化合物を**脂環式炭化水素**という。

補足 脂肪族炭化水素については, 脂環式炭化水素を含める場合と, 含めない場合を併記した。

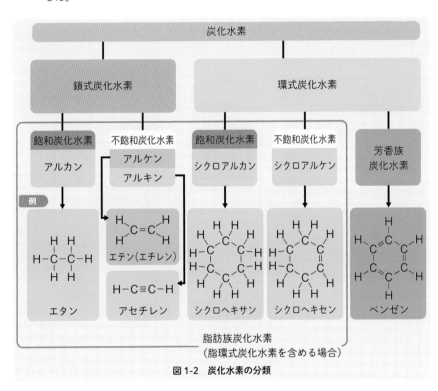

図1-2　炭化水素の分類

B 脂肪族炭化水素の分類

●アルカン〈alkane〉

鎖式飽和炭化水素 $C_nH_{2n+2}(n \geqq 1)$ ⇨炭素原子が鎖状に結合，すべて単結合

●アルケン〈alkene〉

鎖式不飽和炭化水素 $C_nH_{2n}(n \geqq 2)$ ⇨炭素原子が鎖状に結合，二重結合1つ

●アルキン〈alkyne〉

鎖式不飽和炭化水素 $C_nH_{2n-2}(n \geqq 2)$ ⇨炭素原子が鎖状に結合，三重結合1つ

●シクロアルカン〈cycloalkane〉

環式飽和炭化水素 $C_nH_{2n}(n \geqq 3)$ ⇨炭素原子が環状に結合，すべて単結合

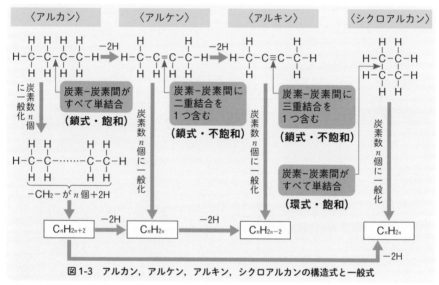

図1-3 アルカン，アルケン，アルキン，シクロアルカンの構造式と一般式

補足 **シクロアルケン**：環式不飽和炭化水素。二重結合を1つ含む。
一般式は $C_nH_{2n-2}(n \geqq 3)$

例 C_5H_8

5 官能基による有機化合物の分類

分子から何個かの原子がとれた形を示す原子団を基という。

例 炭化水素の分子から一部の水素原子がとれた原子団を炭化水素基という。炭化水素基は「R–」と表すこともある。

表 1-2　炭化水素基の例（炭化水素分子から H 原子が 1 個とれた例）

炭化水素分子		基の名称		化学式
メタン　　CH₄	炭化水素基	※アルキル基	メチル基	CH_3-
エタン　　CH₃CH₃			エチル基	CH_3CH_2-
プロパン　CH₃CH₂CH₃			⎰ プロピル基	$CH_3CH_2CH_2-$
			⎱ イソプロピル基	$(CH_3)_2CH-$
エテン　CH₂＝CH₂			ビニル基	$CH_2=CH-$
ベンゼン　C₆H₆			フェニル基	C_6H_5-

※**アルキル基**：アルカンから H 原子 1 個がとれた基。アルカンの語尾が '－アン' から '－イル' に変わる。

　ヒドロキシ基 $-OH$ のように特有な性質を示す基を，<ruby>官能基<rt>かんのうき</rt></ruby>という。同じ官能基をもつ化合物は互いによく似た性質をもつため，官能基によって有機化合物を分類することができる。

表 1-3　主な官能基による分類

官能基		化合物の分類名	化合物の例		性質など
			名称	示性式	
ヒドロキシ基	$-OH$	アルコール	メタノール エタノール	CH_3OH C_2H_5OH	水溶液は中性。ナトリウムと反応する
		フェノール類	フェノール	C_6H_5OH	水溶液は弱酸性。ナトリウムと反応する
カルボキシ基	$-\overset{\parallel O}{C}-OH$	カルボン酸	酢酸	CH_3COOH	酸性
ホルミル基 （アルデヒド基）	$-\overset{\parallel O}{C}-H$	アルデヒド	アセトアルデヒド	CH_3CHO	中性。還元性あり
カルボニル基 （ケトン基）	$-\overset{\parallel O}{C}-$	ケトン	アセトン	CH_3COCH_3	中性。還元性なし
アミノ基	$-NH_2$	アミン	アニリン	$C_6H_5NH_2$	塩基性。酸と中和して塩をつくる
ニトロ基	$-NO_2$	ニトロ化合物	ニトロベンゼン	$C_6H_5NO_2$	中性。還元されてアミノ基 $-NH_2$ になる
スルホ基	$-SO_3H$	スルホン酸	ベンゼンスルホン酸	$C_6H_5SO_3H$	強酸性。塩基と中和して塩をつくる
エステル結合	$-\overset{\parallel O}{C}-O-$	エステル	酢酸メチル	CH_3COOCH_3	中性。加水分解する

補足　アルデヒドやカルボン酸，エステルの $-\overset{\parallel O}{C}-$ をカルボニル基と呼ぶことがある。

6 有機化合物の表し方

有機化合物は，分子式，構造式，示性式などで表される。

分子式…分子を構成する原子の種類と数を表した化学式。通常 C，H，O の順に並べる。

構造式…原子間の結合を－のような線（価標とも呼ぶ）で表した化学式。

簡略化した構造式…原子のつながり方がわかる範囲で線（H との価標）を省略した構造式。

示性式…分子式から官能基を抜き出し，分子の性質がわかるようにした化学式。

表 1-4　有機化合物の表し方

	エタノール
分子式	C_2H_6O
構造式	$\begin{array}{ccc} & H & H \\ & | & | \\ H- & C- & C-OH \\ & | & | \\ & H & H \end{array}$
簡略化した構造式	CH_3-CH_2-OH
示性式	C_2H_5OH

Q これらの式をどのように使い分ければよいですか？

A 場合によりますが，有機化合物の分野では構造式や示性式で説明されることが多いです。構造式から示性式，示性式から構造式への書き換えはできるようにしておきましょう。

7 異性体

分子式が同じでも構造の異なる化合物を互いに異性体という。

A 構造異性体

構造式（原子の配列順序）が異なる異性体を**構造異性体**という。構造異性体は，①炭素骨格の違い，②官能基の種類や結合位置の違い，③不飽和結合の位置の違いなどにより生じる。

例 ① 分子式 C_4H_{10}

$CH_3-CH_2-CH_2-CH_3$ ブタン

$CH_3-CH-CH_3$ 2-メチルプロパン
       |
      CH_3

② 分子式 C_2H_6O

CH_3-CH_2-OH エタノール

CH_3-O-CH_3 ジメチルエーテル

分子式 C_3H_8O

$CH_3-CH_2-CH_2-OH$ 1-プロパノール

$CH_3-CH-CH_3$ 2-プロパノール
      |
     OH

③ 分子式 C_4H_8

$CH_2=CH-CH_2-CH_3$ 1-ブテン

$CH_3-CH=CH-CH_3$ 2-ブテン

B 立体異性体

構造式が同じでも，分子の立体的構造が異なるために生じる異性体を**立体異性体**という。立体異性体には，シス-トランス異性体（二重結合による）（⇨ p.519）と鏡像異性体がある（⇨ p.565）。

4

第1章 有機化合物

497

2 | 有機化合物の分析

1 有機化合物の構造式の決定までの流れ

生物などから得た試料は，抽出・各種クロマトグラフィーなどにより分離・精製して単離したあと，次のような手順で構造式が決められる。

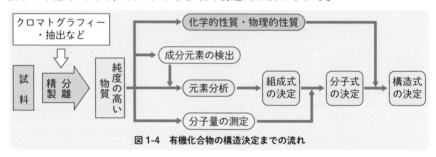

図1-4 有機化合物の構造決定までの流れ

2 成分元素の検出

有機化合物にどのような元素が含まれるかは，次のような方法によって調べる。

表1-5 成分元素の検出

元素	操作	生成物	確認方法
炭素 C	完全燃焼させる	二酸化炭素 CO_2	発生した気体を石灰水に通じると白濁する
水素 H	完全燃焼させる	水 H_2O	生じた液体を白色の硫酸銅(II)無水物につけると青変する
窒素 N	NaOH とともに加熱する	アンモニア NH_3	湿らせた赤色リトマス紙を近づけると青変する
硫黄 S	Na を加えて加熱・融解し，水を加える	硫化ナトリウム Na_2S	酢酸鉛(II)水溶液を加えると，硫化鉛(II)の黒色沈殿を生じる
塩素 Cl	加熱した銅線につけて炎に入れる	塩化銅(II)$CuCl_2$	銅の青緑色の炎色反応が見られる※

補足 塩素の確認方法（※）はバイルシュタイン試験といい，Cl，Br，I の検出に利用される。銅の塩化物や臭化物，ヨウ化物は，炎の中で原子化が起こりやすく，銅の炎色反応が観察される。

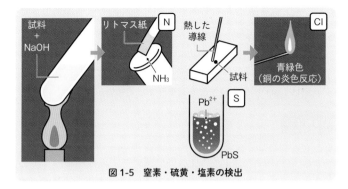

図 1-5　窒素・硫黄・塩素の検出

3 元素分析

　有機化合物を構成する元素の種類と割合(組成)を決定することを，**元素分析**という。炭素 C，水素 H，酸素 O からなる有機化合物の組成式を求めるには，次のような装置と手順で行う。

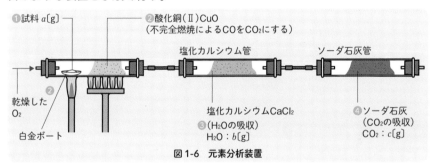

図 1-6　元素分析装置

■元素分析の手順

① 試料の質量 a (g) を正確にはかる。

② 試料を酸素気流中で完全燃焼させる。酸化銅(Ⅱ)は不完全燃焼による CO を CO₂ にするのに使われる。

③ はじめに H₂O を塩化カルシウムに吸収させ，増加量から H₂O の質量 b (g) を求める。

④ 次に CO₂ をソーダ石灰に吸収させ，増加量から CO₂ の質量 c (g) を求める。

> **補足** 塩化カルシウム管とソーダ石灰管の順を逆にすると，ソーダ石灰に CO₂ と H₂O の両方が吸収されてしまうので，順番を間違えないよう気をつける。

⑤ b と c から，それぞれ H の質量 m_H (g)，C の質量 m_C (g) を求める。

$$m_\text{H} = b \times \frac{2\text{H}\,(=2.0)}{\text{H}_2\text{O}\,(=18.0)} \text{(g)} \qquad m_\text{C} = c \times \frac{\text{C}\,(=12.0)}{\text{CO}_2\,(=44.0)} \text{(g)}$$

⑥ a と m_H と m_C から，酸素の質量 m_O (g) を求める。

$$m_\text{O} = a - (m_\text{H} + m_\text{C})$$

補足 ソーダ石灰は CaO と NaOH を加熱してつくった物質。

POINT

$$\text{H の質量} = \text{H}_2\text{O の質量} \times \frac{2.0\,(2\text{H})}{18.0\,(\text{H}_2\text{O})} \qquad \text{C の質量} = \text{CO}_2\text{ の質量} \times \frac{12.0\,(\text{C})}{44.0\,(\text{CO}_2)}$$

$$\text{O の質量} = (\text{試料の質量}) - (\text{H の質量} + \text{C の質量})$$

4 組成式の決定

　各元素の質量をモル質量で割り，それらの比を求めると，物質量比すなわち原子の数の比になる。その比を最も簡単な整数比にすると，組成式（実験式）が求まる。

　また，各元素の質量パーセントをモル質量で割っても原子数の比となる。

$$\text{C} : \text{H} : \text{O} = \frac{\text{C の質量}}{12.0} : \frac{\text{H の質量}}{1.0} : \frac{\text{O の質量}}{16.0} = \frac{\text{C の}\%}{12.0} : \frac{\text{H の}\%}{1.0} : \frac{\text{O の}\%}{16.0}$$

$$= x : y : z \,(\text{最も簡単な整数比}) \Rightarrow \text{組成式 } \text{C}_x\text{H}_y\text{O}_z$$

例題1 燃焼生成物の質量から組成式を決定

　炭素，水素，酸素からなる有機化合物 7.50 mg を完全燃焼させると，二酸化炭素 CO_2 11.0 mg と水 H_2O 4.50 mg を生じた。次の問いに答えよ。ただし，原子量は H = 1.0，C = 12.0，O = 16.0 とする。

⑴ この有機化合物中に含まれる炭素，水素，酸素の質量を求めよ。

⑵ この有機化合物の組成式を求めよ。

解答

⑴ C，H，O の各質量は，$\text{CO}_2 = 44.0$，$\text{H}_2\text{O} = 18.0$ であるから

$$\text{C の質量} : 11.0 \times \frac{12.0}{44.0} = 3.00 \text{ (mg)}$$

$$\text{H の質量} : 4.50 \times \frac{2.0}{18.0} = 0.50 \text{ (mg)}$$

O の質量：$7.50 - (3.00 + 0.50) = 4.00$ 〔mg〕

よって

炭素：**3.0 mg**

水素：**0.50 mg**

酸素：**4.0 mg** …⊛

(2) 各質量を原子の数の比になおすと

$$C : H : O = \frac{3.00}{12.0} : \frac{0.50}{1.0} : \frac{4.00}{16.0} = 0.25 : 0.50 : 0.25 = 1 : 2 : 1$$

よって，組成式は **CH₂O** …⊛

例題2 元素組成〔%〕からの組成式の決定

元素組成が炭素 40.0 %，水素 6.7 %，酸素 53.3 %である有機化合物の組成式を求めよ。ただし，元素組成は質量パーセントであり，原子量は H＝1.0，C＝12.0，O＝16.0 とする。

〔解答〕

元素組成を原子の数の比になおすと

$$C : H : O = \frac{40.0}{12.0} : \frac{6.7}{1.0} : \frac{53.3}{16.0} \fallingdotseq 3.33 : 6.7 : 3.33 \fallingdotseq 1 : 2 : 1$$

よって，組成式は **CH₂O** …⊛

補足 炭化水素の場合は，酸素を除いて C：H とすればよい。

POINT

組成式を $C_x H_y O_z$ とすると

$$x : y : z = \frac{\text{C の質量}}{12.0} : \frac{\text{H の質量}}{1.0} : \frac{\text{O の質量}}{16.0}$$

$$x : y : z = \frac{\text{C の\%}}{12.0} : \frac{\text{H の\%}}{1.0} : \frac{\text{O の\%}}{16.0}$$

5 分子式の決定

A 分子式の決定

組成式は，成分元素の原子の数を最も簡単な整数比で表しているので，分子式中の各原子の数は，組成式中の各原子の数の整数倍（n 倍）である。したがって

組成式の式量×n＝分子量

⇨　　（組成式）$_n$＝分子式

　　　$(C_xH_yO_z)_n = C_{nx}H_{ny}O_{nz}$

分子量測定で n が決まれば，組成式と n から分子式が決定できる。

POINT

組成式の式量×n＝分子量　⇨　$n = \dfrac{分子量}{組成式の式量}$　←実験から求める
←組成式 $C_xH_yO_z$ から

分子式＝（組成式）$_n$＝$(C_xH_yO_z)_n$＝$C_{nx}H_{ny}O_{nz}$

$12.0x+1.0y+16.0z$ により求める

（n は整数）

組成式 $C_xH_yO_z$ と分子量測定から，分子式が決定できる。

補足　分子量 M を測定するには，次のような関係式を使う。

気体の
状態方程式

$PV = \dfrac{m}{M}RT$

沸点上昇・凝固点降下

$\dfrac{1000m}{wM} : 1 = \Delta t : k$

浸透圧

$\Pi v = \dfrac{m}{M}RT$

$\begin{cases} M：分子量 & T：絶対温度〔K〕 \\ P：圧力〔Pa〕 & \Delta t：沸点・凝固点の変化 \\ \Pi：浸透圧〔Pa〕 & k：モル沸点上昇・モル凝固点降下 \\ V：気体の体積〔L〕 & m：物質の質量〔g〕 \\ v：溶液の体積〔L〕 & w：溶媒の質量〔g〕 \\ R：気体定数（8.31\times10^3 \text{ Pa·L/(mol·K)}） \end{cases}$

例題3　分子式の決定

ある有機化合物を元素分析したところ，C：1.20 mg，H：0.20 mg，O：1.60 mg からできていることがわかった。また，分子量測定をしたところ，分子量は 180 であった。この化合物の組成式と分子式を求めよ。ただし，原子量は H＝1.0，C＝12.0，O＝16.0 とする。

[解答]

この化合物の組成式を $C_xH_yO_z$ として，各元素の質量をモル質量で割ると

$$x : y : z = \frac{C \text{ の質量}}{C \text{ のモル質量}} : \frac{H \text{ の質量}}{H \text{ のモル質量}} : \frac{O \text{ の質量}}{O \text{ のモル質量}}$$

$$= \frac{1.20}{12.0} : \frac{0.20}{1.0} : \frac{1.60}{16.0} = 1 : 2 : 1$$

したがって組成式は，$C_xH_yO_z$ から **CH_2O** …㊙

組成式の式量は　（CH_2O の式量）$= 12.0 + 1.0 \times 2 + 16.0 = 30.0$

分子量 180 から　$n = \dfrac{180}{30.0} = 6$

よって分子式は，**(組成式)$_n$＝分子式**から

$(CH_2O)_6 = $ **$C_6H_{12}O_6$** …㊙

B 分子式の推定

燃焼生成物の質量から分子式が推定できる場合がある。

例えば，ある炭化水素を完全燃焼させたところ，$CO_2 = 0.66\,g$，$H_2O = 0.36\,g$ が生じたとすると，C と H の原子の数の比は

$$C : H = 0.66 \times \frac{12}{44} \times \frac{1}{12} : 0.36 \times \frac{2.0}{18} \times \frac{1}{1.0}$$

$$= 3 : 8$$

したがって，組成式は C_3H_8 である。

C の数に対する H の数はアルカン C_nH_{2n+2}（C_3H_8，C_6H_{14}，C_9H_{20}，……）を超えないので，C_6H_{16}，C_9H_{24}，……は存在しない。

したがって，組成式が C_3H_8 である炭化水素の分子式は C_3H_8 と推定される。

6 構造式の決定

分子式が決まっても，複数の異性体がある場合がある。そのようなときは，各異性体の物理的・化学的性質と分析している化合物の性質を比較して，構造式を決める。分子式が C_3H_8O で表される有機化合物には，次の❶，❷，❸の構造異性体がある。

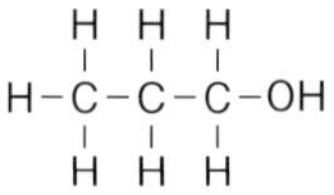

❶ 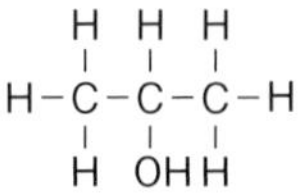   ❷ 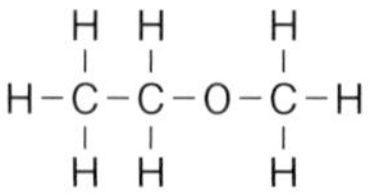   ❸

A 示性式の決定

分子がもつ官能基の種類と数を調べると，分子式から示性式を決定できる。一般に，**官能基の種類は化学的性質から決定される**。単体のナトリウムは，アルコール($-OH$)とは反応して水素を発生するが，エーテル($-O-$)とは反応しないことが知られている。分子式 C_3H_8O の試料にナトリウムを作用させ，水素が発生すれば❶か❷で，**示性式が C_3H_7OH** となり，反応しなければ❸で，**示性式が $CH_3CH_2OCH_3$** と決定される。

B 構造式の決定

示性式から構造式を導くには，炭素骨格の異なる異性体や官能基の位置が異なる異性体を区別する必要がある。これには，**融点・沸点などの物理的性質**，さらには**化学的性質を利用する**。示性式が C_3H_7OH の❶と❷の沸点は，次のようである。

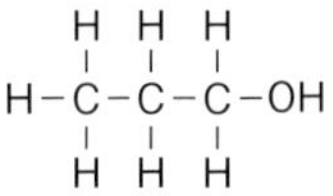

❶ 1-プロパノール(沸点 97 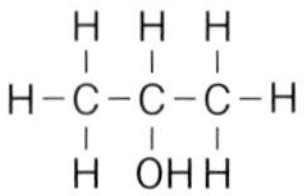 ℃)   ❷ 2-プロパノール(沸点 82 ℃)

補足　❸の $CH_3CH_2OCH_3$ の沸点は 7 ℃で，室温で気体である。
また，❷の 2-プロパノールはヨードホルム反応(⇨ p.554)が陽性であるが，❶の 1-プロパノールは陰性である。

現在では，構造式の決定は，核磁気共鳴装置(NMR)，赤外分光光度計(IR)，質量分析計(MS)などにより，短時間で容易に行えるようになっている。

例題 4 　組成式，分子式，構造式の決定

次の（Ⅰ）〜（Ⅲ）の結果から，有機化合物 A について，下の(1)〜(3)を求めよ。ただし，原子量は H＝1.0，C＝12.0，O＝16.0 とする。

（Ⅰ）　炭素，水素，酸素からなる有機化合物 A 6.0 mg を完全燃焼させると，二酸化炭素 13.2 mg，水 7.2 mg が生成した。

（Ⅱ）　有機化合物 A 6.0 g を 300 mL の容器中で加熱したところ気体となり，27 ℃，8.3×10^5 Pa で，分子量は 60 と求められた。

（Ⅲ）　有機化合物 A は，水によく溶ける液体で，単体のナトリウムと反応して，水素を発生した。

　　(1)　組成式　　　(2)　分子式　　　(3)　考えられる 2 種類の構造式

─────────────────────────────

解答

(1)　各元素のモル質量は，CO_2＝44.0 g/mol，H_2O＝18.0 g/mol であるから

　　　C の質量：$13.2 \times \dfrac{12.0}{44.0} = 3.60$（mg）

　　　H の質量：$7.2 \times \dfrac{2.0}{18.0} = 0.80$（mg）

　　　O の質量：$6.0 - (3.60 + 0.80) = 1.6$（mg）

　　原子の数の比は　C：H：O $= \dfrac{3.60}{12.0} : \dfrac{0.80}{1.0} : \dfrac{1.6}{16.0} = 3 : 8 : 1$

　　よって，組成式は **C_3H_8O** …㊅

(2)　分子式＝$(C_3H_8O)_n$ において，C_3H_8O＝60.0，分子量が 60 より

　　　$n = \dfrac{60}{60.0} = 1$

　　よって，分子式は **C_3H_8O** …㊅

(3)　有機化合物 A は，水によく溶け，単体のナトリウムと反応して水素を発生するので，アルコールである。分子式 C_3H_8O のアルコールには，次の 2 種類がある。

…㊅

この章で学んだこと

　食料・衣類など身のまわりの多くは，有機化合物である。この章では，有機化合物の特徴，分類の仕方，命名法について学んだ。また，有機化合物は，元素分析，分子量測定，化学的性質・物理的性質などから，組成式，分子式，示性式，構造式の順に決定されることを学んだ。

---

1 有機化合物とその特徴

（a）炭素原子を含む物質を有機化合物という。

（b）構成元素の数は少ないが，化合物の種類は非常に多い。

（c）共有結合による分子からなり，一般に，融点・沸点が低い。

（d）多くは可燃性で，水に溶けにくく，有機溶媒に溶けやすい。

2 有機化合物の分類

❶ 炭素原子の結合による分類

（a）**脂肪族化合物と芳香族化合物**

（b）**脂肪族炭化水素**：アルカン，アルケン，アルキン，シクロアルカン

❷ 官能基による分類

分類名	官能基	分類名	官能基
アルコール	$-OH$	アミン	$-NH_2$
フェノール類	$-OH$	ニトロ化合物	$-NO_2$
カルボン酸	$-COOH$	スルホン酸	$-SO_3H$
アルデヒド	$-CHO$	エステル	$-COO-$
ケトン	$>C=O$		

3 異性体

（a）**構造異性体**：構造式が異なる異性体

（b）**立体異性体**：構造式が同じで，分子の立体的構造が異なる異性体

4 有機化合物の分析の流れと元素分析

❶ 構造式決定までの流れ

試料→［元素分析］→組成式→［分子量測定］→分子式→［物理的・化学的性質］→構造式

❷ 元素分析

試料の質量 a，H_2O の質量 b，CO_2 の質量 c とすると

$$H の質量 = b \times \frac{2H}{H_2O}$$

$$C の質量 = c \times \frac{C}{CO_2}$$

O の質量 $= a -$（H の質量 $+$ C の質量）

5 組成式・分子式・構造式の決定

❶ 組成式の決定

組成式を $C_xH_yO_z$ とすると

$$x:y:z = \frac{C の質量}{12.0}:\frac{H の質量}{1.0}:\frac{O の質量}{16.0}$$

❷ 分子式の決定

分子量測定より

組成式の式量 $\times n =$ 分子量

➡（組成式）$_n =$ 分子式

❸ 示性式・構造式の決定

（a）試料の化学的性質から示性式を決定。

　　アルコール：単体のナトリウムと反応して水素を発生する。

　　エーテル：ナトリウムとは反応しない。

（b）異性体が存在するときは，融点・沸点などの物理的性質，ときには化学的性質から構造式を決定する。

定期テスト対策問題 18

解答・解説は p.736

1 次の記述①～⑤のうち，有機化合物の特徴を表しているものをすべて選べ。
① 構成元素の数は少ないが，化合物の種類は非常に多い。
② 水に溶けやすく，有機溶媒に溶けにくいものが多い。
③ 可燃物が多く，燃焼により，二酸化炭素や水が生成することが多い。
④ 分子からなる物質が多く，一般に融点・沸点が低い。
⑤ イオン結合からなるものが多い。

2 次の(1)～(3)の分子式を示せ。
(1) 炭素数 10 のアルカン，アルケンおよびアルキンの分子式。
(2) 炭素数 10 の鎖式炭化水素で，分子中に 2 つの二重結合を含む炭化水素の分子式。
(3) 炭素数 10 の鎖式炭化水素で，分子中に二重結合を 1 つと三重結合を 1 つ含む炭化水素の分子式。

3 次の各化合物について，分子中の①官能基の名称と，②属するグループ名を答えよ。
(1) C_2H_5OH (2) CH_3CHO
(3) C_2H_5COOH (4) CH_3COCH_3

4 試料に含まれる元素の種類を調べる実験を行い，次の結果(a)～(c)を得た。それぞれの実験結果によって確認された元素の組み合わせとして正しいものを，右の①～⑥のうちから 1 つ選べ。
(a) 加熱した銅線に試料をつけ，ガスバーナーの外炎に入れると，炎が青緑色になった。
(b) 試料を NaOH とともに加熱し，発生する気体を湿した赤色リトマス紙を近づけると青変した。
(c) 試料を完全燃焼させ，発生する気体を石灰水に通じると白濁した。

	(a)	(b)	(c)
①	窒素	炭素	塩素
②	窒素	塩素	炭素
③	塩素	炭素	窒素
④	塩素	窒素	炭素
⑤	炭素	塩素	窒素
⑥	炭素	塩素	窒素

ヒント
2 (2) 単結合から二重結合が1個できると，H 原子は 2 個減少する。
(3) 三重結合のときは，H 原子が 4 個減少する。

5　C, H, O からなる有機化合物 6.0 mg を完全燃焼させたところ，8.8 mg の二酸化炭素と 3.6 mg の水が得られた。また，この化合物の分子量は 90 であった。この化合物の組成式と分子式を求めよ。ただし，原子量は H＝1.0，C＝12.0，O＝16.0 とする。

6　図の分析装置で C, H, O からなる有機化合物 55 mg を完全燃焼させたところ，塩化カルシウム管の質量が 45 mg，ソーダ石灰管の質量が 110 mg 増加した。また，分子量測定をしたところ，この有機化合物の分子量は 88 であった。次の問いに答えよ。ただし，原子量は H＝1.0，C＝12.0，O＝16.0 とする。

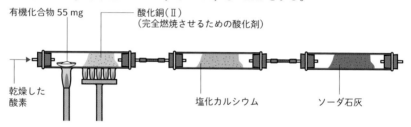

有機化合物 55 mg　　　　酸化銅（Ⅱ）
　　　　　　　　　　　（完全燃焼させるための酸化剤）

乾燥した酸素　　　　　　　　　　　　　塩化カルシウム　　　　ソーダ石灰

(1)　生成した二酸化炭素と水はそれぞれ何 mg か。
(2)　この有機化合物 55 mg に含まれる炭素，水素および酸素はそれぞれ何 mg か。
(3)　この有機化合物の組成式を求めよ。
(4)　この有機化合物の分子式を求めよ。

7　炭素，水素，酸素からなる有機化合物 6.0 mg を完全燃焼させたところ，13.2 mg の二酸化炭素と 7.2 mg の水が生成した。また，この化合物の分子量は 60 であった。次の問いに答えよ。ただし，原子量は H＝1.0，C＝12.0，O＝16.0 とする。
(1)　この化合物の簡略化した構造式を，下の(例)にならってすべて示せ。
(2)　この化合物は，単体のナトリウムと反応して，水素を発生する。この化合物の簡略化した構造式を示せ。

(例)
CH_3-CH_2-OH

ヒント
5 C, H, O のそれぞれの質量を求め，それらから組成式を求める。
6 塩化カルシウム管，ソーダ石灰管は，それぞれ何を吸収するかを考える。
7 (1) 組成式，分子式の順で決定する。異性体が存在することに注意する。
　 (2) ナトリウムと反応するのは，どんな官能基をもつ化合物かを考える。

第 2 章

脂肪族炭化水素

1 | 飽和炭化水素

1 アルカン(alkane) C_nH_{2n+2}

鎖式飽和炭化水素を**アルカン**という。アルカンはすべて単結合からなり，一般式 C_nH_{2n+2} で表される。アルカンのように共通の一般式で表され，同じような構造をもつ一群の有機化合物を**同族体**という。同族体は，互いに CH_2 ずつ化学式が異なる。

例 アルカン C_nH_{2n+2}：鎖式・飽和　　　　アルケン C_nH_{2n}：鎖式・二重結合1つ
アルキン C_nH_{2n-2}：鎖式・三重結合1つ　シクロアルカン C_nH_{2n}：環式・飽和

補足 アルケンとシクロアルカンは，一般式が同じであるが構造が異なるので，同族体ではなく，C_nH_{2n} の n が等しいときは，互いに構造異性体の関係にある。

アルカンの名称は，語尾に「アン(ane)」をつける(IUPAC 名のルールでは，炭素数について C_1 はメタ，C_2 はエタ，C_3 はプロパ，C_4 はブタ，となり，その語尾に「アン(ane)」がつく)。炭素数5以上のアルカンはギリシャ語の数詞の語尾を「アン(ane)」に変える。

表2-1 アルカンの名称と分子式

名称		分子式	名称		分子式	名称		分子式
メタン	methane	CH_4	ペンタン	pentane	C_5H_{12}	ノナン	nonane	C_9H_{20}
エタン	ethane	C_2H_6	ヘキサン	hexane	C_6H_{14}	デカン	decane	$C_{10}H_{22}$
プロパン	propane	C_3H_8	ヘプタン	heptane	C_7H_{16}	ウンデカン	undecane	$C_{11}H_{24}$
ブタン	butane	C_4H_{10}	オクタン	octane	C_8H_{18}	ドデカン	dodecane	$C_{12}H_{26}$

アルカンから水素原子1個を取り除いた炭化水素基を**アルキル(alkyl)基**といい，一般式 $C_nH_{2n+1}-$ で表される。アルキル基の名称は，アルカンの語尾「アン(ane)」を「イル(yl)」に変える。

表2-2 アルキル基の化学式と名称

n	化学式	アルキル(alkyl)基
1	CH_3-	メチル(methyl)基
2	CH_3CH_2-	エチル(ethyl)基
3	$CH_3CH_2CH_2-$	プロピル(propyl)基
3	CH_3CH- $\quad\ \ \ \ \ \vert$ $\quad\ \ \ CH_3$	イソプロピル(isopropyl)基

POINT

アルカンなら C_nH_{2n+2} $\iff$ C_nH_{2n+2} ならアルカン

同族体：共通の一般式で表され，同じような構造をもつ一群の有機化合物。
同素体：同じ元素からなる単体で，性質が互いに異なる物質。
　　　　例 酸素 O_2 とオゾン O_3，ダイヤモンド C と黒鉛 C
同位体：原子番号が同じ（同じ元素）で，質量数が互いに異なる原子。
　　　　例 ^{12}C と ^{13}C，^{16}O と ^{17}O と ^{18}O
同族元素：元素の周期表の同じ族の元素。
　　　　例 1族（アルカリ金属）：Li, Na, K, Rb, Cs, Fr

2 アルカンの立体構造と異性体

A アルカンの立体構造

❶ 正四面体構造

　　メタン CH_4 分子は，C 原子が正四面体の中心に位置し，4 個の H 原子が正四面体の各頂点に位置する正四面体構造をとる。また，エタンは正四面体が 2 個連結した構造をとる。

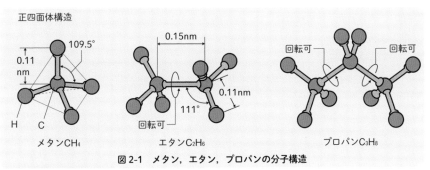

図 2-1　メタン，エタン，プロパンの分子構造

❷ 単結合の回転

　　アルカンの炭素原子間の単結合は回転できるので，いろいろな立体配置をとる。ブタン $CH_3-CH_2-CH_2-CH_3$ の炭素骨格で表した次の構造は，すべて同じ物質でブタンである。

```
C-C-C-C     C           C-C     C-C
            |           | |     |
            C-C-C       C C     C-C
```

B アルカンの異性体

CH_4，C_2H_6，C_3H_8 には異性体が存在しないが，C_4H_{10} には次のような構造異性体が存在する。

$$CH_3-CH_2-CH_2-CH_3$$
ブタン

$$\underset{}{\overset{CH_3}{\overset{|}{CH_3-CH-CH_3}}}$$
2-メチルプロパン

2-メチルプロパンのように枝分かれをもつアルカンの最長の炭素鎖を主鎖，主鎖から枝分かれした骨格を側鎖という。枝分かれをもつアルカンの名称は，「側鎖の位置番号」+「側鎖の(アルキル)基の(数と)名称」+「主鎖の名称」とする。

$$\overset{5}{CH_3}-\overset{4}{CH_2}-\overset{3}{CH}-\overset{2}{CH}-\overset{1}{CH_3} \longleftarrow 主鎖(最長の炭素鎖)：ペンタン$$
$$\underset{CH_3\ \ CH_3}{|\ \ \ \ \ |} \longleftarrow 位置番号2と3にメチル基が$$
$$2つ：ジ$$

2, 3-ジメチルペンタン

アルカン C_nH_{2n+2} の n が 4 以上の分子には構造異性体が存在し，炭素数が大きくなると，異性体の数が急激に増加する。

表2-3　アルカンの異性体の数

C の 数	4	5	6	7	8	9	10	15	20	30
異性体の数	2	3	5	9	18	35	75	4347	366319	4111846763

補足　C の数と異性体の数の間には，規則性がない。

POINT

アルカン C_nH_{2n+2} は n が 4 以上で構造異性体が存在する。

◎ 構造異性体の書き方

C_5H_{12} を例に説明する。C_5H_{12} のすべての構造異性体を書いてみよう。

❶ 主鎖の炭素数が最も多いもの(C_5H_{12} のときは 5)から始める。主鎖は，水平に一直線に書く。

$$CH_3-CH_2-CH_2-CH_2-CH_3 \quad \cdots\cdots(\text{i})$$

❷ 炭素数 4 の主鎖を考える。メチル基 CH_3- を結合させる炭素を考える。両端に結合させると，主鎖の炭素数が 5 になり，すでに数え上げているので，両端には結合しない。

$$CH_3-\underset{\underset{CH_3}{|}}{CH}-CH_2-CH_3 \quad \cdots\cdots(\text{ii})$$

補足 次の 3 つの構造式は，回転させると(ii)と同じ形になるので，(ii)と同じ構造式である。

$$CH_3-CH_2-\underset{\underset{CH_3}{|}}{CH}-CH_3 \qquad CH_3-\underset{\overset{CH_3}{|}}{CH}-CH_2-CH_3 \qquad CH_3-CH_2-\underset{\overset{CH_3}{|}}{CH}-CH_3$$

❸ 炭素数 3 の主鎖を考える。主鎖の両端にはメチル基をつけられない。

$$CH_3-\underset{\underset{CH_3}{|}}{\overset{\overset{CH_3}{|}}{C}}-CH_3 \quad \cdots\cdots(\text{iii})$$

補足 次の構造式は，主鎖の炭素数が 3 ではなく 4 で，(ii)と同じ構造式である。

$$\overset{}{CH_3-}\underset{\underset{CH_3}{|}}{\overset{}{\underset{CH_2}{|}}}CH-CH_3$$

C_5H_{12} の構造異性体は，(i)，(ii)，(iii)の 3 種類。以上のように炭素数の多い主鎖から始め，順に炭素数の少ない主鎖を考える。

また，$C_5H_{11}Cl$ の構造異性体は，上の(i)，(ii)，(iii)の水素原子 1 個を Cl で**置換**したものである。(i)，(ii)，(iii)に対して置換できる位置を□で示した。$C_5H_{11}Cl$ の構造異性体は，8 種類である。

(i)の置換体　$\overset{\boxed{Cl}^1 \; \boxed{Cl}^2 \; \boxed{Cl}^3}{C-C-C-C-C}$

(ii)の置換体　$\overset{\boxed{Cl}^4 \; \boxed{Cl}^5 \; \boxed{Cl}^6 \; \boxed{Cl}^7}{\underset{\underset{C}{|}}{C-C-C-C}}$

(iii)の置換体

$$\underset{\text{8}}{\boxed{\text{Cl}-}} \text{C}-\overset{\overset{\displaystyle C}{|}}{\underset{\underset{\displaystyle C}{|}}{C}}-\text{C}$$

補足 単結合は回転できるので，例えば次の 3 つは同一の化合物である。

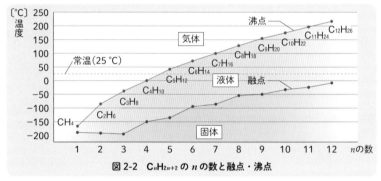

---

3 アルカンの性質

A 融点・沸点

❶ 下の**図 2-2** にあるように，直鎖状のアルカンでは，C_nH_{2n+2} の n が増加するにつれて，融点・沸点が高くなる。

図 2-2 C_nH_{2n+2} の n の数と融点・沸点

補足 1. 同族体は一般に分子量が大きくなると分子間力が大きくなり，融点・沸点が高くなる。

2. 枝分かれのあるアルカンは，直鎖状の異性体より沸点が低い。
　⇨分子の形が細長いものより，球状に近い形になるにつれて沸点は低くなる。

❷ 直鎖のアルカンでは，常温（25 ℃）の状態は次のようである。
　　C_1〜C_4：気体　　　C_5〜C_{17}：液体　　　C_{18} 以上：固体

B 溶解性と密度

❶ アルカンは，水に溶けにくく，密度（液体と固体）が水より小さいので水に浮かぶ。

② アルカンは，ベンゼンやジエチルエーテルにはよく溶ける。

補足 ベンゼンやジエチルエーテルなどを**有機溶媒**という。

反応

アルカンは，比較的安定で反応しにくいが，燃焼と置換反応は起こる。

① 燃焼

空気中で，多量の熱を発生して燃え，二酸化炭素と水が生じる。

② 置換反応

アルカンに塩素や臭素を混合して光を当てると，アルカンの水素原子と塩素原子や臭素原子が置き換わる**置換反応**が起こる。置き換わった原子や原子団を**置換基**，生成物を**置換体**という。

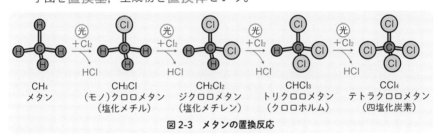

図 2-3　メタンの置換反応

補足 置き換わった基や原子の数を次のように数詞で表す。

数詞　1：モノ　2：ジ　3：トリ　4：テトラ　5：ペンタ　6：ヘキサ

4 メタン CH_4

存在と発生

天然ガスや石炭ガスの主成分で，沼や池の底に沈んだ植物が分解するときにも生成する。

メタン CH_4 は，海洋底で氷の結晶中にとり込まれたメタンハイドレートとしても存在する。

製法

実験室で発生させるには，無水の酢酸ナトリウムに水酸化ナトリウムを加えて加熱する。

$$CH_3COONa + NaOH \longrightarrow CH_4 + Na_2CO_3$$

第2章　脂肪族炭化水素

C 性質

無色・無臭の気体で，化学的に比較的安定しているが，塩素 Cl_2 や臭素 Br_2 と混合して光を当てると，置換反応を起こし，塩素や臭素の化合物を生じる塩素化や臭素化が起こる（**図 2-3**）。

アルカン $\Rightarrow$ 化学的に比較的安定で，置換反応をする。

5 シクロアルカン（cycloalkane）C_nH_{2n}

A 分子式と名称

シクロアルカンは，環式・飽和の炭化水素で，一般式は C_nH_{2n}（$n \geqq 3$）である。その名称は，等しい炭素数のアルカン（直鎖）にシクロ（cyclo）をつける。

表2-4　シクロアルカン C_nH_{2n} の分子式・構造式・名称

分子式	C_3H_6	C_4H_8	C_5H_{10}	C_6H_{12}
構造式	（構造式図）	（構造式図）	（構造式図）	（構造式図）
立体構造	（立体構造図）	（立体構造図）	（立体構造図）	（立体構造図）
名称	シクロプロパン（沸点−33℃ 融点−128℃）	シクロブタン（沸点12℃ 融点−80℃）	シクロペンタン（沸点49℃ 融点−93℃）	シクロヘキサン（沸点81℃ 融点6℃）

補足　アルケンと一般式が同じで，**互いに構造異性体**の関係にある。

B 性質・所在

シクロペンタン C_5H_{10} やシクロヘキサン C_6H_{12} は化学的に安定である。シクロペンタンやシクロヘキサンなどは石油中に含まれる。

補足 $n=3$, 4 のシクロプロパン C_3H_6 とシクロブタン C_4H_8 の炭素原子間の結合角は，それぞれ $60°$, 約 $90°$ であり，正四面体構造の結合角 $109.5°$ よりもかなり小さい。この大きな歪(ひず)みのため，両分子は化学的に不安定で反応性に富み，環を開く反応が起こりやすい。

(a)シクロプロパンは常温で臭素と反応する。

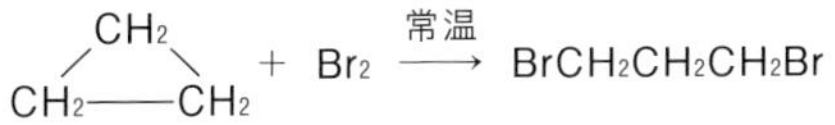

$$\begin{array}{c} CH_2 \\ / \quad \backslash \\ CH_2 \!\!-\!\! CH_2 \end{array} + Br_2 \xrightarrow{\text{常温}} BrCH_2CH_2CH_2Br$$

(b)触媒下で，シクロプロパンとシクロブタンは高温で水素と反応する。

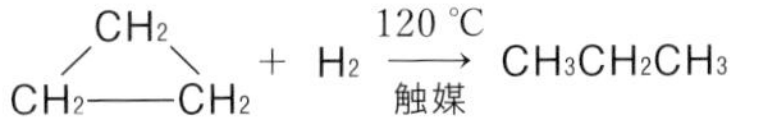

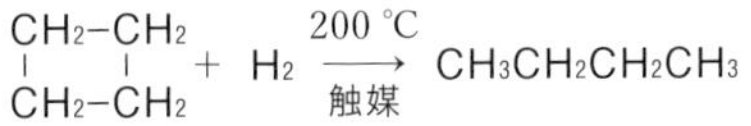

$$\begin{array}{c} CH_2 \\ / \quad \backslash \\ CH_2 \!\!-\!\! CH_2 \end{array} + H_2 \xrightarrow[\text{触媒}]{120\,℃} CH_3CH_2CH_3$$

$$\begin{array}{c} CH_2\!-\!CH_2 \\ | \qquad | \\ CH_2\!-\!CH_2 \end{array} + H_2 \xrightarrow[\text{触媒}]{200\,℃} CH_3CH_2CH_2CH_3$$

コラム | **シクロヘキサン**

❶存在

　シクロヘキサンはシクロアルカンの代表的なもので，原油中に少量含まれる。加熱や触媒によってベンゼンに変化する。

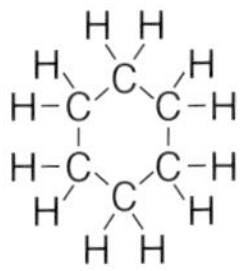

❷構造

　シクロヘキサンは右上図のように正六角形で表されるが，実際は平面構造ではなく，メタンと同じ正四面体構造の6個の炭素原子がその結合角に近い角度で結合し，環状構造となっている。この環状構造として，右図のようないす形と舟形が考えられるが，いす形のほうが安定で常温では99.9%以上がいす形である。

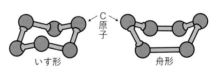

いす形　　　　　舟形

C原子

2 | 不飽和炭化水素

炭素原子 C どうしの結合に，不飽和結合（二重結合や三重結合）を含む炭化水素を**不飽和炭化水素**という。

1 アルケン（alkene）C_nH_{2n}

A アルケンの分子式と名称

鎖式で二重結合を1つもち，一般式が C_nH_{2n} で表される不飽和炭化水素を**アルケン**という。名称はアルカンの語尾「アン（ane）」を「エン（ene）」に変える。

例 C_3H_8 プロパン（propane）→ C_3H_6 プロペン（propene）

表2-5 アルケンの名称と分子式・示性式

名称	分子式	示性式
エテン（エチレン）	C_2H_4 （$n=2$）	$CH_2=CH_2$
プロペン（プロピレン）	C_3H_6 （$n=3$）	$CH_2=CHCH_3$
1-ブテン	C_4H_8 （$n=4$）	$CH_2=CHCH_2CH_3$
1-ペンテン	C_5H_{10} （$n=5$）	$CH_2=CHCH_2CH_2CH_3$

補足 1-ブテンや1-ペンテンの 1 は，二重結合をつくる主鎖の位置の番号。

$$\overset{1}{C}H_2=\overset{2}{C}H-\overset{3}{C}H_2-\overset{4}{C}H_3 \qquad \overset{1}{C}H_2=\overset{2}{C}H-\overset{3}{C}H_2-\overset{4}{C}H_2-\overset{5}{C}H_3$$

B アルケンの構造異性体

分子式 C_4H_8 のアルケンには，次の 3 つの構造異性体が存在する。

$$\overset{1}{C}H_2=\overset{2}{C}H-\overset{3}{C}H_2-\overset{4}{C}H_3 \qquad \overset{1}{C}H_3-\overset{2}{C}H=\overset{3}{C}H-\overset{4}{C}H_3 \qquad \overset{1}{C}H_2=\overset{2}{C}-\overset{3}{C}H_3$$

1-ブテン　　　　　　　　　2-ブテン　　　　　　　　　　　　|
　　　　　　　　　　　　　　　　　　　　　　　　　　　　　　CH_3
　　　　　　　　　　　　　　　　　　　　　　　　2-メチル-1-プロペン

補足 1. 炭素数4の主鎖のとき，二重結合の位置を考えると，1-ブテンと2-ブテンが存在することがわかる。炭素数3の主鎖のときは，二重結合の位置番号を最小の番号で表す。

2. アルケンとシクロアルカンは同じ一般式 C_nH_{2n} で，互いに構造異性体。

518

2 アルケンの立体構造

A エテンとプロペンの立体構造

　一般に，C＝C結合の2個の炭素原子とその炭素原子に直結する4個の原子（合計6個の原子）は，同一平面上にある。アルケンの炭素－炭素間二重結合はその結合軸のまわりで回転できない。また，炭素間二重結合は炭素間単結合より結合距離が短い。

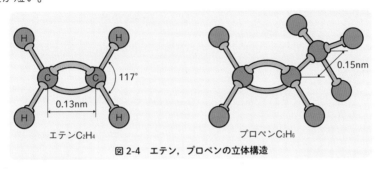

エテンC₂H₄　　　　　　　　　　プロペンC₃H₆

図2-4　エテン，プロペンの立体構造

 POINT

二重結合は平面構造 ⇨ エテン分子のすべての原子が同一平面上

B シス-トランス異性体

　2-ブテン $CH_3-CH=CH-CH_3$ は二重結合が回転できないため，$C=C$ を基準線として，基準線の同じ側にメチル基 CH_3- が位置するものと反対側に位置するものとがある。前者を**シス**(*cis*)**形**，後者を**トランス**(*trans*)**形**という。

H₃C　　　CH₃
- - - C = C - - -　　基準線
　H　　　　H

シス-2-ブテン

H₃C　　　H
- - - C = C - - -　　基準線
　H　　　　CH₃

トランス-2-ブテン

　このようにシス形とトランス形からなる立体異性体を**シス-トランス異性体**（幾何異性体）という。

Q 「シス」「トランス」ってどういう意味ですか?

 A ラテン語で，シスは「こちら側」，トランスは「横切って」という意味です。

補足 1. シス，トランスは，主鎖となる炭素骨格に対して命名する。

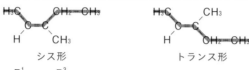

シス形 　　　　　　トランス形

2. 一般に， $\begin{matrix} R^1 \\ R^2 \end{matrix} C = C \begin{matrix} R^3 \\ R^4 \end{matrix}$ のとき，$R^1 \neq R^2$ かつ $R^3 \neq R^4$ ならば，シス-トランス異性体が

存在する。

3. シス-トランス異性体は，構造式は同じであるが，沸点や加熱したときの反応など
が異なる。

4. 立体異性体には，シス-トランス異性体のほかに，**鏡像異性体**($\Rightarrow$ p.565)がある。

POINT

二重結合があるときは，シス-トランス異性体に注意!

次のようにシス形とトランス形が存在する場合がある。

シス形は同じ側 $\begin{matrix} X \\ H \end{matrix} C = C \begin{matrix} Y \\ H \end{matrix}$ 　　トランス形は反対側 $\begin{matrix} X \\ H \end{matrix} C = C \begin{matrix} H \\ Y \end{matrix}$

例題5 シス-トランス異性体①

次の分子のうち，シス-トランス異性体が存在するものはどれか。

(a) $CH_2 = CHCH_2CH_3$ 　　　　(b) $CH_2 = C(CH_3)_2$

(c) $CH_3CH = CHCH_3$ 　　　　(d) $CHCl = CCl_2$

【解答】

二重結合をしている両方の炭素において，2つの異なる原子または原子団が結
合している場合は，シス-トランス異性体が存在する。上記の分子では，(c)にの
み存在する。

(c) … 答

例題6 シス–トランス異性体②

分子式 C_5H_{10} のアルケンのうち，シス–トランス異性体であるものの簡略化した構造式を書け。

解答

炭素数の多い主鎖から考え始める。

① 炭素数5の主鎖（主鎖には必ず二重結合を含める）

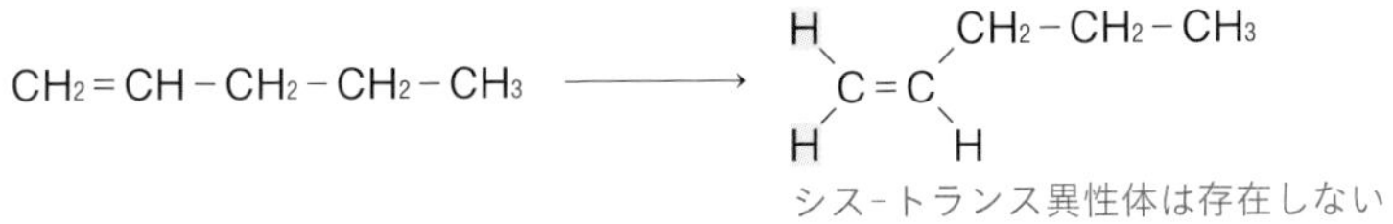

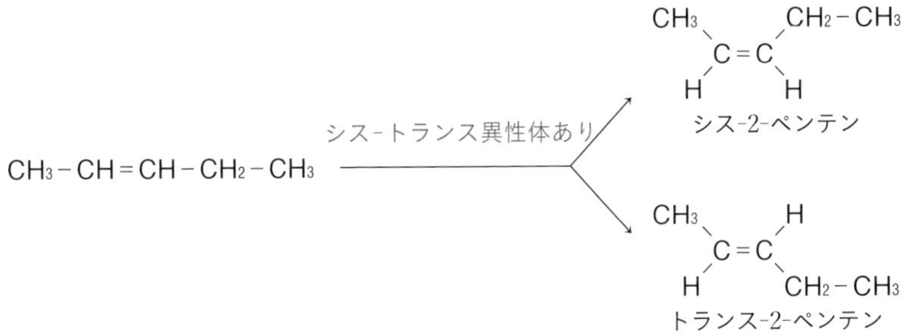

シス–トランス異性体は存在しない

シス–トランス異性体あり

シス-2-ペンテン

トランス-2-ペンテン

② 炭素数4の主鎖

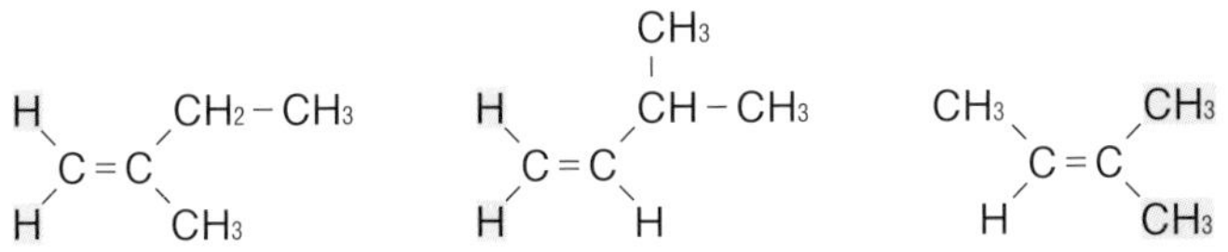

上の3つの構造式には，シス–トランス異性体は存在しない。

③ 炭素数3の主鎖は存在しない（ $C=C-C$ に CH_3- 基2個を結合させられないため）。

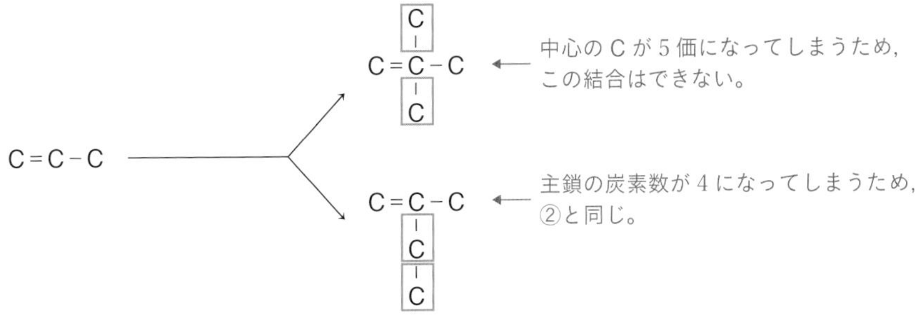

中心のCが5価になってしまうため，この結合はできない。

主鎖の炭素数が4になってしまうため，②と同じ。

よって，シス–トランス異性体であるものの簡略化した構造式は，次の2つ。

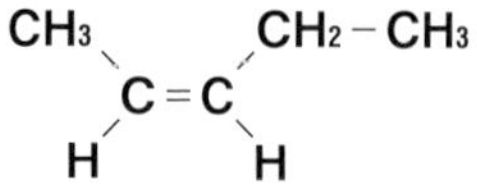

シス-2-ペンテン

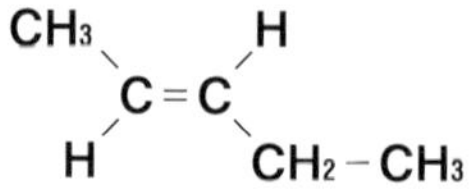

トランス-2-ペンテン …答

3 アルケンの反応

A アルケンの付加反応

アルケンの二重結合の一方は，結合力が弱く，反応しやすい。この弱い結合が開裂(かいれつ)して，炭素原子 C が他の原子や原子団と結合すると，二重結合は単結合になる。このような反応を**付加反応**(ふかはんのう)という。

❶ 水素の付加

エテン(エチレン) $CH_2=CH_2$ に，白金 Pt やニッケル Ni を触媒として水素を付加させると，エタン CH_3-CH_3 が生成する。

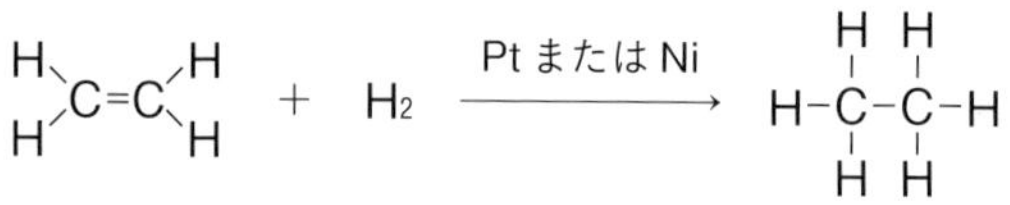

(エタン)

❷ 臭素の付加

臭素 Br_2 とエテンは付加反応し，無色の 1, 2-ジブロモエタンを生成する。

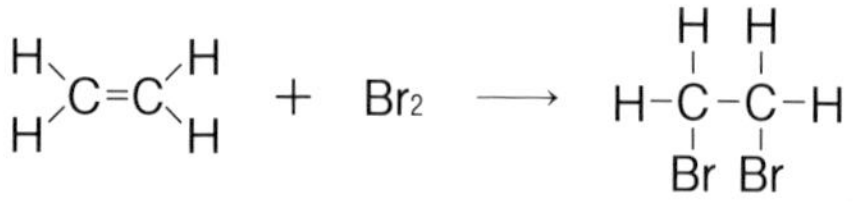

(1, 2-ジブロモエタン)

また，赤褐色の臭素水にエテンを通すと，反応して臭素水の赤褐色が消える。この反応は不飽和結合の検出反応に利用される。

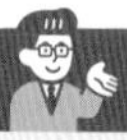

POINT

アルケン C_nH_{2n} を臭素水に通すと，赤褐色が消える
不飽和結合の検出に利用される。

❸ 水の付加

エテンにリン酸を触媒とし，加熱・加圧して水を付加させると，エタノールが生成する。

$$\underset{H}{\overset{H}{}}C=C\underset{H}{\overset{H}{}} \quad + \quad H-O-H \quad \xrightarrow[\text{加熱・加圧}]{\text{リン酸}} \quad H-\underset{H}{\overset{H}{\underset{|}{\overset{|}{C}}}}-\underset{H}{\overset{H}{\underset{|}{\overset{|}{C}}}}-OH$$

エタノール

| +アルファ | **マルコフニコフの法則** |

プロペンに HX 形（H-Cl，H-OH）の分子が付加するとき，次の A，B の生成物が考えられるが，一般に，A が多く生成する。このことは，「アルケンの二重結合を構成する炭素原子のうち，結合している水素原子の多いほうに H が，少ないほうに X が付加する。」という**マルコフニコフの法則**という経験則で説明される。

$$CH_2=CH-CH_3 \quad + \quad H-Cl \quad \longrightarrow \quad \begin{cases} CH_2-CH-CH_3 \quad\quad A（主生成物）\\ \overset{|}{H}\overset{|}{Cl} \\ \\ CH_2-CH-CH_3 \quad\quad B（副生成物）\\ \overset{|}{Cl}\overset{|}{H} \end{cases}$$

例 $CH_2=CH-CH_3$ に H_2O（H-OH）を付加させたときの主生成物は，
$CH_3-\underset{\overset{|}{OH}}{CH}-CH_3$ である。

B アルケンの付加重合

アルケンに適当な条件下で触媒を用いると，分子間で次々と付加反応が起こり，高分子化合物となる。このような反応を**付加重合**といい，反応する小さな分子を**単量体（モノマー）**，生成する高分子化合物を**重合体（ポリマー）**といい，重合体中の単量体の数を**重合度**という。

❶ エテン（エチレン）の付加重合

エテン（エチレン）は，付加重合して，ポリエチレンになる。

この反応のカギをにぎる。
↓
触媒
（付加重合）

$$……+\underset{\overset{|}{H}}{\overset{\overset{|}{H}}{C}}=\underset{\overset{|}{H}}{\overset{\overset{|}{H}}{C}}+\underset{\overset{|}{H}}{\overset{\overset{|}{H}}{C}}=\underset{\overset{|}{H}}{\overset{\overset{|}{H}}{C}}+\underset{\overset{|}{H}}{\overset{\overset{|}{H}}{C}}=\underset{\overset{|}{H}}{\overset{\overset{|}{H}}{C}}+………$$ エテン

単量体（モノマー）

$$……-\underset{\overset{|}{H}}{\overset{\overset{|}{H}}{C}}-\underset{\overset{|}{H}}{\overset{\overset{|}{H}}{C}}-\underset{\overset{|}{H}}{\overset{\overset{|}{H}}{C}}-\underset{\overset{|}{H}}{\overset{\overset{|}{H}}{C}}-\underset{\overset{|}{H}}{\overset{\overset{|}{H}}{C}}-\underset{\overset{|}{H}}{\overset{\overset{|}{H}}{C}}-……$$ ポリエチレン

重合体（ポリマー）

反応式は → $n CH_2=CH_2$ → $\overset{}{-\!\!\!-}CH_2-CH_2\overset{}{-\!\!\!-}_n$ ポリエチレン
エテン　　　　　　　　繰り返し単位

❷ プロペン（プロピレン）の付加重合

プロペン（プロピレン）は，付加重合して，ポリプロピレンになる。

$$nCH_2=CH \atop \quad\ CH_3 \longrightarrow \left[CH_2-CH \atop \qquad\ CH_3 \right]_n$$

プロペン　　　　　　　　ポリプロピレン
（プロピレン）

③ ポリ塩化ビニル

ポリ塩化ビニルは，エテンから合成される塩化ビニルの付加重合によって得られる。

$$CH_2=CH_2 \xrightarrow[\text{付加}]{Cl_2} CH_2Cl-CH_2Cl \xrightarrow[\text{熱分解}]{-HCl} CH_2=CHCl$$

エテン　　　　　　　　　　　　　　　　　塩化ビニル

$$nCH_2=CH \atop \qquad\ Cl \longrightarrow \left[CH_2-CH \atop \qquad\ Cl \right]_n$$

塩化ビニル　　　　　　　ポリ塩化ビニル

POINT

エテン（エチレン） $\xrightarrow[\text{付加重合}]{}$ **ポリエチレン**

$$nCH_2=CH_2 \qquad\qquad [CH_2-CH_2]_n$$

C アルケンの酸化

アルケンの二重結合は，酸化されやすい。例えば，硫酸酸性の過マンガン酸カリウム $KMnO_4$ 水溶液にエテン C_2H_4 を通じると，エテンは酸化されて二酸化炭素に，過マンガン酸イオン MnO_4^- は Mn^{2+} に還元される。このとき，**過マンガン酸イオンの赤紫色が消える**。この色の変化は**不飽和結合の検出**に利用される。

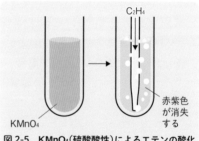

図 2-5　**KMnO₄（硫酸酸性）によるエテンの酸化**

$$MnO_4^- + 8H^+ + 5e^- \longrightarrow Mn^{2+} + 4H_2O \qquad \text{（酸化剤）}$$
$$C_2H_4 + 4H_2O \longrightarrow 2CO_2 + 12H^+ + 12e^- \qquad \text{（還元剤）}$$

補足　エテンの酸化反応をイオン反応式で表すと，次のようになる。

$$5C_2H_4 + 12MnO_4^- + 36H^+ \longrightarrow 10CO_2 + 12Mn^{2+} + 28H_2O$$

POINT

アルケンは酸化されやすい ⇨ MnO₄⁻ の赤紫色が消える

過マンガン酸カリウム KMnO₄ による酸化

アルケンに硫酸酸性の過マンガン酸カリウム水溶液を加えると，C＝C 結合が開裂し，ケトンやアルデヒドになる。このときアルデヒドはさらに酸化され，カルボン酸になる。さらに，カルボン酸がギ酸のときは，CO_2 まで酸化される。

$$\begin{array}{c}R^1\\R^2\end{array}C=C\begin{array}{c}R^3\\H\end{array} \xrightarrow{MnO_4^-,\ H^+} \begin{array}{c}R^1\\R^2\end{array}C=O+O=C\begin{array}{c}R^3\\H\end{array}$$

ケトン　　アルデヒド

$$\xrightarrow{MnO_4^-} O=C\begin{array}{c}R^3\\OH\end{array}$$

カルボン酸

$$O=C\begin{array}{c}H\\OH\end{array} \xrightarrow{MnO_4^-} \left[O=C\begin{array}{c}OH\\OH\end{array}\right] \longrightarrow CO_2 + H_2O$$

ギ酸　　　　　　　　炭酸

例 C_5H_{10} で表されるアルケンを硫酸酸性の過マンガン酸カリウムで酸化したところ，アセトン (CH₃)₂CO と酢酸 CH₃COOH を生じた。この C_5H_{10} の構造式を考える。C＝C 結合の開裂によってできた化合物は，アセトンとアセトアルデヒドである。したがって，C_5H_{10} のアルケンの構造式は次のようになる。

$$\begin{array}{c}CH_3\\CH_3\end{array}C=O+O=C\begin{array}{c}CH_3\\H\end{array} \Rightarrow \begin{array}{c}CH_3\\CH_3\end{array}C=C\begin{array}{c}CH_3\\H\end{array}$$

4 エテン（エチレン）C₂H₄

エテン（エチレン）C₂H₄ は，最も簡単なアルケンで，水に溶けにくい無色の気体である。工業的には，ナフサの熱分解によって製造される。

実験室でエテンを得るには，濃硫酸にエタノールを加えて 160 〜 170 ℃で加熱する（脱水反応）。

C₂H₅OH ⟶ CH₂＝CH₂ ＋ H₂O

補足 温度を 130 〜 140 ℃で加熱すると，ジエチルエーテルとなる（⇨ p.543）。

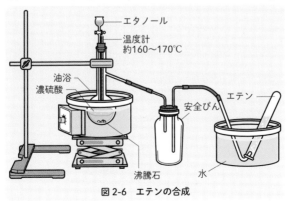

図 2-6 エテンの合成

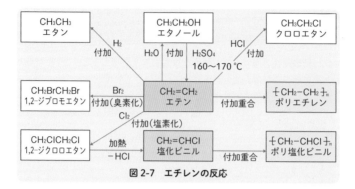

図 2-7　エチレンの反応

5 シクロアルケン(cycloalkene)C_nH_{2n-2}

　環式で環の中に二重結合を1つもつ炭化水素を**シクロアルケン**といい，一般式は$C_nH_{2n-2}(n \geqq 3)$である。名称は，等しい炭素数のアルケンにシクロをつける。性質は，アルケンに似て**付加反応が起こりやすい**。

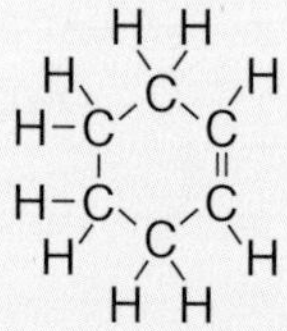

図 2-8　シクロヘキセンの構造

　例　シクロヘキセン C_6H_{10} に水素を付加してシクロヘキサン C_6H_{12} とする。

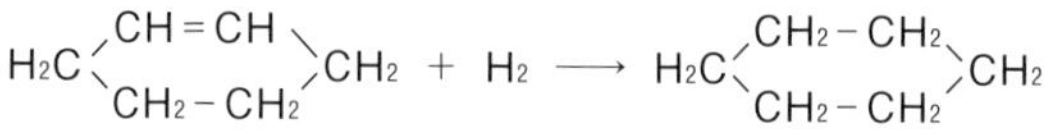

$$H_2C \underset{CH_2-CH_2}{\overset{CH=CH}{\big\langle}} CH_2 \ + \ H_2 \longrightarrow H_2C \underset{CH_2-CH_2}{\overset{CH_2-CH_2}{\big\langle}} CH_2$$

シクロヘキセン C_6H_{10}　　　　　　　シクロヘキサン C_6H_{12}

6 アルキン(alkyne)C_nH_{2n-2} とその構造

　アルキンは鎖式で三重結合を1つもつ不飽和炭化水素で，一般式 C_nH_{2n-2} $(n \geqq 2)$で表される。名称はアルカンの語尾「アン(ane)」を「イン(yne)」に変える。

表2-6　アルキンの名称と分子式・示性式

名称	分子式	示性式
アセチレン	$C_2H_2(n=2)$	$CH \equiv CH$
プロピン	$C_3H_4(n=3)$	$CH \equiv CCH_3$
1-ブチン	$C_4H_6(n=4)$	$CH \equiv CCH_2CH_3$

一般に，C≡C 結合の 2 個の炭素原子とその炭素原子に直結する 2 個の原子（合計 4 個の原子）は，同一直線上に並ぶ。

補足 炭素−炭素間の結合距離は
　　　単結合＞二重結合＞三重結合

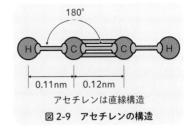

アセチレンは直線構造
図 2-9　アセチレンの構造

7　アセチレン CH≡CH

A　製法と性質

　工業的には，メタンや石油を高温熱分解してつくる。実験室では，炭化カルシウム（カーバイド）CaC_2 に水を加えてつくる。

$$CaC_2 + 2H_2O \longrightarrow Ca(OH)_2 + C_2H_2$$

　無色・無臭の気体で，酸素を十分供給して完全燃焼させると，酸素アセチレン炎と呼ばれる高温の炎を生じる。

B　アセチレンの反応

●付加反応

　アルキンの三重結合は，アルケンの二重結合と同じように付加反応を起こしやすい。

❶ H_2：Pt や Ni を触媒として H_2 を付加させると，エテンを経てエタンとなる。

$$CH\equiv CH \xrightarrow{+H_2} CH_2=CH_2 \xrightarrow{+H_2} CH_3-CH_3$$
　　アセチレン　　　　　　エテン　　　　　　　エタン

❷ Br_2：1, 2-ジブロモエテンを経て，1, 1, 2, 2-テトラブロモエタンとなる。

$$CH\equiv CH \xrightarrow{+Br_2} CHBr=CHBr \xrightarrow{+Br_2} CHBr_2-CHBr_2$$
　　アセチレン　　　1, 2-ジブロモエテン　　1, 1, 2, 2-テトラブロモエタン

❸ 塩化水素 HCl，シアン化水素 HCN，酢酸 CH_3COOH を触媒を用いて付加させると，それぞれ塩化ビニル $CH_2=CHCl$，アクリロニトリル $CH_2=CHCN$，酢酸ビニル $CH_2=CHOCOCH_3$ となる。これらは，ビニル基（$CH_2=CH-$）をもち，付加重合して，それぞれポリ塩化ビニル，ポリアクリロニトリル，ポリ酢酸ビニルとなる。

$$CH \equiv CH \ + \ HCl \ \longrightarrow \ \underset{\text{塩化ビニル}}{CH_2 = \underset{\displaystyle Cl}{\overset{\displaystyle |}{C}}H} \ \xrightarrow{\text{付加重合}} \ \underset{\text{ポリ塩化ビニル}}{\left[CH_2 - \underset{\displaystyle Cl}{\overset{\displaystyle |}{C}}H \right]_n}$$

$$CH \equiv CH \ + \ HCN \ \longrightarrow \ \underset{\text{アクリロニトリル}}{CH_2 = \underset{\displaystyle CN}{\overset{\displaystyle |}{C}}H} \ \xrightarrow{\text{付加重合}} \ \underset{\text{ポリアクリロニトリル}}{\left[CH_2 - \underset{\displaystyle CN}{\overset{\displaystyle |}{C}}H \right]_n}$$

$$CH \equiv CH \ + \ CH_3COOH \ \longrightarrow \ \underset{\text{酢酸ビニル}}{CH_2 = \underset{\displaystyle OCOCH_3}{\overset{\displaystyle |}{C}}H} \ \xrightarrow{\text{付加重合}} \ \underset{\text{ポリ酢酸ビニル}}{\left[CH_2 - \underset{\displaystyle OCOCH_3}{\overset{\displaystyle |}{C}}H \right]_n}$$

❹ **H₂O**：硫酸水銀（Ⅱ）$HgSO_4$ を触媒として水を付加させると，ビニルアルコール（**エノール形**）になるが，ビニルアルコールは不安定でアセトアルデヒド（**ケト形**）に変化する。

$$CH \equiv CH \ + \ H_2O \ \xrightarrow{HgSO_4} \ \underset{\text{ビニルアルコール}}{\left[\begin{array}{c} H - C = C - H \\ | \quad\ | \\ H \ \ OH \end{array} \right]} \ \longrightarrow \ \underset{\text{アセトアルデヒド}}{\begin{array}{c} \ \ \ \ \ H \\ \ \ \ \ \ | \\ H - C - C - H \\ | \quad\ || \\ H \ \ O \end{array}}$$

$$\underset{\text{エノール形}}{\begin{array}{c} - C = C - \\ \ \ \ \ \ | \\ \ \ \ \ OH \end{array}} \ \rightleftharpoons \ \underset{\text{ケト形}}{\begin{array}{c} | \ \ \ | \\ - C - C - \\ | \quad\ || \\ H \ \ O \end{array}}$$

エノール形とケト形は平衡混合物として存在する。室温では，ケト形に平衡がかたよっており，エノール形のビニルアルコールはケト形のアセトアルデヒドに変化する。

補足 以前はこの方法がアセトアルデヒドの主要な工業的製法であったが，水銀の公害問題が起こり，現在では使われていない。現在は，エテンを酸化して製造されている。

● 重合反応

アセチレンを赤熱した鉄に接触させると，3分子が重合してベンゼン C_6H_6 になる。

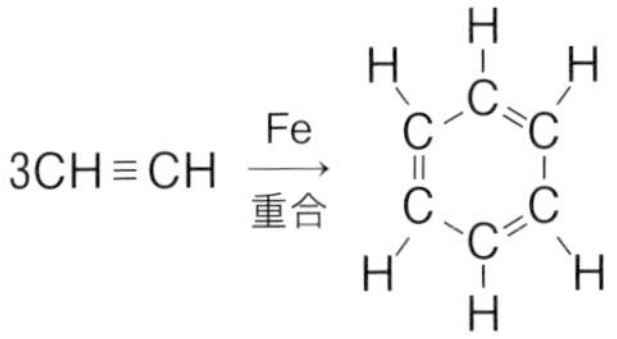

$$3CH \equiv CH \xrightarrow[\text{重合}]{Fe}$$

ベンゼン

アセチレンが多数付加重合すると，ポリアセチレンが生成する。

$$n\,CH \equiv CH \xrightarrow[]{\text{触媒}} \left[\!-CH = CH-\!\right]_n$$

ポリアセチレン

●置換反応

　アンモニア性硝酸銀水溶液にアセチレンを通じると，置換反応が起こり，銀アセチリドの白色沈殿が生じる。

$$CH \equiv CH \,+\, 2\left[Ag(NH_3)_2\right]^+ \longrightarrow AgC \equiv CAg \,+\, 2NH_3 \,+\, 2NH_4^+$$

銀アセチリド

●酸化反応

　アルキンの三重結合も，アルケンの二重結合と同様に酸化されやすい。硫酸酸性の過マンガン酸カリウム水溶液にアセチレンを通じると，**過マンガン酸イオンの赤紫色が消える。**

8　炭化水素の不飽和度

　炭化水素の水素 H の数は，アルカンのときが最大で，炭素 C の数 n 個に対して，$2n+2$ 個である。アルカンから二重結合が 1 つ形成，または環構造が 1 つ形成されると，以下のように 2 個の H 原子が脱離する。また，三重結合が 1 つ形成されると，4 個の H 原子が脱離する。

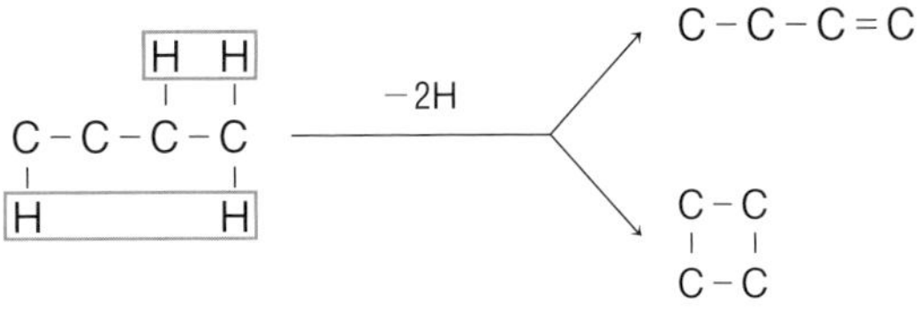

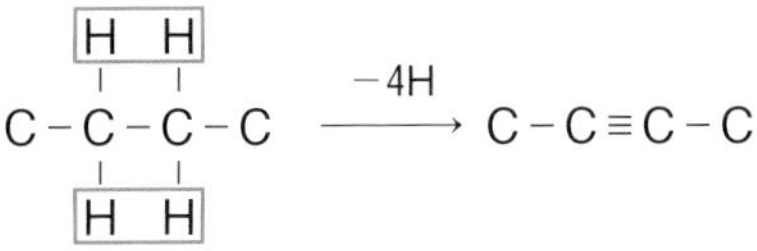

ある炭化水素 C_nH_X について，炭素数の同じアルカン C_nH_{2n+2} に比べて不足しているH原子の数の $\dfrac{1}{2}$ を**不飽和度**という。不飽和度は炭化水素 C_nH_X 1個に結合できる H_2 分子の数と同じになる。

$$\text{不飽和度}=\frac{\text{アルカン } C_nH_{2n+2}\text{ のH原子の数}-\text{炭化水素 } C_nH_X\text{ のH原子の数}}{2}$$

$$=\frac{2n+2-X}{2}$$

不飽和度 $=0(C_nH_{2n+2})$ のとき，アルカンである。

不飽和度 $=1(C_nH_{2n})$ のとき，二重結合1つ or 環構造1つ。

不飽和度 $=2(C_nH_{2n-2})$ のとき，三重結合1つ or 二重結合2つ or

二重結合1つ+環構造1つ or

環構造2つ

上のように，不飽和度によって炭化水素の構造の概要がわかるので，構造式を決めるとき，重要な手がかりになる。

例題7 不飽和度

β-カロテンは分子式 $C_{40}H_{56}$ で，分子内に2つの環構造をもっている。分子内に何個の二重結合を含むか求めよ。ただし，分子内には三重結合は存在しない。

──────────

【解答】

$$\text{不飽和度}=\frac{2\times40+2-56}{2}=13$$

環構造を2つ含み，三重結合を含まないので

二重結合の数 $=13-2=$ **11個** …㊜

ちなみに，構造式は次のとおりである。Hは省略して，炭素骨格で示した。

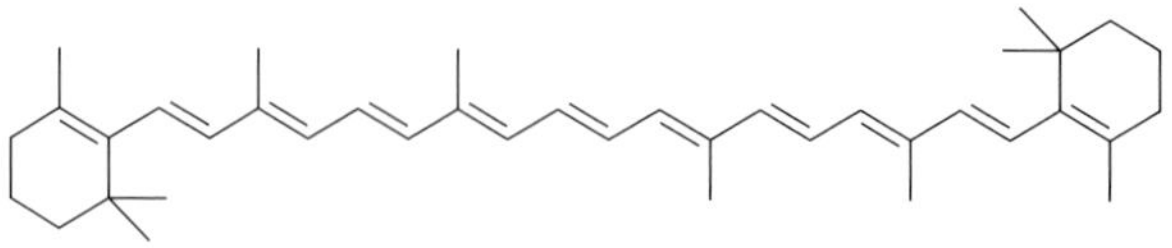

参 考　石油

1 石油の分留

　石油とは，天然に産出する原油，およびそれを精製して得られる石油製品の総称である。

　原油は，炭素数が5〜40くらいまでの炭化水素の混合物で，その他，少量のSやNの化合物が含まれている。この原油を**図2-10**のように，沸点の違いを利用して**分留**し，**石油ガス**，**ナフサ**，**灯油**，**軽油**などの成分に分けて，さまざまな用途に利用する。

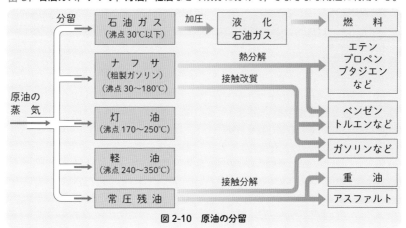

図2-10　原油の分留

2 石油精製工程

Ⓐ 熱分解

　ナフサを高温で分解して，エテン，プロペン，1,3-ブタジエン，ベンゼン，トルエンなどの化学基礎原料を生産する工程。ナフサは多量の水蒸気のもと，温度800〜900℃にすることによって，0.03〜0.5秒という短い時間で分解される。

Ⓑ 接触改質（リホーミング）

　ナフサを原料として，オクタン価の高い改質ガソリンやベンゼン，トルエンなどの芳香族炭化水素を生産する工程。この工程は，高圧の水素の存在下，約500℃で白金系触媒を用いて行われる。

Ⓒ 接触分解（クラッキング）

　炭素数の多い残油などを触媒により分解し，改質ガソリンを生産する工程。この工程では，ほぼ常圧下，約500℃で触媒を用いる。

この章で学んだこと

　この章では，脂肪族炭化水素で飽和炭化水素であるアルカン，シクロアルカン，また不飽和炭化水素であるアルケン，シクロアルケン，アルキンについて，構造と同族体の共通点や各炭化水素の性質，反応，名称などを学んだ。

---

1 飽和炭化水素（アルカン）

❶ アルカン 一般式 C_nH_{2n+2} をもち，似た構造式をもつ一群の化合物（同族体）。

❷ 分子式と名称
（a）分子式は C_nH_{2n+2} で $n = 1, 2, 3, \cdots\cdots$。
（b）名称は語尾に「アン」をつける。

❸ 立体構造と構造異性体 正四面体が連結した構造で，単結合は回転が可能。C_4H_{10} から構造異性体が存在する。

❹ 性質 （a）水に不溶，有機溶媒に溶ける。
（b）化学的に安定しているが，ハロゲンと光の存在下，置換反応をする。

❺ メタン （a）天然ガスや石油ガスの成分。
（b）製法は酢酸ナトリウムと水酸化ナトリウムの混合物を加熱する。

❻ シクロアルカン
一般式 C_nH_{2n} の飽和・環状の炭化水素。性質はアルカンに類似。

2 不飽和炭化水素

❶ アルケンの分子式と名称・構造異性体
（a）分子式は C_nH_{2n} で $n = 2, 3, \cdots\cdots$。
（b）名称は語尾に「エン」をつける。
（c）炭素数が4以上に構造異性体が存在。

❷ アルケンの立体構造 （a）二重結合は平面構造。エテン分子の原子は同一平面上。（b）2-ブテンには**シス-トランス異性体(幾何異性体)** が存在する。

❸ アルケンの反応 （a）**付加反応**
$$CH_2 = CH_2 + H_2 \longrightarrow C_2H_6$$
$$CH_2 = CH_2 + Br_2 \longrightarrow CH_2BrCH_2Br$$

$$CH_2 = CH_2 + H_2O \longrightarrow CH_3CH_2OH$$
臭素水の赤褐色を脱色する。➡不飽和結合の検出に使う。

（b）**付加重合** エテン，プロペン，塩化ビニルは付加重合する。

（c）**酸化** アルケンは酸化されやすい。

❹ エテン 製法➡濃硫酸にエタノールを加えて 160 〜 170 ℃で加熱する。

❺ シクロアルケン
一般式 C_nH_{2n-2} の不飽和・環状の炭化水素。性質はアルケンに似て付加しやすい。

❻ アルキンの分子式・名称・構造
（a）分子式は C_nH_{2n-2} の $n = 2, 3, \cdots\cdots$。
（b）名称は語尾に「イン」をつける。
（c）アセチレンは直線構造。

❼ アセチレン （a）**製法**➡炭化カルシウムに水を加える。
$$CaC_2 + 2H_2O \longrightarrow Ca(OH)_2 + C_2H_2$$
（b）**付加反応** H_2：
$$C_2H_2 \longrightarrow C_2H_4 \longrightarrow C_2H_6$$
$$CH \equiv CH + HX \longrightarrow CH_2 = CHX$$
$$CH \equiv CH + H_2O$$
$$\longrightarrow (CH_2 = CHOH)（不安定）$$
$$\longrightarrow CH_3CHO（アセトアルデヒド）$$

❽ 炭化水素の不飽和度
C_nH_x に対して
$$不飽和度 = \frac{2n + 2 - X}{2}$$
不飽和度によって，炭化水素の構造の概要がわかる。

定期テスト対策問題 19

（解答・解説は p.737）

1　次の(1)，(2)に答えよ。

(1)　次の(a)～(f)の分子式または示性式，構造式で示される炭化水素の名称を書け。

(2)　臭素水の色を脱色するものの記号を書け。

(a)　C_3H_8

(b)　$CH_3CH = CH_2$

(c)　$CH \equiv C - CH_3$

(d)　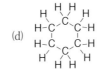

(e)　$CH_3 - \underset{\underset{CH_3}{|}}{CH} - CH_2 - CH_3$

(f)　$CH_3 - CH_2Cl$

2　ある炭化水素を完全に燃焼させたところ，生じた二酸化炭素の物質量は水の物質量の 2.8 倍であった。この炭化水素は次の(a)～(f)のどれに相当するか。

(a)　C_6H_6

(b)　$C_6H_5CH_3$

(c)　$C_6H_4(CH_3)_2$

(d)　$C_{10}H_8$

(e)　$C_{14}H_{10}$

(f)　$C_{12}H_{14}$

3　分子式 C_4H_8 で表される分子には 6 つの異性体(シス-トランス異性体を含む)が存在する。6 つの異性体の簡略化した構造式を書け。

4　次の①～⑤の化学反応式を，例にならって簡略化した構造式で書け。

〈例〉　$CH_2 = CH_2 + H_2 \longrightarrow CH_3 - CH_3$

①　エテンに臭素を付加させた。

②　エタノールに濃硫酸を加え 160 ～ 170 ℃で加熱したところ，気体が発生した。

③　エテンは触媒の存在下，塩化水素と反応し，クロロエタンになる。

④　カーバイドに水を加えたところ，気体が発生した。

⑤　メタンと塩素との混合気体に光を当てると，ジクロロメタンができる。

ヒント

1 (e)　位置番号 2 の位置にメチル基がある。(f)　ハロゲン置換基名を先頭に。

2 CO_2 と H_2O の物質量比は

　　$CO_2 : H_2O = 2.8 : 1 = 14 : 5$

3 不飽和度は 1 である。

4 ①，③エテンは付加反応する。②は脱水反応。⑤は置換反応。

5 次の文の空欄(a)〜(l)に適当な語句，数を記入せよ。ただし，(b)は一般式で答えよ。

炭素原子間に(a)を 1 つ含む炭化水素をアルキンといい，一般式は(b)で表される。その最も簡単なものはアセチレンである。アセチレンは，無色の気体で，また，不飽和結合をもつため，付加反応が起こりやすい。例えば 1 mol のアセチレンには最大(c) mol の塩素分子を付加させることができ，(d)が最終生成物として生じるが，中間段階としては(e)が生じる。この中間生成物(e)には，炭素–炭素間の二重結合に対して塩素原子が同じ側にある(f)形と，反対側にある(g)形と呼ばれる(h)異性体がある。触媒の存在下，アセチレンに塩化水素を反応させると(i)を生じ，また水を反応させると(j)を経て(k)を生じる。さらにアセチレンの 3 分子が触媒の存在下で重合すると(l)となる。

6 次の文の(a)〜(g)に適する語句，数または一般式を書け。

① n 個の炭素からなり，環構造を1個もっている飽和炭化水素の一般式は(a)で表される。

② n 個の炭素からなり，二重結合を 2 つもっている鎖式炭化水素の一般式は(b)で表される。

③ n 個の炭素からなり，環構造を 1 個と二重結合を 1 つ含む炭化水素の一般式は(c)で表される。

④ メタンの水素原子(d)個を塩素原子で置換した(e)には異性体が存在しないという事実は，メタンの分子構造が平面でないことを示している。

⑤ メタンの立体構造は正四面体形であるが，エテンの立体構造は(f)形，アセチレンは(g)形である。

7 分子式 $C_{18}H_{30}$ で表される鎖式の炭化水素には，最大何分子の水素分子が付加するか。

ヒント

5 アセチレンは不飽和結合をもち，種々の付加反応をする。
塩素の付加は二段階で進む。
水を付加したときには，最初にできるビニル化合物が不安定なため，さらに変化してアルデヒドになる。
臭素を付加させたときの(d)は，1, 1, 2, 2-テトラブロモエタン。

6 ①，②，③飽和の環構造や二重結合 1 つの増加は，それぞれ 2 個の水素原子の減少を伴う。
④メタンは正四面体形。

7 どんな不飽和結合が何個あるかを考える。

第 **3** 章 酸素を含む
脂肪族炭化水素

1 | アルコールとエーテル

1 アルコールとその名称

メタン CH_4 やエタン C_2H_6 のような炭化水素の水素原子を，ヒドロキシ基（$-OH$）で置換した化合物を**アルコール**といい，一般式 $R-OH$ で表す。

例

$$H-\underset{\underset{H}{|}}{\overset{\overset{H}{|}}{C}}-H \xrightarrow{\text{H を OH に置換}} H-\underset{\underset{H}{|}}{\overset{\overset{H}{|}}{C}}-OH$$

アルコール（メタノール）

アルコールの名称は，アルカンの語尾「ane（アン）」の「e」を「ol（オール）」に変えて，命名する。

例 CH_3OH メタノール（methanol）   methane → methanol
　　　　C_2H_5OH エタノール（ethanol）   ethane → ethanol

$$\overset{4}{C}H_3-\overset{3}{C}H_2-\underset{\underset{OH}{|}}{\overset{2}{C}H}-\overset{1}{C}H_3 \quad \text{2-ブタノール} \quad \text{2-butane → 2-butanol}$$
(2-butanol)

補足 $-OH$ 基が結合している炭素の番号が小さくなるように名称をつけるので

$$\overset{1}{C}H_3-\overset{2}{C}H_2-\underset{\underset{OH}{|}}{\overset{3}{C}H}-\overset{4}{C}H_3 \quad \text{として 3-ブタノールとしてはいけない。}$$

2 アルコールの分類

A ヒドロキシ基の数による分類

アルコールは，分子中のヒドロキシ基（$-OH$）の数によって，**1価アルコール**，**2価アルコール**，**3価アルコール**などに分類される。また，2価以上のアルコールを**多価アルコール**という。

表3-1 ヒドロキシ基（−OH）の数による分類

分 類	構 造	化合物の例	名 称
1価 アルコール	R − OH	CH_3 − OH	メタノール
2価 アルコール	R^1 − OH R^2 − OH	CH_2 − OH CH_2 − OH	1, 2-エタンジオール （エチレングリコール）
3価 アルコール	R^1 − R^2 − R^3 OH OH OH	CH_2 − CH − CH_2 OH OH OH	1, 2, 3-プロパントリオール （グリセリン）

B 炭素骨格による分類

　アルコールは，ヒドロキシ基（−OH）が結合している炭素原子に，他の炭素原子（炭化水素基）が何個結合しているかによって，**第一級アルコール**，**第二級アルコール**，**第三級アルコール**に分類される。

表3-2 炭化水素基の数によるアルコールの分類

分 類	構 造	化合物の例（C_4H_9OH）	名 称	沸点（℃）
第一級 アルコール	※ 　　H R−C−OH 　　H　　R：1個	H CH_3−CH_2−CH_2−C−OH 　　　　　　　　H	1-ブタノール	117
		H CH_3−CH−C−OH 　　　CH_3 H	2-メチル-1-プロパノール	108
第二級 アルコール	H R^1−C−OH 　　R^2　　R：2個	H CH_3−CH_2−C−OH 　　　　　CH_3	2-ブタノール	99
第三級 アルコール	R^1 R^2−C−OH 　　R^3　　R：3個	CH_3 CH_3−C−OH 　　　CH_3	2-メチル-2-プロパノール	83

　　　　　※Rの代わりにH原子が結合したメタノール CH_3OH も第一級アルコールである。

補足 R−は炭化水素基を表す。

C アルコールを構成する炭素原子の数による分類

　アルコールを構成する炭素原子の数が少ないアルコールを**低級アルコール**，炭素原子の数が多いアルコールを**高級アルコール**という。

アルコールの分類

2-メチルブタン $CH_3CH(CH_3)CH_2CH_3$ の水素原子 1 個を $-OH$ で置換したアルコールのすべての異性体の構造式を書き，第一級アルコール，第二級アルコール，第三級アルコールに分類せよ。

解答

$-OH$ で置換したときに，異なる異性体となる H は下図の $H^1 \sim H^4$ である。

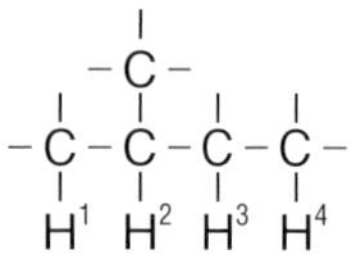

$$
\begin{array}{c}
\overset{\displaystyle |}{\underset{\displaystyle |}{-C-}} \\
-\overset{|}{\underset{H^1}{C}}-\overset{|}{\underset{H^2}{C}}-\overset{|}{\underset{H^3}{C}}-\overset{|}{\underset{H^4}{C}}-
\end{array}
$$

$-OH$ が結合する炭素原子に結合する他の炭素原子の数は H^1 と H^4 を置換したものが 1 個で第一級アルコールである。また，H^2 と H^3 を置換したものが 3 個と 2 個で，それぞれ第三級アルコール，第二級アルコールである。

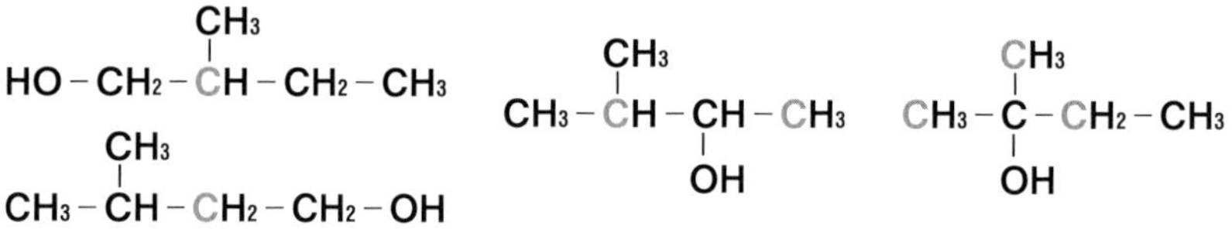

$$HO-CH_2-\overset{\overset{\textstyle CH_3}{|}}{CH}-CH_2-CH_3$$

$$\overset{\overset{\textstyle CH_3}{|}}{CH_3-CH}-CH_2-CH_2-OH$$

第一級アルコール

$$CH_3-\overset{\overset{\textstyle CH_3}{|}}{\underset{\underset{\textstyle OH}{|}}{CH}}-CH-CH_3$$

第二級アルコール

$$CH_3-\overset{\overset{\textstyle CH_3}{|}}{\underset{\underset{\textstyle OH}{|}}{C}}-CH_2-CH_3$$

第三級アルコール

…㊐

POINT

アルコールの分類

〈構造式〉

$$R-\overset{\overset{\textstyle H}{|}}{\underset{\underset{\textstyle H}{|}}{C}}-OH \qquad R^1-\overset{\overset{\textstyle H}{|}}{\underset{\underset{\textstyle R^2}{|}}{C}}-OH \qquad R^2-\overset{\overset{\textstyle R^1}{|}}{\underset{\underset{\textstyle R^3}{|}}{C}}-OH$$

第一級アルコール　　　　第二級アルコール　　　　第三級アルコール

例

$$CH_3-CH_2-OH \qquad CH_3-\overset{\overset{\textstyle H}{|}}{\underset{\underset{\textstyle CH_3}{|}}{C}}-OH \qquad CH_3-\overset{\overset{\textstyle CH_3}{|}}{\underset{\underset{\textstyle CH_3}{|}}{C}}-OH$$

エタノール　　　　　　2-プロパノール　　　　2-メチル-2-プロパノール

3　アルコールの性質

A　融点・沸点

アルコール分子間には**水素結合**が形成されるため，融点・沸点は分子量が同程度の炭化水素に比べ，かなり高くなる。

炭素数が少ないものは，常温で液体，炭素数が多いものは，ロウ状の固体である。

補足 p.537の**表3-2**のように，分子量が同じアルコールの沸点は，第三級＜第二級＜第一級　の順に高くなる。これは，分子間力が，第三級＜第二級＜第一級　の順で大きくなることによる。

B　水溶性

アルコール R-OH の炭化水素基 R は**疎水性**であり，−OH は**親水性**である。したがって，**炭素の数が少なく−OH が多いほど水に溶けやすい。**

1価のアルコールでは，低級アルコールは水に混ざりやすく，高級アルコールは水に溶けにくい。なお，アルコールは水溶液中で電離せず中性である。

C　多価のアルコール

① エチレングリコール（1, 2-エタンジオール）$C_2H_4(OH)_2$

無色の粘性の高い液体で，水と任意の割合で混ざる。自動車エンジンの不凍液として用いられる。

4

第3章　酸素を含む脂肪族炭化水素

❷ グリセリン(1, 2, 3-プロパントリオール) $C_3H_5(OH)_3$

無色の粘性の高い液体で，水と任意の割合で混ざる。医薬品や化粧品の成分として，また，合成樹脂や爆薬の原料としても用いられる。

表 3-3　アルコールの性質

価数	名　　称	構　　造	沸点 (℃)	融点 (℃)	水に対する溶解性
1	メタノール	CH_3OH	65	−98	∞
	エタノール	CH_3CH_2OH	78	−115	∞
	1-プロパノール	$CH_3CH_2CH_2OH$	97	−127	∞
	1-ペンタノール	$CH_3(CH_2)_4OH$	138	−79	微溶
	1-ドデカノール	$CH_3(CH_2)_{11}OH$	263	24	難溶
2	1, 2-エタンジオール (エチレングリコール)	$\begin{matrix} CH_2OH \\ \mid \\ CH_2OH \end{matrix}$	198	−13	∞
3	1, 2, 3-プロパントリオール (グリセリン)	$\begin{matrix} CH_2CHCH_2 \\ \mid\ \ \mid\ \ \mid \\ OH\ OHOH \end{matrix}$	290	18	∞

補足　1.「∞」は，どんな割合でも混ざり合うことを示す。
　　　　2. 1, 2, 3-プロパントリオールは，290 ℃で沸騰するとともに分解する。

4　アルコールの反応

Ａ　ナトリウムとの反応

アルコール R–OH にナトリウム Na の単体を加えると，ヒドロキシ基の水素原子とナトリウム原子が置換することで水素 H_2 を発生して，ナトリウムアルコキシド R–ONa が生じる。

例　$2R\text{–}OH + 2Na \longrightarrow 2R\text{–}ONa + H_2$

$\underset{\text{メタノール}}{2CH_3OH} + 2Na \longrightarrow \underset{\text{ナトリウムメトキシド}}{2CH_3ONa} + H_2$

$\underset{\text{エタノール}}{2C_2H_5OH} + 2Na \longrightarrow \underset{\text{ナトリウムエトキシド}}{2C_2H_5ONa} + H_2$

POINT

Na を加えて H_2 が発生 ⇨ **ヒドロキシ基 (–OH) が存在**
水溶液が中性で，Na により H_2 が発生 ⇨ **アルコール**

補足　カルボキシ基 (–COOH) も Na により H_2 が発生するが，酸性。

B 酸化反応

アルコールを適当な酸化剤を用いて酸化すると，**第一級アルコール**は**アルデヒド**に，**第二級アルコール**は**ケトン**に酸化される。**第三級アルコール**は**酸化されにくい**。第一級アルコールの酸化で生じた**アルデヒドをさらに酸化させると，カルボン酸になる。**

$$\begin{array}{c} H \\ | \\ R-C-O-H \\ | \\ H \end{array} \xrightarrow[(-2H)]{酸化} \begin{array}{c} R-C-H \\ \| \\ O \end{array}$$

第一級アルコール　　　　　　　　　アルデヒド

例　$CH_3OH \xrightarrow{(-2H)} HCHO$
メタノール　ホルムアルデヒド

$CH_3CH_2OH \xrightarrow{(-2H)} CH_3CHO$
エタノール　　　アセトアルデヒド

さらに酸化すると，アルデヒドはカルボン酸になる。

$$\begin{array}{c} R-C-H \\ \| \\ O \end{array} \xrightarrow[(+O)]{酸化} \begin{array}{c} R-C-OH \\ \| \\ O \end{array}$$

アルデヒド　　　カルボン酸

$$\begin{array}{c} H \\ | \\ R^1-C-O-H \\ | \\ R^2 \end{array} \xrightarrow[(-2H)]{酸化} \begin{array}{c} R^1-C-R^2 \\ \| \\ O \end{array}$$

第二級アルコール　　　　　　　　　ケトン

例　$\begin{array}{c} CH_3 \\ CHOH \\ CH_3 \end{array} \xrightarrow{(-2H)} \begin{array}{c} CH_3 \\ C=O \\ CH_3 \end{array}$
　　2-プロパノール　　　　アセトン

$$\begin{array}{c} R^1 \\ | \\ R^2-C-OH \\ | \\ R^3 \end{array}$$

第三級アルコール

第三級アルコールは，酸化されにくい。
強く酸化すると分解する。

アルコール C_4H_9OH には，4種類の構造異性体がある。この4種類の構造異性体の構造式を書き，これらを第一級，第二級，第三級に分類し，さらに，酸化されてアルデヒド，ケトンになるものを示せ。

【解答】

最初に，主鎖の炭素数が4，次に，炭素数が3の炭素骨格を書く。

①主鎖（炭素数4）　C－C－C－C　　　②主鎖（炭素数3）　C－C－C
　　　　　　　　　　　　　　　　　　　　　　　　　　　　　　　｜
　　　　　　　　　　　　　　　　　　　　　　　　　　　　　　　C

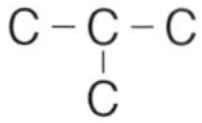

①，②に対して，－OH の結合位置による異性体を考える。

①からは　Ⓐ　CH_3－CH_2－CH_2－CH_2－**OH**

　　　　　Ⓑ　CH_3－CH－CH_2－CH_3
　　　　　　　　　　｜
　　　　　　　　　　OH

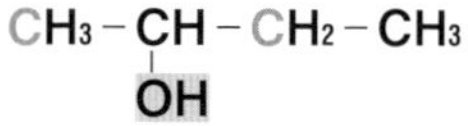

②からは　Ⓒ　CH_3－CH－CH_2－**OH**
　　　　　　　　　　｜
　　　　　　　　　　CH_3

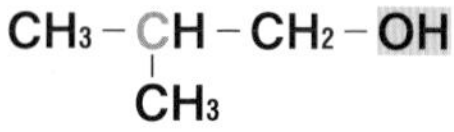

　　　　　　　　　　OH
　　　　　Ⓓ　CH_3－C－CH_3　　　　　…㊙
　　　　　　　　　　｜
　　　　　　　　　　CH_3

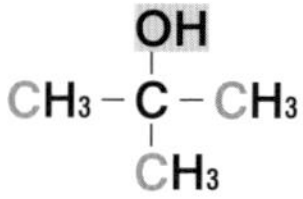

よって，上記のⒶ，Ⓑ，Ⓒ，Ⓓの4つの異性体は次のような分類となる。

　　第一級アルコール：Ⓐ，Ⓒ

　　第二級アルコール：Ⓑ

　　第三級アルコール：Ⓓ　　　…㊙

また，酸化されてアルデヒドになるのは第一級アルコール，ケトンになるのは第二級アルコールなので

　　アルデヒドになるもの：Ⓐ，Ⓒ

　　ケトンになるもの：Ⓑ　　　　…㊙

POINT

アルコールの酸化

● 第一級アルコール

$$R-CH_2-OH \xrightarrow{\text{酸化}(-2H)} \underset{\underset{O}{\|}}{R-C-H} \quad \text{アルデヒド}$$

● 第二級アルコール

$$\underset{OH}{R^1-CH-R^2} \xrightarrow{\text{酸化}(-2H)} \underset{\underset{O}{\|}}{R^1-C-R^2} \quad \text{ケトン}$$

● **第三級アルコールは，酸化されにくい**

C 脱水反応

　アルコールを濃硫酸と加熱すると，反応温度に応じて，アルケンまたはエーテルが生成する。例えば，エタノールと濃硫酸を $160 \sim 170\,℃$ で加熱すると，分子内で**脱水反応**が起こり，エテンを生じる。一方で，$130 \sim 140\,℃$ で加熱すると，2 分子間で脱水反応が起こり，ジエチルエーテルが生じる。

$$\underset{\text{エタノール}}{\underset{H\ OH}{\overset{H\ H}{H-C-C-H}}} \xrightarrow[160 \sim 170\,℃]{\text{濃硫酸}} \underset{\text{エテン}}{\overset{H}{\underset{H}{\diagup}}C=C\overset{H}{\underset{H}{\diagdown}}} + H_2O \quad \text{（分子内脱水反応）}$$

$$\underset{\text{エタノール}}{CH_3-CH_2-OH} + HO-CH_2-CH_3 \xrightarrow[130 \sim 140\,℃]{\text{濃硫酸}} \underset{\text{ジエチルエーテル}}{C_2H_5-O-C_2H_5} + H_2O$$

$$\text{（分子間脱水反応）}$$

　ジエチルエーテルの生成反応のように，2 つの分子から水のような簡単な分子がとれて新しい分子ができる反応を**縮合反応**という。

4

第 3 章 酸素を含む脂肪族炭化水素

ザイツェフ則

　アルコールの脱水反応において，2種類以上のアルケンが生成される場合，主生成物を予想できる。アルコールの−OHが結合したC原子に隣接するC原子に結合したH原子の数を比較する。H原子の数が少ないほうのC原子からH原子が脱離したアルケンが主成分となる。例えば

$$CH_3-\underset{\underset{OH}{|}}{CH}-CH_2-CH_3$$

の脱水反応では

$$CH_2=CH-CH_2-CH_3, \quad CH_3-CH=CH-CH_3$$

が生成する。結合している水素原子Hの数がより少ないC原子からH原子が奪われ

$$CH_3-CH=CH-CH_3$$

が主生成物となる。この経験則は，発見した化学者ザイツェフの名前より，**ザイツェフ則**と呼ばれる。

5 メタノールとエタノール

A メタノール CH_3OH

　かつては木材の乾留によって得ていたが，現在，工業的には一酸化炭素と水素から触媒を用いて，高温・高圧で製造される。

$$CO \ + \ 2H_2 \xrightarrow[\text{高温・高圧}]{\text{触媒}} \underset{\text{メタノール}}{CH_3OH}$$

　メタノールは無色の有毒な液体であり，溶媒や燃料，化学工業製品の原料に用いられる。

B エタノール C_2H_5OH

　酵母によるグルコース $C_6H_{12}O_6$ のアルコール発酵によって得られる。

$$\underset{\text{グルコース}}{C_6H_{12}O_6} \xrightarrow{\text{酵母}} \underset{\text{エタノール}}{2C_2H_5OH} \ + \ 2CO_2$$

　また，工業的にはリン酸を触媒として，エテンに水を付加させて製造される。

$$\underset{\text{エテン}}{CH_2=CH_2} \ + \ H_2O \xrightarrow[\text{高温・高圧}]{\text{リン酸}} \underset{\text{エタノール}}{CH_3CH_2OH}$$

エタノールは，無色，芳香のある液体で，水と任意の割合で混ざる。酒類に利用されるほか，消毒剤，溶剤などに用いられる。

Q エタノールは，消毒剤としてどのように作用するのですか？

A エタノールは，細菌の細胞膜や一部のウイルスの脂質膜に作用して機能を不活化しています。そのため，脂質膜をもたないウイルスには，エタノールの効果は弱いのですよ。

6 エーテル

2個の炭化水素基 R^1，R^2 が酸素原子 O に結合した構造 $R^1 - O - R^2$ をもつ化合物を**エーテル**といい，$-O-$ の結合を**エーテル結合**という。

例 ジメチルエーテル　　　　　　$CH_3 - O - CH_3$　　　常温で気体（沸点 -25 ℃）
　　　エチルメチルエーテル　　　　$C_2H_5 - O - CH_3$　　　常温で気体（沸点 7 ℃）
　　　ジエチルエーテル　　　　　　$C_2H_5 - O - C_2H_5$　　　常温で液体（沸点 34 ℃）

A ジエチルエーテル $C_2H_5 - O - C_2H_5$

代表的なエーテルで，単にエーテルというとジエチルエーテルを指す。揮発性(きはつせい)の芳香のある液体で，引火性が強く，また，麻酔(ますい)作用がある。有機化合物をよく溶かし，有機溶媒に用いられる。

エタノールと濃硫酸を $130 \sim 140$ ℃で加熱すると得られる。

$$2C_2H_5OH \longrightarrow C_2H_5OC_2H_5 + H_2O$$
　エタノール　　　　ジエチルエーテル

補足 メタノール CH_3OH と濃硫酸からはジメチルエーテルが得られる。

7 アルコールとエーテル

A 異性体

アルコールとエーテルは異性体の関係にあり，分子式 $C_nH_{2n+2}O$（$n \geqq 2$）で表される化合物はアルコールかエーテルのいずれかである。

B 性質

　アルコールはヒドロキシ基(−OH)をもつが, エーテルはもたないため, 次のような性質の違いがある。

❶ ナトリウムを加えると, アルコールは水素を発生するが, エーテルは変化しない。

❷ 水に, 低級アルコールは混ざるが, エーテルは混ざらない。

❸ アルコールは, 水素結合をするため, 同じ分子量のエーテルより沸点が高い。

例 分子式 C_2H_6O $\begin{cases} CH_3CH_2OH：エタノール, Na で H_2 を発生, 常温で液体。 \\ CH_3OCH_3：ジメチルエーテル, Na で変化なし, 常温で気体。 \end{cases}$

POINT

分子式 $C_nH_{2n+2}O$ $(n \geqq 2)$:

Na(単体)を加えると $\begin{cases} 水素が発生 \Rightarrow アルコール \\ 変化なし \Rightarrow エーテル \end{cases}$

8 酸素を含む有機化合物の不飽和度

　不飽和度とは, 有機化合物中で水素原子 H がどの程度不足しているかを示した指標である。不飽和度を求めることで, 化合物中の二重結合, 三重結合, 環構造の数がわかる。不飽和度は, 次の式で与えられる。

$$不飽和度 = \frac{最大の H 原子の数 − 実際の分子の H 原子の数}{2}$$

H 原子は, 二重結合または環構造が 1 つできると 2 個減り, 三重結合が 1 つできると 4 個減るので

　　最大の H 原子の数 − 実際の分子の H 原子の数

　　　　　 = 二重結合の数 × 2 + 環構造の数 × 2 + 三重結合の数 × 4

　　不飽和度 = 二重結合の数 + 環構造の数 + 三重結合の数 × 2

　$C_nH_xO_a$ について不飽和度を考えてみよう。次のように, 最大の H 原子の数は, O 原子の有無によって増減せず $2n+2$ 個である。

　　　　……−C−C−O−C−C−……　　　　…−C−C−C−C−O−H

❶ $C_nH_xO_a$

$$C_nH_xO_a \text{ の不飽和度} = \frac{2n+2-x}{2}$$

例えば，C_4H_8O の不飽和度は

$$\text{不飽和度} = \frac{2 \times 4 + 2 - 8}{2} = 1$$

炭素間二重結合あるいは環構造 1 個が含まれるか，または次のように形成される C＝O が 1 個含まれる。

$$
\begin{array}{c}
\quad\ \ \mathsf{H}\ \ \mathsf{H}\ \ \mathsf{H}\ \ \mathsf{H} \\
\mathsf{H\!-\!C\!-\!C\!-\!C\!-\!C\!-\!H} \\
\quad\ \ \mathsf{H}\ \ \mathsf{H}\ \ \mathsf{H}\ \ \mathsf{H}
\end{array}
\xrightarrow{\ -2\mathsf{H}\ }
\begin{array}{c}
\quad\ \ \mathsf{H}\ \ \mathsf{H}\qquad\ \mathsf{H} \\
\mathsf{H\!-\!C\!-\!C\!-\!C\!-\!C\!-\!H} \\
\quad\ \ \mathsf{H}\ \ \mathsf{H}\ \ \mathsf{O}\ \ \mathsf{H}
\end{array}
$$

❷ $C_nH_xO_aN_bX_c$

窒素 N，ハロゲン X を含む $C_nH_xO_aN_bX_c$ の最大の H 原子の数は，次のように N 1 個で H が 1 個増え，X 1 個で H が 1 個減るので，$2n + 2 + b - c$ となる。

$$
\begin{array}{c}
\quad\ \ \mathsf{H}\qquad\ \mathsf{H}\qquad\ \mathsf{H}\ \ \mathsf{H} \\
\mathsf{H\!-\!C\!-\!N\!-\!C\!-\!O\!-\!C\!-\!C\!-\!X} \longleftarrow \text{X に置き換わると H が 1 個減る} \\
\quad\ \ \mathsf{H}\ \ \mathsf{H}\ \ \mathsf{H}\qquad\quad\ \mathsf{H}\ \ \mathsf{H}
\end{array}
$$

$\quad\quad\quad$└─ N が 1 個入ると H が 1 個増える

$$C_nH_xO_aN_bX_c \text{ の不飽和度} = \frac{2n+2+b-c-x}{2}$$

補足 $C_nH_{2n+2}O$（$n \geqq 2$）は，その不飽和度が $\dfrac{2n+2-(2n+2)}{2} = 0$ で，飽和のアルコールかエーテルである。

POINT

$$C_nH_xO_a \text{ の不飽和度} = \frac{2n+2-x}{2}$$

$$C_nH_xO_aN_bX_c \text{ の不飽和度} = \frac{2n+2+b-c-x}{2}$$

例題10 **C₄H₁₀O の異性体**

次の文中の**Ⓐ**〜**Ⓖ**をそれぞれの違いがわかるように，簡略化した構造式で示せ。

分子式が C₄H₁₀O で示される有機化合物には，**Ⓐ**〜**Ⓖ**の 7 つの構造異性体が存在する。**Ⓐ**〜**Ⓓ**のそれぞれに金属ナトリウムを加えると，反応して気体を発生するが，**Ⓔ**〜**Ⓖ**はいずれも金属ナトリウムと反応しない。

Ⓐ〜**Ⓓ**のそれぞれを二クロム酸カリウムの硫酸酸性水溶液に入れて温めると，**Ⓐ**，**Ⓑ**はアルデヒドを生成したのち，さらに酸化されてカルボン酸になる。同じ反応条件で**Ⓒ**はケトンへと酸化されるが，**Ⓓ**は酸化されにくい。

Ⓑ，**Ⓓ**および**Ⓔ**は，枝分かれのあるアルキル基をもつ。

Ⓖは，1 種類のアルコールを濃硫酸に加え，130 〜 140 ℃に加熱することにより合成することができる。

解答

C₄H₁₀O は，その不飽和度は $\dfrac{2 \times 4 + 2 - 10}{2} = 0$ で，鎖式の飽和のアルコールかエーテルである。

Ⓐ〜**Ⓓ**は，金属ナトリウムと反応して気体を発生するので，アルコールである。**Ⓔ**〜**Ⓖ**は金属ナトリウムと反応しないので，エーテルである。

アルコール C₄H₉OH

アルコールは−OH 基をもち，**例題9** より，**Ⓐ**〜**Ⓓ**は，次の構造式のいずれかである。

（ア）　CH₃−CH₂−CH₂−CH₂−OH

（イ）　CH₃−CH−CH₂−CH₃
　　　　　　　|
　　　　　　　OH

（ウ）　CH₃−CH−CH₂−OH
　　　　　　　|
　　　　　　　CH₃

（エ）　　　　　OH
　　　　　　　 |
　　　　CH₃−C−CH₃
　　　　　　　 |
　　　　　　　CH₃

❹，❺はアルデヒドを経て，カルボン酸へと酸化されるので，第一級アルコールの(ア)か(ウ)のいずれかである。❻は酸化されてケトンになるので，第二級アルコールの(イ)である。また，❼は酸化されにくいので，第三級アルコールの(エ)である。❺は枝分かれのあるアルキル基をもつので(ウ)で，したがって，❹は(ア)である。

エーテル $C_4H_{10}O$

　❽〜❿は，次の構造式のいずれかである。

（オ）　$CH_3-CH_2-O-CH_2-CH_3$　　　（カ）　$CH_3-CH_2-CH_2-O-CH_3$

（キ）　$CH_3-\underset{\underset{CH_3}{|}}{CH}-O-CH_3$

　❽は枝分かれのあるアルキル基をもつので(キ)で，❿は1種類のアルコールの脱水反応によって合成されるので(オ)である。よって，❾は(カ)である。

❹　$CH_3-CH_2-CH_2-CH_2-OH$　　　❺　$CH_3-\underset{\underset{CH_3}{|}}{CH}-CH_2-OH$

❻　$CH_3-\underset{\underset{OH}{|}}{CH}-CH_2-CH_3$　　　❼　$CH_3-\overset{\overset{OH}{|}}{\underset{\underset{CH_3}{|}}{C}}-CH_3$

❽　$CH_3-\underset{\underset{CH_3}{|}}{CH}-O-CH_3$　　　❾　$CH_3-CH_2-CH_2-O-CH_3$

❿　$CH_3-CH_2-O-CH_2-CH_3$　　　　　　　　　　…㊜

2 | アルデヒドとケトン

炭素原子と酸素原子からなる二重結合のある原子団 $-\overset{\text{||}}{\underset{\text{O}}{C}}-$ を**カルボニル基**といい，カルボニル基をもつ化合物を**カルボニル化合物**という。カルボニル基の炭素原子に 1 個の水素原子が結合した官能基 $-CHO$ を**ホルミル基**といい，ホルミル基をもつ化合物を**アルデヒド**という。アルデヒドの一般式は $R-CHO$ （R は炭化水素基または H）で表される。

また，カルボニル基に 2 個の炭化水素基が結合した R^1-CO-R^2 で表される化合物を**ケトン**という。

アルデヒド　　　　　ケトン

$$R-\overset{\text{||}}{\underset{\text{O}}{C}}-H \qquad R^1-\overset{\text{||}}{\underset{\text{O}}{C}}-R^2$$

ホルミル基　　　　　カルボニル基

1 アルデヒド

A アルデヒドの生成

第一級アルコールを酸化するとアルデヒドが得られる。逆に，触媒を用いて還元すると，もとの第一級アルコールになる。アルデヒドをさらに酸化するとカルボン酸になる。

$$\underset{\text{第一級アルコール}}{R-CH_2-OH} \xrightarrow{(-2H)} \underset{\text{アルデヒド}}{R-CHO} \xrightarrow{(+O)} \underset{\text{カルボン酸}}{R-COOH}$$

例 $\underset{\text{メタノール}}{CH_3OH} \underset{(+2H)}{\overset{(-2H)}{\rightleftarrows}} \underset{\text{ホルムアルデヒド}}{HCHO}$

$\underset{\text{エタノール}}{CH_3CH_2OH} \underset{(+2H)}{\overset{(-2H)}{\rightleftarrows}} \underset{\text{アセトアルデヒド}}{CH_3CHO}$

B アルデヒドの還元性

アルデヒドはカルボン酸になりやすく，他の物質を還元する性質(還元性)がある。

$$R-CHO \longrightarrow R-COOH$$

他の物質の酸素をとる
他の物質に電子を与える

このため，次のような銀鏡反応を示し，フェーリング液を還元する。

❶ 銀鏡反応

アンモニア性硝酸銀水溶液にアルデヒドを加えて温めると，容器の内壁に銀が析出し，銀鏡ができる。この反応を**銀鏡反応**といい，物質の還元性を調べるのに用いる。

酸化

$$R-CHO + 2[Ag(NH_3)_2]^+ + 3OH^-$$
$$\longrightarrow R-COO^- + 2Ag + 4NH_3 + 2H_2O$$

還元(Ag の酸化数：$+1 \rightarrow 0$)

❷ フェーリング液の還元

フェーリング液にアルデヒドを加えて加熱すると，Cu^{2+} が還元されて，赤色の酸化銅(I)Cu_2O が沈殿する。

$$R-CHO + 2Cu^{2+} + 5OH^- \longrightarrow R-COO^- + Cu_2O + 3H_2O$$

還元(Cu の酸化数：$+2 \rightarrow +1$)

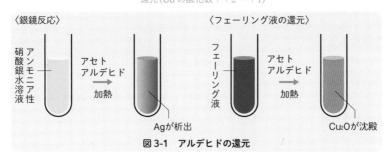

図 3-1　アルデヒドの還元

補足　1. 銀鏡反応，フェーリング液の還元は，ホルミル基の検出反応である。
　　　2. $R-CHO$ の還元剤としてのイオン反応式は，次のようになる。
　　　　$$R-CHO + H_2O \longrightarrow R-COOH + 2H^+ + 2e^-$$
　　　　上のイオン反応式中の e^- が $[Ag(NH_3)_2]^+$ を Ag に，Cu^{2+} を Cu_2O に還元する。

 **POINT**

アルデヒド
－CHO $\Rightarrow$
- 銀鏡反応
- フェーリング液の還元

アルデヒドはアンモニア性硝酸銀水溶液を還元して銀を析出し，フェーリング液を還元して赤色沈殿を生じる。

2 ホルムアルデヒド HCHO

Ⓐ 製法

銅を空気中で加熱し，酸化銅（Ⅱ）として，メタノールの蒸気に触れさせる。

$$CH_3OH + CuO \longrightarrow$$
メタノール
$$HCHO + Cu + H_2O$$
ホルムアルデヒド

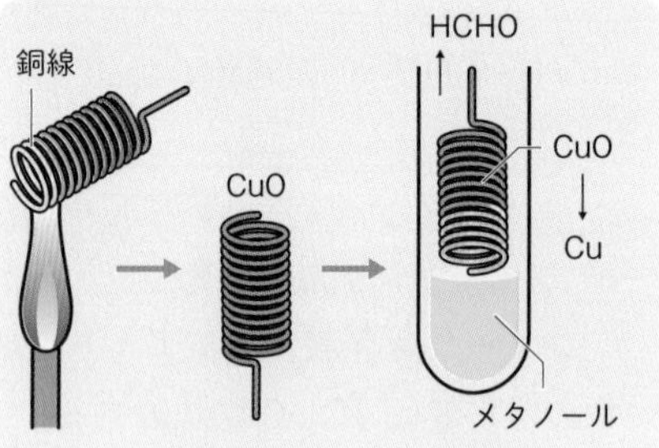

図 3-2 メタノールの酸化

Ⓑ 性質

❶ 刺激臭のある無色の気体で，水によく溶ける。$30 \sim 40\%$ 水溶液の **ホルマリン**は消毒，殺菌剤として，また，ホルムアルデヒドは合成樹脂の原料として用いられる。

❷ 還元性があり，酸化されてギ酸となる。還元されるとメタノールとなる。

$$\underset{メタノール}{CH_3OH} \xleftarrow[還元]{(+2H)} \underset{ホルムアルデヒド}{HCHO} \xrightarrow[酸化]{(+O)} \underset{ギ酸}{HCOOH}$$

3 アセトアルデヒド CH₃CHO

Ⓐ 製法

❶ エタノールを硫酸酸性のニクロム酸カリウム水溶液と加熱する。

$$\underset{エタノール}{CH_3CH_2OH} \xrightarrow{(-2H)} \underset{アセトアルデヒド}{CH_3CHO}$$

アセトアルデヒドをさらに酸化すると，酢酸が生じる。

$$2CH_3CHO + O_2 \longrightarrow 2CH_3COOH$$

アセトアルデヒド　　　　　　　　　酢酸

❷ 工業的には，塩化パラジウム（Ⅱ）$PdCl_2$ と塩化銅（Ⅱ）$CuCl_2$ を触媒として，エテンを酸化してつくる。

$$2CH_2=CH_2 + O_2 \xrightarrow[\text{触媒}]{PdCl_2,\ CuCl_2} 2CH_3CHO$$

B 性質

❶ 無色，刺激臭のある揮発性の液体で，水や有機溶媒によく溶ける。

❷ 還元性があり，酸化されて酢酸になる。還元されるとエタノールを生じる。

$$CH_3CH_2OH \xleftarrow[\text{還元}]{(+2H)} CH_3CHO \xrightarrow[\text{酸化}]{(+O)} CH_3COOH$$

エタノール　　　　　　アセトアルデヒド　　　　　　酢酸

❸ **ヨードホルム反応**を示す（⇨p.554）。

4 ケトンの生成と性質

A ケトンの生成

第二級アルコールを酸化すると，ケトンが生成する。

$$\begin{matrix} R^1 \\ R^2 \end{matrix}\!\!>\!\!CH-OH \xrightarrow[\text{酸化}]{(-2H)} \begin{matrix} R^1 \\ R^2 \end{matrix}\!\!>\!\!C=O$$

第二級アルコール　　　　　　　ケトン

例　$\begin{matrix} CH_3CH_2 \\ CH_3 \end{matrix}\!\!>\!\!CH-OH \xrightarrow{(-2H)} \begin{matrix} CH_3CH_2 \\ CH_3 \end{matrix}\!\!>\!\!C=O$

2-ブタノール　　　　　エチルメチルケトン

補足　ケトンを還元すると，第二級アルコールになる。

B ケトンの性質

❶ 炭素数の少ないケトンは，水に溶けやすく，芳香をもつ。

❷ ケトンは酸化されにくく，還元性を示さない。

⇨銀鏡反応を示さず，フェーリング液を還元しない。

5 アセトン CH₃COCH₃

A 製法

❶ 2-プロパノールの酸化やプロペンの酸化で得られる。

$$CH_3CH(OH)CH_3 \xrightarrow{(-2H)} CH_3COCH_3$$
2-プロパノール　　　　　　　　　アセトン

$$2CH_3CH=CH_2 + O_2 \xrightarrow{PdCl_2,\ CuCl_2} 2CH_3COCH_3$$
プロペン

❷ 酢酸カルシウムを，空気を断って加熱(乾留)する。

$$(CH_3COO)_2Ca \longrightarrow CH_3COCH_3 + CaCO_3$$
酢酸カルシウム　　　　　　　アセトン

❸ 工業的には，クメン法(⇨p.589)でフェノールと同時にアセトンが得られる。

B 性質

❶ 無色で芳香のある揮発性の液体(沸点 56 ℃)で，水と任意の割合で混ざる。

❷ 有機化合物をよく溶かすので，有機溶媒に用いられる。

❸ **ヨードホルム反応**を示す。

6 ヨードホルム反応

　アセトンの水溶液に，ヨウ素と水酸化ナトリウムの水溶液を加えて加熱すると，特異臭をもつ黄色結晶のヨードホルム CHI₃ を生じる。

$$CH_3COCH_3 + 3I_2 + 4NaOH$$
$$\longrightarrow CHI_3 + CH_3COONa + 3NaI + 3H_2O$$

この反応を**ヨードホルム反応**という。

　ヨードホルム反応は，CH₃CO−R や，酸化されると CH₃CO−R になるアルコール CH₃CH(OH)−R(R− は炭化水素基または H)の構造をもつ化合物に特有の反応である。

$$\begin{array}{cc} CH_3-\underset{\underset{O}{\|}}{C}-R & CH_3-\underset{\underset{OH}{|}}{CH}-R \\ CH_3CO-R & CH_3CH(OH)-R \end{array}$$

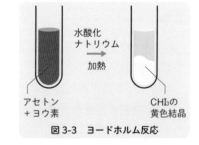

図 3-3　ヨードホルム反応

水酸化ナトリウム

加熱

アセトン＋ヨウ素

CHI₃の黄色結晶

POINT

ヨードホルム反応を示す物質

$$CH_3-\underset{\underset{O}{\|}}{C}-CH_3 \qquad CH_3-\underset{\underset{O}{\|}}{C}-H \qquad CH_3-\underset{\underset{OH}{|}}{CH}-H \qquad CH_3-\underset{\underset{OH}{|}}{CH}-CH_3$$

アセトン　　　アセトアルデヒド　エタノール　　 2-プロパノール

$$CH_3-\underset{\underset{OH}{|}}{CH}-CH_2-CH_3$$

2-ブタノール

補足　乳酸もヨードホルム反応を示すが，酢酸および酢酸エステルは示さない。

$$CH_3-\underset{\underset{OH}{|}}{CH}-COOH \qquad CH_3-\underset{\underset{O}{\|}}{C}-O-H \qquad CH_3-\underset{\underset{O}{\|}}{C}-O-R$$

　　　　乳酸　　　　　　　　　 酢酸　　　　　　 酢酸エステル

7　アルデヒドとケトンの関係

互いに**構造異性体**の関係にある。飽和の炭化水素基のときの分子式（一般式）は $C_nH_{2n}O$ で表される。

例　分子式 C_3H_6O $\begin{cases} CH_3CH_2CHO & プロピオンアルデヒド \\ CH_3COCH_3 & アセトン \end{cases}$

補足　分子式 $C_nH_{2n}O$ には，二重結合を1つもつアルコールやエーテルもある。

例題 11　アルデヒドとケトン

次の(1)と(2)にあてはまる物質を以下の(a)〜(d)からそれぞれ2つずつ選べ。

(1)　酸化するとアルデヒドを生じる物質。

(2)　ヨードホルム反応を示す物質。

(a)　1-プロパノール　　 (b)　エタノール　　 (c)　2-メチル-2-プロパノール

(d)　2-ブタノール

解答

(a)〜(d)の構造式は次のとおり。

(a)　$CH_3-CH_2-CH_2-OH$　　　 (b)　CH_3-CH_2-OH

(c) 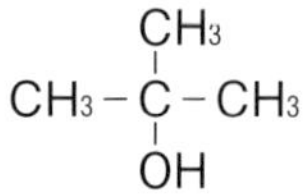
$$CH_3-\underset{\underset{OH}{|}}{\overset{\overset{CH_3}{|}}{C}}-CH_3$$
(d) 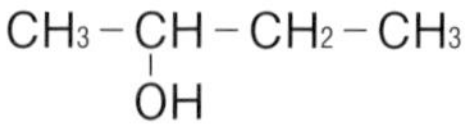 $CH_3-\underset{\underset{OH}{|}}{CH}-CH_2-CH_3$

(1) 酸化するとアルデヒドを生じる物質は，(a)と(b)の第一級アルコール。

(2) ヨードホルム反応を示すのは，$CH_3CH(OH)-R$（R-は炭化水素基またはH）の構造をもつ，(b)と(d)。

(1) (a)と(b) … 答

(2) (b)と(d) … 答

例題 12　反応関連図

次の図は，いろいろな有機化合物の反応関連図である。**Ⓐ**〜**Ⓙ**に化合物の示性式を答えよ。

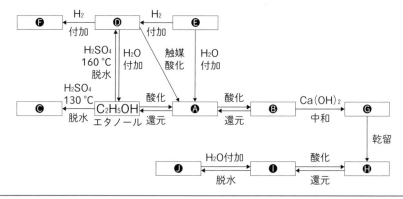

──────────────────────

（解答）

エタノールは酸化されて，**Ⓐ** CH_3CHO … 答，さらに，**Ⓑ** CH_3COOH … 答になり，また，130 ℃で脱水されて，**Ⓒ** $C_2H_5OC_2H_5$ … 答，160 ℃では，**Ⓓ** $CH_2＝CH_2$ … 答になる。**Ⓓ**のエテンは，**Ⓔ** $CH≡CH$ … 答に H_2 が付加すると生成され，エテンに H_2 が付加すると，**Ⓕ** CH_3CH_3 … 答になる。**Ⓑ**の酢酸は，$Ca(OH)_2$ と中和反応して，**Ⓖ** $(CH_3COO)_2Ca$ … 答になる。**Ⓖ**の酢酸カルシウムを乾留すると，**Ⓗ** CH_3COCH_3 … 答になる。**Ⓗ**のアセトンは，**Ⓘ** $CH_3CH(OH)CH_3$ … 答の酸化によって生成し，**Ⓘ**の 2-プロパノールを脱水すると，**Ⓙ** $CH_2＝CHCH_3$ … 答となる。

| 実 験 | アルデヒドの性質 |

目的 アルコールからアルデヒドをつくり，その還元性を調べる。

実験手順

❶ 図1のような装置で，硫酸と $K_2Cr_2O_7$ 溶液を加えたエタノールを加熱し，発生した気体を試験管の水に溶かす。

　a. 試験管（ア）の溶液の色の変化を観察する。

　b. 試験管（イ）にたまった溶液のにおいをかいでみる。

❷ 図2のように，❶の留出液とアンモニア性硝酸銀水溶液の混合液を，50〜60℃に温める。

　c. しばらく放置したあと，溶液の変化を観察する。

❸ 図3のように，フェーリング液に❶の留出液を加え，おだやかに加熱する。

　d. 溶液の変化を観察する。

図1

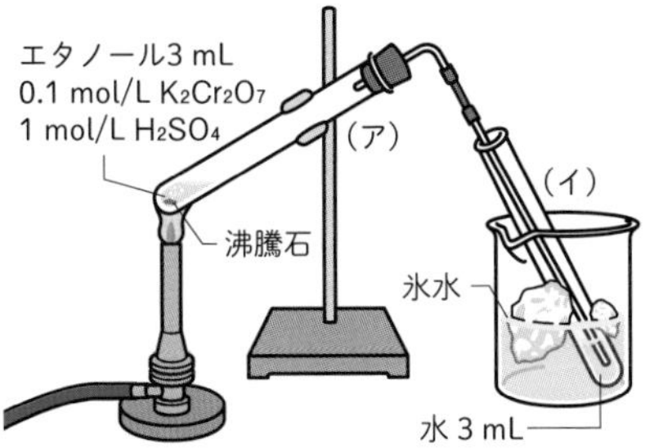

エタノール3 mL
0.1 mol/L $K_2Cr_2O_7$
1 mol/L H_2SO_4

（ア）　　（イ）

沸騰石

氷水

水 3 mL

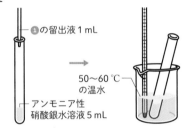

図2

❶の留出液 1 mL

50〜60℃の温水

アンモニア性硝酸銀水溶液 5 mL

結果

　a. **橙赤色→暗緑色に変化。**

　b. **特有の刺激臭があった。**

　c. **試験管の内壁に銀鏡ができた。**

　d. **赤色の沈殿を生じた。**

考察

❶ の化学反応式は，次のとおり。

$$CH_3CH_2OH \xrightarrow{(-2H)} CH_3CHO$$

　a の色の変化は，$K_2Cr_2O_7$ が還元されたから。

$$Cr_2O_7{}^{2-}（橙赤色）$$
$$\longrightarrow 2Cr^{3+}（暗緑色）$$

図3

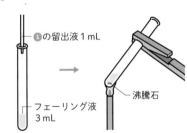

❶の留出液 1 mL

沸騰石

フェーリング液 3 mL

※注意：突沸しやすいので，加熱のとき注意する。

❷ c の変化は，銀イオンが還元されて銀が析出したため。

❸ d の変化は，フェーリング液が還元され，Cu_2O の赤色沈殿が生じたため。

結論 エタノールを酸化して得られるアセトアルデヒドは，還元性をもつ（結果 c, d より）。

3 | カルボン酸とエステル

1 カルボン酸

カルボキシ基(-COOH)をもつ化合物をカルボン酸といい，第一級アルコールやアルデヒドの酸化によって得られる。

$$\text{R}-\text{CH}_2\text{OH} \xrightarrow{\text{酸化}} \text{R}-\text{CHO} \xrightarrow{\text{酸化}} \text{R}-\text{COOH}$$
第一級アルコール　　　　　アルデヒド　　　　カルボン酸

カルボキシ基

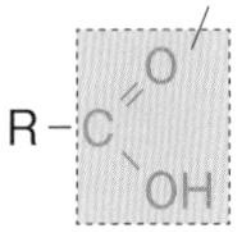

カルボン酸

2 カルボン酸の分類

A 価数：カルボキシ基(-COOH)の数による分類

分子中のカルボキシ基の数により，1価カルボン酸(モノカルボン酸)，2価カルボン酸(ジカルボン酸)などに分類される。

B 脂肪酸：鎖式の炭化水素基(または H)に-COOH が結合した　　　モノカルボン酸

❶ 炭素数の多い脂肪酸を高級脂肪酸，少ない脂肪酸を低級脂肪酸という。
❷ 炭化水素基がすべて単結合のものを飽和脂肪酸(飽和カルボン酸)，不飽和結合のあるものを不飽和脂肪酸(不飽和カルボン酸)という。

表3-4　カルボン酸の分類

分　類	名　称	示　性　式	融点(℃)	その他
低級飽和脂肪酸	ギ酸	$H-COOH$	8	アリから発見された(毒)
	酢酸	CH_3-COOH	17	食酢の主成分
	プロピオン酸	CH_3-CH_2-COOH	−21	防カビ剤，香料などに利用
低級不飽和脂肪酸	アクリル酸	$CH_2=CH-COOH$	14	合成樹脂の原料
	メタクリル酸	$CH_2=C(CH_3)-COOH$	16	
高級飽和脂肪酸	パルミチン酸	$C_{15}H_{31}-COOH$	63	二重結合なし
	ステアリン酸	$C_{17}H_{35}-COOH$	71	
高級不飽和脂肪酸	オレイン酸	$C_{17}H_{33}-COOH$	13	二重結合1つ ┐油脂の
	リノール酸	$C_{17}H_{31}-COOH$	−5	二重結合2つ ├構成成分
	リノレン酸	$C_{17}H_{29}-COOH$	−11	二重結合3つ ┘
飽和ジカルボン酸	シュウ酸	$HOOC-COOH$	分解187	滴定の標準物質，還元剤
	アジピン酸	$HOOC-(CH_2)_4-COOH$	153	ナイロン原料
不飽和ジカルボン酸	マレイン酸	$HOOC-CH=CH-COOH$	133	シス形
	フマル酸	$HOOC-CH=CH-COOH$	300	トランス形
ヒドロキシ酸	乳酸	$CH_3-CH(OH)-COOH$	17	糖類の発酵で生成，ヨーグルトの成分
	酒石酸	$CH(OH)-COOH$ $\mid$ $CH(OH)-COOH$	170	果実中に存在

3　カルボン酸の性質

❶ −COOH は親水性の基で，低級脂肪酸は水に溶けやすく，高級脂肪酸は水に溶けにくい。また常温で，低級脂肪酸は液体，高級脂肪酸は固体である。

❷ 水に溶けると，**弱い酸性**を示す。➡有機化合物の代表的な酸。

$$R-COOH \rightleftharpoons R-COO^- + H^+$$

塩基の水溶液と中和反応する。

$$R-COOH + NaOH \longrightarrow R-COONa + H_2O$$

❸ 酸の強さ：**塩酸，硫酸＞カルボン酸＞炭酸**($CO_2 + H_2O$)

　　　弱酸の塩 ＋ 強酸 ⟶ 弱酸 ＋ 強酸の塩　**(弱酸遊離反応)**

　カルボン酸の塩にカルボン酸より強い塩酸や硫酸を加えると，カルボン酸が遊離する。

$$R-COONa + HCl \longrightarrow R-COOH + NaCl$$

　カルボン酸は炭酸より強い酸なので，炭酸塩にカルボン酸を加えると，弱酸の二酸化炭素が遊離する。この反応はカルボン酸の検出に利用される。

$$NaHCO_3 + R-COOH \longrightarrow R-COONa + CO_2 + H_2O$$

補足 カルボン酸はアルコールと同様に，金属ナトリウムと反応して水素を発生する。

例題 13 不飽和高級脂肪酸

不飽和高級脂肪酸 $C_{17}H_{27}COOH$ 中には何個の $C=C$ が存在するか。ただし，三重結合は存在しないとする。

【解答】

分子式は，$C_{18}H_{28}O_2$ で，不飽和度 $= \dfrac{2 \times 18 + 2 - 28}{2} = 5$ である。

$C=C$ と $C=O$ は合わせて 5 個ある。カルボキシ基中に $C=O$ が 1 個あるので，$C=C$ は 4 個存在する。

$C=C$ は 4 個存在する。 …㊤

4 ギ酸 HCOOH

A 製法

メタノールやホルムアルデヒドを酸化してつくる。

$$CH_3OH \xrightarrow{(-2H)} HCHO \xrightarrow{(+O)} HCOOH$$
メタノール　　　ホルムアルデヒド　　ギ酸

B 性質

① 刺激臭のある無色の液体で（沸点 101 ℃，融点 8 ℃），毒性があり，皮膚や粘膜を侵す。

② 最も簡単な脂肪酸であり，水によく溶け，脂肪酸中では最も強い酸性を示す。

③ 分子中にホルミル基をもつので，**還元性**があり，銀鏡反応を示す。

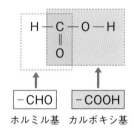

ホルミル基　　カルボキシ基

 POINT

ギ酸 ⇨ **カルボキシ基とホルミル基をもつ**

　ギ酸はカルボキシ基とホルミル基をもつカルボン酸で，酸性と還元性（銀鏡反応）を示す。

5 酢酸CH₃COOH

A 製法

❶ エタノール，アセトアルデヒドの酸化によって生じる。

❷ 食酢中の酢酸は，エタノールの酢酸発酵によって得ている。

$$\underset{\text{エタノール}}{CH_3CH_2OH} \xrightarrow[\text{(−2H)}]{} \underset{\text{アセトアルデヒド}}{CH_3CHO} \xrightarrow[\text{(+O)}]{} \underset{\text{酢酸}}{CH_3COOH}$$

（酢酸菌による酢酸発酵）

❸ 工業的には，メタノールと一酸化炭素から合成される。

$$\underset{\text{メタノール}}{CH_3OH} + CO \xrightarrow{\text{触媒}} \underset{\text{酢酸}}{CH_3COOH}$$

B 性質

❶ 無色，刺激臭のある液体(沸点 118 ℃，融点 17 ℃)で，純粋に近いものは，冬期に凍るので氷酢酸と呼ばれる。

❷ 水によく溶け，**弱い酸性**を示す。

$$CH_3COOH \rightleftharpoons CH_3COO^- + H^+$$

補足 無極性溶媒中では，酢酸は 2 分子が次のように水素結合(…)で結合した**二量体**として存在する。

$$CH_3C\overset{O\cdots HO}{\underset{OH\cdots O}{}}CCH_3$$

C 用途

食酢中に 3〜5%含まれる。また，合成繊維や医薬品，染料などの原料となる。

6 無水酢酸(CH₃CO)₂O

A 製法

酢酸に十酸化四リン P₄O₁₀(脱水剤)を加えて加熱すると得られる。

$$\begin{array}{c} CH_3-C\overset{O}{\underset{O-H}{}} \\ CH_3-C\overset{O-H}{\underset{O}{}} \end{array} \xrightarrow[\text{(脱水剤)}]{P_4O_{10}} \begin{array}{c} CH_3-C\overset{O}{\underset{O}{}} \\ CH_3-C\overset{}{\underset{O}{}} \end{array} + H_2O$$

酢酸　　　　　　　　　　　　　無水酢酸

このように 2 個のカルボキシ基から水 1 分子が取れた形の化合物を**カルボン酸無水物**，または単に**酸無水物**という。

B 性質

❶ 無色，刺激臭のある液体（沸点 140 ℃，融点 −73 ℃）。カルボキシ基をもたないので**中性**である。

❷ 水に溶けにくいが，徐々に加水分解して酢酸となって溶ける。

C 用途

医薬品の原料となる。また，ヒドロキシ基やアミノ基をアセチル化するときに用いる。

7 ジカルボン酸

分子中に 2 個の −COOH 基をもつカルボン酸で，**2 価カルボン酸**ともいう。

A マレイン酸とフマル酸

ともに**不飽和ジカルボン酸**で，互いに**シス-トランス異性体**の関係にある。

マレイン酸（シス形）
（融点 133 ℃）

フマル酸（トランス形）
（融点 300 ℃，封管中）

シス形のマレイン酸は，加熱すると分子内で脱水反応が起こって**無水マレイン酸**になる。トランス形のフマル酸は，このような反応が起こらない。

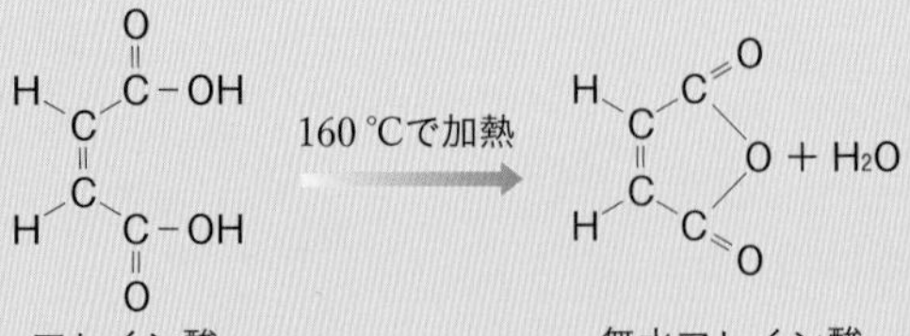

160 ℃で加熱

マレイン酸
（融点 133 ℃）

無水マレイン酸
（融点 53 ℃）

マレイン酸を加熱すると，無水マレイン酸になり融解するが，フマル酸は融解せず，昇華する。マレイン酸とフマル酸は，加熱することで区別できる。

| +アルファ | **マレイン酸とフマル酸の融点の違い** |

　マレイン酸の融点は 133 ℃，フマル酸の融点は 300 ℃（封管中）である。このように融点に差が生じる理由は，分子間に形成される水素結合の数が異なるからである。

　1 分子のマレイン酸は，図のように分子内で水素結合を形成するため，分子間では水素結合を 2 個形成する。一方で，1 分子のフマル酸は，分子間の水素結合を 4 個形成する。分子間の水素結合の数が多いと，分子間力が大きくなり，融点も高くなる。そのため，水素結合の多いフマル酸のほうが融点が高くなるのである。

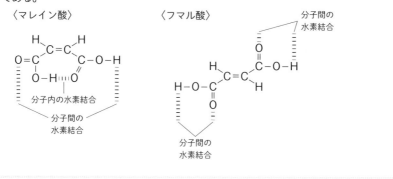

〈マレイン酸〉　　　〈フマル酸〉

B シュウ酸 $(COOH)_2$

　無色の結晶 $(COOH)_2 \cdot 2H_2O$ で，水によく溶ける。比較的強い酸で，還元性をもち，中和滴定や酸化還元滴定における標準試薬として用いられる。

> 補足　シュウ酸の還元性は弱く，銀鏡反応やフェーリング液の還元反応は示さない。

C アジピン酸 $HOOC-(CH_2)_4-COOH$

　アジピン酸は，ヘキサメチレンジアミン $H_2N-(CH_2)_6-NH_2$ と縮合重合して，ナイロン 66 をつくる（⇨ p.669）。

POINT

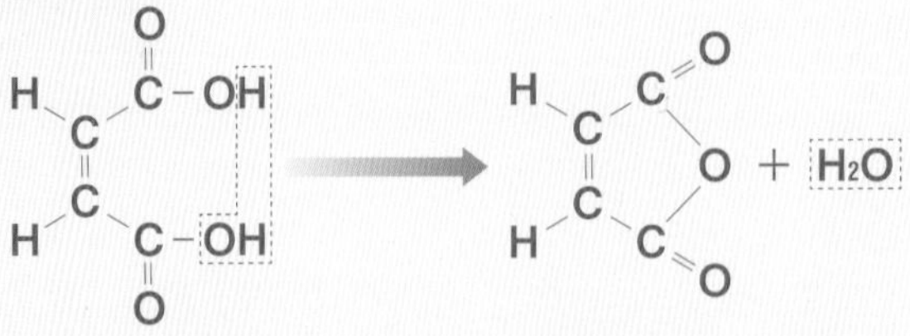

マレイン酸　　　　　　　　無水マレイン酸

シス形のマレイン酸を加熱すると無水マレイン酸を生成するが，トランス形のフマル酸は，酸無水物を生成しない。

8 乳酸 $CH_3CH(OH)COOH$

乳酸 $CH_3CH(OH)COOH$ のように，1分子中にカルボキシ基($-COOH$)とヒドロキシ基($-OH$)をもつカルボン酸をヒドロキシ酸という。

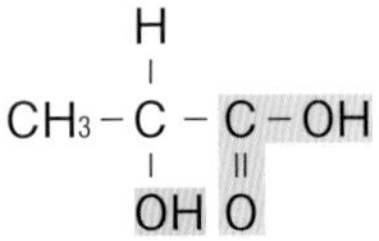

乳酸

乳酸は糖類の乳酸発酵により生じ，ヨーグルトなどに含まれている。無色の粘性のある液体(融点 17 ℃)で，水にもエタノールにも溶け，ヨードホルム反応を示す。酸味料，清涼飲料水として用いられる。

9 不斉炭素原子と鏡像異性体

A 不斉炭素原子

乳酸 $CH_3-{}^*CH(OH)-COOH$ は，右図のような構造をもち，＊印をつけた炭素原子には，$-H$，$-OH$，$-CH_3$，$-COOH$ の4種類の原子や原子団が結合している。このように互いに異なる4種類の原子，または原子団が結合している炭素原子を不斉炭素原子という。

$$COOH$$
$$H-{}^*C-OH$$
$$CH_3$$

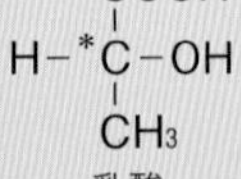

乳酸

＊C：不斉炭素原子

564

B 鏡像異性体

　不斉炭素原子をもつ化合物の立体的配置を調べてみると，**図3-4** の (a) と (b) のような２通りがある。この (a) と (b) は，左手と右手，あるいは実物と鏡に写した像(鏡像)のような関係にあり，回転操作によっても両者は互いに重ね合わせることができない。このような異性体を**鏡像異性体**という。

　鏡像異性体は，**物理的・化学的性質はほとんど同じ**だが，**生理作用や旋光性に関する性質は異なる**。

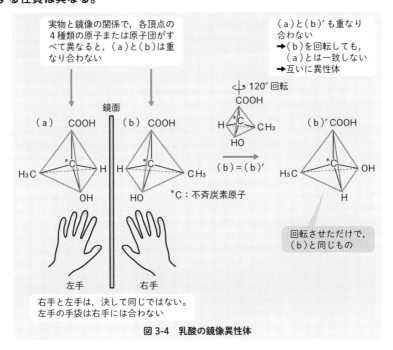

図3-4　乳酸の鏡像異性体

（例題 14）　**鏡像異性体**

鏡像異性体が存在する炭素数が最も少ないアルカンの分子式を書け。

（解答）

　不斉炭素原子に結合する最も炭素数の少ない原子や原子団は，−H，−CH₃，−C₂H₅ (CH₂CH₃)，−C₃H₇ (CH₂CH₂CH₃) である。したがって

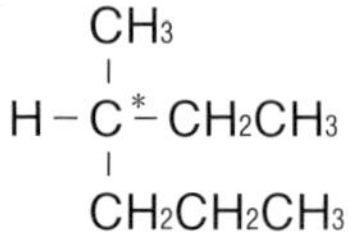

$$
\begin{array}{c}
CH_3 \\
| \\
H-\overset{*}{C}-CH_2CH_3 \\
| \\
CH_2CH_2CH_3
\end{array}
$$

分子式は C_7H_{16} …㊁

異性体の分類

異性体 ┬ 構造異性体
　　　　└ 立体異性体 ┬ シス-トランス異性
　　　　　　　　　　　└ 鏡像異性体

コラム ｜ **旋光性**

　自然光はあらゆる方向に振動しているが，偏光板を通過させると，一方向のみに振動する偏光が得られる。偏光が振動している面を偏光面という。乳酸の水溶液に偏光を通すと，偏光面を光源に向かって右方向に回転させる乳酸と，左方向に回転させる乳酸がある。このような，偏光面を回転させる性質を旋光性という。

　鏡像異性体の一方が，偏光面を右に回転させる（右旋性という）と，他方は左に回転させる（左旋性）。鏡像異性体は，旋光性が異なっている。

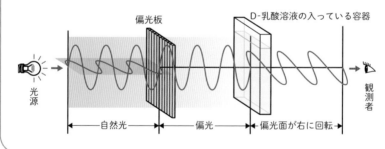

4 エステル・油脂

1 エステルの構造と性質

A 構造

カルボン酸とアルコールから水 H_2O が取れて縮合すると，**エステル結合** $-COO-$ をもつ化合物ができる。この化合物を**エステル**，エステルの生成反応を**エステル化**という。

$$R^1-\underset{\underset{O}{\|}}{C}-OH + H-O-R^2 \longrightarrow R^1-\underset{\underset{O}{\|}}{C}-O-R^2 + H_2O$$

カルボン酸　　　アルコール　　　　　エステル　　　　水

B 性質・用途

❶ 一般に，低級のものは芳香をもつ揮発性の液体で，果実エッセンスに用いられる。高級のものは白色の固体である。

❷ 水に溶けにくい。液体のものは有機溶媒に用いられる。

C 生成

❶ 酢酸エチルの生成

酢酸とエタノールに濃硫酸を少量加えて加熱すると，エステルである酢酸エチルが生じる。

$$CH_3COOH + C_2H_5OH \xrightarrow[\text{エステル化}]{\text{濃 }H_2SO_4} CH_3COOC_2H_5 + H_2O$$

酢酸　　　　エタノール　　　　　　　　酢酸エチル

酢酸エチルは無色の液体で，水に溶けにくい。揮発性が高く強い香りをもつので，香料として用いられる。天然にはバナナなどに含まれる。

❷ カルボン酸以外の酸による生成

グリセリン(3価アルコール)に濃硝酸と濃硫酸を加えて加熱すると，硝酸エステルであるニトログリセリンが得られる。

$$3HNO_3 + C_3H_5(OH)_3 \xrightarrow[\text{エステル化}]{\text{濃 }H_2SO_4} C_3H_5(ONO_2)_3 + 3H_2O$$

硝酸　　　　グリセリン　　　　　　　ニトログリセリン

ニトログリセリンは，爆薬や強心剤(心臓の薬)として用いられる。

2 けん化

A 酸による加水分解

エステルに水と少量の酸を加えて加熱すると，カルボン酸とアルコールに戻る。この反応を**加水分解**といい，可逆反応である。

例 $\underset{\text{酢酸エチル}}{CH_3COOC_2H_5} + H_2O \underset{\text{エステル化}}{\overset{\text{加水分解}}{\rightleftharpoons}} \underset{\text{酢酸}}{CH_3COOH} + \underset{\text{エタノール}}{C_2H_5OH}$

B けん化

エステルを水酸化ナトリウム水溶液中で加熱すると，次のように反応して塩とアルコールが生じる。このような**塩基による加水分解を特にけん化**という。この反応は不可逆反応である。

例 $\underset{\text{酢酸エチル}}{CH_3COOC_2H_5} + \underset{\text{水酸化ナトリウム}}{NaOH} \overset{\text{けん化}}{\longrightarrow} \underset{\text{酢酸ナトリウム}}{CH_3COONa} + \underset{\text{エタノール}}{C_2H_5OH}$

Q カルボン酸とアルコールから水が取れてエステルができるとき，H_2O 中のOは，カルボン酸由来（(a)）とアルコール由来（(b)）の2パターンが考えられますよね？

$$R^1-COOH + HO-R^2 \longrightarrow R^1-COO-R^2 + H_2O \quad (a)$$
$$R^1-COOH + HO-R^2 \longrightarrow R^1-COO-R^2 + H_2O \quad (b)$$

どうして(a)のカルボン酸由来だとわかるのですか？

A カルボン酸 R^1-COOH と同位体 ^{18}O を含むアルコール $H^{18}O-R^2$ とを用いてエステル化を行ったところ，^{18}O はエステルに含まれることがわかったのです。だから，エステル化で生成する H_2O 中のOは，(a)のカルボン酸由来なんですよ。

$$R^1-COOH + H^{18}O-R^2 \longrightarrow R^1-CO^{18}O-R^2 + H_2O$$

例題 15 エステルの構造

$C_3H_6O_2$ の分子式をもつ2種類のエステルAとBを加水分解した。Aから得られたカルボン酸は銀鏡反応を示し，アルコールはヨードホルム反応を示した。一方で，Bから得たカルボン酸は銀鏡反応を示さず，またアルコールはヨードホルム反応を示さなかった。AとBの示性式を書け。

解答

2種類のエステルとしては，$HCOOCH_2CH_3$ と CH_3COOCH_3 が考えられる。

これらのエステルは次のように加水分解する。

$$HCOOCH_2CH_3 + H_2O \longrightarrow HCOOH + CH_3CH_2OH \quad \cdots\cdots(i)$$

$$CH_3COOCH_3 + H_2O \longrightarrow CH_3COOH + CH_3OH \quad \cdots\cdots(ii)$$

(i)の $HCOOH$ は銀鏡反応陽性で，CH_3CH_2OH はヨードホルム反応陽性なので，A は $HCOOCH_2CH_3$ である。(ii)の CH_3COOH は銀鏡反応陰性で，CH_3OH はヨードホルム反応陰性なので，B は CH_3COOCH_3 である。

A：HCOOCH₂CH₃　　　**B：CH₃COOCH₃** … 答

3 脂肪酸とエステルの関係

A 異性体

脂肪酸とエステルは異性体の関係にあり，分子式 $C_nH_{2n}O_2$（$n \geqq 2$）で表される化合物は，多くの場合，脂肪酸かエステルのいずれかである。

補足 $C_nH_{2n}O_2$ の不飽和度 $= \dfrac{2n+2-2n}{2} = 1$ で，$C_nH_{2n}O_2$ には，炭化水素基に二重結合や環構造をもつものも考えられるので，注意すること。

B 性質

低級脂肪酸は，水に溶けて弱い酸性を示すが，エステルは水に溶けにくく，加水分解する。

POINT

分子式 $C_nH_{2n}O_2$（$n \geqq 2$）:（炭化水素基がアルキル基のとき）

水に $\begin{cases} \text{溶けて酸性} \Rightarrow \text{脂肪酸} \\ \text{溶けにくい，加水分解する} \Rightarrow \text{エステル} \end{cases}$

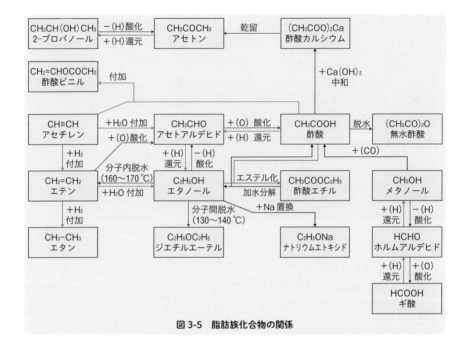

図 3-5　脂肪族化合物の関係

4 油脂の成分

A 油脂

グリセリン $C_3H_5(OH)_3$ とさまざまな高級脂肪酸のエステルの混合物を油脂（ゆ し）という。

補足 1. グリセリド：グリセリンの脂肪酸エステルの総称。
　　　 2. 油脂は混合物であり，その分子量は平均分子量で表す。

B 高級脂肪酸

天然の油脂を構成する高級脂肪酸は，炭素数が 16 と 18 のものが比較的多い。

飽和脂肪酸 $\left(\begin{array}{l}\text{パルミチン酸 } C_{15}H_{31}COOH \\ \text{ステアリン酸 } C_{17}H_{35}COOH\end{array}\right\} C_nH_{2n+1}COOH$

$$
\text{不飽和脂肪酸}\left\{\begin{array}{l}\text{オレイン酸 } C_{17}H_{33}COOH \text{（二重結合１つ）}\\\text{リノール酸 } C_{17}H_{31}COOH \text{（二重結合２つ）}\\\text{リノレン酸 } C_{17}H_{29}COOH \text{（二重結合３つ）}\end{array}\right\}\begin{array}{l}C_nH_{2n+1-2m}COOH\\\text{（二重結合 } m \text{ 個）}\end{array}
$$

表3-5　種々の油脂と構成する脂肪酸の含有率

油脂		飽和脂肪酸〔%〕		不飽和脂肪酸〔%〕		
		パルミチン酸	ステアリン酸	オレイン酸	リノール酸	リノレン酸
脂肪	牛脂	24〜34	15〜30	35〜45	1〜3	0〜1
脂肪油	大豆油	5〜12	2〜7	20〜35	50〜57	3〜8
	オリーブ油	7〜15	1〜3	70〜85	4〜12	0〜1

5 油脂の性質

A 状態

　油脂は，構成する脂肪酸の性質によって状態が異なる。室温で固体の油脂を**脂肪**，液体の油脂を**脂肪油**という。

　固体である脂肪を構成する脂肪酸は，飽和脂肪酸の割合が高い。液体である脂肪油を構成する脂肪酸は，不飽和脂肪酸の割合が高い。油脂の融点は，構成する脂肪酸の炭素数が多いほど高く，炭素間二重結合 C＝C の数が多いほど低い。

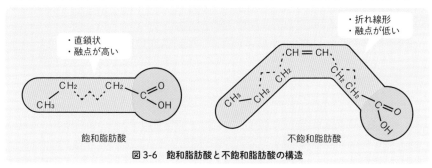

図 3-6　飽和脂肪酸と不飽和脂肪酸の構造

B 溶解性

　水に溶けないが，エーテルやクロロホルムなどの有機溶媒にはよく溶ける。

けん化

　油脂に水酸化カリウムや水酸化ナトリウムの水溶液を加えて加熱すると，けん化して高級脂肪酸の塩(セッケン)とグリセリンを生じる。

$$
\begin{array}{l}
R^1\text{-}COOCH_2 \\
R^2\text{-}COOCH \\
R^3\text{-}COOCH_2 \\
\end{array}
+ 3NaOH
\xrightarrow{\text{けん化}}
\begin{array}{l}
R^1\text{-}COONa \\
R^2\text{-}COONa \\
R^3\text{-}COONa \\
\end{array}
+ C_3H_5(OH)_3
$$

油脂　　　　　　　　　　　　　　　セッケン　　　　　　グリセリン

補足 高級脂肪酸の塩をセッケンという。ナトリウム塩をソーダセッケン，カリウム塩をカリセッケンというが，単にセッケンというとソーダセッケンのことを指す。

D 付加反応

　油脂中の炭素間二重結合 C=C に，ヨウ素 I_2 などが付加する。

| +アルファ | **けん化価とヨウ素価** |

❶ **けん化価**

　油脂 1 g をけん化するのに要する KOH の mg 数を**けん化価**といい，油脂の平均分子量の大小の目安とする。

例 油脂 1 mol をけん化するのに KOH 3 mol(56 g×3)を要することから，油脂の平均分子量を M とすると，けん化価 s は　　$s = \dfrac{56 \times 3 \times 10^3}{M}$

❷ **ヨウ素価**

　油脂 100 g に付加する I_2 (254 g/mol)の質量〔g〕を**ヨウ素価**といい，油脂の不飽和度の高低(二重結合の多少)の目安とする。

例 油脂中の C=C 結合 1 個(1 mol)にヨウ素分子 1 個(1 mol)の割合で付加することから，油脂の平均分子量を M，油脂 1 分子中に含まれる C=C 結合の数の平均値を n とすると，

$$\text{ヨウ素価 } i \text{ は}　　i = \frac{254 \times n \times 100}{M}$$

● **乾性油・不乾性油**　アマニ油などのように，ヨウ素価が大きい油脂は，二重結合が多いため，空気中の酸素で酸化されて固化する。このような油脂を乾性油といい，塗料や印刷インキとして用いられる。一方，オリーブ油などのようにヨウ素価が小さい油脂は，二重結合が少なく，空気中で固化しにくく，不乾性油と呼ばれる。

例題16 けん化価

けん化価190の油脂の平均分子量を求めよ。ただし，KOH＝56とする。

（解答）

$$けん化価 = \frac{56 \times 3 \times 10^3}{油脂の平均分子量}$$

$$油脂の平均分子量 = \frac{56 \times 3 \times 10^3}{190} ≒ 884$$

よって，油脂の平均分子量は **884** …（答）

例題17 油脂中の二重結合

脂肪酸としてオレイン酸 $C_{17}H_{33}COOH$ のみからなる油脂100gに付加するヨウ素の質量（ヨウ素価）を求めよ。ただし，$I_2＝254$，$C＝12$，$O＝16$，$H＝1$とする。

（解答）

オレイン酸 $C_{18}H_{34}O_2$ の不飽和度は，$\dfrac{2 \times 18 + 2 - 34}{2} = 2$

したがって，オレイン酸には，カルボキシ基中の二重結合に加えて，炭化水素基中に $C=C$ 結合が1個存在する。油脂1分子 $C_3H_5(OCOC_{17}H_{33})_3$ 中には3個の $C=C$ 結合が存在するので，この油脂1mol（884g）に3分子の I_2 が付加する。

$$付加するヨウ素の質量（ヨウ素価） = \frac{254 \times 3}{884} \times 100 ≒ \mathbf{86\,g} …（答）$$

E 硬化油

二重結合を多く含む油脂は融点が低く，常温で液体（脂肪油）である。この油脂にニッケルNiを触媒として水素を付加すると，融点が高くなり，固体（脂肪）となる。このような油脂を**硬化油**という。身近な例ではマーガリンが硬化油である。

（補足）悪臭を放つ魚油などは，硬化油にすると悪臭が取れる。

5 | セッケンと合成洗剤

A 製法

油脂に水酸化ナトリウム水溶液を加えて加熱すると，油脂はけん化されて**セッケン**（高級脂肪酸のナトリウム塩）とグリセリンが生じる。

$$
\begin{array}{l}
R^1\text{-COOCH}_2 \\
R^2\text{-COOCH} \ \ + \ 3\text{NaOH} \ \longrightarrow \\
R^3\text{-COOCH}_2
\end{array}
\quad
\begin{array}{l}
R^1\text{-COONa} \\
R^2\text{-COONa} \ \ + \\
R^3\text{-COONa}
\end{array}
\quad
\begin{array}{l}
\text{CH}_2\text{OH} \\
\text{CHOH} \\
\text{CH}_2\text{OH}
\end{array}
$$

　　　油脂　　　　　　　　　セッケン　　　グリセリン

B 水溶液

水に溶け，水溶液は弱い塩基性を示す。

補足 セッケンは，弱酸の脂肪酸と強塩基の NaOH の塩で，水溶液は加水分解し塩基性を示す。

2 セッケン分子の構造と洗浄作用

A セッケン分子の構造

セッケン分子 R-COONa は，疎水性（親油性）部分の炭化水素基 R と親水性部分 -COO⁻Na⁺ からできている。このように，**疎水性部分と親水性部分をもつ化合物を界面活性剤**という。

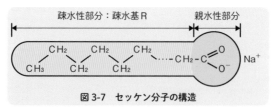

図 3-7　セッケン分子の構造

補足 疎水性（親油性）：水と混ざりにくい（油と混ざりやすい）性質。
親水性：水と混ざりやすい性質。⇨水と水和する。

B 表面張力の減少

　セッケンを水に溶かすと，セッケン分子は疎水性部分を空気に向けて，親水性部分を水中に向けて並び，水の表面張力を減少させる。このため，セッケン水は繊維のすみずみまで浸透する。

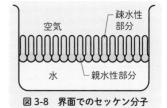

図 3-8　界面でのセッケン分子

C ミセル

　セッケン分子は，セッケン水の中では疎水性部分を内側に，親水性部分を外側にしたコロイド粒子をつくる。これをミセルという（図 3-9，⇨p.265）。

補足　ミセルは R－COO⁻ からなるコロイド粒子であるから，負に帯電している。

D 乳化作用

　セッケン水に油脂などを入れて混合すると，疎水性部分を油に向け，親水性部分を水側にして取り囲んだ小滴となって水中に分散する。このような作用を乳化作用（かさよう）といい，この溶液を乳濁液（にゅうだくえき）という（図 3-10）。

補足　乳濁液は，ある液体中に，その液体に溶けない他の液体の粒子が分散したもの。

図 3-9　ミセル

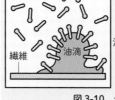

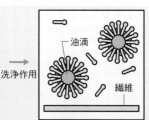

図 3-10　セッケンの乳化作用

E セッケンの性質

❶ セッケン水は**塩基性**であるから，絹・羊毛などの塩基性に弱い動物性繊維の洗浄には不適当である。

❷ セッケン水は，Ca^{2+} や Mg^{2+} と反応して沈殿するため，Ca^{2+} や Mg^{2+} などを含む硬水では，洗浄力が低下する。

$$2R-COO^- + Ca^{2+} \longrightarrow (R-COO)_2Ca\downarrow$$

3 合成洗剤

A 性質

① セッケンと同様に，疎水性部分と親水性部分をもち，**界面活性剤**である。

② 強酸と強塩基からなる塩であるため，水溶液はほぼ**中性**である。

　　⇨絹・羊毛などの動物性繊維の洗浄に適している。

③ Ca 塩や Mg 塩が水溶性で，硬水でも沈殿を生じない。

　　⇨硬水中でも洗浄力が低下しない。

B 種類

① 高級アルコール系合成洗剤

　　高級アルコールの硫酸エステルのナトリウム塩 $R-OSO_3^-Na^+$ を主成分とする（略称 AS）。

例 $\quad C_{12}H_{25}OH \xrightarrow{H_2SO_4} C_{12}H_{25}OSO_3H \xrightarrow{NaOH} C_{12}H_{25}OSO_3Na$

$\quad\quad$ ドデカノール $\quad\quad\quad\quad$ 硫酸水素ドデシル $\quad\quad\quad\quad$ 硫酸ドデシルナトリウム

$\quad\quad$ （高級アルコール）$\quad\quad\quad$ （エステル）

② 石油系合成洗剤

　　アルキルベンゼンスルホン酸のナトリウム塩 $R-C_6H_4-SO_3^-Na^+$ を主成分とする。

例 $\quad CH_3(CH_2)_n$⟨⟩$-SO_3Na$

POINT

セッケンと合成洗剤の違いのまとめ

	セッケン	合成洗剤
分 子	$R-COONa$	$R-OSO_3^-Na^+$，$R-C_6H_4-SO_3^-Na^+$
水溶液	塩基性	中性：絹・羊毛の洗浄に適する。
硬 水	沈殿する	沈殿しない：硬水でも洗浄力が低下しない。

この章で学んだこと

　この章では，アルコールからエーテル，アルデヒド，ケトン，カルボン酸，エステルへ発展させ学習した。また－OH や－CHO などの官能基の特性，第一級・第二級アルコールなどの構造と反応の違い，鏡像異性体，さらに油脂・セッケンへと発展させて学習した。

1 アルコールの名称と分類
（a）n 価アルコール
（b）第一級～第三級アルコール

2 アルコールの性質と反応
❶ **性質**　低級アルコールは水に溶け，高級アルコールは溶けにくい。中性。
❷ **反応**　（a）Na を加えると H_2 を発生。
（b）**酸化**　第一級アルコール➡アルデヒド　第二級アルコール➡ケトン
❸ **メタノール**　（a）**製法**　触媒を用いて高温・高圧。$CO + 2H_2 \longrightarrow CH_3OH$
❹ **エタノール**　（a）**製法**　①アルコール発酵。②$C_2H_4 + H_2O \longrightarrow CH_3CH_2OH$
（b）**脱水**　濃硫酸と加熱，約 160℃でエテン C_2H_4，約 130 ℃でジエチルエーテル $C_2H_5OC_2H_5$ 生成。
❺ **不飽和度**
$C_nH_xO_aN_bX_c$
$= \dfrac{2n+2+b-c-x}{2}$

3 エーテル
ジエチルエーテル　引火性の液体。麻酔作用。

4 アルデヒド
❶ **生成**　第一級アルコールの酸化。
❷ **性質**　還元性：銀鏡反応を示し，**フェーリング液を還元**する。
❸ **アセトアルデヒド**
（a）**製法**　①エタノールの酸化。
②エテンの酸化。
（b）**性質**　**ヨードホルム反応**を示す。

5 ケトン
❶ **生成**　第二級アルコールの酸化。
❷ **アセトン**
（a）**製法**　酢酸カルシウムの乾留。
❸ **ヨードホルム反応**
$CH_3CH(OH)-$，CH_3CO- を含む化合物はヨードホルム反応を示す。

6 カルボン酸
❶ **生成**　アルデヒドの酸化。
❷ **性質**　水に溶けると弱い酸性を示す。
❸ **ギ酸**　$-CHO$ をもち，還元性を示す。
❹ **酢酸**　純粋に近いものは氷酢酸。
❺ **鏡像異性体**　不斉炭素原子をもつ化合物（乳酸など）に存在する立体異性体。

7 エステル
❶ **構造**　カルボン酸とアルコールから水が取れて縮合した構造をもつ化合物。
❷ **性質**　①芳香をもち，水に難溶。
②塩基水溶液と加熱するとけん化。

8 油脂
❶ **成分**　高級脂肪酸とグリセリンのエステル。
❷ **性質**　不飽和度の低い油脂は固体（脂肪），高い油脂は液体（脂肪油）。
❸ **硬化油**　不飽和度の高い油脂に水素を付加した油脂。

9 セッケンと合成洗剤
❶ **セッケン**　（a）**製法**　油脂と NaOH 水溶液を加熱。（b）**性質**　水溶液は塩基性。
❷ **合成洗剤**　水溶液は中性。

定期テスト対策問題 20

解答・解説は p.738

1 次の文の(ア)〜(エ)には語句を，(A)〜(G)には化合物の示性式を入れよ。

リン酸触媒下でエテンと水を反応させると(ア)反応によって(A)が生じる。(A)を酸化すると，銀鏡反応を示す(B)が得られ，これをさらに酸化すると(C)になる。(C)と(A)との混合物に少量の濃硫酸を加えて加熱すると，(イ)反応によって芳香のある(D)が生じる。また，(A)にナトリウムを加えると置換反応によって(ウ)が発生し，(E)が生成する。(A)に濃硫酸を加えて 160 〜 170 ℃に加熱すると，分子内脱水して(F)が生じる。また 130 〜 140 ℃に加熱すると(エ)反応によって分子間脱水して(G)が生じる。

2 分子式 C_3H_8O の化合物 A に関する(a)〜(c)の記述を読み，(1)，(2)に答えよ。

(a)　A は金属 Na と反応して，気体を発生する。

(b)　A を酸化すると，ケトン B が生成する。

(c)　A を濃硫酸とともに加熱すると，C が得られる。C は速やかに臭素と反応する。

(1)　化合物 A，B および C の構造式を示せ。

(2)　(a)の反応を化学反応式で示せ。

3 分子式 $C_4H_{10}O$ で表され，互いに異なる化合物 A 〜 G がある。下記の(a)〜(f)の文を読んで，次の問い(1)，(2)に答えよ。

(1)　A 〜 G の構造式を書け。ただし，F と G を区別する必要はない。

(2)　A 〜 D のうちヨードホルム反応をして黄色沈殿を生じるものの構造式を書け。

(a)　A 〜 D は金属ナトリウムと反応し，気体を発生する。

(b)　A 〜 D のうち，A が最も酸化されにくい。

(c)　E はアルコール Y に濃硫酸を加えて加熱すると生成する。なお，アルコール Y を酸化するとアルデヒドになる。

(d)　B，C を酸化するとそれぞれアルデヒドになる。さらに酸化すると，B は直鎖のカルボン酸になり，C は，その構造異性体であるカルボン酸になる。

(e)　D を酸化するとケトンになる。

(f)　E 〜 G は金属ナトリウムと反応しない。

ヒント

1 A はアルコール。D はエステル。F と G は反応温度に注意。

2 (a)，(b)より，A は第二級アルコールとわかる。

3 $C_4H_{10}O$ には，アルコールとエーテルがある。ヨードホルム反応で，$CH_3CH(OH)-$ が検出できる。

4 分子式 $C_3H_6O_2$ で表される化合物 A，B がある。

A は水によく溶け，水溶液は酸性を示す。B は水に溶けにくいが，水酸化ナトリウム水溶液を加えて加熱すると，化合物 C から生じた塩と化合物 D が得られた。化合物 D を酸化すると，化合物 E を経て化合物 F を生じた。化合物 E および F は銀鏡反応を示した。

化合物 A 〜 F の構造式と名称を記せ。

5 示性式 C_nH_xCOOH で表される脂肪酸がある。(1)，(2)に答えよ。

(1) この脂肪酸が飽和脂肪酸のとき，アルキル基中の H の数 x を C の数 n を用いて表せ。

(2) この脂肪酸に炭素 – 炭素間の二重結合が a 個あるとき，x を n と a を用いて表せ。

6 ある油脂を 0.875 g とり，触媒を使って水素付加したところ，標準状態に換算して 67.2 mL の水素を吸収した。この油脂 100 g にヨウ素 I_2 は何 g 付加するか。ただし，原子量は $I=127$ とする。

ヒント

4 A は水溶液が酸性であること，B はけん化されることに注目する。

5 鎖式飽和炭化水素(アルカン)の一般式は C_nH_{2n+2} である。二重結合1つにつき，単結合より H 原子が2個減少する。

6 一定量の油脂に付加する H_2 と I_2 の物質量は同じ。

579

第 **4** 章　芳香族化合物

1 | 芳香族炭化水素

1 ベンゼン C_6H_6 の構造と性質

A 構造

❶ **ベンゼン C_6H_6** 分子は，6個の C 原子が正六角形の環構造をつくり，各 C 原子が H 原子 1 個と結合している。全原子は同一平面上にある。この環構造を**ベンゼン環**という。

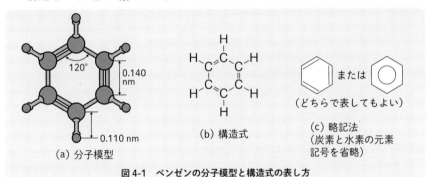

120°
0.140 nm
0.110 nm

(a) 分子模型

H
H—C—C—H
C   C
H—C—C—H
H

(b) 構造式

または

(どちらで表してもよい)

(c) 略記法
（炭素と水素の元素
記号を省略）

図 4-1　ベンゼンの分子模型と構造式の表し方

❷ ベンゼン環中の炭素原子間の結合の長さや性質はすべて等しく，**単結合と二重結合の区別はない。**

補足　炭素－炭素間の距離は，単結合＞ベンゼン＞二重結合

B 性質

❶ 特有のにおいをもつ液体で水に溶けにくく，水より密度が小さい。
（沸点 80 ℃，融点 5.5 ℃）

❷ 引火しやすく，空気中で多量のすすを出して燃える。

❸ 有機化合物をよく溶かし，有機溶媒として用いられる。

補足　ベンゼン C_6H_6 は，主に石油を分留して得られた**ナフサを接触改質（リホーミング）**
してつくられる。また，アセチレン C_2H_2 を三分子重合してつくることもできる。
　　　接触改質とは，ナフサに触媒を加えて高圧の水素中で 500 ℃くらいの熱処理を行
い，自動車用燃料や，ベンゼンなどの芳香族炭化水素に変化させる操作のこと。

2 芳香族炭化水素

　分子中にベンゼン環をもっている炭化水素を**芳香族炭化水素**という。有毒<ruby>ほうこうぞく</ruby>なものが多く，燃やすと多量のすすを出す。

表4-1　芳香族炭化水素の例

物質名	ベンゼン	トルエン	o-キシレン	ナフタレン	アントラセン
分子式	C_6H_6	$C_6H_5CH_3$	$C_6H_4(CH_3)_2$	$C_{10}H_8$	$C_{14}H_{10}$
構造式					
融点(℃)	5.5	−95	−25	81	216
沸点(℃)	80	111	144	218	342

A　トルエン $C_6H_5CH_3$

無色，特有のにおいのある液体で，沸点はベンゼンより高い(沸点111℃)。ベンゼンに似た性質をもつ。

トルエン

B　キシレン $C_6H_4(CH_3)_2$

　ベンゼンの2個の水素原子が2個のメチル基($-CH_3$)で置換された化合物で，メチル基の位置によって，次のような3種類の異性体がある。

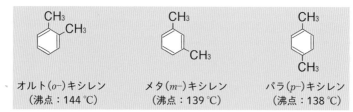

　　オルト(o-)キシレン　　　メタ(m-)キシレン　　　パラ(p-)キシレン
　　(沸点：144℃)　　　　　(沸点：139℃)　　　　　(沸点：138℃)

　キシレンのように，ベンゼン環に2個の置換基がある場合，置換基の位置によって，o-(**オルト**)，m-(**メタ**)，p-(**パラ**)の3種類の構造異性体が存在する。

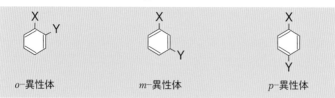

o-異性体　　　　　　　m-異性体　　　　　　　p-異性体

ベンゼンの二置換体には，オルト，メタ，パラの3種類の異性体（6種類ではない）がある。

オルト(o-)　　　　　メタ(m-)　　　　　パラ(p-)

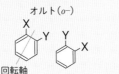 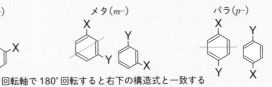

回転軸で180°回転すると右下の構造式と一致する

回転軸が存在すれば，同一の物質である。

 Q ベンゼン環に3個の置換基がある場合は，何種類の異性体がありますか？

 A 置換基の種類が同じかどうかで，異性体の数も変わります。

3個とも同じ置換基のC₆H₃X₃は，次の3種類の異性体があります。

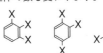

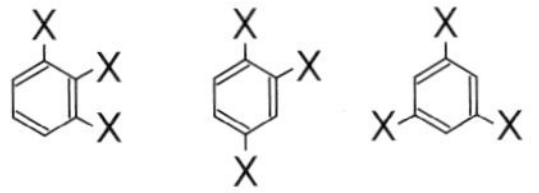

2個が同じ置換基のC₆H₃X₂Yは，次の2種類を含め，6種類の異性体があります。

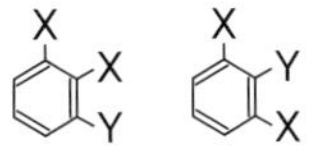

3個とも違う置換基のC₆H₃XYZは，次の3種類を含め，10種類の異性体があります。

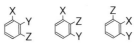

補足　1. トルエンの水素原子1個を臭素原子で置換した化合物は，オルト，メタ，パラのベンゼンの二置換体のほかに，メチル基の水素を置換したベンゼンの一置換体の合計4種類の異性体がある。

2. ナフタレンの一置換体は，次の2種類の異性体がある。

例題 18 芳香族化合物の構造異性体

分子式 C_7H_8O で表せる芳香族化合物には，5つの構造異性体がある。この5つの構造異性体の構造式を書け。

（解答）

ベンゼンの一置換体 $C_6H_5CH_3O$ と二置換体 $C_6H_4CH_4O$ を考える（三置換体 $C_6H_3CH_5O$ は存在できない）。

$C_6H_5CH_3O$ は右のように，アルコールとエーテルが存在する。

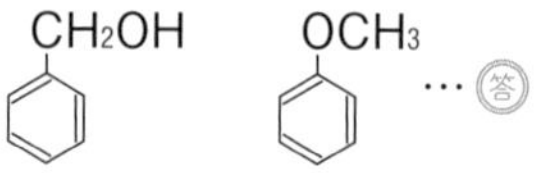

…（答）

二置換体は下のように，$C_6H_4(OH)CH_3$ のオルト，メタ，パラの3種類が存在する。

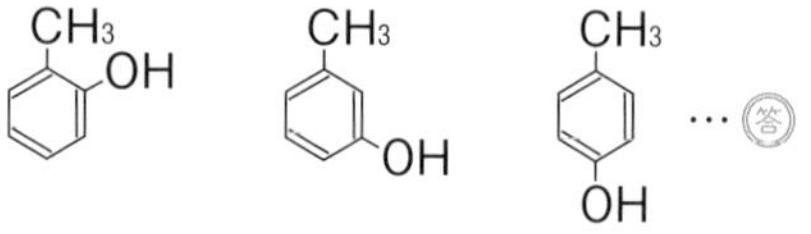

…（答）

---

3 芳香族炭化水素の反応

A 置換反応

付加反応より置換反応を起こしやすい。次の**ハロゲン化**，**スルホン化**，**ニトロ化**が重要である。

（補足）ベンゼン環の構造は安定しているため，付加反応を起こしにくく，ベンゼン環に結合している水素原子が他の原子や原子団と置き換わる置換反応を起こしやすい。

① ハロゲン化

鉄を触媒として，塩素や臭素を作用させると，水素がハロゲンに置換され，ハロゲン化物になる。この置換反応を**ハロゲン化**という。

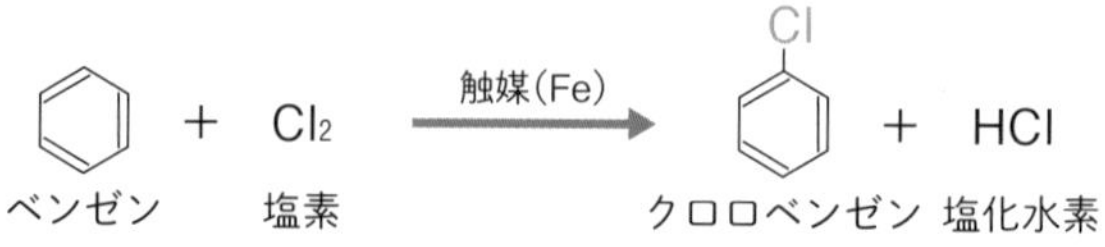

（補足）クロロベンゼンは C_6H_6Cl ではなく，H と Cl が置き換わって H が1個減り C_6H_5Cl となるので注意すること。

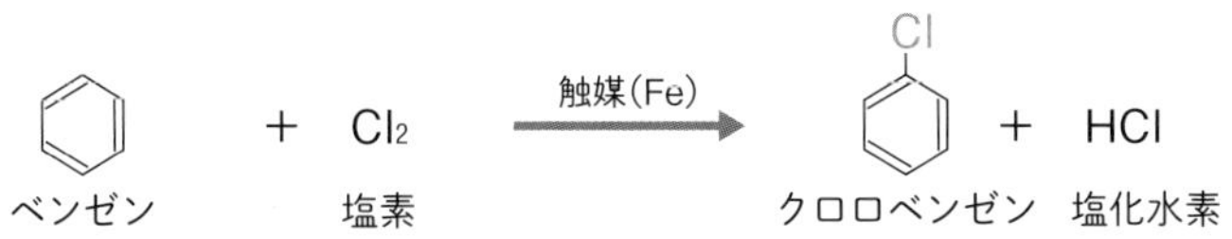

$$\text{ベンゼン} + Cl_2 \xrightarrow{\text{触媒(Fe)}} \text{クロロベンゼン} + HCl$$

ベンゼン　　塩素　　　　　　　　クロロベンゼン　塩化水素

示性式では

$$C_6H_6 + Cl_2 \longrightarrow C_6H_5Cl + HCl$$

構造式では

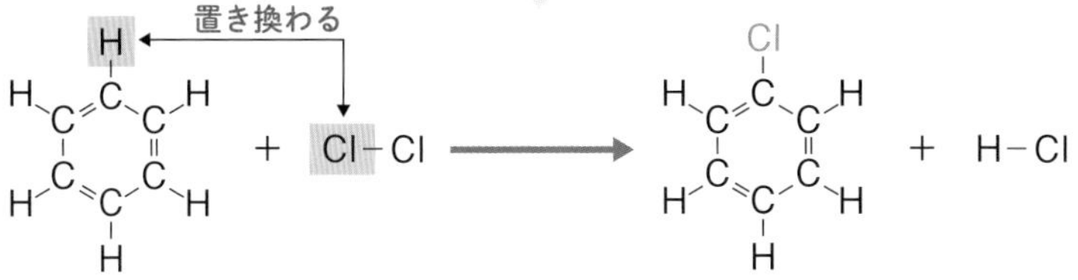

置き換わる

$$+ Cl-Cl \longrightarrow + H-Cl$$

❷ スルホン化

　濃硫酸と加熱すると，水素が**スルホ基（$-SO_3H$）**で置換されて**ベンゼンスルホン酸 $C_6H_5SO_3H$** を生じる。この置換反応を**スルホン化**という。

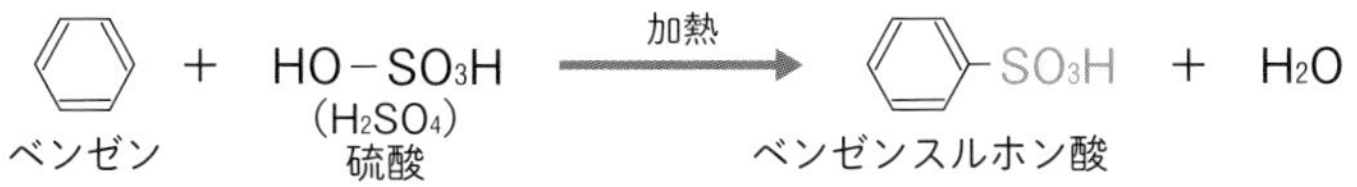

$$\text{ベンゼン} + \underset{\substack{(H_2SO_4)\\ \text{硫酸}}}{HO-SO_3H} \xrightarrow{\text{加熱}} \text{ベンゼンスルホン酸}-SO_3H + H_2O$$

ベンゼン　　　　　　　　　　　　　ベンゼンスルホン酸

補足 スルホ基（$-SO_3H$）の水素は H_2SO_4 の水素と同じで，強い酸性を示す。

❸ ニトロ化

　濃硝酸と濃硫酸の混合物（混酸）を作用させると，水素が**ニトロ基（$-NO_2$）**で置換されてニトロベンゼンを生じる。この置換反応を**ニトロ化**という。

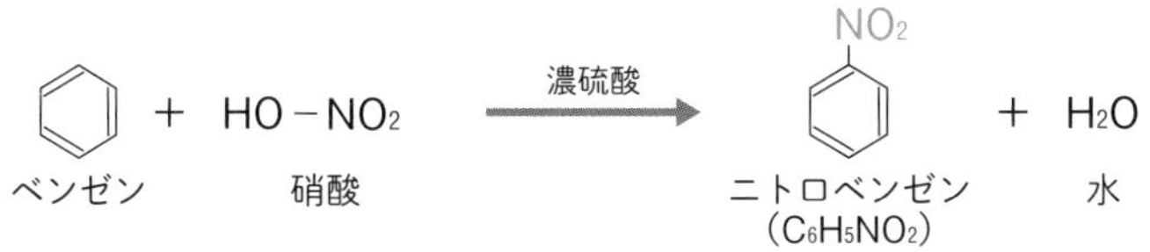

$$\text{ベンゼン} + HO-NO_2 \xrightarrow{\text{濃硫酸}} \text{ニトロベンゼン}(C_6H_5NO_2) + H_2O$$

ベンゼン　　　硝酸　　　　　　　ニトロベンゼン　　　水
　　　　　　　　　　　　　　　　　（$C_6H_5NO_2$）

構造式では

置き換わる

$$+ HO-NO_2 \longrightarrow + HO-H$$

硝酸　　　　　　　　　　　　　　　　水

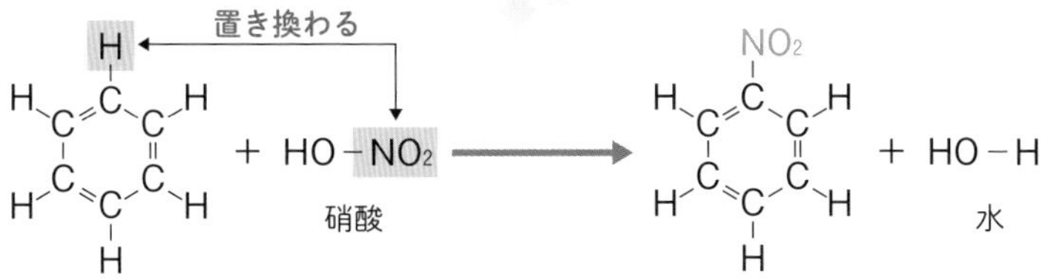

ニトロベンゼンは特有の甘い香りのある無色〜淡黄色の液体で，水よりも重い。また，水に溶けにくい中性物質で有機溶媒に溶けやすい。

　また，トルエンをニトロ化すると，主に，o-ニトロトルエンやp-ニトロトルエンが生じ，高温でさらにニトロ化が進むと，2, 4, 6-トリニトロトルエンが生じる。

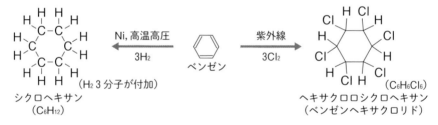

o-ニトロトルエン　　　　p-ニトロトルエン　　　2,4,6-トリニトロトルエン

　o-ニトロトルエン(黄色の液体)，p-ニトロトルエン(黄色結晶)，2, 4, 6-トリニトロトルエン (黄色結晶)は，水に溶けにくく，有機溶媒に溶ける。

補足　2,4,6-トリニトロトルエンは TNT と略称され，爆薬に使用される。

B 付加反応

　付加反応は置換反応と比べて起こりにくいが，高温・高圧下で触媒を用いた水素の付加反応，紫外線の照射を条件とする塩素の付加反応がある。

Ni, 高温高圧　　3H₂　　ベンゼン　　紫外線　　3Cl₂

シクロヘキサン
(C₆H₁₂)　(H₂ 3 分子が付加)

ヘキサクロロシクロヘキサン
(ベンゼンヘキサクロリド)
(C₆H₆Cl₆)

POINT

ベンゼン

① 置換反応のほうが，付加反応より起こりやすい。

② +Cl₂ { 鉄触媒 ⇨ 置換反応：クロロベンゼン
　　　　 紫外線 ⇨ 付加反応：ヘキサクロロシクロヘキサン

2 | フェノール類

1 フェノール類

A 構造

ベンゼン環の炭素原子に**ヒドロキシ基**(−OH)が直接結合している化合物を**フェノール類**という。

表4-2 フェノール類の例

物質名	フェノール	o−クレゾール	サリチル酸	1−ナフトール	2−ナフトール
略式記号	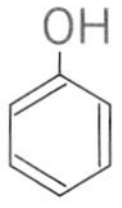 OH	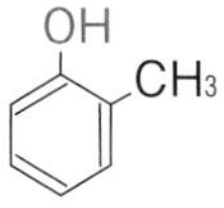 OH CH₃	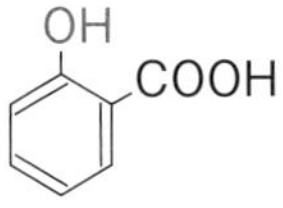 OH COOH	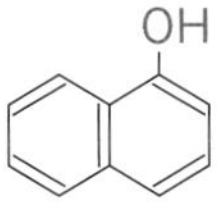 OH	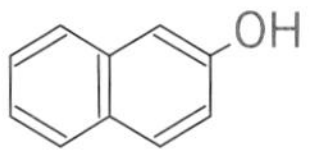 OH
融点(℃)	41	31	159	96	122

補足　1. o−クレゾールには m−クレゾール, p−クレゾールの異性体が存在する。

2. 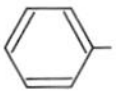 ◯−CH₂−OH(ベンジルアルコール)のように −OH がベンゼン環の炭素に直接結合していない化合物はフェノール類ではない。

3. ベンゼンから水素原子1個を除いた炭化水素基をフェニル基($-C_6H_5$)という。

B 性質

❶ フェノール類の −OH は,水溶液中でわずかに電離して**弱酸性**を示す。

フェノール類は水に溶けにくいが,塩基水溶液と中和反応して塩となり溶ける。

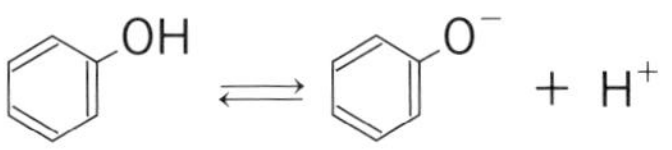

フェノール　　　　フェノキシドイオン

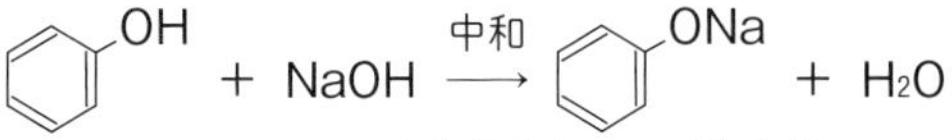

ナトリウムフェノキシド

❷ フェノールは炭酸より弱酸であるため,フェノールの塩に二酸化炭素 CO_2 を通じると,フェノールは遊離する。

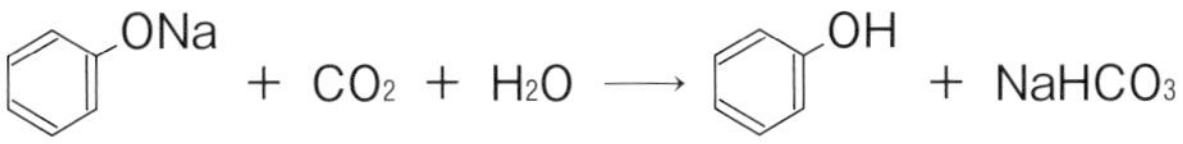

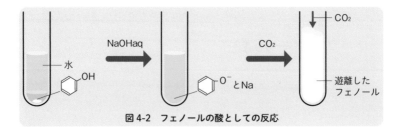

図4-2　フェノールの酸としての反応

酸の強さ

塩酸・硫酸＞スルホン酸＞カルボン酸＞炭酸＞フェノール

❸ 塩化鉄（Ⅲ）$FeCl_3$ 水溶液を加えると，青紫～赤紫色の特有な呈色反応をする。この反応は，フェノール類の検出に利用される。

表4-3　フェノール類の塩化鉄（Ⅲ）水溶液による呈色反応

物質名	フェノール	o-クレゾール	サリチル酸	1-ナフトール	ベンジルアルコール	アセチルサリチル酸
略式記号	OH	OH CH₃	OH COOH	OH	CH₂OH	OCOCH₃ COOH
塩化鉄（Ⅲ）による呈色反応	紫色	青色	赤紫色	紫色	呈色しない	呈色しない

※ベンジルアルコールはフェノール類ではない（ベンゼン環に－OHが直接結合していない）ため，塩化鉄（Ⅲ）水溶液による呈色反応は示さない。

❹ フェノールは，アルコールと同様に金属ナトリウムと反応して，水素を発生する。

$$2\ \langle\text{OH}\rangle\ +\ 2Na\ \longrightarrow\ 2\ \langle\text{ONa}\rangle\ +\ H_2$$

❺ フェノール類の－OHは，カルボン酸とは反応しにくいが，酸無水物とは反応してエステルを生じる。

$$\langle\text{OH}\rangle\ +\ O\begin{matrix}CO-CH_3\\CO-CH_3\end{matrix}\ \longrightarrow\ \langle\text{OCOCH}_3\rangle\ +\ CH_3COOH$$

無水酢酸　　　　　　　　　　　　酢酸フェニル

2 フェノール C_6H_5OH

A 性質・用途

特有のにおいをもつ無色の結晶で、潮解性があり、有毒で皮膚を侵す。殺菌消毒剤に用いられるほか、フェノール樹脂や染料の原料となる。

B 製法

工業的には、クメン法によって製造されている。また、ベンゼンスルホン酸塩のアルカリ融解やハロゲン置換体の加水分解でも製造されている。

1 クメン法

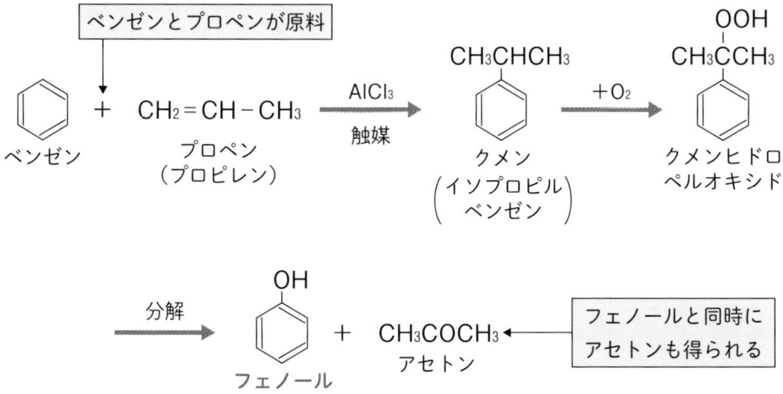

ベンゼンとプロペンが原料

フェノールと同時にアセトンも得られる

2 ベンゼンスルホン酸塩のアルカリ融解

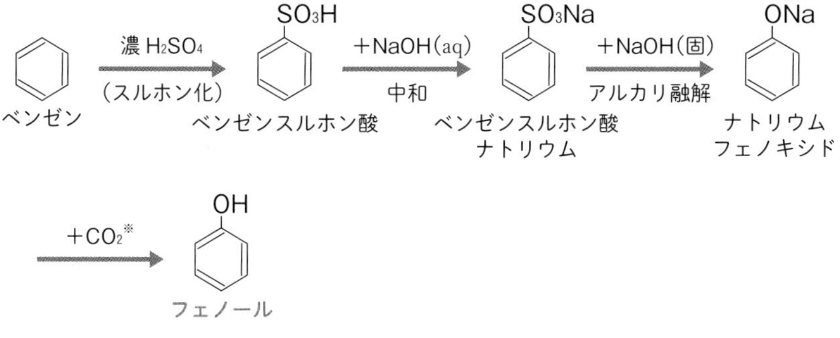

❸ ハロゲン置換体の加水分解

過熱水蒸気
触媒

（ハロゲン化）
$+Cl_2$
Fe
（触媒）

ベンゼン クロロベンゼン

加水分解

$+NaOH(aq)$
高温・高圧

$+ HCl$

フェノール

$+CO_2$※

ナトリウム
フェノキシド

フェノール

※酸の強さ：炭酸＞フェノール
CO_2を加えると弱酸のフェノールが遊離する

C フェノールの反応

フェノールはヒドロキシ基（$-OH$）によりベンゼン環が活性化されている
ため，置換反応が起こりやすい。

〈ハロゲン化〉

フェノール $+ 3Br_2$ $\longrightarrow$ $+ 3HBr$

2,4,6-トリブロモフェノール $C_6H_2Br_3(OH)$

〈ニトロ化〉

$+ 3HNO_3$
硝酸

濃H_2SO_4

$+ 3H_2O$

ピクリン酸 $C_6H_2(OH)(NO_2)_3$

補足 上記のハロゲン化の反応は，フェノールの検出反応である。

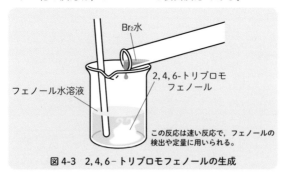

Br_2水

フェノール水溶液

2, 4, 6-トリブロモ
フェノール

この反応は速い反応で，フェノールの
検出や定量に用いられる。

図4-3 2, 4, 6-トリブロモフェノールの生成

3 | 芳香族カルボン酸

　ベンゼン環の炭素原子に**カルボキシ基($-COOH$)**が直接結合した化合物を，**芳香族カルボン酸**という。一般に，室温では固体で，水に溶けにくく，水溶液は弱酸性を示す。塩基の水溶液には，塩をつくり溶解する。

あんそくこうさん 安息香酸	フタル酸	イソフタル酸	テレフタル酸	サリチル酸
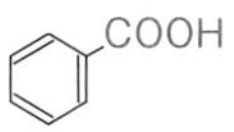	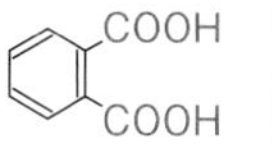	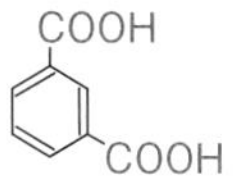		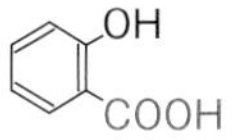

1 安息香酸 C_6H_5COOH（融点123 ℃）

A 製法

トルエンを酸化してつくる。

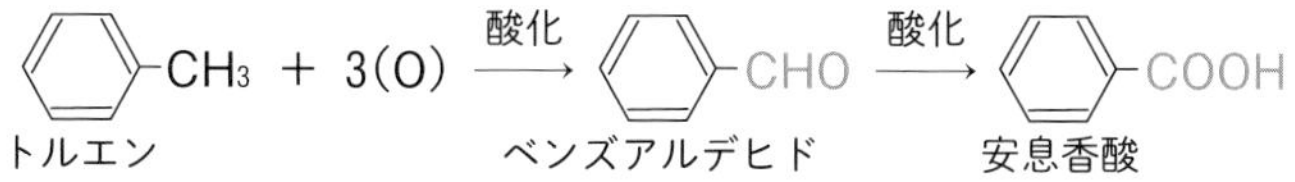

トルエン　　　　　　　　　　ベンズアルデヒド　　　　安息香酸

補足 トルエンをおだやかに酸化すると，ベンズアルデヒド C_6H_5CHO が得られる。ベンズアルデヒドを還元すると，ベンジルアルコール $C_6H_5CH_2OH$ を生じる。

B 性質

　無色で昇華性の針状結晶。冷水には溶けにくいが，熱水には溶ける。また，有機溶媒にはよく溶ける。塩基と反応して（**中和反応**），塩となって溶ける。また，アルコールと反応してエステルをつくる（**エステル化**）。

中和反応

安息香酸ナトリウム

エステル化

安息香酸メチル

C 用途

医薬品の原料や食品の防腐剤，合成繊維や合成樹脂の原料に用いられる。

2 フタル酸・テレフタル酸

フタル酸, テレフタル酸は構造異性体で, それぞれ o-キシレン, p-キシレンを酸化して得る。

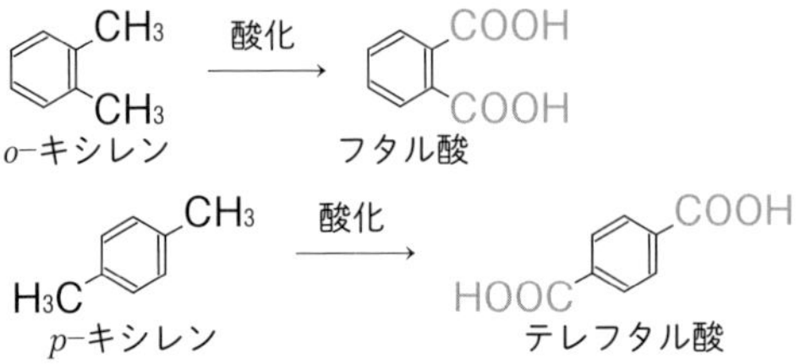

テレフタル酸とエチレングリコールを縮合重合するとポリエチレンテレフタラート(PET)が得られる。

3 無水フタル酸 （融点132 ℃）

フタル酸を加熱すると, 分子内の 2 個の -COOH から水分子が 1 個取れて, 酸無水物である**無水フタル酸**になる。

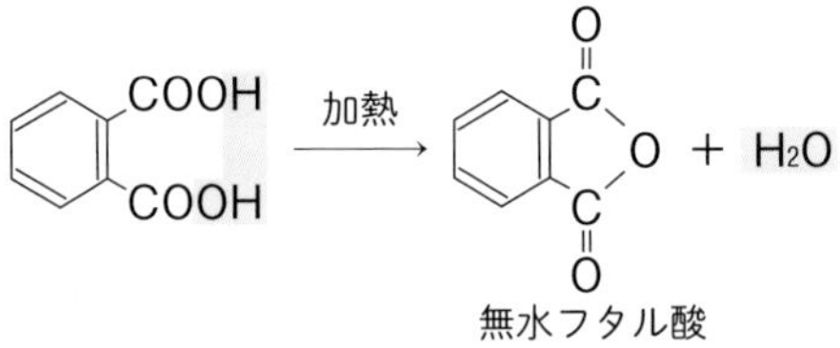

工業的には, o-キシレンやナフタレンを, 触媒(酸化バナジウム(V) V_2O_5)を用いて空気酸化してつくる。染料や合成樹脂の原料として用いられる。

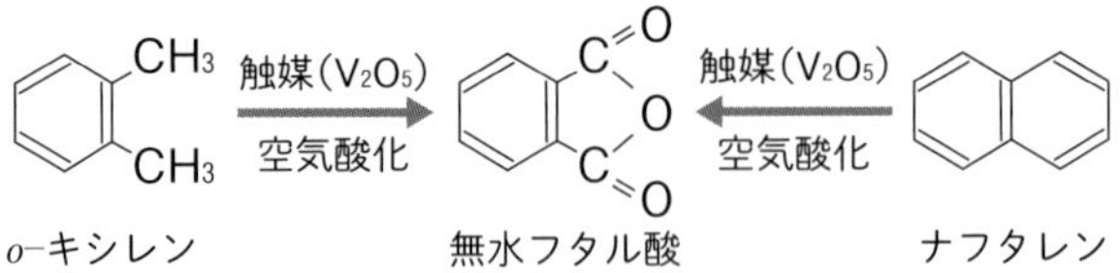

4　サリチル酸 o-$C_6H_4(OH)COOH$ （融点159 ℃）

A　製法

ナトリウムフェノキシドに，高温・高圧下で二酸化炭素を反応させ，希硫酸を
作用させると得られる。

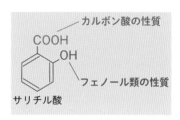

ナトリウムフェノキシド　+CO_2　高温・高圧　→　サリチル酸ナトリウム（COONa, OH）　H_2SO_4　→　サリチル酸（COOH, OH）

B　性質

　無色の針状結晶で，水にはわずかしか溶け
ないが，エタノールにはよく溶ける。防腐剤
などに用いられる。また，ベンゼン環のオル
ト位にヒドロキシ基（-OH）とカルボキシ基
（-COOH）があるので，**フェノール類とカル
ボン酸の両方の性質をもつ。**

COOH ── カルボン酸の性質
OH
── フェノール類の性質
サリチル酸

C　反応

❶ フェノール類として，塩化鉄（Ⅲ）$FeCl_3$ 水溶液を加えると赤紫色を呈する。

❷ カルボン酸として，また，フェノール類として塩基と中和反応する。

サリチル酸（OH, COOH）　+NaOH　→　（OH, COONa）　+NaOH　→　（ONa, COONa）

> まず，酸性の強い-COOHが中和反応し，
> 次にフェノール性の-OHが中和反応する。

❸ メタノールと濃硫酸を加えて加熱すると，**サリチル酸メチル**（エステル）
が生じる。サリチル酸メチルは芳香のある油状の液体で，消炎鎮痛剤に用い
られる。

（OH, CO OH）　+ H OCH₃　濃 H_2SO_4　エステル化　→　（OH, COOCH₃）　+ H_2O
メタノール　　　　　　　　　　　　サリチル酸メチル

❹ 無水酢酸を作用させると，**アセチルサリチル酸**（エステル）が生じる。ア
セチルサリチル酸は無色の結晶で，解熱鎮痛剤に用いられる。

$$\begin{array}{c}\text{OH}\\ \text{COOH}\end{array} + \begin{array}{c}\text{CO-CH}_3\\ \text{O}\\ \text{CO-CH}_3\end{array} \xrightarrow[\text{アセチル化}]{\text{濃 H}_2\text{SO}_4} \begin{array}{c}\text{OCOCH}_3\\ \text{COOH}\end{array} + \text{CH}_3\text{COOH}$$

無水酢酸 　　　　　　　アセチルサリチル酸

補足　1. アセチル基を導入する反応をアセチル化というが，エステル化ともいえる。
　　　2. アセチルサリチル酸は**アスピリン**ともいい，市販されている。

POINT

サリチル酸のエステル化・アセチル化

構造の変化	サリチル酸メチル（エステル）	サリチル酸	アセチルサリチル酸（エステル）
FeCl₃水溶液	呈色する	呈色する	呈色しない
NaHCO₃水溶液	溶解しない	溶解する	溶解する

（FeCl₃ → $FeCl_3$、NaHCO₃ → $NaHCO_3$）

例題 19　芳香族化合物の判別

次の文中の芳香族化合物 A 〜 F を構造式で書け。

ベンゼンとプロペンから合成されるクメンを空気酸化して得た化合物を，希硫酸で分解すると A と同時に B が副生する。A のナトリウム塩 C に二酸化炭素を高温・高圧下で反応させると D が生成し，D に希硫酸を作用させると，E が得られる。E とメタノールを少量の濃硫酸とともに加熱すると，F が生成する。一方，E と無水酢酸を反応させると，G が得られる。

〔解答〕

クメン法によってフェノール(A)とアセトン(B)を得る。続いて，フェノールのナトリウム塩であるナトリウムフェノキシド(C)に高温・高圧で CO_2 を反応させて，サリチル酸ナトリウム(D)とし，これに希硫酸を作用させ，サリチル酸(E)とする。さらに，E にそれぞれメタノール，無水酢酸を作用させ，エステル化し，サリチル酸メチル(F)およびアセチルサリチル酸(G)としている。

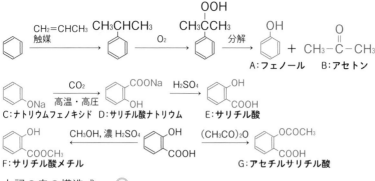

A:フェノール　　B:アセトン

C:ナトリウムフェノキシド　D:サリチル酸ナトリウム　　E:サリチル酸

F:サリチル酸メチル

G:アセチルサリチル酸

上記の赤の構造式 … 答

5 芳香族カルボン酸とフェノール類

A 共通点

一般に水に溶けにくいが，塩基性水溶液に塩となって溶ける。

補足 ヒドロキノン $p-C_6H_4(OH)_2$ は，例外で水に溶ける。

B 相違点

$NaHCO_3$（または Na_2CO_3）水溶液に加えると，芳香族カルボン酸は気体（CO_2）を発生して溶けるが，フェノール類は変化せず溶けない。

酸性の強さは，**カルボン酸＞炭酸＞フェノール類**なので，カルボン酸は $NaHCO_3$（または Na_2CO_3）と反応するが，フェノール類は反応しない。

例

POINT

芳香族カルボン酸とフェノール類

$\begin{cases} NaOH 水溶液 & \Rightarrow ともに塩となって溶ける \\ NaHCO_3 水溶液 & \Rightarrow 芳香族カルボン酸のみ溶ける \end{cases}$ ➡ 気体を発生

探究活動	フェノール類の性質

目的 フェノール類の呈色反応とサリチル酸の反応性を調べる。

実験手順

① 右図1のように，フェノール，クレゾール，サリチル酸にFeCl₃水溶液を加え，それぞれの色の変化を観察する。

② 右図2の手順で，サリチル酸と無水酢酸からアセチルサリチル酸をつくる。

③ 右図3の手順で，ビーカーにサリチル酸メチルを遊離させ，溶液の様子，サリチル酸メチルのにおいに注目する。

結果

① フェノール：紫
　クレゾール：青
　サリチル酸：赤紫

③ 気泡を発生しながらサリチル酸メチルが遊離し，芳香がした。

考察 ②の化学反応式

③の化学反応式

③で発生した気泡はCO₂である（濃H₂SO₄や，未反応のサリチル酸とNa₂CO₃とが反応して発生）。

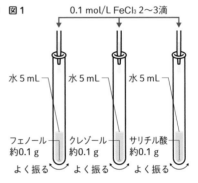

図1

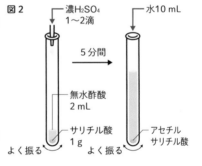

図2

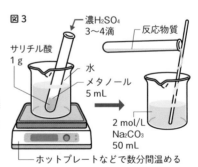

図3

596

4 | 芳香族アミンとアゾ化合物

1 芳香族アミン

アンモニア NH_3 の水素原子を炭化水素基で置換した形の化合物を**アミン**といい，炭化水素基がベンゼン環の場合は**芳香族アミン**，炭化水素基が鎖式の場合は**脂肪族アミン**という。アミンはアンモニアと化学的性質が似ていて，**弱塩基性**で，酸と中和して塩をつくる。

> **POINT**
>
> アミノ基（$-NH_2$）：弱塩基性 ⇨ 酸と中和して塩をつくる。

2 アニリン $C_6H_5NH_2$

A 製法

ニトロベンゼンにスズ Sn（または鉄 Fe）と濃塩酸 HCl を加えて還元する。

$$2 \langle \rangle\text{-NO}_2 + 3Sn + 14HCl \longrightarrow 2 \langle \rangle\text{-NH}_3{}^+Cl^- + 3SnCl_4 + 4H_2O$$

ニトロベンゼン　　　　　　　　　アニリン塩酸塩

さらに，水酸化ナトリウム水溶液を加えて，油状のアニリンを遊離させる。

$$\langle \rangle\text{-NH}_3{}^+Cl^- + NaOH \longrightarrow \langle \rangle\text{-NH}_2 + NaCl + H_2O$$

アニリン

補足 ニトロベンゼンを，Ni や Pt を触媒として，H_2 で還元しても得られる。

$$\langle \rangle\text{-NO}_2 + 3H_2 \xrightarrow{Ni} \langle \rangle\text{-NH}_2 + 2H_2O$$

B 性質

❶ **特異臭をもつ無色の油状の液体**（沸点 185 ℃，融点 −6 ℃）で，酸化されやすい。空気中で酸化されて赤みを帯びる。

補足 アニリンは，代表的なアミンである。

❷ アニリンは弱塩基で，水にはわずかしか溶けないが，酸を加えると中和して塩となり溶ける。

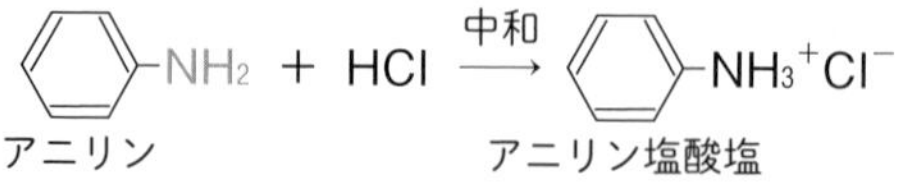

アニリン + HCl →(中和)→ アニリン塩酸塩

補足 アニリン塩酸塩の水溶液に，強塩基である水酸化ナトリウム水溶液を加えると，前述のアニリンの製法にあるように弱塩基であるアニリンが遊離してくる。

❸ 無水酢酸を作用させるか，酢酸と煮沸すると，アセチル化して**アセトアニリド**が生じ，塩基性を失う。

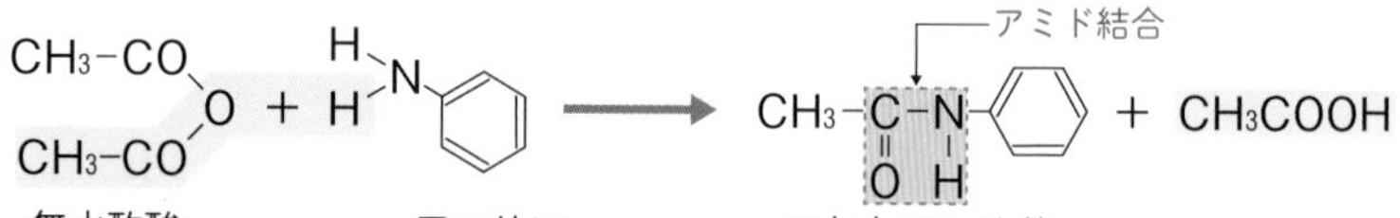

無水酢酸 + アニリン → アセトアニリド + CH_3COOH

アミド結合

$-CO-NH-$ は，$-COOH$ と $-NH_2$ から H_2O が取れてできた形の結合で**アミド結合**という。アセトアニリドのようにアミド結合をもつ化合物を**アミド**という。

アセトアニリドは無色・無臭の結晶（融点 115 ℃）で，かつて解熱剤として用いられていた。

❹ アセトアニリド（アミド）は，酸や塩基により加水分解される。

アセトアニリド + HCl + H_2O →(加水分解)→ アニリン塩酸塩 + CH_3COOH

❺ アニリンにさらし粉水溶液を加えると，アニリンは酸化されて赤紫色になる。← アニリンの検出

❻ 硫酸で酸性にしたニクロム酸カリウム水溶液を加えると，アニリンは酸化されて黒色沈殿が生じる。これは**アニリンブラック**と呼ばれる黒色染料である。

POINT

アニリンの特徴
① 塩基性物質 ⇨ 水に溶けないが，塩酸に塩となり溶ける
② さらし粉水溶液 ⇨ 赤紫色に呈色 ← アニリンの検出
③ 硫酸酸性$K_2Cr_2O_7$水溶液 ⇨ 黒色沈殿 ← アニリンブラック

参 考 アニリンブラックからつくられた合成染料「モーベイン」

　　1856 年イギリスのパーキンは，キニーネを合成しようとしたが成功しなかった。しかしその関連実験から，アニリンに硫酸酸性二クロム酸カリウム水溶液を加えて黒色沈殿（アニリンブラック）をつくり，これに水を加えて加熱すると紫色の結晶が得られた。この結晶が絹のよい染料になることを発見。この染料は「モーベイン」と呼ばれた。これが最初の合成染料である。その後，次々と合成染料が出現し，天然染料に置き換えられることになった。

A ジアゾ化

アニリンの希塩酸溶液(アニリン塩酸塩)を，5℃以下に冷却しながら亜硝酸ナ_{あ しょうさん}トリウム水溶液を加えると，塩化ベンゼンジアゾニウム $\langle\bigcirc\rangle$-N$_2^+$Cl$^-$ が生成する。R-N$^+$≡N を**ジアゾニウムイオン**，R-N$^+$≡NX$^-$のような塩を**ジアゾニウム塩**といい，**アミノ基をもつ化合物からジアゾニウム塩を生成する反応をジアゾ化**という。

$\langle\bigcirc\rangle$-NH$_2$ + NaNO$_2$ + 2HCl ⟶ $\langle\bigcirc\rangle$-N$^+$ ≡ NCl$^-$ + NaCl + 2H$_2$O

アニリン 　亜硝酸ナトリウム 　[酸性条件下で行う] 　塩化ベンゼンジアゾニウム ← [不安定なので反応しやすい]

[ジアゾ化]

B ジアゾカップリング

5℃以下で，塩化ベンゼンジアゾニウム水溶液に，ナトリウムフェノキシド水溶液を加えると橙赤色の *p*-ヒドロキシアゾベンゼンを生じる。このように芳香族ジアゾニウム塩と他の芳香族化合物から**アゾ基**-N=N-をもつ**アゾ化合物**をつくる反応を**ジアゾカップリング**という。

$\langle\bigcirc\rangle$-N$^+$ ≡ NCl$^-$ + $\langle\bigcirc\rangle$-ONa

塩化ベンゼンジアゾニウム 　ナトリウムフェノキシド

⟶ $\langle\bigcirc\rangle$-N=N-$\langle\bigcirc\rangle$-OH + NaCl

p-ヒドロキシアゾベンゼン(橙赤色)
(*p*-フェニルアゾフェノール)

[ジアゾカップリング]

補足 芳香族アゾ化合物は，アゾ染料やアゾ顔料として用いられている。pH指示薬のメチルオレンジやメチルレッドなどもアゾ化合物である。

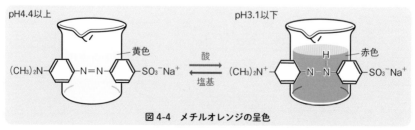

図4-4　メチルオレンジの呈色

POINT

$$R-NH_2 \longrightarrow R-N^+\equiv NX^- \Rightarrow \text{ジアゾ化}$$

$$\text{⟨ベンゼン環⟩}-N^+\equiv NX^- + \text{⟨ベンゼン環⟩}-Y \longrightarrow \text{⟨ベンゼン環⟩}-N=N-\text{⟨ベンゼン環⟩}-Y$$

$$\Rightarrow \text{ジアゾカップリング}$$

例題 20 芳香族アミンの反応

次の図は，ベンゼンを出発原料としていくつかの化合物を合成する反応経路を示している。下の問いに答えよ。

```
ベンゼン ──ニトロ化──▶ A ──還元──▶ B ──ジアゾ化──▶ C
         (ア)            (イ)           (ウ)
                          │
                     アセチル化│(エ)    ジアゾ         NaOHaq
                          │    カップリング  フェノール
                          ▼                │
                          D                ▼
                                  E
```

(1) A〜Eの化合物の名称と構造式を記せ。

(2) （ア）〜（エ）の反応に必要な試薬の化学式を記せ。

―――――――――――――――――――――――――――――――――――――

解答

(1)

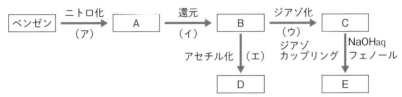

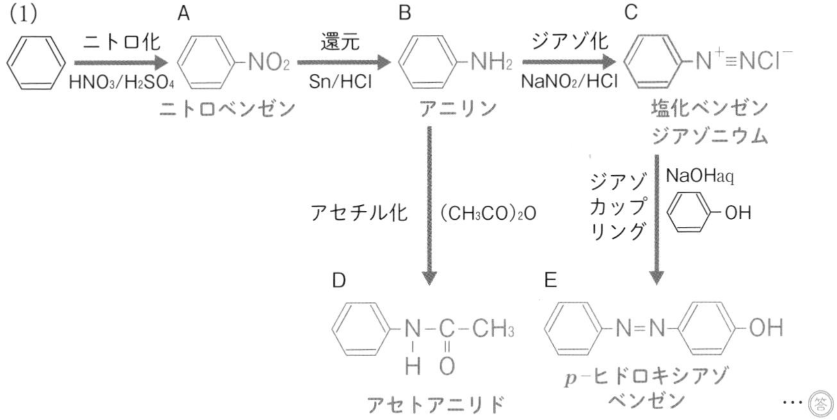

(2) （ア） **HNO₃ と H₂SO₄**　　（イ） **Sn と HCl**

　　（ウ） **NaNO₂ と HCl**　　（エ） **(CH₃CO)₂O** … ㊙

(ア) HNO_3 と H_2SO_4

(2) （ア） HNO_3 と H_2SO_4　　（イ） Sn と HCl

　　（ウ） $NaNO_2$ と HCl　　（エ） $(CH_3CO)_2O$ … ㊙

解答(1)での各化合物

A ニトロ化 HNO_3/H_2SO_4 → ニトロベンゼン ⟨ベンゼン環⟩-NO₂

還元 Sn/HCl → B アニリン ⟨ベンゼン環⟩-NH₂

ジアゾ化 $NaNO_2/HCl$ → C 塩化ベンゼンジアゾニウム ⟨ベンゼン環⟩-N⁺≡NCl⁻

アセチル化 $(CH_3CO)_2O$ → D アセトアニリド ⟨ベンゼン環⟩-NH-CO-CH₃

ジアゾカップリング（⟨ベンゼン環⟩-OH），NaOHaq → E p-ヒドロキシアゾベンゼン ⟨ベンゼン環⟩-N=N-⟨ベンゼン環⟩-OH … ㊙

参考　化学式と染料(ドイツの化学者ウィットの発色説)

物質は白色光の一部の波長を吸収すると，吸収されなかった波長に対応する色に見える。染料は一部の光を吸収し，発色する。p-ヒドロキシアゾベンゼンのアゾ基 −N=N− のように，二重結合や三重結合を含む原子団が光を吸収すると考えられ，これらを**発色団**という。発色するには，さらに発色団に電子を供給できるベンゼンのような基の結合が必要で，これらを**色原体**(しきげんたい)という。さらに色調を変えるのが −OH のようなベンゼン環に結合している基で，これを**助色団**(じょしょくだん)という。このことより，発色団，色原体，助色団を新たに考え，組み合わせることで新しい合成染料をつくることができる。

5 | 芳香族化合物の分離

1 抽出による分離

　有機化合物の分離には，溶媒(有機溶媒と水)への溶解性の違いを利用する。例えば，水と混じり合わないエーテル(有機溶媒)に酸性物質と塩基性物質の有機化合物の混合物を溶かして分液ろうとに入れる。この分液ろうとに水酸化ナトリウム水溶液を加えると，上層にエーテル層，下層に水層と二層に分かれる。このとき，酸性物質だけが塩をつくり水層に移り，塩基性物質はエーテル層，酸性物質は水層に分離される。

エーテル層

水層

水層

二層に分離後，下層を流し出す。

図4-5　分液ろうと

2 中和反応と弱酸・弱塩基の遊離

$$\underset{\text{塩基性物質}}{\underset{NH_2}{\bigcirc}} + HCl \xrightarrow{中和} \underset{\text{水層に移る}}{\underset{NH_3Cl}{\bigcirc}}$$

$$\underset{\text{酸性物質}}{\underset{COOH}{\bigcirc}} + NaOH \xrightarrow{中和} \underset{\text{水層に移る}}{\underset{COONa}{\bigcirc}}$$

POINT

酸性物質: $\underset{COOH}{\bigcirc} \underset{OH}{\bigcirc}$ ⇨ 塩基性水溶液で水層に移る

塩基性物質: $\underset{NH_2}{\bigcirc}$ ⇨ 酸性水溶液で水層に移る

中性物質: $\bigcirc \underset{NO_2}{\bigcirc}$ ⇨ 水層には移らない。沸点に注目

酸性物質どうしの安息香酸とフェノールの分離には，炭酸水素ナトリウム水溶液を使う。

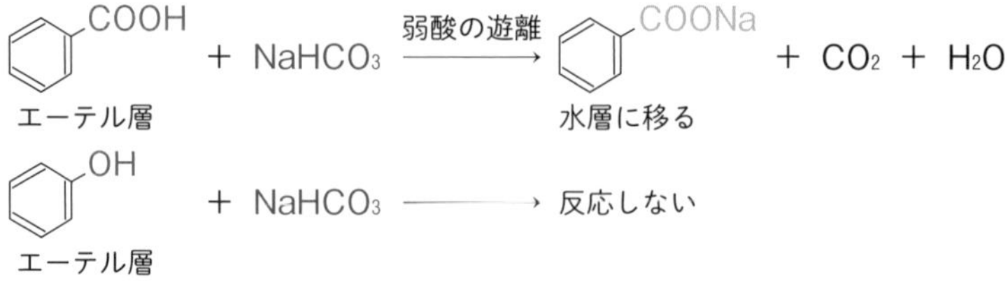

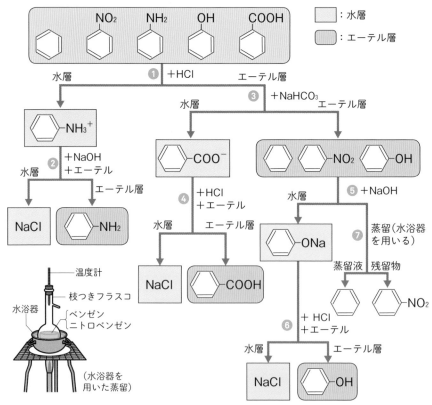

$$\underset{\text{エーテル層}}{\begin{array}{c}\text{COOH}\end{array}} + \text{NaHCO}_3 \xrightarrow{\text{弱酸の遊離}} \underset{\text{水層に移る}}{\begin{array}{c}\text{COONa}\end{array}} + \text{CO}_2 + \text{H}_2\text{O}$$

$$\underset{\text{エーテル層}}{\begin{array}{c}\text{OH}\end{array}} + \text{NaHCO}_3 \longrightarrow \text{反応しない}$$

酸の強さ
　安息香酸＞炭酸＞フェノール

　ベンゼン，ニトロベンゼン，アニリン，フェノール，安息香酸のエーテル混合溶液から，それぞれを分離する方法を次の図に示す。❶～❼の各操作の説明については，次ページに記す。

604

❶ 試料エーテル溶液を分液ろうとに入れ，塩酸 HCl を加えると，塩基である
アニリンだけがアニリン塩酸塩となって，水層（下層）に移る。

❷ この水層を取り出し，水酸化ナトリウム NaOH 水溶液を加えると，弱塩基
であるアニリンが遊離する。エーテルで抽出して，アニリンを単離する。

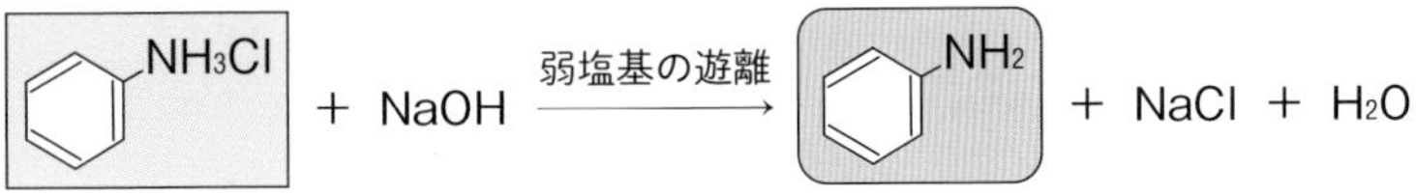

❸ ❶のエーテル溶液に，炭酸水素ナトリウム $NaHCO_3$ 水溶液を加えると，炭
酸より強酸である安息香酸はナトリウム塩となって水層に移る。フェノール
は炭酸より弱酸のため，エーテル層に残る。

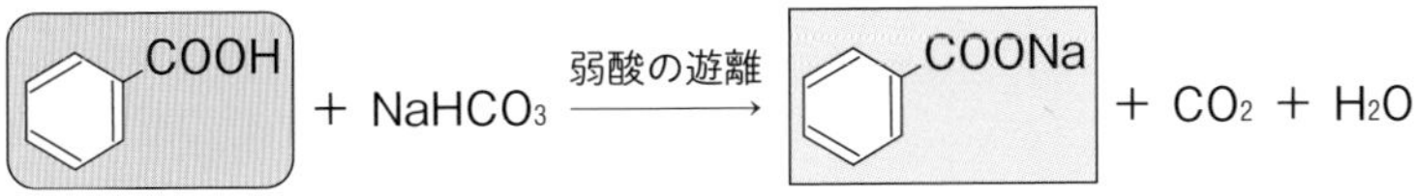

❹ この水層を取り出し，これに塩酸を加えると，塩酸より弱酸である安息香
酸は白色固体として遊離する。エーテルで抽出し，安息香酸を単離する。

❺ ❸のエーテル層に水酸化ナトリウム水溶液を加えると，フェノールはナト
リウム塩となって水層に移る。

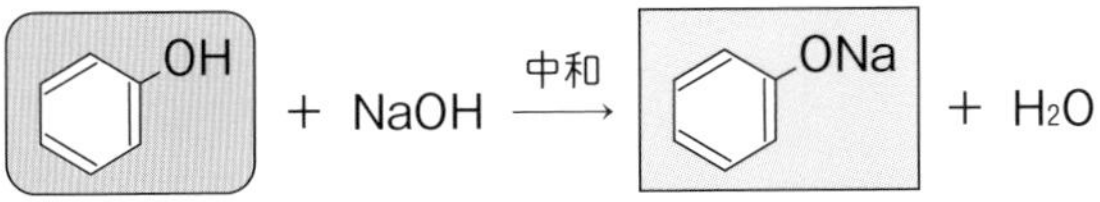

❻ 水層を取り出して塩酸を加えると，弱酸であるフェノールが遊離する。エー
テルで抽出し，フェノールを単離する。

❼ ❺のエーテル層からエーテルを蒸発させ，水浴器を用いて蒸留すると，沸
点 80 ℃のベンゼンと沸点 211 ℃のニトロベンゼンは，分離される。

POINT

芳香族化合物の分離

　エーテル溶液に，塩酸，水酸化ナトリウム水溶液，炭酸水素ナトリウム水溶液などを加えて芳香族化合物を塩または分子の状態とし，水層またはエーテル層に分離する。

　このとき，下の関係が使われる。

弱酸の塩　＋　強酸　─→　強酸の塩　＋　弱酸

弱塩基の塩　＋　強塩基　─→　強塩基の塩　＋　弱塩基

酸の強さ　　HCl＞カルボン酸＞炭酸（CO_2＋H_2O）＞フェノール

探究活動 アニリンの性質

目的 ニトロベンゼンからアニリンをつくり，アニリンの性質を調べる。

実験手順

❶ ニトロベンゼン1mL と粒状のスズ 3g を取る。濃塩酸5mL を，試験管をよく振りながら少しずつ加え，温湯につけて加熱する。ニトロベンゼンの油滴が見えなくなったら加熱を止める(図1)。

図1

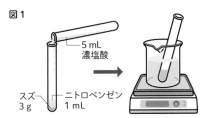

5 mL
濃塩酸

スズ
3 g
ニトロベンゼン
1 mL

❷ ❶の試験管内の液体部分だけを 100 mL の三角フラスコに移し，リトマス紙を使って確認しながら，液が塩基性になるまで 6 mol/L NaOH 水溶液を加え，ⓐこのときの様子を観察する(図2)。

図2

❶の液

水酸化ナトリウム
水溶液
6 mol/L

❸ ❷の液と約 5 mL のジエチルエーテルを太い試験管に取り，よく振り混ぜ静置する。2層に分かれた上層のエーテル層をスポイトで吸い取り，蒸発皿に移してドラフト中でエーテルを蒸発させる。

図3

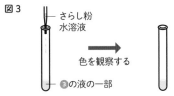

さらし粉
水溶液

色を観察する

❸の液の一部

❹ ❸の一部を試験管に取り，少量のさらし粉水溶液を加え，ⓑ色を観察する(図3)。

❺ ❸の一部が残った蒸発皿に希硫酸を加える。これに 0.1 mol/L の二クロム酸カリウム水溶液を少量加え，おだやかに加熱し，ⓒ色を観察する。

結果 ⓐ 一度沈殿し，さらに NaOH 水溶液を加えると乳濁液になる。

ⓑ 赤紫色になる。 ⓒ 黒色になる。

考察 ❶で起こった化学反応は

—NO₂ →(Sn/HCl)→ —NH₂
（アニリン）

❷では，アニリン塩酸塩として溶けていた状態が，NaOH 水溶液によってアニリンが遊離したため，乳濁液になった。

補足 ❸でジエチルエーテルを加えるのは，アニリンをエーテルで抽出するため。

❹の段階で色を調べることは，アニリンの検出反応として利用される。

❺でできた物質は，アニリンブラックといわれ，染料として利用される。

この章で学んだこと

　この章では，まず，ベンゼンの構造と性質を学習し，次に芳香族炭化水素とその反応，続いて，ベンゼン環にヒドロキシ基・カルボキシ基・ニトロ基・アミノ基などの官能基が結合した化合物の反応や性質を，さらに芳香族化合物の分離についても学習した。

---

1 芳香族炭化水素
❶ ベンゼンの構造と性質。
❷ ベンゼン環をもつ炭化水素。
❸ キシレンには $o-$，$m-$，$p-$ の異性体がある。
❹ 付加反応より置換反応が起こりやすい。3つの置換反応：ハロゲン化，スルホン化，ニトロ化

2 フェノール類
❶ ベンゼン環に $-OH$ が結合。
❷ 弱酸性物質，塩基と中和して溶ける。
❸ $FeCl_3$ 水溶液で呈色する。
❹ フェノールの製法はクメン法など3種類。
❺ フェノールは置換反応が起こりやすい。

3 芳香族カルボン酸
❶ 塩基と中和して溶ける。
❷ サリチル酸はカルボン酸とフェノール類の性質をもつ。

4 芳香族アミンとアゾ化合物
❶ 芳香族アミン：NH_3 の H がベンゼン環と置換。
❷ アニリンはニトロベンゼンに Sn と濃塩酸を加えて還元する。
❸ アニリンは塩基性で塩酸に溶ける。
❹ アニリンはさらし粉水溶液で赤紫色。
❺ アミノ基をもつ化合物からジアゾニウム塩を生成する反応をジアゾ化という。

5 芳香族化合物の分離
酸性，塩基性，その強さの違いで分離。

〔芳香族化合物の反応〕

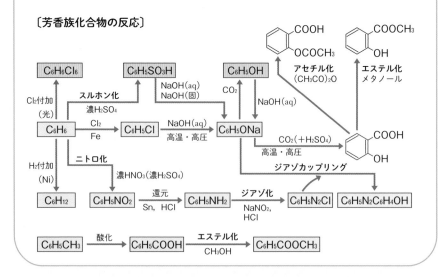

定期テスト対策問題 21

解答・解説は p.740

1 次の記述のうち，フェノールにはあてはまるが，エタノールにはあてはまらないものを選べ。

① 金属ナトリウムと反応して，水素を発生する。

② 塩化鉄(Ⅲ)水溶液で紫色を呈する。

③ 水溶液は酸性を示す。

④ 酸無水物と反応してエステルになる。

2 次の文中の A 〜 D の構造式をかけ。

分子式 C_8H_{10} で表される芳香族化合物 A，B がある。A，B を過マンガン酸カリウムで酸化したところ，A からは安息香酸が得られ，B からは分子式 $C_8H_6O_4$ のジカルボン酸 C が得られた。C を加熱すると容易に脱水反応を起こして，D となった。

3 次の文を読んで，下の問いに答えよ。

芳香族化合物(A)は，分子式 $C_{14}H_{12}O_2$ で表されるエステルである。(A)に水酸化ナトリウム水溶液を加えてけん化し，反応後の溶液を蒸留すると，中性の化合物(B) C_7H_8O が得られた。さらに，残りの反応溶液に塩酸を加えると無色の化合物(C)が析出した。

化合物(B)は金属ナトリウムと反応して，水素を発生するが，水酸化ナトリウム水溶液には溶けなかった。

⑴ 化合物(A)，(B)，(C)の構造式を示せ。

⑵ 化合物(B)と異性体の関係にあるすべての芳香族化合物の構造式を示せ。

4 次の空欄 A 〜 G に適当な化合物の構造式を示せ。

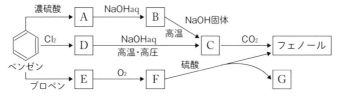

ヒント

1 両者とも –OH をもっている。

2 一置換体と二置換体がある。

4 フェノールには3つ製法がある。

5 　次の図はベンゼンより誘導される化合物の反応経路を示したものである。下の問いに答えよ。

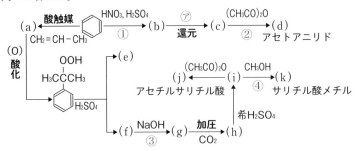

(1)　(a)〜(k)の構造式を示せ。

(2)　(a)，(b)，(c)，(f)，(i)の名称を書け。

(3)　実験室で行うときに，㋐にあたる試薬名を書け。

(4)　①〜④の反応名を下から選べ。

　　ア．アセチル化　　**イ**．エステル化　　**ウ**．加水分解　　**エ**．カップリング

　　オ．還元　　　　　**カ**．けん化　　　　**キ**．酸化　　　　　**ク**．ジアゾ化

　　ケ．スルホン化　　**コ**．中和　　　　　**サ**．ニトロ化

6 　ナフタレン，フェノール，アニリン，安息香酸を含むエーテル溶液から下図のようにそれぞれの成分 A，B，C，D を分離した。下の問いに答えよ。

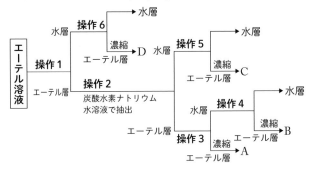

(1)　操作 1 および操作 3 〜 6 にふさわしい内容を操作 2 の例にしたがって記せ。

(2)　A，B，C，D に該当する物質の構造式を書け。

ヒント

5 (1)　(h)→(i)は，弱酸の塩に強酸を加えた形になる。

　　(i)は 2 種類のエステルをつくる。

　(3)　2 種類の試薬が必要。

　(4)　アセチル化⇨アセチル基（−CH₃CO）を導入する反応。

6 (1)　アニリンは塩基性，フェノールと安息香酸は酸性，ナフタレンは中性。

　　酸の強さは，カルボン酸＞炭酸＞フェノール類

化学

第 **5** 部

高分子化合物

Advanced Chemistry

第 **1** 章　　高分子化合物

| 1 | 高分子化合物の分類と特徴

1 │ 高分子化合物の分類と特徴

1 高分子化合物

A 高分子化合物の分類

　分子量がおよそ1万以上の化合物を**高分子化合物**または単に**高分子**という。高分子化合物は，炭素Cを骨格とする**有機高分子化合物**とケイ素Siやホウ素Bを骨格とする**無機高分子化合物**に分類される。また，デンプンやタンパク質など自然界に存在する**天然高分子化合物**と，ポリエチレンやポリエチレンテレフタラート(PET)など人工的に合成された**合成高分子化合物**にも分類される。

表1-1　高分子化合物の分類と例

分類	天然高分子化合物	合成高分子化合物
有機高分子化合物	デンプン，タンパク質 核酸，天然ゴム	合成繊維，合成ゴム， 合成樹脂
無機高分子化合物	石英，水晶 石綿(アスベスト)	シリコーン，ガラス セラミック

B 高分子化合物の平均分子量

　高分子化合物は，小さな構成単位が繰り返し連なってできている。この構成単位となる小さな分子を**単量体**(モノマー)という。また，単量体が連なった高分子化合物を**重合体**(ポリマー)という。合成高分子化合物やデンプン，セルロースは，繰り返し単位の数(重合度)が一定ではなく，いろいろな分子量をもつ分子の混合物とな

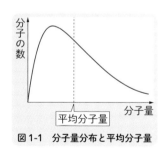

図1-1　分子量分布と平均分子量

る。このため，高分子化合物の分子量は平均分子量で表す。高分子化合物の分子量は，溶液の浸透圧測定，粘度の測定などから求められる。

高分子化合物の構造

　低分子量の化合物の固体では，規則正しく配列した結晶構造をとり，明確な融点をもつ。高分子化合物では，規則正しく配列した結晶構造の部分と無秩序な非結晶構造の部分とが混在している。加えて，いろいろな分子量の混合物なので，加熱しても明確な融点をもたず，ある温度でやわらかくなり変形しはじめる。この温度を**軟化点**という。

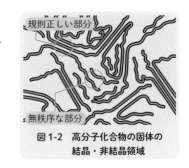

図1-2　高分子化合物の固体の結晶・非結晶領域

第 **2** 章

天然高分子化合物

1 | 糖類

1 糖類

A 糖類

グルコース，スクロース，デンプンなどのように分子内に複数のヒドロキシ基（－OH）をもち，**一般式 $C_m(H_2O)_n$（$m \geqq 3$）で表される化合物を糖類**という。

$C_m(H_2O)_n$ は炭素と水の化合物という形をとるため，**炭水化物**とも呼ばれる。

B 糖の分類

グルコース $C_6H_{12}O_6$ は，酸を加えて加熱しても加水分解されない。このように**それ以上加水分解されない糖類を単糖類**，**加水分解により単糖類 2 分子が生じる糖類を二糖類**，**多数の単糖類分子が生じる糖類を多糖類**という。一般に単糖類と二糖類はよく水に溶け甘味を示すものが多いが，多糖類は水に溶けにくく，ほとんど甘味を示さない。

補足 単糖類分子が 2 ～ 10 個程度結合した糖類をオリゴ糖という。

表2-1 主な糖類の分子式と加水分解生成物

分 類	名 称	分子式	加水分解生成物
単糖類	グルコース	$C_6H_{12}O_6$	———
	フルクトース	$C_6H_{12}O_6$	———
	ガラクトース	$C_6H_{12}O_6$	———
二糖類	マルトース	$C_{12}H_{22}O_{11}$	グルコース（2 分子）
	スクロース	$C_{12}H_{22}O_{11}$	グルコース，フルクトース
	ラクトース	$C_{12}H_{22}O_{11}$	グルコース，ガラクトース
	セロビオース	$C_{12}H_{22}O_{11}$	グルコース（2 分子）
多糖類	デンプン	$(C_6H_{10}O_5)_n$	グルコース
	セルロース	$(C_6H_{10}O_5)_n$	グルコース
	グリコーゲン	$(C_6H_{10}O_5)_n$	グルコース

POINT

糖類：一般式 $C_m(H_2O)_n$ の $-OH$ を複数もつ化合物

⇨ $\begin{cases} 単糖類：それ以上加水分解されない糖類 \\ 二糖類：単糖類2分子が縮合した糖類 \\ 多糖類：多数の単糖類が縮合重合した糖類 \end{cases}$

例 単糖類 ➡ グルコース，二糖類 ➡ スクロース，多糖類 ➡ デンプン

2 単糖類

A 単糖類の分類

単糖類の一般式は $C_nH_{2n}O_n\,(n \geqq 3)$ で表され，炭素数 $n=6$ を **ヘキソース**（六炭糖），$n=5$ を **ペントース**（五炭糖）という。自然界には，ヘキソースが最も多く存在する。グルコース，フルクトース，ガラクトースは分子式 $C_6H_{12}O_6$ のヘキソースで，互いに **異性体の関係** にある。グルコースとガラクトースのような，分子中にホルミル基をもつものを **アルドース** といい，フルクトースのようにカルボニル基をもつものを **ケトース** という。

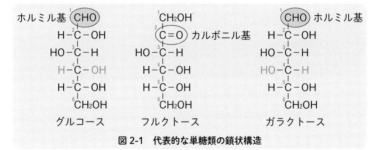

図 2-1 代表的な単糖類の鎖状構造

補足 最小の単糖類は，トリオース（三炭糖）で

$$\begin{array}{l} \text{CHO} \\ | \\ \text{H}-\text{C}-\text{OH} \\ | \\ \text{CH}_2\text{OH} \end{array}$$ グリセルアルデヒド　　$$\begin{array}{l} \text{CH}_2\text{OH} \\ | \\ \text{C}=\text{O} \\ | \\ \text{CH}_2\text{OH} \end{array}$$ ジヒドロキシアセトン

B 単糖類の性質

❶ 白色の結晶で，水によく溶け，甘味をもつ。

❷ いずれも還元性があり，銀鏡反応を呈し，フェーリング液を還元する。

❸ グルコースやフルクトースは，酵素群チマーゼによりエタノールと二酸化炭素に分解される。これを**アルコール発酵**という。

$$C_6H_{12}O_6 \longrightarrow 2C_2H_5OH + 2CO_2$$

POINT

単糖類の性質

① 水によく溶け，甘味をもつ。

② 還元性を示す ⇨ 銀鏡反応，フェーリング液を還元。

③ グルコースやフルクトースはアルコール発酵をし，エタノールと二酸化炭素になる。

---

3 グルコース（ブドウ糖）$C_6H_{12}O_6$

果実やはちみつの中に多く存在し，動物の体内ではエネルギー源として重要な役割を果たしている。グルコースは，植物の光合成によってつくられる。

$$(C_6H_{10}O_5)_n + nH_2O \longrightarrow nC_6H_{12}O_6$$

A グルコースの構造

グルコースは結晶中では，**図 2-2** のように5個の炭素原子 C と1個の酸素原子 O が環状になったα-グルコースと呼ばれる折れ曲がったいす形の構造をとることが多い。

また，グルコースは水溶液中では，**図 2-3** に示すように，[Ⅰ]α-グルコース，[Ⅲ]β-グルコースおよび[Ⅱ]鎖状構造の3種類の構造の平衡混合物として存在する。

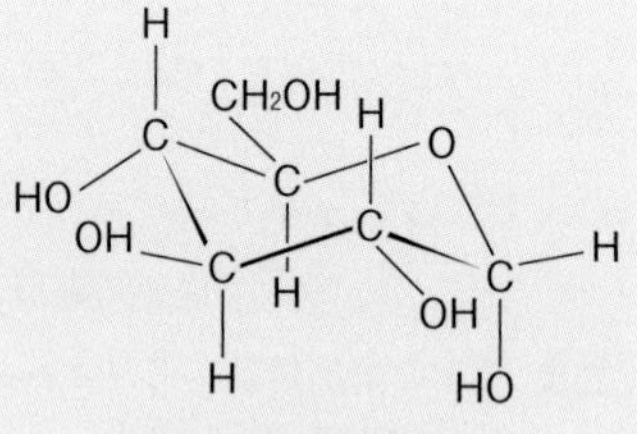

図 2-2 α-グルコース

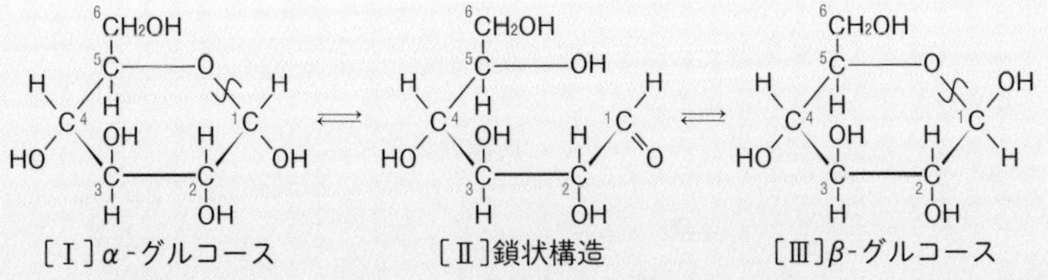

[I]α-グルコース ⇌ [II]鎖状構造 ⇌ [III]β-グルコース

図の赤い字は炭素原子に番号をつけたもので，炭素原子の位置を示すのに用いる。〰のところで切れる。25 ℃ではα型が36%，β型が64%，鎖状構造が微量存在する。環状構造のグルコースは**図 2-2**のような立体構造をとるが，ここでは太線の結合を紙面の手前側の結合とする平面六角形で示してある。

図 2-3　水溶液中のグルコースの構造変換

コラム　｜　ヘミアセタール

　アルデヒドやケトンがもつカルボニル基とアルコールのヒドロキシ基は，付加反応を起こし，不安定なヘミアセタールと呼ばれるエーテルを生じる。この反応は可逆反応である。

C=O　＋　R-OH　⇌　カルボニル基　アルコール　→ ヘミアセタール（OR, OH）

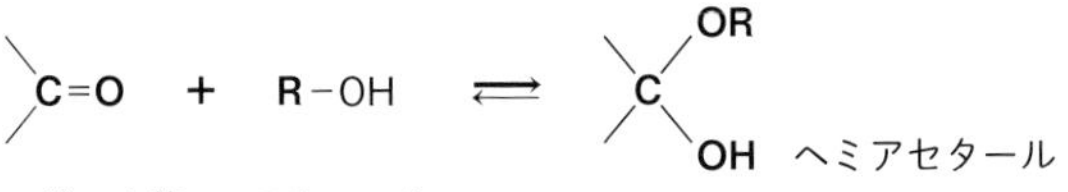

　鎖状構造の単糖類の分子中には，カルボニル基とヒドロキシ基があり，これらが分子内で反応して，**ヘミアセタール構造**をもつ環状の糖分子をつくる。この反応は可逆反応であるので，グルコースの水溶液のように平衡混合物となる。

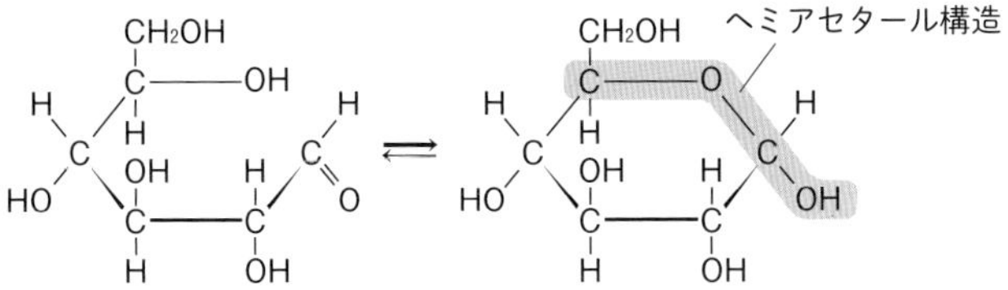

（ヘミアセタール構造を示す構造式）

B **α-グルコースとβ-グルコース**

　鎖状のグルコースから環状のグルコースに変化するときに，1位の炭素原子は新たに不斉炭素原子になる。これによりできた立体異性体が，α-グルコースとβ-グルコースである。一般に，**図 2-4**のように，環内の酸素原子を右後方に，新たにできた不斉炭素原子を右側においたとき，この不斉炭素原子に結合している-**OH**が下側にくるものを**α型**，上側にくるものを**β型**という。

補足 α-グルコースとβ-グルコースの中には，5個の不斉炭素原子がある。このうち，新たにできた不斉炭素原子に関する立体配置のみが実物と鏡像の関係になっているが，他の4つの不斉炭素原子の立体配置は同じである。したがって，α-グルコースとβ-グルコースは，立体異性体であるが，**鏡像異性体ではない。**

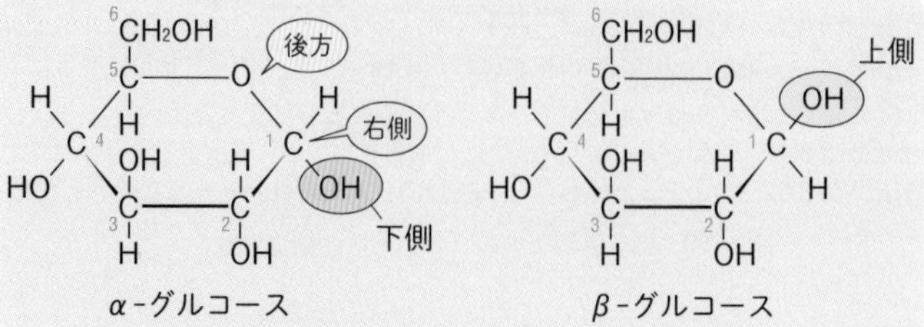

図2-4　α-グルコースとβ-グルコースの構造の違い

C　グルコースの還元性

　グルコースの鎖状構造の中にはホルミル基があるので，グルコースの水溶液は**還元性**を示す。

例題1　グルコースの構造

　水溶液中でグルコースは，α-グルコース，β-グルコースおよび鎖状構造の3種類の構造をとる。右の構造式は，α-グルコースである。これを参考に，β-グルコースおよび鎖状構造の構造式を書け。

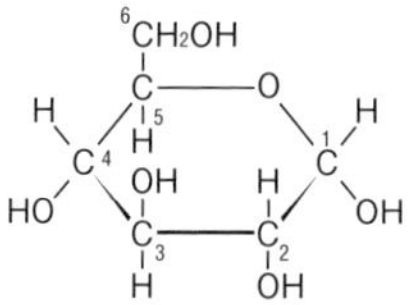

解答

　β-グルコースは1位の炭素の立体配置がα-グルコースと異なるので，右のⅠ図。また，鎖状構造は，-O-CH(OH)- が -OH と -CHO になるので，Ⅱ図。

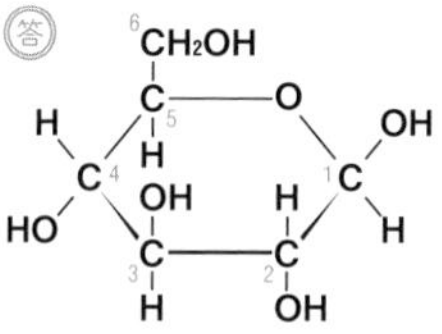

Ⅰ図：β-グルコース　　Ⅱ図：鎖状構造

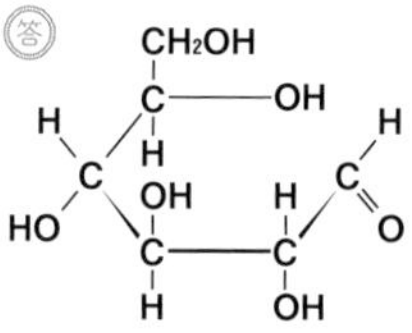

グルコースの水溶液は，３種類の平衡混合物として存在

α-グルコース ⇄ 鎖状構造 ⇄ β-グルコース

α-グルコース：OH基が下側　　　β-グルコース：OH基が上側

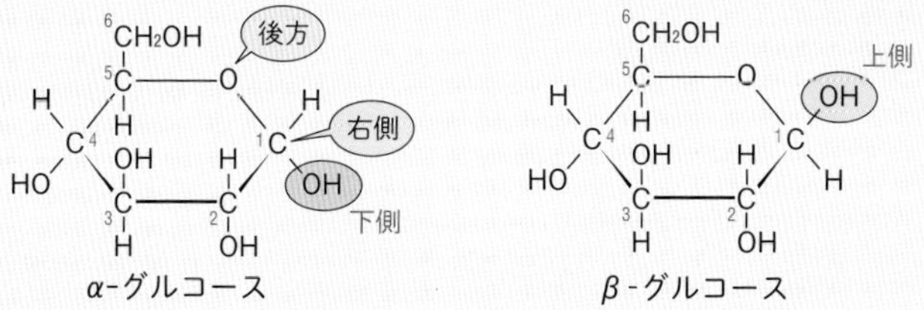

α-グルコース　　　　　　　β-グルコース

後方　右側　下側　上側

　環状構造の糖分子について，α型・β型を決める不斉炭素原子を右側におき，環を構成する酸素原子を後方に（上図のように）おいたとき，α型・β型を決める不斉炭素原子に結合するOH基が下側にあるのがα型，上側にあるのがβ型である。

4 フルクトース $C_6H_{12}O_6$

果実やはちみつの中に多く，無色で吸湿性のある結晶。糖類の中で最も甘い。

A フルクトースの構造

フルクトースは結晶中では，**図 2-5** のように，六員環の環状構造をしている。フルクトースの水溶液は，六員環構造のもの 2 種類と，五員環構造のもの 2 種類，および鎖状構造のものの計 5 種類の構造の平衡混合物（β型の割合が大）である。

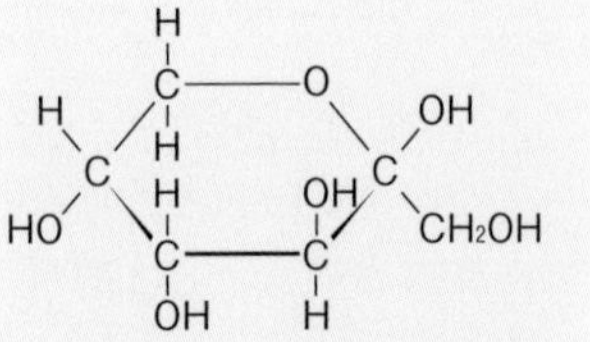

図 2-5　β-フルクトース

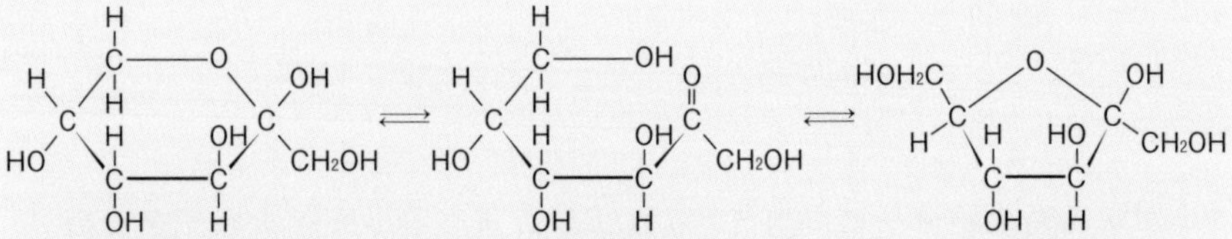

β-フルクトース（六員環構造）　　フルクトース（鎖状構造）　　β-フルクトース（五員環構造）

図 2-6　水溶液中のフルクトースの構造変換

補足 1. 6 原子からなる環状構造を六員環，5 原子からなる環状構造を五員環という。
2. フルクトースには，五員環構造と六員環構造の環状糖がある。五員環構造の糖をフラノース，六員環構造の糖をピラノースという。

B フルクトースの還元性

フルクトースの水溶液は，還元性をもち，銀鏡反応を示し，フェーリング液を還元する。鎖状構造のフルクトースには，ホルミル基はないが，$-CO-CH_2OH$ の構造をもち，この構造が還元性を示す。

補足 この $-CO-CH_2OH$ 構造は，次のような平衡状態にある。

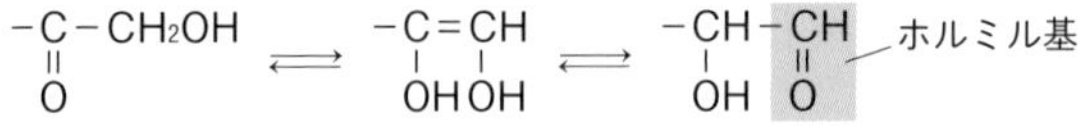

このように平衡混合物中にホルミル基をもつものがあり，これが還元性を示す。

POINT

フルクトースの還元性：$-CO-CH_2OH$ が還元性を示す。

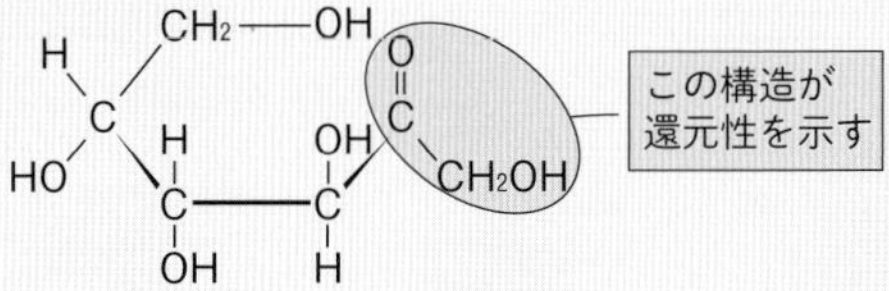

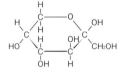

この構造が
還元性を示す

例題2　フルクトースの構造

　フルクトースは，結晶中で右図のような環状構造を
とっている。フルクトースに関する次の(1)，(2)に答えよ。

(1)　図の環状構造と，鎖状構造のフルクトース中には，
それぞれ何個の不斉炭素原子があるか。

(2)　フルクトースが還元性を示すのは，次のどの原子団に基づくか。

① $-\underset{O}{\underset{||}{C}}-\underset{O}{\underset{||}{C}}-H$　　② $-\underset{O}{\underset{||}{C}}-\underset{H}{\underset{|}{C}}-OH$　　③ $-\underset{H}{\underset{|}{C}}-\underset{O}{\underset{||}{C}}-H$

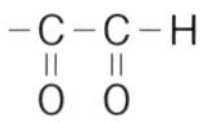

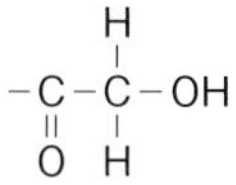

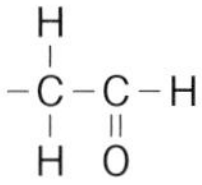

解答

(1)

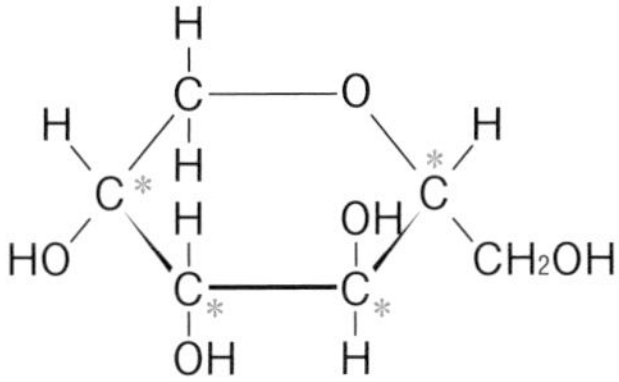

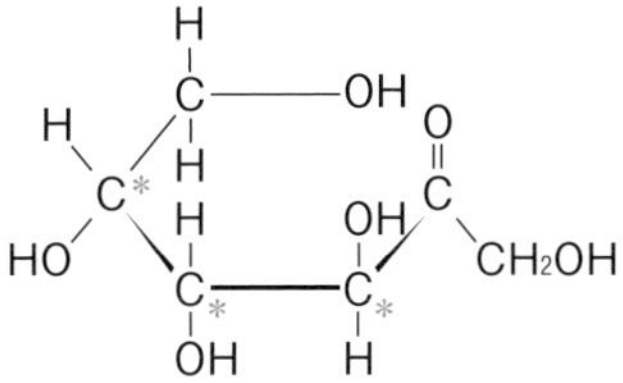

　　　＊印の数は，環状構造では **4個** …（答），鎖状構造では **3個** …（答）

(2)　フルクトースはケトースで，$-CO-CH_2OH$ の構造で還元性を示す。**②** …（答）

5 ガラクトース $C_6H_{12}O_6$

ガラクトースは，寒天の成分であるガラクタン（多糖類）や二糖のラクトースを加水分解すると得られるアルドースで，水溶液は還元性を示す。

補足 ガラクトースもグルコースも，鎖状構造の分子中には4つ不斉炭素原子をもつ。両者は，4位の不斉炭素原子のまわりの立体配置のみが異なっている。

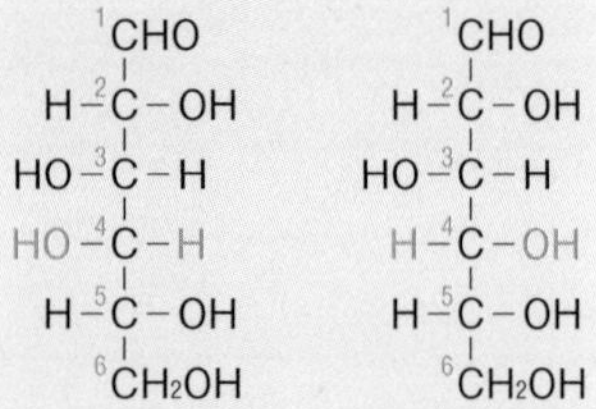

$$
\begin{array}{c}
{}^1CHO \\
H-{}^2C-OH \\
HO-{}^3C-H \\
HO-{}^4C-H \\
H-{}^5C-OH \\
{}^6CH_2OH
\end{array}
\qquad
\begin{array}{c}
{}^1CHO \\
H-{}^2C-OH \\
HO-{}^3C-H \\
H-{}^4C-OH \\
H-{}^5C-OH \\
{}^6CH_2OH
\end{array}
$$

ガラクトース　　　グルコース

図2-7 ガラクトースとグルコースの構造

POINT

グルコース，フルクトース，ガラクトース
⇨ $C_6H_{12}O_6$ の単糖類で，よく水に溶け，互いに異性体であり，すべて還元性を示す。

例題3 単糖類

次の(1)～(3)の記述のうち，グルコース，フルクトース，ガラクトースのいずれにもあてはまるものを選べ。
(1) よく水に溶ける。
(2) 水溶液は還元性を示す。
(3) 鎖状構造中には，ホルミル基がある。

解答

グルコース，フルクトース，ガラクトースは単糖類で，水によく溶け，還元性を示す。

フルクトースはケトースで，鎖状構造中にケトン基はあるが，ホルミル基はない。

(1)，(2) …答

例題4　アルコール発酵

　グルコースやフルクトースなどの単糖類は，酵素群チマーゼによりアルコール発酵する。アルコール発酵に関する(1)，(2)に答えよ。

　ただし，原子量は H＝1.0，C＝12.0，O＝16.0 とする。

(1)　グルコースのアルコール発酵時の化学反応式を書け。

(2)　グルコース 18.0 g がアルコール発酵すると，何 g のエタノールが生成するか。

解答

(1)　1分子のグルコース $C_6H_{12}O_6$ から，2分子のエタノールと2分子の CO_2 が生成する。

$$C_6H_{12}O_6 \longrightarrow 2C_2H_5OH + 2CO_2 \cdots 答$$

(2)　$C_6H_{12}O_6$（180 g/mol）1 mol から C_2H_5OH（46.0 g/mol）2 mol 生成するので，$C_6H_{12}O_6$ 18.0 g から生成する C_2H_5OH の質量は

$$\frac{18.0}{180} \times 2 \times 46.0 = \mathbf{9.20(g)} \cdots 答$$

6　二糖類

A　二糖類

　マルトース(麦芽糖)，セロビオース，スクロース(ショ糖)，ラクトース(乳糖)などの二糖類は，分子式 $C_{12}H_{22}O_{11}$ で表され，酸を加えて加水分解すると，次のように2分子の単糖類が生じる。

$$C_{12}H_{22}O_{11} + H_2O \longrightarrow C_6H_{12}O_6 + C_6H_{12}O_6$$

逆にいうと，**2分子の単糖類が脱水縮合したものが，二糖類である。**

B　二糖類の性質

❶ 無色の結晶で，水によく溶け，ほとんどが甘味をもつが，セロビオースは甘味がほとんどない。

❷ マルトース，セロビオース，ラクトースは還元性を示すが，スクロースは還元性を示さない。

A マルトース

マルトースは，デンプンを酵素アミラーゼで加水分解すると生じる。

マルトースに，希酸を加えて加熱したり，酵素マルターゼを作用させると加水分解されて，マルトース１分子からグルコース２分子が生じる。

$$C_{12}H_{22}O_{11} + H_2O \xrightarrow{\text{マルターゼ}} 2C_6H_{12}O_6$$

マルトース　　　　　　　　　　　グルコース

B マルトースの構造と性質

図 2-8 のように，マルトースは，α-グルコースの１位の炭素に結合した－OH と，他のグルコース分子の４位の炭素に結合した－OH から H_2O がとれて縮合した二糖類である。

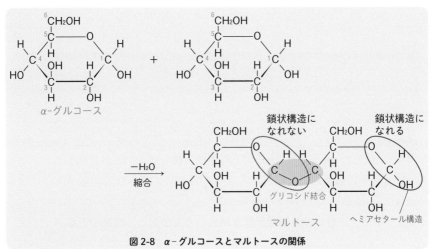

図 2-8　α-グルコースとマルトースの関係

このときできるエーテル結合 C－O－C を，**グリコシド結合**（　　　）という。

図 2-8 の ◯ の部分は，開環して還元性の鎖状構造になるため，マルトースは**還元性を示す**。

補足 1. 環状糖のα型とβ型を決める不斉炭素原子に結合している－OH と他の糖分子の－OH とが，脱水縮合してできるエーテル結合がグリコシド結合である。前者の環状糖がα型のとき **α-グリコシド結合**といい，β型のとき **β-グリコシド結合**という。マルトースの場合，α-グルコースの１位の C と他のグルコースの４位の C のエーテル結合なので，α-1,4-グリコシド結合という。

2. $\underset{OH}{\overset{OR}{C}}$ と，アルコール ROH とが脱水縮合すると，$\underset{OR}{\overset{OR}{C}}$ となる。**図 2-8** の

⬭ 部分は，このような構造をとっている。この構造は安定なので，⬭ 部分が壊れて，糖分子が鎖状構造になることはない（この部分が還元性の原因になることはない）。

8 セロビオース $C_{12}H_{22}O_{11}$

A セロビオース

セロビオースは，セルロースに酵素セルラーゼを作用させて加水分解すると生じる。

セロビオースに，希酸を加えて加熱したり，酵素セロビアーゼを作用させると加水分解されて，セロビオース 1 分子からグルコース 2 分子が生じる。

$$C_{12}H_{22}O_{11} + H_2O \xrightarrow{\text{セロビアーゼ}} 2C_6H_{12}O_6$$
セロビオース　　　　　　　　　　　　グルコース

B セロビオースの構造と性質

図 2-9 のように，β-グルコース 2 分子が β-1,4-グリコシド結合（▬）をした二糖類である。⬭ の部分は，ホルミル基をもつ鎖状構造にもなるので，**セロビオースは還元性を示す。**

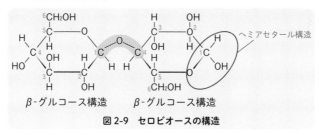

β-グルコース構造　　　β-グルコース構造
図 2-9　セロビオースの構造

9 スクロース(ショ糖)$C_{12}H_{22}O_{11}$

A スクロース

スクロースは，多くの植物中に含まれている。特にサトウキビやテンサイ(サトウダイコン)に多く含まれ，砂糖として用いられる。

スクロースに，希酸を加えて加熱したり，酵素インベルターゼ(スクラーゼ)を作用させると加水分解されて，スクロース1分子からグルコースとフルクトースの各1分子が生じる。

$$\underset{\text{スクロース}}{C_{12}H_{22}O_{11}} + H_2O \xrightarrow{\text{インベルターゼ}} \underset{\text{グルコース}}{C_6H_{12}O_6} + \underset{\text{フルクトース}}{C_6H_{12}O_6}$$

B スクロースの構造と性質

図2-10 のように，スクロース分子は，α-グルコースとβ-フルクトースが，それぞれ還元性を示す構造(ヘミアセタール構造)のところで縮合した構造の分子である。すなわち，α-グルコースの1位の炭素に結合した$-OH$とβ-フルクトースの2位の炭素に結合した$-OH$とが脱水縮合した構造(α-1-β-2-グリコシド結合)をとる。還元性を示す鎖状構造をとれないため，**還元性を示さない。**

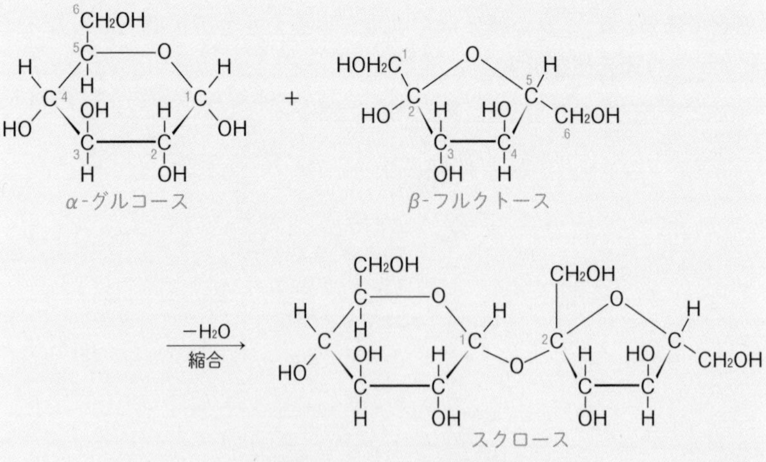

図2-10 スクロースの構造

スクロースを加水分解して得られるグルコースとフルクトースの混合物は，**転化糖**(てんかとう)といい，その水溶液は**還元性を示す。**

> コラム | トレハロース
>
> 　トレハロースは，α-グルコース2分子が，α-1,1-グリコシド結合した二糖類で，分子内に還元性を示す構造がないため，還元性を示さない。 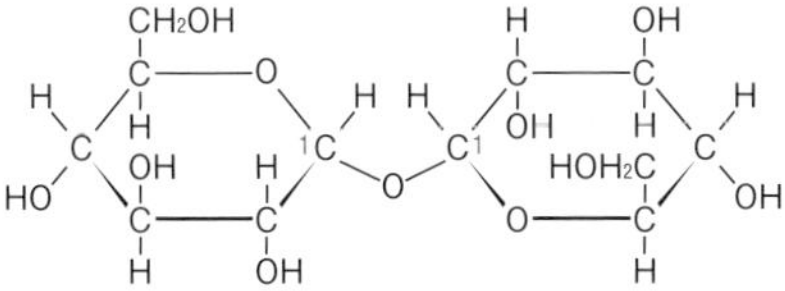
>
> トレハロース

例題5 スクロース

　次の文を読み，下の問いに答えよ。

　スクロースは，右図のように単糖類2分子が脱水縮合した構造をもつ。また，スクロース水溶液に希硫酸を加えて加水分解すると，2種類の単糖の<u>混合物</u>が得られる。

(1) スクロースを多く含む植物の名称を答えよ。

(2) スクロース分子中の縮合で生じた C−O−C 結合を何というか。縮合に使われた −OH の位置に注意して答えよ。

(3) 図を参考にして，β-フルクトースの五員環の構造式を書け。

(4) 下線部の混合物の名称を答えよ。

(5) スクロース水溶液および下線部の混合物の還元性の有無を答えよ。

─────────────────────────────

【解答】

(1) **サトウキビ** または **テンサイ（サトウダイコン）** …㊙

(2) 左側の単糖は，α-グルコースで，縮合で生成する C−O−C 結合は

　α-1-β-2-グリコシド結合 …㊙

(3) スクロースはα-グルコースとβ-フルクトースが縮合した二糖類で，β-フルクトースは右図。 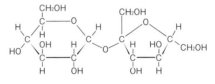 …㊙

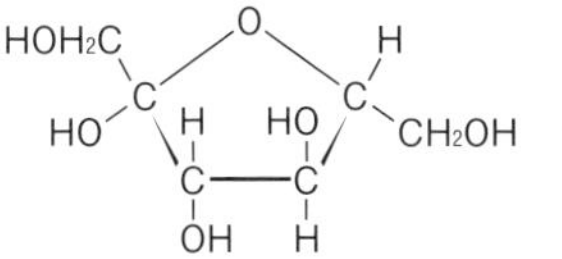

(4) グルコースとフルクトースからなる混合物で，**転化糖** …㊙

(5) スクロースには開環して還元性となる構造がないため，還元性は示さないが，グルコースとフルクトースからなる混合物は，還元性を示す。

　スクロース：還元性なし，混合物：還元性あり …㊙

10 ラクトース(乳糖) $C_{12}H_{22}O_{11}$

ラクトースは, 乳中に含まれる 糖類で, **図 2-11** のように, β-ガ ラクトースの 1 位の -OH とグル コースの 4 位の

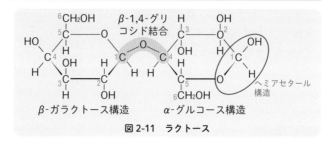

図 2-11 ラクトース

-OH が脱水縮合した二糖類である。

右側のグルコースにホルミル基になるヘミアセタール構造が残っているので, 還元性を示す。

POINT

二糖類についてのまとめ

二糖類の還元性

　スクロース ⇨ 還元性なし

　マルトース, セロビオース, ラクトース ⇨ 還元性あり

二糖類の加水分解酵素と加水分解生成物

　マルトース ── (マルターゼ) ── α-グルコース+グルコース

　セロビオース ── (セロビアーゼ) ── β-グルコース+グルコース

　スクロース ── (インベルターゼ)

　　　　　　　　　　　　── α-グルコース+β-フルクトース

　ラクトース ── (ラクターゼ) ── グルコース+β-ガラクトース

例題 6 　二糖類

次の I と II はグルコースからなる二糖類である。I と II に関する次の記述で, 正しいものをすべて選べ。

I

II

① Ⅰはマルトースで，Ⅱはセロビオースである。

② Ⅰはマルトースで，Ⅱはラクトースである。

③ Ⅱはβ-グリコシド結合をもち，還元性を示さない。

④ Ⅰも Ⅱも還元性を示す。

（**解答**）

　Ⅰはα-1,4-グリコシド結合のマルトース，Ⅱはβ-1,4-グリコシド結合のセロビオースで，両者とも還元性を示す。　　　　　　　　　　　①，④ …（答）

11 多糖類

Ａ 多糖類

　デンプン，グリコーゲン，セルロースなどの多糖類は，分子式$(C_6H_{10}O_5)_n$で表され，希酸を加えて加水分解すると，次のように多数の単糖類の分子が生じる。

$$(C_6H_{10}O_5)_n \ + \ nH_2O \ \xrightarrow{\text{希酸}} \ nC_6H_{12}O_6$$

　逆にいうと，多数の単糖類が脱水縮合したものが多糖類である。デンプン，グリコーゲン，セルロースを構成する単糖類はグルコースである。

補足 多糖類分子の末端まで正確に書くと，$H-(C_6H_{10}O_5)_n-OH$ となり，加水分解の化学反応式は，次のようになる。

$$H-(C_6H_{10}O_5)_n-OH \ + \ (n-1)H_2O \ \longrightarrow \ nC_6H_{12}O_6$$

ただし，n が非常に大きいときには，末端を無視して$(C_6H_{10}O_5)_n$のように書く。

Ｂ 多糖類の性質

❶ 甘味を示さない。

❷ 重合度が大きく，還元性を示す構造が少ないので，還元性を示さない。

多糖類の性質

① 甘味がない。

② 還元性を示さない。

　デンプン，セルロース，グリコーゲンは分子式 $(C_6H_{10}O_5)_n$ で表される多糖類で，構成単位はいずれもグルコース。

12　デンプン $(C_6H_{10}O_5)_n$

　デンプンは，植物体内で光合成によってつくられ，デンプン粒として，植物体内に蓄えられている。

A　デンプンの構造

　デンプン粒は，α-グルコースからできる多糖類の**アミロース**と**アミロペクチン**から構成されている。

　アミロースは，α-グルコースがα-1,4-グリコシド結合で連なった，比較的分子量の小さい，直鎖状の分子である。その立体構造は，らせん状になっている。

　一方，アミロペクチンは，α-グルコースがα-1,4-グリコシド結合で連なった構造のところどころで，α-グルコースがα-1,6-グリコシド結合をした，枝分かれ構造の分子である。アミロペクチンの分子量は，アミロースより大きい。

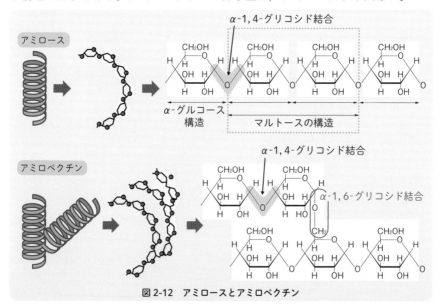

図2-12　アミロースとアミロペクチン

うるち米は，アミロースが $20 \sim 25$ ％，アミロペクチンが $75 \sim 80$ ％であるのに対して，もち米は，アミロペクチンがほぼ 100 ％である。

B デンプンの性質

❶ 白色の粉末で，冷水には溶けないが，約 $80 \,°C$ の温水につけると，一部のデンプンが溶け出し，のり状になる。

❷ 希酸を加えて加熱すると，マルトースなどを経て，グルコースになる。

$$(C_6H_{10}O_5)_n \ + \ nH_2O \ \longrightarrow \ nC_6H_{12}O_6$$
　　デンプン　　　　　　　　　グルコース

❸ 酵素アミラーゼを作用させるとマルトースになり，さらにこのマルトースに酵素マルターゼを作用させるとグルコースになる。

$$2(C_6H_{10}O_5)_n \ + \ nH_2O \ \xrightarrow{\text{アミラーゼ}} \ nC_{12}H_{22}O_{11}$$
　　デンプン　　　　　　　　　　　　　マルトース

$$C_{12}H_{22}O_{11} \ + \ H_2O \ \xrightarrow{\text{マルターゼ}} \ 2C_6H_{12}O_6$$
　マルトース　　　　　　　　　　　　グルコース

❹ ヨウ素デンプン反応

　デンプンの水溶液にヨウ素溶液を加えると，青〜青紫色を示す。この呈色は，ヨウ素の分子がデンプン分子のらせん構造に入り込むことで起こる。加熱するとヨウ素分子が追い出され，色は消える。

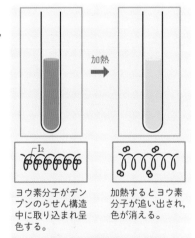

　1. ヨウ素溶液は，ヨウ化カリウム水溶液にヨウ素を溶かした溶液で，**ヨウ素ヨウ化カリウム水溶液**ともいう。
　2. ヨウ素デンプン反応の青〜青紫色は加熱すると消えるが，冷却すると青〜青紫色にもどる。これは，冷却によってデンプンのらせん構造にヨウ素分子がもどるからである。

ヨウ素分子がデンプンのらせん構造中に取り込まれ呈色する。

加熱するとヨウ素分子が追い出され，色が消える。

図 2-13　ヨウ素デンプン反応

+アルファ　ヨウ化カリウムデンプン紙

　ヨウ化カリウムとデンプンの水溶液をろ紙にしみこませたもの。湿ったヨウ化カリウムデンプン紙に塩素を触れさせると，I^- が酸化されて I_2 分子になり，これがデンプンと反応して青紫色を呈する。**塩素やオゾンの検出**に使う。

$$2KI \ + \ Cl_2 \ \longrightarrow \ 2KCl \ + \ I_2 \qquad I_2 とデンプン ➡ 青紫色$$

C デキストリン

デンプンを希酸で加水分解し，途中でやめると，分子量の小さい加水分解生成物が得られる。これを**デキストリン**という。

また，デンプンに酵素であるアミラーゼを作用させると，デンプン→デキストリン→マルトースと加水分解が進む。加水分解が進むと，ヨウ素デンプン反応の呈色は，青→紫→褐色→無色と変化する。

β-限界
デキストリン

←：β-アミラーゼ作用点
←：枝切り酵素作用点
◎：非還元糖末端

図2-14 限界デキストリン

 補足 アミロペクチンにβ-アミラーゼという酵素を作用させると，α-1,6-グリコシド結合のところで加水分解が止まるので，分子量の大きい限界デキストリンと呼ばれるデキストリンになる。

POINT

デンプン
デンプン $(C_6H_{10}O_5)_n$ の構造
直鎖状構造のアミロースと枝分かれのある鎖状構造のアミロペクチンからなる。
鎖状の部分の立体構造はいずれもらせん構造をとる。
アミロース：α-グルコースがα-1,4-グリコシド結合で直鎖状に連なった高分子化合物。
アミロペクチン：α-グルコースがα-1,4-グリコシド結合で連なり，ところどころでα-グルコースがα-1,6-グリコシド結合をした，枝分かれ構造の高分子化合物。
※分子量はアミロペクチンのほうがアミロースより大きい。
デンプンの性質
① 温水に溶け，のり状になる。
② ヨウ素デンプン反応を示す。
　 ⇨ デンプンにヨウ素溶液を加えると青〜青紫色になる。
③ 酵素のアミラーゼで加水分解されて，マルトースになる。

13 グリコーゲン（$C_6H_{10}O_5)_n$

グリコーゲンは，動物の体内にエネルギー貯蔵物質として存在し，動物デンプンとも呼ばれる。α-グルコースが多数縮合重合した多糖類で，アミロペクチンより枝分かれの多い構造の分子である。分子量は100万〜1000万に達する。グリコーゲンのヨウ素デンプン反応は，赤褐色を呈する。

 POINT

> **グリコーゲン**
>
> **分子式（$C_6H_{10}O_5)_n$のα-グルコースからなる多糖類。**
> ⇨ **アミロペクチンに似た多糖類で，アミロペクチンより**
> **枝分かれが多い。**
> 動物性デンプンとも呼ばれ，肝臓や筋肉中に蓄えられる。
> ヨウ素デンプン反応は，赤褐色を呈する。

14 セルロース（$C_6H_{10}O_5)_n$

セルロースは，植物の細胞壁の主成分で，植物体の30〜50%を占めている。綿，パルプ，ろ紙は比較的純粋に近いセルロースである。

A セルロースの構造

セルロースは，多数のβ-グルコースがβ-1,4-グリコシド結合で連なった分子である。セルロース中のβ-グルコースは，1つおきに上下の向きを変えながら，結合している。このため，セルロース分子は直線状になり，分子間に水素結合が形成される。この分子間水素結合により，セルロースは強い繊維となり，化学的に安定した物質となる。

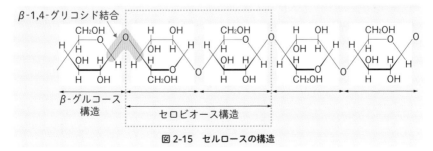

図2-15　セルロースの構造

B セルロースの性質

① 白色の粉末で，熱水でも溶けない。

② 希酸と長時間加熱して加水分解すると，セロビオースなどを経て，グルコースになる。

$$(C_6H_{10}O_5)_n + nH_2O \longrightarrow nC_6H_{12}O_6$$
　　　セルロース　　　　　　　　　　　　　　　グルコース

③ 酵素のセルラーゼを作用させると，セロビオースになる。

$$2(C_6H_{10}O_5)_n + nH_2O \xrightarrow{\text{セルラーゼ}} nC_{12}H_{22}O_{11}$$
　　セルロース　　　　　　　　　　　　　　　　セロビオース

④ ヨウ素デンプン反応は示さない。

POINT

セルロース

セルロース $(C_6H_{10}O_5)_n$ の構造

β-グルコースが直鎖状に連なった多糖類。

β-グルコースがβ-1,4-グリコシド結合で直鎖状に連なった高分子化合物。分子間に水素結合が形成され，強い繊維になる。植物の細胞壁の主成分である。木綿はセルロースからなる。

セルロースの性質

① **熱水でも溶けない。**

② **ヨウ素溶液によって呈色しない。**

③ **酵素のセルラーゼで加水分解されて，セロビオースになる。**

例題7　デンプンとセルロース

次の①〜⑧から，Aにはデンプンだけにあてはまるもの，Bにはセルロースだけにあてはまるもの，Cには両者にあてはまるものを選べ。

① 分子式$(C_6H_{10}O_5)_n$で表される高分子化合物である。

② 温水に溶けてのり状となる。

③ ヨウ素溶液を加えると青〜青紫色になる。

④ フェーリング液を還元する。

⑤ らせん構造をもつ。

⑥ 植物の細胞壁の主成分である。

⑦ β-グルコースを構成単位とする多糖類である。

⑧ 酸で加水分解すると還元性のある物質となる。

(解答)

① どちらも $(C_6H_{10}O_5)_n$ ➡ C ② デンプンは温水に溶けるが，セルロースは溶けない ➡ A ③ デンプンはヨウ素溶液で青〜青紫色になる ➡ A ④ どちらも還元性がなく，どちらにもあてはまらない。 ⑤ デンプンはらせん構造をもつ ➡ A ⑥ 細胞壁の主成分はセルロース ➡ B ⑦ β-グルコースが縮合重合したものがセルロース ➡ B ⑧ どちらも還元性を示すグルコースまで加水分解される ➡ C   **A：②，③，⑤　B：⑥，⑦　C：①，⑧** …(答)

(例題8) **デンプンの加水分解とセルロースの重合度**

次の(1)，(2)に答えよ。ただし，原子量は H＝1.0，C＝12.0，O＝16.0 とする。

(1) デンプン 16.2 g を希酸で加水分解すると，何gのグルコースが得られるか。

(2) 分子量 5.67×10^5 のセルロースは，何分子のグルコースが縮合重合してできたものか。

(解答)

(1) デンプン $(C_6H_{10}O_5)_n = 162n$〔g/mol〕

グルコース $C_6H_{12}O_6 = 180$〔g/mol〕

$(C_6H_{10}O_5)_n + nH_2O \longrightarrow nC_6H_{12}O_6$

$(C_6H_{10}O_5)_n$ 1 mol から $C_6H_{12}O_6$ を n mol 生成するので，

生成するグルコースの質量は $\dfrac{16.2}{162n} \times n \times 180 = \mathbf{18.0〔g〕}$ …(答)

(2) セルロースの分子式は，$(C_6H_{10}O_5)_n$ で，分子量は $162n$ である。

したがって　$162n = 5.67 \times 10^5$　　$n = \mathbf{3.50 \times 10^3}$ **分子** …(答)

C ニトロセルロース

セルロースに濃硝酸と濃硫酸を作用させると，セルロース中の$-OH$ がエステル化されて，硝酸エステルの**トリニトロセルロース** $[C_6H_7O_2(ONO_2)_3]_n$ になる。トリニトロセルロースは，無煙火薬の原料になる。

$[C_6H_7O_2(OH)_3]_n + 3nHONO_2 \longrightarrow [C_6H_7O_2(ONO_2)_3]_n + 3nH_2O$
　　　セルロース　　　　　　　　硝酸　　　　　　トリニトロセルロース

15 再生繊維・半合成繊維

A 再生繊維

天然から得られる繊維を**天然繊維**，化学的に合成してつくられる繊維を**化学繊維**という。

木材パルプやコットンリンター（綿花の種子に残る短繊維）中のセルロースを溶かして溶液状態にしてから，繊維として再生した繊維を**再生繊維**という。ビスコースレーヨンと銅アンモニアレーヨン（キュプラ）がある。

B ビスコースレーヨン

木材パルプ中などのセルロースを水酸化ナトリウム水溶液でアルカリセルロースにしたあと，二硫化炭素 CS_2 を反応させ，希水酸化ナトリウム水溶液に溶かすと，ビスコースと呼ばれる粘りけのある溶液が得られる。これを希硫酸中に細孔から押し出して繊維にしたものが，ビスコースレーヨンである。なお，ビスコースをフィルム状にしたものがセロハンである。

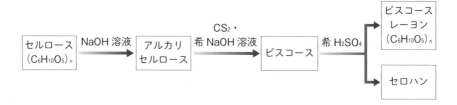

C 銅アンモニアレーヨン（キュプラ）

コットンリンターなどのセルロースをシュワイツァー試薬に溶かし，これを希硫酸中に細孔から押し出して繊維にしたものが，**銅アンモニアレーヨン**である。

補足 **シュワイツァー試薬**：水酸化銅（Ⅱ）に濃アンモニア水を加えてできた，$[Cu(NH_3)_4](OH)_2$ の水溶液。

POINT

レーヨン

パルプなどのセルロースを溶解したあと，繊維とした再生繊維。

ビスコースレーヨン と 銅アンモニアレーヨン がある。

ビスコースレーヨンは，NaOH と CS₂ でセルロースを溶解する。

銅アンモニアレーヨンは，シュワイツァー試薬でセルロースを溶解する。

D アセテート

濃硫酸を触媒として，パルプのセルロースに無水酢酸を作用させると，セルロース中の−OH がすべてアセチル化された**トリアセチルセルロース**

$[C_6H_7O_2(OCOCH_3)_3]_n$ になる。これはアセトンに溶けないが，一部を加水分解し，ジアセチルセルロース $[C_6H_7O_2(OH)(OCOCH_3)_2]_n$ の組成としたものは，アセトンに溶けるようになる。そのアセトン溶液を細孔から空気中に押し出して，アセトンを蒸発させ，繊維としたものが**アセテート**または**アセテート繊維**である。

$$[C_6H_7O_2(OH)_3]_n + 3n(CH_3CO)_2O \longrightarrow [C_6H_7O_2(OCOCH_3)_3]_n + 3nCH_3COOH$$

　　　セルロース　　　　　　無水酢酸　　　　　　トリアセチルセルロース

$$[C_6H_7O_2(OCOCH_3)_3]_n + nH_2O \longrightarrow [C_6H_7O_2(OH)(OCOCH_3)_2]_n + nCH_3COOH$$

　　トリアセチルセルロース　　　　　　　　　　ジアセチルセルロース

アセテートのように天然繊維を化学的に処理してから紡糸した繊維を半合成繊維という。

POINT

アセテート（アセテート繊維）

ジアセチルセルロース $[C_6H_7O_2(OH)(OCOCH_3)_2]_n$ を成分とする半合成繊維。

天然繊維に化学的処理をした繊維を，半合成繊維という。

例題9 トリアセチルセルロース

　セルロース $[C_6H_7O_2(OH)_3]_n$ 230 g に無水酢酸を作用させて，すべてのヒドロキシ基をアセチル化すると，計算上何gのトリアセチルセルロースが生成するか。ただし，原子量は H＝1.0，C＝12.0，O＝16.0 とする。

解答

　セルロースは次のようにアセチル化されて，トリアセチルセルロースになる。

$$[C_6H_7O_2(OH)_3]_n \ + \ 3n(CH_3CO)_2O$$

$$\longrightarrow \ [C_6H_7O_2(OCOCH_3)_3]_n \ + \ 3nCH_3COOH$$

$$[C_6H_7O_2(OH)_3]_n = 162n \,(g/mol)$$

$$[C_6H_7O_2(OCOCH_3)_3]_n = 288n \,(g/mol)$$

　セルロース 1 mol からトリアセチルセルロースが 1 mol 生成するので，生成するトリアセチルセルロースの質量は　$\dfrac{230}{162n} \times 288n \fallingdotseq \mathbf{409(g)}$ …㊙

2 | アミノ酸

1 アミノ酸とその構造

A アミノ酸

アミノ基 $-NH_2$ とカルボキシ基 $-COOH$ を同一分子内にもつ化合物を**アミノ酸**という。このうち，**$-NH_2$ と $-COOH$ とが同一炭素原子に結合しているもの**を**α-アミノ酸**といい，一般に $RCH(NH_2)COOH$ で表される。この α-アミノ酸中の R は側鎖と呼ばれる。生体の主要な成分であるタンパク質を加水分解すると，約20種類の α-アミノ酸が得られる。これらの α-アミノ酸は，側鎖 R のみが異なっている。

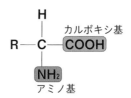

カルボキシ基
アミノ基

補足　$-COOH$ が結合している炭素原子を α 炭素といい，その隣を β 炭素，γ 炭素，…という。$-NH_2$ が α 炭素，β 炭素に結合したアミノ酸をそれぞれ α-アミノ酸，β-アミノ酸という。

γ 炭素　β 炭素　α 炭素

表2-2　主なアミノ酸

名　称	構造式	特　徴	等電点
グリシン Gly	$H-CH-COOH$ 　　$\mid$ 　　NH_2	最も簡単なアミノ酸。 鏡像異性体がない。	6.0
アラニン Ala	$CH_3-CH-COOH$ 　　　$\mid$ 　　　NH_2	多くのタンパク質中に含まれる。	6.0
フェニルアラニン Phe	$\langle\bigcirc\rangle-CH_2-CH-COOH$ 　　　　　　$\mid$ 　　　　　　NH_2	多くのタンパク質中に含まれる。 ベンゼン環を含む(芳香族アミノ酸)。	5.5
チロシン Tyr	$HO-\langle\bigcirc\rangle-CH_2-CH-COOH$ 　　　　　　　　$\mid$ 　　　　　　　　NH_2	牛乳に含まれるタンパク質(カゼイン)などに多く含まれる。ベンゼン環を含む(芳香族アミノ酸)。	5.7
システイン Cys	$HS-CH_2-CH-COOH$ 　　　　　$\mid$ 　　　　　NH_2	毛やつめに多く含まれる。 S を含む(含硫アミノ酸)。	5.1
メチオニン Met	$CH_3-S-(CH_2)_2-CH-COOH$ 　　　　　　　　$\mid$ 　　　　　　　　NH_2	カゼイン中に多く含まれる。 S を含む。	5.7
グルタミン酸 Glu	$HOOC-(CH_2)_2-CH-COOH$ 　　　　　　　$\mid$ 　　　　　　　NH_2	小麦のタンパク質中に存在。 $-COOH$ が2個ある(酸性アミノ酸)。	3.2
リシン Lys	$H_2N-(CH_2)_4-CH-COOH$ 　　　　　　$\mid$ 　　　　　　NH_2	多くのタンパク質中に含まれる。 $-NH_2$ が2個ある(塩基性アミノ酸)。	9.7

B アミノ酸の構造

グリシン(R＝H：H－CH(NH₂)－COOH)以外のα-アミノ酸
R-*CH(NH₂)－COOH の分子には，不斉炭素原子(＊印の C 原子)があるので，
鏡像異性体が存在する。天然のタンパク質を加水分解して得られるα-アミノ酸
は，**図 2-16** の(a)の立体構造をしており，L 型の構造をとっている。

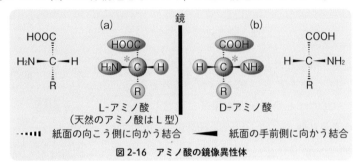

図 2-16 アミノ酸の鏡像異性体

POINT

α-アミノ酸の鏡像異性体

グリシン（R：H）⇨ 鏡像異性体なし。
グリシン以外の α-アミノ酸 ⇨ 鏡像異性体が存在。

鏡像異性体にはD型とL型があるが，生体内のアミノ酸は，すべてL型。

例題 10 α-アミノ酸の構造

アミノ酸の構造に関する問い(1)，(2)に答えよ。
(1) タンパク質を加水分解して得られるα-アミノ酸のうち，鏡像異性体のないものの構造式を書け。
(2) 右図は D-アラニンの立体構造である。この図を参考に，L-アラニンの立体構造をかけ。

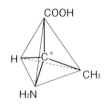

〔解答〕

(1) α-アミノ酸のうち不斉炭素原子をもたず，鏡像異性体が存在しないものは，

グリシンで，構造式は　H－C－COOH …㊥
（上に H，下に NH₂）

642

(2) L-アラニンと D-アラニンは鏡像異性体で，実物と鏡像の関係にある。

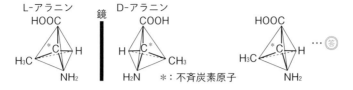

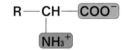

2 双性イオンと等電点

A 双性イオン

アミノ酸は，H^+ を放出する酸性のカルボキシ基
$-COOH$ と，H^+ を受け取る塩基性のアミノ基 $-NH_2$
をもっているので，結晶中や水中では
$H_3N^+-CHR-COO^-$ の形のイオンとして存在する。
このように，**1つの分子中に陽イオンの部分と陰イオンの部分をもつイオンを双
性イオン**または**両性イオン**という。

水溶液中のアミノ酸は，陽イオン，双性イオン，陰イオンの3種類のイオン状
態をとる。pH を低くすると（酸を加えると），双性イオン中の $-COO^-$ は
$-COOH$ に変化し，アミノ酸は陽イオン $H_3N^+-CHR-COOH$ となる。pH を高
くすると（塩基を加えると），双性イオン中の $-NH_3^+$ は $-NH_2$ に変化し，陰イオ
ン $H_2N-CHR-COO^-$ となる。

$$R-\underset{\substack{|\\ \boxed{NH_3^+}}}{CH}-COOH \quad \underset{H^+}{\overset{OH^-}{\rightleftharpoons}} \quad R-\underset{\substack{|\\ \boxed{NH_3^+}}}{CH}-\boxed{COO^-} \quad \underset{H^+}{\overset{OH^-}{\rightleftharpoons}} \quad R-\underset{\substack{|\\ NH_2}}{CH}-\boxed{COO^-}$$

陽イオン　　　　　　　双性イオン　　　　　　陰イオン
強酸性水溶液中　　　　　　　　　　　　　　　強塩基性水溶液中

POINT

双性イオン
　分子内に正・負の電荷を併せもつイオン。水に溶けやすく，有機溶媒
に溶けにくい。

B 等電点

アミノ酸の水溶液は、陽イオン、双性イオン、陰イオンの平衡混合物として存在する。その組成はpHによって変わり、電荷の総和が0になるときのpHを等電点という。

等電点では、ほとんどのアミノ酸分子は双性イオンになっており、直流電圧をかけても、アミノ酸分子は移動しない。

分子中にアミノ基とカルボキシ基を各1個ずつ

表2-3　アミノ酸水溶液の等電点

分　類	アミノ酸	側　鎖	等電点
中性アミノ酸	グリシン	$-H$	6.0
	アラニン	$-CH_3$	6.0
	フェニルアラニン	$-CH_2-\bigcirc$	5.5
酸性アミノ酸	アスパラギン酸	$-CH_2-COOH$	2.8
	グルタミン酸	$-CH_2-CH_2-COOH$	3.2
塩基性アミノ酸	リシン	$-CH_2-CH_2-CH_2-CH_2$ $\underset{NH_2}{\vert}$	9.7
	アルギニン	$-CH_2-CH_2-CH_2-\overset{H}{\underset{H_2N-C=NH}{N}}$	10.8
	ヒスチジン	$-CH_2-\langle\text{イミダゾール}\rangle$	7.6

もつアミノ酸は中性アミノ酸と呼ばれ、等電点はpH6付近にある。側鎖にカルボキシ基をもつグルタミン酸、アスパラギン酸の2つのアミノ酸は酸性アミノ酸と呼ばれ、等電点は酸性側にある。側鎖に塩基性基を含むリシン、アルギニン、ヒスチジンの3つのアミノ酸は塩基性アミノ酸と呼ばれ、等電点は塩基性側にある。

C グリシンの電離平衡と等電点

グリシンは水溶液中で、$H_3N^+-CH_2-COOH$、$H_3N^+-CH_2-COO^-$、$H_2N-CH_2-COO^-$の3種類の状態で存在する。したがって、次のような2つの電離平衡が考えられる。

$$H_3N^+-CH_2-COOH \rightleftharpoons H_3N^+-CH_2-COO^- + H^+$$

電離定数 $K_1 = \dfrac{[H_3N^+-CH_2-COO^-][H^+]}{[H_3N^+-CH_2-COOH]} = 10^{-2.4}\,(mol/L)$　……①

$$H_3N^+-CH_2-COO^- \rightleftharpoons H_2N-CH_2-COO^- + H^+$$

電離定数 $K_2 = \dfrac{[H_2N-CH_2-COO^-][H^+]}{[H_3N^+-CH_2-COO^-]} = 10^{-9.6}\,(mol/L)$　……②

平衡混合物($H_3N^+-CH_2-COOH$、$H_3N^+-CH_2-COO^-$、$H_2N-CH_2-COO^-$)の電荷の和が0となるpHを等電点と定義するので、等電点では次の式が成り立つ。

$$[H_3N^+-CH_2-COOH] = [H_2N-CH_2-COO^-]$$　……③

①と②より $K_1 \cdot K_2 = \dfrac{[H_2N-CH_2-COO^-]}{[H_3N^+-CH_2-COOH]}[H^+]^2$ ……④

③と④より $K_1 \cdot K_2 = [H^+]^2$

$[H^+] = \sqrt{K_1 \cdot K_2} = \sqrt{10^{-2.4} \cdot 10^{-9.6}} = 1.0 \times 10^{-6}$ ……⑤

よって，グリシンの等電点は $pH = 6.0$ ……⑥

補足 アミノ酸の全濃度を c〔mol/L〕とすると

$c = [H_3N^+-CH_2-COOH] + [H_3N^+-CH_2-COO^-] + [H_2N-CH_2-COO^-]$ となる。

POINT

等電点：水溶液中の電荷の総和が 0 になるときの pH

等電点では

① $[H_3N^+-CH_2-COOH] = [H_2N-CH_2-COO^-]$ **が成立する。**

② **アミノ酸は，ほぼ全部が双性イオンとして存在し，直流電圧をかけても，移動しない。**

例題 11 アラニンの等電点

アラニンの陽イオン，双性イオン，陰イオンを A^+，$A^\pm$，A^- とすると，電離式が次のように書ける。①，②の問いに答えよ。

$A^+ \rightleftharpoons A^\pm + H^+$　　　　$K_1 = 10^{-2.3}$ mol/L

$A^\pm \rightleftharpoons A^- + H^+$　　　　$K_2 = 10^{-9.7}$ mol/L

① アラニンの等電点を求めよ。

② pH 2 のアラニンの水溶液を電気泳動させると，アラニンはどちら側の電極に移動するか。また，このときに最も多く存在するアラニンのイオン状態を構造式で示せ。

(解答)

① 等電点では，$[A^+] = [A^-]$ より $K_1 \cdot K_2 = \dfrac{[A^\pm][H^+]}{[A^+]} \times \dfrac{[A^-][H^+]}{[A^\pm]} = [H^+]^2$

したがって $[H^+] = \sqrt{K_1 \cdot K_2} = \sqrt{10^{-2.3} \times 10^{-9.7}} = 1.0 \times 10^{-6}$

よって $pH = 6.0$ …(答)

② pH 2 は等電点以下で次のような陽イオンとなり，陰極に移動する。

陰極に移動。　　$CH_3-\overset{\displaystyle |}{\underset{\displaystyle NH_3^+}{CH}}-COOH$ …(答)

コラム | 酸性アミノ酸・塩基性アミノ酸の電離平衡

グルタミン酸（酸性アミノ酸）

2つある −COOH のうち，α炭素に結合する −COOH のほうが強い酸である。

$$\text{HOOC}-(CH_2)_2-CH-COOH \underset{H^+}{\overset{OH^-}{\rightleftharpoons}} \text{HOOC}-(CH_2)_2-CH-COO^-$$
$$\quad\quad\quad\quad\quad NH_3^+ \quad\quad\quad\quad\quad\quad\quad\quad\quad\quad NH_3^+$$

$$\underset{H^+}{\overset{OH^-}{\rightleftharpoons}} {}^-OOC-(CH_2)_2-CH-COO^- \underset{H^+}{\overset{OH^-}{\rightleftharpoons}} {}^-OOC-(CH_2)_2-CH-COO^-$$
$$\quad\quad\quad\quad\quad\quad\quad NH_3^+ \quad\quad\quad\quad\quad\quad\quad\quad\quad\quad NH_2$$

リシン（塩基性アミノ酸）

2つある −NH₂ のうち，α炭素から遠い炭素に結合する −NH₂ のほうが強い塩基である。

$$H_3N^+-(CH_2)_4-CH-COOH \underset{H^+}{\overset{OH^-}{\rightleftharpoons}} H_3N^+-(CH_2)_4-CH-COO^-$$
$$\quad\quad\quad\quad\quad\quad NH_3^+ \quad\quad\quad\quad\quad\quad\quad\quad\quad\quad NH_3^+$$

$$\underset{H^+}{\overset{OH^-}{\rightleftharpoons}} H_3N^+-(CH_2)_4-CH-COO^- \underset{H^+}{\overset{OH^-}{\rightleftharpoons}} H_2N-(CH_2)_4-CH-COO^-$$
$$\quad\quad\quad\quad\quad\quad\quad NH_2 \quad\quad\quad\quad\quad\quad\quad\quad\quad\quad NH_2$$

3 アミノ酸の性質とペプチド

A アミノ酸の性質

❶ 結晶中では双性イオンとして存在し，結晶格子をつくるため，一般の有機化合物に比べて**融点・沸点が高く，水に溶けやすいが，有機溶媒には溶けにくい。**

❷ アミノ酸にアルコールを作用させると，−COOH とエステルをつくり，酸の性質がなくなる。

$$\underset{\quad NH_2}{R-CH-COOH} + CH_3OH \longrightarrow \underset{\quad NH_2 \atop \quad\text{エステル}}{R-CH-COOCH_3} + H_2O$$

また，アミノ酸に無水酢酸を作用させると，−NH₂ とアミドをつくり，塩基の性質がなくなる。

$$R-\underset{\underset{NH_2}{|}}{CH}-COOH + (CH_3CO)_2O \longrightarrow R-\underset{\underset{NHCOCH_3}{|}}{CH}-COOH + CH_3COOH$$

アミド

❸ アミノ酸にニンヒドリン水溶液 ニンヒドリン
を加えて加熱すると，赤紫～青
紫色になる。これは-NH₂によっ
て起こる**ニンヒドリン反応**で，
アミノ酸の検出に使われる。タ
ンパク質でもニンヒドリン反応
が見られる。

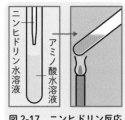

図2-17 ニンヒドリン反応

 POINT

α-アミノ酸の反応（-COOH基と-NH₂基をもつ）
　① -COOHはアルコールと反応してエステルになる。
　② -NH₂は無水酢酸と反応してアミドになる。
アミノ酸の検出
　ニンヒドリン水溶液を作用させる ⇨ 赤紫～青紫色に呈色

B ペプチド

　アミノ酸のカルボキシ基と別のアミノ酸のアミノ基が脱水縮合してできた化合
物を**ペプチド**といい，このとき生じたアミド結合**-CO-NH-**を**ペプチド結
合**という。アミノ酸2分子が縮合したものを**ジペプチド**，3分子のものを**ト
リペプチド**，多数のアミノ酸が縮合したものを**ポリペプチド**という。

ペプチド結合

$$H_2N-\underset{\underset{R_1}{|}}{\overset{\overset{H}{|}}{C}}-\overset{\overset{O}{\|}}{C}-OH + H_2N-\underset{\underset{R_2}{|}}{\overset{\overset{H}{|}}{C}}-\overset{\overset{O}{\|}}{C}-OH \longrightarrow H_2N-\underset{\underset{R_1}{|}}{\overset{\overset{H}{|}}{C}}-\overset{\overset{O}{\|}}{C}-\underset{\underset{H}{|}}{N}-\underset{\underset{R_2}{|}}{\overset{\overset{H}{|}}{C}}-\overset{\overset{O}{\|}}{C}-OH + H_2O$$

補足　ペプチド結合に関与しない-NH₂がある末端をN末端，ペプチド結合に関与しない
-COOHがある末端をC末端という。

例題 12　トリペプチド

グリシン(Gly)，アラニン(Ala)，フェニルアラニン(Phe)の各 1 分子からなる
トリペプチドには，何種類の構造異性体があるか。

解答

N 末端を Ⓝ とし，C 末端を Ⓒ とすると　① Ⓝ－Gly－Ala－Phe－Ⓒ

② Ⓝ－Gly－Phe－Ala－Ⓒ　③ Ⓝ－Ala－Phe－Gly－Ⓒ

④ Ⓝ－Ala－Gly－Phe－Ⓒ　⑤ Ⓝ－Phe－Gly－Ala－Ⓒ

⑥ Ⓝ－Phe－Ala－Gly－Ⓒ　　の 6 種類が存在する。　**6 種類** …㊐

 **POINT**

重要なアミノ酸

不斉炭素原子をもたない ⇨ **グリシン**

酸性アミノ酸 ⇨ **アスパラギン酸，グルタミン酸**

塩基性アミノ酸 ⇨ **リシン，アルギニン**

ベンゼン環を含む ⇨ **フェニルアラニン，チロシン**

硫黄を含む ⇨ **システイン，メチオニン**

4　タンパク質とその構造

A　タンパク質

タンパク質は，20 種類からなる多数の α-アミノ酸が縮合重合した**ポリペプチド**である。タンパク質は，縮合するアミノ酸の数と配列順序によって種類が変わるため，タンパク質の種類は莫大な数になる。

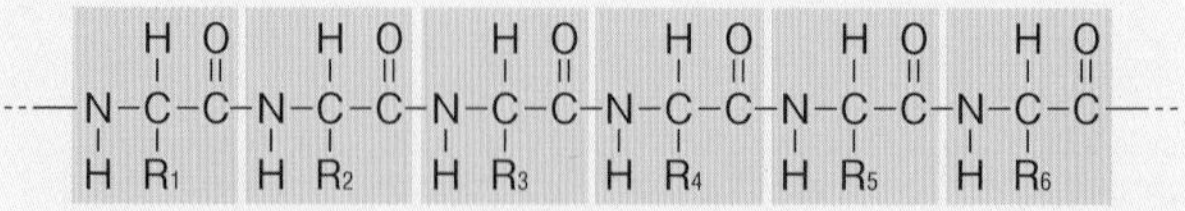

$$-N-C-C-N-C-C-N-C-C-N-C-C-N-C-C-N-C-C-$$

▲アミノ酸単位（アミノ酸残基）

図 2-18　タンパク質

タンパク質は，α-アミノ酸のポリペプチド

タンパク質を加水分解すると，α-アミノ酸が得られる。

B タンパク質の構造

タンパク質の構造には，一次〜四次構造がある。

① 一次構造

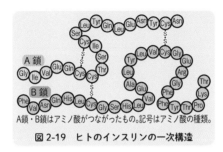

A鎖・B鎖はアミノ酸がつながったもの。記号はアミノ酸の種類。

図 2-19　ヒトのインスリンの一次構造

タンパク質中のアミノ酸のペプチド結合による配列順序を**一次構造**とい
う。

② 二次構造

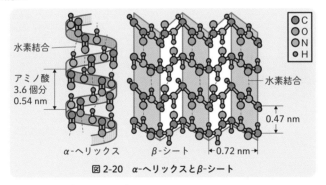

図 2-20　α-ヘリックスとβ-シート

ポリペプチドの $\diagdown$C=Oと $\diagdown$N−Hとの間の水素結合によって安定化した，
比較的狭い範囲で繰り返される規則正しい立体構造を**二次構造**という。二
次構造には，α-ヘリックス（らせん構造）とβ-シート（波状構造）がある。

❸ 三次構造

　二次構造を形成したポリペプチド鎖どうしは相互作用や折りたたみによって，特有の立体構造をとることが多い。この立体構造を**三次構造**という。三次構造は，−S−S−結合やイオン結合，水素結合などの側鎖間の相互作用によって維持されている。

図 2-21　三次構造

　−S−S−結合は，**ジスルフィド結合**と呼ばれ，タンパク質中の2つのシステイン中の−SHが酸化されて形成された結合である。

コラム　｜　**毛髪のパーマネント**

　毛髪のパーマネントは，ジスルフィド結合を還元して切断したあと，毛髪をセットし，それを酸化してジスルフィド結合を再生してウェーブをつける。

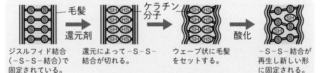

図 2-22　毛髪のパーマネント

---

❹ 四次構造

　三次構造をもつ複数個のポリペプチド鎖が，一定の立体的配置に集合した構造を**四次構造**という。

補足　二次，三次，四次構造を，タンパク質の**高次構造**という。

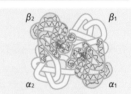

図 2-23　四次構造（ヘモグロビン）

 POINT

タンパク質の構造
　一次構造：α-アミノ酸の配列順序　⇨　ペプチド結合
　二次構造：α-ヘリックス（らせん構造），β-シート（波状構造）
　　　　　　　⇨　水素結合による安定化
　二次構造は，ペプチド結合の ＞N−H と別のペプチド結合の ＞C＝O 間の水素結合による。

5 タンパク質の分類

A 形状による分類

❶ 球状タンパク質

　水や酸，塩基，塩の水溶液に溶け，生命活動を担うタンパク質である。アルブミン，グロブリン，グルテリンなど。

図2-24　球状タンパク質と
　　　　繊維状タンパク質

❷ 繊維状タンパク質

　水に溶けにくく，筋肉など構造形成を担うタンパク質である。ケラチン，コラーゲン，フィブロインなど。

B 構成成分による分類

❶ 単純タンパク質

　加水分解すると α-アミノ酸のみを生じるタンパク質。アルブミン，グロブリンなど。

❷ 複合タンパク質

　加水分解すると α-アミノ酸の他に，糖類，色素，核酸，リン酸などを生じるタンパク質。ヘモグロビン，カゼインなど。

POINT

タンパク質の分類

形状 ┌ 球状タンパク質　⇨　水溶性。
　　 └ 繊維状タンパク質　⇨　水に不溶。

成分 ┌ 単純タンパク質　⇨　α-アミノ酸のみからなる。
　　 └ 複合タンパク質　⇨　α-アミノ酸，糖類，色素などからなる。

6 タンパク質の反応と検出

A タンパク質の反応

❶ 塩析

タンパク質の水溶液は親水コロイドで，大量の電解質を加えると，塩析によって沈殿する。

❷ 変性

タンパク質の水溶液に熱，酸・塩基，アルコール，重金属イオンなどを加えると，タンパク質は凝固したり，生理的機能を失ったりする。この現象を**タンパク質の変性**という。変性したタンパク質は再び元にはもどらないことが多い。

図2-25　タンパク質の変性

POINT

タンパク質の反応

塩析：多量の電解質で沈殿。

変性：熱，酸・塩基などで凝固。

立体構造が変化 ⇨ 元にもどらないことが多い。

B タンパク質の検出

次のような窒素や硫黄の検出反応や呈色反応がある。

❶ ビウレット反応

タンパク質水溶液に水酸化ナトリウム水溶液と硫酸銅(Ⅱ)水溶液を加えると，赤紫色の銅(Ⅱ)錯イオンを生成して呈色する。この反応を**ビウレット反応**という。ペプチド結合を2個以上(トリペプチド以上)もつ物質がこの反応を示す(図2-26)。

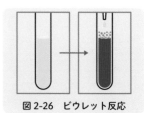

図2-26　ビウレット反応

➡ **トリペプチド以上のポリペプチドの検出**

❷ **キサントプロテイン反応**

タンパク質水溶液に濃硝酸を加えて加熱すると黄色になり，冷却後アンモニア水を加えると橙黄色になる。この反応を**キサントプロテイン反応**といい，タンパク質分子中のベンゼン環のニトロ化によって起こる呈色反応である**(図2-27)**。

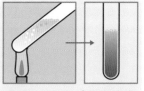

図2-27　キサントプロテイン反応

➡ **ベンゼン環を含むタンパク質の検出**

❸ **窒素の検出**

タンパク質水溶液に濃い水酸化ナトリウム水溶液を加えて加熱すると，アンモニア NH_3 が発生する。これをリトマス試験紙（赤から青変）で確認し，**窒素Nを検出する（図2-28）**。

図2-28　窒素の検出反応

❹ **硫黄の検出**

タンパク質水溶液に水酸化ナトリウム水溶液を加えて加熱後，酢酸鉛(Ⅱ)$Pb(CH_3COO)_2$水溶液を加えて，PbSの黒色沈殿として**硫黄Sを検出する（図2-29）**。

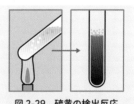

図2-29　硫黄の検出反応

❺ **ニンヒドリン反応**

タンパク質分子中に遊離したアミノ基があるので，アミノ酸と同じように，タンパク質水溶液にニンヒドリン水溶液を加えて加熱すると青紫〜赤紫色になる。

 POINT

タンパク質の検出反応

ビウレット反応：**NaOH**水溶液と**CuSO₄**水溶液で赤紫色に呈色する。
⇨ **ペプチド結合を2個以上含む物質が呈色。**

キサントプロテイン反応：濃硝酸と加熱すると黄色になり，アンモニア水を加えると橙黄色になる。
⇨ **ベンゼン環のニトロ化による呈色反応。**

例題 13 アミノ酸の配列

　ある直鎖状のペプチド X について，次の結果を得た。このペプチド X のアミノ酸配列を N 末端から書け。

(A)　ペプチド X は，グリシン(Gly)，グルタミン酸(Glu)，システイン(Cys)，フェニルアラニン(Phe)，リシン(Lys)の α-アミノ酸から構成されていた。

(B)　末端が $-NH_2$ のアミノ酸は酸性アミノ酸であり，末端が $-COOH$ のアミノ酸は不斉炭素原子をもたないアミノ酸であった。

(C)　塩基性アミノ酸のカルボキシ基側のペプチド結合のみを加水分解する酵素を作用させると，2つ(ペプチド I と II)に分かれた。

(D)　ペプチド I，II のうち，II の水溶液だけがビウレット反応を示した。

(E)　2つのペプチドそれぞれの水溶液に水酸化ナトリウム水溶液を加えて加熱し，酸を加えて中和したのち酢酸鉛(II)水溶液を加えたら，ペプチド I のみに黒色沈殿が生じた。

(F)　ペプチド II の水溶液のみが，キサントプロテイン反応を示した。

解答

　$-NH_2$ を Ⓝ，$-COOH$ を Ⓒ として，ペプチド X を Ⓝ$-A_1-A_2-A_3-A_4-A_5-$Ⓒ とすると，(B)より，酸性アミノ酸はグルタミン酸，不斉炭素原子をもたないアミノ酸はグリシンで，Ⓝ$-$Glu$-A_2-A_3-A_4-$Gly$-$Ⓒ

　(C)と(D)より，塩基性アミノ酸はリシンで，II はビウレット反応をするのでトリペプチド。I はジペプチドで，次のケースがある。

　　　ケース①　I　Ⓝ$-$Glu$-$Lys$-$Ⓒ　　II　Ⓝ$-A_3-A_4-$Gly$-$Ⓒ
　　　ケース②　II　Ⓝ$-$Glu$-A_2-$Lys$-$Ⓒ　　I　Ⓝ$-A_4-$Gly$-$Ⓒ

　(E)より，I には含硫アミノ酸のシステインが含まれるので，ケース②のみが考えられ，I は Ⓝ$-$Cys$-$Gly$-$Ⓒ。(F)より，II は芳香族アミノ酸のフェニルアラニンを含み，Ⓝ$-$Glu$-$Phe$-$Lys$-$Ⓒ。

　　　Ⓝ$-$**Glu**$-$**Phe**$-$**Lys**$-$**Cys**$-$**Gly**$-$Ⓒ … 答

3 | 酵素

1 酵素の成分とはたらき

A 酵素の成分とはたらき

酵素は**タンパク質**の一種で，生体内の反応の**触媒**としてはたらく。
酵素は生体外でもはたらきは失われない。

B 基質特異性

各酵素は，特定の物質の特定の反応に対してだけ作用する。
酵素が作用する物質を基質といい，**特定の基質にだけ作用する性質を酵素の基質特異性**という。

例 酵素マルターゼはマルトースに作用してグルコースに変えるが，スクロースやラクトースには全く作用しない。なお，無機物質の触媒である希硫酸は，マルターゼ，スクロース，ラクトースのいずれにも作用して加水分解する。

POINT

酵素：タンパク質で，生体内の反応の触媒。
　　　　特定の物質にだけはたらく。⇨ 基質特異性

2 酵素反応

A 活性部位

　酵素には，**基質と立体的に結合できる構造があり，これを**活性部位（活性中心）という。活性部位には立体構造が一致した基質だけが結合できる。このように酵素と基質が結合したものを酵素-基質複合体という。

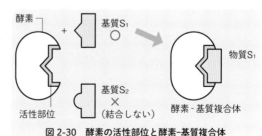

図 2-30　酵素の活性部位と酵素-基質複合体

655

B 酵素反応

酵素と基質の反応は，次の①，②のように進行する。

① 酵素(E)は，基質(S)と結合して酵素-基質複合体(E・S)となる。

② 複合体(E・S)の中で反応が進行し，生成物(P)と酵素(E)に分離する。

（基質(S)が生成物(P)となり，酵素(E)は再利用される）

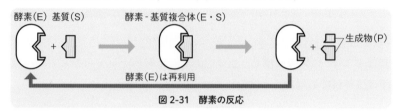

酵素(E) 基質(S)　　酵素-基質複合体(E・S)

酵素(E)は再利用

生成物(P)

図2-31　酵素の反応

表2-4　主な酵素のはたらきと所在

名　称		基　質	生成物	所　在
アミラーゼ		デンプン	マルトース	だ液，すい液，麦芽
マルターゼ		マルトース	グルコース	腸液，だ液，すい液
スクラーゼ （インベルターゼ）		スクロース	グルコース，フルクトース	腸液，酵母
ラクターゼ		ラクトース	グルコース，ガラクトース	腸液，細菌類
セルラーゼ		セルロース	セロビオース	植物，カビ
チマーゼ(群)		単糖類	エタノール，二酸化炭素	酵母
プロテアーゼ	ペプシン	タンパク質	ペプチド	胃液 すい液
	トリプシン			
ペプチダーゼ		ペプチド	アミノ酸	すい液，腸液
リパーゼ		油脂	高級脂肪酸，グリセリン	すい液
ウレアーゼ		尿素	アンモニア，二酸化炭素	胃粘膜，赤血球
カタラーゼ		過酸化水素	酸素，水	血液，肝臓，植物
ATP アーゼ		ATP	ADP，リン酸	細胞内

C 酵素と活性化エネルギー

　酵素の触媒としての高い能力は，酵素-基質複合体となることによって，反応の活性化エネルギーを小さくすることによる。

補足 酵素は溶液中で均一触媒としてはたらく。

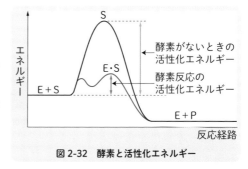

図 2-32　酵素と活性化エネルギー

3 最適温度と最適pH

A 最適温度

　化学反応では，一般に温度が高いほど反応速度が大きくなるが，酵素はタンパク質で，ある温度以上では変性が進み触媒の機能が失われる(**失活**)。

反応速度が最大となる温度を最適温度といい，普通 35 〜 40 ℃である。

B 最適 pH

　酵素や基質の立体構造は，pH によって変化する。**酵素が最もよくはたらくpH を最適 pH という。酵素によって最適 pH は異なる。**

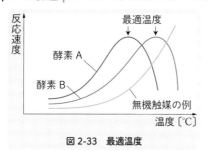

図 2-33　最適温度

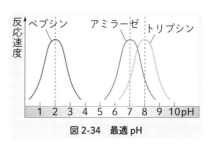

図 2-34　最適 pH

| +アルファ | **酵素の特性** |

酵素の 3 つの特性 ➡ 基質特異性，最適温度，最適 pH

4 | 核酸

1 核酸

　生物の細胞には核酸という高分子化合物が存在し，遺伝情報を伝達するはたらきをしている。

補足　核酸という名称は，細胞の核から取り出した酸性物質に由来する。

A ヌクレオチド

　核酸の単量体をヌクレオチドという。ヌクレオチドは五単糖に窒素を含む有機塩基が共有結合し，さらに五単糖とリン酸がエステル結合してできている。なお，**五単糖と有機塩基が結合した部分をヌクレオシド**という。

　核酸は，ヌクレオチドどうしが，糖部分の−OH（**図2-35**の青い波線上）とリン酸部分の−OH（**図2-35**の赤い波線上）で縮合重合したポリヌクレオチドである。

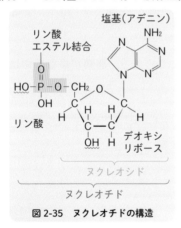

図2-35　ヌクレオチドの構造

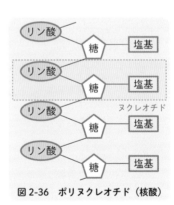

図2-36　ポリヌクレオチド（核酸）

 POINT

ヌクレオチド：**窒素を含む塩基 ＋ 五単糖 ＋ リン酸**
　　　　　　　　　　　　共有結合　　　　エステル結合

核酸 ⇨ **ポリヌクレオチド**

B 核酸の種類

核酸には**リボ核酸 RNA** と**デオキシリボ核酸 DNA** がある。

❶ 糖部分が，RNA はリボース $C_5H_{10}O_5$，DNA はデオキシリボース $C_5H_{10}O_4$ である。

補足 リボース，デオキシリボースは，ともに 5 個の炭素原子からなる五単糖(ペントース)である。

❷ RNA と DNA を構成する塩基は，ともに 4 種類である。アデニン，グアニン，シトシンは共通であるが，1 種類だけ異なり，RNA はウラシル，DNA はチミンである。

アデニン(A)　　　グアニン(G)　　　シトシン(C)　　　チミン(T)　　　ウラシル(U)

図 2-37　核酸を構成する塩基

POINT

　　　　　　　　　（糖部分）　　　　　　　（塩　基）
RNA：**リボース $C_5H_{10}O_5$** ⋯⋯⋯⋯⋯A，G，C，U
DNA：**デオキシリボース $C_5H_{10}O_4$** ⋯A，G，C，T

5

第 2 章　天然高分子化合物

2 DNA と RNA

A 所在とはたらき

❶ 主に **DNA は核**，**RNA は細胞質**に存在する。

❷ **DNA** は遺伝子の本体であり，生体内で合成されるタンパク質のアミノ酸配列順序は，DNA 分子内の塩基の配列順序によって決定される。

❸ **RNA** はタンパク質の合成に重要な役割をはたす。右のように，はたらきの違う RNA が3種類ある。

> ・伝令（メッセンジャー）RNA：mRNA
> ・転移（トランスファー）RNA：tRNA
> ・リボソーム RNA：rRNA

B 構造

❶ **DNA** は2本のヌクレオチド鎖（ポリヌクレオチド）が組み合わさった**二重らせん構造**となっている。このとき，一方のポリヌクレオチドのアデニン（A）と他方のポリヌクレオチドのチミン（T），一方のグアニン（G）と他方のシトシン（C）の間はそれぞれ水素結合によって結ばれている。このような塩基どうしの関係を**相補性**という。

補足 **図2-39** のように，アデニンとチミンの間には2つ，グアニンとシトシンの間には3つの水素結合が形成されている。

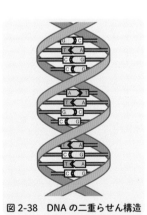

図2-38　DNAの二重らせん構造

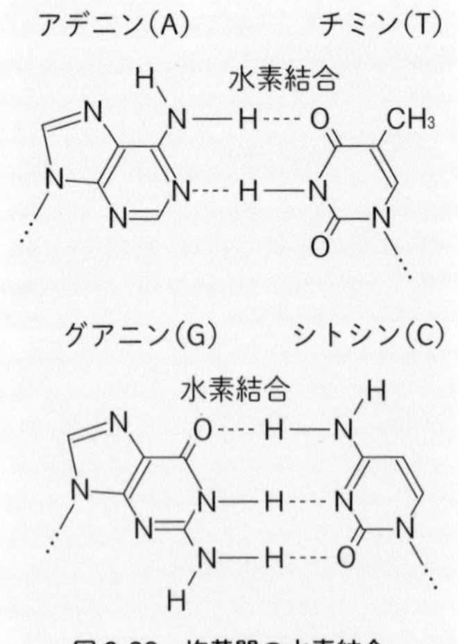

アデニン（A）　　　チミン（T）

水素結合

H—H·····O　CH₃

N·····H—N

グアニン（G）　　シトシン（C）

水素結合

O·····H—N　H

N—H·····N

N—H·····O

図2-39　塩基間の水素結合

❷ **RNA** は1本のヌクレオチド鎖（ポリヌクレオチド）からなる。

POINT

	DNA	RNA
所　在	主に核内	主に細胞質内
はたらき	遺伝子の本体	タンパク質の合成にはたらく
構　造	二重らせん構造	1本のヌクレオチド鎖

＋アルファ　**RNA・DNAの糖部分と塩基**

① 二重らせん構造 ➡ $\left\{\begin{array}{l}\text{アデニン（A）－チミン（T）}\\\text{グアニン（G）－シトシン（C）}\end{array}\right\}$ 間の水素結合（相補性）

② RNA の 3 種類 ➡ 伝令 RNA, 転移 RNA, リボソーム RNA

5

第 2 章　天然高分子化合物

この章で学んだこと

　高分子の定義と特徴を学び，単糖類，二糖類および多糖類の構造と性質について学習した。また，アミノ酸とその重合体であるタンパク質について，その構造と性質についても学んだ。さらに，酵素の性質や核酸について学習した。

---

1 高分子化合物
❶ **高分子化合物**　分子量がおよそ1万以上の化合物。単量体からなる重合体。

2 糖類
❶ **糖類**　多数の−OHをもち，一般式 $C_m(H_2O)_n$ で表される化合物。

❷ **単糖類**　加水分解されない糖類。グルコース，フルクトース，ガラクトース（いずれも $C_6H_{12}O_6$）など，すべて還元性。

❸ **グルコース $C_6H_{12}O_6$**　水溶液中で α-グルコース，β-グルコースおよび鎖状構造の3種類の構造の平衡混合物。

❹ **二糖類**　加水分解すると2分子の単糖になる。水によく溶ける。二糖類には，マルトース，セロビオース，スクロース，ラクトースなどがある。スクロースは非還元性，他の多くは還元性。

❺ **多糖類**　加水分解すると，多数の単糖分子が生じる。

❻ **デンプンとグリコーゲン**　いずれもグルコースが α-グリコシド結合した多糖類で，ヨウ素デンプン反応をする。

❼ **セルロース**　グルコースが β-グリコシド結合した鎖状構造の多糖類。

❽ **再生繊維・半合成繊維**　再生繊維：レーヨン　半合成繊維：アセテート

3 アミノ酸とタンパク質
❶ **アミノ酸とその構造**　タンパク質中のアミノ酸は α-アミノ酸で，グリシン以外は鏡像異性体をもつ。

❷ **双性イオンと等電点**　結晶中では，双性イオン $H_3N^+-CHR-COO^-$ で存在。等電点では，ほとんどが双性イオンとして存在する。

❸ **アミノ酸の性質とペプチド**　アルコールとエステル，無水酢酸とアミドをつくる。アミノ酸間の縮合でペプチドをつくる。

❹ **タンパク質とその構造**　一次から四次構造まである。

❺ **タンパク質の分類**　形状による分類，構成成分による分類がある。

4 酵素
❶ **酵素の成分とはたらき**　触媒作用のあるタンパク質で，基質特異性がある。

❷ **酵素反応**　活性部位をもつ。

❸ **最適温度と最適pH**　反応速度を最大にする温度，pH。

5 核酸
❶ **核酸**　ヌクレオチドを単量体とする。

❷ **DNAとRNA**　DNAは遺伝子，RNAはタンパク質の合成に関与する。

解答・解説は p.742

1 　次の①〜⑨の糖類を A 単糖類，B 二糖類，C 多糖類に分類せよ。

①グリコーゲン　　②フルクトース　　③セルロース

④スクロース　　　⑤グルコース　　　⑥マルトース

⑦セロビオース　　⑧ガラクトース　　⑨デンプン

2 　水溶液中のグルコースは，右に示した鎖状構造の他に，環状構造の α-グルコースと β-グルコースの計 3 種類の平衡混合物として存在する。α-グルコースと β-グルコースの構造を右図にならって書け。

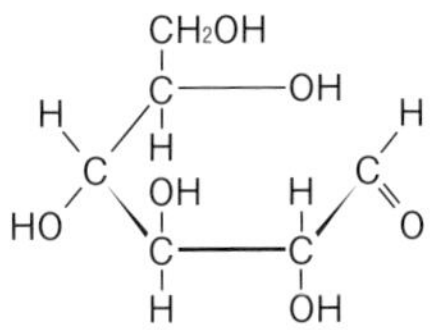

3 　次の(1)〜(4)の問いに答えよ。ただし，原子量は H＝1.0，C＝12.0，O＝16.0 とする。

(1)　デンプンを希硫酸で完全に加水分解したときの変化を化学反応式で示せ。

(2)　32.4 g のデンプンを完全に加水分解すると，何 g のグルコースが得られるか。

(3)　グルコースのアルコール発酵を化学反応式で示せ。

(4)　27.0 g のグルコースをアルコール発酵させると，何 g のエタノールが得られるか。

4 　次の(1)〜(5)に該当する糖類を，下の①〜⑧からすべて選べ。

(1)　フェーリング液と熱すると，赤色沈殿ができる。

(2)　分子式が $C_6H_{12}O_6$。

(3)　転化糖中に含まれる。

(4)　α-グリコシド結合をもつ。

(5)　ヨウ素溶液を加えると青〜青紫色を呈する。

①デンプン　　　②ガラクトース　　③グルコース

④スクロース　　⑤マルトース　　　⑥セルロース

⑦フルクトース　⑧セロビオース

ヒント

1 フルクトース，グルコース，ガラクトースは，加水分解されない。

2 環状になったときの新たにできる不斉炭素原子の立体配置に注意する。

3 デンプンの分子式は $(C_6H_{10}O_5)_n$　グルコースの分子式は $C_6H_{12}O_6$

4 $C_6H_{12}O_6$ は単糖類。グリコシド結合は二糖類や多糖類。

5　α-アミノ酸は①酸性水溶液，②等電点，③塩基性水溶液でそれぞれのイオン状態をとる。α-アミノ酸 R－CH(NH_2)－COOH の①，②，③での構造式を，例にならって書け。また，等電点でのイオン状態の名称を答えよ。

例

```
R－CH－COOH
   |
   NH2
```

6　α-アミノ酸のうち，次の(1)～(4)に該当するものを下の①～⑥から選び，記号で答えよ。

(1)　分子中にベンゼン環を含むもの。

(2)　分子量が 89 のもの。

(3)　1 分子中にカルボキシ基を 2 個もつもの。

(4)　1 分子中にアミノ基を 2 個もつもの。

①アラニン　②フェニルアラニン　③チロシン

④リシン　⑤システイン　⑥グルタミン酸

7　次のペプチドに関する(1)，(2)の問いに答えよ。

(1)　グリシンとアラニンからなるジペプチドには，2 種類の構造異性体がある。2 種類の構造式を書け。

(2)　3 種類のα-アミノ酸各 1 分子からなるトリペプチドは，何種類の構造異性体が存在するか。

ヒント

5 －COOH は H^+ を放出しやすく，－NH_2 は H^+ を受け取りやすい。

6 (2)　アミノ酸の側鎖の性質に注目。

7 ペプチドには N 末端と C 末端がある。

MY BEST　Advanced Chemistry

第 **3** 章　合成高分子化合物

1 | 合成高分子

1 合成高分子の種類

　合成高分子は，用途によって，**合成繊維**，**合成樹脂**，**合成ゴム**に分類される。ナイロンやポリエチレンテレフタラートは，細長く伸ばして合成繊維として使われるほか，合成樹脂として成形品の原料にも使われる。このように，化学的には同一の物質であっても，合成繊維になることも合成樹脂になることもある。

2 合成高分子の重合反応

A 付加重合

　単量体（モノマー）が不飽和結合をもち，単量体間で次々付加反応が起きて重合体（ポリマー）となる反応を**付加重合**という。

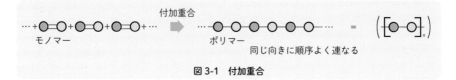

図 3-1　付加重合

B 縮合重合

　2 個以上の官能基をもつ単量体の 2 分子間では，水などの簡単な分子が取れて結合する反応が次々と起こり重合する。このような重合反応を**縮合重合**という。2 つの同じ官能基をもつ 2 種類の単量体が重合する場合と，異なる 2 つの官能基をもつ 1 種類の単量体が重合する場合がある。

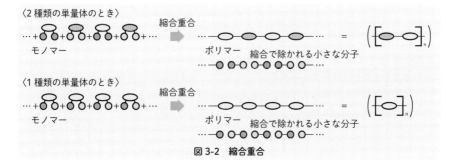

〈2種類の単量体のとき〉

縮合重合

モノマー

ポリマー
縮合で除かれる小さな分子

〈1種類の単量体のとき〉

縮合重合

モノマー

ポリマー
縮合で除かれる小さな分子

図3-2 縮合重合

C 開環重合

環状の単量体が，その環を開きながら重合する反応を開環重合という。

開環重合

図3-3 開環重合

D 共重合

２種類以上の単量体を付加重合させる反応を共重合という。

共重合

モノマー A　　モノマー B　　　　　　ポリマー

図3-4 共重合

E 付加縮合

付加反応と縮合反応が繰り返して起こり，重合体ができる反応を付加縮合という。（詳細は p.676 で述べる）

1 高価であったポリエチレン

　航空機や艦船を電波でとらえるレーダーには，無極性の炭化水素の高分子であるポリエチレンは不可欠なものであり，エチレンの重合反応を行うために，いろいろ研究された。しかし，1940年代にイギリスのICI社における重合反応は1000〜1500気圧という高圧のもとで行われたといわれ，多量に生産することは難しく，ポリエチレンは非常に高価な合成化合物であった。なお，この頃，日本ではまだポリエチレンはつくられていなかった。

2 安くなったポリエチレン

　エチレンの重合反応を常圧でできるようにしたのが，ドイツの化学者チーグラーである。チーグラーは1953年，触媒としてトリアルキルアルミニウム(チーグラー触媒)を用いて，1気圧，約100℃でエチレンからポリエチレンを合成する重合反応を行わせることに成功した。この触媒の発見により，ポリエチレンが容易に多量合成することができるようになり，安価になって日常の買い物の包装用に使われるようになった。

➡合成反応の秘訣は触媒にある。

2 | 合成繊維

1 合成繊維の分類

　単量体を重合して合成した鎖状構造の重合体を，繊維状に加工したものが合成繊維である。重合の様式や結合の種類によって，次のように分類される。

付加重合による繊維

　ポリビニル系：ビニル化合物の付加重合による重合体。

　　　　　　　　　　　　　　　➡ **アクリル繊維，ビニロン**

縮合重合による繊維

　ポリアミド系：分子内に多数のアミド結合をもつ。

　　　　　　　　　　　　　　　➡ **ナイロン 66，アラミド繊維**

　ポリエステル系：分子内に多数のエステル結合をもつ。

　　　　　　　　　　　　　　　➡ **ポリエチレンテレフタラート**

開環重合による繊維

　ポリアミド系：分子内に多数のアミド結合をもつ。

　　　　　　　　　　　　　　　➡ **ナイロン 6**

2 ナイロン66（縮合重合）　ポリアミド系

　ヘキサメチレンジアミン $H_2N-(CH_2)_6-NH_2$ と
アジピン酸 $HOOC-(CH_2)_4-COOH$ の混合物を加熱すると，縮合重合が起きてナイロン 66 が生じる。

$$\cdots-\overset{\displaystyle O}{\underset{\displaystyle OH}{C}} + \overset{\displaystyle H}{\underset{\displaystyle H}{N}}-(CH_2)_6-\overset{\displaystyle H}{\underset{\displaystyle H}{N}} + \overset{\displaystyle O}{\underset{\displaystyle HO}{C}}-(CH_2)_4-\overset{\displaystyle O}{\underset{\displaystyle OH}{C}} + \overset{\displaystyle H}{\underset{\displaystyle H}{N}}-\cdots$$

　　　　ヘキサメチレンジアミン　　　　　　アジピン酸

$$\longrightarrow \cdots-\overset{\displaystyle O}{\underset{\displaystyle }{C}}-\overset{\displaystyle H}{\underset{\displaystyle }{N}}-(CH_2)_6-\overset{\displaystyle H}{\underset{\displaystyle }{N}}-\overset{\displaystyle O}{\underset{\displaystyle }{C}}-(CH_2)_4-\overset{\displaystyle O}{\underset{\displaystyle }{C}}-\overset{\displaystyle H}{\underset{\displaystyle }{N}}-\cdots$$

　　　アミド結合　　　ナイロン 66 の一部

まとめると

$$n\text{H}_2\text{N}-(\text{CH}_2)_6-\text{NH}_2 \ + \ n\text{HOOC}-(\text{CH}_2)_4-\text{COOH}$$

$$\longrightarrow \left[\begin{array}{c}\text{H} \\ | \\ \text{N}-(\text{CH}_2)_6\end{array}\begin{array}{c}\text{H} \ \ \text{O} \\ | \quad \| \\ -\text{N}-\text{C}\end{array}-(\text{CH}_2)_4\begin{array}{c}\text{O} \\ \| \\ -\text{C}\end{array}\right]_n \ + \ 2n\text{H}_2\text{O}$$

または，末端を無視しないときには

$$n\text{H}_2\text{N}-(\text{CH}_2)_6-\text{NH}_2 \ + \ n\text{HOOC}-(\text{CH}_2)_4-\text{COOH}$$

$$\longrightarrow \text{H}\left[\begin{array}{c}\text{H} \\ | \\ \text{N}-(\text{CH}_2)_6\end{array}\begin{array}{c}\text{H} \ \ \text{O} \\ | \quad \| \\ -\text{N}-\text{C}\end{array}-(\text{CH}_2)_4\begin{array}{c}\text{O} \\ \| \\ -\text{C}\end{array}\right]_n\text{OH} \ + \ (2n-1)\text{H}_2\text{O}$$

> 補足　これ以降は，重合体の末端を無視した化学式を用いる。

　ナイロン 66 のように，1 分子中に多数のアミド結合をもつ高分子化合物を，一般にポリアミドという。

　重合して生成したナイロン 66 を溶融状態のまま，細孔から窒素気流中に押し出して糸にする（溶融紡糸（ようゆうぼうし）という）。

　ナイロン 66 は，軽く，絹に似た光沢と肌ざわりがあり，引っ張り強度が大きく，耐摩耗性や耐薬品性に優れている。一方で，吸湿性が小さく，熱に弱い。

> 補足　ナイロン 66 の 66 は，単量体中の炭素原子の数（C_6 と C_6）に由来する。

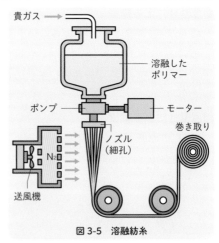

図 3-5　溶融紡糸

3　ナイロン 6（開環重合）　ポリアミド系

　環状のアミド結合をもつ ε ーカプロラクタム（イプシロン）に少量の水を加えて加熱すると，アミド結合が切れ，開環重合して，ナイロン 6 が生成する。

$$n\text{H}_2\text{C}\begin{array}{c}\diagup\text{CH}_2-\text{CH}_2-\text{CO} \\ \diagdown\text{CH}_2-\text{CH}_2-\text{NH}\end{array} \longrightarrow \left[\begin{array}{c}\text{H} \\ | \\ \text{N}-(\text{CH}_2)_5\end{array}\begin{array}{c}\text{O} \\ \| \\ -\text{C}\end{array}\right]_n$$

ε-カプロラクタム　　　　　　ナイロン 6

A 開環重合の起こりやすさ

開環重合の起こりやすさは，環の安定性と関係している。環のひずみの小さい五員環，六員環では開環重合が起こりにくく，環にひずみのある三員環，四員環，また七員環である ε −カプロラクタムは開環重合を起こしやすい重合体となる。

B ナイロンの性質

ナイロン 66 の繰り返し単位は $C_{12}H_{22}N_2O_2$（式量 226），ナイロン 6 の繰り返し単位は $C_6H_{11}NO$（式量 113）で，ナイロン 66 とナイロン 6 は，同じ組成となる。このため，**両者の性質は似ているが，融点はナイロン 66 のほうが高い。**

補足 　1. **ε −カプロラクタム**：ラクタムは環状のアミド。カプロン酸は炭素数 6 の脂肪酸 $CH_3CH_2CH_2CH_2CH_2COOH$。ε −アミノカプロン酸は ε 位に $-NH_2$ 基をもつ $H_2NCH_2CH_2CH_2CH_2CH_2COOH$。
　　　　　　　　　　 ε位　δ位　γ位　β位　α位
　　　ε −カプロラクタムは，ε −アミノカプロン酸のラクタム。
　　2. 開環重合では，単量体と重合体の組成が一致する。

参考 　ナイロン分子の結合

ナイロン分子は，**図 3-6** のように長い鎖状分子がアミド結合間で水素結合している。このため，分子が外力に対してずれにくく，引っ張り強度が大きい高弾性の繊維となる。

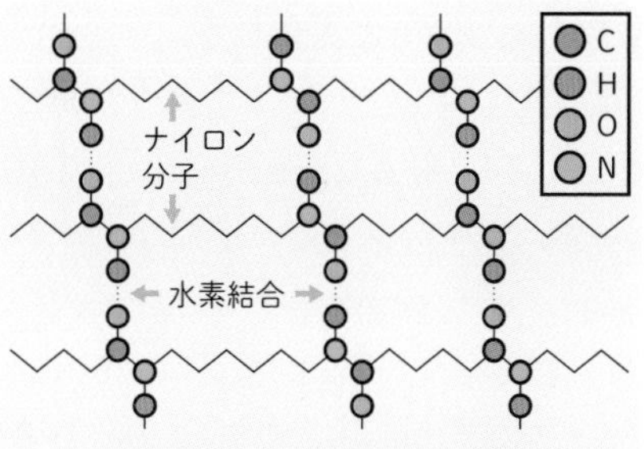

図 3-6　アミド結合間の水素結合

例題 14 　ナイロンの合成

ナイロン 610 はヘキサメチレンジアミン $H_2N-(CH_2)_6-NH_2$ とセバシン酸 $HOOC-(CH_2)_8-COOH$ が縮合重合してできる。この重合反応を化学反応式で表せ。

解答

$-NH_2$ 基と $-COOH$ 基から H_2O が取れて，アミド結合 $-NHCO-$ を形成するので

$$n\,H_2N-(CH_2)_6-NH_2 \;+\; n\,HOOC-(CH_2)_8-COOH$$

$$\longrightarrow \left[\!\begin{array}{c} H \\ | \\ N-(CH_2)_6 \end{array}\!\!\begin{array}{c} H\;\;O \\ |\;\;\| \\ -N-C-(CH_2)_8 \end{array}\!\!\begin{array}{c} O \\ \| \\ -C \end{array}\!\right]_n \;+\; 2n\,H_2O \cdots \text{(答)}$$

ナイロン 610

例題 15　ナイロンの重合度

平均分子量 1.7×10^4 のナイロン 66 とナイロン 6 について，次の問いに答えよ。ただし，原子量は H=1，C=12，N=14，O=16 とする。

(1) それぞれの平均重合度はいくらか。

(2) 1分子中にあるアミド結合はそれぞれ何個か。

解答

(1) 重合度を n とすると，ナイロン 66 の分子式は次のように表される。

$$\left[\!\begin{array}{c} H \\ | \\ N-(CH_2)_6 \end{array}\!\!\begin{array}{c} H\;\;O \\ |\;\;\| \\ -N-C-(CH_2)_4 \end{array}\!\!\begin{array}{c} O \\ \| \\ -C \end{array}\!\right]_n$$

この繰り返し単位 $-\overset{H}{\underset{|}{N}}-(CH_2)_6-\overset{H}{\underset{|}{N}}-\overset{O}{\underset{\|}{C}}-(CH_2)_4-\overset{O}{\underset{\|}{C}}-$ の式量は 226 で，分子量は，$226n$ と表される。

よって，$226n=1.7\times10^4$ より，重合度 $n \fallingdotseq 75$ …(答)

一方，ナイロン 6 の分子式は $\left[\!\begin{array}{c} H \\ | \\ N-(CH_2)_5 \end{array}\!\!\begin{array}{c} O \\ \| \\ -C \end{array}\!\right]_n$ この繰り返し単位

$-\overset{H}{\underset{|}{N}}-(CH_2)_5-\overset{O}{\underset{\|}{C}}-$ の式量は 113 で，分子量は $113n$ と表される。

よって，$113n=1.7\times10^4$ より，重合度 $n \fallingdotseq 150$ …(答)

(2) ナイロン 66 の繰り返し単位 $-\overset{H}{\underset{|}{N}}-(CH_2)_6-\boxed{\overset{H}{\underset{|}{N}}-\overset{}{\underset{\|}{C}}}-(CH_2)_4-\overset{}{\underset{\|}{C}}-$ 中には

アミド結合

2個のアミド結合があるので，

このナイロン 66 の1分子中にあるアミド結合の数は　$2\times75=150$〔個〕 …(答)

ナイロン 6 の繰り返し単位 $-\overset{H}{\underset{|}{N}}-(CH_2)_5-\overset{O}{\underset{\|}{C}}-$ 中には 1個のアミド結合があるので，1分子中にあるアミド結合の数は　$1\times150=150$〔個〕 …(答)

ナイロン

ナイロン66：$\left[\begin{array}{c}H\\|\\N\end{array}-(CH_2)_6-\begin{array}{c}H\\|\\N\end{array}-\begin{array}{c}O\\\|\\C\end{array}-(CH_2)_4-\begin{array}{c}O\\\|\\C\end{array}\right]_n$

　ヘキサメチレンジアミン $H_2N-(CH_2)_6-NH_2$ と

　アジピン酸 $HOOC-(CH_2)_4-COOH$ の縮合重合

ナイロン6：$\left[\begin{array}{c}H\\|\\N\end{array}-(CH_2)_5-\begin{array}{c}O\\\|\\C\end{array}\right]_n$

　ε-カプロラクタム $H_2C\left\langle\begin{array}{c}CH_2-CH_2-CO\\CH_2-CH_2-NH\end{array}\right|$ の開環重合

4 アラミド繊維（縮合重合） ポリアミド系

　p-フェニレンジアミンとテレフタル酸ジクロリドが縮合重合すると，芳香族ポリアミドが生成する。

$$n\,H_2N-\!\!\!\bigcirc\!\!\!-NH_2 + n\,Cl-\overset{O}{\overset{\|}{C}}-\!\!\!\bigcirc\!\!\!-\overset{O}{\overset{\|}{C}}-Cl$$

p-フェニレンジアミン　　テレフタル酸ジクロリド

$$\longrightarrow \left[\begin{array}{c}H\\|\\N\end{array}-\!\!\!\bigcirc\!\!\!-\begin{array}{c}H\\|\\N\end{array}-\begin{array}{c}O\\\|\\C\end{array}-\!\!\!\bigcirc\!\!\!-\begin{array}{c}O\\\|\\C\end{array}\right]_n + 2n\,HCl$$

ポリ-p-フェニレンテレフタルアミド

ベンゼン環がアミド結合で直接つながったポリアミドをアラミド繊維という。
ベンゼン環は変形しにくく，分子に規則正しい結晶構造をもたらすため，アラミド繊維は引っ張り強度が非常に強く，高弾性である。鉄の $\dfrac{1}{5}$ の密度で，同じ重さの鋼鉄線の7倍以上の強度をもつ。防弾チョッキ，スポーツ用品などに用いられる。耐刃性に優れているため，安全手袋にも用いられる。

補足 メタ系のアラミド繊維は耐熱性に特に優れているので，耐熱服に用いられる。

$$\left[\begin{array}{c}N\\|\\H\end{array}\!\!\!\bigcirc\!\!\!\begin{array}{c}H\\|\\N\end{array}-\overset{O}{\overset{\|}{C}}\!\!\!\bigcirc\!\!\!\underset{O}{\underset{\|}{C}}-\right]_n$$
ポリ-m-フェニレンイソフタルアミド

　1分子中に多数のエステル結合 –COO– をもつ高分子化合物を一般に**ポリエステル**という。2価アルコールであるエチレングリコールと2価カルボン酸であるテレフタル酸を縮合重合させると，**ポリエチレンテレフタラート**が生成する。

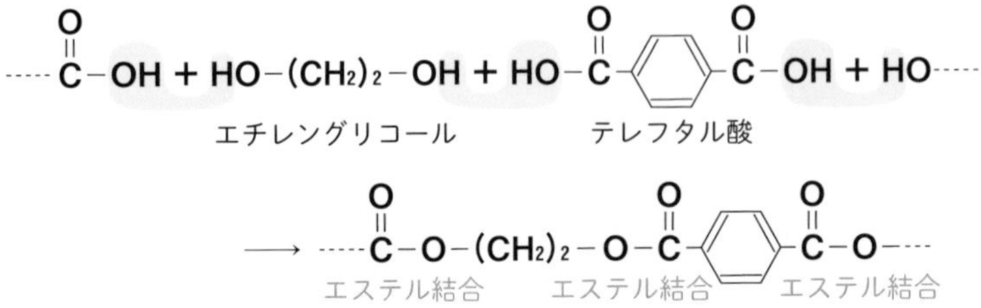

エチレングリコール　　　　テレフタル酸

エステル結合　　エステル結合　　エステル結合
ポリエチレンテレフタラートの一部

まとめると　n HO–(CH$_2$)$_2$–OH + n HO–C（　）C–OH

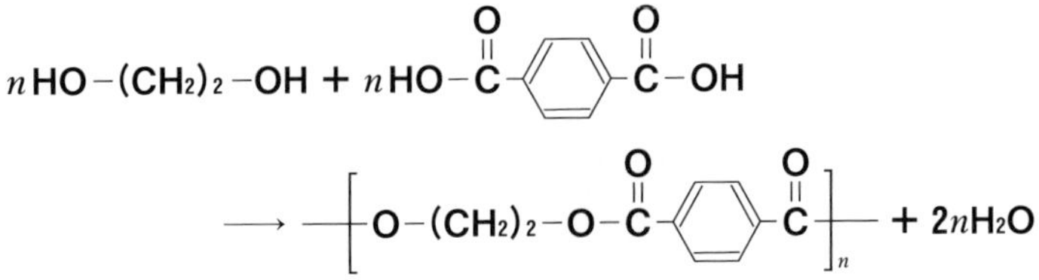

ポリエチレンテレフタラート

　ポリエチレンテレフタラート（ポリエステル系繊維）は，ペットボトルのほか，乾きやすくしわになりにくい繊維として，衣料品に広く使用されている。

補足　次の方法によっても，製造される。テレフタル酸に過剰のメタノールを反応させて，テレフタル酸ジメチルとし，これに過剰のエチレングリコールを反応させると，エステル交換反応
　　（RCOOR$_1$＋R$_2$OH ⟶ RCOOR$_2$＋R$_1$OH）が起こりポリエチレンテレフタラートになる。

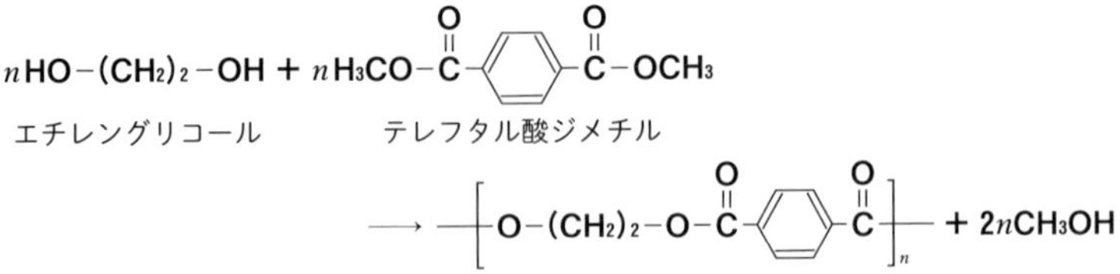

n HO–(CH$_2$)$_2$–OH + n H$_3$CO–C（　）C–OCH$_3$

エチレングリコール　　　テレフタル酸ジメチル

ポリエチレンテレフタラート

例題 16 ポリエチレンテレフタラート

　平均重合度 500 のポリエチレンテレフタラートの平均分子量はいくらか。また,このポリエチレンテレフタラート 1000 g 中に取り込まれたテレフタル酸は何 g か。ただし,原子量は H＝1.0,C＝12.0,O＝16.0 とする。

解答

　ポリエチレンテレフタラートの分子式は,次のように表される。

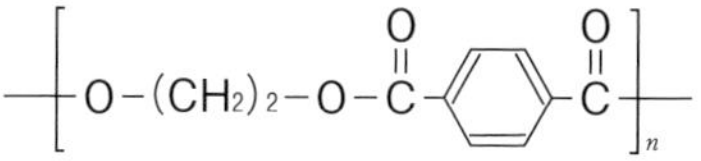

この繰り返し単位 $-O-(CH_2)_2-O-C-\bigcirc-C-$ の式量は 192

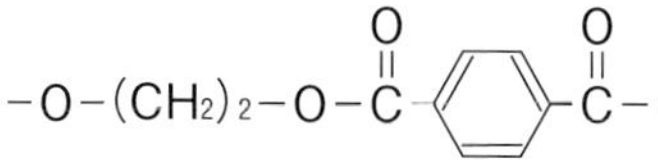

よって,平均分子量は　$500 \times 192 = \mathbf{9.60 \times 10^4}$ …答

　ポリエチレンテレフタラートは,次のように生成するので

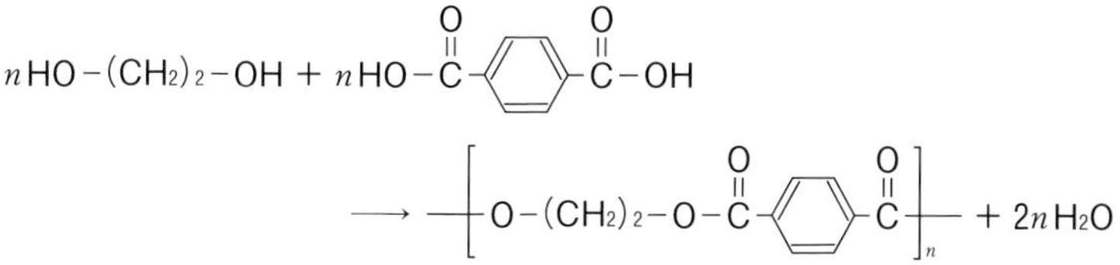

$$\longrightarrow \left[\!\!\! \begin{array}{c} O-(CH_2)_2-O-C-\bigcirc-C \end{array} \!\!\!\right]_n + 2n\,H_2O$$

　テレフタル酸(分子量 166)n(mol)からポリエチレンテレフタラート(分子量 $192n$)が 1 mol 生成する。すなわち,ポリエチレンテレフタラート $192n$(g)が生成するとき,テレフタル酸は $166n$(g)取り込まれる。

　よって,取り込まれるテレフタル酸の質量は

$$\frac{166n}{192n} \times 1000 \fallingdotseq \mathbf{865\,(g)} \ \cdots 答$$

POINT

ポリエチレンテレフタラート

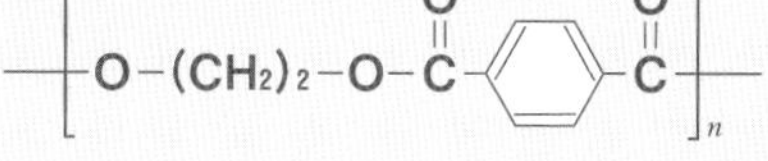

　エチレングリコール $HO-(CH_2)_2-OH$ と

テレフタル酸 $HO-C-\bigcirc-C-OH$ の縮合重合

6 アクリル繊維（付加重合） ポリビニル系

アクリロニトリルを付加重合させると，ポリアクリロニトリルが得られる。

$$n CH_2 = CH \underset{\text{付加重合}}{\longrightarrow} \left[CH_2 - CH \right]_n$$
$$\quad\quad | \qquad\qquad\qquad | $$
$$\quad\quad CN \qquad\qquad\quad CN$$

アクリロニトリル　　　　ポリアクリロニトリル

ポリアクリロニトリルを主成分とする合成繊維を**アクリル繊維**という。アクリル繊維は羊毛に似た肌ざわりで，保温力があり，セーターや毛布に用いられる。アクリロニトリルと酢酸ビニル $CH_2 = CH - OCOCH_3$ やアクリル酸メチル $CH_2 = CH - COOCH_3$ などを共重合すると染色性が向上する。また，塩化ビニルと共重合すると難燃性が向上するため，カーテンなどに用いる。

$$\cdots\cdots CH_2 - CH - CH_2 - CH - CH_2 - CH - CH_2 - CH - \cdots\cdots$$
$$\qquad\quad | \qquad\qquad | \qquad\qquad | \qquad\qquad |$$
$$\qquad\quad CN \qquad\quad Cl \qquad\quad CN \qquad\quad CN$$

塩化ビニルと共重合したポリアクリロニトリル

＋アルファ $CH_2 = CH - X$ 型の化合物の付加重合

アクリル繊維と同様に $CH_2 = CH - X$ 型の化合物は，次のように付加重合をして，右の表のような合成繊維ができる。

$$n CH_2 = CH \underset{\text{付加重合}}{\longrightarrow} \left[CH_2 - CH \right]_n$$
$$\qquad\quad | \qquad\qquad\qquad\quad |$$
$$\qquad\quad X \qquad\qquad\qquad\quad X$$

X	重合体
H	ポリエチレン
CH_3	ポリプロピレン
Cl	ポリ塩化ビニル

7 ビニロン（付加重合） ポリビニル系

酢酸ビニルが付加重合すると，ポリ酢酸ビニルになる。これをメタノール中で水酸化ナトリウム水溶液を用いてけん化すると，**ポリビニルアルコール**になる。ポリビニルアルコールはヒドロキシ基を多く含むため，水に分散して親水コロイドとなる。ポリビニルアルコール水溶液を細孔から硫酸ナトリウム水溶液中に押し出して塩析し，紡糸する。乾燥後，ホルムアルデヒド水溶液を作用させて，ヒドロキシ基の 35 〜 45 ％程度を**アセタール化**し，水に溶けないようにしたものが**ビニロン**である。

$$n\text{CH}_2=\underset{\text{OCOCH}_3}{\text{CH}} \xrightarrow{\text{付加重合}} \left[\begin{array}{c}\text{CH}_2-\text{CH}\\ |\\ \text{OCOCH}_3\end{array}\right]_n \xrightarrow{\text{NaOH}}{\text{けん化}} \left[\begin{array}{c}\text{CH}_2-\text{CH}\\ |\\ \text{OH}\end{array}\right]_n$$

酢酸ビニル　　　　　　　　　ポリ酢酸ビニル　　　　　　　ポリビニルアルコール

$$\xrightarrow[\text{アセタール化}]{\text{HCHO}} \cdots\cdots\text{-CH}_2\text{-CH-CH}_2\text{-CH-CH}_2\text{-CH-}\cdots\cdots$$

ビニロン

ビニロンには親水性のヒドロキシ基があり，適度な吸湿性を維持し，耐摩耗性，耐薬品性，保温力に優れているので，魚網，ロープ，作業着などに用いられる。

補足 1. 酢酸ビニルは，現在，エチレンと酢酸と酸素から触媒を用いて合成される。

$$\text{CH}_2=\text{CH}_2 + \text{CH}_3\text{COOH} + \frac{1}{2}\text{O}_2 \longrightarrow \underset{\text{OCOCH}_3}{\text{CH}_2=\text{CH}} + \text{H}_2\text{O}$$

以前は，アセチレンと酢酸を触媒を用いて付加反応させて酢酸ビニルを得ていた。

$$\text{H-C}\equiv\text{C-H} + \text{CH}_3\text{COOH} \longrightarrow \underset{\text{OCOCH}_3}{\text{CH}_2=\text{CH}}$$

2. ビニルアルコール $\underset{\text{OH}}{\text{CH}_2=\text{CH}}$ は不安定で，直接ポリビニルアルコールを重合することはできない。

3. **ポリビニルアルコールのアセタール化**

$$\cdots\text{-CH}_2\text{-CH-CH}_2\text{-CH-CH}_2\text{-CH-}\cdots \xrightarrow[\text{アセタール化}]{\text{HCHO}} \cdots\text{-CH}_2\text{-CH-CH}_2\text{-CH-CH}_2\text{-CH-}\cdots$$

アセタール構造

$$\left(\underset{\text{H}\quad\text{H}}{\overset{\text{O}}{\underset{||}{\text{C}}}} + 2\text{ROH} \xrightarrow{\text{アセタール化}} \right.$$

アセタール構造

アセタール

例題 17　ビニロン

ビニロンに関する(1)，(2)の問いに答えよ。ただし，原子量は $\text{H}=1.0$，$\text{C}=12.0$，$\text{O}=16.0$ とする。

(1) 上の図のポリビニルアルコール中にあるヒドロキシ基の 50 % が，ホルムアルデヒドと反応したビニロンの分子式を書け。

$$\left[\text{CH}_2\text{-CH-CH}_2\text{-CH-CH}_2\text{-CH-CH}_2\text{-CH}\right]_n$$

OH　　　OH　　　OH　　　OH

(2) ポリビニルアルコール中にあるヒドロキシ基の 60 % を，ホルムアルデヒド
　と反応させてビニロンとした。ポリビニルアルコール 10.0 g から何 g のビニ
　ロンが得られるか。

(解答)

(1) 隣り合うヒドロキシ基とホルムアルデヒドからアセタール構造を生成する。

$$\left[\begin{array}{c} CH_2-CH-CH_2-CH-CH_2-CH-CH_2-CH \\ \quad\quad |\quad\quad\quad\quad | \quad\quad\quad\quad\quad\quad | \quad\quad\quad\quad | \\ \quad O-CH_2-O \quad\quad\quad\quad\quad\quad OH \quad\quad\quad\quad OH \end{array}\right]_n$$ … ㊜

(2) $-OH$ はアセタール化すると $-(O-CH_2-O)$ の半分になるので，ポリビニル
　アルコール中の x 〔%〕のヒドロキシ基がホルムアルデヒドと反応したとすると，
　ビニロンは次のようになる。

$$\left[\begin{array}{c} CH_2-CH \\ \quad\quad | \\ (O-CH_2-O)\times\frac{1}{2} \end{array}\right]_{\frac{x}{100}n} \left[\begin{array}{c} CH_2-CH \\ \quad\quad | \\ \quad OH \end{array}\right]_{\frac{100-x}{100}n}$$

　　　　式量 50.0　　　　　　　　　　　式量 44.0

　　このビニロンの分子量は，$50.0\times\dfrac{x}{100}n+44.0\times\dfrac{100-x}{100}n$ であるから，

　　$x=60$ % のとき，$47.6n$ である。$\left[\begin{array}{c} CH_2-CH \\ | \\ OH \end{array}\right]_n$ の分子量は $44.0n$ なので，

　　生成するビニロンの質量は

　　$\dfrac{47.6n}{44.0n}\times10.0\fallingdotseq$ **10.8〔g〕** … ㊜

POINT

ビニロンの製法

$$\boxed{酢酸ビニル} \xrightarrow[付加重合]{} \boxed{ポリ酢酸ビニル}$$

$$\xrightarrow[けん化]{} \boxed{ポリビニルアルコール} \xrightarrow[アセタール化]{HCHO} \boxed{ビニロン}$$

　　ポリビニルアルコールは，ビニルアルコールが不安定なため，酢酸
ビニルを付加重合してポリ酢酸ビニルとし，けん化して合成する。水
溶性のポリビニルアルコールをアセタール化して不溶性にしたのが，
ビニロンである。

3 | 合成樹脂

1 合成樹脂の分類

　合成高分子化合物のうち，熱や圧力を加えて成形・加工し，食器，機械部品，建設資材などに使用されるものを**合成樹脂**または**プラスチック**という。

　加熱するとやわらかくなり変形するが，冷却すると変形したまま硬くなる性質（熱可塑性）をもつ合成樹脂を**熱可塑性樹脂**という。**熱可塑性樹脂は，付加重合または縮合重合による長い鎖状構造の重合体である。**

　加熱すると硬くなり，再びやわらかくならない性質（熱硬化性）をもつ合成樹脂を**熱硬化性樹脂**という。**熱硬化性樹脂は，付加縮合または縮合重合による三次元網目状構造の重合体である。**これを加熱すると，縮合重合がさらに進み，三次元網目状構造がさらに発達するため，熱硬化性を示す。

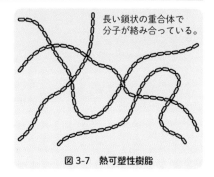

長い鎖状の重合体で分子が絡み合っている。

図 3-7　熱可塑性樹脂

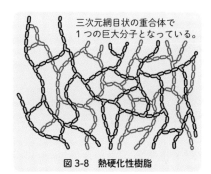

三次元網目状の重合体で1つの巨大分子となっている。

図 3-8　熱硬化性樹脂

POINT

熱可塑性樹脂と熱硬化性樹脂

分類	性質	重合の種類と構造，例
熱可塑性樹脂	熱可塑性を示す。	付加重合や縮合重合による鎖状構造の重合体。 例：ポリエチレン，ナイロン 66， 　　ポリエチレンテレフタラート
熱硬化性樹脂	熱硬化性を示す。	付加縮合や縮合重合による三次元網目状構造の重合体。 例：フェノール樹脂，尿素樹脂，メラミン樹脂

2 付加重合による熱可塑性樹脂

ビニル基 $CH_2=CH-$ をもつビニル化合物は付加重合によって鎖状構造をもつ熱可塑性樹脂となる。

$$n\,CH_2{=}\underset{X}{CH} \xrightarrow{\text{付加重合}} \left[CH_2{-}\underset{X}{CH} \right]_n$$

A ポリエチレン

エチレンを付加重合すると, **ポリエチレン** が得られる。

$$n\,CH_2{=}CH_2 \xrightarrow{\text{付加重合}} \left[CH_2{-}CH_2 \right]_n$$

エチレン　　　　　　　ポリエチレン

ポリエチレンは, 成形加工性に優れ, 耐薬品性があるため, 容器, 薬品びんに使われる。水分をほとんど透過しないため, フィルムとしても使われる。

補足 ポリエチレンには, 重合条件によって, **高密度ポリエチレン(HDPE)** と **低密度ポリエチレン(LDPE)** がある。

$$\cdots\cdots-CH_2-CH_2-CH_2-CH_2-CH_2-CH_2-CH_2-CH_2-\cdots\cdots$$

〈高密度ポリエチレン〉
・枝分かれがほとんどない。
・結晶化度が高い。
・強度が高く透明性が低い。

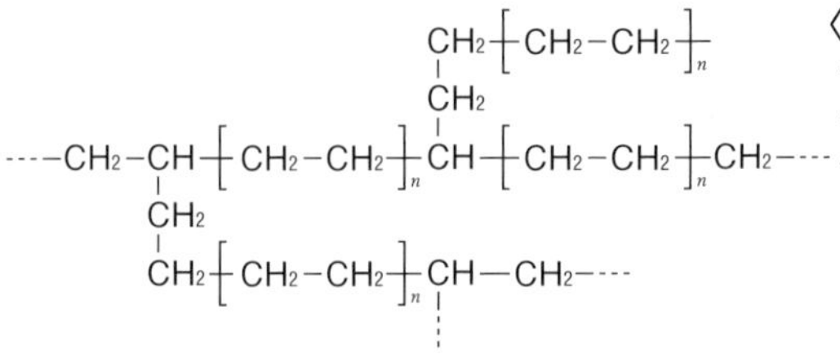

〈低密度ポリエチレン〉
・枝分かれがある。
・結晶化度が低い。
・やわらかく透明性が高い。

B ポリプロピレン

プロピレンを付加重合すると, **ポリプロピレン** が得られる。

$$n\,CH_2{=}\underset{CH_3}{CH} \xrightarrow{\text{付加重合}} \left[CH_2{-}\underset{CH_3}{CH} \right]_n$$

プロピレン　　　　　　ポリプロピレン

C ポリ塩化ビニル

塩化ビニルを付加重合すると，**ポリ塩化ビニル**が得られる。

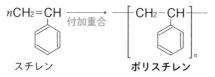

ポリ塩化ビニルは，耐薬品性，耐候性に優れ，難燃性で，非常に硬い合成樹脂である。柔軟性を与える可塑剤を加えたものは，人工皮革に用いられる。

D ポリスチレン

スチレンを付加重合すると，**ポリスチレン**が得られる。

ポリスチレンは，透明で着色性に優れた合成樹脂で，発泡ポリスチレンとして断熱材，吸音材，梱包材などに用いられる。

E アクリル樹脂（メタクリル樹脂）

メタクリル酸メチルを付加重合すると，ポリメタクリル酸メチルが得られる。ポリメタクリル酸メチルは，**アクリル樹脂**またはメタクリル樹脂と呼ばれる。

$$nCH_2=C{\displaystyle<}^{CH_3}_{COOCH_3} \xrightarrow{\text{付加重合}} \left[CH_2-\underset{COOCH_3}{\overset{CH_3}{\underset{|}{\overset{|}{C}}}}\right]_n$$

メタクリル酸メチル　　　　　　　　ポリメタクリル酸メチル

透明性，耐候性に優れ，看板，建築材料，風防ガラスなどに用いられる。

補足 ポリスチレンやポリメタクリル酸メチル（アクリル樹脂）は大きな側鎖をもっているため，結晶化度が低くなる。結晶化度が低いと，合成樹脂内部の微結晶による光の乱反射が少なく，透明性がよくなる。また，軟化点が低くなる。

メタクリル酸メチルは，メタクリル酸 $CH_2=C(CH_3)COOH$ とメタノール CH_3OH からなるエステルである。

$$CH_2=C(CH_3)COOH + CH_3OH \longrightarrow CH_2=C(CH_3)COOCH_3 + H_2O$$

表 3-1　付加重合による熱可塑性樹脂の例

樹脂名	単量体	構造式	性質・用途
ポリエチレン (PE)	$CH_2=CH_2$	$-\!\!\left[CH_2-CH_2\right]_n\!\!-$	耐薬品性。 フィルム，容器，薬品瓶
ポリプロピレン (PP)	$CH_2=CH$ 　　　CH_3	$-\!\!\left[CH_2-CH\atop\quad CH_3\right]_n\!\!-$	耐薬品性。 フィルム，ロープ，容器
ポリ塩化ビニル (PVC)	$CH_2=CH$ 　　　Cl	$-\!\!\left[CH_2-CH\atop\quad Cl\right]_n\!\!-$	難燃性，耐薬品性。 人工皮革，建材
ポリスチレン (PS)	$CH_2=CH$ （ベンゼン環）	$-\!\!\left[CH_2-CH\right]_n\!\!-$（ベンゼン環）	透明性，着色性に優れる。 断熱材，吸音材（発泡）
ポリ酢酸ビニル (PVAc)	$CH_2=CH$ 　　　$OCOCH_3$	$-\!\!\left[CH_2-CH\atop\quad OCOCH_3\right]_n\!\!-$	軟化点が低い。 ガムのベース，接着剤
アクリル樹脂 （メタクリル樹脂） (PMMA)	$CH_2=C\!\!<{CH_3\atop COOCH_3}$	$-\!\!\left[CH_2-{C\atop\ }\atop\ \right]_n\!\!-$　${CH_3\atop COOCH_3}$	透明性大。 看板，風防ガラス
ポリ塩化ビニリデン (PVDC)	$CH_2=CCl_2$	$-\!\!\left[CH_2-CCl_2\right]_n\!\!-$	耐候性，難燃性。 魚網，食品用ラップ
フッ素樹脂	$CF_2=CF_2$	$-\!\!\left[CF_2-CF_2\right]_n\!\!-$	耐熱性，耐薬品性， 非粘着性，低摩擦係数。 調理器具

3　縮合重合による熱可塑性樹脂

　1分子中に2個の官能基（反応部位）をもつ，2官能基性単量体の縮合重合によっ
て，鎖状構造の熱可塑性樹脂が得られる。このタイプの熱可塑性樹脂としては，多
数のエステル結合をもつポリエチレンテレフタラート，多数のアミド結合をもつ
ナイロン66などがある。また，開環重合によるナイロン6も熱可塑性樹脂である。
　ホスゲンとビスフェノールAを縮合重合すると，カーボネート結合 $-OCOO-$
を多数もつポリカーボネートが得られる。ポリカーボネートはアクリル樹脂につ
いで透明で，耐熱性に優れた合成樹脂である。レンズ，CD基盤などに用いられる。

$$n\,Cl-\overset{\displaystyle O}{\underset{\displaystyle \|}{C}}-Cl \;+\; n\,HO-\underset{}{\bigcirc}-\overset{\displaystyle CH_3}{\underset{\displaystyle CH_3}{C}}-\underset{}{\bigcirc}-OH$$

ホスゲン　　　　　　　ビスフェノール A

$$\longrightarrow \left[-O-\bigcirc-\overset{CH_3}{\underset{CH_3}{C}}-\bigcirc-O-\overset{O}{\underset{\|}{C}}- \right]_n + 2n\,HCl$$

ポリカーボネート

表 3-2　縮合重合による熱可塑性樹脂の例

樹脂名	単量体／重合体	性質・用途
ナイロン 66 PA66	$H_2N-(CH_2)_6-NH_2$　ヘキサメチレンジアミン $HO-\overset{O}{\underset{\|}{C}}-(CH_2)_4-\overset{O}{\underset{\|}{C}}-OH$　アジピン酸 $\left[-NH-(CH_2)_6-NH-\overset{O}{\underset{\|}{C}}-(CH_2)_4-\overset{O}{\underset{\|}{C}}- \right]_n$	吸湿性が低い。 フィルム，容器，繊維，傘地
ポリエチレン テレフタラート PET	$HO-(CH_2)_2-OH$　エチレングリコール $HO-\overset{O}{\underset{\|}{C}}-\bigcirc-\overset{O}{\underset{\|}{C}}-OH$　テレフタル酸 $\left[-O-(CH_2)_2-O-\overset{O}{\underset{\|}{C}}-\bigcirc-\overset{O}{\underset{\|}{C}}- \right]_n$	耐熱性。 フィルム，容器， PET ボトル，繊維
ポリカーボネート PC	$Cl-\overset{O}{\underset{\|}{C}}-Cl$　ホスゲン　　$HO-\bigcirc-\overset{CH_3}{\underset{CH_3}{C}}-\bigcirc-OH$　ビスフェノール A $\left[-O-\bigcirc-\overset{CH_3}{\underset{CH_3}{C}}-\bigcirc-O-\overset{O}{\underset{\|}{C}}- \right]_n$	耐衝撃性，耐熱性。透明。 CD 基盤，ヘルメットの風防

補足　ナイロン 66 は p.669，ポリエチレンテレフタラートは p.674 を参照。

付加重合による熱可塑性樹脂

$$n CH_2=\underset{\underset{X}{|}}{CH} \xrightarrow[\text{付加重合}]{} \left[CH_2-\underset{\underset{X}{|}}{CH} \right]_n$$

単量体　X	重合体
エチレン　X＝H	ポリエチレン
プロピレン　X＝CH₃	ポリプロピレン
塩化ビニル　X＝Cl	ポリ塩化ビニル
スチレン　X＝C₆H₅	ポリスチレン

$$CH_2=\underset{\underset{X}{|}}{\overset{\overset{Y}{|}}{C}} \xrightarrow{} \left[CH_2-\underset{\underset{X}{|}}{\overset{\overset{Y}{|}}{C}} \right]_n$$

X＝CH₃　　CH₂＝CCH₃　　⟶　⎡CH₂−C(CH₃)⎤

Y＝COOCH₃　　　COOCH₃　　　　　COOCH₃⎦ₙ

メタクリル酸メチル　　　　　アクリル樹脂

縮合重合による熱可塑性樹脂

　　ヘキサメチレンジアミンとアジピン酸 ⇨ ナイロン66

　　エチレングリコールとテレフタル酸 ⇨ ポリエチレンテレフタラート

参考　プラスチックという言葉

　プラスチックと合成樹脂は同じ意味に使っているが，プラスチックの plastics は可塑性の物質を意味し，合成樹脂の synthetic resin は合成された樹脂の意味である。本来は違う意味であるが，多くの人が使っているうちに同じ意味に変化した用語である。

---

4 付加縮合による熱硬化性樹脂

　フェノールとホルムアルデヒドや尿素とホルムアルデヒドなどは，付加反応と縮合反応を繰り返して，熱硬化性樹脂となる。熱硬化性樹脂は，熱によって分子どうしが橋架け構造(架橋構造)をつくり，三次元網目状の立体構造を発達させることで硬化する。

A フェノール樹脂

フェノール樹脂は，1909年ベークランドによって最初につくられたベークライトとも呼ばれる合成樹脂で，フェノールとホルムアルデヒドとが付加と縮合を繰り返して進行する**付加縮合**による**三次元網目構造の熱硬化性樹脂**である。フェノールとホルムアルデヒドを，酸または塩基の触媒下で加熱すると，縮合して**ノボラック**や**レゾール**と呼ばれる中間生成物となる。ノボラックに硬化剤などを加えて圧力を加えて加熱すると重合反応が進み，フェノール樹脂になる。一方，レゾールは加熱するだけで重合反応が進み，フェノール樹脂になる。

ノボラック $n=0〜10$

フェノール
＋
nHCHO 塩基触媒
ホルムアルデヒド

酸触媒

硬化剤
加熱

加熱

フェノール樹脂

レゾール
＊の1〜3カ所，＊の1〜4カ所が－CH₂OHで置換された混合物。

　フェノールとホルムアルデヒドの反応は，次のように付加反応と縮合反応の繰り返しで進行する**付加縮合**。

付加　　縮合

　フェノールは　　の＊で示した3つの反応点

をもつ単量体であるので，重合反応が起こると反応点で枝分かれして，三次元網目状構造の熱硬化性樹脂であるフェノール樹脂となる。

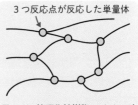

3つ反応点が反応した単量体

図3-9　熱硬化性樹脂のイメージ

5

第3章　合成高分子化合物

685

B 尿素樹脂

　尿素とホルムアルデヒドを付加縮合すると，三次元網目状構造の熱硬化性樹脂である**尿素樹脂(ユリア樹脂)**が得られる。

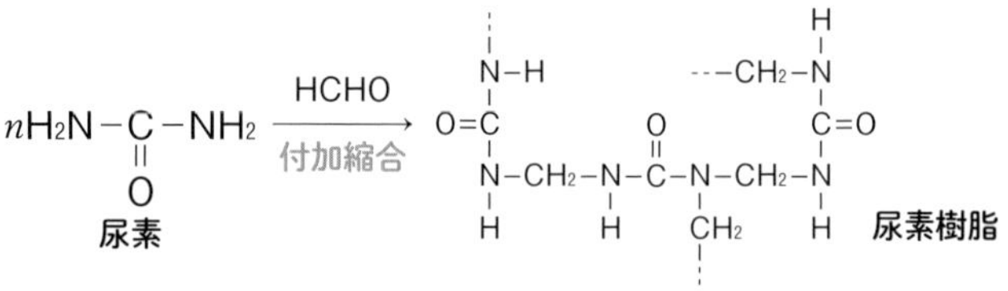

　尿素樹脂は着色性がよく，日用品に用いられる。尿素樹脂のように，ホルムアルデヒドとアミノ基をもつ化合物との付加縮合によってつくられる合成樹脂を**アミノ樹脂**という。

補足　1. 尿素とホルムアルデヒドは，次のように付加縮合する。

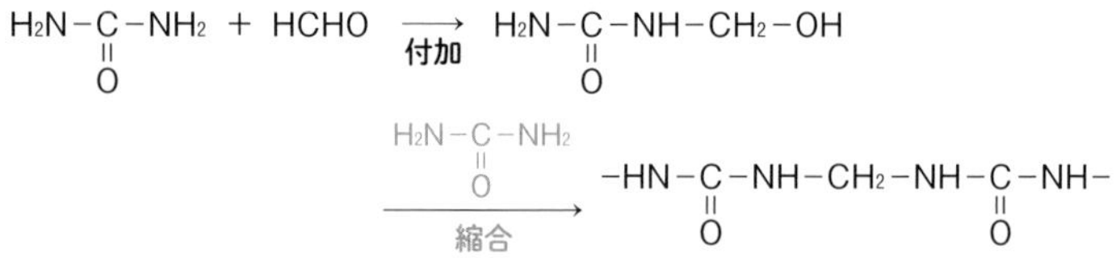

　　　2. 尿素は4つの反応点をもつ単量体で，ホルムアルデヒドと付加縮合して，三次元網目状構造の熱硬化性樹脂となる。

C メラミン樹脂

　メラミンとホルムアルデヒドを付加縮合すると，三次元網目状構造の熱硬化性樹脂で，アミノ樹脂である**メラミン樹脂**が得られる。

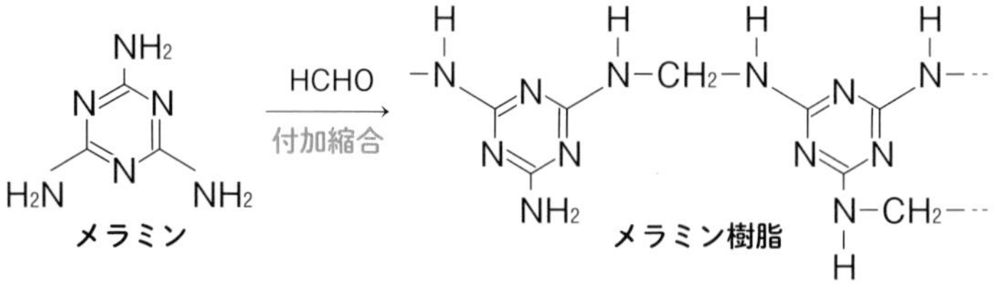

　メラミン樹脂は尿素樹脂より硬く耐熱性に富み，傷つきにくいので，メラミン化粧板として家具や建材に用いられる。

補足　メラミンとホルムアルデヒドの反応は，次のように付加縮合する。

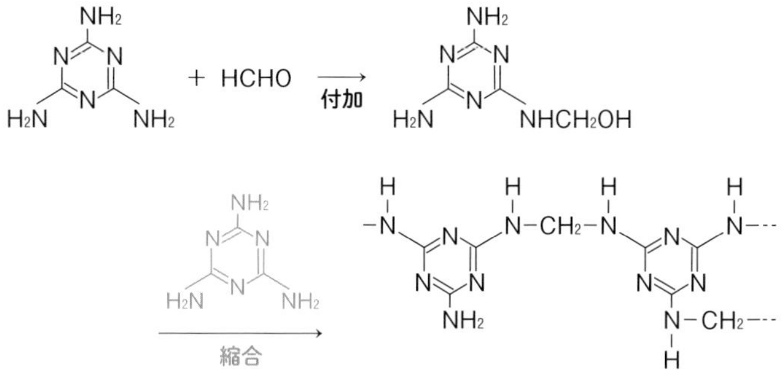

5 縮合重合による熱硬化性樹脂

A アルキド樹脂

無水フタル酸などの多価カルボン酸無水物とグリセリンなどの多価アルコールの縮合重合で得られる熱硬化性樹脂を**アルキド樹脂**という。耐候性に優れ，塗料や接着剤に用いられる。

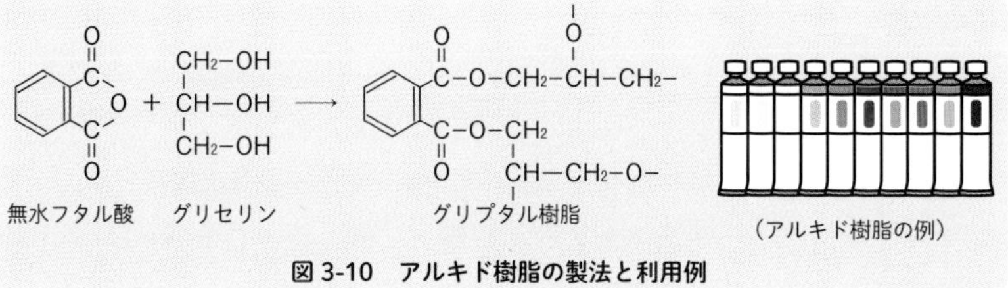

図 3-10　アルキド樹脂の製法と利用例

B シリコーン樹脂

ジクロロジメチルシラン$(CH_3)_2SiCl_2$やトリクロロメチルシランCH_3SiCl_3は，水と反応して，それぞれジメチルシラノール$(CH_3)_2Si(OH)_2$やメチルシラノール$CH_3Si(OH)_3$になる。これらは，シラノールと呼ばれ，縮合重合して，三次元網目状構造のシリコーン樹脂となる。

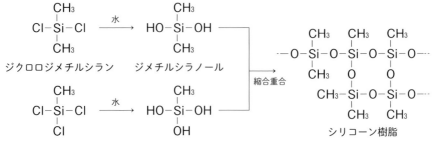

ジクロロジメチルシラン　　ジメチルシラノール

トリクロロメチルシラン　　メチルシラノール

シリコーン樹脂

　シリコーン樹脂は，耐熱性，耐水性および電気絶縁性に優れ，電気部品材料として用いられる。また，撥水性に優れているので防水スプレーなどに利用される。

図3-11　シリコーン樹脂を使った防水スプレー

例題 18　合成樹脂

　次の①～⑧の合成樹脂（高分子化合物）について，(1)～(3)の問いに答えよ。

① ポリエチレンテレフタラート　　② ポリスチレン

③ 尿素樹脂　　④ ポリ塩化ビニル　　⑤ メタクリル樹脂

⑥ メラミン樹脂　　⑦ フェノール樹脂　　⑧ ナイロン66

(1) 付加重合で生成する合成樹脂（重合体）の分子式を書け。

(2) 縮合重合で生成する熱可塑性樹脂の分子式を書け。

(3) 熱硬化性樹脂を選び，その単量体の名称を書け。

（解答）

(1) ② ポリスチレン，④ ポリ塩化ビニル，⑤ メタクリル樹脂は，それぞれ

② $CH_2=CH$（ベンゼン環） ④ $CH_2=CH$・Cl ⑤ $CH_2=C$・CH_3・$COOCH_3$　　が付加重合した重合体だから，

分子式は

② $\left[CH_2-CH(ベンゼン環)\right]_n$　④ $\left[CH_2-CH・Cl\right]_n$　⑤ $\left[CH_2-C(CH_3)(COOCH_3)\right]_n$ …（答）

(2) ① ポリエチレンテレフタラートは，エチレングリコールとテレフタル酸の，
⑧ ナイロン 66 は，ヘキサメチレンジアミンとアジピン酸の縮合重合による
熱可塑性樹脂である。それぞれの分子式は

$$\begin{array}{cc}
① & \left[O-(CH_2)_2-O-C-\underset{\text{}}{\bigcirc}-C \right]_n
\end{array}
\qquad
\begin{array}{c}
⑧ \left[NH-(CH_2)_6-NH-\underset{O}{C}-(CH_2)_4-\underset{O}{C} \right]_n \cdots \text{答}
\end{array}$$

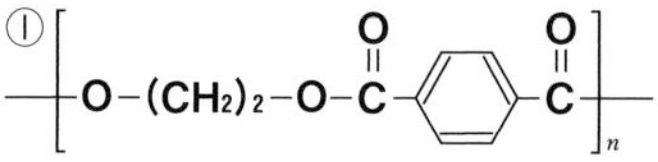

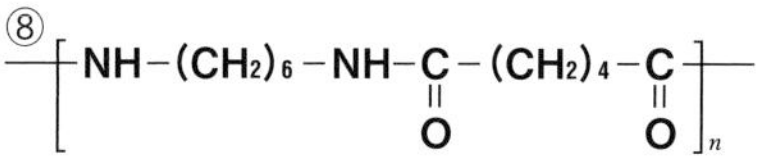

(3) ③ 尿素樹脂，⑥ メラミン樹脂，⑦ フェノール樹脂は，単量体の 1 つにホ
ルムアルデヒドを用いる付加縮合による熱硬化性樹脂である。

それぞれの単量体は

③ 尿素とホルムアルデヒド，⑥ メラミンとホルムアルデヒド，

⑦ フェノールとホルムアルデヒド …答

POINT

熱硬化性樹脂

フェノールとホルムアルデヒド	⇨ フェノール樹脂
尿素とホルムアルデヒド	⇨ 尿素樹脂
メラミンとホルムアルデヒド	⇨ メラミン樹脂

表 3-3　熱硬化性樹脂の例

名称		原料（単量体）	特徴・用途
付加縮合	フェノール樹脂	フェノール 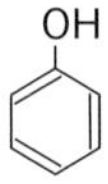 OH（ベンゼン環） ホルムアルデヒド　HCHO	最初に実用化された合成樹脂。耐熱性，耐薬品性，電気絶縁性。 電気部品。
（アミノ樹脂）	尿素樹脂 ユリア樹脂	尿素　$H_2N-C-NH_2$ 　　　　　　　$\parallel$ 　　　　　　　O ホルムアルデヒド　HCHO	優れた着色性，耐熱性，透明性，接着性。 接着剤，各種成形品。
	メラミン樹脂	メラミン（トリアジン環，NH_2，H_2N，NH_2） 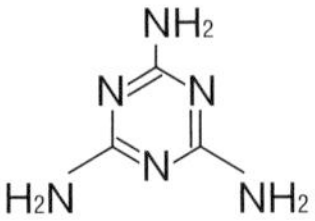 ホルムアルデヒド　HCHO	耐熱性，耐薬品性。 家具，化粧板，塗料。
縮合重合（系）	アルキド樹脂 （ポリエステル樹脂）	無水フタル酸（CO，O，CO） 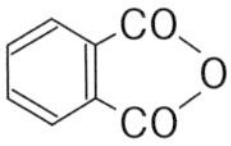 グリセリン　CH_2OH 　　　　　　$CHOH$ 　　　　　　CH_2OH	耐候性。 成形材料には向かない。 自動車用塗料，接着剤。
	不飽和 ポリエステル	マレイン酸　$HOOC-CH=CH-COOH$ エチレングリコール　$HO-(CH_2)_2-OH$ 架橋剤　$CH_2=CHR$	耐候性，低圧で成形できる。 ガラス繊維との複合材，構造材。
	エポキシ樹脂	ビスフェノール A 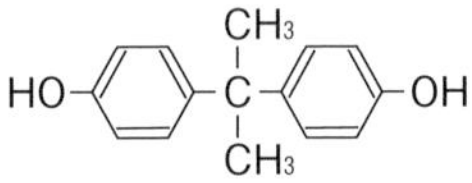 　　　　　CH_3 $HO-$（ベンゼン環）$-C-$（ベンゼン環）$-OH$ 　　　　　CH_3 エピクロロヒドリン硬化剤 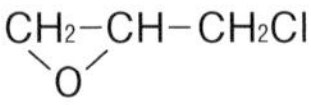 　$CH_2-CH-CH_2Cl$ 　　　$\diagdown O \diagup$	接着性，耐摩耗性，耐薬品性。 接着剤，塗料。
	シリコーン樹脂	ジクロロジメチルシラン $(CH_3)_2SiCl_2$ トリクロロメチルシラン　CH_3SiCl_3	耐熱性，耐水性，電気絶縁性，撥水性。 電気絶縁材。

4 | 機能性高分子化合物

1 イオン交換樹脂

A イオン交換樹脂の合成

電解質水溶液に入れると水溶液中のイオンと樹脂中のイオンを入れ替えるはたらきをもつ合成樹脂を**イオン交換樹脂**という。一般に，スチレンと少量の*p*-ジビニルベンゼンを共重合して得られる三次元網目状構造のポリスチレンに，酸性または塩基性の基を導入した合成樹脂である。

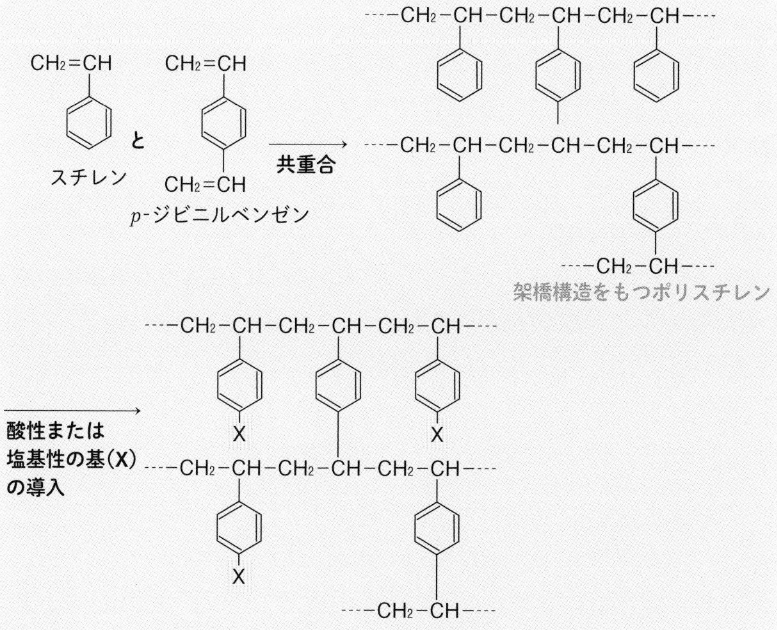

図 3-12　イオン交換樹脂

B 陽イオン交換樹脂

架橋構造をもつポリスチレンをスルホン化すると陽イオン交換樹脂ができる。

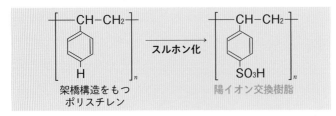

陽イオン交換樹脂は，水溶液中の陽イオンと結合し，H^+を放出する。例えば，陽イオン交換樹脂を詰めた管に塩化ナトリウム水溶液を注入すると，Na^+と樹脂中のH^+が交換されて，希塩酸が流出する。

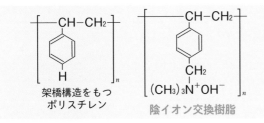

この反応は可逆反応で，Na^+と結合した樹脂に希塩酸を注入すると，樹脂中のNa^+はH^+に交換されて，もとの陽イオン交換樹脂に戻る。

補足 陽イオン交換樹脂の交換基には次のような種類がある。（　）内は有効 pH 範囲。

  $R-SO_3H$（2 以上）　　$R-COOH$（6 以上）

ⓒ 陰イオン交換樹脂

架橋構造をもつポリスチレンに $-CH_2N^+(CH_3)_3OH^-$ のような塩基性の基を導入すると陰イオン交換樹脂ができる。

陰イオン交換樹脂は，水溶液中の陰イオンと結合し，OH^-を放出する。例えば，陰イオン交換樹脂を詰めた管に塩化ナトリウム水溶液を注入すると，Cl^-と樹脂中のOH^-が交換されて，水酸化ナトリウム水溶液が流出する。

$$\left[\begin{array}{c} -CH-CH_2- \\ \bigcirc \\ | \\ CH_2 \\ (CH_3)_3N^+OH^- \end{array}\right]_n + nNaCl \rightleftharpoons \left[\begin{array}{c} -CH-CH_2- \\ \bigcirc \\ | \\ CH_2 \\ (CH_3)_3N^+Cl^- \end{array}\right]_n + nNaOH \text{ 水酸化ナトリウム水溶液}$$

陰イオン交換樹脂

　この反応は可逆反応で，Cl^- と結合した樹脂に水酸化ナトリウム水溶液を注入すると，樹脂中の Cl^- は OH^- に交換されて，もとの陰イオン交換樹脂に戻る。

D　イオン交換樹脂の利用

　カラム（筒状の容器）に陽イオン交換樹脂と陰イオン交換樹脂を充填し，海水などのいろいろなイオンを含む水溶液を注入すると，陽イオンと陰イオンは，H^+ と OH^- に交換される。生じた H^+ と OH^- は中和して水になるので，海水などを純水にすることができる。このような水を**イオン交換水（脱イオン水）**といい，化学実験室や工場などで使われている。

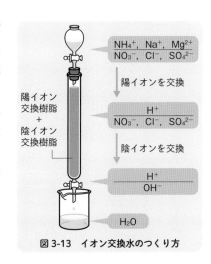

陽イオン交換樹脂＋陰イオン交換樹脂

$NH_4^+,\ Na^+,\ Mg^{2+}$
$NO_3^-,\ Cl^-,\ SO_4^{2-}$

陽イオンを交換 ↓

H^+
$NO_3^-,\ Cl^-,\ SO_4^{2-}$

陰イオンを交換 ↓

H^+
OH^-

H_2O

図 3-13　イオン交換水のつくり方

例題 19　イオン交換樹脂

イオン交換樹脂に関する次の問いに答えよ。

(1) $R-SO_3H$ 型の陽イオン交換樹脂（R は官能基以外の部分）は，2 種類の単量体を共重合した合成樹脂を原料として，その合成樹脂中のベンゼン環上の水素を $-SO_3H$ に置換して得られる。この 2 種類の単量体の構造式を書け。

(2) 塩化ナトリウム水溶液に $R-SO_3H$ 型の陽イオン交換樹脂を加えたときに起こる反応を平衡反応式で示せ。ただし，陽イオン交換樹脂を $\left[\begin{array}{c} R \\ | \\ SO_3H \end{array}\right]_n$ とせよ。

(3) 十分な量の陽イオン交換樹脂を管に詰め，濃度不明の塩化ナトリウム水溶液 15.0 mL を通し，流出液のすべてを 0.0200 mol/L の水酸化ナトリウム水溶液で中和滴定したところ，12.0 mL を要した。この塩化ナトリウム水溶液の濃度を求めよ。

（解答）

(1) イオン交換樹脂の母体分子は，スチレンと少量の $p-$ジビニルベンゼンを共重合させた，三次元網目状構造のポリスチレンである。2種類の単量体の構造式を，それぞれ右に示す。

… 答

(2) 樹脂中の H^+ と Na^+ が交換される。

$$\begin{bmatrix} R \\ | \\ SO_3H \end{bmatrix}_n + nNaCl \rightleftharpoons \begin{bmatrix} R \\ | \\ SO_3Na \end{bmatrix}_n + nHCl$$ … 答

(3) 塩化ナトリウム水溶液中の Na^+ は H^+ にすべて交換されるので，塩化ナトリウム水溶液の濃度を x (mol/L) とすると，流出する H^+ の物質量は

$$x \times \frac{15.0}{1000} (mol)$$

したがって

$$x \times \frac{15.0}{1000} = 0.0200 \times \frac{12.0}{1000}$$

$$x = 0.0160 (mol/L) \cdots 答$$

POINT

イオン交換樹脂（Rは官能基以外の部分）

陽イオン交換樹脂：$-SO_3H$ の H^+ が陽イオンと交換。

$$\begin{bmatrix} R \\ | \\ SO_3H \end{bmatrix}_n + nNa^+ \rightleftharpoons \begin{bmatrix} R \\ | \\ SO_3Na \end{bmatrix}_n + nH^+$$

陰イオン交換樹脂：$-CH_2N^+(CH_3)_3OH^-$ の OH^- が陰イオンと交換。

$$\begin{bmatrix} R \\ | \\ CH_2-N^+(CH_3)_3OH^- \end{bmatrix}_n + nCl^- \rightleftharpoons \begin{bmatrix} R \\ | \\ CH_2-N^+(CH_3)_3Cl^- \end{bmatrix}_n + nOH^-$$

参 考　イオン交換膜による海水の濃縮

　　陽・陰イオンの一方だけを通す膜を**イオン交換膜**といい，陽（陰）イオンを通す膜
を陽（陰）イオン交換膜という。右図のように海水中にイ
オン交換膜と電極を入れて直流電源につなぐと，Na^+ は
陽イオン交換膜，Cl^- は陰イオン交換膜を通り，両イオ
ン交換膜の間に濃縮された海水が生じる。
　　食塩製造における海水の濃縮に利用される。

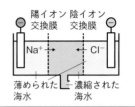

2　イオン交換樹脂によるアミノ酸の分離

　　α-アミノ酸は，水溶液中で，陽イオン・双性イオン・陰イオンの平衡混合物と
して存在する。この混合溶液を強酸性にすると，すべてのアミノ酸は陽イオンに
なる。この混合溶液を陽イオン交換樹脂の詰まったカラムに通すと，すべてのア
ミノ酸が樹脂に吸着される。次に，このカラムに pH の小さい緩衝溶液から pH
の大きい緩衝溶液を順次通すと，等電点（⇨ p.644）の小さいアミノ酸から双性イ
オンとなり，順に溶出する。

　　アスパラギン酸（等電点 2.8），アラニン（等電点 6.0），リシン（等電点 9.7）の混
合溶液を塩酸酸性で pH 2.5 に調整して，陽イオン交換樹脂の詰まったカラムに
通すと，すべてのアミノ酸が樹脂に吸着される。このカラムに pH 4.0 の緩衝溶
液から pH 11.0 の緩衝溶液を順次通すと，まず，等電点の最も小さいアスパラギ
ン酸が双性イオンとなって溶出する。次に等電点 6.0 のアラニンが溶出し，最後
に等電点 9.7 のリシンが溶出する。このように，イオン交換樹脂を用いると，α-
アミノ酸の等電点の違いを利用して α-アミノ酸を分離することができる。

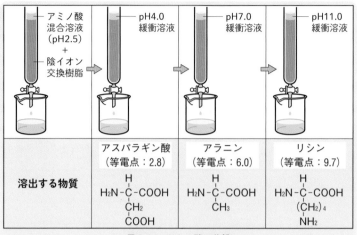

図 3-14　アミノ酸の分離

例題 20　アミノ酸の分離

　次の①～③のアミノ酸を，強塩基性で陰イオン交換樹脂に吸着させ，pH の大きい緩衝溶液から pH の小さい緩衝溶液を順次流すと，最初に溶出するアミノ酸はどれか。

①　グリシン　　②　グルタミン酸　　③　リシン

（解答）

①グリシンは中性アミノ酸，

②グルタミン酸は酸性アミノ酸，

③リシンは塩基性アミノ酸で，緩衝溶液の pH を順次小さくしたとき，最初に陰イオンから双性イオンになるのは，等電点の大きいリシンである。

　　したがって，③ … 答

3 吸水性高分子

アクリル酸ナトリウム $CH_2=CH-COONa$ と少量の架橋剤の共重合体は，多量の水を吸収・保持できる。このような高分子を**吸水性高分子(高吸水性樹脂)**という。

〈吸水の原理〉

❶ 水に接触すると
$-COONa$ が電離し，
$-COO^-$ と Na^+ になる。
多数の $-COO^-$ をもつ
分子鎖が水に溶けよう
と広がると同時に，
$-COO^-$ 間の反発によ
り，三次元網目状構造
が広がり，水を吸収する。

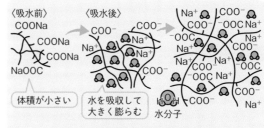

図 3-15　吸水性高分子の吸水の仕組み

❷ さらに，Na^+ によるイオン濃度が周囲より高くなるため，浸透圧が生じ，水を吸収する。

補足　周囲のイオン濃度が高いと，吸水されず，逆に，水が樹脂から浸出する。

4 生分解性高分子

環境中の微生物や生体内の酵素の作用で分解される高分子を，**生分解性高分子**という。ポリ乳酸やポリグリコール酸などがあり，縫合糸などに使われる。

$$\left[\begin{array}{c} CH_3 \\ | \\ O-CH-C \\ \| \\ O \end{array}\right]_n \qquad \left[\begin{array}{c} O-CH_2-C \\ \| \\ O \end{array}\right]_n$$

ポリ乳酸　　　　　　　　ポリグリコール酸

乳酸を縮合重合して得られる低分子量のポリ乳酸は，触媒によって環状のラクチドとなり，これを開環重合すると高分子量のポリ乳酸となる。

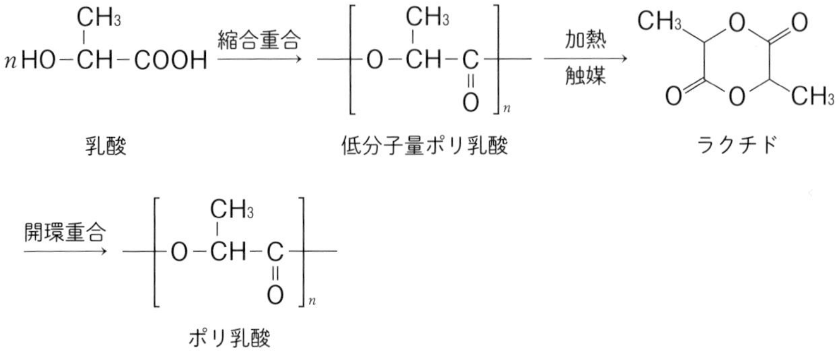
縮合重合
加熱
触媒
乳酸
低分子量ポリ乳酸
ラクチド
開環重合
ポリ乳酸

例題 21 吸水性高分子

次の文中の(ア)～(ウ)に適当な化学式を，(エ)に適切な語句を入れよ。また(オ)についてはいずれかを選べ。

アクリル酸ナトリウムと少量の架橋剤を共重合すると，三次元網目状構造のポリアクリル酸ナトリウム樹脂ができる。この樹脂は，水に触れると透明なゲルとなってその水を保持する。その仕組みは網目状構造内の官能基(　ア　)が(　イ　)と(　ウ　)に電離し，(　イ　)どうしの反発で広がって網目状構造の中に水を取り込む。また，網目内の(ウ)によるイオン濃度が上がるため，(　エ　)により，さらに水が吸収されやすくなる。このため，この樹脂の海水の吸水量は，真水に比べて(オ：多い・少ない)。

解答

官能基 COONa が電離して COO^- と Na^+ となり，分子鎖に結合している COO^- どうしの反発で，網目状構造が広がり，水が入り込む。さらに網目内の Na^+ の濃度が高くなるため，浸透圧が生じ，周囲から水が浸透する。海水の場合，浸透圧が小さくなるので，吸水量は少なくなる。

(ア)：**COONa**　(イ)：**COO^-**　(ウ)：**Na^+**　(エ)：**浸透圧**

(オ)：**少ない** …答

5 | 合成ゴム

1 天然ゴム

A 天然ゴム（生ゴム）

　ゴムの木の樹皮を傷つけると，ラテックス（乳液）と呼ばれる乳白色の樹液が得られる。ラテックスはゴムの主成分ポリイソプレンのコロイド溶液で，ギ酸や酢酸などを加えると凝固する。この沈殿を水洗いし，乾燥させたものを天然ゴムまたは生ゴムという。

ラテックスの採取。　　酢酸を加えて凝固させる。　　天然ゴム（生ゴム）。

図3-16　天然ゴムの生成

補足　ゴムの木は1876年以前はアメリカ大陸にしかなかった。1876年イギリスのウィカムがブラジルから密輸出し，セイロン島（スリランカ）に植えつけた。その後インドネシアなどに広がり，東南アジアは天然ゴムの大生産地帯となった。

B 天然ゴムの構造

　天然ゴムを乾留（空気を遮断して加熱分解する操作）すると，無色の液体である**イソプレン（2-メチル-1，3-ブタジエン）** $CH_2=\overset{1}{C}(CH_3)-\overset{3}{CH}=\overset{4}{CH_2}$ を生じる。

　天然ゴムは，多数のイソプレンが4位と1位の炭素原子間で付加重合したポリイソプレンである。天然ゴム中のC＝C結合の部分は，100％**シス形**である。

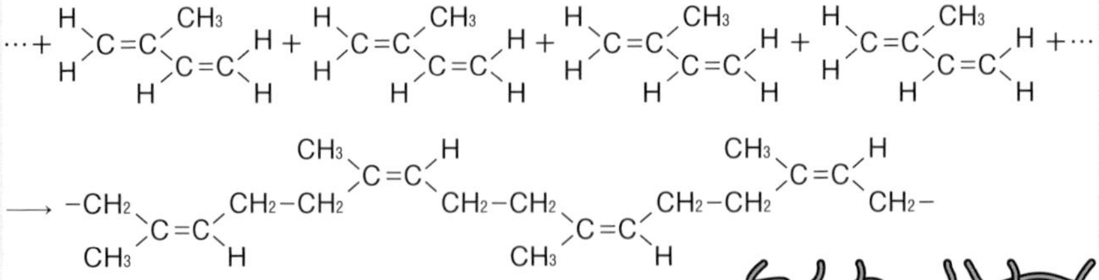

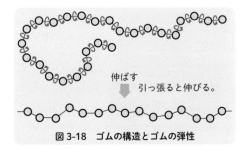

$$\cdots + \underset{H}{\overset{H}{>}}C=C\underset{C=C}{\overset{CH_3}{<}}\underset{H}{\overset{H}{<}} + \underset{H}{\overset{H}{>}}C=C\underset{C=C}{\overset{CH_3}{<}}\underset{H}{\overset{H}{<}} + \underset{H}{\overset{H}{>}}C=C\underset{C=C}{\overset{CH_3}{<}}\underset{H}{\overset{H}{<}} + \underset{H}{\overset{H}{>}}C=C\underset{C=C}{\overset{CH_3}{<}}\underset{H}{\overset{H}{<}} + \underset{H}{\overset{H}{>}}C=C\underset{C=C}{\overset{CH_3}{<}}\underset{H}{\overset{H}{<}} + \cdots$$

$$\longrightarrow -CH_2\underset{CH_3}{\overset{}{>}}C=C\underset{H}{\overset{}{<}}CH_2-CH_2\underset{}{\overset{CH_3}{>}}C=C\underset{}{\overset{H}{<}}CH_2-CH_2\underset{CH_3}{\overset{}{>}}C=C\underset{H}{\overset{}{<}}CH_2-$$

図 3-17　ポリイソプレン（シス形）

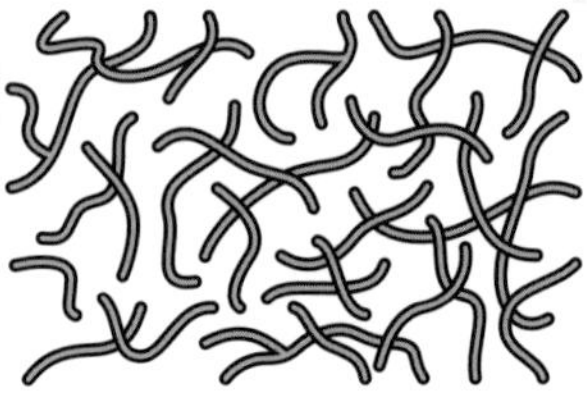

分子は丸まった形で，
非結晶の状態。

⒞ ゴムの弾性

　天然ゴムはシス形の構造をして
おり，丸まった形をとる。ただし，
$-CH_2-CH_2-$ 結合は回転が可能な
ため，引っ張ると分子は伸びた形
になる。引っ張る力を取り除くと，
熱運動によって分子は丸く縮まろ
うとする。これがゴムが弾性を示
す理由である。

伸ばす

引っ張ると伸びる。

図 3-18　ゴムの構造とゴムの弾性

　天然ゴム中の二重結合は，空気中の酸素やオゾンによって酸化されて，ゴムの
弾性が失われる。この現象を**ゴムの劣化**という。

> 補足　東南アジアに自生する植物の樹液から得られるグッタペルカは，トランス形のポリ
> 　　　イソプレンである。グッタペルカは分子鎖が密に詰まることができ，結晶化しやすく，
> 　　　硬くて弾性にとぼしい。

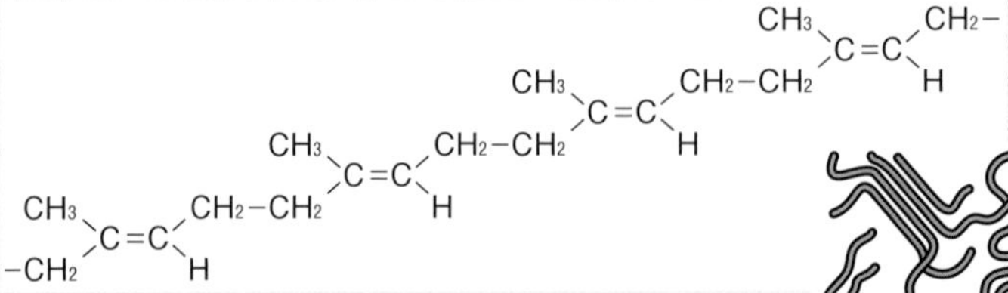

$$\underset{CH_3}{\overset{CH_3}{}}C=C\underset{H}{\overset{CH_2-}{}}$$

微結晶

図 3-19　ポリイソプレン（トランス形）の
グッタペルカの構造

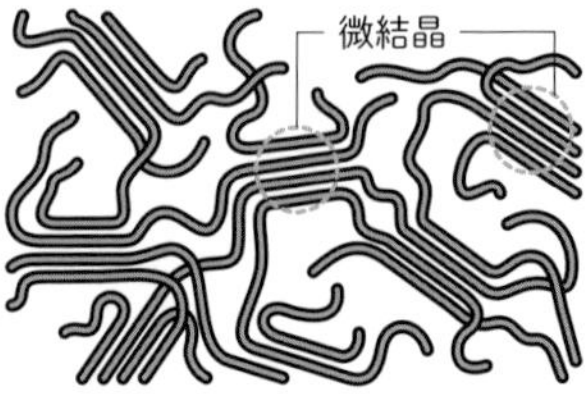

結晶化した領域がある。

D 加硫

　天然ゴムは，弾性が弱く，熱によって変形しやすい。また，劣化しやすいため実用には適さない。そこで，**天然ゴムに数%の硫黄粉末を加えて加熱する**と，鎖状のポリイソプレン分子間に**硫黄原子による架橋構造ができる**。この操作を**加硫**（か）といい，生じたゴムを**弾性ゴム**という。弾性ゴムは，高弾性で耐熱性・耐久性・耐劣化性がある。数%の硫黄の加硫では，イソプレン単位で約100個に対して架橋構造が1個存在する程度である。

　天然ゴムに30〜40%の硫黄を加えて長時間加熱すると，**エボナイト**と呼ばれる硬い物質となる。

図3-20　加硫

POINT

天然ゴム（生ゴム）：ポリイソプレン主鎖
中の二重結合はすべてシス形。
加硫：天然ゴムに硫黄を加えて加熱する操作。
　硫黄原子による架橋構造 ⇨ 弾性などが強化（弾性ゴム）

$$\left[\begin{array}{c} CH_3 \\ CH_2 \end{array} C=C \begin{array}{c} H \\ CH_2 \end{array} \right]_n$$

例題 22　天然ゴム

次の(1)，(2)に答えよ。

(1)　イソプレンの構造式を書け。

(2)　天然ゴムのポリイソプレンは，C＝Cの二重結合のところでシス形構造をとっている。ポリイソプレンの構造の一部をイソプレン分子3個を用いて示せ。

[解答]

(1)　イソプレンは，単結合をはさんで二重結合を2つもつ分子。

$$\underset{CH_2=C-CH=CH_2}{\overset{CH_3}{|}} \quad \cdots 答$$

(2) 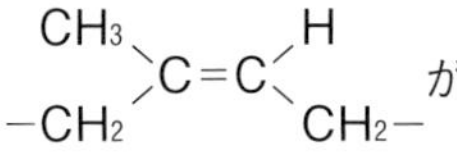 が 3 つ連なった形。

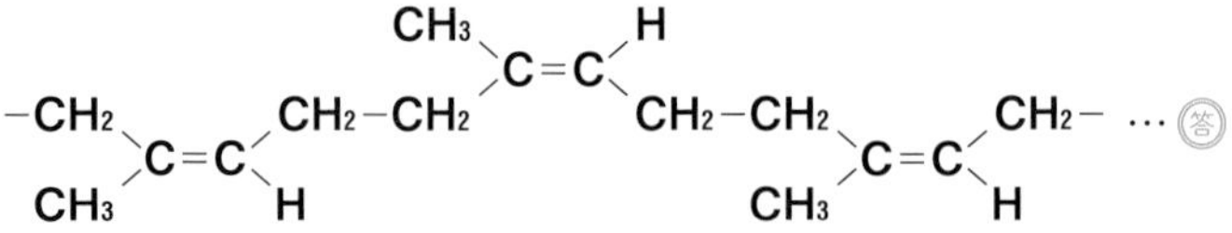

2 合成ゴム

天然ゴムに似た弾性を示す合成高分子化合物を**合成ゴム**という。イソプレン $CH_2{=}C(CH_3){-}CH{=}CH_2$ のように，単結合を間にはさんで 2 つの二重結合(この構造を共役(きょうやく)二重結合という)がある単量体が付加重合した合成ゴムと，2 種類以上の単量体を共重合した合成ゴム，およびその他の合成ゴムがある。

表 3-4　主な合成ゴム

合成ゴムの種類	例
付加重合による	イソプレンゴム(IR) ブタジエンゴム(BR) クロロプレンゴム(CR)
共重合による	スチレン-ブタジエンゴム(SBR) アクリロニトリル-ブタジエンゴム(NBR) フッ素ゴム
縮合重合による	シリコーンゴム

3 付加重合による合成ゴム

イソプレンに似た共役二重結合をもつ単量体は，次のように，4 位と 1 位の炭素原子の間で付加重合する。このとき，重合体には単量体あたり 1 個の二重結合が残り，シス形とトランス形が混在する。

$$\underset{1}{CH_2}{=}\underset{2}{CX}{-}\underset{3}{CH}{=}\underset{4}{CH_2} \longrightarrow \left[\underset{1}{CH_2}{-}\underset{2}{CX}{=}\underset{3}{CH}{-}\underset{4}{CH_2}\right]_n$$

A ポリイソプレン(イソプレンゴム・IR)

イソプレンを適当な触媒を用いて付加重合して得られる物質は天然ゴムと同じポリイソプレンであるが，天然ゴムと違って若干トランス形を含んでいる。

$$n CH_2=\overset{\overset{\textstyle CH_3}{|}}{C}-CH=CH_2 \xrightarrow{\text{付加重合}} \begin{bmatrix} & \overset{\overset{\textstyle CH_3}{|}}{ } & & \\ CH_2- & C & =CH-CH_2 \end{bmatrix}_n$$

イソプレン　　　　　　　　　　　　　　ポリイソプレン

補足 IR は isoprene rubber の略。

B ポリブタジエン(ブタジエンゴム・BR)

1,3-ブタジエンを付加重合して得られる。適当な触媒を用いてシス形を含む量を高め，弾性を確保している。

$$n CH_2=CH-CH=CH_2 \xrightarrow{\text{付加重合}} \begin{bmatrix} CH_2-CH=CH-CH_2 \end{bmatrix}_n$$

1,3-ブタジエン　　　　　　　　　　　　ポリブタジエン

補足 BR は butadiene rubber の略。

C ポリクロロプレン(クロロプレンゴム・CR)

クロロプレンを付加重合して得られる。耐劣化性・耐油性・耐熱性・耐候性が大きい。

$$n CH_2=\overset{\overset{\textstyle Cl}{|}}{C}-CH=CH_2 \xrightarrow{\text{付加重合}} \begin{bmatrix} & \overset{\overset{\textstyle Cl}{|}}{ } & & \\ CH_2- & C & =CH-CH_2 \end{bmatrix}_n$$

クロロプレン　　　　　　　　　　　　　ポリクロロプレン

補足 CR は chloroprene rubber の略。

POINT

付加重合による合成ゴム

$$n CH_2=\overset{\overset{\textstyle X}{|}}{C}-CH=CH_2 \xrightarrow{\text{付加重合}} \begin{bmatrix} & \overset{\overset{\textstyle X}{|}}{ } & & \\ CH_2- & C & =CH-CH_2 \end{bmatrix}_n$$

X＝CH_3：ポリイソプレン

X＝H　 ：ポリブタジエン

X＝Cl　：ポリクロロプレン

単量体分子中の2つの二重結合が付加重合すると1つになる。単量体の組成は重合体になっても変化しない。

4 共重合による合成ゴム

2種類以上の単量体を共重合させて，さまざまな性質をもつ合成ゴムがつくられている。

A スチレン-ブタジエンゴム(SBR)

スチレンと 1,3-ブタジエンを共重合させて得られるゴムである。分子中にベンゼン環を含むため機械的強度が大きくなり，耐摩耗性に優れている。合成ゴム中で最も使用量が多い。

$$m\,CH_2=CH \; + \; n\,CH_2=CH-CH=CH_2$$
1,3-ブタジエン

$$\xrightarrow{\text{共重合}} \left[CH_2-CH\right]_m \left[CH_2-CH=CH-CH_2\right]_n$$

スチレン-ブタジエンゴム

補足 SBR は styrene butadiene rubber の略。

B アクリロニトリル-ブタジエンゴム(NBR)

アクリロニトリルと 1,3-ブタジエンを共重合させて得られるゴムで，耐油性・耐溶剤性に優れている。

$$m\,CH_2=CH \; + \; n\,CH_2=CH-CH=CH_2$$
$$|$$
$$CN$$
アクリロニトリル　　1,3-ブタジエン

$$\xrightarrow{\text{共重合}} \left[CH_2-CH\right]_m \left[CH_2-CH=CH-CH_2\right]_n$$
$$|$$
$$CN$$

アクリロニトリル-ブタジエンゴム

補足 NBR は nitrile butadiene rubber の略。

C フッ素ゴム

フッ素を含む合成ゴムで，代表的なものにテトラフルオロエチレンとヘキサフルオロプロペンの共重合体がある。耐熱性に優れたゴムである。

$$m\,CF_2=CF_2 \qquad + \qquad n\,CF_2=CF$$
テトラフルオロエチレン
$$|$$
$$CF_3$$
ヘキサフルオロプロペン

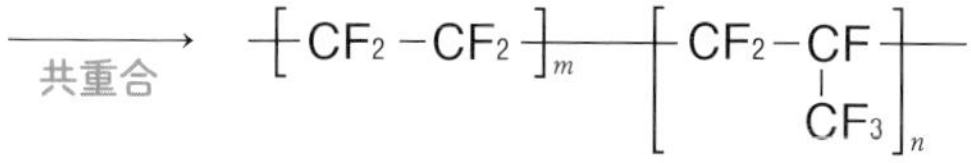

$$\xrightarrow{\text{共重合}} \left[\!\!\begin{array}{c} CF_2-CF_2 \end{array}\!\!\right]_m \left[\!\!\begin{array}{c} CF_2-CF \\ CF_3 \end{array}\!\!\right]_n$$

フッ素ゴム

共重合による合成ゴム

スチレン-ブタジエンゴム：スチレンと1,3-ブタジエンを共重合

$$\left[\!\!\begin{array}{c} CH_2-CH \\ \end{array}\!\!\right]_m \left[\!\!\begin{array}{c} CH_2-CH=CH-CH_2 \end{array}\!\!\right]_n$$

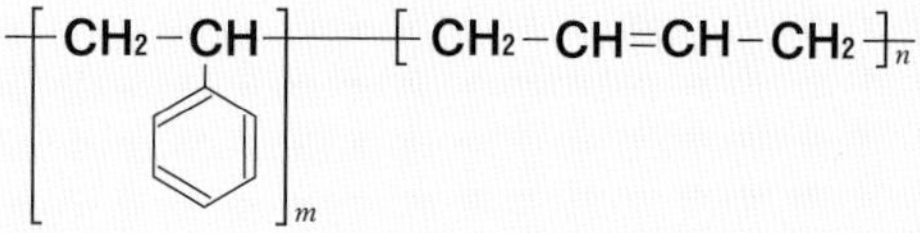

アクリロニトリル-ブタジエンゴム：

アクリロニトリルと1,3-ブタジエンを共重合

$$\left[\!\!\begin{array}{c} CH_2-CH \\ CN \end{array}\!\!\right]_m \left[\!\!\begin{array}{c} CH_2-CH=CH-CH_2 \end{array}\!\!\right]_n$$

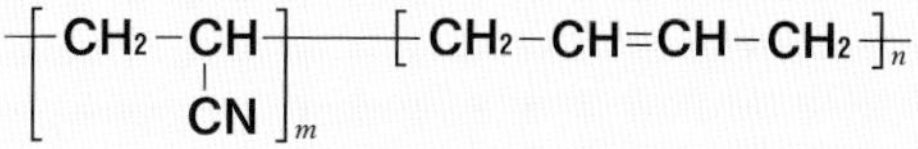

補足 表3-5（⇨ p.707）にあるブチルゴム，アクリルゴムも共重合による合成ゴムである。

5 縮合重合による合成ゴム

A シリコーンゴム

　シリコーンゴムは，ジクロロジメチルシラン$(CH_3)_2SiCl_2$ と H_2O から得られる鎖状の重合体であるジメチルポリシロキサンを，有機過酸化物で架橋して得られるゴムである。電気絶縁性・耐熱性・耐寒性に優れている。

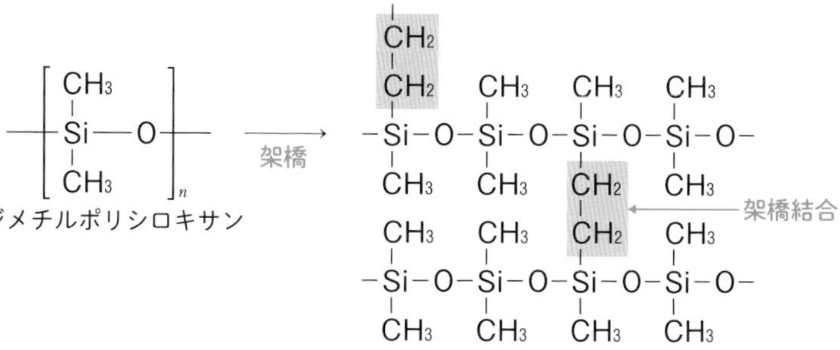

$$\left[\!\!\begin{array}{c} CH_3 \\ Si-O \\ CH_3 \end{array}\!\!\right]_n \xrightarrow{\text{架橋}}$$

ジメチルポリシロキサン

シリコーンゴム

架橋結合

例題 23 合成ゴム

次の(1), (2)の問いに答えよ。ただし，原子量は $H=1.0$, $C=12$, $O=16$ とする。

(1) 分子量 2.7×10^5 のポリブタジエン中には，何個の二重結合が存在するか。

(2) アクリロニトリルとブタジエンを，$n:n$ の割合で交互に共重合させた合成ゴムの構造式を書け。

解答

(1) ポリブタジエン $\left.\!\!-\!\!\left[\mathrm{CH_2-CH=CH-CH_2}\right]\!\!-\!\!\right._n$ の分子量は，$54n$

$54n = 2.7 \times 10^5$ よって，重合度 n は $n = 5.0 \times 10^3$

ポリブタジエンの繰り返し単位の中に二重結合は1つあるので，

二重結合の数は **5.0×10^3 個** … 答

(2) $n\mathrm{CH_2}\!=\!\mathrm{CH}$ + $n\mathrm{CH_2}\!=\!\mathrm{CH}\!-\!\mathrm{CH}\!=\!\mathrm{CH_2}$
　　　　｜
　　　　CN

共重合 $\longrightarrow$ $\left[\!-\!\mathrm{CH_2\!-\!CH\!-\!CH_2\!-\!CH\!=\!CH\!-\!CH_2}\!-\!\right]_n$ … 答
　　　　　　　　　　　　｜
　　　　　　　　　　　CN

参考 合成ゴムと触媒

　1879年頃，合成ゴムをつくろうとして，イソプレンを重合させ，天然ゴムと同じようなものをつくろうと試みたが，なかなか成功しなかった。p.699に記したように天然ゴムの弾性は，イソプレンがシス形の並び方をすることによる。そしてこの並び方を支配するのは触媒である。

　1949年頃，この触媒としてアリルナトリウムを含む食塩が効果のあることが発見されたが，1954年グッドリッチ社が四塩化チタン-アルミニウム，1955年ファイヤーストーン社が金属リチウムを用いて90％以上のイソプレンをシス形とする重合体をつくることに成功した。その後改良が重ねられ，現在では天然ゴム以上の性能をもつ合成ゴムがつくられている。

表 3-5　合成ゴムの原料と特徴・用途

名称	原料(単量体)	特徴・用途
イソプレンゴム (IR)	イソプレン $CH_2=C(CH_3)-CH=CH_2$	天然ゴムと同じ構造。 タイヤ，履物。
ブタジエンゴム (BR)	1,3-ブタジエン $CH_2=CH-CH=CH_2$	耐摩耗性。 タイヤ，履物。
クロロプレンゴム (CR)	クロロプレン $CH_2=CCl-CH=CH_2$	耐劣化性，難燃性，耐熱性。 電線被覆，防振ゴム。
スチレン–ブタジエン ゴム (SBR)	スチレン　$CH_2=CH$ 1,3-ブタジエン $CH_2=CH-CH=CH_2$	耐摩耗性，耐劣化性，耐水性。 最も使用量の多いゴム。 タイヤ，他のゴムとブレンド。
アクリロニトリル– ブタジエンゴム (NBR)	アクリロニトリル　$CH_2=CH$ 　　　　　　　　　　　CN 1,3-ブタジエン $CH_2=CH-CH=CH_2$	耐油性，耐衝撃性。 耐油ホース，パッキング。
ブチルゴム (ⅡR)	イソブテン　$CH_2=C(CH_3)_2$ イソプレン $CH_2=C(CH_3)-CH=CH_2$	耐候性，気体不透過性。 電線被覆。
フッ素ゴム	テトラフルオロエチレン $CF_2=CF_2$ ヘキサフルオロプロペン　$CF_2=CF$ 　　　　　　　　　　　　　　CF_3	最も耐熱性に優れる。 耐油性，耐劣化性，耐薬品性。 シール，薬品ホース。
シリコーンゴム	ジクロロジメチルシラン $(CH_3)_2SiCl_2$	耐熱性，耐劣化性，耐薬品性。 パッキング，医療材料。

　この章では，合成高分子の重合の様式，合成繊維の分類と合成方法と性質について学習した。合成樹脂は，熱可塑性樹脂と熱硬化性樹脂とに分類され，その合成方法，分子の構造と性質について学んだ。また，機能性高分子化合物やゴムについても学習した。

---

1 合成高分子

❶ 合成高分子の種類

用途により，合成繊維，合成樹脂，合成ゴムなどに分類される。

❷ 合成高分子の重合反応

付加重合，縮合重合，開環重合，付加縮合，共重合などがある。

2 合成繊維

❶ 合成繊維の分類

縮合重合の繊維，付加重合の繊維，開環重合の繊維

❷ ナイロン66　縮合重合

$$\left[NH-(CH_2)_6-NH-\overset{\overset{\displaystyle O}{\|}}{C}-(CH_2)_4-\overset{\overset{\displaystyle O}{\|}}{C} \right]_n$$

❸ ナイロン6　開環重合

❹ アラミド繊維　縮合重合

❺ ポリエチレンテレフタラート

縮合重合

$$\left[O-(CH_2)_2-O-\overset{\overset{\displaystyle O}{\|}}{C}-\!\!\left\langle\!\!\bigcirc\!\!\right\rangle\!\!-\overset{\overset{\displaystyle O}{\|}}{C} \right]_n$$

❻ アクリル繊維　付加重合

❼ ビニロン　ポリビニルアルコールをアセタール化する。

$$\cdots\!\!-CH_2-CH-CH_2-CH-CH_2-CH-\!\!\cdots$$
$$\qquad\quad O-CH_2-O \qquad\quad OH$$

3 合成樹脂

❶ 合成樹脂の分類

$\left\{\begin{array}{l} \text{熱可塑性樹脂　鎖状構造} \\ \text{熱硬化性樹脂　三次元網目状構造} \end{array}\right.$

❷ 付加重合による熱可塑性樹脂

ポリエチレン，ポリプロピレン
ポリ塩化ビニル，ポリスチレン
アクリル樹脂

❸ 縮合重合による熱可塑性樹脂

ポリエチレンテレフタラート，
ナイロン66，ポリカーボネート

❹ 付加縮合による熱硬化性樹脂

フェノール樹脂（フェノールとHCHO）
尿素樹脂（尿素とHCHO）
メラミン樹脂（メラミンとHCHO）

❺ 縮合重合による熱硬化性樹脂

アルキド樹脂，シリコーン樹脂

4 機能性高分子化合物

❶ イオン交換樹脂

陽イオン交換樹脂と陰イオン交換樹脂

❷ 吸水性高分子

架橋され三次元網目状構造をもつポリアクリル酸ナトリウム。

❸ 生分解性高分子

ポリ乳酸やポルグリコール酸など。

5 ゴム

❶ 天然ゴム　ポリイソプレン（シス形）

❷ 合成ゴム

付加重合や共重合などによる。

❸ 付加重合による合成ゴム

クロロプレンゴムなど。

❹ 共重合による合成ゴム

スチレン-ブタジエンゴムなど。

❺ 縮合重合による合成ゴム

シリコーンゴムなど。

1 次のA〜Fの合成高分子の名称と単量体の名称を書け。

A B

C $\left[\begin{array}{c} CH_2-CH \\ | \\ Cl \end{array}\right]_n$ D $\left[\begin{array}{c} CH_2-CH \\ | \\ CN \end{array}\right]_n$

E $-[CH_2-CH=CH-CH_2]_n$ F

2 次の合成樹脂(a)〜(e)について，下の(1)〜(3)に答えよ。

（a） ポリエチレン樹脂　　（b） フェノール樹脂

（c） ポリエチレンテレフタラート

（d） ポリメタクリル酸メチル樹脂(アクリル樹脂)

（e） メラミン樹脂

(1) 熱硬化性樹脂をすべて選び，記号で答えよ。

(2) 透明度が高く，有機ガラスとして用いられるものを1つ選び，記号で答えよ。

(3) 付加重合によるものをA，縮合重合によるものをB，付加縮合によるものをCに分類せよ。

3 ナイロン66に関する次の問いに答えよ。ただし，原子量をH＝1.0，C＝12.0，N＝14.0，O＝16.0とする。

(1) ナイロン66は，ヘキサメチレンジアミンとアジピン酸から縮合重合によって合成される。ヘキサメチレンジアミンとアジピン酸およびナイロン66の構造式を書け。ただし，ナイロン66は〈例〉にならって書け。　〈例〉

(2) 平均分子量 1.13×10^5 のナイロン66の1分子中にアミド結合はいくつあるか。

$-[CH_2-CH_2]_n$

ヒント

1 重合反応には，付加重合，付加縮合，縮合重合がある。付加縮合と縮合重合のときは，多くの場合，単量体は2種類である。

2 (1) 熱硬化性樹脂は三次元網目状構造の樹脂。

(2) 側鎖が大きいと透明度が高くなる。

3 (1) ナイロン66は−NH₂基と−COOH基の脱水縮合によるポリアミド。

(2) ナイロン66の繰り返し単位中には何個のアミド結合があるか。

4 ビニロンは，次のような一連の流れで合成される。①〜④に構造式を書け。ビニロンについては，一部の構造を書け。

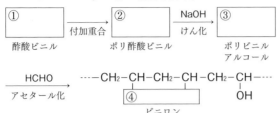

酢酸ビニル　　付加重合　ポリ酢酸ビニル　NaOH けん化　ポリビニルアルコール

$$\xrightarrow[\text{アセタール化}]{\text{HCHO}}　\cdots\text{CH}_2-\text{CH}-\text{CH}_2-\text{CH}-\text{CH}_2-\text{CH}-\cdots$$

④　ビニロン　　　　　　　　　　　OH

5 次の文を読み，(1)と(2)の問いに答えよ。

スチレンと少量の(①　　　)を(②　　　)させると，三次元網目状構造のポリスチレンができる。このポリスチレンに濃硫酸を作用させ，(③　　　)化した樹脂が陽イオン交換樹脂である。

(1) 上の文の空欄を埋めよ。

(2) 塩化ナトリウム水溶液を，陽イオン交換樹脂を入れた管に流し入れた。このとき起こる反応を陽イオン交換樹脂を

$$\left[\begin{array}{c}\text{R}\\|\\\text{SO}_3\text{H}\end{array}\right]_n$$　として，化学反応式で示せ。

6 天然ゴムは，イソプレンが付加重合したポリイソプレンの構造をとっている。ポリイソプレン中のイソプレン単位の二重結合は100%シス形である。

(1) イソプレンの構造式を示せ。

(2) ポリイソプレンの構造式を二重結合がシス形であることがわかるように書け。

(3) 天然ゴムに硫黄を加えて加熱すると，ゴムの弾性などが向上する。この操作は何と呼ばれているか。

(4) 次の合成ゴム(a)，(b)の単量体の構造式を書け。

$$(a)\left[\begin{array}{c}\text{Cl}\\|\\\text{CH}_2-\text{C}=\text{CH}-\text{CH}_2\end{array}\right]_n \qquad (b)\left[\text{CH}_2-\text{CH}=\text{CH}-\text{CH}_2\right]_n$$

ヒント

4 ビニロン中には，2個のヒドロキシ基とホルムアルデヒドが反応してできた，エーテル結合がある。

5 ベンゼン環に−SO_3Hをつける。陽イオンとH$^+$が交換される。

6 天然ゴムや合成ゴムの単量体は共役二重結合をもつものが多い。

化学基礎　解答・解説

第1部　物質の構成

定期テスト対策問題 1 p.41-p.42

1 解答 (1)　③　(2)　④
(3)　⑤　(4)　②

解説 (2)　少量の塩化ナトリウムを含む硝酸カリウムを，高温の水に溶かせるだけ溶かし，その後，冷却すると，塩化ナトリウムは水溶液中に残り，純粋な硝酸カリウムが結晶として得られる。
(4)　原油のような液体混合物から，沸点の差を利用して灯油や軽油などを分離する操作が分留である。

2 解答 ③

解説 ①　CO と CO_2 は，同じ元素からなる化合物である。
②　金と白金は異なる元素であるが，安定な金属としての性質が類似している。
③　どちらも炭素の元素からなる単体で，同素体である。
④　塩素と臭素は同族元素(⇒ p.58)である。

POINT
同素体をもつ元素
　➡ S, C, O, P
　　スコップ

3 解答 (1)　単体　(2)　元素　(3)　単体
(4)　元素

解説 (1)　塩素の単体 Cl_2 は酸化力が強く，漂白・殺菌作用がある。
(2)　地殻の成分(化合物の成分)としての酸素なので，元素である。
(3)　タングステンの単体をフィラメントとして用いている。
(4)　骨の成分(化合物の成分)としてのカルシウムなので，元素である。

POINT
元素 ➡ 物質を構成する成分
単体 ➡ 1種類の元素からなる純物質

4 解答 (1)　Cl　(2)　K　(3)　Ba　(4)　C

解説 (1)　食塩水(塩化ナトリウム $NaCl$ 水溶液)に硝酸銀 $AgNO_3$ 水溶液を加えると生じる白色沈殿は，塩化銀 $AgCl$ である。硝酸銀水溶液を加えると白色沈殿が生じる反応は，塩素 Cl の確認に利用される。
(2)　赤紫色の炎色反応を示すのは，カリウム K である。
(3)　黄緑色の炎色反応を示すのは，バリウム Ba である。
(4)　石灰水に気体を通じて白色沈殿が生じたとき，その気体は二酸化炭素 CO_2 であるとわかる。このことから，大理石には二酸化炭素の成分元素である炭素 C が含まれているとわかる。この反応は，炭素の確認に利用される。

5 解答 (1)　T_1：融点　T_2：沸点
(2)　①(オ)　②(ア)

解説 固体(結晶)を加熱すると，温度が上昇し，融点(T_1)に達すると融解し始める((ア)：固体)。その固体が全部融解するまで温度は一定に保たれる((イ)：固体＋液体)。さらに加熱すると液体の温度が上昇し，沸点(T_2)に達する((ウ)：液体)。全部蒸発するまで温度は一定に保たれる((エ)：液体＋気体)。さらに加熱すると気体の温度が上昇する((オ)：気体)。

6 解答 ①　気体　②　固体　③　固体
④　気体　⑤　液体

解説 ①　気体は，粒子が高速で運動している。
②・③　粒子が一定の位置で振動(熱運動)し，粒子が規則正しく配列しているのが固体である。
④　気体は，粒子が離れて運動しているため，密度が最も小さい。
⑤　液体は，粒子が互いに位置を入れ替えながら集合しているため，大きさはあ

るが，流動性があるので形はない。

POINT

粒子のエネルギー（熱運動）
固体＜液体＜気体
粒子とは原子・分子・イオンのこと

7 解答 (a) 拡散　(b) 昇華　(c) 蒸発
　　(d) 凝縮

解説 (a) 均一に広がる現象なので拡散。
(b) 固体から気体へ変化しているので昇華。
(c) 液体から気体へ変化しているので蒸発。
(d) 気体から液体へ変化しているので凝縮。

定期テスト対策問題2 p.93-p.94

1 解答 (c)
解説 原子番号＝陽子の数＝電子の数，質量数＝陽子の数＋中性子の数である。原子番号が8，質量数が18であるから，陽子の数および電子の数は8，中性子の数は$18-8=10$である。

POINT

原子番号＝陽子の数＝電子の数
質量数＝陽子の数＋中性子の数

2 解答 (1) 2　(2) 10　(3) （イ）
解説 (1) 収容できる電子の最大数は，K殻が2個，L殻が8個であるから，電子の数が12個の元素の価電子の数は
$$12-(2+8)=2$$
(2) 価電子の数が2個であるから，価電子2個を放出して2価の陽イオンになりやすい。よって，イオンの電子の数は
$$12-2=10$$
(3) 電子の数は次の通りである。
（ア）2　（イ）$9+1=10$
（ウ）$16+2=18$　（エ）$19-1=18$

POINT

収容できる電子の最大数
　➡ K殻：2，L殻：8，M殻：18
電子の数 $\begin{cases} \text{陽イオン} ➡ \text{原子番号－価数} \\ \text{陰イオン} ➡ \text{原子番号＋価数} \end{cases}$

3 解答 (1) 18　(2) 4　(3) 19
　　(4) 21　(5) 8，16
解説 (1) ほとんど反応しないのは，貴ガスである。原子番号は各周期の元素の数の合計になる。よって，貴ガスの原子番号は2(He)，$2+8=10$(Ne)，$10+8=18$(Ar)
(2) $_{20}$Ca は $20-(2+8+8)=2$ より，2族の元素を探す。原子番号4の元素は$4-2=2$ より，2族元素である(Be)。
(3) イオン化エネルギーは周期表の左側・下側の元素ほど小さい。したがって，1族で原子番号の大きい元素である19(K)。
(4) 第4周期の3〜12族が遷移元素である。よって，21($=2+8+8+3$)(Sc)。
(5) 価電子の数が6個の元素より，8(O)と16(S)である。

POINT

イオン化エネルギー
➡ **周期表の左側・下側の元素ほど小さい。**
周期表の各周期の元素の数
➡ **第1周期：2，第2・3周期：8**

4 解答 (b), (d), (e)
解説 元素の周期表は，元素の周期律に基づいて，元素を原子番号の順に並べたものである。原子番号と電子の数は等しいから，電子の数は順に増えていく。また，中性子の数もおよそ順に増える。
　元素の周期律は，価電子の数の周期性によるものである。また，原子半径やイオン化エネルギーは，価電子の数と密接な関係があるため，周期的に変化する。

5 [解答] (a), (e)

[解説] 金属元素と非金属元素の原子間はイオン結合，非金属元素の原子間は共有結合，金属元素の原子間は金属結合であるから，次のようになる。

(a) NaCl はイオン結合，HCl は共有結合。

(b) ともに共有結合。

(c) ともにイオン結合。

(d) ともに共有結合。

(e) Cu は金属結合，C は共有結合。

(f) ともにイオン結合。

6 [解答] (1) （オ） (2) （エ）
(3) （ア），（ウ） (4) （カ）
(5) （ア）

[解説] (1) イオン結合は，金属元素である Ca と非金属元素である Cl の化合物である $CaCl_2$ の（オ）。

（オ）以外の電子式は次の通りである。

（ア） :N⋮⋮N: 　　（イ） :C̈l:C̈l:

（ウ） H:Ö:H 　　（エ） H:C̈:H（上下に H）

（カ） :Ö::C::Ö: 　　（キ） H:N̈:H（上下に H）

7 [解答] (1) He (2) Na (3) F
(4) F

[解説] (1)(2) イオン化エネルギーは，元素の周期表の右側・上側の元素ほど大きく，左側・下側の元素ほど小さい。

He が最も大きく，1族の原子番号の大きい Na が最も小さい。

(3) 電子親和力は，18族を除いて元素の周期表の右側の元素ほど大きい。したがって17族の元素の F が最も大きい。

(4) 電気陰性度は，18族を除いて元素の周期表の右側・上側の元素ほど大きい。したがって F が最も大きい。

8 [解答] A－ヨウ素　B－黒鉛
C－食塩　D－銅

[解説] 水に溶けるのは，イオン結晶である食塩である。電気を通すのは，黒鉛と金属結晶である銅である。

加熱して気化するのは，分子結晶のヨウ素である。加熱して黒色になるのは，銅が酸化して酸化銅(Ⅱ)となることによる。　$2Cu + O_2 \longrightarrow 2CuO$

展性・延性があるのは，金属結晶の銅である。

定期テスト対策問題3 p.119-p.120

1 解答 (1) 27 (2) 63.5 (3) 150

解説 (1) 金属 M の原子量を x とすると，M_2O_3 より

$$\frac{5.4}{x} : \frac{10.2-5.4}{16} = 2 : 3$$

$$\frac{5.4}{x} \times 3 = \frac{10.2-5.4}{16} \times 2$$

$$x = 27$$

(2) $63.0 \times \dfrac{73.0}{100} + 65.0 \times \dfrac{27.0}{100} \fallingdotseq 63.5$

(3) 立方体の質量は

$$5.0 \times (1.0 \times 10^{-7})^3 = 5.0 \times 10^{-21} \, [g]$$

原子 20 個の質量が 5.0×10^{-21} g である。
原子量を x とすると

$$\frac{5.0 \times 10^{-21}}{20} = \frac{x}{6.0 \times 10^{23}}$$

$$x = 150$$

POINT

原子量
$= \left\{ \begin{pmatrix} \text{同位体の} \\ \text{相対質量} \end{pmatrix} \times \dfrac{\text{存在比〔%〕}}{100} \right\}$ の総和

2 解答 (1) 3.0×10^{-23} g (2) 8.0 g
(3) 11 L

解説 (1) H_2O のモル質量は 18 g/mol で，H_2O 18 g 中に水分子 6.0×10^{23} 個を含むので，H_2O 分子 1 個の質量は

$$\frac{18}{6.0 \times 10^{23}} = 3.0 \times 10^{-23} \, g$$

(2) 標準状態でのモル体積は 22.4 L/mol，O_2 のモル質量は 32 g/mol より，酸素の質量は

$$32 \, g/mol \times \frac{5.6 \, L}{22.4 \, L/mol} = 8.0 \, g$$

(3) 標準状態での体積は

$$22.4 \, L/mol \times \frac{3.0 \times 10^{23}}{6.0 \times 10^{23} \, /mol} \fallingdotseq 11 \, L$$

3 解答 (1) 4.6 mol/L (2) 86 mL
(3) 4.7×10^2 g

解説 (1) 密度 d〔g/mL〕，モル質量 M〔g/mol〕，a〔%〕の物質量は

$$1000 \times d \times \frac{a}{100} \times \frac{1}{M} \, [mol] \quad \text{より}$$

硫酸 A 1 L 中に溶けている H_2SO_4（98 g/mol）は

$$1000 \times 1.3 \times \frac{35}{100} \times \frac{1}{98} \fallingdotseq 4.64 \, mol$$

(2) 要する硫酸 A を x〔mL〕とすると

$$x \times 1.3 \times \frac{35}{100} \times \frac{1}{98} = 2.0 \times \frac{200}{1000}$$

$$x \fallingdotseq 86.1 \, mL$$

(3) 要する硫酸 A を y〔g〕とすると

$$y \times \frac{35}{100} = 1000 \times 1.1 \times \frac{15}{100}$$

$$y \fallingdotseq 471 \, g$$

4 解答 結晶：57 g 水：1.8×10^2 g

解説 析出する結晶を x〔g〕とすると，100 g に対する溶解度が 50 ℃で 85 g，20 ℃で 32 g より

$$\frac{85-32}{100+85} = \frac{x}{200}$$

$$x \fallingdotseq 57.2 \, g$$

結晶 57.2 g を溶かす水を y〔g〕とすると

$$\frac{32}{100} = \frac{57.2}{y}$$

$$y \fallingdotseq 178 \, g$$

5 解答 (1) $4NH_3 + 5O_2 \longrightarrow 4NO + 6H_2O$
(2) $2CH_4O + 3O_2$
$$\longrightarrow 2CO_2 + 4H_2O$$

解説 (1) 各係数を a, b, c, d とおき，$a=1$ として各原子の数を両辺で等しくする。

$1NH_3 + bO_2 \longrightarrow cNO + dH_2O$

N の数を両辺で合わせると

$1 = c \times 1$ より $c = 1$

$1NH_3 + bO_2 \longrightarrow 1NO + dH_2O$

H の数を両辺で合わせると

$1 \times 3 = d \times 2$ より $d = \dfrac{3}{2}$

$1NH_3 + bO_2 \longrightarrow 1NO + \dfrac{3}{2}H_2O$

O の数を両辺で合わせると

$b \times 2 = 1 \times 1 + \dfrac{3}{2} \times 1$ より $b = \dfrac{5}{4}$

$$1NH_3 + \frac{5}{4}O_2 \longrightarrow 1NO + \frac{3}{2}H_2O$$

両辺を 4 倍して

$$4NH_3 + 5O_2 \longrightarrow 4NO + 6H_2O$$

(2) 各係数を a, b, c, d とおき，$a=1$ として各原子の数を両辺で等しくする。

$$1CH_4O + bO_2 \longrightarrow cCO_2 + dH_2O$$

C の数：$1 \times 1 = c \times 1$ $c=1$

$$1CH_4O + bO_2 \longrightarrow 1CO_2 + dH_2O$$

H の数：$1 \times 4 = d \times 2$ $d=2$

$$1CH_4O + bO_2 \longrightarrow 1CO_2 + 2H_2O$$

O の数：$1 \times 1 + b \times 2 = 1 \times 2 + 2 \times 1$

$$b = \frac{3}{2}$$

$$1CH_4O + \frac{3}{2}O_2 \longrightarrow 1CO_2 + 2H_2O$$

両辺を 2 倍して

$$2CH_4O + 3O_2 \longrightarrow 2CO_2 + 4H_2O$$

6 解答 (1) $C_3H_8 + 5O_2 \longrightarrow 3CO_2 + 4H_2O$
　　　(2) 17 L　(3) 18 g

解説 (2) 化学反応式より，物質量の比は

$C_3H_8 : CO_2 = 1 : 3$

よって，体積は　$5.6 \text{ L} \times 3 = 16.8 \text{ L}$

(3) プロパン 5.6 L の物質量は

$$\frac{5.6 \text{ L}}{22.4 \text{ L/mol}} = 0.25 \text{ mol}$$

化学反応式より，1 mol の C_3H_8 から H_2O は 4 mol 生じる。H_2O のモル質量は 18 g/mol なので，生じた水の質量は

$18 \text{ g/mol} \times 0.25 \text{ mol} \times 4 = 18 \text{ g}$

7 解答 (1) $CaCO_3 + 2HCl \longrightarrow$
$$CaCl_2 + H_2O + CO_2 \uparrow$$
　　　(2) 80 %

解説 (2) $CaCO_3 + 2HCl \longrightarrow$
$$CaCl_2 + H_2O + CO_2$$
より，$CaCO_3$ 1 mol から CO_2 が 1 mol 発生する。反応した $CaCO_3$ は，$\frac{1.8}{22.4}$ mol で，その質量は，$CaCO_3$ のモル質量 100 g/mol から

$$100 \times \frac{1.8}{22.4} \fallingdotseq 8.03 \text{ g}$$

よって，$CaCO_3$ の純度は

$$\frac{8.03}{10} \times 100 = 80.3 \text{ %}$$

8 解答 12 mL

解説 $3O_2 \longrightarrow 2O_3$ より

反応した O_2 を x〔mL〕とすると，生成した O_3 は $\frac{2}{3}x$〔mL〕。

よって

$$x - \frac{2}{3}x = 100 - 96$$

$$x = 12 \text{ mL}$$

9 解答 0.10 mol/L

解説 $BaCl_2$ と H_2SO_4 は物質量比 1：1 で反応する。

グラフより，硫酸の体積 $V=50$ mL のとき，$BaCl_2$ と H_2SO_4 は過不足なく反応しているので，$BaCl_2$ 水溶液のモル濃度を x〔mol/L〕とすると

$$x \times \frac{50}{1000} = 0.10 \times \frac{50}{1000}$$

$$x = 0.10 \text{ mol/L}$$

定期テスト対策問題 4 p.151-p.152

1 解答 2

解説 （ア）では H^+ を H_2O に与えているので酸，（イ）では H^+ を NH_3 に与えているので酸，（ウ），（エ），（オ）ではいずれも H^+ を受け取っているので塩基。

POINT

ブレンステッド・ローリーの定義

H^+ を $\begin{cases} \text{与える} \Rightarrow \text{酸} \\ \text{受け取る} \Rightarrow \text{塩基} \end{cases}$

2 解答 (1) 0.20 mol/L
　　　(2) 4.0×10^{-4} mol/L
　　　(3) 2.0×10^{-13} mol/L
　　　(4) 5.0×10^{-12} mol/L

解説 (1) HCl は 1 価の強酸であるから
$[H^+] = 0.20$ mol/L

(2) 弱酸の場合の H^+ のモル濃度は
$[H^+] = 0.010 \times 0.040$
$\quad\quad = 4.0 \times 10^{-4}$ mol/L

(3) NaOH は 1 価の強塩基であるから
$[OH^-] = 0.050$ mol/L

水のイオン積より

$$[H^+] = \frac{1.0 \times 10^{-14}}{0.050}$$
$$= 2.0 \times 10^{-13} \text{ mol/L}$$

(4) 弱塩基の場合の OH^- のモル濃度は

$$[OH^-] = 0.20 \times 0.010$$
$$= 2.0 \times 10^{-3} \text{ mol/L}$$
$$[H^+] = \frac{1.0 \times 10^{-14}}{2.0 \times 10^{-3}}$$
$$= 5.0 \times 10^{-12} \text{ mol/L}$$

3 解答 (1) 3 (2) 3 (3) 12 (4) 11

解説 (1) 薄めた水溶液の $[H^+]$ は

$$[H^+] = 0.10 \times \frac{1.0}{100}$$
$$= 1.0 \times 10^{-3} \text{ mol/L}$$

よって pH＝3

(2) 酢酸のモル濃度と電離度より

$$[H^+] = 0.10 \times 0.010$$
$$= 1.0 \times 10^{-3} \text{ mol/L}$$

よって pH＝3

(3) $Ba(OH)_2$ は 2 価の強塩基だから

$$[OH^-] = 2 \times 0.0050$$
$$= 1.0 \times 10^{-2} \text{ mol/L}$$
$$[H^+] = \frac{1.0 \times 10^{-14}}{1.0 \times 10^{-2}}$$
$$= 1.0 \times 10^{-12} \text{ mol/L}$$

よって pH＝12

(4) アンモニア水の濃度と電離度より

$$[OH^-] = 0.050 \times 0.020$$
$$= 1.0 \times 10^{-3} \text{ mol/L}$$
$$[H^+] = \frac{1.0 \times 10^{-14}}{1.0 \times 10^{-3}}$$
$$= 1.0 \times 10^{-11} \text{ mol/L}$$

よって pH＝11

POINT

①$[H^+]$＝(1価の酸のモル濃度)
　　　　　　×(電離度)
　$[OH^-]$＝(1価の塩基のモル濃度)
　　　　　　×(電離度)
強酸・強塩基の電離度＝1とみなす
発展 ②水のイオン積 K_w＝$[H^+][OH^-]$
　　　　　　　＝$1.0 \times 10^{-14}(\text{mol/L})^2$
③$[H^+]＝1.0 \times 10^{-n}$ mol/L ➡ pH＝n

4 解答 (1) $2HCl + Ca(OH)_2$
$$\longrightarrow CaCl_2 + 2H_2O$$
(2) $H_2SO_4 + 2NH_3$
$$\longrightarrow (NH_4)_2SO_4$$

(3) $3H_2SO_4 + 2Al(OH)_3$
$$\longrightarrow Al_2(SO_4)_3 + 6H_2O$$

解説 酸・塩基の化学式を書き，中和する H^+ と OH^- の数が等しくなるように係数をつける。一般に

酸の価数×酸の係数
**　　　＝塩基の価数×塩基の係数**

の関係がある。

5 解答 (D)＞(B)＞(A)＞(C)

解説 (A) 強酸の HCl と強塩基の $Ca(OH)_2$ からなる正塩であるから，水溶液はほぼ中性であり，pH はおよそ 7 である。

(B) 弱酸の H_2CO_3 と強塩基の NaOH からなる酸性塩であるから，水溶液は弱塩基性であり，正塩である Na_2CO_3 より pH は小さい。

(C) 強酸の H_2SO_4 と強塩基の KOH からなる酸性塩であるから，水溶液は酸性である。

(D) 弱酸の H_2CO_3 と強塩基の NaOH からなる正塩であるから，水溶液は塩基性であり，pH は 7 よりかなり大きい。

6 解答 (1) (X)ホールピペット
　　　　(Y)メスフラスコ
　　　　(Z)ビュレット
(2) フェノールフタレイン
(3) 0.715 mol/L

解説 (1) 溶液を一定体積正確にはかり取るにはホールピペットが，一定濃度の溶液を一定体積つくるにはメスフラスコが，溶液の滴下量を正確にはかるにはビュレットが，それぞれ適している。

(2) 酢酸(弱酸)を水酸化ナトリウム(強塩基)で滴定する場合，中和点付近の水溶液は弱塩基性となるから，弱塩基性で変色するフェノールフタレインが適している。

(3) 薄めた食酢水溶液における酢酸の濃度を x〔mol/L〕とすると，中和点で次の式が成り立つ。

$$1 \times x \times \frac{10.0}{1000} = 1 \times 0.108 \times \frac{6.62}{1000}$$

これより　$x ≒ 0.07149 (mol/L)$

よって，もとの食酢中の酢酸の濃度は

$$0.07149 \times \frac{100.0}{10.0} ≒ 0.715 \text{ mol/L}$$

7　解答 (1)　32 mL　(2)　80 %

解説 (1)　H_2SO_4 は 2 価の酸で，中和点における H^+ の物質量と OH^- の物質量は等しい。求める NaOH 水溶液の体積を $x (mL)$ とすると，中和点で次の式が成り立つ。

$$2 \times 0.12 \times \frac{20}{1000} = 1 \times 0.15 \times \frac{x}{1000}$$

これより　$x = 32 \text{ mL}$

(2)　NaCl は塩酸と反応しないから，中和に使われた塩酸はすべて NaOH との反応によるものである。求める NaOH の質量を $y (g)$ とすると，中和点での H^+ の物質量と OH^- の物質量が等しいことから次の式が成り立つ。

$$0.80 \times \frac{30.0}{1000} = \frac{y}{40}$$

これより　$y = 0.96 \text{ g}$

よって，求める純度は

$$\frac{0.96}{1.20} \times 100 = 80 \text{ %}$$

POINT

中和点では，次の関係が成り立つ。
**酸から生じる H^+ の物質量
＝塩基から生じる OH^- の物質量**

8　解答 30 mL

解説 これらの中和反応は

$2NH_3 + H_2SO_4 \longrightarrow (NH_4)_2SO_4$

$2NaOH + H_2SO_4 \longrightarrow Na_2SO_4 + 2H_2O$

NH_3 と NaOH は 1 価の塩基で，H_2SO_4 は 2 価の酸なので，このときの中和の量的関係は

$1 \times (NH_3$ の物質量$) + 1 \times (NaOH$ の物質量$) = 2 \times (H_2SO_4$ の物質量$)$

水酸化ナトリウム水溶液を $x (mL)$ とすると

$$1 \times \frac{0.112}{22.4} + 1 \times 0.10 \times \frac{x}{1000}$$
$$= 2 \times 0.20 \times \frac{20.0}{1000}$$

$x = 30 \text{ mL}$

1　解答 A　(1)　$0 \to -1$　(2)　$+1 \to +2$
　　(3)　+3 で変化なし
　　(4)　$+4 \to +6$　(5)　$+7 \to +2$
　　(6)　+6 で変化なし
　　B　(1)　R　(2)　O　(3)　N
　　(4)　O　(5)　R　(6)　N

解説 化合物における下線上の原子の酸化数を x とする。

(1)　I_2：単体であるから酸化数は 0。
KI：$(+1) + x = 0$　よって　$x = -1$
酸化数が減少したから還元された。

(2)　Cu_2O：$2x + (-2) = 0$
よって　$x = +1$
CuO：$x + (-2) = 0$　よって　$x = +2$
酸化数が増加したから酸化された。

(3)　Al_2O_3：$2x + (-2) \times 3 = 0$
よって　$x = +3$
$AlCl_3$：HCl から生成する塩であるから，Cl の酸化数は -1。
$x + (-1) \times 3 = 0$　よって　$x = +3$
酸化数に変化がないから，いずれでもない。

(4)　SO_2：$x + (-2) \times 2 = 0$
よって　$x = +4$
H_2SO_4：$(+1) \times 2 + x + (-2) \times 4 = 0$
よって　$x = +6$
酸化数が増加したから酸化された。

(5)　MnO_4^-：$x + (-2) \times 4 = -1$
よって　$x = +7$
Mn^{2+} の酸化数は +2。酸化数が減少したから還元された。

(6)　$Cr_2O_7^{2-}$：$2x + (-2) \times 7 = -2$
よって　$x = +6$
CrO_4^{2-}：$x + (-2) \times 4 = -2$
よって　$x = +6$
酸化数に変化がないから，いずれでもない。

2　解答 (1)　c　(2)　b

解説 下線上の物質中の原子の酸化数の変

化：

a $MnO_2 \rightarrow MnCl_2$　Mn：$+4 \rightarrow +2$

b $KBr \rightarrow Br_2$　Br：$-1 \rightarrow 0$

c 酸化数の変化なし

d $HgCl_2 \rightarrow Hg_2Cl_2$　Hg：$+2 \rightarrow +1$

e $H_2SO_4 \rightarrow SO_2$　S：$+6 \rightarrow +4$

(1) 酸化数の変化のない反応は c。

　　なお，単体が反応または生成する反応は酸化還元反応であるから，単体の関係していない c と d だけ酸化数の変化を調べればよい。

(2) 還元剤は，相手物質を還元する物質で，その物質自身は酸化されることから，酸化数が増加した原子を含む物質を選ぶ。よって，b である。

POINT

①酸化数が増加した
➡ その原子・物質が酸化された
➡ その物質が還元剤として作用
②酸化数が減少した
➡ その原子・物質が還元された
➡ その物質が酸化剤として作用
③単体が関係(反応・生成)する反応は酸化還元反応である。

3 解答 (1) (ア)8 (イ)4 (ウ)1 (エ)1
(オ)2 (カ)14 (キ)7

(2) A $2MnO_4^- + 5H_2O_2 + 6H^+$
　　　　　$\longrightarrow 2Mn^{2+} + 5O_2 + 8H_2O$

B $Cr_2O_7^{2-} + 3Sn^{2+} + 14H^+$
　　　　　$\longrightarrow 2Cr^{3+} + 3Sn^{4+} + 7H_2O$

解説 (1) $MnO_4^- + 8H^+ + 5e^-$
　　　　　　$\longrightarrow Mn^{2+} + 4H_2O \cdots (\,i\,)$
$H_2O_2 \longrightarrow O_2 + 2H^+ + 2e^-$　$\cdots(ii)$
$Cr_2O_7^{2-} + 14H^+ + 6e^-$
　　　　　　$\longrightarrow 2Cr^{3+} + 7H_2O \cdots (iii)$
$Sn^{2+} \longrightarrow Sn^{4+} + 2e^-$　　　$\cdots(iv)$

(2) 電子 e^- を消去するようにそれぞれの式を整数倍して，辺々を加える。
A：(i)式×2＋(ii)式×5
B：(iii)式＋(iv)式×3

POINT

酸化剤・還元剤のイオン反応式から酸化還元反応を導く
➡ 電子 e^- を消去するように辺々を加える

4 解答 2.25×10^{-2} mol/L

解説

【解き方①】

　問題の①式より 1 mol の MnO_4^- は 5 mol の電子を受け取り，②式より 1 mol の $C_2O_4^{2-}$ は 2 mol の電子を与えるので，酸化剤が受け取る電子の物質量＝還元剤が与える電子の物質量より，シュウ酸の濃度を x〔mol/L〕とすると

$$5.00 \times 10^{-3} \times \frac{18.0}{1000} \times 5 = x \times \frac{10.0}{1000} \times 2$$

よって　$x = 2.25 \times 10^{-2}$

【解き方②】

　(①式)×2＋(②式)×5 より，
$2MnO_4^- + 16H^+ + 5C_2O_4^{2-}$
　　　$\longrightarrow 2Mn^{2+} + 10CO_2 + 8H_2O$

2 mol の MnO_4^- と 5 mol の $C_2O_4^{2-}$ が反応するから，シュウ酸の濃度を x〔mol/L〕とすると

$$\frac{5.00 \times 10^{-3} \times 18.0}{1000} : \frac{x \times 10.0}{1000} = 2 : 5$$

よって　$x = 2.25 \times 10^{-2}$ mol/L

5 解答 d

解説 a　イオン化傾向 Zn＞Cu より
　　$Cu^{2+} + Zn \longrightarrow Zn^{2+} + Cu$

b　イオン化傾向 Fe＞Pb より
　　$Pb^{2+} + Fe \longrightarrow Fe^{2+} + Pb$

c　イオン化傾向　Cu＞Ag より
　　$2Ag^+ + Cu \longrightarrow Cu^{2+} + 2Ag$

d　イオン化傾向　Mg＞Sn より
　　変化なし。

POINT

イオン化傾向　A＜B の場合
$A^+ + B \longrightarrow A + B^+$
$B^+ + A \longrightarrow$ 変化なし

6 解答 B＞E＞A＞C＞D

解説 実験1において水と反応した B は，イオン化傾向が最も大きい。
実験2において希塩酸に水素を発生して

溶けたAとEは，水素よりイオン化傾
向が大きく，変化しなかったCとDは
水素より小さい。
実験3の結果から，イオン化傾向は
C＞D，E＞A

7 〔解答〕a　正しい　b　誤り　c　誤り

〔解説〕a　負極で，$Zn \longrightarrow Zn^{2+} + 2e^-$

正極で，$Cu^{2+} + 2e^- \longrightarrow Cu$

のように反応する。

b　全体の反応は，

$Zn + Cu^{2+} \longrightarrow Zn^{2+} + Cu$

となり，物質量の変化は等しいが，Zn
とCuのモル質量が異なるので，質量変
化は異なる。

c　電子は亜鉛板から豆電球を経て銅板
に移動するが，電流はその逆向きに流れ
る。

化学　解答・解説

第1部 物質の状態

定期テスト対策問題6 p.203-p.204

1 【解答】(1) 1.2×10^{-8} cm (2) 57

【解説】(1) 右図より，
一辺が 3.5×10^{-8} cm
の正方形の対角線
の長さの $\dfrac{1}{4}$ が金属
の原子半径 r である。
対角線の長さは

3.5×10^{-8} cm

$$3.5 \times 10^{-8} \times \sqrt{2}\,[\text{cm}]$$

よって　$r = \dfrac{3.5 \times 10^{-8} \times \sqrt{2}}{4}$

$$\fallingdotseq 1.2 \times 10^{-8}\,[\text{cm}]$$

(2) 単位格子の体積は

$$(3.5 \times 10^{-8})^3 \text{ cm}^3$$

質量は $8.9 \times (3.5 \times 10^{-8})^3$ g
単位格子中の原子の数は4個。
原子量を M とすると

$$4 : \{8.9 \times (3.5 \times 10^{-8})^3\}$$
$$= (6.0 \times 10^{23}) : M$$

$$M = 57$$

POINT

金属結晶構造の単位格子中の原子の数は
体心立方格子 ➡ 2個
面心立方格子 ➡ 4個

2 【解答】(1) 2個

(2) 1.24×10^{-8} cm

(3) 3.50×10^{-8} cm

【解説】(1) 体心立方格子であるから2個である。

(2) 原子半径を r [cm]，単位格子の一辺
を l [cm] とすると，

$$r = \dfrac{\sqrt{3}}{4} l$$
$$= \dfrac{1.73}{4} \times 2.87 \times 10^{-8}$$
$$\fallingdotseq 1.24 \times 10^{-8}\,[\text{cm}]$$

(3) 面心立方格子の場合は

$$r = \dfrac{\sqrt{2}}{4} l \text{ より}$$
$$l = 2\sqrt{2}\,r$$
$$= 2 \times 1.41 \times 1.24 \times 10^{-8}$$
$$\fallingdotseq 3.50 \times 10^{-8}\,[\text{cm}]$$

POINT

原子半径を r [cm]，
単位格子の一辺を l [cm] とすると
体心立方格子 ➡ $r = \dfrac{\sqrt{3}}{4} l$
面心立方格子 ➡ $r = \dfrac{\sqrt{2}}{4} l$

3 【解答】(1) Zn^{2+} : 4, S^{2-} : 4

(2) Cs^+ : 8, Cl^- : 8

【解説】(1), (2)下の図の通り。

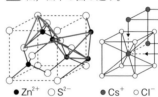

● Zn^{2+}　○ S^{2-}　● Cs^+　○ Cl^-

4 【解答】(1) Na^+ : 4個, Cl^- : 4個

(2) $(d =) \dfrac{4M}{N_A l^3}\,[\text{g/cm}^3]$

【解説】(1) Na^+ は，辺に12個，中心に1
個ある。

$$\dfrac{1}{4} \times 12 + 1 = 4 \text{個}$$

Cl^- は頂点に8個，面に6個ある。

$$\dfrac{1}{8} \times 8 + \dfrac{1}{2} \times 6 = 4 \text{個}$$

(2) 単位格子中に NaCl が4個あるので，
4個の NaCl の質量は，$l^3 d$ [g]（単位格子
の質量）である。N_A 個の NaCl の質量は
M [g] であるので，

$$4 : l^3 d = N_A : M$$
$$d = \dfrac{4M}{l^3 N_A}\,[\text{g/cm}^3]$$

NaCl の単位格子では
$$4 : l^3 d = N_A : M$$

5 解答 (1) C_2H_6 (2) C_2H_5OH
(3) 酸化マグネシウム
(4) 酸化カルシウム
(5) フッ化ナトリウム
(6) $HF > HI > HBr > HCl$

解説 (1) 分子量の大きい C_2H_6 が, 分子間力も強く, 沸点も高い。
(2) 水素結合がある C_2H_5OH のほうが水素結合がない CH_3OCH_3 より, 沸点が高い。
(3)・(4)・(5)中の物質はすべて NaCl 型のイオン結晶である。
(3)では, イオン間の距離が短い酸化マグネシウムのほうが融点が高い。
(4)では, 両イオンの電荷が2価である酸化カルシウムのほうが, 両イオンの電荷が1価である塩化ナトリウムより融点が高い。
(5)では, イオン間の距離が短いフッ化ナトリウムが最も融点が高い。
(6) 水素結合がある HF が最も沸点が高く, 水素結合のない残りは, 分子量の大きい順となる。

イオン結晶の融点
結晶構造が同じとき, イオン間の距離が短く, イオンの電荷が大きいとき, 融点が高くなる。

6 解答 (1) 8個 (2) $\dfrac{\sqrt{3}}{4}l$〔cm〕

(3) $N_A = \dfrac{8M}{l^3 d}$〔/mol〕

解説 (1) この単位格子では, 頂点に8個, 面に6個, 内部に4個あるので, 単位格子中のケイ素原子の数は,
$$\dfrac{1}{8} \times 8 + \dfrac{1}{2} \times 6 + 4 = 8 \text{個である。}$$

(2) 単位格子の右上手前の $\dfrac{1}{8}$ の分画を取り出すと, 図のようになる。AC の長さがケイ素の原子間結合の長さである。

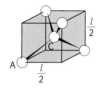

一辺が $\dfrac{l}{2}$ の立方体の対角線の $\dfrac{1}{2}$ だから
$$AC = \sqrt{3} \times \dfrac{l}{2} \times \dfrac{1}{2} = \dfrac{\sqrt{3}}{4}l \text{〔cm〕}$$

(3) 8個のケイ素原子の質量は, $l^3 d$〔g〕(単位格子の質量)である。N_A 個のケイ素原子の質量は M〔g〕であるので
$$8 : l^3 d = N_A : M$$
$$N_A = \dfrac{8M}{l^3 d}\text{〔/mol〕}$$

ケイ素の単位格子では
$$8 : l^3 d = N_A : M$$

定期テスト対策問題7 p.216

1 解答 55 kJ
解説 水のモル質量は 18 g/mol で, 18 g の氷を融解するのに必要な熱量は, 6.0 kJ, また, 100 ℃の水 18 g を水蒸気にするのに必要な熱量は, 41 kJ。0 ℃の水 18 g を 100 ℃の水にするのに必要な熱量は
$$4.2 \text{ J/(g·℃)} \times 18 \text{ g} \times 100 \text{ ℃} = 7560 \text{ J}$$
$$≒ 7.56 \text{ kJ}$$
したがって 6.0＋41＋7.56≒55 kJ

2 解答 (1) C＞B＞A (2) C＞B＞A
(3) C

解説 (1) 液体は, 外圧＝蒸気圧 が成り立つとき沸騰し, そのときの温度が沸点。図より, 蒸気圧が標準大気圧 1013 hPa と等しくなる温度(沸点)は, C＞B＞A
(2) 分子間力が大きいほど沸点は高くなる。

(3) C の沸点は 100 ℃で，水の沸点と一致する。

POINT
沸点
外圧＝蒸気圧 が成立する温度
沸点は分子間力が大きいほど高い

3 解答 (1) t_1：融点，t_2：沸点

(2) 融解熱：$\dfrac{q_C - q_B}{n}$〔kJ/mol〕

蒸発熱：$\dfrac{q_E - q_D}{n}$〔kJ/mol〕

解説 (1) t_1 は温度が一定の BC 間の温度で，この区間では固体と液体が共存している。t_1 は融点である。t_2 は温度が一定の DE 間の温度で，この区間では液体と気体が共存している。t_2 は沸点である。

(2) n〔mol〕の物質が固体(B)から液体(C)になるのに

$q_C - q_B$〔kJ〕要しているので，融解熱は

$\dfrac{q_C - q_B}{n}$〔kJ/mol〕

また，液体(D)から気体(E)になるのに $q_E - q_D$〔kJ〕要しているので，蒸発熱は

$\dfrac{q_E - q_D}{n}$〔kJ/mol〕

定期テスト対策問題 8 p.238-p.239

1 解答 (1) 5.0 L (2) 14 L (3) 20 L
解説 (1) 体積を x〔L〕とすると，
$P_1 V_1 = P_2 V_2$ より
$1.0 \times 10^5 \times 10.0 = 2.0 \times 10^5 \times x$
$x = 5.0$ L

(2) 体積を x〔L〕すると，$\dfrac{V_1}{T_1} = \dfrac{V_2}{T_2}$ より

$\dfrac{12}{27+273} = \dfrac{x}{77+273}$

$x = 14$ L

(3) 体積を x〔L〕とすると

$\dfrac{P_1 V_1}{T_1} = \dfrac{P_2 V_2}{T_2}$

$\dfrac{1.0 \times 10^5 \times 20}{27+273} = \dfrac{1.1 \times 10^5 \times x}{57+273}$

$x = 20$ L

POINT
ボイルの法則
$P_1 V_1 = P_2 V_2$
シャルルの法則
$\dfrac{V_1}{T_1} = \dfrac{V_2}{T_2}$
ボイル・シャルルの法則
$\dfrac{P_1 V_1}{T_1} = \dfrac{P_2 V_2}{T_2}$

2 解答 (1) 45 L (2) 2.5 L
(3) 3.0×10^4 Pa (4) 30
(5) 63
解説 (1) $PV = nRT$ より

$V = \dfrac{nRT}{P}$

$= \dfrac{1.5 \times 8.3 \times 10^3 \times (273+27)}{8.3 \times 10^4}$

$= 45$ L

(2) $PV = \dfrac{w}{M}RT$, N_2 の分子量＝28 より

$V = \dfrac{wRT}{PM}$

$= \dfrac{2.8 \times 8.3 \times 10^3 \times (273+27)}{1.0 \times 10^5 \times 28}$

$≒ 2.5$ L

(3) $PV = nRT$ より

$P = \dfrac{nRT}{V}$

$= \dfrac{0.10 \times 8.3 \times 10^3 \times (273+27)}{8.3}$

$= 3.0 \times 10^4$ Pa

(4) $PV = \dfrac{w}{M}RT$ より

$M = \dfrac{wRT}{PV}$

$= \dfrac{2.4 \times 8.3 \times 10^3 \times (273+27)}{5.0 \times 10^4 \times 4.0}$

$≒ 30$

(5) $M = \dfrac{wRT}{PV}$, 密度 $d = \dfrac{w}{V}$ より

$M = \dfrac{dRT}{P}$

$$= \frac{1.9 \times 8.3 \times 10^3 \times (273 + 127)}{1.0 \times 10^5}$$

$$\fallingdotseq 63$$

気体の状態方程式

$$PV = nRT$$

$$PV = \frac{w}{M} RT$$

P：圧力〔Pa〕　　V：体積〔L〕

n：物質量〔mol〕

T：絶対温度〔K〕

R：気体定数 8.3×10^3 Pa・L/(K・mol)

M：モル質量〔g/mol〕

w：気体の質量〔g〕

d：気体の密度〔g/L〕

3 解答 (1)　窒素の分圧：3.2×10^5 Pa

　　　　　酸素の分圧：8.0×10^4 Pa

　　　(2)　窒素の分圧：2.0×10^5 Pa

　　　　　酸素の分圧：4.0×10^5 Pa

　　　(3)　8.0×10^4 Pa

解説 (1)　$p_{窒素} = \frac{n_{窒素}}{n_{窒素} + n_{酸素}} P$

$$p_{窒素} = \frac{4.0}{4.0 + 1.0} \times 4.0 \times 10^5$$

$$= 3.2 \times 10^5 \text{ Pa}$$

ドルトンの分圧の法則より

$$p_{酸素} = 4.0 \times 10^5 - 3.2 \times 10^5$$

$$= 8.0 \times 10^4 \text{ Pa}$$

(2)　$n_{窒素} = \frac{0.70}{28.0} = 0.025 \text{ mol}$

$$n_{酸素} = \frac{1.6}{32.0} = 0.050 \text{ mol}$$

$$p_{窒素} = \frac{0.025}{0.025 + 0.050} \times 6.0 \times 10^5$$

$$= 2.0 \times 10^5 \text{ Pa}$$

$$p_{酸素} = 6.0 \times 10^5 - 2.0 \times 10^5$$

$$= 4.0 \times 10^5 \text{ Pa}$$

(3)　$p_{窒素} = \frac{v_{窒素}}{v_{窒素} + v_{酸素}} P$

$$p_{窒素} = \frac{4}{4 + 1} \times 1.0 \times 10^5$$

$$= 8.0 \times 10^4 \text{ Pa}$$

分圧 p_A と全圧 P

$$p_A = \frac{n_A}{n_A + n_B} P$$

$$p_A = \frac{v_A}{v_A + v_B} P$$

4 解答 (1)　窒素の分圧：1.5×10^5 Pa

　　　　　酸素の分圧：1.2×10^5 Pa

　　　　　全圧：2.7×10^5 Pa

　　　(2)　窒素の分圧：8.0×10^4 Pa

　　　　　酸素の分圧：1.2×10^5 Pa

　　　　　全圧＝2.0×10^5 Pa

解説 (1)　混合気体の窒素の分圧を $p_{窒素}$，酸素の分圧を $p_{酸素}$ とすると，ボイルの法則より

$$2.5 \times 10^5 \text{ Pa} \times 3.0 \text{ L} = p_{窒素} \times 5.0 \text{ L}$$

$$3.0 \times 10^5 \text{ Pa} \times 2.0 \text{ L} = p_{酸素} \times 5.0 \text{ L}$$

$$p_{窒素} = 1.5 \times 10^5 \text{ Pa}$$

$$p_{酸素} = 1.2 \times 10^5 \text{ Pa}$$

$$全圧 = p_{酸素} + p_{窒素} = 2.7 \times 10^5 \text{ Pa}$$

(2)　混合気体の窒素の分圧を $p_{窒素}$，酸素の分圧を $p_{酸素}$ とすると，ボイルの法則より

$$1.0 \times 10^5 \text{ Pa} \times 4.0 \text{ L} = p_{窒素} \times 5.0 \text{ L}$$

$$2.0 \times 10^5 \text{ Pa} \times 3.0 \text{ L} = p_{酸素} \times 5.0 \text{ L}$$

$$p_{窒素} = 0.80 \times 10^5 \text{ Pa} (= 8.0 \times 10^4 \text{ Pa})$$

$$p_{酸素} = 1.2 \times 10^5 \text{ Pa}$$

$$全圧 = p_{窒素} + p_{酸素} = 2.0 \times 10^5 \text{ Pa}$$

5 解答 (1)　A，B：分子間力，分子自身の体積(順不同)　C：高温・低圧

　　　(2)　ア：②　イ：④　ウ：③

理想気体と実在気体

理想気体：分子間力も分子自身の体積もない気体

実在気体も，高温・低圧になると，理想気体のようにふるまう

1 解答 ウ，オ

解説 極性のある物質どうし，極性のない物質どうしは混ざり合うが，極性のある物質とない物質は混ざりにくい。

ウ：ベンゼンは無極性分子，塩化ナトリウムはイオン結晶。

オ：ジエチルエーテルは極性の小さい分子，水は極性分子。

POINT
極性の物質と無極性の物質
➡ 混ざりにくい

2 解答 (1) 82 g　(2) 34 g

解説 (1) 求める飽和水溶液を x〔g〕とすると

$$\frac{析出量〔g〕}{飽和水溶液の質量〔g〕}=\frac{64-32}{100+64}=\frac{16}{x}$$

$x=82$ g

(2) 水が蒸発しない場合に析出する硝酸カリウムを y〔g〕とすると

$$\frac{析出量〔g〕}{飽和水溶液の質量〔g〕}=\frac{64-32}{100+64}=\frac{y}{300}$$

$y=58.5$ g

蒸発による析出量は

$69.5-58.5=11.0$ g

11.0 g が蒸発した水に溶けていたことになるので，蒸発した水を z〔g〕とすると

$$\frac{溶解量〔g〕}{水の質量〔g〕}=\frac{32}{100}=\frac{11.0}{z}$$

$z=34.3$ g

POINT
飽和水溶液 W〔g〕を冷却したときの析出量 x〔g〕，溶解度〔g〕を $S_{高温}$，$S_{低温}$ とすると

$$\frac{析出量〔g〕}{飽和水溶液の質量〔g〕}=\frac{S_{高温}-S_{低温}}{100+S_{高温}}=\frac{x}{W}$$

3 解答 62 g

解説 式量：$Na_2CO_3\cdot10H_2O=286$

$Na_2CO_3=106$

必要な $Na_2CO_3\cdot10H_2O$ を x〔g〕とすると，その中の Na_2CO_3 は $\frac{106}{286}x$〔g〕

溶解度は 30 なので，飽和溶液 $(100+30)$g の中に Na_2CO_3 が 30 g 溶けている。

$$\frac{無水物の質量}{飽和水溶液の質量}=\frac{30}{100+30}=\frac{\frac{106}{286}x}{100}$$

$x=62.2$ g

4 解答 (1) 1.3×10^{-3} mol　(2) 7：8

解説 (1) 標準状態の気体のモル体積は 22.4 L/mol であるので，20℃で 1 L に溶けている窒素は $\frac{0.015}{22.4}$ mol で，溶解する気体の物質量は圧力に比例するので

$$\frac{0.015}{22.4}\times\frac{2.0\times10^5}{1.0\times10^5}=1.33\times10^{-3}\text{ mol}$$

(2) 窒素と酸素の分圧は，それぞれ

$$\frac{2}{2+1}\times1.0\times10^5\text{ Pa}$$

$$\frac{1}{2+1}\times1.0\times10^5\text{ Pa}$$

溶解する気体の質量は分圧に比例するので，溶解する窒素(28 g/mol)と酸素(32 g/mol)の質量は，それぞれ

$$\frac{0.015}{22.4}\times28\times\frac{\frac{2}{2+1}\times1.0\times10^5}{1.0\times10^5}\text{ g}$$

$$\frac{0.030}{22.4}\times32\times\frac{\frac{1}{2+1}\times1.0\times10^5}{1.0\times10^5}\text{ g}$$

質量の比は

窒素：酸素$=28：32=7：8$

POINT
ヘンリーの法則
一定量の水に溶ける気体の物質量・質量は，気体の圧力(分圧)に比例する。

5 解答 (c) ＞ (b) ＞ (a)

解説 沸点上昇は，全溶質粒子の質量モル濃度に比例する。全溶質粒子の質量モル濃度は

(a) $0.01\times\frac{1000}{1000}=0.01$〔mol/kg〕

(b) $0.01\times\frac{1000}{500}=0.02$〔mol/kg〕

(c) Na_2SO_4 は
$Na_2SO_4 \longrightarrow 2Na^+ + SO_4^{2-}$

のように電離する。Na_2SO_4 1 mol から 3 mol のイオンを生じるので

$$0.005 \times 3 \times \frac{1000}{100} = 0.15 \text{〔mol/kg〕}$$

したがって，沸点の順は

(c) ＞ (b) ＞ (a)

6 解答 0.72 g

解説 必要なグルコースの質量を x〔g〕とすると，グルコース $C_6H_{12}O_6$ のモル質量 180 g/mol より，質量モル濃度 m は

$$m = \frac{x}{180} \times \frac{1000}{100} \text{〔mol/kg〕}$$

$\Delta t = K_f m$ と $\Delta t = 0.074$ K より

$$0.074\text{〔K〕} =$$

$$1.85\text{〔K·kg/mol〕} \times \frac{x}{180} \times \frac{1000}{100}\text{〔mol/kg〕}$$

$$x = 0.72 \text{ g}$$

POINT

沸点上昇，凝固点降下

$\Delta t = Km$

Δt：沸点上昇度，凝固点降下度〔K〕

K：モル沸点上昇，モル凝固点降下（溶媒の種類で決まる）

m：溶液の質量モル濃度〔mol/kg〕

7 解答 (1) 179 (2) 0.74 g

解説 (1) 浸透圧の公式

$\Pi V = \dfrac{w}{M}RT$ に代入すると

$$2.5 \times 10^5 \times 0.500$$

$$= \frac{9.00}{M} \times 8.3 \times 10^3 \times (273 + 27)$$

$$M \fallingdotseq 179$$

(2) $CaCl_2 \longrightarrow Ca^{2+} + 2Cl^-$

$CaCl_2 = 111.0$ より

$$2.5 \times 10^5 \times 0.200$$

$$= \frac{w}{111.0} \times 3 \times 8.3 \times 10^3 \times (273 + 27)$$

$$w \fallingdotseq 0.74 \text{ g}$$

POINT

浸透圧の公式

$\Pi V = \dfrac{w}{M}RT$

単位は気体の状態方程式に同じ

8 解答 ⑤

解説 透析：半透膜を用いるコロイド溶液の精製操作。

凝析：疎水コロイドに少量の電解質を加えたときに，沈殿する現象。

塩析：親水コロイドに多量の電解質を加えたときに，沈殿する現象。

ブラウン運動：溶媒分子の衝突によるコロイド粒子の不規則な運動。

チンダル現象：コロイド粒子によって光が散乱されて，光路が見える現象。

9 解答 ②

解説 硫黄のコロイド粒子は，陽極に移動するので，負に帯電している。凝析する能力は，コロイド粒子と反対の電荷をもち，価数の大きいイオンをもつ電解質ほど大きいので，3 価の陽イオン Al^{3+} を含む $AlCl_3$ が最も有効である。

POINT

凝析力

正コロイド：$PO_4^{3-} > SO_4^{2-} > Cl^-$

負コロイド：$Al^{3+} > Ca^{2+} > Na^+$

定期テスト対策問題10 p.296-p.297

1 解答 (1) 356 kJ (2) 80.0 g

解説 (1) CH_4(気)の燃焼エンタルピーは -891 kJ/mol であるから，標準状態で 22.4 L（1 mol）のときの発熱量は 891 kJ となり，$\dfrac{8.96}{22.4}$ mol が燃焼したときの発熱量は

$$\dfrac{8.96}{22.4} \times 891 = 356.4 \text{ kJ}$$

(2) CH_4 のモル質量は，16.0 g/mol であるから

$$\dfrac{4455}{891} \times 16.0 = 80.0 \text{ g}$$

2 解答 (1) 2C(黒鉛) + 3H_2(気)

$$+ \frac{1}{2}O_2(気) \longrightarrow C_2H_5OH(液)$$

$$\Delta H = -277 \text{ kJ}$$

(2) NaOH(固) + aq

$$\longrightarrow \text{NaOHaq}$$

$$\Delta H = -45 \text{ kJ}$$

解説 (1) エタノール C_2H_5OH の生成エンタルピーは，成分元素の単体である C（黒鉛），H_2，O_2 から 1 mol の C_2H_5OH が生成するときのエンタルピー変化である。

(2) NaOH のモル質量は 40.0 g/mol であるから，NaOH 8.0 g のときの NaOH の溶解エンタルピーは

$$\dfrac{40.0}{8.0} \times (-9.0) = -45 \text{ kJ/mol}$$

POINT

生成エンタルピー ➡ 化合物 1 mol が成分元素の単体から生成するときのエンタルピー変化

3 解答 C_3H_8(気) + 5O_2(気)

$$\longrightarrow 3CO_2(気) + 4H_2O(液)$$

$$\Delta H = -2221 \text{ kJ}$$

解説 C_3H_8(気)の燃焼エンタルピーを x〔kJ/mol〕とすると

C_3H_8(気) + 5O_2(気)

$$\longrightarrow 3CO_2(気) + 4H_2O(液)$$

$\Delta H = x$〔kJ〕

反応エンタルピー
＝（生成物の生成エンタルピーの和）
－（反応物の生成エンタルピーの和）
より

$$x = \{(-394) \times 3 + (-286) \times 4\} - \{(-105) + 0 \times 5\}$$

$$= -2221 \text{ kJ/mol}$$

【別解】 ①×3＋②×4－③ より

C_3H_8(気) + 5O_2(気)

$$\longrightarrow 3CO_2(気) + 4H_2O(液)$$

$$x = (-394) \times 3 + (-286) \times 4 - (-105)$$

$$= -2221 \text{ kJ/mol}$$

C_3H_8(気) + 5O_2(気)

$$\longrightarrow 3CO_2(気) + 4H_2O(液)$$

$$\Delta H = -2221 \text{ kJ}$$

4 解答 2C(黒鉛) + 2H_2(気)

$$\longrightarrow C_2H_4(気)$$

$$\Delta H = 51 \text{ kJ}$$

解説 C_2H_4(気) + 3O_2(気)

$$\longrightarrow 2CO_2(気) + 2H_2O(液)$$

$$\Delta H = -1411 \text{ kJ}$$

に対して，C_2H_4(気)の生成エンタルピーを x〔kJ/mol〕として

反応エンタルピー
＝（生成物の生成エンタルピーの和）
－（反応物の生成エンタルピーの和）
を適用すると

$$-1411 = \{(-394) \times 2 + (-286) \times 2\} - (x + 0 \times 3)$$

$$x = 51 \text{ kJ/mol}$$

2C(黒鉛) + 2H_2(気) $\longrightarrow C_2H_4$(気)

$$\Delta H = 51 \text{ kJ}$$

POINT

反応エンタルピー
＝（生成物の生成エンタルピーの和）
－（反応物の生成エンタルピーの和）

5 解答 NaOH aq ＋ HCl aq

$$\longrightarrow \text{NaCl aq} + H_2O(液)$$

$$\Delta H = -55 \text{ kJ}$$

解説 水温を 12.0 ℃から 18.5 ℃に上昇させた熱量は

溶液の体積×密度×比熱×温度差

から計算する。

$300 \times 1.0 \times 4.2 \times (18.5 - 12.0)$

$\fallingdotseq 8.2 \times 10^3 \text{(J)}$ よって 8.2 kJ

これは HCl と NaOH が各 0.15 mol ずつ反応して H_2O 0.15 mol 生成したときの発熱量で，H_2O 1.0 mol が生成するときの発熱量は

$\dfrac{8.2}{0.15} \fallingdotseq 55 \text{ kJ}$

中和エンタルピーは -55 kJ/mol

NaOH aq ＋ HCl aq

$\longrightarrow$ NaCl aq ＋ H_2O（液）

$\Delta H = -55$ kJ

6 **解答** 60.0 ％

解説 CH_4 を x〔mol〕，C_2H_4 を y〔mol〕とすると

$x + y = \dfrac{11.2}{22.4} = 0.500 \text{(mol)}$ ……①

$890x + 1410y = 549 \text{(kJ)}$ ……②

①，②より $x = 0.300$ mol，$y = 0.200$ mol

よって，混合気体中の体積百分率は

$\dfrac{0.300}{0.500} \times 100 = 60.0$ ％

7 **解答** $x = -241$ kJ，$y = -87$ kJ，$z = 716$ kJ

解説 反応物と生成物がすべて気体のとき成り立つ，次の関係を利用する。

反応エンタルピー

＝（反応物の結合エネルギーの和）

　　　－（生成物の結合エネルギーの和）

　　　　　　　　　……⑦

H_2（気） ＋ $\dfrac{1}{2}O_2$（気）$\longrightarrow H_2O$（気）

$\Delta H = x$〔kJ〕

H–H 結合，O＝O 結合，O–H 結合はそれぞれ 1 mol，$\dfrac{1}{2}$ mol，2 mol なので

$x = 436 + 498 \times \dfrac{1}{2} - 463 \times 2 = -241$ kJ

N_2（気） ＋ $3H_2$（気） $\longrightarrow 2NH_3$（気）

$\Delta H = y$〔kJ〕

N≡N 結合，H–H 結合，N–H 結合は，それぞれ 1 mol，3 mol，$2 \times 3 = 6$ mol なので

$y = 945 + 436 \times 3 - 390 \times 6 = -87$ kJ

C（黒鉛） ＋ O_2（気）$\longrightarrow CO_2$（気）

$\Delta H = -394$ kJ ……①

C（黒鉛）$\longrightarrow$ C（気）

$\Delta H = z$〔kJ〕 ……②

①－②より

C（気） ＋ O_2（気）$\longrightarrow CO_2$（気）

$\Delta H = -394 - z$〔kJ〕

すべて気体であるので，⑦を適用する。

O＝O 結合，C＝O 結合はそれぞれ 1 mol，2 mol なので

$-394 - z = 0 + 498 - 804 \times 2$

$z = 716$ kJ

8 **解答** (1) 正 (2) 正 (3) 誤

解説 (1) 化学反応によって高エネルギー状態になった分子が低エネルギー状態になるときに，発光する。

(2) 塩素が光を吸収して不対電子をもつ塩素原子 Cl・ になり，これがきっかけになり連鎖反応が起こる。

(3) 光合成は，吸熱反応である。

定期テスト対策問題11 p.318-p.319

1 **解答** (1) ③ (2) ②

解説 (1) マンガン乾電池も，アルカリマンガン乾電池も，負極活物質は亜鉛で，正極活物質は酸化マンガン(Ⅳ)である。

(2) 鉛蓄電池の放電の反応

Pb ＋ $2H_2SO_4$ ＋ PbO_2

$\longrightarrow 2PbSO_4$ ＋ $2H_2O$

より，放電によって，電解液の硫酸が反応し，水が生じることから希硫酸の濃度は小さくなる。

POINT

鉛蓄電池は放電によって

両極の質量が増加

　➡ $PbSO_4$ が析出

希硫酸の濃度が減少

　➡ 電解液の密度が減少

2 解答 (1) ア，エ，カ

(2) ア，カ (3) オ

解説 各水溶液の反応

ア：陽極 $2H_2O \longrightarrow 4H^+ + O_2\uparrow + 4e^-$

　　陰極 $4H_2O + 4e^- \longrightarrow 2H_2\uparrow + 4OH^-$

イ：陽極 $2H_2O \longrightarrow 4H^+ + O_2\uparrow + 4e^-$

　　陰極 $2Cu^{2+} + 4e^- \longrightarrow 2Cu$

ウ：陽極 $2H_2O \longrightarrow 4H^+ + O_2\uparrow + 4e^-$

　　陰極 $4Ag^+ + 4e^- \longrightarrow 4Ag$

エ：陽極 $2Cl^- \longrightarrow Cl_2\uparrow + 2e^-$

　　陰極 $2H_2O + 2e^- \longrightarrow H_2\uparrow + 2OH^-$

オ：陽極 $2Cl^- \longrightarrow Cl_2\uparrow + 2e^-$

　　陰極 $Cu^{2+} + 2e^- \longrightarrow Cu$

カ：陽極 $2H_2O \longrightarrow 4H^+ + O_2\uparrow + 4e^-$

　　陰極 $4H^+ + 4e^- \longrightarrow 2H_2\uparrow$

(2) H_2 と O_2 が発生するもの。

(3) オは，陽極で Cl^- が減少し，陰極で Cu^{2+} が減少するから，溶液中の $CuCl_2$ の濃度が減少する。

POINT

H_2 と O_2 が発生 ➡ 水の電気分解

3 解答 負極：24 g 増加

　　　　正極：16 g 増加

解説

負極：$Pb + SO_4^{2-} \longrightarrow PbSO_4 + 2e^-$

正極：$PbO_2 + 4H^+ + SO_4^{2-} + 2e^-$

　　　　$\longrightarrow PbSO_4 + 2H_2O$

負極では 2 mol の電子が流れ，1 mol の Pb（207 g/mol）が 1 mol の $PbSO_4$（303 g/mol）になるので，0.50 mol の電子を取り出すときの負極の増加量は

$$\frac{0.50}{2} \times (303 - 207) = 24\ g$$

となる。

正極では 2 mol の電子が流れ，1 mol の PbO_2（239 g/mol）が 1 mol の $PbSO_4$（303 g/mol）になるので，0.50 mol の電子を取り出すときの正極の増加量は

$$\frac{0.50}{2} \times (303 - 239) = 16\ g$$

となる。

4 解答 A：0.40 g　B：3.2 g

解説 3.86×10^4 C の電気量を電子の物質

量に換算すると

$$\frac{3.86 \times 10^4\ C}{9.65 \times 10^4\ C/mol} = 0.40\ mol$$

両極では，次のように反応する。

　　負極：$2H_2 \longrightarrow 4H^+ + 4e^-$

　　正極：$O_2 + 4H^+ + 4e^- \longrightarrow 2H_2O$

4 mol の電子が流れると，負極で 2 mol の H_2 が反応し，正極で 1 mol の O_2 が反応する。

0.40 mol の電子が流れたとき，負極で消費される H_2（2.0 g/mol）および正極で消費される O_2（32.0 g/mol）は，次のようになる。

消費される $H_2 = \dfrac{2}{4} \times 0.40 \times 2.0 = 0.40\ g$

消費される $O_2 = \dfrac{1}{4} \times 0.40 \times 32.0 = 3.2\ g$

5 解答 (1) 0.0200 mol

　　　　(2) 0.112 L

解説

陽極：$2H_2O \longrightarrow 4H^+ + O_2 + 4e^-$

陰極：$Cu^{2+} + 2e^- \longrightarrow Cu$

(1) 陰極で析出した Cu（63.5 g/mol）の物質量は

$$\frac{1.27}{63.5} = 0.0200\ mol$$

(2) 陽極では，4 mol の電子が流れると，1 mol の O_2 が発生するので，発生する気体の体積は

$$\frac{1}{4} \times 0.0200 \times 22.4 = 0.112\ L$$

6 解答 (1) 電極 I ：$2H_2O$

　　　　　　　　$\longrightarrow 4H^+ + O_2 + 4e^-$

　　　　電極 II ：$2H^+ + 2e^- \longrightarrow H_2$

　　　　電極 III ：$2H_2O$

　　　　　　　　$\longrightarrow 4H^+ + O_2 + 4e^-$

　　　　電極 IV：$Cu^{2+} + 2e^- \longrightarrow Cu$

(2) 0.400 mol　(3) 0.160 mol

(4) 2.69 L

解説

(2) 電源から流れ出した電気量は

　　$2.00 \times (5 \times 60 \times 60 + 21 \times 60 + 40)$

　　$= 3.86 \times 10^4$ C

電源から流れ出した電子の物質量は

$$\frac{3.86\times10^4\,\mathrm{C}}{9.65\times10^4\,\mathrm{C/mol}}=0.400\,\mathrm{mol}$$

(3) 電極Ⅳで析出した Cu（63.5 g/mol）の物質量は，$\dfrac{7.62}{63.5}=0.120\,\mathrm{mol}$ である。

1 mol の Cu が析出するとき，2 mol の電子が流れるので，電解槽 B を流れた電子の物質量は

$$0.120\times2=0.240\,\mathrm{mol}$$

電解槽 A を流れた電子の物質量は

$$0.400-0.240=0.160\,\mathrm{mol}$$

(4) 電極Ⅰで $\dfrac{1}{4}\times0.160\,\mathrm{mol}$ の O_2 が発生し，電極Ⅱで $\dfrac{1}{2}\times0.160\,\mathrm{mol}$ の H_2 が発生する。したがって，両極から発生する気体の体積は

$$\left(\frac{1}{4}\times0.160+\frac{1}{2}\times0.160\right)\times22.4\fallingdotseq2.69\,\mathrm{L}$$

定期テスト対策問題12 p.337

1 解答 $\dfrac{1}{2}$ 倍

解説

	A	+	B	⟶	C	+	D
反応前	1.6		1.2				〔mol/L〕
変化量	0.4		0.4				〔mol/L〕
反応後	1.2		0.8				〔mol/L〕

$$\frac{時刻\,t\,の反応速度}{最初の反応速度}=\frac{k\times1.2\times0.8}{k\times1.6\times1.2}=\frac{1}{2}$$

2 解答 ④

解説 ① $v=\dfrac{反応物の濃度の減少量}{反応時間}$

正しい。

②

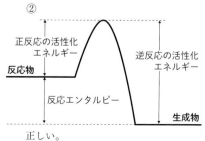

正しい。

③衝突の頻度と問題文の効果が反応速度を大きくする要素であるが，問題文の効果が優勢である。正しい。

④反応速度式は，実験で決まる。誤り。

⑤反応速度は，活性化エネルギーが関与する。正しい。

3 解答 (1) E_1：（正反応の）活性化エネルギー

E_2：反応エンタルピー

X：遷移状態

(2) 吸熱反応 (3) E_1：小さくなった。

E_2：変化なし。

解説 (2) 反応物より生成物のほうがエネルギーが高いため，吸熱反応である。

(3) 触媒は，活性化エネルギーを小さくするが，反応エンタルピーは変化しない。

POINT

触媒：活性化エネルギーを小さくする
➡ 反応速度が大きくなる

定期テスト対策問題13 p.386-p.388

1 解答 (1) 64 (2) 0.20 mol

解説 (1) 次の関係がある。

	H_2	+	I_2	⟶	2HI	
反応前	2.0		2.0			〔mol〕
変化量	−1.6		−1.6		+3.2	〔mol〕
平衡時	0.40		0.40		3.2	〔mol〕
濃度	$\dfrac{0.4}{4.0}$		$\dfrac{0.4}{4.0}$		$\dfrac{3.2}{4.0}$	
	=0.10		=0.10		=0.80	〔mol/L〕

$$平衡定数\,K=\frac{[\mathrm{HI}]^2}{[\mathrm{H_2}][\mathrm{I_2}]}=\frac{0.80^2}{0.10\times0.10}=64$$

(2) 生成する H_2 を x〔mol〕とすると

	2HI	⟶	H_2	+	I_2	
反応前	2.0					〔mol〕
変化量	$-2x$		$+x$		$+x$	〔mol〕
平衡時	$2.0-2x$		x		x	〔mol〕

$$平衡定数\,K'=\frac{\left(\dfrac{x}{4.0}\right)^2}{\left\{\dfrac{(2.0-2x)}{4.0}\right\}^2}$$

$$= \frac{x^2}{(2.0-2x)^2} = \frac{1}{64}$$

$$x = 0.20 \text{ mol} \quad (x > 0)$$

$a\mathbf{A} + b\mathbf{B} \rightleftharpoons c\mathbf{C}$

$\dfrac{[\mathbf{C}]^c}{[\mathbf{A}]^a[\mathbf{B}]^b} = K$（平衡定数）

2 解答 (1) $SO_2 : 0.80 \text{ mol}$ $O_2 : 0.40 \text{ mol}$
$SO_3 : 1.2 \text{ mol}$ (2) $0.20(\text{kPa})^{-1}$

解説 (1) 反応した O_2 を x〔mol〕とする。

$$2SO_2 \quad + \quad O_2 \quad \rightleftharpoons \quad 2SO_3$$

反応前	2.0	1.0	〔mol〕
変化量	$-2x$	$-x$	$+2x$〔mol〕
平衡時	$2.0-2x$	$1.0-x$	$2x$〔mol〕

合　計　$2.0-2x + 1.0-x +2x$〔mol〕
$= 3.0-x$ 〔mol〕

物質量は同体積の気体の圧力に比例。

$$\frac{2.0+1.0〔\text{mol}〕}{3.0-x〔\text{mol}〕} = \frac{100 \text{ kPa}}{80 \text{ kPa}}$$

$$x = 0.60 \text{ mol}$$

よって，各物質量は

$SO_2 : 2.0 - 0.60 \times 2 = 0.80 \text{ mol}$
$O_2 : 1.0 - 0.60 = 0.40 \text{ mol}$
$SO_3 : 2 \times 0.60 = 1.2 \text{ mol}$

(2) 平衡時の混合気体の物質量は

$3.0 - 0.60 = 2.4 \text{ mol}$

全圧 80 kPa より，各気体の分圧は

$SO_2 : 80 \text{ kPa} \times \dfrac{0.80}{2.4} = \dfrac{80}{3} \text{ kPa}$

$O_2 : 80 \text{ kPa} \times \dfrac{0.40}{2.4} = \dfrac{40}{3} \text{ kPa}$

$SO_3 : 80 \text{ kPa} \times \dfrac{1.2}{2.4} = 40 \text{ kPa}$

$$K_P = \frac{(40 \text{ kPa})^2}{\left(\dfrac{80 \text{ kPa}}{3}\right)^2 \times \left(\dfrac{40 \text{ kPa}}{3}\right)}$$

$\fallingdotseq 0.20(\text{kPa})^{-1}$

POINT

同体積の気体について
　物質量比＝圧力比
混合気体の成分気体について
　物質量比＝分圧比

3 解答 $6.0 \times 10^4 \text{ Pa}$

解説 $K_P = \dfrac{p_{CO}^2}{p_{CO_2}} = 3.6 \times 10^4 \text{ Pa}$

$p_{CO}^2 = 1.0 \times 10^5 \times 3.6 \times 10^4 = 36 \times 10^8$ より

$p_{CO} = 6.0 \times 10^4 \text{ Pa}$

4 解答 ②

解説

$N_2O_4 \rightleftharpoons 2NO_2 \quad \Delta H = 57 \text{ kJ}$

圧力を上げると，気体分子の数が少なくなる左に平衡が移動し，生成量が少なくなる。したがって，該当するのは②のグラフ。

5 解答 ①，④

解説 ① 図から，温度の低いほうがアンモニアの生成量が増加している。平衡は，温度を低くすると，発熱反応の方向に移動するから，アンモニアの生成反応は発熱反応である。よって，①は正しい。
② 反応速度は，平衡の移動方向と関係なく，温度の低いほうが小さい。よって，②は誤りである。
③ 系の全圧を上げると，図から，アンモニアの生成量が多くなっている。したがって，アンモニアが増加する方向に移動しているので，③は誤りである。
④ 図より，温度の上昇とともに，アンモニアの生成量は減少しているので，アンモニアの生成反応の

平衡定数 $K = \dfrac{[NH_3]^2}{[N_2][H_2]^3}$ の値は小さくなる。よって，④は正しい。
⑤ 濃度が変化しても平衡定数は変化しない。よって⑤は誤りである。

6 解答 (1) $1.0 \times 10^{-5} \text{ mol/L}$
(2) $1.0 \times 10^{-5} \text{ mol/L}$

解説 $K_a \fallingdotseq c\alpha^2$ より $[H^+] = c\alpha = \sqrt{cK_a}$

(1) pH = 3.0 より，
$[H^+] = 1.0 \times 10^{-3} \text{ mol/L}$ $c = 0.10 \text{ mol/L}$
$1.0 \times 10^{-3} = \sqrt{0.10 K_a}$

$$K_a = \frac{(1.0 \times 10^{-3})^2}{0.10} = 1.0 \times 10^{-5} \text{ mol/L}$$

(2) pH = 2.7 より，

$[H^+]=1.0\times10^{-2.7}\,\mathrm{mol/L}$ $c=0.40\,\mathrm{mol/L}$

$1.0\times10^{-2.7}$

$\qquad =1.0\times10^{-3}\times10^{0.3}$

$\qquad \log2=0.3\quad 10^{0.3}=2$ より

$\qquad =2.0\times10^{-3}$

$2.0\times10^{-3}=\sqrt{0.40K_a}$

$\qquad K_a=\dfrac{(2.0\times10^{-3})^2}{0.40}=1.0\times10^{-5}\,\mathrm{mol/L}$

POINT

$\mathrm{CH_3COOH} \rightleftharpoons \mathrm{CH_3COO^-+H^+}$
において

$\qquad K=\dfrac{[\mathrm{H^+}]^2}{[\mathrm{CH_3COOH}]}$

---

7 **解答** (1) 10.7 (2) 9.3 (3) 5.3

解説 (1) 0.10 mol/L のアンモニア水を10倍に薄めたから，0.010 mol/L のアンモニア水となった。

$[\mathrm{OH^-}]=\sqrt{c'K_b}$

$[\mathrm{H^+}]=\dfrac{K_w}{[\mathrm{OH^-}]}=\dfrac{K_w}{\sqrt{c'K_b}}$

$\mathrm{pH}=-\log\dfrac{1.0\times10^{-14}}{\sqrt{0.010\times1.8\times10^{-5}}}$

$\qquad =-\log\dfrac{1.0\times10^{-10}}{\sqrt{18}}$

$\qquad =10+\dfrac{1}{2}\log18=10.65$

(2) $K_b=\dfrac{[\mathrm{NH_4^+}][\mathrm{OH^-}]}{[\mathrm{NH_3}]}$

$\qquad =\dfrac{\mathrm{NH_4Cl}\text{ の濃度}\times[\mathrm{OH^-}]}{\mathrm{NH_3}\text{ の濃度}}$

$\mathrm{NH_4Cl}\text{ の濃度}=0.10\times\dfrac{1}{2}=0.050\,\mathrm{mol/L}$

$\mathrm{NH_3}\text{ の濃度}=0.10\times\dfrac{1}{2}=0.050\,\mathrm{mol/L}$

$[\mathrm{OH^-}]=\dfrac{0.050\times1.8\times10^{-5}}{0.050}\,\mathrm{mol/L}$

$[\mathrm{H^+}]=\dfrac{1.0\times10^{-14}}{1.8\times10^{-5}}\,\mathrm{mol/L}$

$\mathrm{pH}=-\log\dfrac{1.0\times10^{-14}}{1.8\times10^{-5}}$

$\qquad =8+\log18=8+1.3=9.3$

(3) 0.050 mol/L の塩化アンモニウムのpH を求めることになる。

加水分解定数 K_h は

$K_h\fallingdotseq\dfrac{[\mathrm{H^+}]^2}{c}=\dfrac{K_w}{K_b}$

$[\mathrm{H^+}]=\sqrt{\dfrac{cK_w}{K_b}}$

$\qquad =\sqrt{\dfrac{0.050\times1.0\times10^{-14}}{1.8\times10^{-5}}}\,\mathrm{mol/L}$

$\qquad =\sqrt{\dfrac{1.0\times10^{-10}}{1.8\times2.0}}\,\mathrm{mol/L}$

$\mathrm{pH}=-\log\sqrt{\dfrac{1.0\times10^{-10}}{1.8\times2.0}}$

$\qquad =5+\dfrac{1}{2}(\log1.8+\log2.0)$

$\qquad =5.28$

8 **解答** (1) $1.0\times10^{-5}\,\mathrm{mol/L}$ (2) 5

解説 (1) $[\mathrm{RCOOH}]$

$=0.10(1-0.010)\,\mathrm{mol/L}\fallingdotseq0.10\,\mathrm{mol/L}$

$[\mathrm{RCOO^-}]=[\mathrm{H^+}]=0.10\,\mathrm{mol/L}\times0.010$

$\qquad\qquad =1.0\times10^{-3}\,\mathrm{mol/L}$

$K_a=\dfrac{[\mathrm{RCOO^-}][\mathrm{H^+}]}{[\mathrm{RCOOH}]}$

$\qquad =\dfrac{(1.0\times10^{-3})^2(\mathrm{mol/L})^2}{0.10\,\mathrm{mol/L}}$

$\qquad =1.0\times10^{-5}\,\mathrm{mol/L}$

(2) 物質量は

$\mathrm{RCOOH}:\dfrac{0.40\times50.0}{1000}=0.020\,[\mathrm{mol}]$

$\mathrm{NaOH}:\dfrac{0.20\times50.0}{1000}=0.010\,[\mathrm{mol}]$

$\mathrm{RCOOH+NaOH}\longrightarrow\mathrm{RCOONa+H_2O}$

より $[\mathrm{RCOOH}]$

$\qquad =(0.020-0.010)\times\dfrac{1000}{50.0+50.0}$

$\qquad =0.10\,[\mathrm{mol/L}]$

$[\mathrm{RCOO^-}]=\lceil\mathrm{RCOONa}\text{ の濃度}\rfloor$

$\qquad\qquad =0.010\times\dfrac{1000}{50.0+50.0}$

$\qquad\qquad =0.10\,[\mathrm{mol/L}]$

$K_a=\dfrac{[\mathrm{RCOO^-}][\mathrm{H^+}]}{[\mathrm{RCOOH}]}=\dfrac{0.10\times[\mathrm{H^+}]}{0.10}$

$\qquad =1.0\times10^{-5}\,[\mathrm{mol/L}]$

$\qquad [\mathrm{H^+}]=1.0\times10^{-5}\,[\mathrm{mol/L}]$

よって pH=5

9 **解答** (1) $4.0\times10^{-6}\,(\mathrm{mol/L})^2$ (2) 0.21 g

解説 (1) $\mathrm{CaCO_3}=100$ より，0.020 g の物質量は $\dfrac{0.020}{100}=2.0\times10^{-4}\,[\mathrm{mol}]$

$\mathrm{CaCO_3}\rightleftharpoons\mathrm{Ca^{2+}+CO_3^{2-}}$ より

$$[Ca^{2+}] = [CO_3^{2-}]$$
$$= 2.0 \times 10^{-4} \times \frac{1000}{100}$$
$$= 2.0 \times 10^{-3} \, [mol/L]$$

溶解度積 $K_{sp} = [Ca^{2+}][CO_3^{2-}]$
$$= (2.0 \times 10^{-3})^2$$
$$= 4.0 \times 10^{-6} \, (mol/L)^2$$

(2) 沈殿を生じる最小の $[CO_3^{2-}]$
を $x \, [mol/L]$ とすると
$$K_{sp} = 0.0010 \times x = 4.0 \times 10^{-6}$$
$$x = 4.0 \times 10^{-3} \, [mol/L]$$

要する Na_2CO_3 の質量を $y \, [g]$ とすると，
$Na_2CO_3 = 106$ より
$$\frac{y}{106} = 4.0 \times 10^{-3} \times \frac{500}{1000}$$
よって $y = 0.212 \, g$

10 【解答】 Fe^{2+}, Mn^{2+}

【解説】 $\dfrac{[H^+]^2[S^{2-}]}{[H_2S]} = 1.2 \times 10^{-21} \, (mol/L)^2$

$[H^+] = 0.20 \, mol/L$，$[H_2S] = 0.10 \, mol/L$
より
$$\frac{0.20^2 \times [S^{2-}]}{0.10} = 1.2 \times 10^{-21}$$
$[S^{2-}] = 3.0 \times 10^{-21} \, mol/L$
金属イオンの濃度との積は
$$0.10 \times 3.0 \times 10^{-21} = 3.0 \times 10^{-22} \, (mol/L)^2$$
溶解度積が $3.0 \times 10^{-22} \, (mol/L)^2$ より大きいものは沈殿しない。
よって，Fe^{2+}, Mn^{2+}

POINT

加えた金属イオン M^+ と陰イオン
X^- の濃度の積 $[M^+][X^-]$：
$[M^+][X^-] > K_{sp}$ ➡ 沈殿する
$[M^+][X^-] < K_{sp}$ ➡ 沈殿しない

第3部 **無機物質**

定期テスト対策問題14 p.394

1 【解答】 (1) (b), (c), (d)
(2) (a) $Ba > Sr > Ca$
(b) $Ca > Sr > Ba$

【解説】 (1) (a) 周期表の右側に行くほど，原子核と最外殻電子との引力は強くなり，原子半径は小さくなる。
(b) 第2周期（典型元素）では，価電子の数は，原子番号とともに増加する。
(c)・(d) 周期表の右側ほど陰性が強く，電子親和力もイオン化エネルギーも大きい。
(e) 第2周期では，K殻の電子の数はすべて2である。
(2) 周期表の下側ほど陽性が強いので，(a)水との反応は，$Ba > Sr > Ca$，(b)イオン化エネルギーの値は，陽性が弱いほど大きいので，$Ca > Sr > Ba$。

定期テスト対策問題15 p.439-p.440

1 【解答】 (1) A－I_2 B－F_2 C－Br_2
(2) A－HCl B－HF C－HF

【解説】 (1) ハロゲンは，原子番号順に性質が変化する。
沸点：F_2(気体) < Cl_2(気体) < Br_2(液体) < I_2(固体)
酸化力：$F_2 > Cl_2 > Br_2 > I_2$
Br_2 は非金属元素の単体で唯一の液体。
(2) HF は，水素結合を形成するため沸点が最も高い。
沸点：$HCl < HBr < HI \ll HF$
HF だけ弱酸，他のハロゲン化水素は強酸。HF はガラスを溶かす。

POINT

①ハロゲン単体：原子番号順に性質が変化

沸点：$F_2 < Cl_2 < Br_2 < I_2$

気体　気体　液体　固体

酸化力：$F_2 > Cl_2 > Br_2 > I_2$

② HF の 3 つの特性

a　沸点が異常に高い（水素結合）

b　弱酸（他のハロゲン化水素は強酸）

c　ガラスを溶かす

2 解答 ① C ② B ③ C ④ A
⑤ B ⑥ A ⑦ C

解説 ともに無色の気体であるが，SO_2 は刺激臭，H_2S は腐卵臭である。ともに水に溶けて弱酸性であり，また，ともに還元性を示す。

硫黄を燃やすと SO_2 が生成する。H_2S は空気中で燃えるが，SO_2 は燃えない。Ag^+ や Cu^{2+} を含む水溶液に H_2S を通すと黒色の沈殿を生じる。

$$2Ag^+ + S^{2-} \longrightarrow Ag_2S\downarrow(黒)$$
$$Cu^{2+} + S^{2-} \longrightarrow CuS\downarrow(黒)$$

POINT

① SO_2 と H_2S の共通点

無色，水に溶けて弱酸性，還元性

② H_2S の特性

a　腐卵臭

b　種々の金属イオンを沈殿

3 解答 イ，エ

解説 アンモニアは，水によく溶け，弱塩基性を示すので，赤色リトマス紙を青色にする。また，濃塩酸を近づけると白煙（NH_4Cl）を生じる。

$$NH_3 + HCl \longrightarrow NH_4Cl$$

沸点が低く，また，加圧すると水素結合を形成するため，容易に液化する。

POINT

アンモニアの特性

a　水によく溶け，弱塩基性

b　液化しやすい（水素結合）

c　HCl と白煙（NH_4Cl）

4 解答 イ，カ

解説 ア：水晶は SiO_2 の結晶。

イ：フラーレンは C の同素体の 1 つ。

ウ・エ：SiO_2 を NaOH などと加熱するとケイ酸ナトリウム Na_2SiO_3 が生成し，これに塩酸を加えると，ケイ酸が生成する。これを加熱・脱水するとシリカゲルとなる。ケイ酸ナトリウムに水を加えて加熱すると水ガラスとなる。

オ：ソーダ石灰ガラスは，ケイ砂 SiO_2，炭酸ナトリウム，石灰石を原料とする。

カ：ドライアイスは固体の CO_2。

5 解答 A－NH_3 B－O_2
C－HCl D－H_2S

解説 ① A と C による白煙の反応は

$$HCl + NH_3 \longrightarrow NH_4Cl$$

② 大気上層で紫外線を吸収するのはオゾン O_3。よって B は O_2。

③ 水に溶けて酸性を示すのは

H_2S，HCl，SO_2。

④ 腐卵臭の気体は H_2S で，H_2S は還元性を示す。

6 解答 (1)：㋖－(f)－㋔
(2)：㋗－(d)－㋕ (3)：㋔－(b)－㋒
(4)：㋚－(a)－㋑ (5)：㋑－(a)－㋓
(6)：㋕－(b)－㋐

解説 (1) アンモニア：塩化アンモニウムと水酸化カルシウムの固体混合物を加熱して，発生させる。

$$2NH_4Cl + Ca(OH)_2$$
$$\longrightarrow CaCl_2 + 2H_2O + 2NH_3$$

水に非常によく溶け，空気より軽いため，上方置換で捕集する。

(2) 酸素：固体の酸化マンガン(IV)に過酸化水素水を加え，発生させる。

$$2H_2O_2 \longrightarrow 2H_2O + O_2$$

水に溶けにくいので，水上置換で捕集する。

(3) 硫化水素：固体の硫化鉄(II)に希硫酸を加えて発生させる。

$$FeS + H_2SO_4 \longrightarrow FeSO_4 + H_2S$$

水に溶け，空気より重いので，下方置換で捕集する。

(4) 塩素：固体の酸化マンガン(IV)に濃塩酸を加え，加熱して発生させる。

$MnO_2 + 4HCl$

$$\longrightarrow MnCl_2 + 2H_2O + Cl_2$$

水に溶け，空気より重いので，下方置換で捕集する。

(5) 塩化水素：固体の塩化ナトリウムに濃硫酸を加え，加熱して発生させる。

$NaCl + H_2SO_4$

$$\longrightarrow NaHSO_4 + HCl$$

水に非常に溶け，空気より重く，下方置換で捕集する。

(6) 二酸化炭素：固体の炭酸カルシウムに希塩酸を加えて発生させる。

$CaCO_3 + 2HCl$

$$\longrightarrow CaCl_2 + H_2O + CO_2$$

水に溶け，空気より重いので，下方置換で捕集する。

定期テスト対策問題16 p.459

1 解答 Ⓐ Mg Ⓑ Ca
Ⓒ Na Ⓓ Mg

解説 Ⓐ Na と Ca は常温の水と反応するが，Mg は熱水(沸騰水)でないと反応しない。
Ⓑ $CaSO_4$ は難溶，$MgSO_4$ は可溶。
Ⓒアルカリ金属以外の金属イオンの炭酸塩は難溶。
Ⓓ 2 族の Be, Mg は炎色反応を示さない。

2 解答 (a) $NaHCO_3$ (b) $CaCl_2$
⑦ $NaCl + NH_3 + CO_2 + H_2O$

$$\longrightarrow NaHCO_3\downarrow + NH_4Cl$$

④ $2NH_4Cl + Ca(OH)_2$

$$\longrightarrow CaCl_2 + 2H_2O + 2NH_3$$

解説 (a) 次の反応で生成する。
$NaCl + NH_3 + CO_2 + H_2O$

$$\longrightarrow NaHCO_3\downarrow + NH_4Cl$$

⑦の反応とその生成物(a)は
$NaCl + NH_3 + CO_2 + H_2O$

$$\longrightarrow \underset{\text{(a)}}{NaHCO_3}\downarrow + NH_4Cl$$

④の反応とその生成物(b)は
$2NH_4Cl + Ca(OH)_2$

$$\longrightarrow \underset{\text{(b)}}{CaCl_2} + 2H_2O + 2NH_3$$

---

3 解答 A：$CaCO_3$，B：$BaSO_4$，
C：Na_2CO_3，D：$AlK(SO_4)_2$，
E：$MgCl_2$

解説 (1) 水に溶けない塩は，$BaSO_4$ と $CaCO_3$ であるため，これらは A または B のいずれかである。

(2) 塩酸に溶けて気体を発生するのは，炭酸塩であるため，A，C は，$CaCO_3$ または Na_2CO_3 である。

　以上より，A：$CaCO_3$，B：$BaSO_4$，C：Na_2CO_3 となる。

(3) 少量の水酸化ナトリウム水溶液で，Al^{3+} と Mg^{2+} は，$Al(OH)_3$ と $Mg(OH)_2$ の沈殿となる。過剰の水酸化ナトリウム水溶液で，$Al(OH)_3$ は溶解するが，$Mg(OH)_2$ は溶解しない。

　以上より，D：$AlK(SO_4)_2$，E：$MgCl_2$ となる。

(4) D の $AlK(SO_4)_2$ と $BaCl_2$ の水溶液からは，$BaSO_4$ が沈殿し，上の結果と矛盾しない。

定期テスト対策問題17 p.487-p.488

1 解答 (1) ② (2) ③ (3) ⑤
(4) ⑤

解説 (1) Fe^{2+} は，OH^- と反応して，緑白色の沈殿 $Fe(OH)_2$ を生じる。また，ヘキサシアニド鉄(Ⅲ)酸イオン $[Fe(CN)_6]^{3-}$ と反応して，濃青色の沈殿を生じる。

(2) Pb^{2+} は Cl^- と反応して，白色沈殿 $PbCl_2$ を生じる。この沈殿は熱水に溶ける。また，CrO_4^{2-} と黄色沈殿 $PbCrO_4$ をつくる。

(3) Cu^{2+}は，Cl^- とは沈殿をつくらないが，酸性で硫化水素と反応して，黒色沈殿 CuS をつくる。

(4) Ag^+ は Cl^- と反応して，白色沈殿 $AgCl$ を生じる。また，アンモニア水とは，褐色沈殿 Ag_2O をつくり，この沈殿は，過剰のアンモニア水に溶けて，無色の

$[Ag(NH_3)_2]^+$ となる。

2 解答 A：Zn　　B：Cu　　C：Fe
　　　　D：Ag　　E：Au

解説 **実験1** A，C は，イオン化傾向が水素より大きいことから，Fe，Zn のいずれかである。

実験2 水酸化ナトリウム水溶液に溶けるのは，両性金属であるから，A は Zn。したがって，C は Fe。

実験3 Au は濃硝酸にも溶けない。また，Fe は濃硝酸と不動態となり，溶けない。したがって，A，B，D は，Cu，Zn，Ag のいずれか。E は Au である。

　A は Zn なので，B，D は，Cu，Ag のいずれかであり，青色の水溶液となるのは，Cu である。したがって，B は Cu，D は Ag。

POINT

金属単体の反応
①塩酸・希硫酸に溶ける
➡ 水素よりイオン化傾向が大
②塩酸・希硫酸に溶けるが，濃硝酸に溶けない
➡ Al，Fe，Ni(不動態となる)

3 解答 A−Ag^+　　B−Al^{3+}
　　　　C−Cu^{2+}　　D−Fe^{3+}

解説 ①　塩酸を加えて沈殿を生じるのは
$$Ag^+ + Cl^- \longrightarrow AgCl\downarrow$$
②　アンモニア水を過剰に加えると沈殿が溶けるのは Cu^{2+} と Ag^+。
アンモニア水を加えると
$$NH_3 + H_2O \rightleftharpoons NH_4^+ + OH^-$$ より
少量で $Cu^{2+} + 2OH^- \longrightarrow Cu(OH)_2\downarrow$
$2Ag^+ + 2OH^- \longrightarrow Ag_2O\downarrow + H_2O$
過剰で $Cu(OH)_2 + 4NH_3$
$$\longrightarrow [Cu(NH_3)_4]^{2+} + 2OH^-$$
$Ag_2O + 4NH_3 + H_2O$
$$\longrightarrow 2[Ag(NH_3)_2]^+ + 2OH^-$$
③　水酸化ナトリウム水溶液を過剰に加えると沈殿が溶けるのは，両性水酸化物で $Al(OH)_3$
少量で $Al^{3+} + 3OH^- \longrightarrow Al(OH)_3\downarrow$
過剰で $Al(OH)_3 + OH^- \longrightarrow [Al(OH)_4]^-$

POINT

金属イオンの反応
①塩酸(Cl^-)を加えて沈殿
　　　　➡ Ag^+，Pb^{2+}
②過剰のアンモニア水で沈殿が溶ける ➡ Zn^{2+}，Cu^{2+}，Ag^+
③過剰の NaOH 水溶液で沈殿が溶ける ➡ Al^{3+}，Zn^{2+}，Sn^{2+}，Pb^{2+}

4 解答 (1)　A：$AgCl$　　B：CuS
　　　　　C：$Fe(OH)_3$
　　　　　D：ZnS　　E：$CaCO_3$
　　　(2)　$Fe^{2+} \longrightarrow Fe^{3+} + e^-$
　　　(3)　黄色

解説 1. 希塩酸を加える。
　沈殿 A：$AgCl$
　ろ液：Zn^{2+}，Fe^{3+}，Cu^{2+}，Ca^{2+}，Na^+
2. 酸性で H_2S を通じる。
　沈殿 B：CuS
　ろ液：Zn^{2+}，Fe^{2+}，Ca^{2+}，Na^+
　Fe^{3+} が H_2S により還元され，Fe^{2+} となる。
3. 煮沸後，希硝酸を加え加熱し，NH_3 水を十分に加える。
　沈殿 C：$Fe(OH)_3$
　ろ液：Ca^{2+}，$[Zn(NH_3)_4]^{2+}$，Na^+
　Fe^{2+} が希硝酸で酸化される。
$$Fe^{2+} \longrightarrow Fe^{3+} + e^-$$
　Zn^{2+} が錯イオンになる。
$$Zn^{2+} + 4NH_3 \longrightarrow [Zn(NH_3)_4]^{2+}$$
4. 塩基性で H_2S を通じる。
　沈殿 D：ZnS
　ろ液：Ca^{2+}，Na^+
$$[Zn(NH_3)_4]^{2+} \rightleftharpoons Zn^{2+} + 4NH_3$$
$$Zn^{2+} + S^{2-} \longrightarrow ZnS\downarrow$$
5. $(NH_4)_2CO_3$aq を加える。
　沈殿 E：$CaCO_3$
　ろ液：Na^+

第4部 有機化合物

定期テスト対策問題18 p.507-p.508

1 解答 ①，③，④

解説 ① 有機化合物の種類は非常に多い。② 水に溶けにくく，有機溶媒に溶けやすい。③ 燃焼すると二酸化炭素と水を生じることが多い。④ 分子からなる物質が多く，一般に，融点・沸点は低い。⑤ 共有結合からなるものが多い。

2 解答 (1) アルカン，アルケン，アルキンの順に，$C_{10}H_{22}$，$C_{10}H_{20}$，$C_{10}H_{18}$
(2) $C_{10}H_{18}$ (3) $C_{10}H_{16}$

解説 単結合から二重結合，三重結合が形成されると，水素がそれぞれ2個，4個減少する。

3 解答 (1) ①ヒドロキシ基，②アルコール
(2) ①ホルミル基，②アルデヒド
(3) ①カルボキシ基，②カルボン酸
(4) ①カルボニル基，②ケトン

4 解答 ④

解説 (a) バイルシュタイン試験で，塩素，臭素，ヨウ素の検出に利用される。
(b) 窒素を含む試料は，NaOH と加熱すると，アンモニアを発生し，湿った赤色のリトマス紙を青変させる。窒素の検出に利用される。
(c) 炭素を含む試料は，完全燃焼すると二酸化炭素を発生する。二酸化炭素は石灰水を白濁させる。炭素の検出に利用される。

5 解答 組成式 CH_2O
分子式 $C_3H_6O_3$

解説 C，H，O の質量は

C の質量 $= 8.8 \times \dfrac{12.0}{44.0} = 2.4$〔mg〕

H の質量 $= 3.6 \times \dfrac{2.0}{18.0} = 0.40$〔mg〕

O の質量 $= 6.0 - (2.4 + 0.40) = 3.2$〔mg〕

C，H，O 原子数比は

$C : H : O = \dfrac{2.4}{12.0} : \dfrac{0.40}{1.0} : \dfrac{3.2}{16.0}$

$= 1 : 2 : 1$

よって，組成式は CH_2O
$CH_2O = 30.0$ で，分子量 90 であるから，
$(CH_2O)_n = 90$ より 　$30.0n = 90$
$n = 3$ だから 　分子式 $C_3H_6O_3$

> **POINT**
> **（組成式）$_n$＝分子式**
> $n = \dfrac{\text{分子量}}{\text{組成式の式量}}$

6 解答 (1) 二酸化炭素：110 mg，水：45 mg
(2) 炭素：30 mg，水素：5.0 mg，酸素：20 mg
(3) C_2H_4O
(4) $C_4H_8O_2$

解説 (2) C，H，O の質量は

C の質量 $= 110 \times \dfrac{12.0}{44.0} = 30.0$〔mg〕

H の質量 $= 45 \times \dfrac{2.0}{18.0} = 5.0$〔mg〕

O の質量 $= 55 - (30.0 + 5.0)$
$\qquad\qquad = 20$〔mg〕

(3) C，H，O の原子数比は

$C : H : O = \dfrac{30.0}{12.0} : \dfrac{5.0}{1.0} : \dfrac{20}{16.0}$

$= 2 : 4 : 1$

よって，組成式は C_2H_4O
(4) $C_2H_4O = 44.0$ で，分子量 88 であるから
$(C_2H_4O)_n = 88$ より 　$44.0n = 88$
$n = 2$ だから 　分子式 $C_4H_8O_2$

7 解答 (1) $CH_3-CH_2-CH_2-OH$
$CH_3-\underset{\underset{OH}{|}}{CH}-CH_3$　$CH_3-CH_2-O-CH_3$

(2)
$CH_3-CH_2-CH_2-OH$　$CH_3-\underset{\underset{OH}{|}}{CH}-CH_3$

解説 (1) C，H，O の質量は

C の質量 $= 13.2 \times \dfrac{12.0}{44.0} = 3.60$〔mg〕

H の質量 $= 7.2 \times \dfrac{2.0}{18.0} = 0.80$〔mg〕

O の質量 $= 6.0 - (3.60 + 0.80) = 1.6$〔mg〕

C，H，O の原子数比は

$$C : H : O = \frac{3.60}{12.0} : \frac{0.80}{1.0} : \frac{1.6}{16.0}$$
$$= 3 : 8 : 1$$

よって，組成式は C_3H_8O

$C_3H_8O = 60$ で，分子量 60 であるから，

$(C_3H_8O)_n = 60$ より

　　$60.0\,n = 60$

$n = 1$ だから，分子式 C_3H_8O

C_3H_8O には，次の 3 種類の構造異性体がある。

　$CH_3-CH_2-CH_2-OH$　$CH_3-CH-CH_3$
　　　　　　　　　　　　　　　　　　OH
　$CH_3-CH_2-O-CH_3$

(2)　ナトリウムと反応するのはアルコールで

　$CH_3-CH_2-CH_2-OH$　$CH_3-CH-CH_3$
　　　　　　　　　　　　　　　　　　OH

定期テスト対策問題19 p.533-p.534

1 解答 (1)　(a)　プロパン
　　　　　　(b)　プロペン(プロピレン)
　　　　　　(c)　プロピン
　　　　　　(d)　シクロヘキサン
　　　　　　(e)　2-メチルブタン
　　　　　　(f)　クロロエタン
　　　　(2)　(b)，(c)

解説　不飽和結合は，臭素水を脱色する。

POINT

炭素間不飽和結合の存在
　　　↓↑
　　臭素水の脱色

2 解答 (e)

解説　$C_mH_n \longrightarrow mCO_2 + \dfrac{n}{2} H_2O$

生成した CO_2 と H_2O の物質量の比は

$CO_2 : H_2O = 2.8 : 1 = 14 : 5$

$m : \dfrac{n}{2} = 14 : 5$

$m : n = 14 : 10 = 7 : 5$

組成式は C_7H_5，分子式は $C_{7x}H_{5x}$

x：正の整数。これに該当するのは，(e)。

3 解説 解説にある(i)，(ii)，(iii)，(iv)，(v)，(vi)
　　　　の構造式

解説　不飽和度 $= \dfrac{2 \times 4 + 2 - 8}{2} = 1$

したがって，二重結合 1 つを含むアルケンか，環構造 1 つを含むシクロアルカンである。

［アルケン］

炭素数 4 の主鎖

　$CH_2=CH-CH_2-CH_3$　…(i)

　$CH_3-CH=CH-CH_3$

→次のシス-トランス異性体が存在。

　CH_3　　　CH_3　　　　CH_3　　　　CH_3
　　　$C=C$　　　　　　　　　　$C=C$
　H　　　　H　　　　　H　　　　　　CH_3
　　　　(ii)　　　　　　　　　　　　(iii)

炭素数 3 の主鎖

　$CH_2=C-CH_3$　…(iv)
　　　　　CH_3

［シクロアルカン］

4 員環　H_2C-CH_2　…(v)
　　　　　H_2C-CH_2

3 員環　　　H_2
　　　　　　　C　　　…(vi)
　　　　$H_2C-CH-CH_3$

4 解答 ①　$CH_2=CH_2 + Br_2$
　　　　　　$\longrightarrow CH_2Br-CH_2Br$

　　②　CH_3-CH_2-OH
　　　　　　$\longrightarrow CH_2=CH_2 + H_2O$

　　③　$CH_2=CH_2 + HCl$
　　　　　　$\longrightarrow CH_3-CH_2Cl$

　　④　$CaC_2 + 2H_2O$
　　　　　　$\longrightarrow Ca(OH)_2 + CH \equiv CH$

　　⑤　$CH_4 + 2Cl_2$
　　　　　　$\longrightarrow CH_2Cl_2 + 2HCl$

解説　①，③　アルケンの二重結合は，付加反応をする。

②　160～170 ℃では，分子内脱水を起こし，エテンになる。130～140 ℃では，分子間脱水を起こし，ジエチルエーテルを生じる。

　$2C_2H_5OH \longrightarrow C_2H_5OC_2H_5 + H_2O$

⑤　メタンは，光の存在下で塩素と置換反応をし，種々の塩化物(CH_3Cl，CH_2Cl_2，$CHCl_3$，CCl_4)を生じる。

5 解答 (a)　三重結合　(b)　C_nH_{2n-2}

(c) 2

(d) 1, 1, 2, 2-テトラクロロエタン

(e) 1, 2-ジクロロエテン

(f) シス　(g)　トランス

(h) シス-トランス(幾何)

(i) 塩化ビニル

(j) ビニルアルコール

(k) アセトアルデヒド

(l) ベンゼン

解説 アセチレンは，塩素と次のように二段階で付加反応する。

$$CH \equiv CH \xrightarrow{Cl_2} CHCl = CHCl \xrightarrow{Cl_2}$$
1,2-ジクロロエテン

$$CHCl_2CHCl_2$$
1,1,2,2-テトラクロロエタン

アセチレンに水を付加させると

$$CH \equiv CH + H_2O \longrightarrow \left(\begin{matrix} CH_2 = CH \\ \quad\quad\; OH \end{matrix} \right)$$
ビニルアルコール

$$\longrightarrow CH_3-C \begin{matrix} H \\ \diagdown \\ O \end{matrix}$$
アセトアルデヒド

6 **解答** (a) C_nH_{2n}　(b) C_nH_{2n-2}

(c) C_nH_{2n-2}　(d) 2

(e) CH_2Cl_2 (ジクロロメタン)

(f) 平面　(g) 直線

解説 ①〜③　アルカン C_nH_{2n+2} を基準に考える。飽和の環構造1個の形成または二重結合1つの形成は，それぞれ2個の水素原子の減少を伴う。

④　CH_2Cl_2 は，
正四面体形の頂点
$$\begin{matrix} & H & & Cl \\ H-C-Cl & & H-C-H \\ & Cl & & Cl \end{matrix}$$
に2個のHと2個のClが位置した分子で，平面に投影すると，上図のように，2通りの構造式が書ける。しかし立体的には，同一の分子である。

⑤　エテン C_2H_4 の6個の原子は，同一平面上に並ぶ。またアセチレン C_2H_2 の4個の原子は，直線上に並ぶ。

7 **解答** 4個

解説 不飽和度 $= \dfrac{2 \times 18 + 2 - 30}{2} = 4$

したがって，水素分子 H_2 は4個付加する。

定期テスト対策問題20 p.578-p.579

1 **解答** (ア)　付加

(イ)　エステル化(縮合)

(ウ)　水素　(エ)　縮合

(A)　CH_3CH_2OH

(B)　CH_3CHO　(C)　CH_3COOH

(D)　$CH_3COOC_2H_5$

(E)　CH_3CH_2ONa

(F)　$CH_2 = CH_2$　(G)　$C_2H_5OC_2H_5$

解説

$CH_2 = CH_2 + H_2O \xrightarrow{H_3PO_4} CH_3CH_2OH(A)$

$CH_3CH_2OH(A) \xrightarrow{(-2H)} CH_3CHO(B)$

$\qquad\qquad\quad \xrightarrow{(+O)} CH_3COOH(C)$

$CH_3CH_2OH(A) + CH_3COOH(C)$

$\xrightarrow[\text{エステル化}]{濃 H_2SO_4} CH_3COOC_2H_5(D) + H_2O$

$2CH_3CH_2OH(A) + 2Na$

$\longrightarrow 2CH_3CH_2ONa(E) + H_2$

$CH_3CH_2OH \xrightarrow[160 \sim 170℃]{濃 H_2SO_4} CH_2 = CH_2 + H_2O$
(A) 　　　　　　　　　(F)

$2C_2H_5OH \xrightarrow[130 \sim 140℃]{濃 H_2SO_4} C_2H_5OC_2H_5 + H_2O$
(A) 　　　　　　　　　(G)

2 **解答** (1)　A　$CH_3-CH-CH_3$
　　　　　　　　　　　　$\quad\quad\;\; OH$

B　CH_3-C-CH_3
　　　　　　　$\quad\quad\; O$

C　$CH_2 = CH-CH_3$

(2)　$2CH_3CHCH_3 + 2Na$
　　　　$\quad\;\; OH$

$\longrightarrow 2CH_3CHCH_3 + H_2 \uparrow$
　　　　　　　　$\quad\; ONa$

解説 分子式 C_3H_8O よりアルコールとエーテルが考えられるが，Aは(a)，(b)より第二級アルコール。よって

A：CH_3CHCH_3
　　　$\quad\; OH$

$$CH_3CHCH_3 \text{ (A)} \xrightarrow{(-2H)} CH_3CCH_3 \text{ (B)}$$
$$\underset{OH}{} \qquad\qquad \underset{O}{}$$

$$CH_3CHCH_3 \text{ (A)}$$
$$\underset{OH}{}$$
$$\xrightarrow[\text{加熱}]{\text{濃 } H_2SO_4} CH_2=CHCH_3 \text{（C）}+H_2O$$

POINT

アルコール＋Na → H_2 を発生
エーテル＋Na → 変化なし
第二級アルコール $\xrightarrow{(O)}$ ケトン

3 解答

(1) A：
$$CH_3-\overset{\displaystyle CH_3}{\underset{\displaystyle OH}{\overset{|}{\underset{|}{C}}}}-CH_3$$

B：$CH_3-CH_2-CH_2-CH_2-OH$

C：$CH_3-\overset{|}{\underset{\displaystyle CH_3}{CH}}-CH_2-OH$

D：$CH_3-\overset{|}{\underset{\displaystyle OH}{CH}}-CH_2-CH_3$

E：$CH_3-CH_2-O-CH_2-CH_3$

F と G：
$$CH_3-CH_2-CH_2-O-CH_3$$
$$\overset{\displaystyle CH_3}{\underset{\displaystyle CH_3}{>}}CH-O-CH_3$$

(2) $CH_3-\overset{|}{\underset{\displaystyle OH}{CH}}-CH_2-CH_3$

解説 (1) $C_4H_{10}O$ は，不飽和度
$\dfrac{2\times4+2-10}{2}=0$ で鎖式の飽和の化合物
である。(a)より，A～D はアルコール，
(f)より E～G はエーテルである。
$C_4H_{10}O$ で表されるアルコール(A～D)
とエーテル(E～G)は次の通りある。
A～D
$$CH_3-CH_2-CH_2-CH_2-OH$$
$$CH_3-\overset{|}{\underset{\displaystyle CH_3}{CH}}-CH_2-OH$$
$$CH_3-\overset{|}{\underset{\displaystyle OH}{CH}}-CH_2-CH_3$$
$$CH_3-\overset{\displaystyle CH_3}{\underset{\displaystyle OH}{\overset{|}{\underset{|}{C}}}}-CH_3$$

E～G
$$CH_3-CH_2-O-CH_2-CH_3$$
$$CH_3-CH_2-CH_2-O-CH_3$$
$$\overset{\displaystyle CH_3}{\underset{\displaystyle CH_3}{>}}CH-O-CH_3$$

(b)より，A は第三級アルコールで
$$CH_3-\overset{\displaystyle CH_3}{\underset{\displaystyle OH}{\overset{|}{\underset{|}{C}}}}-CH_3 \quad\cdots A$$

(d)より，B，C は第一級アルコールで，
B は直鎖であるから
$$CH_3-CH_2-CH_2-CH_2-OH \quad\cdots B$$
$$CH_3-\overset{|}{\underset{\displaystyle CH_3}{CH}}-CH_2-OH \quad\cdots C$$

(e)より，D は第二級アルコールで
$$CH_3-\overset{|}{\underset{\displaystyle OH}{CH}}-CH_2-CH_3 \quad\cdots D$$

(c)より，E はアルコール Y（エタノール）
が縮合したエーテルである。
$$CH_3-CH_2-O-CH_2-CH_3 \quad\cdots E$$
F と G は残りのエーテルで
$$CH_3-CH_2-CH_2-O-CH_3$$
$$\overset{\displaystyle CH_3}{\underset{\displaystyle CH_3}{>}}CH-O-CH_3$$

(2) $CH_3CH(OH)-$ をもつ次のアルコー
ルがヨードホルム反応を示す。
$$CH_3-\overset{|}{\underset{\displaystyle OH}{CH}}-CH_2-CH_3 \quad\cdots D$$

4 解答 A：$CH_3-CH_2-\overset{|}{\underset{\displaystyle O}{\overset{\|}{C}}}-OH$
プロピオン酸

B：$CH_3-\overset{\|}{\underset{\displaystyle O}{C}}-O-CH_3$
酢酸メチル

C：$CH_3-\overset{\|}{\underset{\displaystyle O}{C}}-OH$ 酢酸

D：CH_3-OH メタノール

E：$H-\overset{\|}{\underset{\displaystyle O}{C}}-H$ ホルムアルデヒド

F：$H-\overset{\|}{\underset{\displaystyle O}{C}}-OH$ ギ酸

解説 $C_3H_6O_2$ はカルボン酸かエステルで

ある。Aは水に溶け，酸性を示すからカルボン酸で，CH_3CH_2COOH のプロピオン酸である。Bはエステルで，水酸化ナトリウム水溶液との反応はけん化である。Cの塩はカルボン酸の塩で，Dはアルコールである。Dを酸化するとアルデヒドEを経てカルボン酸Fとなる。Fが銀鏡反応を示すことから，Fはギ酸である。したがって，Dはメタノール CH_3OH，Eはホルムアルデヒド $HCHO$ である。

よってBは酢酸メチル CH_3COOCH_3 であり，Cは酢酸 CH_3COOH である。

5 解答 (1) $2n+1$ (2) $2n+1-2a$

解説 (1) 飽和脂肪酸は，アルカン C_nH_{2n+2} のH原子1個をCOOHで置き換えたもので，$C_nH_{2n+1}COOH$ である。
(2) 二重結合が1つあると，H原子が2個減少するから二重結合が a 個あるとH原子が $2a$ 個減少する。

別解 分子式は $C_{n+1}H_{x+1}O_2$ で
不飽和度は $\dfrac{2(n+1)+2-(x+1)}{2}=a+1$
よって，$x=2n+1-2a$

6 解答 87.1 g

解説 油脂 0.875 g に付加した H_2 の物質量は

$$\dfrac{67.2}{22400}=3.00\times10^{-3}\,[\text{mol}]$$

したがって，0.875 g の油脂に付加する I_2 も，3.00×10^{-3} mol。油脂 100 g に付加する $I_2(254)$ の質量は

$$3.00\times10^{-3}\times\dfrac{100}{0.875}\times254\fallingdotseq87.1\,[\text{g}]$$

定期テスト対策問題21 p.609-p.610

1 解答 ②と③

解説 ①と④は，両者にあてはまる。
②と③は，フェノールのみにあてはまる。

2 解答 A :

B :

C :

D :

解説 C_8H_{10} には，一置換体と二置換体がある。

一置換体は

二置換体はオルト($o-$)，メタ($m-$)，パラ($p-$)のキシレンで，次のとおりである。

$o-$キシレンは，次のように反応して酸無水物になる。

3 解答 (1) (A)

(B)

(C)

(2)

(A)を加水分解すると
$$C_{14}H_{12}O_2 + H_2O \longrightarrow C_7H_8O + C_7H_6O_2$$
$\quad$(A)$\qquad\qquad\qquad$(B)$\qquad$(C)

(B)は，NaOH 水溶液に溶けないのでアルコール。(C)は，安息香酸。

$$\underset{(C)}{\bigcirc\!\!-\!COOH} + \underset{(B)}{\bigcirc\!\!-\!CH_2OH}$$

$$\longrightarrow \bigcirc\!\!-\!\underset{O}{\overset{}{C}}\!-\!O\!-\!CH_2\!-\!\bigcirc (A) + H_2O$$

POINT

$\underset{\bigcirc}{CH_2OH}$ の異性体　一置換体 $\bigcirc\!\!-\!O\!-\!CH_3$

二置換体　3種類

$\underset{OH}{\bigcirc\!\!-\!CH_3}$　$\underset{OH}{\bigcirc\!\!-\!CH_3}$　$CH_3\!-\!\bigcirc\!\!-\!OH$

4 解答 A：$\bigcirc\!\!-\!SO_3H$

B：$\bigcirc\!\!-\!SO_3Na$　C：$\bigcirc\!\!-\!ONa$

D：$\bigcirc\!\!-\!Cl$　E：$\bigcirc\!\!-\!\overset{CH_3CHCH_3}{}$

F：$\bigcirc\!\!-\!\underset{CH_3CHCH_3}{\overset{O-O-H}{}}$

G：$CH_3\!-\!\underset{O}{\overset{}{C}}\!-\!CH_3$

解説 フェノールの製法には，A：ベンゼンスルホン酸，D：クロロベンゼン，E：クメン経由などがある。

5 解答

(1) (a) $\bigcirc\!\!-\!\underset{CH_3}{\overset{CH_3}{CH}}$

(b) $\bigcirc\!\!-\!NO_2$　(c) $\bigcirc\!\!-\!NH_2$

(d) $\bigcirc\!\!-\!NHCOCH_3$

(e) CH_3COCH_3

(f) $\bigcirc\!\!-\!OH$　(g) $\bigcirc\!\!-\!ONa$

(h) $\underset{COONa}{\bigcirc\!\!-\!OH}$

(i) $\underset{COOH}{\bigcirc\!\!-\!OH}$

(j) $\underset{COOH}{\bigcirc\!\!-\!OCOCH_3}$

(k) $\underset{COOCH_3}{\bigcirc\!\!-\!OH}$

(2) (a) クメン　(b) ニトロベンゼン
　(c) アニリン　(f) フェノール
　(i) サリチル酸

(3) スズ(または鉄)と濃塩酸

(4) ① サ　② ア　③ コ　④ イ

解説 (1) $\bigcirc\longrightarrow(e)+(f)$ は，クメン法によるフェノールの製法。

(a)クメン $\bigcirc\!\!-\!\underset{CH_3}{\overset{CH_3}{CH}}$ を経て，

(e)CH_3COCH_3 と(f)フェノール $\bigcirc\!\!-\!OH$ がつくられる。

$$\bigcirc\!\!-\!ONa(g)\xrightarrow[加圧]{CO_2}\underset{COONa}{\bigcirc\!\!-\!OH}(h)$$

(h)から(i)は，弱酸の塩に強酸を作用させる反応で，弱酸が遊離する。

$$\underset{COONa}{\bigcirc\!\!-\!OH}(h)+H_2SO_4$$

$$\longrightarrow \underset{COOH}{\bigcirc\!\!-\!OH}(i)+NaHSO_4$$

(3) $\bigcirc\!\!-\!NO_2\xrightarrow[還元]{Sn,\ HCl}\bigcirc\!\!-\!NH_2$

6 解答 (1) **操作1** 希塩酸で抽出
操作3 NaOH 水溶液で抽出
操作4 希塩酸を加え，エーテルで抽出
操作5 希塩酸を加え，エーテルで抽出
操作6 NaOH 水溶液を加え，エーテルで抽出

(2) A $\bigcirc\!\!\bigcirc$　B $\bigcirc\!\!-\!OH$
　C $\bigcirc\!\!-\!COOH$　D $\bigcirc\!\!-\!NH_2$

解説

C₁₀H₈, C₆H₅OH, C₆H₅NH₂, C₆H₅COOH

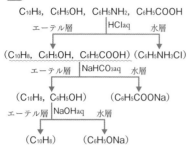

エーテル層 ┃ HClaq 水層

(C₁₀H₈, C₆H₅OH, C₆H₅COOH) (C₆H₅NH₃Cl)

エーテル層 ┃ NaHCO₃aq 水層

(C₁₀H₈, C₆H₅OH) (C₆H₅COONa)

エーテル層 ┃ NaOHaq 水層

(C₁₀H₈) (C₆H₅ONa)

第5部 高分子化合物

定期テスト対策問題22 p.663-p.664

1 解答 A：②，⑤，⑧　　B：④，⑥，⑦
C：①，③，⑨

解説 ②フルクトースと⑤グルコースと⑧ガラクトースは加水分解されないので単糖類。④スクロースと⑥マルトースと⑦セロビオースは，加水分解されて単糖類を生成するので，二糖類。①グリコーゲンと③セルロースと⑨デンプンは，加水分解されて多分子の単糖類を生成するので，多糖類に分類される。

2 解答 α-グルコース

CH₂OH ...（構造式）

β-グルコース

CH₂OH ...（構造式）

解説 鎖状のグルコースが環状になると，次の図のように1位の炭素原子が不斉炭素原子になる。この不斉炭素原子による立体異性体が，α-グルコース，β-グルコースである。

この不斉炭素原子に結合する−OH が下側のときα-グルコース，上側のときβ-グルコースである。

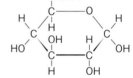

3 解答 (1) (C₆H₁₀O₅)ₙ＋nH₂O
$\longrightarrow$ nC₆H₁₂O₆

(2) 36.0 g

(3) C₆H₁₂O₆ $\longrightarrow$ 2C₂H₅OH＋2CO₂

(4) 13.8 g

解説 (1) 重合度 n のデンプン1分子は，n 個の H_2O と反応して n 個のグルコース $C_6H_{12}O_6$ を生じる。

(2) 1 mol のデンプンから n [mol] のグルコースが生成するので

$$(C_6H_{10}O_5)_n = 162.0n \text{[g/mol]}$$

$C_6H_{12}O_6 = 180.0$ g/mol より，生成するグルコースの質量は

$$\frac{32.4}{162.0n} \times n \times 180.0 = 36.0 \text{[g]}$$

(3) グルコース 1 mol からエタノール 2 mol が生成する。

(4) $C_6H_{12}O_6 = 180.0$ g/mol

$C_2H_5OH = 46.0$ g/mol より，生成するエタノールは

$$\frac{27.0}{180.0} \times 2 \times 46.0 = 13.8 \text{[g]}$$

POINT

デンプンの加水分解
$(C_6H_{10}O_5)_n + nH_2O \longrightarrow nC_6H_{12}O_6$
アルコール発酵
$C_6H_{12}O_6 \longrightarrow 2C_2H_5OH + 2CO_2$

4 解答 (1) ②，③，⑤，⑦，⑧
(2) ②，③，⑦ (3) ③，⑦
(4) ①，④，⑤ (5) ①

解説 (1) 還元性を示す糖類を選ぶ。
➡ 単糖類と，スクロース以外の二糖類を選ぶ。
(2) $C_6H_{12}O_6$ は単糖類。
(3) 転化糖は，スクロースを加水分解して生成したグルコースとフルクトースの混合物。
(4) α-グリコシド結合 ➡ ①デンプンと④スクロースと⑤マルトース
(5) ヨウ素デンプン反応 ➡ デンプン

POINT

グリコシド結合
α-グリコシド結合 ➡
スクロース，マルトース，
デンプン

5 解答 ① R−CH−COOH
　　　　　　｜
　　　　　 NH_3^+

② R−CH−COO$^-$ ……双性イオン
　　　｜
　　 NH_3^+

③ R−CH−COO$^-$
　　　｜
　　 NH_2

解説 −COOH は H^+ を放出しやすく，−NH$_2$ は H^+ を受け取りやすい。酸性水溶液中では，アミノ酸は陽イオン，等電点では双性イオン，塩基性水溶液では陰イオンの状態をとる。1分子中に陽イオンの部分と陰イオンの部分をもつイオンを双性イオンという。

POINT

アミノ酸は水溶液中で
陽イオン
双性イオン ｝3種類の
陰イオン 　イオン状態

6 解答 (1) ②，③ (2) ① (3) ⑥
(4) ④

解説 ① アラニン CH$_3$−CH−COOH
　　　　　　　　　　　　｜
　　　　　　　　　　　 NH_2

分子量 $74 + r = 89$，側鎖の式量 15 で −CH$_3$

② ⬡−CH$_2$−CH−COOH
　　　　　　　｜
　　　　　　 NH_2

③ HO−⬡−CH$_2$−CH−COOH
　　　　　　　　　｜
　　　　　　　　 NH_2

④ H_2N−$(CH_2)_4$−CH−COOH
　　　　　　　　　　　｜
　　　　　　　　　　 NH_2

⑤ HS−CH$_2$−CH−COOH
　　　　　　　｜
　　　　　　 NH_2

⑥ HOOC−$(CH_2)_2$−CH−COOH
　　　　　　　　　　｜
　　　　　　　　　 NH_2

7 解答 (1)

$$\begin{array}{c}\text{H}_2\text{N}-\overset{\displaystyle |}{\underset{\displaystyle \text{H}}{\text{CH}}}-\overset{\displaystyle \text{O}}{\overset{\displaystyle \|}{\text{C}}}-\overset{\displaystyle |}{\underset{\displaystyle \text{H}}{\text{N}}}-\overset{\displaystyle |}{\underset{\displaystyle \text{CH}_3}{\text{CH}}}-\overset{\displaystyle \text{O}}{\overset{\displaystyle \|}{\text{C}}}-\text{OH}\end{array}$$

$$\begin{array}{c}\text{H}_2\text{N}-\overset{\displaystyle |}{\underset{\displaystyle \text{CH}_3}{\text{CH}}}-\overset{\displaystyle \text{O}}{\overset{\displaystyle \|}{\text{C}}}-\overset{\displaystyle |}{\underset{\displaystyle \text{H}}{\text{N}}}-\overset{\displaystyle |}{\underset{\displaystyle \text{H}}{\text{CH}}}-\overset{\displaystyle \text{O}}{\overset{\displaystyle \|}{\text{C}}}-\text{OH}\end{array}$$

(2) 6 種類

解説 (1) 端の$-NH_2$を Ⓝ，端の$-COOH$
を Ⓒとすると，ジペプチドは次の 2 種類。

Ⓝ－グリシン－アラニン－Ⓒ

Ⓝ－アラニン－グリシン－Ⓒ

(2) 端が$-NH_2$に 3 種類，次に 2 種類，
最後(端が$-COOH$)に 1 種類が配置できるので，トリペプチドの種類は

$3 \times 2 \times 1 = 6$ 種類

定期テスト対策問題23 p.709-p.710

1 解答 A：フェノール樹脂，フェノールと
ホルムアルデヒド

B：尿素樹脂(ユリア樹脂)，尿素と
ホルムアルデヒド

C：ポリ塩化ビニル，塩化ビニル

D：ポリアクリロニトリル，アクリ
ロニトリル

E：ポリブタジエン(ブタジエンゴ
ム)，1,3－ブタジエン

F：ポリエチレンテレフタラート，
エチレングリコールとテレフタル酸

解説 Aフェノール樹脂，B尿素樹脂は付
加縮合，Fポリエチレンテレフタラート
は縮合重合で，単量体が 2 種類必要であ
る。Cポリ塩化ビニル，Dポリアクリロ
ニトリル，Eポリブタジエンは付加重合
で，単量体は 1 種類である。

POINT

> フェノール樹脂，尿素樹脂，メラミン樹脂
> の単量体
> ➡ ホルムアルデヒドと，
> 　フェノール(フェノール樹脂)
> 　尿素(尿素樹脂)
> 　メラミン(メラミン樹脂)

2 解答 (1) (b)と(e) (2) (d)

(3) A：(a)と(d)

B：(c) C：(b)と(e)

解説 (1) フェノール樹脂と尿素樹脂とメ
ラミン樹脂が重要な熱硬化性樹脂。

(2) 側鎖の大きいポリスチレンやポリメ
タクリル酸メチル(アクリル樹脂)は，透
明度が高い。このうち，ポリメタクリル
酸メチル(アクリル樹脂)は有機ガラスと
呼ばれ，合成樹脂の中で最も透明度が高
い。

ポリメタクリル酸メチル　　ポリスチレン

この他にポリカーボネートも透明度が

高い。

(3) ポリエチレンテレフタラートは縮合重合，フェノール樹脂とメラミン樹脂は，付加と縮合が繰り返される付加縮合。

> **POINT**
> **熱硬化性樹脂**
>   フェノール樹脂，尿素樹脂，
>   メラミン樹脂
> **熱可塑性樹脂**
>   ポリエチレンテレフタラート
>   ナイロン 66
>   付加重合による樹脂

3 解答 (1) ヘキサメチレンジアミン

$$H_2N-(CH_2)_6-NH_2$$

アジピン酸

$$HOOC-(CH_2)_4-COOH$$

ナイロン 66

$$\left[NH-(CH_2)_6-NH-\overset{O}{\underset{\|}{C}}-(CH_2)_4-\overset{O}{\underset{\|}{C}} \right]_n$$

(2) 1000 個

解説 (1) $H_2N-(CH_2)_6-NH_2$ の $-NH_2$ と $HOOC-(CH_2)_4-COOH$ の $-COOH$ との間で脱水縮合して，多数のアミド結合からなるナイロン 66 になる。

(2) ナイロン 66 の繰り返し単位

$$-NH-(CH_2)_6-NH-\overset{}{\underset{O}{C}}-(CH_2)_4-\overset{}{\underset{O}{C}}-$$

の式量は 226 で，分子量は $226n$ と表される。よって，$226n=1.13\times10^5$ より，重合度 $n=500$ で，繰り返し単位中には 2 個のアミド結合があるので，アミド結合の数は 1000 個。

> **POINT**
> **平均分子量と平均重合度(n)**
>   平均分子量
>   ＝繰り返し単位の式量×n

> **POINT**
> $$\left[\overset{H}{\underset{}{N}}-(CH_2)_6-\overset{H}{\underset{}{N}}-\overset{O}{\underset{}{C}}-(CH_2)_4-\overset{O}{\underset{}{C}} \right]$$
> **中のアミド結合の数は $2n$**

4 解答 ① $CH_2=CH$
          $\quad\quad\quad OCOCH_3$

② $\left[CH_2-CH \atop \quad\quad OCOCH_3 \right]_n$

③ $\left[CH_2-CH \atop \quad\quad OH \right]_n$

④ $O-CH_2-O$

解説

$$CH_2=CH \atop \quad\quad OCOCH_3$$
酢酸ビニル
$\xrightarrow{\text{付加重合}}$
$$\left[CH_2-CH \atop \quad\quad OCOCH_3 \right]_n$$
ポリ酢酸ビニル

$\xrightarrow{\text{けん化}}$
$$\left[CH_2-CH \atop \quad\quad OH \right]_n$$
ポリビニルアルコール
$\xrightarrow{\text{アセタール化}}$

$$\text{---}CH_2-\underset{O}{CH}-CH_2-CH-CH_2-CH\text{---} \atop \quad\quad\quad\; O-CH_2-O \quad\quad\quad\quad OH$$
ビニロン

> **POINT**
> **ビニロン**
> **ポリビニルアルコールの-OH 基をアセタール化して不溶性にした繊維。**
> $$\text{---}CH_2-CH-CH_2-CH-CH_2-CH\text{---} \atop \quad\quad\quad O-CH_2-O \quad\quad\quad\quad OH$$
> アセタール構造

5 解答 (1) ① p-ジビニルベンゼン
          ② 共重合　③ スルホン

(2) $\left[R \atop SO_3H \right]_n + nNaCl$

$\longrightarrow \left[R \atop SO_3Na \right]_n + nHCl$

解説 スチレン　　　p-ジビニルベンゼン

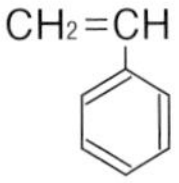

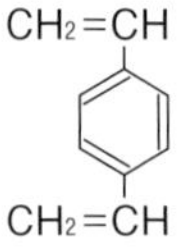

CH₂=CH

CH₂=CH

CH₂=CH

$CH_2=CH$

のような共役二重結合をもつ単量体が4位と1位の間で付加重合した合成高分子である。天然ゴムは，下図のような，100%シス形のポリイソプレンである。

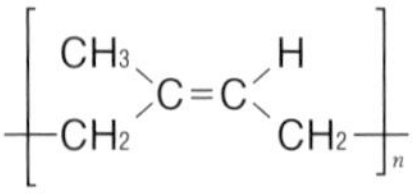

$$\left[\begin{array}{c} CH_3 \quad H \\ C=C \\ CH_2 \quad CH_2 \end{array}\right]_n$$

陽イオン交換樹脂は三次元網目状構造のポリスチレンをスルホン化した構造をもつ。

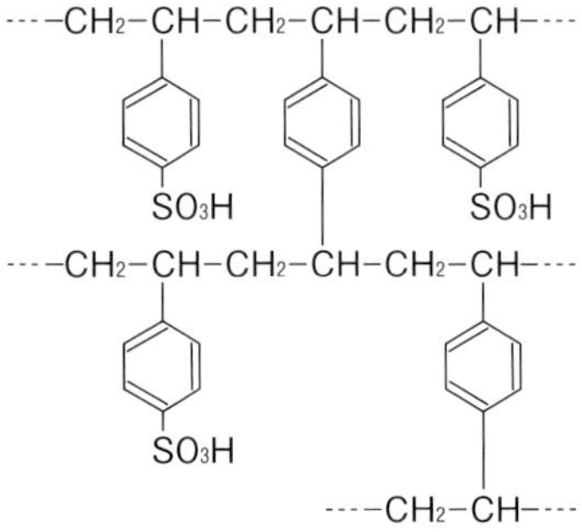

$\cdots CH_2-CH-CH_2-CH-CH_2-CH-\cdots$

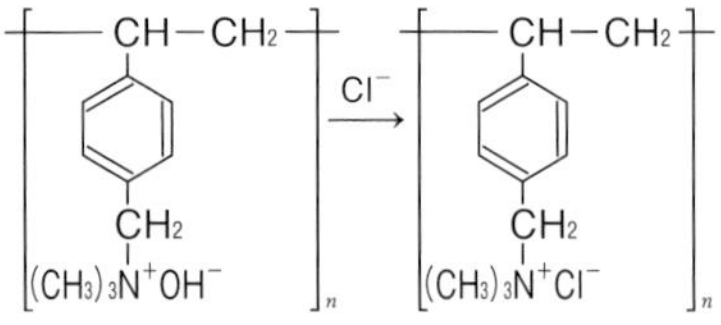

|SO₃H|...|SO₃H|

$\cdots CH_2-CH-CH_2-CH-CH_2-CH-\cdots$

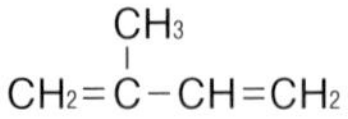

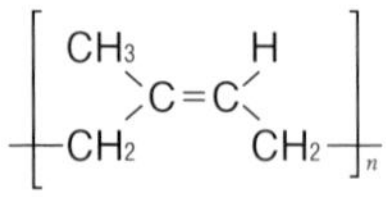

SO₃H

$\cdots -CH_2-CH-\cdots$

POINT

イオン交換樹脂
陽イオン交換樹脂

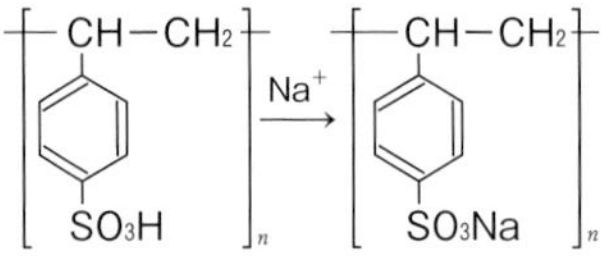

$\left[\begin{array}{c}CH-CH_2\\ \\SO_3H\end{array}\right]_n$ →(Na⁺) $\left[\begin{array}{c}CH-CH_2\\ \\SO_3Na\end{array}\right]_n$

陰イオン交換樹脂

$\left[\begin{array}{c}CH-CH_2\\ \\CH_2\\(CH_3)_3N^+OH^-\end{array}\right]_n$ →(Cl⁻) $\left[\begin{array}{c}CH-CH_2\\ \\CH_2\\(CH_3)_3N^+Cl^-\end{array}\right]_n$

6 解答 (1)

　　　CH₃
CH₂=C-CH=CH₂

(2)

$$\left[\begin{array}{c}CH_3 \quad H\\ C=C\\ CH_2 \quad CH_2\end{array}\right]_n$$

(3) 加硫

(4) (a)

　　　Cl
CH₂=C-CH=CH₂

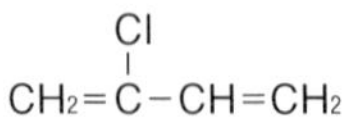

(b) CH₂=CH-CH=CH₂

解説 合成ゴムは CH₂=CX-CH=CH₂
　　　　　　　　　1　2　　3　4

1 化学基礎の計算に用いる主な式

❶ 原子量と同位体

ある元素の同位体の，相対質量は M_1, M_2, ……，存在比は a〔%〕, b〔%〕，……，この元素の原子量を M とすると

$$M = M_1 \times \frac{a}{100} + M_2 \times \frac{b}{100} + \cdots\cdots$$

❷ 物質量と質量・粒子の数・気体の体積

(1) 物質量と質量

原子量・分子量・式量を M とすると，モル質量は M〔g/mol〕

a 質量 w〔g〕の物質量 n〔mol〕は　$n\text{〔mol〕} = \dfrac{w\text{〔g〕}}{M\text{〔g/mol〕}} = \dfrac{w}{M}\text{〔mol〕}$

b n〔mol〕の質量 w〔g〕は　$w\text{〔g〕} = M\text{〔g/mol〕} \times n\text{〔mol〕} = nM\text{〔g〕}$

(2) 物質量と粒子の数　←粒子は原子・分子・イオン

アボガドロ定数 $N_\text{A} = 6.02 \times 10^{23}$〔/mol〕

a n〔mol〕中の粒子の数 N 個は

$$N = 6.02 \times 10^{23}\text{〔/mol〕} \times n\text{〔mol〕} = 6.02 \times 10^{23} n\text{〔個〕}$$

b 粒子の数 N 個の物質量 n〔mol〕は　$n\text{〔mol〕} = \dfrac{N\text{〔個〕}}{6.02 \times 10^{23}\text{〔/mol〕}}$

(3) 物質量と気体の体積（標準状態）

a n〔mol〕の気体の体積 V〔L〕は　$V\text{〔L〕} = 22.4\text{〔L/mol〕} \times n\text{〔mol〕} = \mathbf{22.4}\boldsymbol{n}\textbf{(L)}$

b 気体の体積 V〔L〕の物質量 n〔mol〕は　$n\text{〔mol〕} = \dfrac{V\text{〔L〕}}{22.4\text{〔L/mol〕}} = \dfrac{V}{22.4}\textbf{(mol)}$

(4) 気体の体積（標準状態）と分子数・質量・分子量の関係

a 気体 V〔L〕の分子数 N は　$N = \mathbf{6.02 \times 10^{23} \times \dfrac{V}{22.4}}$

b 分子量 M の気体 V〔L〕の質量 w〔g〕は　$w\text{〔g〕} = \dfrac{MV}{22.4}\textbf{(g)}$

c V〔L〕の質量 w〔g〕の気体の分子量 M は　$M = \boldsymbol{w} \times \dfrac{\mathbf{22.4}}{V}$

❸ 化学反応式と量的関係

化学反応式	aA	+	bB	⟶	cC	（A, B, C；化学式）
物質量(mol)比 ⇒	a	:	b	:	c	←係数比
質量関係 ⇒	aM_A		bM_B		cM_C	（M_A, M_B, M_C；式量）
気体の体積関係 ⇒	$22.4a$〔L〕		$22.4b$〔L〕		$22.4c$〔L〕	←標準状態
気体の体積比 ⇒	a	:	b	:	c	←同温・同圧

❹ 溶液の濃度と換算

(1) 質量パーセント濃度(%)

溶媒 w_1〔g〕に溶質 w_2〔g〕溶けている溶液の質量パーセント濃度 x〔%〕は

$$x〔\%〕=\frac{w_2〔g〕}{(w_1+w_2)〔g〕}\times100〔\%〕=\frac{100\,w_2}{w_1+w_2}〔\%〕 \leftarrow(w_1+w_2)g=溶液の質量$$

(2) モル濃度(mol/L)

溶液 V〔L〕に溶質 m〔mol〕溶けている溶液のモル濃度 y〔mol/L〕は

$$y〔mol/L〕=\frac{m〔mol〕}{V〔L〕}=\frac{m}{V}〔mol/L〕$$

⇒ c〔mol/L〕の溶液 v〔mL〕中の溶質の物質量は $\dfrac{cv}{1000}$〔mol〕

(3) 質量パーセント濃度からモル濃度へ

溶液の密度 d〔g/mL〕，溶質の式量 M（モル質量 M〔g/mol〕）として，a〔%〕の溶液のモル濃度 y〔mol/L〕は

$$y〔mol/L〕=1000〔mL〕\times d〔g/mL〕\times\frac{a〔\%〕}{100}\times\frac{1}{M〔g/mol〕}\times\frac{1}{1〔L〕}=\frac{10ad}{M}〔mol/L〕$$

(4) モル濃度から質量パーセント濃度へ

溶液の密度 d〔g/mL〕，溶質の式量 M（モル質量 M〔g/mol〕）として，c〔mol/L〕の溶液の質量パーセント濃度 x〔%〕は

$$x〔\%〕=\frac{M〔g/mol〕\times c〔mol〕}{1000〔mL〕\times d〔g/mL〕}\times100〔\%〕=\frac{cM}{10d}〔\%〕$$

❺ 水素イオン濃度と pH

(1) モル濃度と水素イオン濃度

c〔mol/L〕の 1 価の酸の水溶液の電離度を α とすると，この水溶液の水素イオン濃度〔H^+〕は 〔H^+〕$=c\alpha$〔mol/L〕 ➡ 強酸では $\alpha=1$ とみなす

(2) モル濃度と水酸化物イオン濃度

c〔mol/L〕の 1 価の塩基の水溶液の電離度を α とすると，この水溶液の水酸化物イオン濃度〔OH^-〕は

〔OH^-〕$=c\alpha$〔mol/L〕 ◀ 強塩基では $\alpha=1$ とみなす

(3) pH

〔H^+〕$=1.0\times10^{-n}$ mol/L のとき pH$=n$

❻ 中和反応と量的関係

中和反応の計算は，すべて次の関係から求める。

「酸の H^+ の物質量＝塩基の OH^- の物質量」

(1) 水溶液間の反応

c〔mol/L〕の a 価の酸の水溶液 v〔mL〕と，$c´$〔mol/L〕の b 価の塩基の水溶液 $v´$〔mL〕が中和したとすると

$$a \times c \times \frac{v}{1000} = b \times c´ \times \frac{v´}{1000}$$

$$acv = bc´v´$$

(2) 固体と水溶液の反応

a 価の酸（分子量 M）w〔g〕と，$c´$〔mol/L〕の b 価の塩基の水溶液 $v´$〔mL〕が中和したとすると

$$\frac{aw}{M} = \frac{bc´v´}{1000} \quad \Rightarrow 酸が水溶液，塩基が固体の場合は \quad \frac{acv}{1000} = \frac{bw´}{M´}$$

❼ 酸化還元滴定

c〔mol/L〕の酸化剤の水溶液 v〔mL〕と，$c´$〔mol/L〕の還元剤の水溶液 $v´$〔mL〕が反応し，酸化剤が受け取る電子の物質量を m〔mol〕，還元剤が与える電子の物質量を $m´$〔mol〕とする。

【解き方❶】

「酸化剤が受け取る電子の物質量＝還元剤が与える電子の物質量」から求める。

$$c \times \frac{v}{1000} \times m = c´ \times \frac{v´}{1000} \times m´$$

【解き方❷】

イオン反応式を導いて，酸化剤と還元剤の「物質量の比＝係数の比」を利用する。

$$c \times \frac{v}{1000} : c´ \times \frac{v´}{1000} = m´ : m$$

参考 1つの化学式あたりの授受する電子の数は次の通りである。
a）酸化剤：$KMnO_4$ は $5e^-$，$K_2Cr_2O_7$ は $6e^-$，
b）還元剤：$FeSO_4$ は $1e^-$，その他（H_2O_2，SO_2，Sn^{2+} など）は $2e^-$

補足 上記の 参考 を覚えておくと，酸化還元反応の反応式を知らなくても酸化還元滴定の計算問題が解ける。

2 間違いやすい用語とその着目点

❶ 元素・単体・原子

　元素は物質の成分で，物質ではない。**単体**は1種類の元素からなる物質である。**原子**は，物質を構成している基本的な粒子である。元素の種類だけあり，元素の粒子ともいえる。

❷ イオン化エネルギー・電子親和力・電気陰性度

　(1)　**イオン化エネルギー**は，原子から電子を取り去るのに必要なエネルギー，**電子親和力**は，原子が電子を受け取るときに放出されるエネルギーである。

　(2)　イオン化エネルギーは小さいほど陽イオンになりやすく，電子親和力は大きいほど陰イオンになりやすい。なお，電気陰性度は大きいほど陰性が強い。

　(3)　周期表では，イオン化エネルギーは左側・下側の元素ほど小さく，右側・上側の元素ほど大きい(18族を含む)。電気陰性度は18族を除く右側・上側の元素ほど大きい。電子親和力は18族を除く右側の元素ほど大きい。

　したがって，それぞれの値が最も大きい元素は，**イオン化エネルギーは He (18族)**，**電気陰性度は F (17族)**，**電子親和力は17族元素**である。

❸ アレニウスとブレンステッド・ローリーの酸・塩基の定義

　アレニウスの定義は，「電離して，H^+ を生じる物質が酸，OH^- を生じる物質が塩基」のように物質の分類であるのに対し，ブレンステッド・ローリーの定義は，「反応において H^+ を，与える物質が酸，受け取る物質が塩基」のように反応の仕方による。したがってブレンステッド・ローリーの定義では，同じ物質でも反応によって酸になったり，塩基になったりする。

❹ 酸化・還元と酸化剤・還元剤

　原子が電子を失った(酸化数が増加した)反応を，その原子およびその原子を含む物質が酸化された，または単に酸化といい，逆に，原子が電子を受け取った(酸化数が減少した)反応を，その原子およびその原子を含む物質が還元された，または単に還元という。このように反応の場合は受け身で表す。

　一方，酸化剤は相手の物質を酸化する物質であり，還元剤は相手の物質を還元する物質である。このように物質の場合は能動的である。

　したがって，これらの用語の間には次のような関係がある。

　　　酸化された ⇒ 相手を還元した ⇒ 還元剤として作用した
　　　還元された ⇒ 相手を酸化した ⇒ 酸化剤として作用した

1 化学の計算に用いる主な式

❶ 金属結晶の構造

(1) 単位格子中の原子数

a 体心立方格子：2 個

b 面心立方格子：4 個

(2) 単位格子の一辺の長さと原子半径の関係

単位格子の一辺の長さを l〔cm〕，原子半径を r〔cm〕とすると

$$体心立方格子 \Rightarrow r=\frac{\sqrt{3}}{4}l$$

$$面心立方格子 \Rightarrow r=\frac{\sqrt{2}}{4}l$$

❷ 気体の性質

(1) ボイル・シャルルの法則

一定量の気体の体積 V は，圧力 P に反比例し，絶対温度 T に比例する。

$$\frac{PV}{T}=一定 \quad または \quad \frac{P_1V_1}{T_1}=\frac{P_2V_2}{T_2}$$

(2) 気体の状態方程式

$$PV=nRT \qquad PV=\frac{w}{M}RT$$

$\Big(P$：圧力〔Pa〕 $\quad V$：体積〔L〕 $\quad n$：物質量〔mol〕

$\quad T$：絶対温度〔K〕 $\quad M$：気体のモル質量〔g/mol〕 $\quad w$：気体の質量〔g〕

$\quad R$：気体定数 8.3×10^3 Pa・L/(K・mol) $\Big)$

(3) 混合気体の圧力

a 分圧の法則 混合気体の全圧 P は，分圧 p_A，p_B の和に等しい。

$$P=p_A+p_B$$

b 混合気体の **全圧・分圧の比＝物質量の比＝体積の比**

$$P:p_A:p_B=(n_A+n_B):n_A:n_B=V:v_A:v_B$$

❸ 溶解度

(1) 固体の溶解度と冷却による析出量

a 無水物の場合

飽和水溶液 W〔g〕を冷却したとき析出する結晶（無水物）x〔g〕，

溶解度を $S_{高温}$，$S_{低温}$ とすると

$$(100+S_{高温}):(S_{高温}-S_{低温})=W:x$$

　b　水和物の場合

　　高温側の溶液 W〔g〕を冷却したとき，x〔g〕の水和物が析出する場合の溶解度を $S_{低温}$ とすると

$$(100+S_{低温}):S_{低温}=(W-x):(低温側の溶液中の無水物の質量)$$

(2) 気体の溶解度と圧力（ヘンリーの法則）

　一定温度で，一定量の溶媒について

　a　溶ける気体の**質量・物質量**は，気体の圧力に比例する。

　b　溶ける気体の体積（それぞれの圧力の体積）は，圧力に関係なく一定である。

❹ 希薄溶液の性質

(1) 沸点上昇・凝固点降下

$$\Delta t=Km$$

$$\left(\begin{array}{l} \Delta t：沸点上昇度・凝固点降下度〔K〕 \\ K：モル沸点上昇・モル凝固点降下〔K・kg/mol〕 \\ m：非電解質の質量モル濃度〔mol/kg〕 \end{array} \right.$$

(2) 浸透圧

$$\Pi=CRT \qquad \Pi V=nRT \qquad \Pi V=\frac{w}{M}RT$$

$$\left(\begin{array}{ll} \Pi：浸透圧〔Pa〕 & C：溶液のモル濃度〔mol/L〕 \\ V：溶液の体積〔L〕 & n：溶質の物質量〔mol〕 \\ w：溶質の質量〔g〕 & M：溶質のモル質量〔g/mol〕 \\ R：気体定数 8.3\times10^3 \, Pa・L/(K・mol) & T：絶対温度〔K〕 \end{array} \right.$$

❺ 化学反応とエンタルピー

(1) 反応熱とエンタルピー

　一定圧力下の反応で，反応物のエンタルピーを $H_{反応物}$，生成物のエンタルピーを $H_{生成物}$ としたときのエンタルピー変化 ΔH は

$$\Delta H=H_{生成物}-H_{反応物}$$

$$\Delta H<0 \Rightarrow 発熱反応$$

$$\Delta H>0 \Rightarrow 吸熱反応$$

(2)　反応エンタルピー

　　　反応エンタルピー＝(生成物の生成エンタルピーの和)

　　　　　　　　　　　　　　　　　　　－(反応物の生成エンタルピーの和)

❻ 電気分解の量的関係(ファラデーの法則)

　　ファラデー定数 $F=9.65×10^4$ C/mol：電子 1 mol あたりの電気量の絶対値

　　電気量〔C〕＝電流〔A〕×時間〔s〕

❼ 反応速度と濃度

(1)　反応速度

$$v=\frac{反応物の濃度の減少量}{反応時間} \quad または \quad v=\frac{生成物の濃度の増加量}{反応時間}$$

　　　(v：反応速度)

(2)　反応速度式

　　　$v=k[\text{A}]^a[\text{B}]^b$

　　　(v：反応速度　　k：反応速度定数　　[A], [B]：反応物 A, B のモル濃度)

❽ 化学平衡の法則(質量作用の法則)

(1)　平衡定数

　　　$a\text{A}+b\text{B} \rightleftarrows c\text{C}+d\text{D}$　(A, B…：化学式, a, b…：係数)が平衡状態にあるとき

　　　平衡定数 $K=\dfrac{[\text{C}]^c[\text{D}]^d}{[\text{A}]^a[\text{B}]^b}$ ➡平衡定数 K：温度一定のとき，濃度に関係なく一定。

(2)　圧平衡定数

　　　気体 A, B, C, D において $a\text{A}+b\text{B} \rightleftarrows c\text{C}+d\text{D}$　(a, b…：係数)が平衡状態にあるとき，各気体の分圧を p_A, p_B, p_C, p_D とすると

　　　圧平衡定数 $K_\text{p}=\dfrac{p_\text{C}{}^c\,p_\text{D}{}^d}{p_\text{A}{}^a\,p_\text{B}{}^b}$ ➡圧平衡定数 K_p：温度一定のとき，分圧に関係なく一定。

❾ 電離定数と[H⁺], [OH⁻], pH

(1)　a　弱酸

　　　$\text{HX} \rightleftarrows \text{H}^++\text{X}^-$ において，電離定数 K_a，モル濃度 c〔mol/L〕，電離度 α とすると，$1-\alpha \fallingdotseq 1$ より

　　　$K_\text{a}=\dfrac{[\text{H}^+][\text{X}^-]}{[\text{HX}]}=\dfrac{c^2\alpha^2}{c(1-\alpha)} \fallingdotseq c\alpha^2$　　よって　$\alpha=\sqrt{\dfrac{K_\text{a}}{c}}$

　　　また　$[\text{H}^+]=c\alpha=\sqrt{cK_\text{a}}$

b　アンモニア水

$NH_3 + H_2O \rightleftarrows NH_4^+ + OH^-$ において，電離定数 K_b，モル濃度 c'〔mol/L〕，

電離度 α' とすると，$1 - \alpha' \fallingdotseq 1$　より

$$K_b = \frac{[NH_4^+][OH^-]}{[NH_3]} \fallingdotseq c'\alpha'^2 \quad \text{よって} \quad \alpha' = \sqrt{\frac{K_b}{c'}}$$

また　$[OH^-] = c'\alpha' = \sqrt{c'K_b}$

c　$pH = -\log[H^+]$

(2)　溶解度積

難溶性の電解質 A_mB_n の水溶液　$A_mB_n(固) \rightleftarrows mA^{n+} + nB^{m-}$

a　溶解度積 $K_{sp} = [A^{n+}]^m[B^{m-}]^n$

b　陽イオン M^+ と陰イオン X^- を含む水溶液を混合したとき

濃度の積 $[M^+][X^-] >$ 溶解度積 K_{sp}　⇨沈殿する

$[M^+][X^-] \leqq$ 溶解度積 K_{sp}　⇨沈殿しない

❿ 有機化合物の化学式の決定

(1)　元素の質量

C，H，O からなる有機化合物 m_0〔g〕を完全に燃焼したとき，CO_2 が m_1〔g〕，

H_2O が m_2〔g〕生成。$H = 1.0$，$C = 12.0$，$O = 16.0$ より

$$炭素 C の質量〔g〕= m_1〔g〕 \times \frac{12.0(C)}{44.0(CO_2)}$$

$$水素 H の質量〔g〕= m_2〔g〕 \times \frac{2.0(2H)}{18.0(H_2O)}$$

$$酸素 O の質量〔g〕= m_0〔g〕 - (C の質量 + H の質量)〔g〕$$

(2)　組成式

組成式を $C_xH_yO_z$ とする。$H = 1.0$，$C = 12.0$，$O = 16.0$ より

$$x : y : z = \frac{C の質量}{12.0} : \frac{H の質量}{1.0} : \frac{O の質量}{16.0} = \frac{C の\%}{12.0} : \frac{H の\%}{1.0} : \frac{O の\%}{16.0}$$

(3)　分子式

分子式 $= (組成式)_n = (C_xH_yO_z)_n = C_{nx}H_{ny}O_{nz}$　（n は整数）

2 主な無機化合物 *アルファベット順

化学式	物質名	化学式	物質名
AgBr	臭化銀	CuS	硫化銅(II)
AgCl	塩化銀	CuSO$_4$	硫酸銅(II)
AgNO$_3$	硝酸銀	Cu$_2$O	酸化銅(I)
Ag$_2$CrO$_4$	クロム酸銀	Cu$_2$S	硫化銅(I)
Ag$_2$O	酸化銀	FeCl$_2$	塩化鉄(II)
Ag$_2$S	硫化銀	FeCl$_3$	塩化鉄(III)
Al(OH)$_3$	水酸化アルミニウム	FeO	酸化鉄(II)
Al$_2$(SO$_4$)$_3$	硫酸アルミニウム	Fe(OH)$_2$	水酸化鉄(II)
AlK(SO$_4$)$_2$·12H$_2$O	ミョウバン(硫酸カリウム	FeS	硫化鉄(II)
	アルミニウム十二水和物)	FeSO$_4$	硫酸鉄(II)
Al$_2$O$_3$	酸化アルミニウム	Fe$_2$O$_3$	酸化鉄(III)
BaSO$_4$	硫酸バリウム	Fe$_3$O$_4$	四酸化三鉄
CaCl(ClO)·H$_2$O	さらし粉	HBr	臭化水素
CaCl$_2$	塩化カルシウム	HCl	塩化水素(塩酸)
CaCO$_3$	炭酸カルシウム	HClO	次亜塩素酸
CaF$_2$	フッ化カルシウム	HClO$_2$	亜塩素酸
	(ホタル石)	HClO$_3$	塩素酸
Ca(HCO$_3$)$_2$	炭酸水素カルシウム	HClO$_4$	過塩素酸
CaO	酸化カルシウム	HF	フッ化水素
	(生石灰)	HI	ヨウ化水素
Ca(OH)$_2$	水酸化カルシウム	HNO$_2$	亜硝酸
	(消石灰)	HNO$_3$	硝酸
CaSO$_4$	硫酸カルシウム	HPO$_3$	メタリン酸
CO	一酸化炭素	H$_2$CrO$_4$	クロム酸
CO$_2$	二酸化炭素	H$_2$O$_2$	過酸化水素
CS$_2$	二硫化炭素	H$_2$S	硫化水素
Cr$_2$O$_3$	酸化クロム(III)	H$_2$SO$_4$	硫酸
Cu(OH)$_2$	水酸化銅(II)	H$_2$SiO$_3$	ケイ酸
Cu(NO$_3$)$_2$	硝酸銅(II)	H$_3$PO$_4$	リン酸
CuO	酸化銅(II)	H$_2$SiF$_6$	ヘキサフルオロケイ酸

化学式	物質名	化学式	物質名
KBr	臭化カリウム	Na_2CO_3	炭酸ナトリウム
KCl	塩化カリウム	Na_2SO_3	亜硫酸ナトリウム
$KClO_3$	塩素酸カリウム	Na_2SO_4	硫酸ナトリウム
KI	ヨウ化カリウム	$Na_2S_2O_3$	チオ硫酸ナトリウム
$KMnO_4$	過マンガン酸カリウム	P_4O_{10}	十酸化四リン
KNO_3	硝酸カリウム	$PbCl_2$	塩化鉛(Ⅱ)
KSCN	チオシアン酸カリウム	PbO_2	酸化鉛(Ⅳ)
K_2CrO_4	クロム酸カリウム	SO_2	二酸化硫黄
$K_2Cr_2O_7$	二クロム酸カリウム	SO_3	三酸化硫黄
K_2SO_4	硫酸カリウム	SiO_2	二酸化ケイ素
$K_3[Fe(CN)_6]$	ヘキサシアニド鉄(Ⅲ)酸	$SnCl_2$	塩化スズ(Ⅱ)
	カリウム	SnS	硫化スズ(Ⅱ)
$K_4[Fe(CN)_6]$	ヘキサシアニド鉄(Ⅱ)酸	ZnO	酸化亜鉛
	カリウム	$Zn(OH)_2$	水酸化亜鉛
$MgCl_2$	塩化マグネシウム	ZnS	硫化亜鉛
MgO	酸化マグネシウム		
MnO_2	酸化マンガン(Ⅳ)		
NH_3	アンモニア		
NH_4Cl	塩化アンモニウム		
NH_4NO_2	亜硝酸アンモニウム		
NO	一酸化窒素		
NO_2	二酸化窒素		
$Na[Al(OH)_4]$	テトラヒドロキシド		
	アルミン酸ナトリウム		
NaCl	塩化ナトリウム		
$NaHCO_3$	炭酸水素ナトリウム		
$NaHSO_4$	硫酸水素ナトリウム		
$NaHSO_3$	亜硫酸ナトリウム		
$NaNO_3$	硝酸ナトリウム		
NaOH	水酸化ナトリウム		

3 ベンゼンからの反応

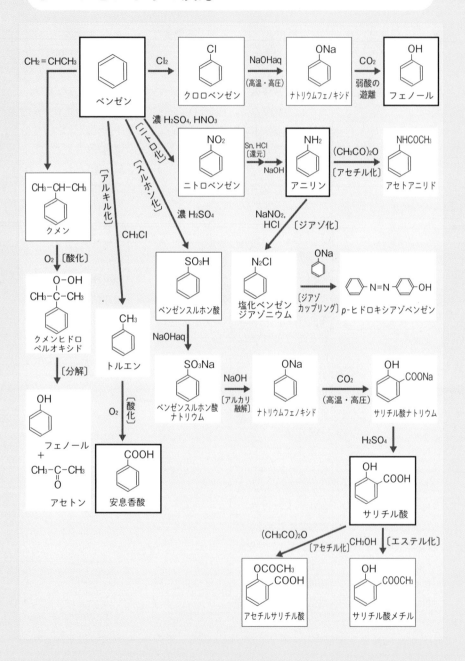

CH₂=CHCH₃

ベンゼン
Cl₂ → クロロベンゼン（Cl）
NaOHaq（高温・高圧）→ ナトリウムフェノキシド（ONa）
CO₂ 弱酸の遊離 → フェノール（OH）

濃 H₂SO₄, HNO₃ 〔ニトロ化〕 → ニトロベンゼン（NO₂）
Sn, HCl〔還元〕NaOH → アニリン（NH₂）
(CH₃CO)₂O 〔アセチル化〕 → アセトアニリド（NHCOCH₃）

〔アルキル化〕 〔スルホン化〕

クメン（CH₃-CH-CH₃）
O₂〔酸化〕→ クメンヒドロペルオキシド（O-OH, CH₃-C-CH₃）
〔分解〕→ フェノール（OH）＋ CH₃-C-CH₃（O） アセトン

CH₃Cl → トルエン（CH₃）
O₂〔酸化〕→ 安息香酸（COOH）

濃 H₂SO₄ → ベンゼンスルホン酸（SO₃H）
NaOHaq → ベンゼンスルホン酸ナトリウム（SO₃Na）
NaOH〔アルカリ融解〕→ ナトリウムフェノキシド（ONa）
CO₂（高温・高圧）→ サリチル酸ナトリウム（OH, COONa）

NaNO₂, HCl〔ジアゾ化〕→ 塩化ベンゼンジアゾニウム（N₂Cl）
ONa
〔ジアゾカップリング〕→ p-ヒドロキシアゾベンゼン（N=N-OH）

H₂SO₄ → サリチル酸（OH, COOH）
(CH₃CO)₂O〔アセチル化〕→ アセチルサリチル酸（OCOCH₃, COOH）
CH₃OH〔エステル化〕→ サリチル酸メチル（OH, COOCH₃）

MY BEST
よくわかる高校化学基礎+化学

監　修	冨田　功（お茶の水女子大学名誉教授・理学博士）
著　者	村上眞一（元東京都立江北高等学校教諭）
イラストレーション	FUJIKO
編集協力	秋下幸恵　石割とも子　佐藤玲子　高木直子 田中琢朗　出口明憲　福森美惠子 株式会社ダブルウイング
制作協力	株式会社エデュデザイン
図版作成	株式会社ユニックス
写　真	株式会社アフロ　株式会社ピクスタ
データ作成	株式会社四国写研
印刷所	株式会社リーブルテック